Die moderne Chemie

in ihrer Anwendung in der

Lederfabrikation

von

John Arthur Wilson

Chef-Chemiker der Firma A. F. Gallun & Sons Co., Milwaukee
Vorsitzender der „Leather Division" der American Chemical Society

---

Vom Verfasser genehmigte und
von ihm bis zur Neuzeit ergänzte

Deutsche Ausgabe

Übersetzt von Dr. Hermann Loewe

Mit 178 Abbildungen und 48 Tabellen

Leipzig
Paul Schulze Verlag
1925

Softcover reprint of the hardcover 1st edition 1925

ISBN-13: 978-3-7091-5146-4   e-ISBN-13: 978-3-7091-5294-2

DOI: 10.1007/978-3-7091-5294-2

Vorwort des Verfassers

Die Fortschritte der modernen Gerbereichemie übertreffen bei weitem die jedes vorhergehenden Zeitabschnittes. Die meisten älteren Untersuchungen übersahen das Dasein wichtiger veränderlicher Faktoren und sind jetzt durch neuere Forschungen, die unter Anwendung erheblich verfeinerter Arbeitsmethoden ausgeführt werden konnten, überholt worden. Um die Beziehungen der mannigfachen Einzeltatsachen dieses Gebietes aufdecken zu können, erwies es sich als notwendig, eine Anzahl von speziellen Untersuchungen durchzuführen, die hier zum ersten Male veröffentlicht werden. Soweit es möglich war, wurde auch der neueste Stand jener Forschungen, die in anderen Laboratorien in der Durchführung begriffen waren, berücksichtigt, so daß das Buch eine gewisse Vollständigkeit bis gegen Ende des Jahres 1 9 2 2*) aufweist.

Bei dem Umfang der Literatur über Lederfabrikation, die zahlreiche und verschiedenartige Ansichten entwickelt, würde eine unpersönliche, kritiklose Zusammenstellung aller Veröffentlichungen ein Werk ergeben, das den Durchschnittsleser verwirren und von zweifelhaftem Wert sein würde. Um dem Hauptzweck dieser Reihe von Monographien gerecht zu werden, das vorhandene Wissen in leicht faßlicher Form auch für den darzustellen, dessen Betätigung in anderer Richtung liegt, sah sich der Verfasser veranlaßt, das Thema von seinem Standpunkt aus zu behandeln; er hat es daher unterlassen, Ansichten zu erörtern, die seiner Auffassung nach nicht dazu beitragen, die Gerbereichemie zu fördern. Der Verfasser ist sich durchaus darüber klar, daß es Autoren gibt, die seine Stellungnahme zu den Verdiensten anderer Anschauungen nicht teilen; er kann indessen nur sagen, daß er sich außerstande sieht, Anschauungen angemessen darzustellen, die ihm irrwegig erscheinen. Bei dem Umfange des Gebietes lassen sich jedoch recht viele Werke schreiben, da man dieses Problem von allen Seiten, die einer Darstellung wert sind, kritisch beleuchten kann; eine solche kritische Einstellung würde daher ihren besten Ausdruck in der Herausgabe weiterer ergänzender Bände finden.

---

*) Die deutsche Ausgabe ist auf den Stand der Forschung bis August 1925 ergänzt.

Wegen ihrer fundamentalen Wichtigkeit für die Gerbereichemie nimmt die „Histologie der Haut" und die „Physikalische Chemie der Proteïne" einen beträchtlichen Raum in diesem Buche ein. Genauere Angaben über analytische Methoden und praktische Einzelheiten sind nur dort angeführt worden, wo es notwendig erschien, den Stoff für die Chemiker, die mit der Gerbereipraxis noch nicht ganz vertraut sind, verständlicher darzustellen.

Viele der in diesem Buche entwickelten Ansichten sind in einer Zeit enger Zusammenarbeit mit Herrn Professor H. R. Procter an der Universität Leeds entstanden; Herr Professor Procter ist in der ganzen Welt als „Vater der Gerbereichemie" wohlbekannt, seine Werke über Lederfabrikation waren in den vergangenen 35 Jahren die führenden.

Bei der Herstellung der mikroskopischen Präparate und Mikrophotographien wurde mir wertvolle Unterstützung von Herrn Guido Daub zuteil, seiner mühevollen Arbeit verdanke ich in weitestem Maße den Erfolg dieses Teiles des Werkes. Präparate und Proben menschlicher Haut wurden von Herrn Professor T. H. Bast von der Universität in Wisconsin zur Verfügung gestellt. Herr Professor Arthur W. Thomas von der Columbia-Universität versorgte uns mit Häuten des Meerschweinchens und der Albinoratte, die in Erlickischer Flüssigkeit fixiert wurden. Leder aus Nilpferd-, Walroß- und Kamelhäuten erhielten wir von Herrn Professor Douglas Mc. Candlish von der Universität zu Leeds. Fast alle übrigen Haut- und Lederproben lieferte uns die Firma A. F. Gallun & Sons Company, in deren Laboratorien die Arbeiten durchgeführt wurden. Die interessanten Photographien, die das Trocknen von Gelatinewürfeln veranschaulichen, wurden von Herrn Dr. S. E. Sheppard von der Eastmann Kodak Company zur Verfügung gestellt.

Dankbare Anerkennung für ihre freundlichen Anregungen und Ratschläge bei vielen wichtigen Teilen des ganzen Buches schulde ich Frau Marion Hines Loeb an der Universität zu Chicago in bezug auf die allgemeine Histologie der Haut, Herrn Dr. Jacques Loeb vom Rockefeller-Institute in bezug auf die physikalische Chemie der Proteïne, sowie Herrn Professor A. W. Thomas, Herrn Frank L. Seymour-Jones und Fräulein Margaret W. Kelly an der Columbia-Universität hinsichtlich vieler wichtiger Punkte des behandelten umfangreichen Stoffes.

Zu tiefstem Dank verpflichtet bin ich dem verstorbenen Herrn Arthur H. Gallun; nur seinem regen Interesse für die Gerbereichemie ist es zu danken, daß ein großer Teil der in diesem Buche angeführten Untersuchungsergebnisse erzielt werden konnten.

Milwaukee (Wisconsin).

März 1923.

John Arthur Wilson.

Vorwort des Übersetzers

In der Zeit von fast zwei Jahren, die seit dem Erscheinen des Original-
werkes vergangen sind, ist die Forschung auf dem Gebiete der Gerbereichemie ununterbrochen fortgeschritten, und bedeutsame Resultate sind
erzielt worden. Durch die liebenswürdige und bereitwillige Unterstützung des Herrn Verfassers war es möglich, das vorliegende Buch
dem Stande der neuesten Arbeiten entsprechend zu ergänzen — es wurde
um 60 Seiten und 28 Abbildungen vermehrt — und durch seine
Vermittelung konnten eine Reihe der letzten amerikanischen Forschungs-
resultate noch berücksichtigt werden; von diesen sind nachstehend
aufgeführte zu erwähnen:

> „Eine einfache Wasserstoffelektrode für Gerbbrühen" von
> Wilson und Kern.
> „Bakterien in Weichwässern von Gerbereien" von Wilson und
> Vollmar.
> „Der Einfluß eines langen Kontaktes mit gesättigtem Kalk-
> wasser auf Kalbshaut" von Wilson und Daub.
> „Hydrolyse von Haut und Haaren" von Merill.
> „Die Rolle der Sulfide bei der Hydrolyse von Haut und Haaren"
> von Merill.
> „Die Tanningerbung" von Thomas und Kelly.
> „Der Einfluß des Fettgehaltes auf die Reißfestigkeit und Dehn-
> barkeit von Kalbs- und Ziegenleder" von Wilson und Gallun jr.
> „Die Beziehung zwischen der Zusammensetzung von Leder
> und der Bequemlichkeit daraus gefertigter Schuhe" von
> Wilson und Gallun jr.
> „Der Einfluß von Trypsin auf verschiedene Lederarten" von
> Thomas und Seymour-Jones.
> „Die Chinongerbung" von Thomas und Kelly.
> „Die Reißfestigkeit und Dehnbarkeit von Kalbleder" von
> Wilson.

Der unterzeichnete Übersetzer will nicht versäumen, auch an dieser
Stelle Herrn Professor Wilson für solche wertvolle Hilfe, die für den
Wert des Buches von großer Wichtigkeit ist, ganz besonderen Dank
auszusprechen. Möge das anregende Buch sich als wertvolle Ergänzung
der deutschen Gerbereiliteratur erweisen.

Charlottenburg.
November 1925.

Dr. Hermann Loewe.

Inhaltsverzeichnis

Einführung

Eines der interessantesten aber auch der schwierigsten Gebiete der technischen Chemie ist die Gerbereichemie; behandelt sie doch Reaktionen zwischen wenig definierten Körperklassen, die sich im allgemeinen im kolloidalen Zustand befinden und deren Strukturchemie immer noch spekulativer Natur ist. Die Rohhaut setzt sich aus den verschiedenartigsten Proteinen zusammen und ihre Zusammensetzung wechselt nicht nur bei verschiedenen Tieren sondern auch innerhalb einer einzelnen Haut. Die Verwandlung von Haut in Leder besteht aus zweierlei Vorgängen, der Entfernung gewisser Proteine durch Alkalien, Enzyme und Bakterien und der Reaktion der noch bleibenden mit gerbenden Stoffen, Fetten, Seifen, Emulsionen, Beizen, Farbstoffen, Appreturen, Harzen und anderen kompliziert aufgebauten Materialien. Während dieser Vorgänge muß die Struktur der Haut sorgfältig erhalten oder sogar verbessert werden; es bedarf einer hochentwickelten Technik, um dem resultierenden Leder ganz bestimmte, sehr schwer zu definierende Eigenschaften zu geben. Oft ist es geradezu schwierig, manche dieser Eigenschaften richtig zu bewerten. Der Vergleich der außerordentlichen Anstrengungen, welche die organische Chemie auf die Erforschung der zur Gerbung notwendigen Materialien verwendet mit der unsicheren Kenntnis über diese einzelnen Körperklassen, offenbart uns noch deutlicher die Kompliziertheit und Größe des Gerbereiproblems.

Die Kunst, Leder zu fabrizieren, ist sehr viel älter als die wissenschaftliche Chemie. Lederproben der alten Ägypter legen Zeugnis ab von der hohen Entwicklungsstufe dieser Kunst vor mehr als 3000 Jahren. Der Ursprung der Lederbereitung geht wahrscheinlich bis auf jene Zeiten zurück, in denen der Mensch Tiere tötete, um sie als Nahrung zu verwenden. Es ist anzunehmen, daß die Häute, da sie nicht schmackhaft waren, zunächst keine Verwendung fanden. Lange Zeit kann der Wert der Haut als Bekleidungs- und Schutzmittel jedoch nicht verborgen geblieben sein. Es zeigte sich bald, daß getrocknete Häute, die zunächst hart und spröde waren, durch das Biegen beim Tragen geschmeidiger wurden; wahrscheinlich verstand man es sehr bald, die Geschmeidigkeit der Haut, besonders wenn Fett beim rohen Enthäuten zurückgeblieben war, durch Bearbeiten zu erhöhen. Konnten in regnerischen Zeiten die Felle nicht so schnell getrocknet werden, so trat Fäulnis ein, und die Zerstörung der Epidermiszellen bewirkte ein Ausfallen der Haare; diese Erscheinung gab zu der in manchen Fällen vorteilhaften Anwendung von enthaarten Fellen Anlaß. Das Gerben und Färben mit Blättern, Rinden und Hölzern ist wahrscheinlich auch eine Entdeckung des prähistorischen Alters. In der Tat weisen manche noch heutzutage in der Gerberei übliche Operationen auf einen weit zurückliegenden Ursprung hin.

Erschwert wird die Erforschung der Entwicklung der Gerberei durch Geheimniskrämerei und den Mangel an genauen Angaben besonders bei den Einzelheiten der Herstellung feinerer Ledersorten. Der Fortschritt beruht jedoch nicht nur, wie oft angenommen wird, auf der Anwendung von reiner Empirie. So verdanken gewisse Gerber ihren großen Erfolg der Entwicklung der Gerbereiwissenschaft. Diese baut sich zum Unterschied von der gefühlsmäßigen Beurteilung auf der Beständigkeit der Naturgesetze auf; sie ordnet und verbindet durch organische Zusammenhänge jene zahllosen Einzeltatsachen, die durch die Beobachtungen und die Überlieferung vieler Generationen angesammelt worden sind.

Diese Wissenschaft hat sich infolge ihrer weitgehenden Spezialisierung in praktischer Hinsicht der Chemie überlegen gezeigt, so daß diese nicht imstande ist, die Gerbereiwissenschaft zu ersetzen und noch immer einen mehr ergänzenden Charakter trägt.

Der Chemiker, der im Begriff steht, sich in diese Industrie einzuarbeiten, erfährt meist eine gewisse Enttäuschung. Bei der Anwendung seiner chemischen Kenntnisse auf Gerbereivorgänge entstehen unerwartete Verwicklungen; es fehlt ihm an genügender Praxis, auch empfindet er ein falsches Überlegenheitsgefühl über reine Praktiker, die sich ihr Leben lang dieser Industrie gewidmet haben. Es fehlt ihm die Einsicht, daß die Wissenschaft des Gerbers meist zuverlässiger ist als die Chemie eines auf diesem Gebiet Anfangenden.

Um wirkliche Fortschritte zu machen, muß der Chemiker in der Regel den Mechanismus jedes einzelnen Schrittes eines Verfahrens, das bereits mit Erfolg ausgeführt wird, sorgfältig studieren, ohne daß er mit der Durchführung des Verfahrens in irgend einen Widerspruch gerät. Eine einmal gefundene vernünftige Erklärung ist von unschätzbarem Wert; sie veranlaßt praktische Experimente, die zur Ausschaltung unnützer Vorgänge und zur Entwicklung und Verbesserung anderer führen.

Es läßt sich leicht erklären, warum diese Art vorzugehen, nicht allgemein angewendet wird. Es müssen dabei langwierige und kostspielige Untersuchungen durchgeführt werden, bei denen eine unmittelbare Realisation nicht immer eintritt; ob der Aufwand an Mitteln dem Erfolg entspricht, hängt von der Geschicklichkeit des Chemikers ab, die der Gerber nur schwer zu beurteilen vermag. Die

Anforderungen, die an einen Chemiker gestellt werden, sind außerordentlich hohe; er muß über eine breite theoretische Grundlage verfügen, muß eine ausgesprochene Fähigkeit aufweisen, die Wissenschaft weiter zu entwickeln, ferner muß er eine gewisse Geschicklichkeit in der Anpassung subtiler Apparaturen an die rohen Bedingungen des Gerbereibetriebes besitzen, endlich muß er den Standpunkt des erfahrenen Praktikers zu schätzen wissen. Eine vorhergehende Betätigung in dieser Industrie ist andererseits unwesentlich.

Es kann nicht bestritten werden, daß eine engere Zusammenarbeit zwischen Universität und Industrie für beide von hohem Nutzen sein kann; eine solche Zusammenarbeit wird kaum eher eintreten als bis beide ihre gegenseitigen Fähigkeiten und Bedürfnisse besser kennengelernt haben. Der Stein des Anstoßes liegt entweder in der mangelnden Wertschätzung einer Zusammenarbeit oder in der Abneigung eines jeden Teiles den ersten Schritt in dieser Richtung zu tun.

Für die Universitäten ergeben sich zum mindesten deutlich drei wichtige Vorteile bei einer Zusammenarbeit mit der Industrie; die augenfälligste hiervon ist eine außerordentlich notwendige finanzielle Unterstützung. Aber auch in der Industrie gilt wie überall das Gesetz von der Erhaltung der Masse und Energie. Die Hochschulen können nur dann von der Industrie Leistungen erwarten, wenn sie entsprechende Gegenwerte von allerdings ganz anderer Art schaffen. Die Hochschulen bergen wohl Quellen potentiellen Reichtums in sich, sie leiden jedoch Mangel an flüssigen Geldmitteln. Die Industrie ist nun ein Mittel, die eine Form des Reichtums in die andere überzuführen. Die Hochschulen können sich daher eine dauernde finanzielle Unterstützung sichern, wenn sie der Industrie die Möglichkeiten, diesen Reichtum zu erschließen, übermitteln.

Ein weiterer wertvoller Vorteil, der sich den Universitäten bietet, ist die Möglichkeit, die in der Industrie geltenden Gesichtspunkte kennenzulernen. Dies ist eine Notwendigkeit, wenn die Universitäten ihren potentiellen Reichtum so entwickeln wollen, daß er von der Industrie assimiliert werden kann. Eine solche Kenntnis unterstützt die Universitäten ferner in einer erfolgreichen Ausbildung von Studierenden für die Industrie. Der dritte Vorteil liegt endlich darin, daß den Studierenden ein Betätigungsfeld in der Industrie eröffnet wird. Diese braucht Kräfte, die in ihren Anschauungsformen denken gelernt haben. Nur zu oft entwickelt die Ausbildung an den Universitäten jene Fähigkeiten nicht, die von der Industrie gefordert werden. Durch engere Zusammenarbeit könnte ein Bildungssystem entstehen, das Studierende mit Streben und Initiative auf die Entwicklungsmöglichkeiten in der Industrie vorbereitet.

Die Quelle des Erfolges einer Zusammenarbeit zwischen Universität und Industrie liegt sowohl in dem wichtigen Tatsachenmaterial, das zutage gefördert wird, als auch in der Heranbildung von Kräften, die geschult sind dieses Material der Praxis nutzbar zu machen. Bei kluger Zusammenarbeit ist eine Steigerung der Leistungsfähigkeit der

Industrie fast unbegrenzt, und die Vorteile, die für beide resultieren, sind unermeßliche.

In der Industrie werden Chemiker meist durch Mangel an Erkenntnissen gehemmt. Viele physikalischen Eigenschaften, die wertbestimmend für das Leder sind, liegen in der mikroskopischen Struktur der Haut begründet. Wenige Gerber sind jedoch in der Lage, die Mittel für das Studium der Histologie, des chemischen Aufbaues der Haut und der Struktur des unter verschiedenen Bedingungen hergestellten Leders aufzubringen. Solche Studien sind zeitraubend und kostspielig und es wäre unökonomisch, sie in jeder Gerberei zu pflegen. Die gesamte Industrie kann es sich dagegen sehr wohl leisten, ein Laboratorium zu finanzieren, das sich ausschließlich solchen Studien, die eine Reihe von Jahren in Anspruch nehmen würden, widmen könnte. Ein guter Anfang ist, wie die folgenden Kapitel zeigen werden, bereits vorhanden.

Die physikalische Chemie der Proteine ist für die Gerberei von fundamentalster Bedeutung. Da sie jedoch auch für andere Zweige der Chemie von ebensolcher Wichtigkeit ist, so würde es zweckmäßig sein, wenn ein großes und gutes Universitätslaboratorium ein gemeinsames Arbeitsprogramm aufstellen und die Mittel zur Durchführung dieser Arbeiten aus mehreren Quellen erhalten würde. Das Forschungslaboratorium einer Universität ist ferner der Ort, um die physikalische Chemie und die Chemie der Proteine und natürlichen Gerbstoffe weiterzubilden. Wenn auch die physikalische Chemie mehr Aussicht auf Verwertung ihrer Erkenntnisse in der Praxis in kürzerer Zeit bietet, so sollten doch beide Zweige gleichmäßig entwickelt werden.

Es gibt in der Gerbereichemie kaum einen fundamentalen Vorgang, dessen Erforschung sich nicht für ein Universitätslaboratorium eignete. Um jedoch eine finanzielle Unterstützung von der Industrie zu erhalten, ist es nötig, die Arbeiten so durchzuführen, daß sie der Industrie direkt nutzbar gemacht werden können. Der verstorbene Herr Arthur H. Gallun erkannte mit rühmenswertem Weitblick und edler Großzügigkeit, daß, um eine große Forschungsbewegung ins Leben zu rufen, eine gewisse Trägheit überwunden werden muß. Später entwickelt sich dann solch eine Bewegung aus sich selbst heraus weiter. Er rief eine Erforschung der Grundlagen der Gerbereichemie unter der Leitung von Herrn Professor A. W. Thomas an der Columbia-Universität ins Leben, mit der Bedingung, daß alle Forschungsergebnisse zum Nutzen der gesamten Lederindustrie veröffentlicht werden sollten. Vergleicht man die in den letzten Jahren gewonnenen Ergebnisse der Forschung über die Chrom- und die vegetabilische Gerbung mit denen der vorhergehenden Jahre, so fällt das Urteil zugunsten der ersteren aus. Die in den folgenden Abschnitten beschriebenen Arbeiten lassen zweifellos den großen praktischen Wert dieser Forschungen hervortreten, und es erscheint kaum möglich, daß in absehbarer Zeit nicht die Unterstützung der gesamten Industrie gewonnen würde. Es verdient besonders hervorgehoben zu werden, daß hier ein Beispiel für eine gewisse Zusammenarbeit von Wissenschaft und Industrie gegeben wird, die sich für beide Teile als nützlich erwiesen hat.

Es ist zu hoffen, daß dem Chemiker beim Studium dieses Buches für viele Gebiete der Lederchemie Verständnis erwachsen, und daß er die Vorteile, die aus einer Zusammenarbeit entspringen, schätzen lernen möge. Andererseits möge auch der Industrie eine klarere Erkenntnis der Fruchtbarkeit der Anwendung der reinen Chemie auf die Lederfabrikation gegeben werden.

Die Histologie der Haut

Augenscheinlich ist für die Lederfabrikation die Histologie der Haut von großer Bedeutung; ist die Rohhaut doch das Ausgangsmaterial für den Gerber. Trotzdem dies auf der Hand liegt, sind wissenschaftliche Erkenntnisse durch die mangelhafte Histologie der zur Lederfabrikation verwendeten Häute gehemmt worden, ein Umstand, der sich besonders bei dem Studium der Vorarbeiten zur eigentlichen Gerbung bemerkbar gemacht hat. Der Grund hierfür liegt weniger in einer Geringschätzung der Histologie als in ihrer schwierigen Technik, die mit außerordentlich feinen Mitteln arbeitet, begründet.

Die Kompliziertheit der Hautstruktur erklärt sich aus den verschiedenen Zwecken, welchen die Haut dient. Als Schutzmittel der unter ihr liegenden Organe muß sie so beschaffen sein, daß sie als Puffer gegen Schlag und Stoß wirkt, ohne daß diese Organe in der Ausführung ihrer Funktionen gestört werden. Weiterhin ist sie ein Sinnesorgan, das mit Nerven versehen ist, die Berührung, Schmerz, Kälte und Hitze empfinden; infolge ihrer Funktion als Organ der Sekretion und Exkretion ist sie mit Drüsen, Kanälen, Muskeln und Blutbahnen ausgestattet. Sie dient ferner als Thermoregulator des Körpers, diese Funktion übt sie durch Regulierung des Verdampfens von Wasser an ihrer Oberfläche und durch Absonderung von Fett aus, so daß dieses die Oberfläche bedeckt und heftigem Wärmeverlust entgegenwirkt. Die Ausmaße aller die Haut aufbauenden Teile hängen von den Anforderungen des Körpers und von der zur Verfügung stehenden Ernährung ab. Die Struktur einer Haut wechselt an verschiedenen Körperstellen beträchtlich. Nervenpapillen sind beispielsweise in Teilen, die Empfindungssinn am meisten benötigen, wie die Fingerspitzen, am häufigsten, in anderen Teilen dagegen sind sie sehr spärlich vertreten. Die Hautstruktur ist so gebildet, daß sie in der Lage ist, heftige Temperaturschwankungen dort am weitgehendsten auszugleichen, wo diese die Haut am meisten heimsuchen, Reibung und Schlägen dort am besten zu widerstehen, wo sie am häufigsten auftreten. Die Haut erstrebt in der Tat jenen Aufbau, der am gegebenen Orte der nützlichste ist. Das allgemeine Studium der Haut erfordert demnach die Untersuchung mannigfacher einzelner Strukturtypen, die bestimmt werden durch die Gattung des Tieres, durch allgemeine Ernährungsbedingungen, durch klimatische Verhältnisse und endlich durch die Stelle der Probeentnahme.

Obgleich die Anzahl der möglichen Typen groß erscheint, haben es die Gerber durch ihre lange Erfahrung verstanden, sie gemäß den Eigenschaften, die sie dem Leder erteilen, zu klassifizieren. Die Annahme, daß es dem Histologen auf Grund der Histologie der Haut gelingen mag, eine ähnliche Einteilung zu erhalten, erscheint nicht unwahrscheinlich. Eine solche Erkenntnis würde sich als wertvolle Ergänzung der Gerbereierfahrung erweisen.

Beträchtliche Fortschritte beim Studium der Histologie der menschlichen Haut sind von der Medizin dank der großen Zahl wohlvorbereiteter Forscher erzielt worden. Diese Arbeiten sind von unschätzbarem Wert für das Studium der Haut niederer Tiere, da die Häute aller dieser Tiere die gleiche Strukturbasis aufweisen. Die einzelnen Hauttypen jedoch zeigen besonders in feinen Einzelheiten abweichende Strukturen, die von so vitaler Bedeutung für die Lederherstellung sind, daß die Kenntnis der menschlichen Hautstruktur allein zu Irrtümern Anlaß geben müßte. Um die Histologie der Haut auf die Ledererzeugung vernünftig anwenden zu können, ist ein Einzelstudium jedes vorhandenen Hauttypus notwendig.

Obwohl die Histologie der Haut inbezug auf die Lederfabrikation noch sehr entwicklungsbedürftig ist, haben die bemerkenswerten Arbeiten von Seymour-Jones[1]) bereits wichtige Fortschritte gezeitigt[2]). Im Laboratorium des Verfassers sind mehrere Jahre lang systematische, histologische Studien getrieben worden. Sie hatten die Aufgabe, die Struktur der Haut verschiedener Tiere und die Veränderung dieser Struktur während der Verwandlung in Leder zu erforschen. Der größte Teil dieser Arbeiten wird zum ersten Male in diesem Buche veröffentlicht.

Die Herstellung von mikroskopischen Präparaten und Mikrophotographien

Da die meisten Feststellungen dieses Kapitels durch direkte Beobachtung von Hautschnitten, die im Laboratorium des Verfassers hergestellt worden waren, erhalten wurden, wird eine Beschreibung der angewandten Methoden dazu beitragen, die Darstellung klarer zu gestalten, insbesondere da Arbeiten dieser Art in Gerbereilaboratorien nicht üblich sind. Die Beschreibung wird sich jedoch auf die Methoden beschränken, die bei der Herstellung der in diesem Buche enthaltenen Mikrophotographien angewandt wurden. Die Mikroskopie, Mikrotomtechnik und Mikrophotographie sind so umfangreiche Gebiete, daß sie

---

[1]) Alfred Seymour-Jones, Physiology of the Skin. Journ. Soc. Leather Trades' Chem., serially 1917/21.
[2]) Küntzel, Die Histologie der tierischen Haut. 1925.

im Rahmen dieses Buches nicht erschöpfend behandelt werden können. Der Leser, der sich weitergehend für diese Themen interessiert, wird auf die ausgezeichnete einschlägige Literatur verwiesen [1] [2] [3].

Probeentnahme. Um die tierische Haut in ihrer Gesamtstruktur kennenzulernen, wurden Streifen von 10×50 mm den verschiedensten Stellen der Haut entnommen, so daß nicht nur das Bild einer allgemeinen Hautstruktur, sondern auch einer speziellen entwickelt werden konnte. Beim Schneiden der Streifen wurde darauf geachtet, daß spätere Schnitte in ganz bestimmten Ebenen vorgenommen werden konnten, die beispielsweise Haarbälge und den arrector pili-Muskel enthielten. Wir hielten es für wichtig, die einmal gewählte Ebene bei einer Schnittserie, die die Veränderung der Haut während des Überganges in Leder zeigen sollte, beizubehalten.

Fixierung. Wird ein Gewebe nach dem Absterben nicht sofort fixiert, so unterliegt seine Struktur einer langsamen Veränderung. Nach L e e hat die Fixierung zweierlei Bedeutungen: „Sie muß einmal ein rasches Abtöten des noch lebenden Organismus bewirken, so daß dieser keine Zeit hat, jene seinem Leben eigentümliche Struktur zu verändern, andererseits muß ein Erhärten erzielt werden, damit das Präparat ohne seine Form zu ändern gegen die Reagenzien widerstandsfähig wird, mit denen es später behandelt wird. Ohne gute Fixierung ist es unmöglich, gute Schnitte, Färbungen oder in irgendeiner Beziehung vollkommene Präparate zu erhalten."

Die Mikrophotographien dieses Buches geben Schnitte wieder, die mit Erlickischer Flüssigkeit oder Alkohol fixiert worden sind. Zahlreiche andere untersuchte Fixierungsflüssigkeiten entsprachen dem verlangten Zweck nicht ganz vollkommen. Die Erlickische Flüssigkeit entsteht sehr einfach durch Auflösen von 2,5 g Kaliumbichromat und 1 g Kupfersulfat in 100 ccm Wasser. Die frischen Hautstreifen wurden ohne vorheriges Waschen in diese Lösung gebracht. In den ersten 3 Tagen wurden sie stets in frische Lösung übergeführt und dann in ein letztes Bad bis zur völligen Durchdringung mit der Fixationsflüssigkeit gebracht. Die Gesamtbehandlung betrug im allgemeinen 5 bis 7 Tage. Danach wurden die Hautstreifen 20 Stunden in fließendem Wasser belassen und schließlich mit Alkohol entwässert.

Die Hautschnitte des Schafes, der Kuh und des Meerschweinchens, die im Buche abgebildet sind, entstammen Häuten, die sofort nach dem Tode des Tieres fixiert wurden. Es ist daher anzunehmen, daß diese Schnitte die normale Struktur der Haut während des Lebens wiedergeben. Die anderen Schnitte geben die Struktur der Haut in jenem Zustand wieder, in der diese der Gerberei eingeliefert wurde.

---

[1] H. G ü n t h e r, Handbuch der mikroskopischen Technik, Bd. I, Das Mikroskop. Stuttgart.

[2] G. S t r e h l i, Handbuch der mikroskopischen Technik, Bd. II, Mikrotom und Mikrotomtechnik. Stuttgart.

[3] B. R o m e i s, Taschenbuch der mikroskopischen Technik. 1922 München, Berlin.

In jedem Falle wurde eine parallele Serie von Streifen frischer Haut in Alkohol fixiert, um sie mit der in Erlickischer Flüssigkeit fixierten zu vergleichen. Die letzteren gaben gewöhnlich gewisse Einzelheiten schärfer wieder als die ersteren. Alle Hautschnitte aus den Stadien des Enthaarens und Beizens wurden in Alkohol fixiert, um die zwischen Erlickischer Flüssigkeit und den vorher angewandten Gerbereichemikalien möglichen Reaktionen zu vermeiden. Schnitte lufttrockenen Leders wurden nicht fixiert, nach Aufweichen in Zedernöl wurden sie sofort in Paraffin eingebettet.

Entwässern und Einbetten. Sämtliche Hautschnitte wurden nach der Fixierung die angegebene Zeit in folgenden Bädern belassen:

1 Tag in 50 $^0/_0$ Alkohol
1 „ „ 95 $^0/_0$ „
1 „ „ absolutem Alkohol
1 „ „ frischem absoluten Alkohol
$^1/_2$ „ „ Alkohol-Xylol
$^1/_2$ „ „ Karbol-Xylol
$^1/_2$ „ „ Xylol
$^1/_2$ „ „ frischem Xylol
$^1/_2$ „ „ geschmolzenem Paraffin.

Die Alkohol-Xylol-Mischung enthielt beide Komponenten in gleichen Volumina. Die Karbol-Xylol-Kombination, die als Klärungsmittel bekannt ist, hatte den Zweck, den Alkohol aus den Schnitten zu entfernen; sie war eine Mischung aus 25 ccm geschmolzenem Phenol und 75 ccm Xylol. Dicke Schnitte mußten längere Zeit in geschmolzenem Paraffin gelassen werden, um dem Zweck dieser Behandlung, das Xylol durch Paraffin zu ersetzen, zu genügen. Die Streifen wurden in einen Aluminiumbecher von 100 ccm Inhalt eingehängt und mit geschmolzenem Paraffin bedeckt. Hierauf wurden die Becher in kaltes Wasser gebracht und bis zum Erstarren des Paraffins darin belassen. Danach wurden sie vorsichtig soweit erhitzt, als es nötig war, den Paraffinblock von den Wandungen zu lösen; die Blöcke wurden schließlich herausgezogen und in eine für das Mikrotom geeignete Form gebracht.

Schnitte. Wirklich gute Schnitte kann man nur erhalten, wenn das Mikrotommesser frei von Scharten und äußerst scharf ist; je schärfer das Messer, desto besser der Schnitt. Die Schnittdicke ist von dem Teil der Haut abhängig, den man untersuchen will; bei Schnitten, die allgemeine Hautstrukturen zeigen sollen, genügt eine solche von 20 μ.

Wie man bei Hautpräparaten aus dem Enthaarungsprozeß beobachten kann, würden die losen Epidermiszellen und die Haare nicht an ihrem Platz geblieben sein, wenn sie nicht auf irgend eine Weise am Objektträger befestigt worden wären. Um den Verlust wichtigen Schnittmaterials zu vermeiden, wurden die vom Mikrotom kommenden Paraffinschnitzel mit Mayers Albuminfixiermittel an den Objektträger angeklebt. Das Fixierungsmittel entsteht durch Mischen von gleichen Mengen Glyzerin und geschlagenem Eiweiß bei Zusatz von $2\,^0/_0$ Natriumsalicylat unter nachfolgendem Filtrieren. Eine kleine Menge des Mittels wurde mit dem Finger eben auf der Mitte des Objektträgers ausgebreitet und mit Wasser bedeckt. Ein Paraffinschnitzel, das einen Schnitt enthielt, wurde nun auf dem Wasser zum Schwimmen gebracht. Das Paraffin wurde dann durch vorsichtiges Erwärmen mit einer Alkohollampe, ohne es zum Schmelzen zu bringen, zum flachen Ausbreiten veranlaßt, mit einem Kamelhaarpinsel gerichtet und glattgestrichen. Hierauf wurden die Objektträger mit den Schnitten mindestens einen Tag lang getrocknet; gleichzeitig befestigten sich die Schnitte auf der Unterlage. Durch Waschen mit Xylol wurden sie dann vom Paraffin befreit und zum Färben mit Alkohol gewaschen.

Färbungen. Bei der Bereitung der in diesem Buche enthaltenen Hautpräparate wurden mit Ausnahme der Haut des menschlichen Hackens und Kopfes 6 Färbungen benutzt. Jene beiden Hautschnitte waren in Professor B a s t s Laboratorium präpariert worden; sie wurden mit Delafields Hämatoxylin-Eosin gefärbt. Wurden wässerige Färbungen vorgenommen, so durchliefen die Schnitte nacheinander in einigen Minuten folgende Alkoholreihe: $95\,^0/_0$, $75\,^0/_0$, $50\,^0/_0$, $25\,^0/_0$, zum Schluß kamen sie in Wasser. Nach der Färbung passierten sie die Alkoholreihe umgekehrt, und wurden schließlich mit absolutem Alkohol behandelt. Die 6 benutzten Färbungen hatten folgende Zusammensetzung:

1. **Van Heurcks Blauholz:** 6 g gepulverter Blauholzextrakt und 18 g Alaun wurden unter allmählichem Zugeben von 300 ccm Wasser im Mörser verrieben. Nach dem Filtrieren wurde die Lösung mit 20 ccm Alkohol versetzt und mehrere Wochen unter Ersatz des verdunsteten Wassers der Luft ausgesetzt. Die Präparate wurden 3 Minuten in der Färbung belassen, bis zum Blauwerden in fließendes Wasser gehalten und durch eine steigende Alkoholserie geschickt. Aus der $95\,^0/_0$igen Alkohollösung wurden die Präparate in eine Picro-Indigo-Carminlösung gebracht, die als Gegenfärbung diente. Wurde die Gegenfärbung mit Bismarckbraun ausgeführt, so mußten die Präparate aus der $95\,^0/_0$igen alkoholischen Lösung in absoluten Alkohol, der $0,1\,^0/_0$ Chlorwasserstoffsäure enthielt, übergeführt werden. Sie wurden darin bis zur Rosafärbung und bis zur Entfernung aller auswaschbaren Farbe belassen. Schließlich wurden sie in frischem Alkohol gewaschen und mit Bismarckbraun gefärbt.

2. **Friedländers Blauholz:** 2 g gepulverten Blauholzextraktes wurden in 100 ccm Alkohol gelöst, mit 2 g Alaun, die in 100 ccm Wasser und 100 ccm Glyzerin gelöst worden waren, versetzt. Es wurde wie van Heurcks Färbung benutzt.

3. **Picro-Indigo-Carmin:** 1 ccm absoluter Alkohol, der mit Pikrinsäure gesättigt worden war, wurde mit 100 ccm $90\,^0/_0$igem Alkohol vermischt. Diese Lösung wurde mit Indigo-Carmin durch Zugabe eines Überschusses unter öfterem Umschütteln gesättigt und mehrere Wochen stehen gelassen. Zur Verwendung gelangte die

dekantierte Lösung, in der die Präparate 3—4 Stunden zum Färben belassen wurden.

4. **Picro-Rot**: Zu 5 ccm mit Pikrinsäure gesättigtem Alkohol wurden 55 ccm 90%igen Alkohols hinzugefügt, der mit dem Farbstoff Lederrot X gesättigt worden war. Beim Gebrauch wurde die Lösung, in der die Schnitte zum Färben 2 Minuten belassen wurden, mit dem zehnfachen Volumen Alkohol verdünnt.

5. **Weigerts Resorcin-Fuchsin**: 2 g basisches Fuchsin und 4 g Resorcin wurden in 200 ccm Wasser 10 Minuten lang gekocht, nach Zusatz von 25 ccm 30%iger Ferrichloridlösung weitere 5 Minuten gekocht. Hierauf wurde gesättigte Ferrichloridlösung bis zum Ausfallen des gesamten Farbstoffes hinzugefügt. Die Mischung blieb über Nacht zum Absetzen und Abkühlen stehen. Die Lösung wurde dekantiert und verworfen. Der Rückstand wurde in kochendem 95%igem Alkohol gelöst und filtriert, nach dem Abkühlen war ein Zusatz von 5 ccm gesättigter Salzsäurelösung notwendig. Zum Färben wurde die Lösung mit dem gleichen Volumen Alkohol verdünnt und die Schnitte 60—90 Minuten darin belassen. Nach dem Färben wurden sie mit Alkohol gespült.

6. **Daubs Bismarckbraun**: Zu 95 ccm absolutem Alkohol wurden 5 ccm gesättigtes Kalkwasser und ein Überschuß von Bismarckbraun hinzugefügt. Die Mischung ließ man nach gutem Durchschütteln sich absetzen und dekantierte nach einigen Tagen. Der verdunstete Alkohol wurde, um ein Ausfallen des Farbstoffes zu verhindern, durch Zusatz von 15 ccm Alkohol ersetzt. Die Präparate blieben einen Tag im Färbebad.

Das Einschließen der Präparate. Da die Schnitte nichtgegerbter Haut vor dem Färben auf dem Objektträger fixiert worden waren, war das Einschließen verhältnismäßig einfach. Nach der Färbung wurden die Präparate nacheinander mit absolutem Alkohol, Alkohol-Xylol, Xylol-Karbol und schließlich Xylol behandelt; jeder Schnitt wurde dann mit einem Tropfen Kanada-Balsam und einem Deckgläschen bedeckt. Man erhielt so Dauerpräparate, die zur Untersuchung im Mikroskop und zum Mikrophotographieren bereit waren.

Lederschnitte, die mit Hilfe des Mikrotoms hergestellt worden waren, wurden auf einem weichen Stück Papier entrollt und durch Anpressen des die Schnitte umgebenden Paraffins festgehalten. In flachem Zustand wurden sie dann mit einer Pinzette aufgenommen, in eine Lösung aus gleichen Teilen Alkohol und Äther und 1% Parlodion getaucht und auf den Objektträger gebracht, der mit einer dünnen Schicht Zedernholzöl bedeckt worden war. Die Präparate wurden dann bis zum Verdunsten des Lösungsmittels etwa 30 Minuten der Luft ausgesetzt. Darauf wurden sie mit Xylol gewaschen und mit Kanada-Balsam und Deckgläschen bedeckt. Im allgemeinen ist eine Färbung bei Lederschnitten nicht nötig, bisweilen unterstützt sie jedoch die Bildschärfe der Mikrophotographie. In allen Fällen, in denen Färbungen benutzt wurden, ist dies unter den Mikrophotographien vermerkt worden.

Photographie. Alle Aufnahmen wurden mit einem Standardtyp eines photographischen Apparates aufgenommen. Es wurden „Wratten"- und „Wainright M."-Platten benutzt und gemäß der beigefügten Anweisungen entwickelt. Als Lichtquelle zum Durchleuchten der Schnitte diente eine 6-Volt-„Mazda"-Lampe mit kleiner konzentrierter Leuchtfläche. Das Licht wurde durch geeignete Lichtfilter geschickt, die aus „Standard-Wrattenpapier" bestanden. Die Färbung der Präparate und Filter wurde so abgestimmt, daß alle Einzelheiten durch Kontrastwirkung scharf hervortraten; war dies nicht genügend der Fall, so wurden die Platten beim Entwickeln mit Standardmitteln verstärkt oder abgeschwächt.

Um den Narben für Vergleiche photographisch aufzunehmen, waren gewisse Vorsichtsmaßregeln notwendig. Die Haarbälge bilden mit der Oberfläche der Haut einen Winkel und infolgedessen ist die Verteilung von Licht und Schatten vom Auffallswinkel des Lichtes auf die Öffnungen der Bälge abhängig. Um in allen Fällen gleiche Bedingungen zu schaffen, wählten wir als Bezugsebene bei geraden Haarbälgen diejenige, in der der Haarbalg lag und welche die Ebene der Hautoberfläche unter 90^0 schnitt. Ein Lichtstrahl eines kräftigen Lichtbogens, der in einer Ebene senkrecht zu den definierten lag, traf den Narben unter einem Winkel von 45^0.

Allgemeines. Zur Reproduktion sämtlicher Mikrophotographien mit Ausnahme von Abbildung 20—27 wurden Halbtöne verwendet. Die letzteren sind Drucke von Strichätzungen. Eine gute Reproduktion konnte bei der geringen Vergrößerung und der hieraus resultierenden Feinheit des Fasergewebes mit Halbtönen nicht erreicht werden. Selbst wenn man einen sehr feinen Raster einschaltete, trat eine Verwischung ein. Reproduktionen ohne Raster ergaben bessere Resultate, da die feinen Linien schärfer hervortraten, wenn auch die nicht so wichtige Schattenwirkung zurücktrat.

Bei allen Vertikalschnitten liegt die Hautoberfläche in der Abbildung oben. Unter jeder Mikrophotographie wurde angegeben: Die Stelle der Probeentnahme, wo diese bekannt war, die Dicke des Mikrotomschnittes, das Okular, Objektiv und Lichtfilter, die beim Photographieren benutzt worden waren und schließlich die lineare Vergrößerung der endgültigen Abbildung im Buch.

Allgemeine Histologie der Haut

In der Literatur findet man des öfteren widersprechende Beschreibungen der Hautstruktur. So kommt es beispielsweise gelegentlich vor, daß ein Autor eine Beschreibung der allgemeinen Hautstruktur zu geben vorgibt und dabei in Wirklichkeit nur einen ganz bestimmten Hauttypus schildert. Abb. 1, 2 und 3 geben Vertikalschnitte durch menschliche Haut wieder; der erste stammt vom Kopf, der zweite vom tieferen Teil des Rückens, der dritte vom Hacken. Eine detaillierte

Abb. 1. **Vertikalschnitt durch menschliche Haut**

Stelle der Entnahme: Kopf
Dicke des Schnittes: 20 μ
Färbung: Delafields Hämatoxylin, Eosin
Okular: Keins
Objektiv: 48 mm
Wratten-Filter: H-Blaugrün
Lineare Vergrößerung: 20fach

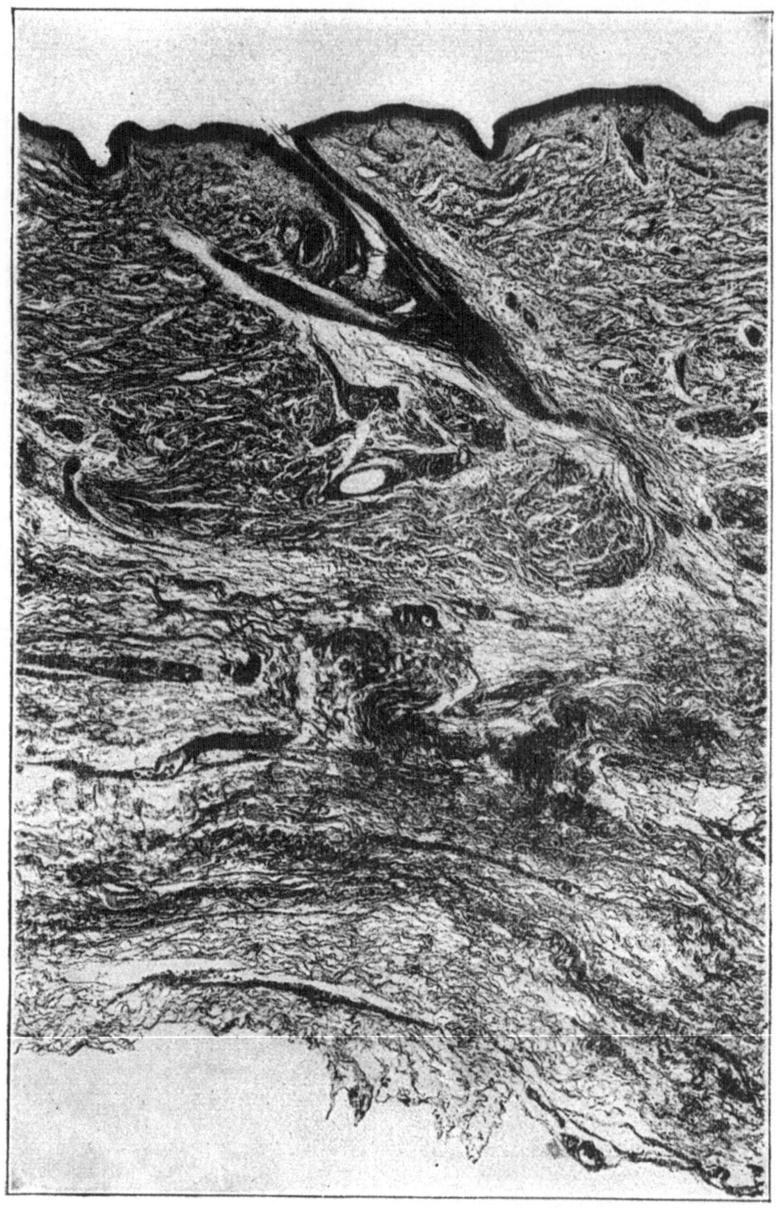

Abb. 2. **Vertikalschnitt durch menschliche Haut**

Stelle der Entnahme: Tieferer Teil des Rückens
Dicke des Schnittes: 20 μ
Färbung: Van Heurcks Blauholz, Daubs Bismarckbraun

Okular: Keins
Objektiv: 32 mm
Wratten-Filter: H-Blaugrün
Lineare Vergrößerung: 32fach

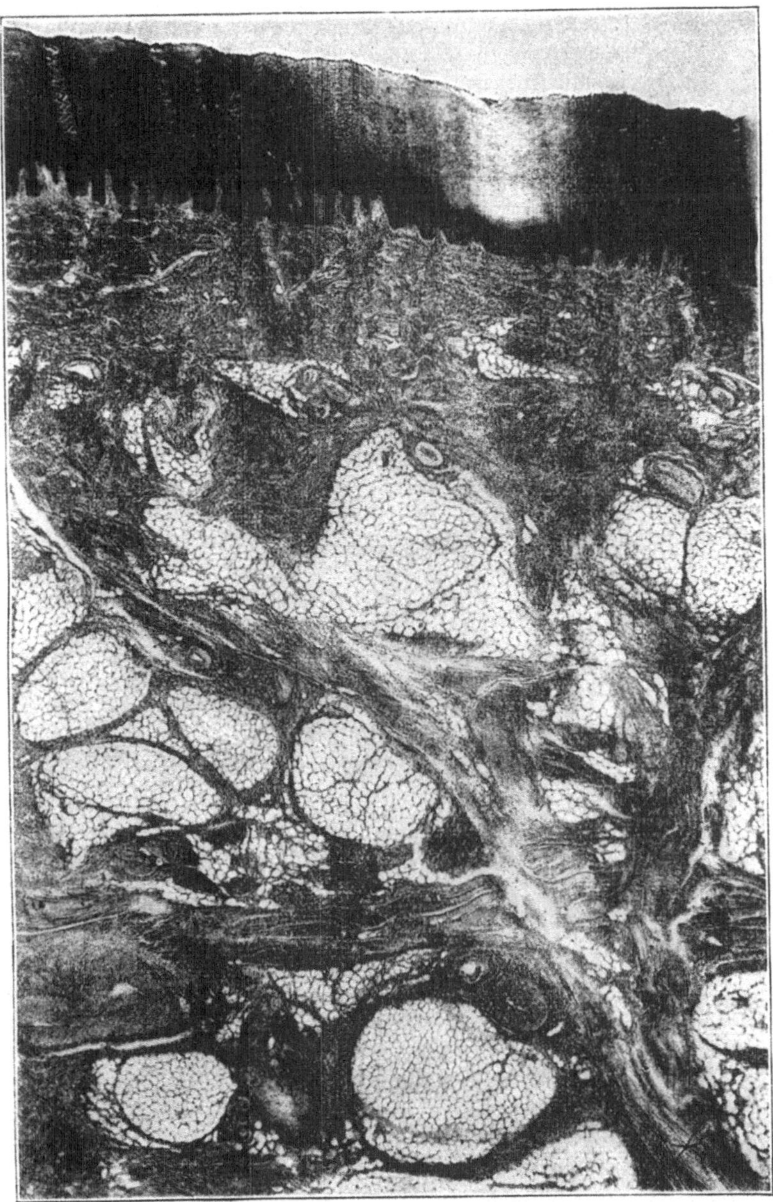

Abb. 3. Vertikalschnitt durch menschliche Haut

Stelle der Entnahme: Hacken	Okular: Keins
Dicke des Schnittes: 30 μ	Objektiv: 48 mm
Färbung: Delafields Hämatoxylin,	Wratten-Filter: H-Blaugrün
Eosin	Lineare Vergrößerung: 20fach

Beschreibung des ersten Präparates würde ein irreführendes Bild von den beiden anderen geben. Die Kopfhaut wird größtenteils aus Fettzellen gebildet; die Rückenhaut, die nur wenige aufweist, zeigt einen großen Überschuß an Bindegewebefasern, im Hackenpräparat herrschen Fettzellen und Bindegewebefasern vor, Haare hingegen treten ganz zurück. Wie man sieht, repräsentieren diese drei Schnitte einer Haut ganz verschiedene Typen; sie stimmen indessen in Bezug auf eine allgemeine Basis der Struktur überein. Die allen Häuten gemeinsame Struktur kann bei einem Typus stark übertrieben, beim anderen hingegen kaum zu entdecken sein.

In der Haut sind alle vier Hauptgewebsarten, Epithel-, Binde- und Muskelgewebe sowie Nerven vertreten. Diese Gewebsarten bestehen entweder aus Zellen oder sind Produkte ihrer Tätigkeit. Alle freien Oberflächen des Körpers werden aus Zellschichten des Epithelgewebes gebildet. Im Gegensatz zu allen anderen wichtigen Geweben sind im Bindegewebe die Zellen in interzellulares Material, das wahrscheinlich durch ihre Tätigkeit entstanden ist, eingebettet. Die verschiedenen Typen des Bindegewebes unterscheiden sich durch die Art des von ihnen hervorgebrachten interzellularen Gewebes; so bringen sie beispielsweise Knochen- und Knorpelsubstanz hervor. Das Muskelgewebe besitzt in ausgeprägtem Maße die Fähigkeit, sich ohne Volumenveränderung zusammenzuziehen, wobei die Längenabnahme durch die Zunahme an Dicke ausgeglichen wird. Die Zellen der gestreiften oder willkürlichen Muskeln sind im Vergleich zu ihrer Dicke lang und sind mit Querstreifen versehen; die glatten oder unwillkürlichen Muskeln haben dagegen eine spindelförmige Gestalt ohne Querstreifung. Das Nervengewebe der Haut stellt eine Verlängerung des Protoplasmas der länglichen Zellen des Zentralnervensystems oder der mit diesem System verbundenen Ganglien dar.

An der Haut lassen sich deutlich zwei Schichten unterscheiden, die von verschiedenem Ursprung und abweichender Struktur sind; eine relativ sehr dünne Außenschicht, die Epidermis, und eine dickere Schicht aus Binde-, und anderen Geweben, das Corium. Die Rohhaut des Handels zeigt noch eine dritte Schicht, das Unterhautbindegewebe, die der Gerber als Fettschicht oder gewöhnlich als Fleisch bezeichnet. In Übereinstimmung mit der Nomenclatur der Lederindustrie wird das Wort Fleisch in diesem Sinne gebraucht, obwohl der anatomische Begriff Fleisch, Muskelgewebe bedeutet. Am lebenden Körper verbindet diese Schicht die Haut nur sehr lose mit den darunterliegenden Teilen des Körpers; das Corium liegt zwischen der Epidermis und dem Unterhautbindegewebe.

Bei der Vorbereitung der Haut zum Gerben muß das Fleisch und das Epidermissystem geschickt und mit großer Vorsicht entfernt werden, ausgenommen in einigen Fällen, wie etwa beim Pelzgerben. Das Corium allein bleibt zurück und wird in Leder verwandelt. Das Epidermissystem, das Unterhautbindegewebe und das Corium sollen jetzt nacheinander beschrieben werden.

Die Epidermis hat sich aus einer Zellschicht des Ectoderms, der äußeren Schicht des Embryos, entwickelt und das Corium, unabhängig davon aus einer Zellschicht des Mesoderms, der mittleren Schicht des Embryos. Diese beiden Schichten entwickeln sich während des ganzen Lebens unabhängig voneinander; sie unterscheiden sich wesentlich in ihren physikalischen und chemischen Eigenschaften. In Abb. 2 wird die Epidermis durch jenes dunkle Band dargestellt, das die Haut an ihrer oberen Seite begrenzt und das etwa $1\,^0/_0$ der Gesamtdicke ausmacht. In bezug auf Wachstum kann man die Epidermis, obgleich sie ein sehr wichtiger Bestandteil des Körpers ist, als Parasiten betrachten. Sie hat keine eigenen Blutgefäße und bezieht, indem sie auf dem Corium aufliegt, ihre Ernährung aus Blut und Lymphe, die dieser Schicht durch ihre Blutbahnen zugeführt werden. Sie wächst aus sich selbst heraus durch Bildung neuer Zellen.

Der Teil der Epidermis, der auf dem Corium aufliegt, besteht aus länglich geformten lebenden Epithelzellen. Es mag erwähnt werden, daß eine Zelle aus einem Kern besteht; dieser schwimmt in einer Protoplasmaflüssigkeit, die von einer dünnen semipermeablen Membran umhüllt wird. Die Nahrung strömt aus Blut und Lymphe durch die Zellwände herein. Wenn die Zelle ein gewisses Wachstum erreicht hat, teilt sie sich und bildet zwei neue. Der Teilungsvorgang scheint vom Zellkern auszugehen. In der tiefsten Epidermisschicht nimmt jede Zelle beim Wachsen an Höhe zu und teilt sich dann in zwei übereinanderliegende Zellen. Dieser Vorgang wiederholt sich unzählige Male. Dadurch werden die alten Zellen immer mehr herausgedrückt, sie nehmen durch Entwässerungs- und andere Vorgänge eine immer flachere Form an. Das Protoplasma trocknet dabei ein und die Zellen verlieren die Fähigkeit sich zu vermehren. In der äußersten Schicht sind die Zellen vollkommen trocken und schuppig und werden durch Abnutzung langsam zerstört. Solche Schuppen treten bei der Kopfhaut deutlich bemerkbar als Kopfgrind auf, sind also kein Krankheitssymptom, sondern zeigen ein besonders lebhaftes Wachstum der Epithelzellen an.

Dort wo die Epidermis sehr dick ist, wie beim Hacken, erteilt die Entwicklung der Zellen auf ihrer Wanderung nach außen dieser eine deutlich mehrschichtige Struktur. Der Teil der Epidermis in der linken oberen Ecke von Abb. 3 wird bei stärkerer Vergrößerung in Abb. 4 abgebildet. Man kann jetzt die verschiedenen Schichten deutlich erkennen.

Die mit E bezeichnete Schicht ist der äußerste Teil des Coriums. Man sieht wie zahlreiche Ausstülpungen sich in die Epidermis hinein erstrecken; sie werden Papillen genannt und erteilen der Grenze zwischen Corium und Epidermis eine gezackte Gestalt. D ist die sogenannte „Malpighische Schicht der Epidermis" auch als „stratum mucosum" bezeichnet. Sie besteht aus mehreren Reihen lebender Epithelzellen, deren Zellkerne in der Abbildung als dunkle Punkte oder Striche erscheinen. Kleine Fäden oder Dornen verbinden die

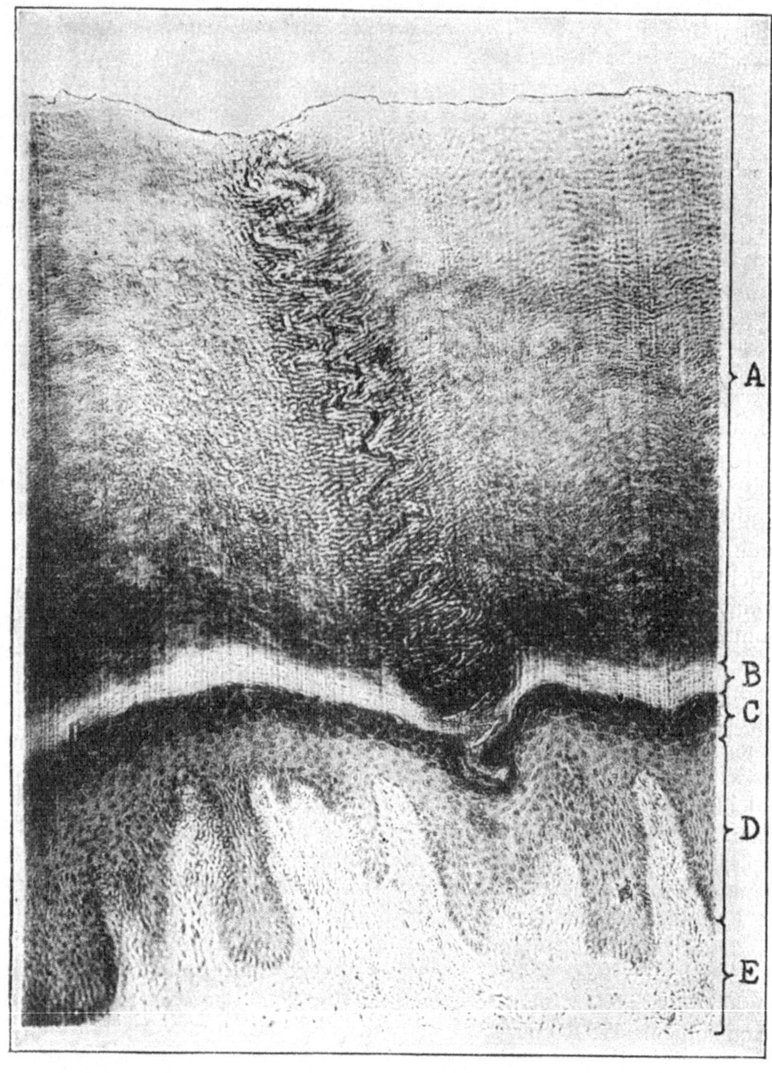

Abb. 4. **Vertikalschnitt durch die menschliche Epidermis**

A. Stratum corneum
B. Stratum lucidum
C. Stratum granulosum
D. Stratum mucosum
E. Pars papillaris

Stelle der Entnahme: Hacken
Dicke des Schnittes: 30 μ
Färbung: Delafields Hämatoxylin,
   Eosin

Okular: Keins
Objektiv: 8 mm
Wratten-Filter: A-Rot
Lineare Vergrößerung: 100fach

einzelnen Zellen, halten sie zusammen und befestigen sie an dem Corium. Zwischen diesen Verbindungsbrücken, die wie kleine Wälle aussehen, spielen sich im Protoplasma Vorgänge ab; man nimmt an, daß sich die Nährflüssigkeiten zwischen den Zellen hinaufbewegen, während die Abfallstoffe sich aus den oberen Schichten in die unteren begeben. Aus der Nährflüssigkeit entnehmen die Zellen die zu ihrem Aufbau notwendigen Stoffe. Blutbahnen enthält diese Schicht nicht, dagegen kommen aus dem Corium feine Nervenfäden, die sich netzförmig zwischen den Zellen verteilen; sie enden entweder in knolligen Schwellungen oder zerfallen in Nervenkörnchen.

In dem Maße, in dem sich neue Zellen bilden, werden die alten nach außen abgestoßen. Da in den äußeren Schichten keine Nahrung vorhanden ist, trocknet das Protoplasma allmählich ein. Beim Färben erscheint es, als ob diese Zellen grobe Körnchen enthielten; sie bilden die Schicht C, die nach ihrem Aussehen „stratum granulosum" genannt wird. Die Zellen enthalten auch Pigmente, die zum Teil für die Farbe der Haut verantwortlich zu machen sind. Man nimmt an, daß diese Pigmente, Melanine, sich vom Hämatin ableiten; sie enthalten Eisen und Schwefel. In der Haut des Negers sind sie sehr konzentriert, in der Haut eines Blonden hingegen fehlen sie fast ganz. Augenscheinlich erfüllen die Pigmente den Zweck, die darunterliegenden Gewebe und die Haut gegen starkes Sonnenlicht zu schützen. Man kann daher die Pigmentschicht als Farbfilter ansehen. Wenn pigmenthaltige Zellen sich zu Flecken vereinigen, erscheinen sie als sogenannte Sommersprossen. Die Pigmente der Negerhaut findet man auch in den tiefsten Schichten der stratum mucosum, in den Zellen des oberen Bindegewebes des Coriums und in den Wanderzellen der Lymphe, die man zwischen den Epidermis- und Bindegewebszellen findet. Pigmentkörnchen findet man nur in Zellen.

Werden die Zellen noch weiter hinausgeschoben, so schrumpfen die granulierten Zellen zusammen und bilden Eleidin, eine Substanz, die sich nicht anfärben läßt und die die Epidermis in dieser Schicht durchscheinend macht. Aus dieser Eigenschaft leitet sich ihr Name „stratum lucidum" ab. In der Abbildung ist diese Schicht mit B bezeichnet.

Bei ihrer Wanderung nach außen verändern sich die Zellen auch weiterhin, sie werden immer trockener und flacher und bilden die breite Schicht A, die „stratum corneum", in der sie die Neigung haben, sich voneinander loszulösen und abzublättern. Diese Schicht wird dauernd abgenutzt und durch neue Zellen, die von unten heraufgepreßt werden, ergänzt; sie ist ein schlechter Wärmeleiter und wird durch ein wachsartiges Material, das an ihrer Oberfläche vorhanden ist, wasserundurchlässig gemacht. In der Mikrophotographie sieht man, wie ein spiraliger Gang sich durch diese Schicht emporwindet. Diese Spirale ist der Ausgangskanal einer Schweißdrüse, die in dem Corium sitzt. Solche Öffnungen bezeichnet man als Poren.

Alle eben beschriebenen Schichten lassen sich nur bei sehr dicker Epidermis beobachten. Für gewöhnlich sieht man nur die stratum mucosum und die stratum corneum. Die von uns untersuchten und für die Lederbereitung bestimmten Häute, ließen nur diese zwei Schichten in der Epidermis erkennen.

Das voneinander unabhängige Wachstum von Epidermis und Corium bedingt eine Reihe wichtiger Eigenschaften der Haut. In dem Epidermis-System verursacht die Neubildung von Epithelzellen nicht nur die Bildung der Epidermis, sondern auch von Haaren, Fett- und Schweißdrüsen. Letztere setzen sich aus Proteinen zusammen, die als Keratine bekannt sind und die vom Kollagen und Elastin des Coriums verschieden sind. Geht ein Teil der Epidermis durch Verletzung verloren, so kann er durch die die Stelle umgebenden Epithelzellen ersetzt werden. Diese Zellen breiten sich durch Neubildung über die bloße Stelle aus. Die Notwendigkeit, das Epidermis-System vor der Gerbung ohne jede Beschädigung des Coriums von diesem zu entfernen, gibt dem Unterschied in der chemischen Zusammensetzung beider Schichten eine außerordentliche Bedeutung für den Gerber.

Zu der Körperklasse der Keratine gehören außer den Haaren auch die Nägel, Klauen, Hufe, Schuppen und Federn. Sie alle sind spezielle Erzeugnisse der Epidermis. Es erscheint dem unbewaffneten Auge als ob die Haare die Haut durchbohren, in Wirklichkeit liegt es jedoch anders, wie eine Betrachtung von Abb. 4 erkennen läßt. Die Epidermis dringt tief in das Corium ein und bildet dort Taschen oder Bälge, in denen die Haare wachsen. Diese Bälge haben einen komplizierten Aufbau, da sie nach der Haarseite zu aus Epidermis- und nach der anderen Seite aus Coriumbausteinen gebildet werden. Der Boden des Balges wird durch ein System, der sogenannten Haarpapille durchbrochen, die mit Nerven und Blutbahnen versehen ist.

Abb. 5 bietet ein gutes Beispiel für eine solche Haarpapille im Haarbalg einer Schweinshaut. Der Boden des Balges gleicht einer Pinzette, deren Backen sich mit der Öffnung nach unten ein wenig öffnen. Eine ähnliche Struktur kann man bei den Haarbälgen in Abb. 1 beobachten. Durch die untere Öffnung dringt die Papille in den Haarbalg ein und nimmt in dem oberen offenen Raume die Gestalt einer Flamme an. Sie enthält kleine Blut- und Nervenbahnen, die die Nahrung herbeiführen. Der Lymphraum, der die Papille umhüllt, wird von zahlreichen Epithelzellen begrenzt, die aus der Lymphe und dem Blut die zu ihrem Wachstum notwendigen Nährstoffe entnehmen. In dem Maße, in dem neue Zellen gebildet werden, werden die alten als Haar durch den Balg herausgestoßen. Die Wachstumsgeschwindigkeit der Haare wird durch die Reproduktionsgeschwindigkeit der die Papille umgebenden Zellen bestimmt.

Die neugebildeten Zellen der Haare sind wie die Malpighische Schicht der Epidermis sehr weich. Je weiter sie vorwärtsgeschoben werden, umso länger und fester werden sie. Sie nehmen bei ihrer

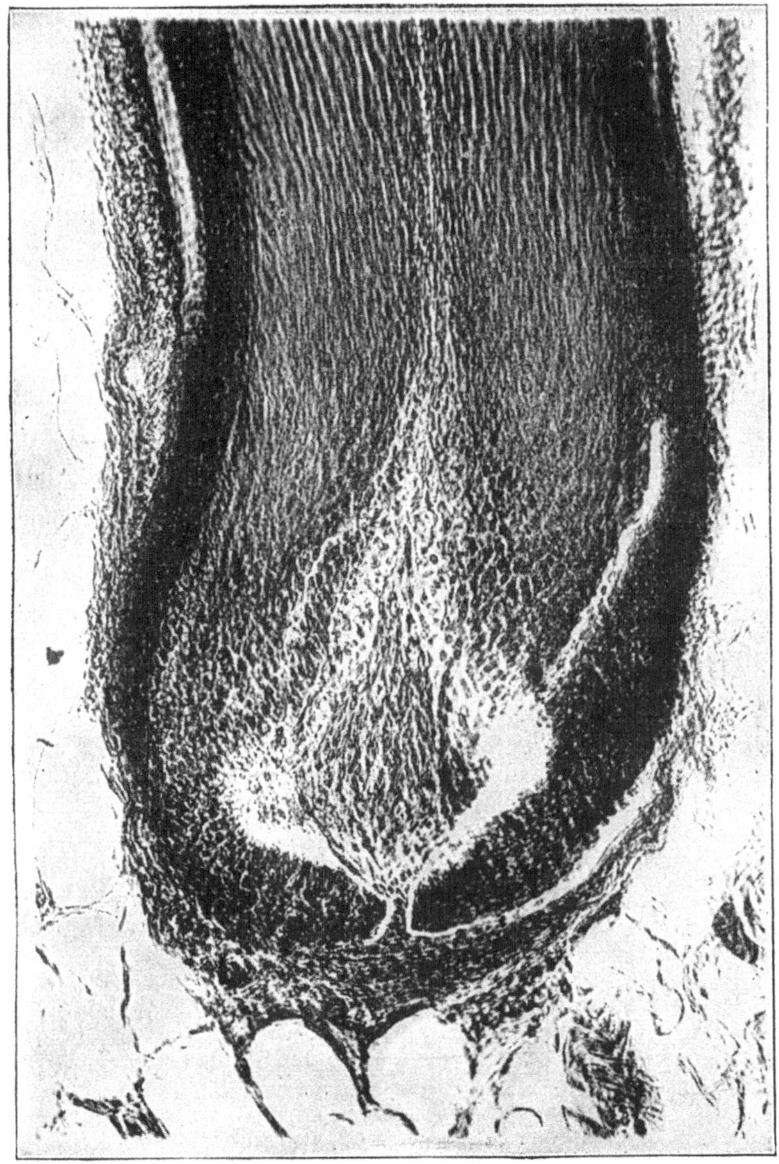

Abb. 5. **Vertikalschnitt durch den Haarbalg eines Schweines**

Stelle der Entnahme: Schild
Dicke des Schnittes: 20 μ
Färbung: Van Heurcks Blauholz,
   Picro-Indigo-Carmin

Okular: 5X
Objektiv: 8 mm
Wratten-Filter: F-Rot
Lineare Vergrößerung: 225fach

Entwicklung zum Haar die Gestalt der Haarbälge an; sind diese gewunden, so werden sie kraus. Bei den Negern haben die Bälge eine Drehung von fast 90°, so daß die Haare sehr dichte Windungen aufweisen.

Den Teil des Haares über der Haut nennt man Schaft, den unter der Haut, Wurzel. Letztere vergrößert sich in der Tiefe birnenförmig und wird am Boden von der Papille durchdrungen. Der Schaft besteht aus einem neutralen Mark oder Kern von runden Zellen, die Eleidinkörnchen enthalten, einer dickeren Schicht aus langen gestreckten Zellen mit Pigmenten, und einer äußeren verhärteten Schicht, die sich aus übereinandergreifenden Schuppen zusammensetzt. Diese Schuppen, denen Pelz und Wolle Verfilzbarkeit verdankt, öffnen sich nach außen, so daß sie das Ausreißen der Haare verhindern. Die Schuppen sind im Mikroskop bei guter Belichtung und genügender Vergrößerung leicht zu erkennen. In Abb. 6 sieht man die Schuppen eines Wollhärchens. Da die Photographie in auffallendem Licht aufgenommen wurde, fallen die Schuppen der einen Seite und die Schatten der Schuppen der anderen, aufeinander. Diese Struktur kann man, wenn auch nicht immer so ausgesprochen, bei allen Haaren beobachten.

Wird ein Haar, wenn es seine Existenzgrenze erreicht hat, ausgestoßen, so fahren die Epithelzellen, die die Haarpapille umgeben, fort, sich zu vermehren und ersetzen das alte Haar durch ein neues. Kahlheit beruht auf dem Mangel an Blutgefäßen in den Papillen oder in der durch andere Ursachen bewirkten Zerstörung der Epithelzellen. Jeder ernsthafte Versuch, die Haare auf kahlen Köpfen zum Wachsen zu bringen, muß von dem Bestreben begleitet sein, in die Haarbälge lebende Epithelzellen, von denen sich etwa 1000 auf einem qcm befinden, hineinzubringen. Man kann mit anderen Worten Getreide, ohne es zu säen, nicht zum Wachsen bringen.

Im fortgeschrittenen Alter sind die Pigmente nicht mehr für die Haare verfügbar und die neuen Haare, die kein Pigment enthalten, erscheinen grau. Haare, die Pigmente enthalten, können jedoch auch infolge eingeschlossener Luftbläschen in reflektiertem Licht grau erscheinen.

Jeder Haarbalg ist mit einer Fettdrüse versehen, die ihren Inhalt durch einen Kanal in den Haarbalg befördern kann. Abb. 2 zeigt eine Gruppe dieser Drüsen. Sie werden von Epithelzellen umgeben, die aus dem Blut diejenigen Stoffe aufnehmen, die zur Synthese der von ihnen produzierten Substanzen notwendig sind. Sind die Zellen mit Talg gefüllt, so verschwindet das Protoplasma, die Zellen zerfallen und entleeren den erzeugten Talg in die Kanäle. Zum Ersatz der alten werden dauernd neue Zellen gebildet und der Talg wird durch diese Vorgänge in die Haarbälge hineingedrückt. Hier umkleidet und schmiert er die Haare und gelangt schließlich auch auf die Hautoberfläche, die er geschmeidig erhält und gegen Kälte schützt. Bei Berührung mit der Luft verdickt er sich zur Konsistenz des

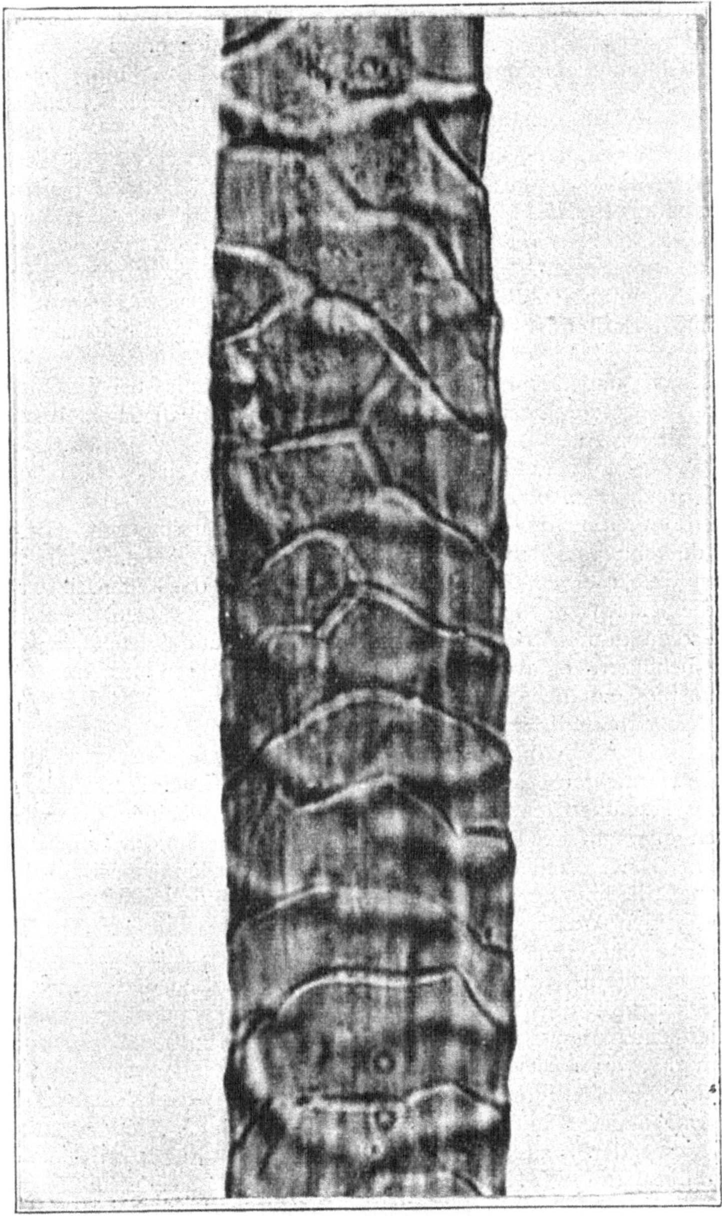

Abb. 6. **Teil eines Wollhaares**

Färbung: Keine   Wratten-Filter: H-Blaugrün
Okular: 7,5X   Lineare Vergrößerung: 1260fach
Objektiv: 4 mm

Ohrenwachses, mit dem er verwandt ist. Werden die Gänge mit Schmutz verstopft, so werden sie durch den sich entwickelten Druck ausgedehnt und erzeugen dunkle Erhebungen. Man findet bisweilen Talgdrüsen auch an allen Körperteilen, die keine Haare enthalten.

Gerade unterhalb der Fettdrüse befindet sich an jedem Haarbalg ein Bündelchen glatter Muskeln, die sogenannten „arrector pili-Muskeln" befestigt, das sich durch das Corium schräg aufwärts fast bis an ihre Oberfläche erstreckt. In Abb. 2 bildet der Muskel mit dem Haarbalg ein V, in dessen Winkel die Talgdrüse sitzt. Die Nerven, die diesen Muskel innervieren, gehören zu den exitomotorischen Nerven. Sie bewirken unter dem Einfluß seelischer Erregungen wie Furcht, Überraschung, Zorn oder anderer unangenehmer Zustände oder unter dem Einfluß von Kälte oder erregender Berührung Kontraktion. Die als Gänsehaut und Haarsträuben, letzteres besonders bei erschreckten Katzen bekannte Erscheinungen gehören zu den allgemein beobachtbaren dieser Art.

Der eigentliche Zweck des erector pili-Muskels ist offenbar der, den Körper gegen plötzlichen Temperaturwechsel durch seine Fähigkeit, die Absonderung des Talges zu beeinflussen, zu schützen. Er wirkt wie die Kupplung eines guten Thermoregulators. Beim Zusammenziehen drückt er auf die Drüsen und veranlaßt die Zellen, ihren Talg an die Haarbälge abzugeben und dabei zu zerfallen. Der Talg wird dann durch die Haarbälge an die Hautoberfläche befördert. Hier behindert er die Tätigkeit der Schweißdrüsen und die Wasserverdunstung auf der Hautoberfläche.

Die Schweißdrüsen sind kolbenförmige Säcke, von denen spiralförmige Gänge an die Hautoberfläche führen. In Abb. 3 kann man sehen, wie mehrere dieser Gänge sich durch die Epidermis winden und an der Hautoberfläche als Poren enden. Oft scheinen die Schweißdrüsen oberhalb der Mündungen der Talgkanäle in die Haarbälge zu führen. Die Säckchen der Schweißdrüsen werden von Epithelzellen begrenzt, die mit der Malpighischen Schicht in Zusammenhang stehen. Sie scheiden Wasser, Fett, Salze, Harnstoff und andere Abfallstoffe des Blutes aus und schieben sie durch die Gänge heraus. Diese Drüsen sondern ferner dort, wo keine Talgdrüsen sind, eine ölige Flüssigkeit ab, die die Oberfläche der Haut geschmeidig erhält; sie erfüllen einen doppelten Zweck: einmal scheiden sie Abfallprodukte aus und andererseits können sie die Körpertemperatur durch Veränderung der Verdunstungsgeschwindigkeit des Wassers regulieren.

Das ganze Epidermis-System einschließlich der eigentlichen Epidermis, der Haare, der Schweiß- und Fettdrüsen muß so vom Corium entfernt werden, daß letzteres vor jeder Verletzung bewahrt wird, die am fertigen Leder zu sehen wäre.

Die Haut ist mit den darunterliegenden Teilen des Körpers durch Bindegewebsfasern lose verbunden. Gewöhnlich nennt man dieses Gewebe die Fettschicht, weil es besonders in der Umgebung des Unterleibes häufig die Ablagerungsstätte für Fett ist. Sie dient dazu, den Körper vor Kälte zu schützen. Das lockere Gefüge dieses Gewebes gestattet der Haut große Beweglichkeit und gestaltet so durch Zufall das Enthäuten, das sonst sehr schwierig sein würde, ganz einfach. Obgleich das Unterhautbindegewebe kein eigentlicher Bestandteil der Haut ist, ist es für den Gerber von einer gewissen Bedeutung, da der größte Teil der Häute in dem Zustande, in dem sie der Gerberei eingeliefert werden, damit behaftet ist. Es muß vor der Gerbung entfernt werden, da es sonst das Fortschreiten dieses Prozesses ernsthaft hindern würde.

Abb. 7 gibt einen Vertikalschnitt durch das Unterhautbindegewebe vom Schild einer Kalbshaut mit dem untersten Teil des Coriums wieder. Das obere Viertel des Bildes wird von dieser Schicht gebildet, die am unteren Rand durch Strähnen elastischer Fasern, die im Bild tief dunkel erscheinen, in Wirklichkeit jedoch schwach gelblich aussehen, abgeschlossen wird. Die Fettzellen des Gewebes sind in Schichten angeordnet, die durch Bindegewebsfasern zusammengehalten werden. Das hell erscheinende Gewebe besteht aus weißen Kollagenfasern, das dunkel gefärbte aus gelben Fasern, aus Elastin. Große Arterien, Nerven und Venen, die das Corium versorgen, durchqueren an manchen Stellen das Bindegewebe, und man kann beobachten, wie sie durch dieses gestützt werden. Diese Schicht ist auch oft mit quergestreiften Muskeln durchsetzt, die ein willkürliches Zusammenziehen der Haut ermöglichen.

Die Entfernung des Unterhautbindegewebes vor dem Gerben bezeichnet man als Entfleischen. Man kann dies offenbar durch Abschneiden aller unter der Haut liegenden Gewebe, wobei das Corium unverändert bleiben muß, erreichen.

Nur das Corium oder die eigentliche Lederhaut wird zur Lederfabrikation verwendet. Sie besteht hauptsächlich aus Kollagen, der Substanz des weißen Bindegewebes. Kräftiges Leder kann nur aus solchen Häuten bereitet werden, in denen dieser Bestandteil gut entwickelt und im Übermaß vorhanden ist. Die drei Hautstrukturen von Abb. 1, 2 und 3 sind typisch für die Gegensätze, die man in der Haut der niederen Tiere findet. Eine Haut, die hauptsächlich aus Fettzellen besteht, ist für die Lederfabrikation von geringem Wert. Eine solche, in der große Gruppen von Fettzellen zwischen den Kollagenfasern eingebettet sind, muß ein schwammiges Leder ergeben, es entstehen viele unausgefüllte Zwischenräume durch Zerstörung der Fettzellen bei den Vorarbeiten zum Gerben. Die Neigung zu diesem oder jenem Extrem hängt ganz von den Lebensbedingungen, der Ernährung und der Art des Tieres ab. Vom Standpunkt einer allgemeinen Hautstruktur betrachtet, besteht die Hauptmenge der Haut aus Fettzellen und Bindegewebe; eine der beiden Komponenten kann reichlicher oder spärlicher vorhanden sein.

Das Bindegewebe besteht im Gegensatz zum Epithelgewebe zum größten Teil nicht aus Zellen; vielmehr ist es das Ergebnis der Tätigkeit wandernder Zellen, die im Vergleich zum nichtzellularen

Abb. 7. **Vertikalschnitt durch das Unterhautbindegewebe einer Kalbshaut**

Stelle der Entnahme: Schild   Okular: Keins
Dicke des Schnittes: 20 μ Objektiv: 16 mm
Färbung: Van Heurcks Blauholz,   Wratten-Filter: H-Blaugrün
    Daubs Bismarckbraun   Lineare Vergrößerung: 70fach

Anteil, gering sind. Abb. 8 illustriert diese Beziehung zwischen Zelle und Kollagenfaser. Die Zellen, die tiefer als die Kollagenfasern gefärbt sind, erscheinen im Bilde als dunkle Flecken von 1 mm Durchmesser; in Wirklichkeit haben die Zellen aber nur 1/170 dieses Querschnittes. Die von uns untersuchten Schnitte wiesen auf ein Abnehmen dieser Zellen mit zunehmendem Alter der Tiere hin.

Bei Betrachtung von Querschnitten der Fasern, die senkrecht zur Schnittebene laufen, kann man die Anordnung der Fäserchen oder Fibrillen in Bündelchen beobachten. Seymour-Jones beobachtete eine Umhüllung dieser Bündelchen mit einer sehr dünnen Schicht, die er „fiber sarcolemna" nannte. Obgleich wir bisher diese Schicht mikroskopisch nicht entdecken konnten, scheint man aus den in einem späteren Abschnitt aufgeführten Versuchen von Wilson und Gallun zu folgern, daß die Oberflächenschicht der Kollagenfasern gegen tryptische Verdauung widerstandsfähiger ist als das darunter befindliche Material.

Das Bindegewebe besteht, wie erwähnt, aus Kollagen- und Elastinfasern, wobei die dickere Kollagenfaser die Elastinfaser überwiegt. Gewöhnlich befindet sich, wie man aus Abb. 7 ersehen kann, eine dickere Schicht von Elastinfasern an der unteren Oberfläche des Coriums dort, wo sie an das Unterhautbindegewebe angrenzt. Weitere Elastinregionen sind bei den arrector pili-Muskeln. Der größte Teil des Coriums enthält relativ wenig elastische Fasern. Im allgemeinen umgeben sie die Blutgefäße und Nerven dieser Schicht.

Die Hauptstämme der Blutgefäße und Nerven laufen der Oberfläche über der unteren Elastinschicht parallel. Von diesen Stämmen zweigen sich Bahnen aufwärts ab und verteilen sich überall im Corium. In dieser Schicht ist ebenfalls ein Lymphsystem vorhanden.

Querschnitte durch Arterien und Venen lassen drei Schichten deutlich erkennen, eine Außenschicht aus Kollagen- und Elastinfasern, eine mittlere Schicht aus glattem Muskelgewebe und eine innere Membran aus flachen Zellen. Alle drei Schichten sind bei den Arterien gleichmäßig ausgeprägt. Bei den Venen ist jedoch die äußere Schicht dicker als die inneren, letztere sind weniger ausgebildet und fallen zusammen, wenn die Venen leer sind. Die Venen sind ferner mit halbmondförmigen Ventilen versehen, um ein Zurückströmen des Blutes zu verhindern.

Am oberen Teil von Abb. 7 ist der Querschnitt einer Arterie als kreisförmiger Körper etwas links von der Mitte zu beobachten. Rechts von der Arterie befindet sich eine zusammengefallene Vene. Die kreisförmige Masse unter der Arterie ist der Querschnitt eines Nervenbündels. Drei weitere Querschnitte von Nervenbündeln von länglicher Form sind auffallend; zwei befinden sich unter der Vene und einer links der Arterie.

Jene Körperteile, bei welchen der Tastsinn stark ausgeprägt ist, wie in den Fingern, weisen zahlreiche Erhebungen des Coriums in die Epidermis, Papillen genannt, auf. Diese Struktur ist im Schnitt

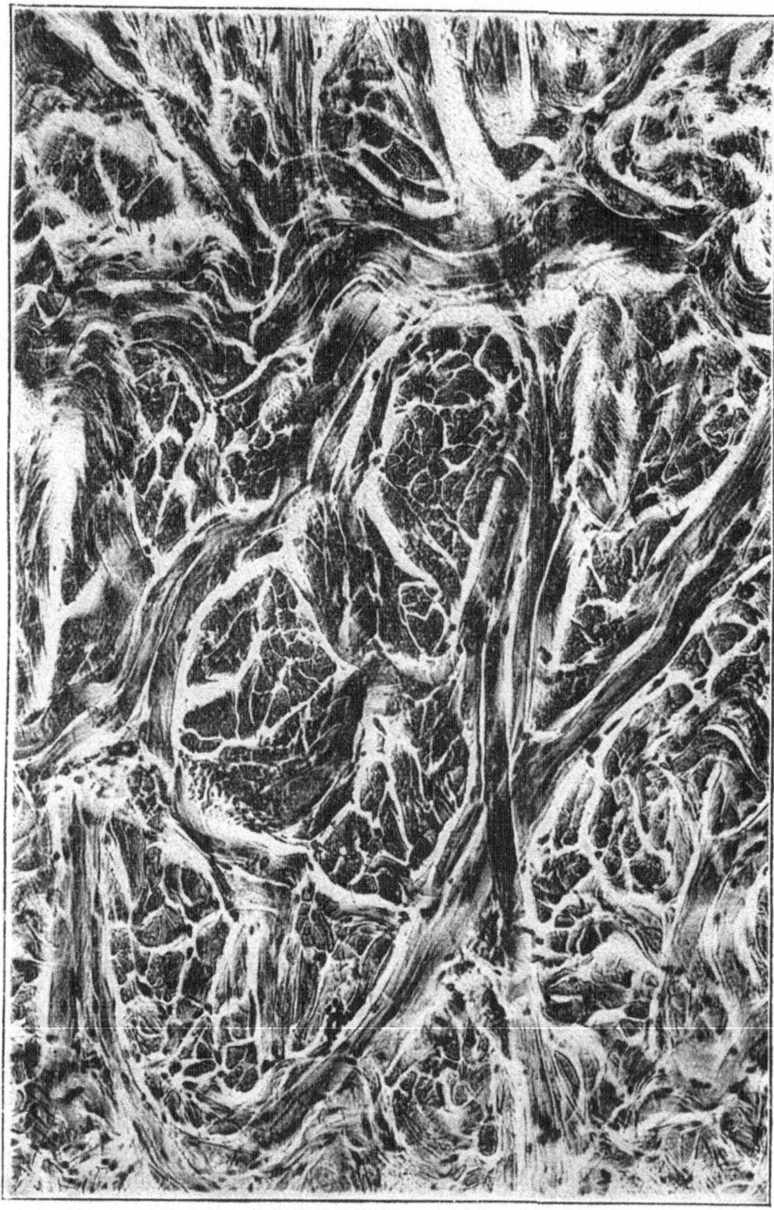

Abb. 8. **Vertikalschnitt durch die Retikularschicht einer Kalbshaut**

Stelle der Entnahme: Schild
Dicke des Schnittes: 20 μ
Färbung: Van Heurcks Blauholz,
    Daubs Bismarckbraun
Okular: 5X
Objektiv: 16 mm
Wratten-Filter: B-Grün
Lineare Vergrößerung: 170fach

der Haut des menschlichen Hackens in Abb. 3 besonders ausgeprägt. Die Papillen ordnen sich zu ganz bestimmten Mustern an, die sich während des ganzen Lebens nicht ändern; so wird die Zeichnung des Daumenabdruckes durch diese Papillen charakterisiert. Bei manchen Körperteilen, hauptsächlich dort, wo der Tastsinn wenig entwickelt ist, fehlen sie gänzlich, auch dort, wo die Epidermis sehr dünn ist, sind sie nicht vorhanden. Es gibt zwei Arten von Papillen, die einen enthalten Blutgefäße, welche die benachbarten Epithelzellen mit Lymphe versorgen, die anderen enthalten Nerven, die gegen Berührung, Schmerz, Hitze und Kälte empfindlich sind. Die Epidermis ist über den Papillen dünner als an anderen Stellen, da ja die Papillen den Zweck haben, die Nervenenden näher an die Oberfläche zu führen, wo sie am meisten benötigt werden.

Den Teil des Coriums, der in direktem Kontakt mit der Epidermis steht, nennt S e y m o u r - J o n e s , da er den Narben des fertigen Leders bildet, „Narben-Membran". Wohl ist ihre Abgrenzung auf der Epidermisseite scharf, doch geht sie auf der anderen Seite in das Corium ohne plötzliche Änderung der Eigenschaften über. Die Fasern des Bindegewebes werden um so feiner, je mehr sie sich dem Narben nähern; in der Schicht selbst sind sie außergewöhnlich fein und verlaufen parallel zur Oberfläche. Sie sind sehr gut in dem horizontalen Schnitt einer gegerbten Kalbshaut in Abbildung 150 zu sehen. Die Narbenschicht, ob sie nun mit dem Bindegewebe des Coriums zusammenhängt oder nicht, weist ihr gegenüber große Verschiedenheit auf. Gibt man Blößen in kochendes Wasser, so bleiben die Fasern der Narbenschicht noch lange, nachdem die tiefer befindlichen Kollagenfasern in Gelatine verwandelt worden sind, als dünnes, nur wenig verändertes Blättchen zurück. Die Außenschicht ist sehr scharf begrenzt, jedoch erscheint die innere Seite, die mit Kollagenfaserresten versehen ist, gallertartig und heterogen; dies deutet auf einen langsamen Übergang des Coriums in die Narbenschicht hin.

Da die Narbenschicht das Aussehen des fertigen Leders bestimmt, so ist es von großer Bedeutung, diese beim Entfernen der Epidermis unbeschädigt zu lassen. Der Gerber muß es als einen besonderen Glücksumstand ansehen, daß die darüberliegende Epidermis gegen Alkali widerstandsfähiger ist als die Narbenschicht, und daß diese wiederum gegen tryptische Enzyme widerstandsfähiger ist als die darunterliegenden Elastinfasern. Sie ist jedoch unter Umständen gegen gewisse proteolytische Bakterien empfindlich; es entsteht in solchen Fällen ein stippiger Narben.

Die Zeichnung des Narbens, wie sie nach dem Enthaaren und Gerben zutage tritt, ist für jede Tiergattung charakteristisch, die Feinheit des Narbens hingegen wird durch das Alter des Tieres bestimmt. Der Narben erhält seine Struktur durch die Anordnung der Haarbälge, Poren und, wo diese vorhanden sind, der Papillen. Abb. 9 und 10 geben den Narben verschiedener Tiere wieder; sie haben alle die gleiche Vergrößerung und sind deshalb direkt vergleichbar. Kuh und

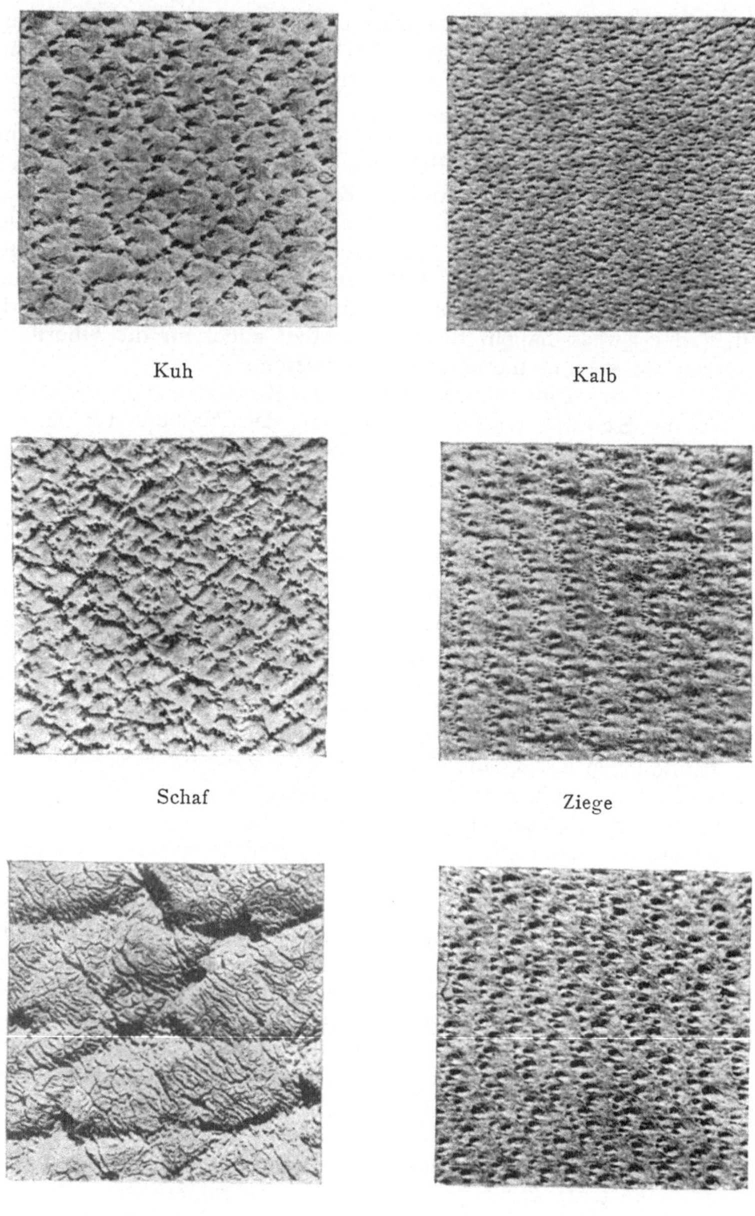

<table>
<tr><td>Kuh</td><td>Kalb</td></tr>
<tr><td>Schaf</td><td>Ziege</td></tr>
<tr><td>Schwein</td><td>Pferd</td></tr>
</table>

Abb. 9. **Narben gegerbter Häute**

Okular: Keins   Wratten-Filter: K2-Gelb
Objektiv: 48 mm   Lineare Vergrößerung: 7fach

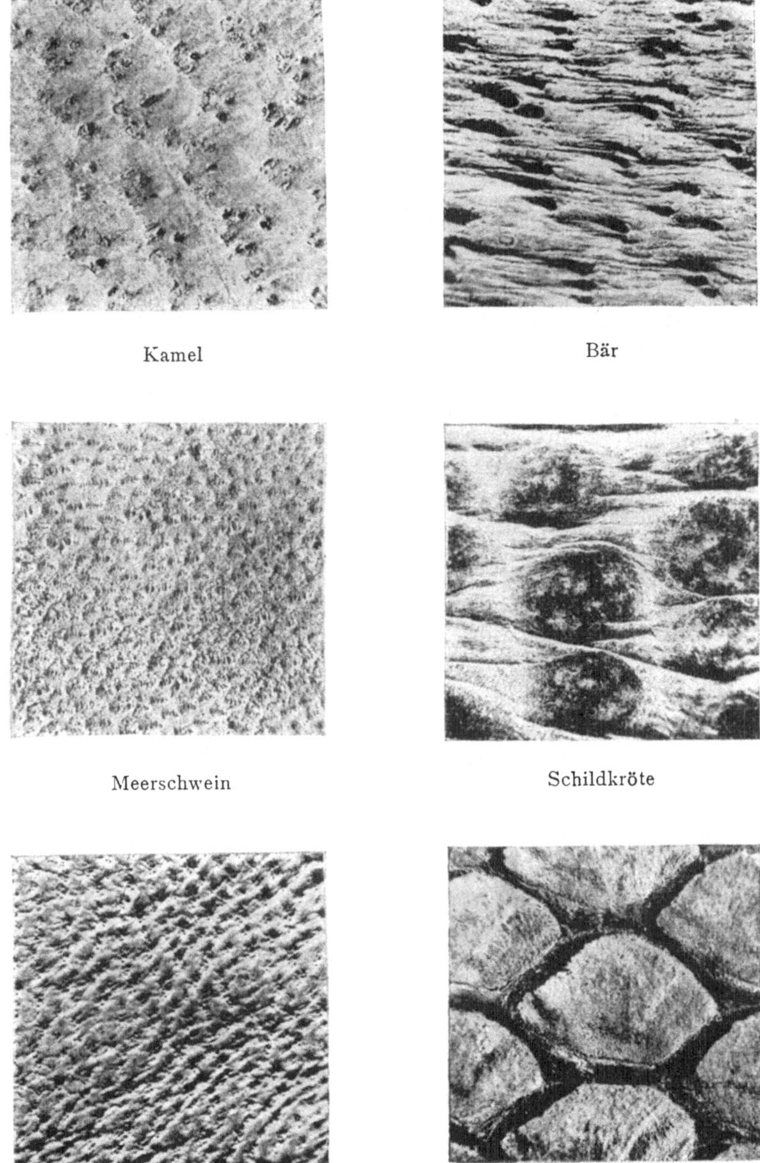

Abb. 10. **Narben gegerbter Häute**

Okular: Keins　　　　　　　　Wratten-Filter: K2-Gelb
Objektiv: 48 mm　　　　　　　Lineare Vergrößerung: 7fach

Kalb zeigen im Narben dieselbe Struktur, jedoch ist der des älteren Tieres rauher. Die Narbenstruktur bietet somit eine Möglichkeit, die Tierart zu bestimmen.

Wir wenden uns jetzt von der allgemeinen Hautstruktur zur speziellen und beschäftigen uns im folgenden mit der Histologie der in der Gerberei Verwendung findenden Häute.

Die Kuhhaut

Im allgemeinen wählt der Gerber als Ausgangsmaterial für schweres, kräftiges, haltbares Leder Kuh- und Stierhäute. Abb. 11 gibt den Schnitt durch den dicksten Teil des Schildes einer Kuhhaut wieder. Die Hautproben wurden sofort nach dem Tode des Tieres mit Erlickischer Flüssigkeit fixiert. Dieser Hauttypus eignet sich für Sohl-, Treibriemen- oder Geschirrleder. Über $80\,^0/_0$ der Gesamtdicke der Haut besteht aus schweren, sich kreuzenden Kollagenfaserbündeln, den Hauptlederbildnern, dazwischen liegen nur wenige Fettzellen, die bekanntlich das Leder schwammig machen.

Die obere Grenze des Schnittes, die durch eine dunkle Linie, die etwa $^1/_2\,^0/_0$ der Gesamtdicke ausmacht, gebildet wird, ist die Epidermis. Alles übrige ist das Corium. Das Unterhautbindegewebe fehlt; es wird beim Enthäuten dieser Tiere mitentfernt. Die Epidermis dringt an manchen Stellen in das Corium ein und bildet dann Bälge, in denen die Haare wachsen.

Das obere Fünftel des Coriums erhält durch die Anwesenheit von Muskeln, Drüsen und Bälgen den Charakter einer besonderen Schicht, die sich von den tieferen Teilen des Coriums deutlich abhebt. In der Tat ist es unter dem Gesichtspunkte der Lederfabrikation zweckmäßig, das Corium als aus zwei Schichten bestehend anzusehen. Die Grenzlinie geht etwa durch die am tiefsten gelegenen Schweiß- oder Talgdrüsen. Die tiefere Schicht des Coriums wird oft wegen der netzförmigen Struktur der Kollagenfasern „Retikularschicht" genannt, welche Bezeichnung wohl für die meisten in der Lederfabrikation verwendeten Häute zutrifft; bei denjenigen, deren Corium größtenteils aus Fettzellen besteht, erscheint sie jedoch etwas gezwungen. Da die Hauptfunktion der oberen Schicht des Coriums, die Wärmeregulierung des Körpers zu sein scheint, schlägt der Verfasser dafür die Bezeichnung „Thermostatschicht" [1]) vor.

In Abb. 11 nimmt die Thermostatschicht das obere Fünftel und die Retikularschicht die unteren $^4/_5$ des Schnittes ein. Die Tatsache, daß die Retikularschicht die physikalischen Eigenschaften des Leders wie Dehnbarkeit, Festigkeit, Elastizität usw., die Thermostatschicht mehr das Aussehen des Leders bestimmt, erläutert den Vorteil, der sich aus einer getrennten Betrachtung beider Schichten ergibt. Besondere Aufmerksamkeit muß man der Thermostatschicht bei der

---

[1]) In der deutschen Fachliteratur wird diese Schicht gewöhnlich „Papillarschicht" genannt.

Bereitung feinerer Ledersorten widmen. Es ist eine wichtige Tatsache, daß diese in großen und kleinen Häuten fast die gleiche Mächtigkeit besitzt; bei dünnen Häuten, selbst bei dünnen Stellen ein und derselben Haut nimmt diese Schicht den größten Teil der Gesamtdicke ein.

Der Schnitt in Abb. 11 ist nur 19fach vergrößert; die obere linke Ecke wurde, um die Struktur der Thermostatschicht genauer zu zeigen, in Abb. 12 bei 85facher Vergrößerung noch einmal abgebildet. Die Malpighische Schicht und die Hornschicht der Epidermis, die dort, wo sie die Haarbälge streifen, sehr dünn werden, sind deutlich erkennbar; die stratum granulosum und lucidum scheinen abwesend zu sein. Der arrector pili-Muskel ist an dem Boden eines Haarbalges angewachsen und läuft nach rechts oben. Gerade über dem Ansatz des Muskels entleert sich eine Gruppe von Talgdrüsen in den Haarbalg. Der leere Raum links wurde von einer Schweißdrüse ausgefüllt, ihr Entleerungskanal verläßt die Schnittebene und erscheint als Pore rechts des Haares am Eingang des Haarbalges wieder. Die feinen schwarzen Linien, die parallel zur Oberfläche laufen und in der ganzen Thermostatschicht verteilt sind, sind die elastischen oder gelben Fasern des Bindegewebes. In dieser Schicht sind die Kollagenfasern viel dünner als in der Retikularschicht; sie scheinen in einzelne Fibrillen aufgelöst zu sein. Die Narbenschicht scheint hingegen aus kleinen Fäserchen zu bestehen und sich gegen das übrige Corium nicht scharf abzugrenzen. Dieser Schnitt weist keine Papillen auf. Auch in den übrigen Teilen der Kuhhaut mit Ausnahme der Beine waren keine zu finden.

Um ein noch klareres Bild von der wichtigen Thermostatschicht zu erhalten, stellten wir eine Serie von Schnitten her, die parallel zur Oberfläche liefen. In Paraffin eingebettete Hautstreifen wurden in das Mikrotom getan und Schnitte von $20\,\mu$ Dicke der Reihe nach von der Hornschicht bis zur Retikularschicht hergestellt. Abb. 13 bis 17 sind solche Horizontalschnitte aus der Schenkelhaut, die gewählt wurde, um die in den anderen Teilen abwesenden Papillen zu beobachten. Abb. 13 ist ein Schnitt durch die Epidermis; im Zentrum liegt die Öffnung eines Haarbalges. Die runde Masse im Zentrum, etwas oberhalb der Bildmitte ist der Querschnitt eines Haares; die faserigen Linien, die eine oval geformte Masse um die Haare herum bilden, sind ein Teil der Hornschicht der Epidermis, die in den Haarbalg hineintaucht. Die dunklen Punkte, die man auf dem übrigen Teil des Bildes sieht, sind Kerne der Zellen aus der Malpighischen Schicht der Epidermis. Die unregelmäßig geformten, hellgefärbten Flecken sind Querschnitte von Papillen des Coriums, die in die Epidermis hineinragen und hauptsächlich aus Nerven und Blutgefäßen bestehen.

Abb. 14 stellt einen 0,30 mm unter der oberen Grenze der Hornschicht liegenden Schnitt dar. Er liegt in der Ebene der Talgdrüsenkanäle, und zwar dort, wo diese in die Haarbälge münden.

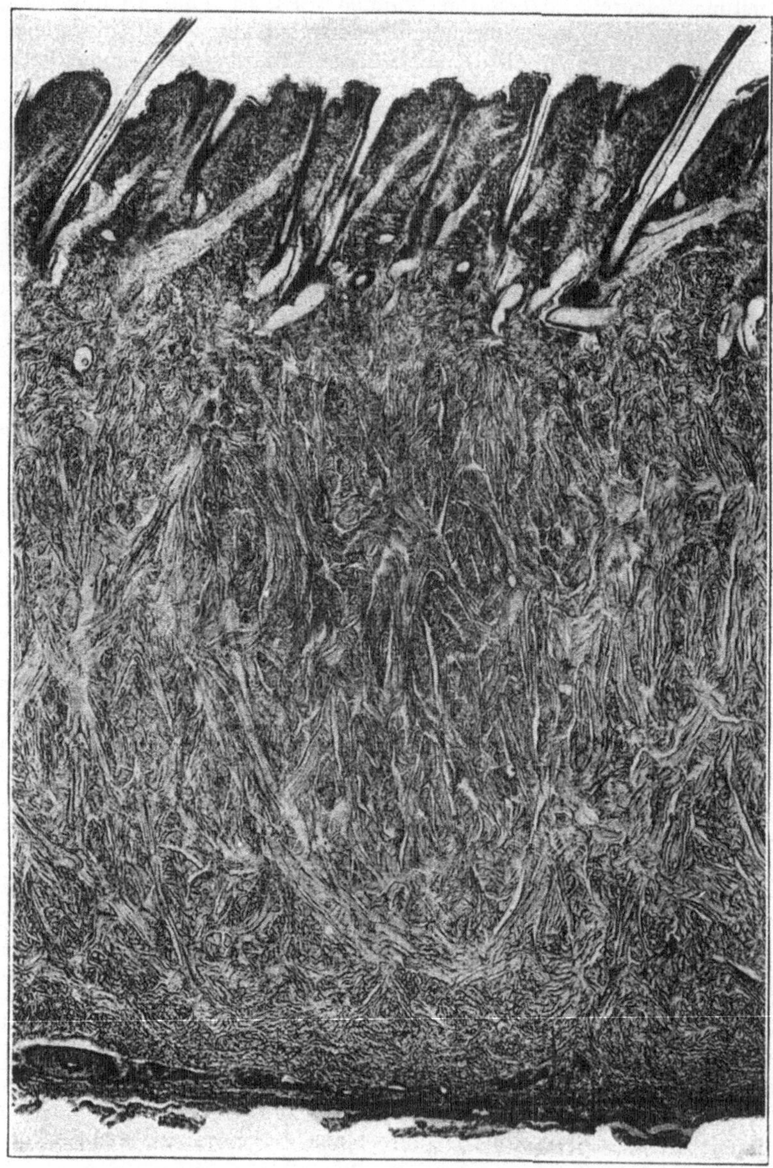

Abb. 11. **Vertikalschnitt durch eine Kuhhaut**

Stelle der Entnahme: Schild
Dicke des Schnittes: 20 μ
Färbung: Van Heurcks Blauholz,
    Daubs Bismarckbraun
Okular: Keins
Objektiv: 48 mm
Wratten-Filter: F-Rot
Lineare Vergrößerung: 19fach

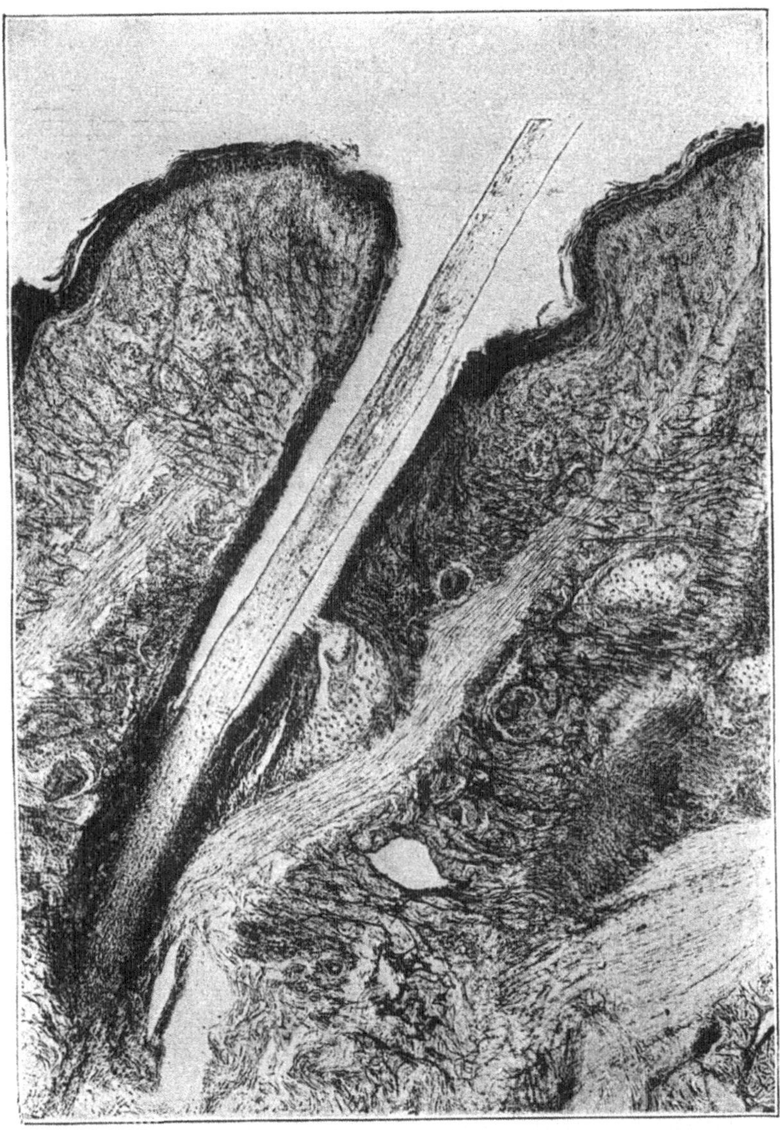

Abb. 12. **Vertikalschnitt durch die Thermostatschicht einer Kuhhaut**

Stelle der Entnahme: Schild
Dicke des Schnittes: 20 μ
Färbung: Van Heurcks Blauholz,
    Daubs Bismarckbraun

Okular: 5X
Objektiv: 16 mm
Wratten-Filter: H-Blaugrün
Lineare Vergrößerung: 85fach

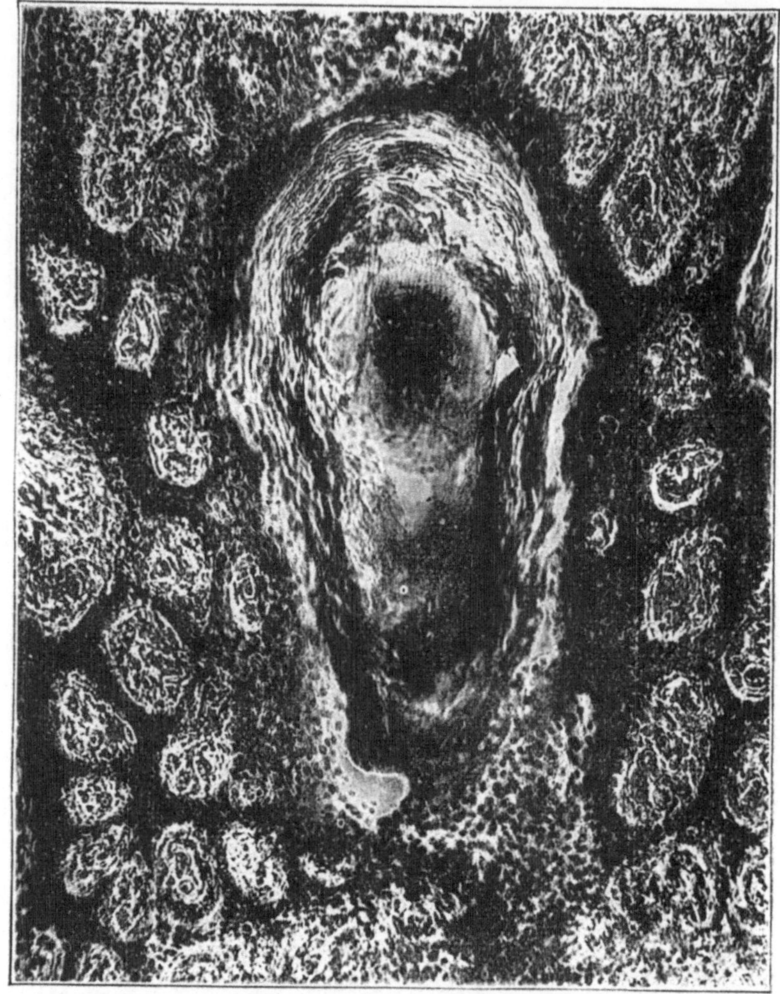

Abb. 13. **Horizontalschnitt durch eine Kuhhaut**
(Epidermis)

Stelle der Entnahme: Schenkel   Okular: 5X
Dicke des Schnittes: 20 μ Objektiv: 8 mm
Färbung: Van Heurcks Blauholz,   Wratten-Filter: H-Blaugrün
   Daubs Bismarckbraun   Lineare Vergrößerung: 200fach

Unterhalb des Bildmittelpunktes sieht man den Querschnitt eines Haares, rechts und links davon den zweier Kanäle, die in den Haarbalg münden. Die Kanäle und der Balg sind mit Epithelzellen umgeben; sie gehen in die Malpighische Schicht, deren Anhängsel sie sind, über. Die dunklen fadenartigen Gebilde geben elastisches Gewebe

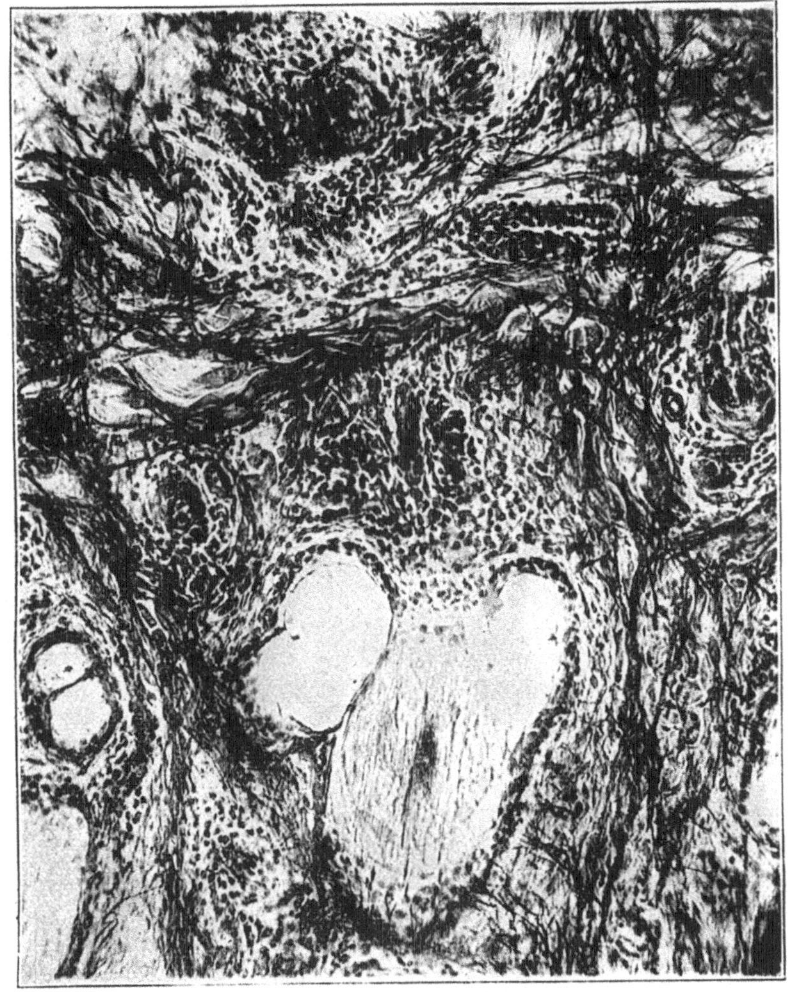

Abb. 14. Horizontalschnitt durch eine Kuhhaut
(0,30 mm unter der Hautoberfläche)

Stelle der Entnahme: Schenkel
Dicke des Schnittes: 20 μ
Färbung: Van Heurcks Blauholz,
  Daubs Bismarckbraun
Okular: 5X
Objektiv: 8 mm
Wratten-Filter: H-Blaugrün
Lineare Vergrößerung: 200fach

wieder. Die feinen Kollagenfasern dieses Gebietes, die heller gefärbt sind, treten kaum hervor.

Der Schnitt von Abb. 15 liegt 0,24 mm unter dem von Abb. 14. Auch hier erscheint der Querschnitt des Haares wie in Abb. 14, unterhalb der Mitte. Die Haarbälge sind mit einem dicken Epithelgewebe

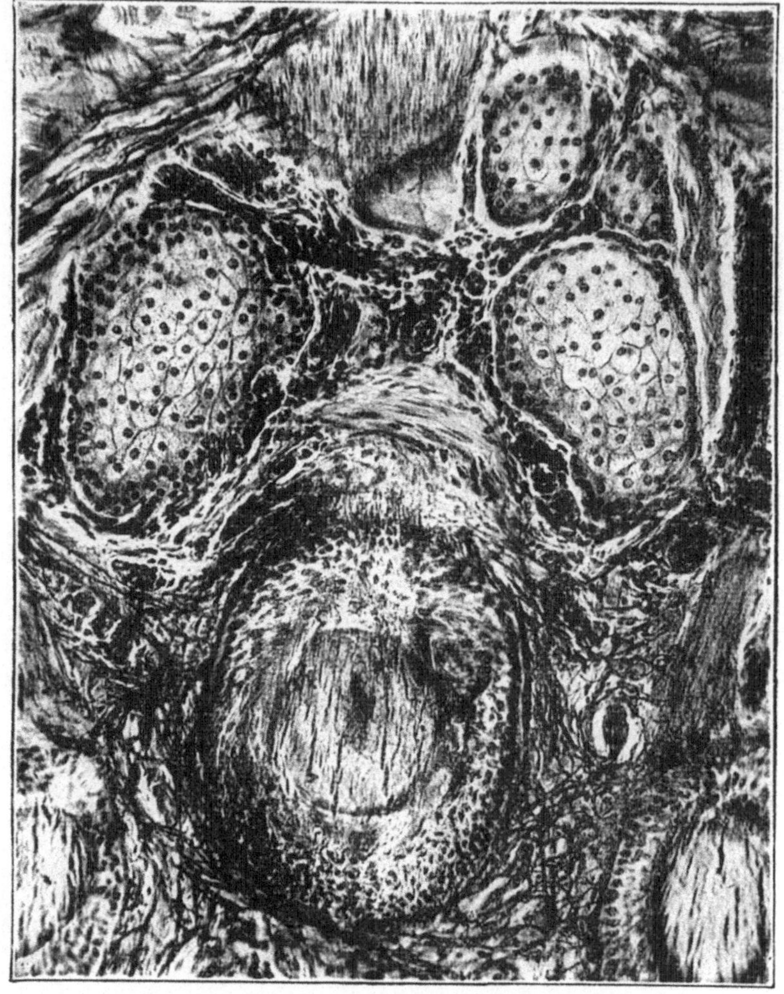

Abb. 15. **Horizontalschnitt durch eine Kuhhaut**
(0,54 mm unter der Oberfläche)

Stelle der Entnahme: Schenkel
Dicke des Schnittes: 20 μ
Färbung: Van Heurcks Blauholz,
    Daubs Bismarckbraun

Okular: 5X
Objektiv: 8 mm
Wratten-Filter: H-Blaugrün
Lineare Vergrößerung: 200fach

umgeben und mit elastischen Fasern dichter durchflochten. Oberhalb des Balges sieht man rechts und links zwei Gruppen von Talgdrüsen, deren Kanäle in der Ebene von Abb. 14 in den Balg münden. Die Drüsen ähneln Traubenbündeln. Jeder dunkle Fleck stellt einen Zellkern dar, die dünnen Linien, die ihn umgeben, sind Zellwände.

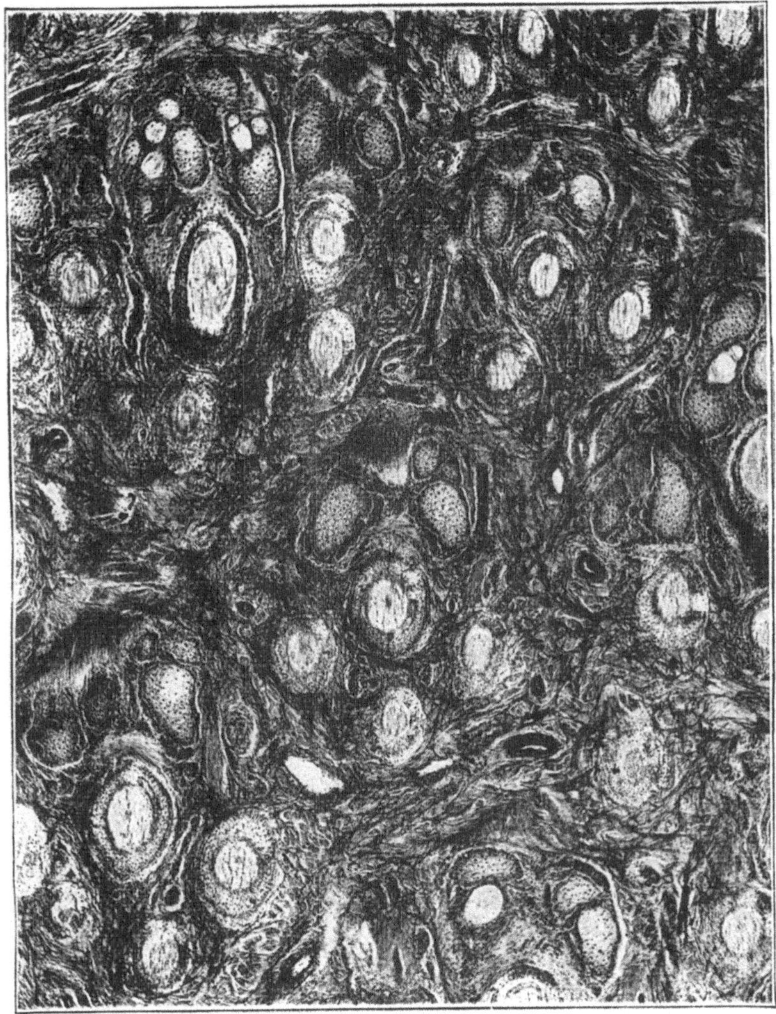

Abb. 16. **Horizontalschnitt durch eine Kuhhaut**
(0,54 mm unter der Oberfläche)

Stelle der Entnahme: Schenkel	Okular: Keins
Dicke des Schnittes: 20 μ	Objektiv: 16 mm
Färbung: Van Heurcks Blauholz,	Wratten-Filter: H-Blaugrün
Daubs Bismarckbraun	Lineare Vergrößerung: 48fach

In der Mitte der oberen Bildhälfte erblickt man einen Teil eines arrector pili-Muskels; er erstreckt sich schräg aus der Schnittebene heraus vom Haarbalg fort. Beim Zusammenziehen dieses Muskels entsteht ein Druck auf die Drüsenzellen und ihren Talginhalt, so daß dieser durch die Mündungen der in Abb. 14 sichtbaren Gänge in

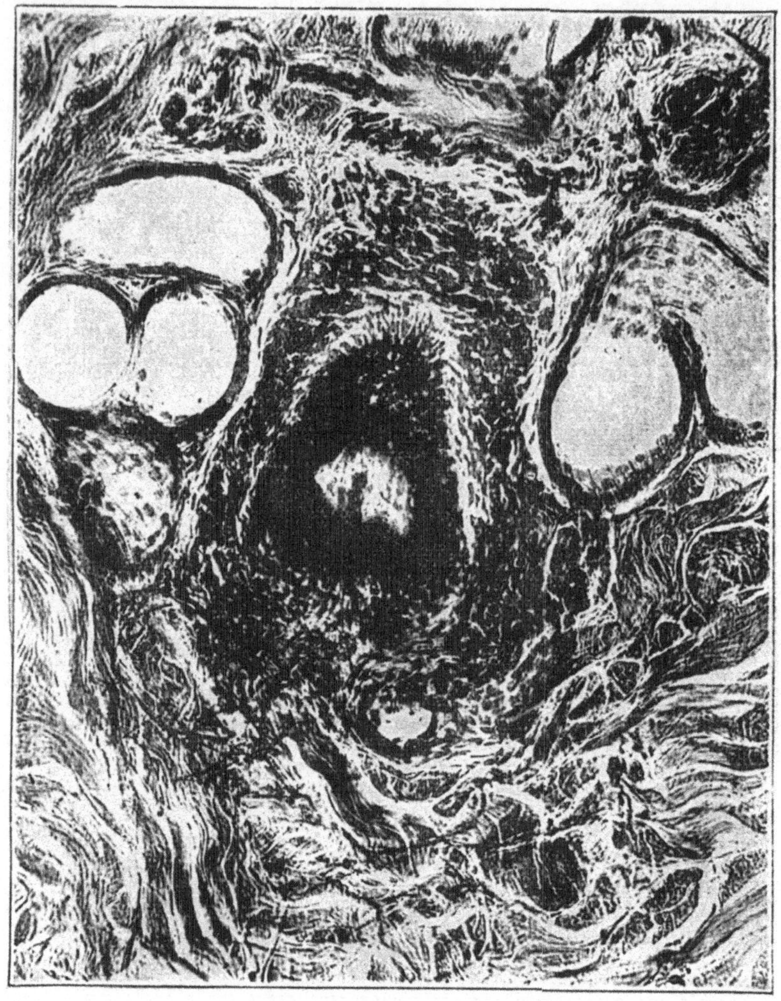

Abb. 17. **Horizontalschnitt durch eine Kuhhaut**
(0,84 mm unter der Oberfläche)

Stelle der Entnahme: Schenkel   Okular: 5X
Dicke des Schnittes: 20 μ Objektiv: 8 mm
Färbung: Van Heurcks Blauholz,   Wratten-Filter: H-Blaugrün
    Daubs Bismarckbraun   Lineare Vergrößerung: 200fach

den Haarbalg gepreßt wird. Zwischen den beiden Drüsengruppen und den Haarbälgen befindet sich mehrfach Muskelgewebe, das ebenso wie der arrector pili-Muskel zusammengesetzt ist. Augenscheinlich erstreckt sich der arrector pili-Muskel auch bis in diese Gegend und kann eine Art von quetschendem Druck auf die Drüsen ausüben.

Abb. 16 gibt, um die allgemeine Anordnung der Bälge und Drüsen sichtbar zu machen, die Mikrophotographie des gleichen Schnittes bei schwacher Vergrößerung wieder. Man kann den in Abb. 15 wiedergegebenen Teil unterhalb der Mitte erkennen. Drei weitere Haare gruppieren sich um das von uns beobachtete; sie haben eine ausgesprochene Neigung, Gruppen von dreien und vieren zu bilden. Manche Haarbälge erstrecken sich nicht so tief wie andere, so daß auch ihre Talgdrüsen in höheren Ebenen liegen. Hieraus erklärt sich das Fehlen von Talgdrüsen bei manchen Haarbälgen. Die kurzen dicken Linien rühren von Arterien und Venen her, die in die Schnittebene hinein- oder aus ihr herauswandern.

Abb. 17 ist die Wiedergabe eines 0,30 mm unter dem Schnitt von Abb. 15 befindlichen Präparates. Es liegt demnach 0,84 mm unter der Oberfläche der Hornschicht. Wie in Abb. 14 und 15 sieht man den Querschnitt des gleichen Haares, nur daß er diesmal durch den Haarkolben geht; die dunkle Masse ist der Kolben, der helle Fleck in seinem Innern die Haarpapille. Rechts, links und über dem Haarkolben sind Schweißdrüsen, die als große leere Säcke erscheinen. Teile der sie begrenzenden Epithelzellen entwickeln eine Art Leopardenmuster. In dieser Ebene sind die elastischen Fasern weniger häufig als in den vorhergehenden, die Kollagenfasern dagegen treten zahlreicher und in dickeren Bündeln auf. 0,12 mm tiefer finden wir die letzten Epithelzellen an den Schweißdrüsen und haben somit die untere Grenze der Thermostatschicht erreicht.

Die Retikularschicht besteht fast ausschließlich aus Kollagenfasern. Elastinfasern findet man nur in der alleruntersten Region und dort, wo Blutbahnen und Nerven diese Schicht durchlaufen.

Die Kalbshaut

Eine Kalbshaut ist, wie man erwarten kann, in vieler Beziehung wie eine kleine Kuhhaut aufgebaut. In Abb. 18 erblickt man den Vertikalschnitt durch die Haut einer jungen, gesunden Färse. Der Hautstreifen wurde sofort nach dem Schlachten und Enthäuten in Erlickischer Flüssigkeit fixiert. Im allgemeinen ist die Haut einer Färse von größerer Festigkeit und Feinheit als die eines Stierkalbes und wird daher bei der Lederherstellung bevorzugt. Beim Vergleich von Abb. 11 und 18 ist zu bedenken, daß der Schnitt durch die Kalbshaut über zweimal so stark vergrößert ist, als der durch die Kuhhaut. Man kann in der Tat bei Nichtberücksichtigung der Vergrößerung beim Vergleich der Mikrophotographien dieses Buches zu irreführenden Schlüssen kommen.

Bemerkenswert ist die relativ große Dicke der Thermostatschicht. Diese Tatsache ist besonders wichtig, da diese Schicht bei der Herstellung von Kalbsleder im Gegensatz zu der von Leder aus Kuh- oder Stierhäuten eine ausschlaggebende Rolle spielt. Kalbshäute werden gewöhnlich für Bekleidungsleder verwendet, überhaupt für jene

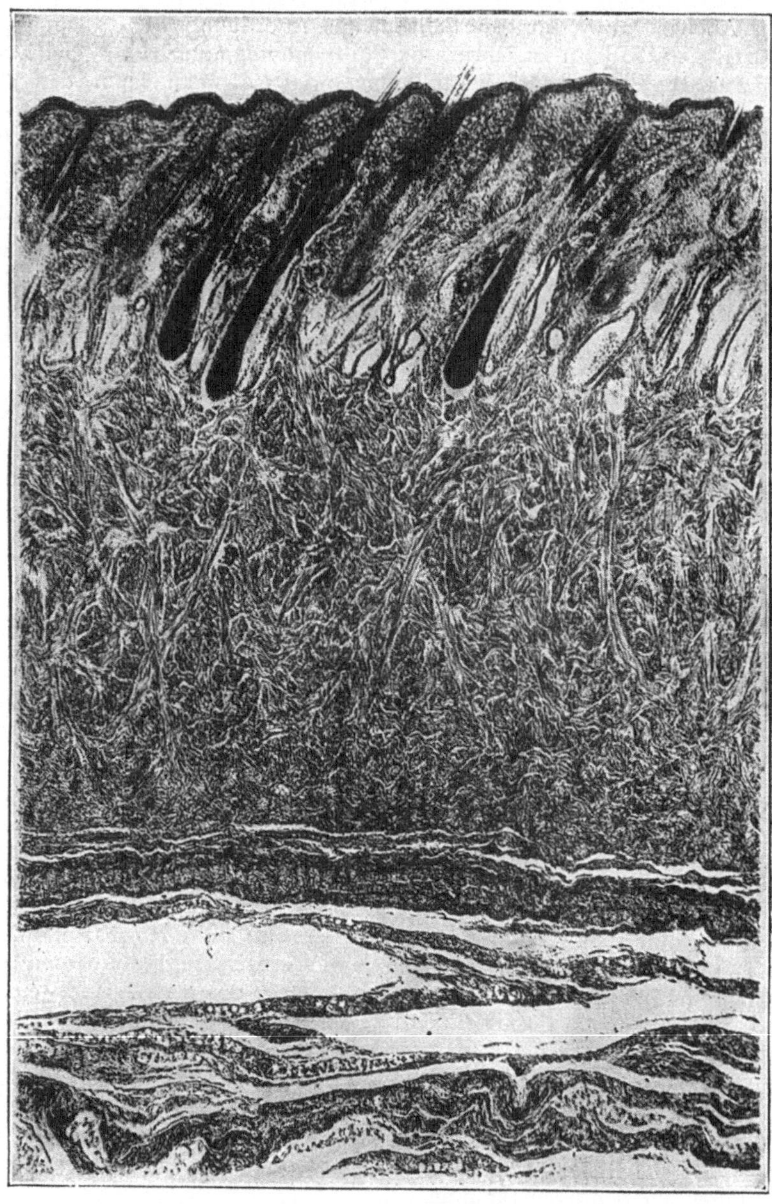

Abb. 18. Vertikalschnitt durch eine Kalbshaut

Stelle der Entnahme: Schild
Dicke des Schnittes: 20 μ
Färbung: Van Heurcks Blauholz,
   Daubs Bismarckbraun

Okular: Keins
Objektiv: 32 mm
Wratten-Filter: F-Rot
Lineare Vergrößerung: 40fach

Leder, bei denen Feinheit des Narbens hoch bewertet wird. Kuhhäute werden mehr für Sohl-, Sattler- und Geschirrleder benutzt.

Beim Vergleich von Abb. 11 und 18 ist noch zu beachten, daß beide Schnitte genau entsprechenden Stellen der Haut entnommen sind. Die große Bedeutung dieser Tatsache erkennt man klar, wenn man die Schnitte, die in Abb. 20 bis 27 wiedergegeben sind, vergleicht. Es ist eine wohlbekannte Erscheinung, daß eine gegerbte Haut durchaus keine einheitliche Struktur aufweist. Der Schild ist im allgemeinen fester und dicker als jeder andere Teil, die Klauen sind fest aber dünn, die Flämen wiederum dick und schwammig. Um nun die Verschiedenheit in der Struktur innerhalb einer Haut zu zeigen, wurden 8 Hautstückchen den in nebenstehender Zeichnung bezeichneten Stellen einer Kalbshaut entnommen. Derselben Haut entstammte der in Abb. 18 abgebildete Schnitt. Abb. 20 bis 27 geben nun diese 8 Schnitte wieder; es fällt bei ihrem Vergleich auf, daß die Thermostatschicht überall gleich dick ist; die Mächtigkeit und Gewebsbildung der Retikularschicht dagegen wechselt beträchtlich.

Die Retikularschicht ist am Schild dreimal so dick wie an der Hinterklaue. In den Schultern ist sie ebenfalls dünner als im Schild, auch erscheinen die einzelnen Fasern feiner. In den Flämen laufen die Fasern der Oberfläche parallel, so daß das Gewebe gegen vertikale Beanspruchung weniger widerstandsfähig ist. Im Schild hingegen laufen die Kollagenfasern zum Teil fast vertikal, zum Teil in allen möglichen Richtungen und geben dem Leder eine besonders große Widerstandsfähigkeit gegen Beanspruchung durch Zug. Erwähnenswert ist ferner noch, daß der Narben im Schild wenig gezackt ist. Man ersieht in der Tat, daß die verschiedenen Eigenschaften innerhalb eines fertigen Leders sich auf die Verschiedenheiten in der ursprünglichen, lebenden Haut zurückführen lassen.

Beim Studium der in Abb. 18 abgebildeten Kalbshaut kann man alle bei obiger Beschreibung der Kuhhaut gegebenen Erläuterungen verwerten. Das untere Fünftel des Bildes wird vom Unterhautbinde-

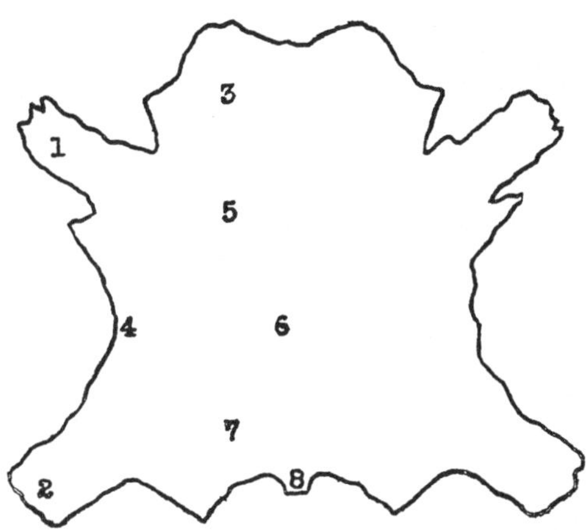

Abb. 19. Skizze einer Kalbshaut mit Angabe der Entnahmestellen der in den Abb. 20 bis 27 wiedergegebenen Hautschnitte

1. Vorderklaue	5. Schulter
2. Hinterklaue	6. Rückgrat
3. Hals	7. Schild
4. Bauch	8. Schwanz

gewebe erfüllt. Es besteht aus zwei Reihen von Fettzellen, die durch Bindegewebsbänder zusammengehalten werden. Das dicke Band, welches das Corium nach unten abschließt, ist dicht mit elastischen Fasern durchwebt aber wie bei der Kuhhaut sind nur wenige zwischen der eben erwähnten Schicht und der Thermostatschicht vorhanden.

Aus Abb. 8 gewinnt man ein noch klareres Bild vom Retikulargewebe; sie zeigt einen Teil der linken Seite des Gewebes von Abb. 18 bei stärkerer Vergrößerung.

Die Schafshaut

Abb. 28 gibt einen Vertikalschnitt einer gesunden Schafshaut wieder, die sogleich nach dem Tode des Tieres in Erlickischer Flüssigkeit fixiert worden ist. Die Struktur der Schafshaut unterscheidet sich sowohl in der Thermostat-, als auch in der Retikularschicht, wie man aus dem Vergleich von Abb. 18 und 28 deutlich ersehen kann, erheblich von der einer Kuhhaut. Man kann erkennen, daß in allen Fällen, in denen Festigkeit und Fülle verlangt wird, die Schafshaut die Kalbshaut nicht zu ersetzen vermag. Die lose Struktur des Gewebes bei der Schafshaut wird durch die Feinheit der kollagenen oder lederbildenden Fasern verursacht, die untereinander nur lose verwoben sind und der Oberfläche der Haut parallel laufen. Außerdem enthält die Thermostatschicht viele Schweißdrüsen und Fettzellen, die Hohlräume im fertigen Leder entstehen lassen und es sehr schwammig machen.

Die Ausmaße der Fettzellenkomplexe wechseln beträchtlich je nach der Ernährung des Tieres; oft trennt eine kontinuierliche Schicht von Fettzellen die beiden Hauptschichten des Coriums. In solchen Fällen ist es zweckmäßig, die beiden Teile vor dem Gerben zu trennen und getrennt weiter zu behandeln. Gewöhnlich spaltet man die Häute nach dem Äschern. Die Thermostatschicht oder der Narbenspalt wird mit Hilfe von Sumachextrakt oder anderen Gerbmaterialien zu Buchbinder-, Schweiß- und ähnlichen Ledern verarbeitet; die Retikularschicht hingegen wird durch Behandlung mit Tran in Sämischleder, wofür sie sich besonders eignet, verwandelt.

Die dunklen gebogenen Massen und kleinere ähnlich erscheinende Gebilde sind Teile von Haarbälgen. Im Gegensatz zu denen des Kalbes drehen sie sich nach allen Seiten. Wir waren nicht imstande, auch nur einen Haarbalg in einer Ebene zu finden. Die Krausheit der Wolle hat hierin ihre Ursache. Bei der Kuh und dem Kalb sind die Bälge und daher auch die Haare gerade.

Das Studium der Hautstruktur des Schafes ist wegen der Windungen der Haarbälge schwieriger als das der Kalbshaut. Die Prüfung mehrerer Schnitte zeigt jedoch zur Genüge, daß der allgemeine Aufbau beider Häute der gleiche ist. Ein Teil eines arrector pili-Muskels läuft von der Spitze des Haarbalges nach der rechten oberen Ecke des Bildes. Die Fettdrüsen sitzen mehr an der Oberfläche, während die Schweißdrüsen den tieferen Teil der Thermostatschicht ausfüllen.

In den Abschnitten über „Enthaaren und Streichen, Die Beize, Die vegetabilische Gerbung" findet man Hautschnitte in verschiedenen Stadien der Gerbung, die im Zusammenhang mit den Rohhautschnitten zu studieren sehr nützlich sein dürfte. Durch Vergleich von Abb. 28, 66 und 67 im Abschnitt über „Enthaaren und Streichen" ist es möglich, die Epidermisschicht besser differenziert zu erkennen. Die Anordnung der elastischen Faser ersieht man am besten aus Abb. 83.

Die von uns hier untersuchte Schafshaut enthielt außerordentlich wenig Fettzellen, welche die Haut im allgemeinen in zwei Schichten zu zerlegen pflegen. Wir konnten sie daher in ein verhältnismäßig festes Leder verwandeln. Abb. 104 gibt einen Schnitt durch dieses Leder wieder. Es war weich und kaum schwammig; ein solcher Hauttypus ist ein gutes Beispiel für den Ersatz von Zickelleder durch Schafsleder für die Handschuhlederherstellung.

Die Ziegenhaut

In vieler Beziehung liegt die Hautstruktur einer Ziege zwischen der eines Kalbes und der eines Schafes. Die Fasern sind fester und voller als die einer Schafshaut und weniger fest und voll als die einer Kalbshaut. Drüsen und Fettzellen, die die Schwammigkeit des Schafleders bedingen, sind bei Ziegen in der gleichen Fülle nicht vorhanden; immerhin muß erwähnt werden, daß die Ernährung einen hohen Einfluß auf die Struktur der Haut hat. Ziegen- und Schafshäute wechseln im Handel in Bezug auf Qualität und Substanz außerordentlich, eine Tatsache, die das Studium ihres inneren Aufbaus auf weitgehendster Basis rechtfertigen würde. Kalbshäute hingegen variieren in ihren Qualitäten auch nicht annähernd in diesem Ausmaße.

Wie das Kalb hat auch die Ziege gerade Haarbälge und infolgedessen gerade Haare. Die Oberfläche einer Ziegenhaut ist bedeutend rauher als die eines Kalbes. Der Narben eines Kalbes ist daher, wie uns ein Blick auf Abb. 9 zeigt, erheblich feiner als der einer Ziege. Oft ist jedoch ein rauher Narben nicht unerwünscht, so daß der Ziegennarben bisweilen sogar durch mechanische Bearbeitung künstlich noch stärker gerauht wird.

Abb. 29 gibt einen Vertikalschnitt einer Ziegenhaut wieder. Die Probe entstammt einer frischen Durchschnittshaustierhaut, wie sie im allgemeinen einer Gerberei eingeliefert wird. Die sehr dünne Linie, die die Hautoberfläche bildet, ist die Epidermis. Sie taucht in das Corium ein und bildet dort fast gerade Bälge, in denen die Haare wachsen. Die feinen dünnen Linien, die von der Basis nach rechts aufwärts laufen, stellen einen arrector pili-Muskel dar. Gerade oberhalb des Muskels sieht man den Ausgang einer Talgdrüse in den Haarbalg. Die Haut verdankt Weichheit und Schmiegsamkeit auch in den festesten Teilen dem Umstand, daß die Kollagenfasern fast parallel zur Oberfläche laufen, bei Kalbshäuten treten diese Eigenschaften jedoch nur in den Flämen auf.

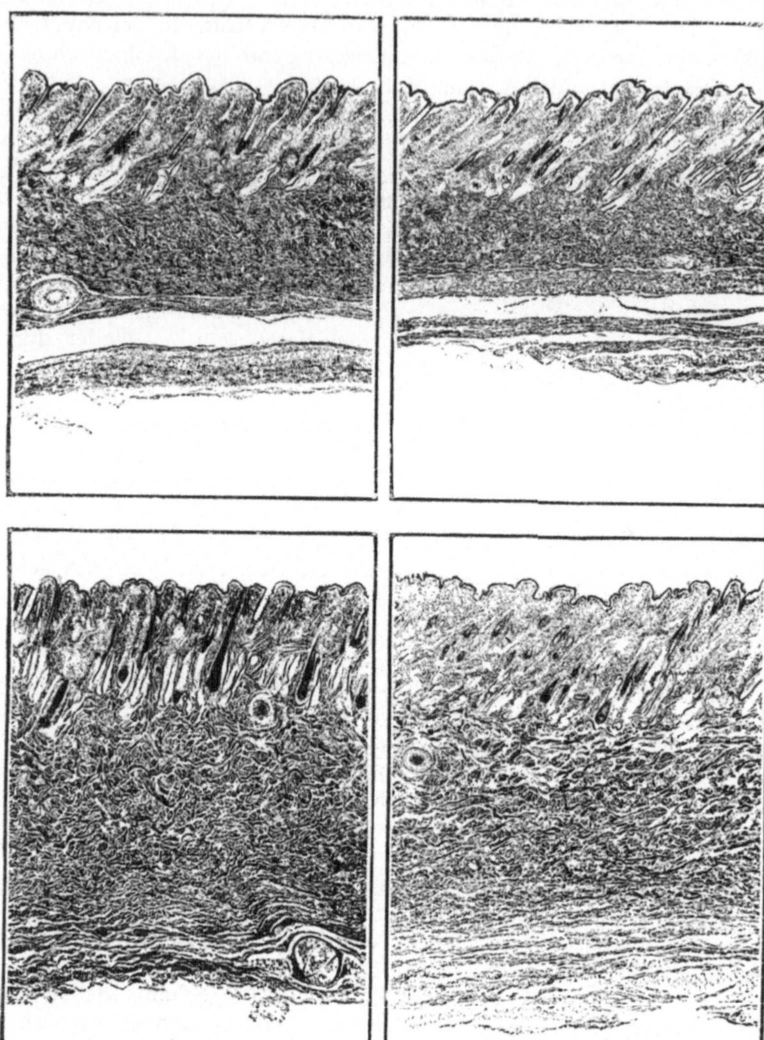

Abb. 20. Vorderklaue

Abb. 22. Hals

Abb. 21. Hinterklaue

Abb. 23. Bauch

Vertikalschnitte durch eine Kalbshaut

Stelle der Entnahme: Wie oben angegeben

Dicke des Schnittes: 15 μ

Färbung: Van Heurcks Blauholz, Picro-Indigo-Carmin

Okular: Keins

Objektiv: 32 mm

Wratten-Filter: F-Rot

Lineare Vergrößerung: 15fach

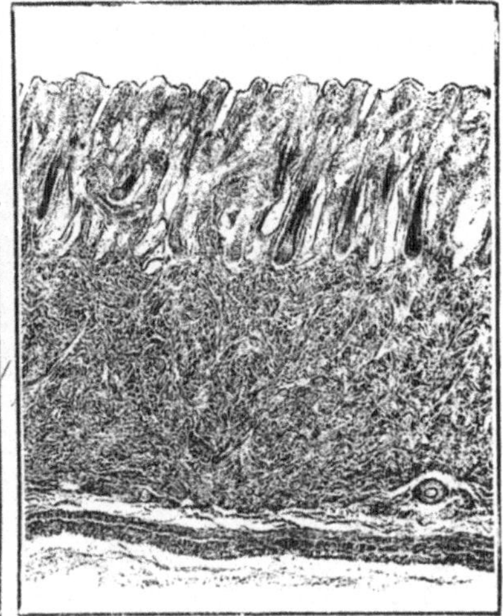

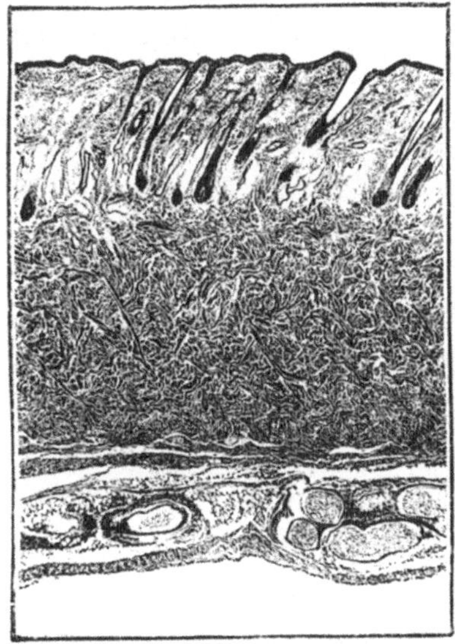

Abb. 24. Schulter   Abb. 25. Rückgrat
Abb. 26. Schild   Abb. 27. Schwanz

Vertikalschnitte durch eine Kalbshaut

Stelle der Entnahme: Wie oben angegeben
Dicke des Schnittes: 15 μ
Färbung: Van Heurcks Blauholz, Picro-Indigo-Carmin

Okular: Keins
Objektiv: 32 mm
Wratten-Filter: F-Rot
Lineare Vergrößerung: 15fach

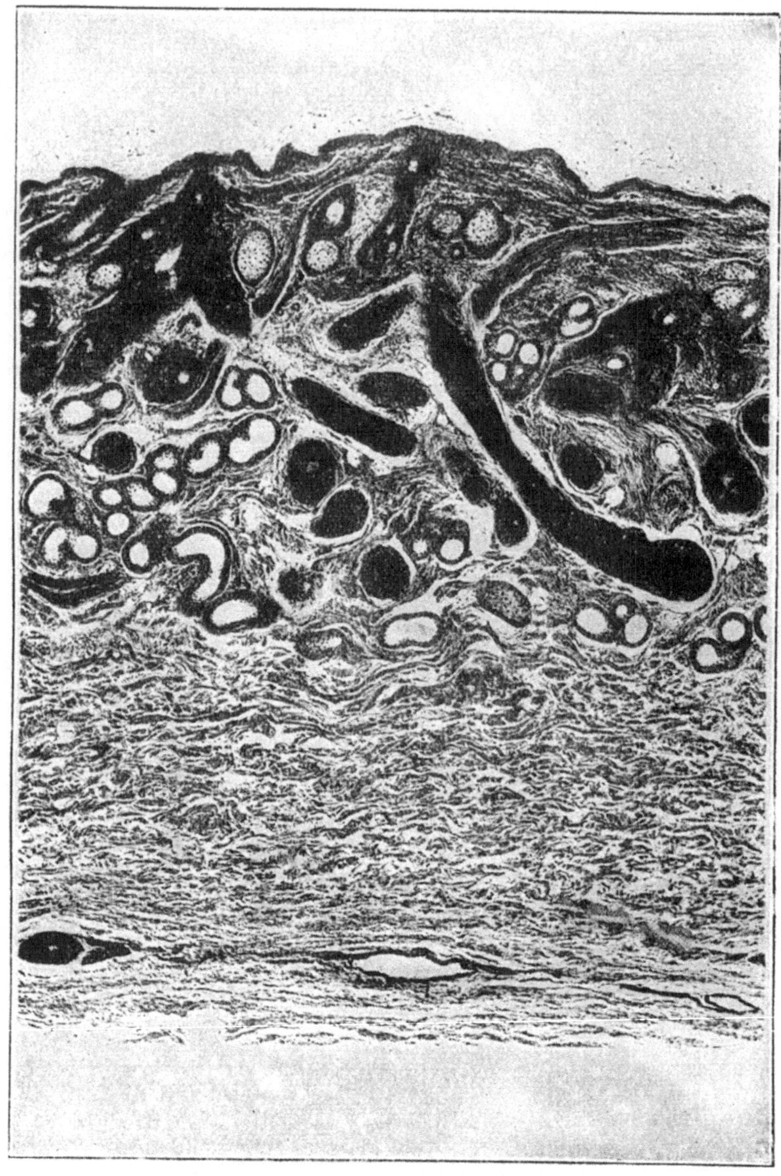

Abb. 28. **Vertikalschnitt durch eine Schafshaut**

Stelle der Entnahme: Schild	Okular: Keins
Dicke des Schnittes: 20 μ	Objektiv: 16 mm
Färbung: Van Heurcks Blauholz,	Wratten-Filter: C-Blau
Daubs Bismarckbraun	Lineare Vergrößerung: 50fach

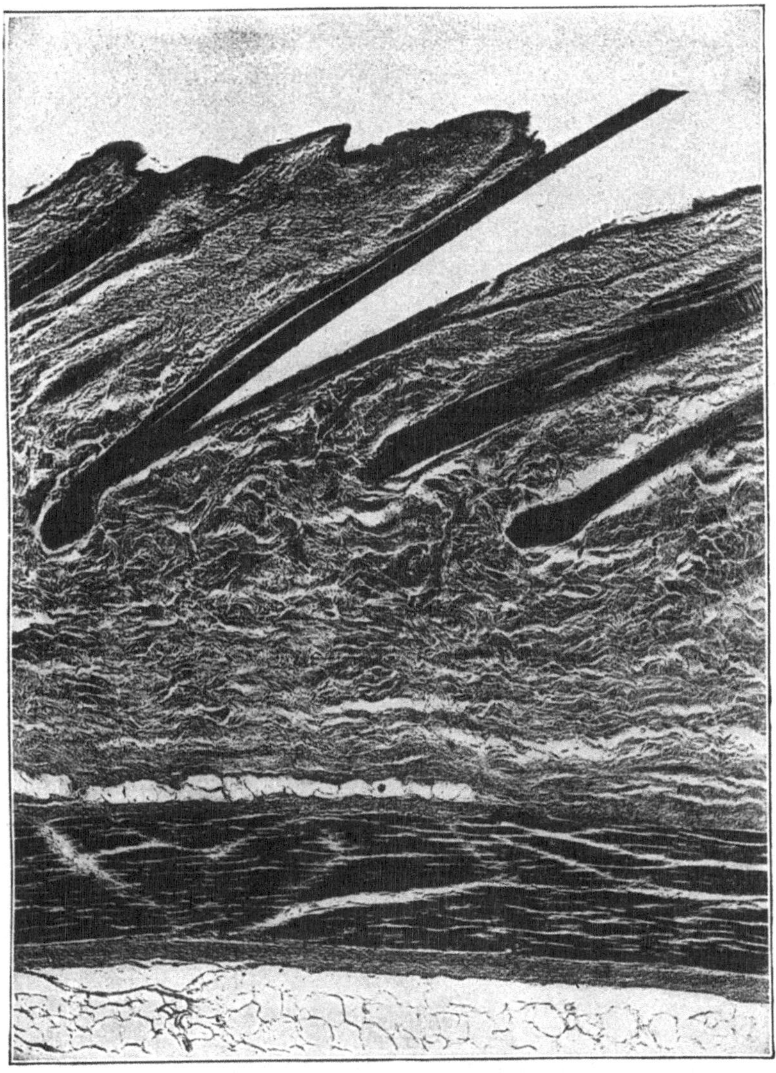

Abb. 29. **Vertikalschnitt durch eine Zickelhaut**

Stelle der Entnahme: Schild	Okular: Keins
Dicke des Schnittes: 25 μ	Objektiv: 16 mm
Färbung: Van Heurcks Blauholz,	Wratten-Filter: H-Blaugrün
Picro-Indigo-Carmin	Lineare Vergrößerung: 5ofach

Die untere Oberfläche des Coriums wird von einer Schicht quergestreifter Muskeln begrenzt, die dem Tier gestattet, mit der Haut zu zucken. Muskeln dieser Art findet man häufig bei den verschiedensten zur Lederherstellung verwendeten Häuten.

Abb. 146 zeigt einen typischen Schnitt durch eine chromgare Ziegenhaut. Es ist nicht uninteressant, ihre Struktur mit der des Kalbes und Schafes zu vergleichen.

Die Schweinshaut

Bei der Betrachtung von Abb. 30, des Schnittes einer Schweinshaut, ersieht man, daß diese Haut für die Lederfabrikation von verhältnismäßig geringem Wert ist. Die Retikularschicht besteht größtenteils aus den für die Lederfabrikation praktisch wertlosen Fettzellen. Wir haben hier ein Beispiel für die irreführende Anwendung des Begriffes „retikular". Die Fettzellen dehnen sich sogar bis in die Thermostatschicht aus. Beachtenswert ist die nahe Beziehung zu der in Abb. 1 gezeigten menschlichen Haut.

Epidermis- und Corium-Oberfläche sind dem Aussehen nach sehr rauh und unregelmäßig. Wie bei anderen Häuten taucht die Epidermis in das Corium ein und bildet Haarbälge, in denen Haare oder vielmehr Borsten wachsen. Die Haarbälge sind in eine große Zahl von Fettzellen, aus welcher die Retikularschicht besteht, eingebettet. In der Umgebung jedes Haares dringen die Fettzellen, konusartige Körper bildend, in die Thermostatschicht ein; aus Abb. 5 kann man deutlich die Struktur eines Schweinshaarkolbens ersehen.

Der zum Haarbalg in Abb. 30 gehörige arrector pili-Muskel liegt nicht in der Schnittebene. Ein Teil dieses Muskels kann man auf Abb. 84 sehen. Dieselbe Abbildung läßt ferner infolge stärkerer Vergrößerung die Anordnung der elastischen Fasern der Thermostatschicht besser erkennen. Die Schweinshaut hat im Vergleich zur Kuh-, Kalbs- und Schafshaut sehr viel weniger elastische Fasern.

Die Rauheit des Narbens wird weiterhin durch die Anwesenheit von Papillen, die in der Haut der meisten niederen Tiere selten zu sein scheinen, mitbedingt. Bei Kühen wurden Papillen nur an den Beinen gefunden, an Kalbs-, Schafs- und Ziegenhäuten waren überhaupt keine zu entdecken. Es wäre interessant, festzustellen, ob die relativ hohe Zahl der Papillen beim Schwein anderen niederen Tieren gegenüber eine größere Empfindlichkeit gegen Berührung und Schmerz bedingt. Sehr gut kann man die außerordentliche Rauheit des Narbens bei gegerbter Schweinshaut in Abb. 107 beobachten.

Nach dem Enthaaren und anderen Gerbevorarbeiten bleibt nur ein Teil der Thermostatschicht der Haut übrig. Die Haarbälge sind dann einfache Taschen, die vom Narbengewebe umgeben sind und deren untere Teile auf der Fleischseite der Haut hervortreten. Nach dem Gerben, wenn die Fleischseite zum Glattmachen gefalzt wird, werden die Böden der Taschen abgeschnitten und es entstehen dort,

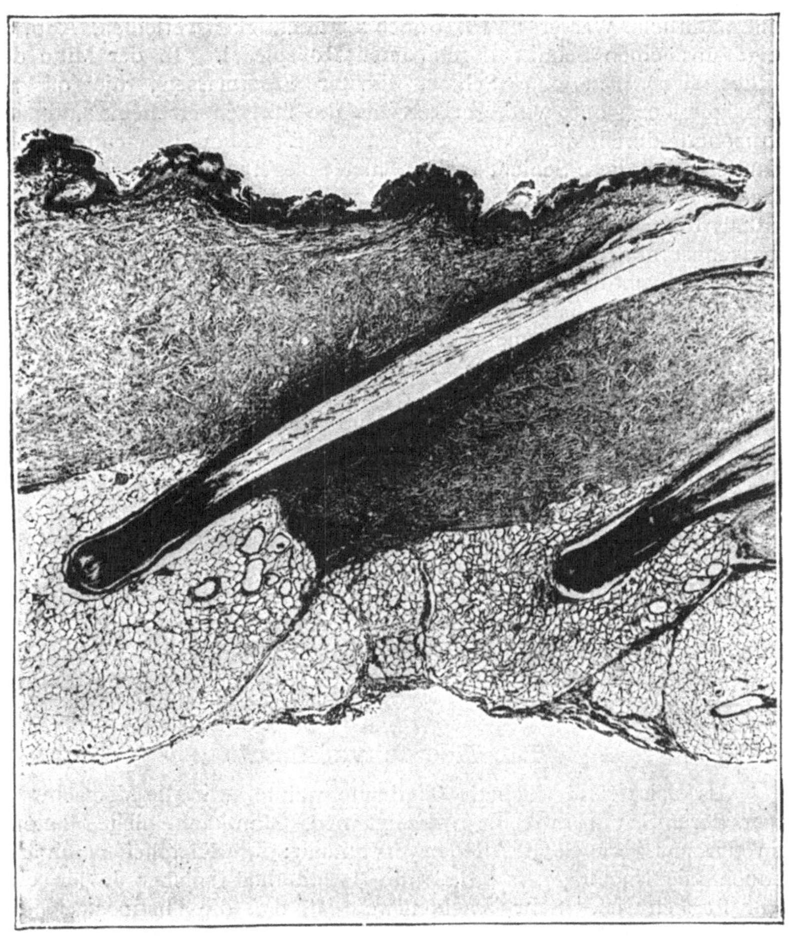

Abb. 30. **Vertikalschnitt durch eine Schweinshaut**

Stelle der Entnahme: Schild
Dicke des Schnittes: 20 μ
Färbung: Friedländers Blauholz,
    Daubs Bismarckbraun

Okular: Keins
Objektiv: 48 mm
Wratten-Filter: C-Blau
Lineare Vergrößerung: 14fach

wo ursprünglich Borsten waren, Löcher in der Haut. Dieser Umstand trägt mit dazu bei, den Wert des Schweinsleders zu vermindern. Abb. 107 gibt den Schnitt einer gegerbten Schweinshaut wieder.

Die Roßhaut

Die einzigartige Besonderheit der Roßhaut ist in der Struktur der Retikularschicht begründet. Im Schild sind dicke Kollagenfasermassen in der Retikularschicht vorhanden, die dem Roßspiegelleder eine natürliche Wasser- und fast auch Luftdichtigkeit verleihen. Abb. 31 zeigt uns einen Schnitt durch einen Roßspiegel. In der Mitte des Bildes sieht man eine Schicht dichter Fasermassen, die oft als „glasige" bezeichnet wird, dunkler als die übrigen erscheint und sich horizontal durch die ganze Schicht zieht. Man bezeichnet jenen Hautteil, der diese Schicht enthält, als „Spiegel" und verfertigt daraus das sogenannte Corduanleder für Schuhsohlen. Die übrige Roßhaut enthält diese glasige Schicht nicht. Die Fasern der Retikularschicht sind sonst nur lose verwoben und ergeben daher ein schwammiges, in der Verwendbarkeit beschränktes Leder.

Die Thermostatschicht der Roßhaut ähnelt der der Kuhhaut. Abb. 31 läßt die allgemeine Anordnung der Haarbälge, der arrector pili-Muskeln und Talgdrüsen erkennen. Jedoch treten die genaueren Einzelheiten nicht so gut hervor, da das Präparat einer Haut entstammte, die nicht wie die Kuhhaut sofort nach dem Tode des Tieres mit Erlickischer Flüssigkeit fixiert worden war. Der Schnitt gibt immerhin jenen Zustand einer Roßhaut wieder, in dem diese gewöhnlich der Gerberei eingeliefert wird.

Eine Gegenüberstellung von Leder das einerseits aus dem Spiegel und andererseits aus seiner unmittelbaren Umgebung hergestellt worden war, findet man in Abb. 105 und 106. Beim Egalisieren der Dicke des Leders mit der Bandmesserspaltmaschine schneidet das Messer durch den tieferen Teil der glasigen Schicht hindurch, so daß der Unterschied beider Hautproben in den tieferen Teilen am deutlichsten hervortritt.

Die Meerschweinhaut

Als Beispiel für kleinere Tierhäute wählten wir die Meerschweinhaut, deren Schnitt in Abb. 32 gezeigt wird. Man kann solche Häute in ein durchaus brauchbares Leder verwandeln; ihre Kleinheit beschränkt jedoch die Nachfrage, so daß die Rentabilität solcher Leder eine sehr fragliche ist. Sehr beachtenswert ist, daß die Thermostatschicht der Meerschweinchen- und der bedeutend größeren Kalbshaut praktisch genommen gleiche Dicke aufweisen. Die Natur baut ein dünneres Hautstück fast ganz auf Kosten der Retikular- und nicht der Thermostatschicht auf, wie dies auch bei der Beschreibung der verschiedenen Teile der Kalbshaut gezeigt wurde. Möglicherweise muß diese wichtige Schicht, um ihre Funktionen richtig erfüllen zu können, eine gewisse Minimaldicke haben, die von der Größe des Tieres unabhängig zu sein scheint.

Gerade oberhalb der schwarzen Linie der Malpighischen Schicht, die das Corium nach oben abgrenzt, erscheint die Hornschicht. Sie bildet einige Strähnen aus feinen schwachen Fäden. Die Kollagenfasern sind so dünn, daß sie selbst bei 70facher Vergrößerung nur als kleine Fäden sichtbar gemacht werden konnten. Das dunkle Band, das den unteren Teil des Bildes durchläuft, ist ein Komplex quergestreiften Muskelgewebes.

Abb. 31. **Vertikalschnitt durch eine Roßhaut**

Stelle der Entnahme: Schild	Okular: Keins
Dicke des Schnittes: 20 μ	Objektiv: 32 mm
Färbung: Van Heurcks Blauholz,	Wratten-Filter: C-Blau
Daubs Bismarckbraun	Lineare Vergrößerung: 25fach

Fischhäute

Die Struktur der Fischhäute unterscheidet sich in ihren Einzelheiten wesentlich von der der Säugetiere. Trotzdem ergeben die Fischhäute ein Leder, das sich mit einigen üblichen Ledersorten des Handels gut vergleichen läßt. Fischleder ist sehr zähe und wird daher vielfach dort verwendet, wo große Ansprüche an Festigkeit gestellt werden. Leder aus Störhaut findet als Binderiemenleder für schwere Riemen Verwendung und man hat beobachtet, daß die Binderiemen den eigentlichen Riemen überlebten. Man berichtet, daß die Bewohner von New-England in vergangenen Zeiten Schuh- und Handschuhleder aus Kabeljauhäuten bereitet haben. Andere Fischhäute werden bisweilen zur Fabrikation von Fantasieledern benutzt.

Abb. 33, 34 und 35 geben Mikrophotographien von Hautschnitten des Heilbuttes, Kabeljaus und Lachses wieder. Die Häute sind mit einer dünnen Epidermis bedeckt, die hier und dort in das Corium eindringt und Bälge bildet, in denen die Schuppen wachsen. Die Fischschuppen entsprechen den Haaren. Die Schuppen sind durch gezähnte Ränder charakterisiert.

Um die Einzelheiten des Coriums besser hervortreten zu lassen, gibt Abb. 36 einen Teil der rechten Hälfte von Abb. 35 bei viel stärkerer Vergrößerung wieder. Der obere Teil des Bildes wird von den unteren Partien der Schuppen gebildet. In der Fischhaut konnten wir bisher einen thermoregulierenden Mechanismus, wie er den Warmblütlern eigentümlich ist, nicht nachweisen; wahrscheinlich benötigen die Fische ihn in ihrer Eigenschaft als Kaltblütler überhaupt nicht. Der Hauptanteil der Haut besteht an Stelle der sich kreuzenden Kollagenfaserbündeln aus Kollagenbändern, die parallel zur Oberfläche laufen; diese Bänder kreuzen sich nicht. Von Zeit zu Zeit laufen jedoch Kollagenbänder vertikal durch die Haut. Auf diese Weise wird die Festigkeit erhöht und eine Zerreißung in vertikaler Richtung, die bei nur paralleler Anordnung der Fasern und Bänder leicht möglich wäre, verhindert.

Abb. 108 gibt den Schnitt einer gegerbten Lachshaut, bei der das Epidermissystem gänzlich entfernt worden ist, wieder. Das Leder wurde, um die Struktur klarer hervortreten zu lassen, absichtlich unfertig für das Präparat verwendet. Beim Zurichten solcher Leder wird entweder der obere lose Teil eben gewalzt und mit einer Appretur überzogen oder durch Falzen entfernt. Der übrige Teil wird in letzterem Falle mit einer passenden Appretur versehen und dann gepreßt oder plattiert.

Andere Häute

Die vorstehenden Beschreibungen von Hautstrukturen sind die Ergebnisse von Untersuchungen, die noch im Fortschreiten begriffen und von einem Abschluß noch weit entfernt sind. Die bisher geleistete Arbeit scheint jedoch bereits greifbare Fortschritte gezeitigt

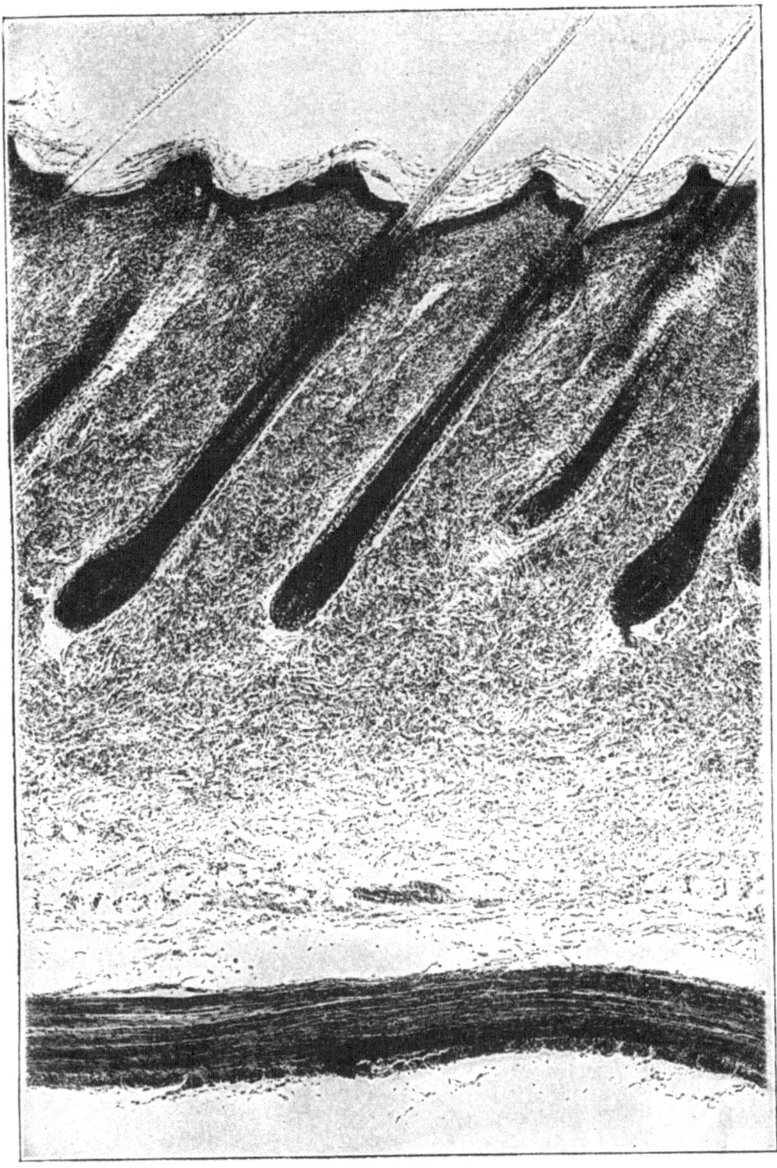

Abb. 32. **Vertikalschnitt durch die Haut eines Meerschweinchens**

Stelle der Entnahme: Schild
Dicke des Schnittes: 30 μ
Färbung: Van Heurcks Blauholz,
   Picro-Indigo-Carmin

Okular; Keins
Objektiv: 16 mm
Wratten-Filter: F-Rot
Lineare Vergrößerung: 70fach

Abb. 33. **Vertikalschnitt durch eine Heilbutthaut**
Abb. 34. **Vertikalschnitt durch eine Kabeljauhaut**
Abb. 35. **Vertikalschnitt durch eine Lachshaut**

Stelle der Entnahme: Seite　　　　Okular: Keins
Dicke des Schnittes: 20 μ　　　　Objektiv: 32 mm
Färbung: Friedländers Blauholz,　　Wratten-Filter: H-Blaugrün
　Picro-Indigo-Carmin　　　　　　Lineare Vergrößerung: 17fach

Abb. 36. **Vertikalschnitt durch eine Lachshaut**

Stelle der Entnahme: Seite
Dicke des Schnittes: 20 μ
Färbung: Friedländers Blauholz,
   Picro-Indigo-Carmin

Okular: 7,5X
Objektiv: 16 mm
Wratten-Filter: H-Blaugrün
Lineare Vergrößerung: 185fach

zu haben und es erwies sich daher als wünschenswert, so viel als
möglich von dem bisher Erforschten mitzuteilen, selbst auf die Gefahr
hin, keinen Anspruch auf Vollständigkeit machen zu können. In den
Abschnitten über Gerbung erscheinen Lederschnitte von Häuten, die
wir bisher noch nicht untersucht haben. Man wird sie indessen
vorteilhaft bei histologischen Studien verwenden können.

Abb. 110 stellt einen Schnitt durch Alligatorleder dar, das in der
Struktur der Fasern oder Bänder vielfach an das der Fische erinnert.
Haifischleder in Abb. 109 weist eine ähnliche Struktur auf, die ge-
fährlichen Haken an der Oberfläche des Leders sind dem bloßen
Auge kaum sichtbar und äußern sich in einer rauhen Oberfläche des
Leders. Es gibt mannigfache zur Lederbereitung geeignete Haifisch-
häute, es ist jedoch üblich, nicht diese Haken auf dem verkaufs-
fertigen Leder zu belassen. Die in Abb. 111 abgebildete Struktur
einer Schildkrötenhaut ähnelt auch der der Fische. In einem gewissen
Gegensatz zu diesen kleineren Häuten steht die Nilpferdhaut, die in
Abb. 115, 116 gezeigt wird. Abb. 112, 113 und 114 sind interessante
Ledertypen der Kamel- und Walroßhäute.

Die Chemie der Haut

Weitaus der größte Teil der festen Bestandteile der Haut besteht aus Proteinen. Die Proteine bilden eine der wichtigsten und schwierigsten Gruppen organischer Verbindungen; sie sind charakterisiert durch die große Zahl der ihnen eigenen physikalischen und chemischen Erscheinungen und durch die außerordentlichen Schwierigkeiten, die sich bei ihrer quantitativen Trennung ergeben. Sie enthalten alle Kohlenstoff, Wasserstoff, Sauerstoff und Stickstoff, einige auch Schwefel und Phosphor, haben amphoteren Charakter und sind daher sowohl säure- als auch basenbindend; diejenigen, die sich nicht in Wasser lösen, quellen durch Wasseraufnahme. Sie werden von kochenden Säuren und Alkalilösungen oder von entsprechenden Enzymen mehr oder weniger leicht hydrolytisch gespalten. Bei fortschreitender Hydrolyse entstehen nacheinander Körper von abnehmender Kompliziertheit der Struktur, zunächst Albumosen, dann Peptone, hierauf Polypeptide und schließlich einfache Aminosäuren. Zwischen den zahlreichen Spaltungsprodukten findet man vielfach Amine und Ammoniak. Man hat folgende Aminosäuren isolieren und bei der Hydrolyse verschiedener Proteine identifizieren können [1]:

1. Glycin, Aminoessigsäure, $NH_2 . CH_2 . COOH$.
2. Alanin, α-Aminopropionsäure, $CH_3 . CH(NH_2) . COOH$.
3. Valin, α-Aminoisovaleriansäure, $(CH_3)_2 : CH . CH . (NH_2) . COOH$.
4. Leucin, α-Aminoisokapronsäure, $(CH_3)_2 : CH . CH_2 . CH(NH_2) . COOH$.
5. Isoleucin, α-Amino-β-methyl-β-äthylpropionsäure $(CH_3 . CH . C_2H_5) . CH(NH_2) . COOH$.
6. Phenylalanin, β-Phenyl-α-aminopropionsäure, $C_6H_5 . CH_2 . CH(NH_2) . COOH$.
7. Tyrosin, β-Para-oxyphenyl-α-aminopropionsäure $HO . C_6H_4 . CH_2 . CH(NH_2) . COOH$.
8. Serin, β-Oxy-α-aminopropionsäure, $CH_2(OH) . CH(NH_2) . COOH$.
9. Cystin, Di(β-thio-α-aminopropionsäure), $HOOC . CH(NH_2) . CH_2 . S\text{-}S . CH_2 . CH(NH_2) . COOH$.

---

[1] Plimmer, Chemische Konstitution der Eiweißkörper. Dresden 1914.

10. Asparaginsäure, Aminobernsteinsäure, $HOOC.CH_2.CH(NH_2).COOH$.

11. Glutaminsäure, α-Aminoglutarsäure, $HOOC.CH_2.CH_2.CH(NH_2).COOH$.

12. Arginin, α-Amino-δ-guanidinvaleriansäure, $HN:(C.CH_2).NH.CH_2.CH_2.CH_2.CH(CH_2).COOH$.

13. Lysin, α-ε-Diaminokapronsäure, $NH_2.CH_2.CH_2.CH_2.CH_2.CH(NH_2).COOH$.

14. Kaseinsäure, Diaminotrioxydodecansäure, $C_{12}H_{26}N_2O_5$.

15. Histidin, β-Amidazol-α-aminopropionsäure,

$$\begin{array}{c} CH \\ /\!\!\diagup\quad\diagdown \\ N\quad NH \\ |\quad\; | \\ HC = C\,.\,CH_2CH(NH_2)COOH. \end{array}$$

16. Prolin, α-Pyrrolidin-carbonsäure,

$$\begin{array}{c} H_2C - CH_2 \\ |\qquad | \\ H_2C\quad CH\,.\,COOH. \\ \diagdown\;\diagup \\ NH \end{array}$$

17. Oxyprolin, Oxypyrrolidincarbonsäure, $C_5H_9NO_3$.

18. Tryptophan, β-Indol-α-aminopropionsäure,

$$\begin{array}{c} NH \\ /\diagdown \\ HC\quad C_6H_4 \\ \diagdown\!\diagdown\;\diagup \\ C\,.\,CH_2\,.\,CH(NH_2)\,.\,COOH. \end{array}$$

Es gelingt unter gewissen Bedingungen Aminosäuren unter Wasseraustritt derart miteinander zu verketten, daß die Aminogruppe der einen sich mit der Säuregruppe der anderen vereinigt:

$$CH_3.CH(NH_2).COOH + NH_2.CH_2.COOH = CH_3.CH(NH_2).CO.NH.CH_2.COOH + H_2O.$$

Die Kombination zweier Aminosäuren nennt man Dipeptid, die dreier Tripeptid; Fischer[1]) konnte ein Oktadekapeptid aufbauen, das 15 Glycine und 3 Leucine bei einem Molekulargewicht von 1213 enthielt:

$$NH_2.CH(C_4H_9).CO.[NHCH_2CO]_3.NH.CH(C_4H_9).CO.[NHCH_2CO]_3.$$
$$NH.CH(C_4H_9).CO.[NHCH_2CO]_3.NH.CH_2.COOH.$$

Die Verbindung zeigte die Biuretreaktion der Proteine und wurde von Tannin gefällt. Man würde sie als ein Protein angesprochen

---

[1]) Fischer, Synthese von Polypeptiden. Ber. Deutsch. Chem. Ges. 40 (1907 1754); Chem. Zentralbl. (1907) I 1785.

haben, wenn man sie in der Natur vorgefunden hätte. Später bauten A b d e r h a l d e n und F o d o r [1]) ein Polypeptid auf, das aus 15 Glycinen und 4 Leucinen hervorging; es hatte ein Molekulargewicht von 1326.

Die große Ähnlichkeit der höheren Polypeptide mit den in der Natur vorkommenden Proteinen und mit der Mehrzahl ihrer Abbauprodukte, den Proteosen und Peptonen, die Tatsache ferner, daß alle Proteine bei vollständiger Hydrolyse Aminosäuren ergeben, hat zu der Hypothese geführt, diese Proteine strukturell als polypeptidartig aufgebaute Körper aufzufassen. Die vorstehende Liste der einfachen Aminosäuren läßt die ungeheuere Zahl der Kombinationen und Isomeriemöglichkeiten, die beim Aufbau von Proteinen auftreten können, erkennen.

Die allgemein eingeführte Einteilung der Proteine beruht auf verschiedener Löslichkeit, Hydrolysegeschwindigkeit und der Fällbarkeit unter bestimmten Bedingungen. Da jedoch geringfügige Mengen fremder Stoffe genügen, die Eigenschaften eines Proteins zu ändern, da es ferner sehr schwierig ist, die Proteine zu isolieren und zu reinigen, so ist diese Einteilung nicht ganz befriedigend, andererseits ist sie augenblicklich die einzig vorhandene. Die allgemeinen Bezeichnungen für Proteine geben keine Einzelindividuen an, Namen wie Albumine, Keratine usw. bezeichnen vielmehr Gruppen verwandter Proteine, deren quantitative Trennung sehr schwierig ist.

Die wichtigsten Hautproteine sind: Muzine, Albumine, Globuline, Melanine, Keratine, Elastine und die unbenannten Proteine der Narbenschicht, ferner die Kollagene; die zuerst genannten sind von geringerer, die letzteren von größerer Bedeutung für den Gerber. Die ersten fünf Klassen spielen mit Ausnahme der Pelzgerberei nur insofern eine gewisse Rolle, als sie von der Haut, ohne daß die anderen Proteine geschädigt werden, entfernt werden müssen. Die Albumine sind die einzigen in Wasser löslichen Hautproteine. Die Globuline sind in schwachen Salzlösungen, die Melanine in schwachen Alkalilösungen löslich. Die noch bleibenden Körperklassen gehören zu den Albuminoiden. Diese sind bei Zimmertemperatur in schwachen Säure-, Alkali- und Salzlösungen unlöslich, von heißen konzentrierten Säure- und Alkalilösungen werden sie jedoch hydrolysiert und in Lösung gebracht. Die Keratine werden von starken Alkalien gelöst, ohne daß die drei anderen Körperklassen von ihnen ernsthaft angegriffen werden. Während die Kollagene und die Proteine der Narbenschicht von Trypsin kaum beschädigt werden, verdaut dieses Enzym das Elastin vollkommen. Das Kollagen löst sich in kochendem Wasser zu Gelatine und nur ein Teil des Elastins und die Narbenschicht bleiben zurück.

---

[1]) A b d e r h a l d e n u. F o d o r, Synthese von hochmolekularen Polypeptiden. Ber. Deutsch. Chem. Ges. 49 (1916), 561; Chem. Zentralbl. (1916), I 736.

Albumine und Globuline findet man ferner in Blut und Lymphe der Haut und in den Flüssigkeiten der Muskeln und Nerven. Bei Extraktion von Hundehautpulver mit einer $10^0/_0$ Natriumchloridlösung bei 37^0 C erhielt Rosenthal[1]) eine Anzahl von Albuminen und Globulinen. Nachdem sie koaguliert waren, wurden sie mit Wasser, Alkohol und Äther gewaschen und dann getrocknet. Er erhielt $24^0/_0$ der Gesamtproteinmasse der Haut, bei Kalbshaut betrug die Ausbeute nur $4,2^0/_0$.

Die Albumine sind in reinem Wasser und verdünnten Säure-, Basen- oder Salzlösungen löslich, gefällt werden sie durch konzentrierte Mineralsäuren und gesättigte Salzlösungen, die schwache Säuren enthalten. Bei Anwesenheit von wenig Salz kann man sie durch Kochen zum Koagulieren bringen.

Die Globuline sind im allgemeinen in reinem neutralen Wasser unlöslich, löslich dagegen in schwachen Neutralsalzlösungen; hieraus können sie durch hinreichende Herabsetzung oder Erhöhung der Salzkonzentration zum Ausfallen gebracht werden; die Globulinlösungen sind also nur bei mittleren Salzkonzentrationen stabil. In schwachen Säure- und Alkalilösungen sind die Globuline ebenfalls löslich. Wie die Albumine koagulieren sie beim Kochen. Gewöhnlich rechnet man das Fibrinogen, einen wichtigen Bestandteil des Blutes, ebenfalls zu den Globulinen, es ist jedoch durch seine große Empfindlichkeit gegen Neutralsalzlösungen und Hitzekoagulation gegenüber dem Serum-Globulin charakterisiert. An der Luft hat es die Tendenz unter Bildung von unlöslichem Fibrin zu gerinnen; beschleunigt wird dieser Vorgang durch Bewegung und Temperaturerhöhung, aufgehalten durch Abkühlen und durch den Zusatz von Säuren, Alkalien und konzentrierten Salzlösungen. Für den Gerinnungseffekt macht man ein Enzym, das Thrombin verantwortlich, man nimmt an, daß dieses für gewöhnlich nicht im Blut vorhanden ist, sondern bei Gegenwart von Kalziumsalzen von den Leukocyten und Blutblättchen gebildet wird.

Die Muzine sind zusammengesetzte Proteine und gehören zu jenen Glukoproteinen, welche Protein- und Kohlehydratgruppen im Molekül enthalten. In reinem Wasser unlöslich, lösen sie sich jedoch in schwachen Alkalilösungen zu schleimigen Massen, aus denen sie durch Säuren ausgefüllt werden können. Bisher noch ungelöst ist die Frage, ob die Muzine in der Haut der Säugetiere sehr verbreitet sind. Vielfach nimmt man an, daß sie eine „interfibrillare Kittsubstanz" bilden. Bisher ist jedoch die Existenz einer nichtkollagenartigen Kittsubstanz noch nicht klar nachgewiesen worden.

Rosenthal[2]) extrahierte eine Kalbshaut, die vorher von Albuminen und Globulinen befreit worden war, mit halbgesättigtem Kalkwasser bei Toluolzusatz. Die gelösten Proteinsubstanzen wurden

---

[1]) Rosenthal, Biochemical Studies of Skin. Journ. Am. Leather Chem. Assoc. 11 (1916), 463.
[2]) Loc. cit.

durch Salzsäurezusatz gefällt, mit schwachen Säuren, Alkohol und Äther gewaschen, getrocknet und dann gewogen. Die Ausbeute an Proteinen, die er „Mukoide" nannte, betrug ungefähr $2,7^0/_0$ der gesamten Hautsubstanz, aus Teilen des Schildes betrug sie $4,8\ ^0/_0$, aus denen des Bauches $1,2\ ^0/_0$. Die Deutung, die R o s e n t h a l seinen Versuchen gibt und die darauf basiert, daß Muzine in schwachen Alkalien löslich sind und wieder durch Säuren gefällt werden können, wird durch Versuche von T h o m p s o n und A t k i n[1] erschüttert. Sie konnten zeigen, daß sich Haare und Wolle in Kalkwasser lösten, und daß ein Teil des Gelösten durch schwache Säuren ausgefällt wurde. Da nun frisch gebildete Epithelzellen noch weit leichter angreifbar sind als Haare und Wolle, wird ein Teil des von R o s e n t h a l isolierten Materials in Wirklichkeit aus dieser Quelle stammen.

Zwischen Muzinen und Mukoiden lassen sich keine scharfen Grenzen ziehen. H a m m a r s t e n[2] unterscheidet sie folgendermaßen: „D i e e c h t e n M u z i n e sind durch die Tatsache charakterisiert, daß ihre natürlichen Lösungen oder solche, die durch Spuren von Alkali oder Säure hergestellt werden, schleimig fadenziehend sind und durch einen Überschuß von Essigsäure unlöslich oder sehr schwer löslich gemacht werden können. Die Mukoide zeigen diese physikalischen Eigenschaften nicht, sie weisen andere Löslichkeits- und Fällbarkeitsverhältnisse auf".

Die Melanine sind Proteine von intensiver Farbe, die zwischen rotbraun und schwarz schwankt. Sie bilden die Pigmente der Haare und Epithelzellen, sind in Wasser und schwachen Säuren unlöslich, lösen sich jedoch mehr oder weniger leicht in verdünnten Alkalien. Man kann sie auch mit kochenden Alkalien extrahieren und mit Säuren ausfällen. Sie enthalten wechselnde Mengen an Eisen und Schwefel.

Mit Sicherheit weiß man über den Ursprung der Melanine, die scheinbar aus Blut und Lymphe stammen, nichts. Ihre Entwicklung wird durch häufige Einwirkung von starkem Sonnenlicht gefördert. Die Belichtung verursacht eine lebhaftere Durchblutung der Haut und damit verbunden eine Produktion von Pigmenten, die das Gewebe gegen die Wirkung des Sonnenlichtes schützen. Dieser Vorgang äußert sich äußerlich sichtbar im Dunklerwerden der Haut. Die Farbträger des Blutes, die Hämoglobine, gehören zur Klasse der als Chromoproteine bezeichneten zusammengesetzten Proteine, die wie die Melanine auch Eisen und Schwefel enthalten.

Die Gerber wissen sehr wohl, daß Blut und Lymphe Substanzen enthalten, die fähig sind, durch gewisse Reaktionen tiefgefärbte Körper zu ergeben. Häute aus denen Blut und Lymphe nicht entfernt worden ist, weisen oft schwer zu entfernende Flecken auf, die man auf die Anwesenheit dieser Substanzen zurückführt. Es lassen sich jedoch

---

[1] F. C. Thompson u. W. R. Atkin, Note on the Analysis of Lime Liquors. Journ. Soc. Leather Trades Chem. 4 (1920), 15.
[2] Hammarsten, Lehrbuch der physiologischen Chemie. Wiesbaden 1922.

gewisse Vorkehrungen treffen, um diese Erscheinung zu verhindern. Sie werden später im Zusammenhang mit der Konservierung von Häuten, die nicht sofort der Gerbung übergeben werden sollen, besprochen werden.

Der Hauptbestandteil des Epidermissystems, welches Epidermis, Haare und die Epithelzellen der Drüsen umfaßt, ist das Keratin. Eine allgemeine Methode, dieses Material zu isolieren, ist folgende: man kocht die sorgfältig herauspräparierte Schicht, die die Keratine enthält, mit Wasser und unterwirft den Rückstand einer Behandlung mit einer sauren Pepsinlösung und darauf mit einer alkalischen Trypsinlösung. Danach wäscht man sorgfältig mit Wasser, Alkohol und Äther.

Die Keratine unterscheiden sich chemisch von anderen Proteinen durch den verhältnismäßig hohen Cystinanteil, der bei der Hydrolyse erhalten wird. Die folgende Tabelle zeigt die Ausbeute an Aminosäuren bei Keratinen verschiedenen Ursprungs und bei Elastin, Kollagen und Gelatine. Interessant ist die Differenz der Ausbeuten an Aminosäuren bei Keratinen verschiedenen Ursprungs. Es ist anzunehmen, daß jede Probe wahrscheinlich aus einem Gemisch verschiedenster Keratine, die mit anderen Proteinen mehr oder weniger verunreinigt sind, besteht.

Wird Keratin auf die oben angegebene Weise gewonnen, so ist es im allgemeinen gegen schwache Säuren und Alkalien, Pepsin, Trypsin und kochendes Wasser resistent, gelöst wird es in starken Alkalien und von Wasser bei 150^0 C unter Druck. Man könnte bei dieser Isolierungsmethode einwenden, daß man auf diese Weise kein frisch gebildetes Keratin untersucht. Dagegen läßt sich anführen, daß die Proteine neu gebildeter Epithelzellen noch keine Keratine sind. Nun ist jedoch der Wechsel der Eigenschaften mit zunehmendem Alter der Epithelzellen so allmählich, daß es fast unmöglich ist scharfe Grenzen zu ziehen. Dies Beispiel illustriert sehr gut die Schwierigkeiten, die sich bei der Einteilung der Proteine nach bestimmten Eigenschaften ergeben. Die Zelle der Malpighischen Schicht der Epidermis wird von Ammoniak und Trypsin leicht angegriffen, wird sie jedoch weiter herausgeschoben, so wird sie gegen diese Agenzien immer widerstandsfähiger.

In der stratum granulosum der Epidermis ist das Protoplasma der Epithelzellen eingetrocknet und erscheint als körnige Masse innerhalb der Zellen. Nach Walker[1] bestehen diese Körnchen aus zwei Stoffen, dem Keratohyalin und Eleidin, von denen er annimmt, daß sie Übergangsstufen des Protoplasmas in jene wachs- und fettartigen Substanzen bilden, die in der Hornschicht der Epidermis vorkommen.

Die gelben elastischen Fasern, die die äußere Schicht des Coriums durchziehen, und welche die Blutbahnen und Nerven umhüllen, bestehen aus Proteinen, die man unter dem Namen Elastine zusammenfaßt. Die Sehnen und Bänder des Tierkörpers liefern hauptsächlich

---

[1] Walker, Dermatology. New-York.

das Material zum Studium des Elastins, insbesondere das l i g a -
m e n t u m n u c h a e, das Band an der Rückseite des Ochsenkopfes.
S e y m o u r - J o n e s[1]) fand, daß ein Stück des ligamentum nuchae
von 1 qcm Querschnitt bei Belastung einen Zuwachs an Länge von
150 $^0/_0$ erfahren konnte, ohne zu zerreißen; der Zug konnte, da er
zu klein war, nicht gemessen werden. Er stellte ferner fest, daß das
Band sich nur sehr schwer in Kalkwasser löste; möglicherweise wurde
die Lösung durch Bakterien veranlaßt.

Man kann Elastin auf folgende Weise aus den Sehnen isolieren:
Zunächst behandelt man die Sehnen mit schwachen Kochsalzlösungen,
dann nach Auswaschen mit kochendem Wasser mit 1 $^0/_0$iger Kalium-
hydroxydlösung, hierauf wieder mit Wasser und schließlich mit Essigsäure. Das Ubrigbleibende wird mit kalter 5 $^0/_0$iger Chlorwasserstoffsäure 24 Stunden behandelt, mit Wasser gründlich gewaschen, dann
nochmals mit Wasser gekocht und schließlich mit Alkohol und Äther
getrocknet. Man erhält einen gelblichweißen Körper, der weder von
kochendem Wasser, noch von Alkalien und Säure in der Kälte angegriffen wird. Leicht löst er sich dagegen in der Hitze in konzentrierten Mineralsäuren. Die bei der Hydrolyse erhaltenen Anteile an
Aminosäuren kann man aus Tabelle 1 entnehmen.

T a b e l l e 1

Aminosäure	$^0/_0$ an Aminosäuren aus den Keratinen von				Elastin[5])	Kollagen oder Gelatine[6])
	Roß-haaren[2])	Schaf-wolle[3])	Schaf-horn	Gänse-federn[4])		
Glycin . . .	4,7	0,6	0,5	2,6	25,8	25,5
Alanin . . .	1,5	4,4	1,6	1,8	6,6	8,7
Valin . . .	0,9	2,8	4,5	0,5	1,0	0,0
Leucin . . .	7,1	11,5	15,3	8,0	21,1	7,1
Serin . . .	0,6	0,1	1,1	0,4	—	0,4
Asparaginsäure	0,3	2,3	2,5	1,1	—	3,4
Glutaminsäure	3,7	12,9	17,2	2,3	0,8	5,8
Cystin . . .	8,0	7,3	7,5	—	—	—
Phenylalanin .	0,0	—	1,9	0,0	3,9	1,4
Tyrosin . . .	3,2	2,9	3,6	3,6	0,3	0,01
Prolin . . .	3,4	4,4	3,7	3,5	1,7	9,5
Oxyprolin . .	—	—	—	—	—	14,1
Hystidin . .	0,6	—	—	—	—	0,9
Arginin . . .	4,5	—	2,7	—	0,3	8,2
Lysin . . .	1,1	—	0,2	—	—	5,9

[1]) F. L. S e y m o u r - J o n e s, Chemical Constituents of Skin. Journ. Ind. Eng.
Chem. 14 (1922).

[2]) A b d e r h a l d e n u. W e l l s, Zeitschr. f. physiol. Chem. 46 (1905), 31.

[3]) A b d e r h a l d e n u. V o i t i n o v i c i, Ibid., 52 (1907), 348.

[4]) A b d e r h a l d e n u. Le C o u n t, Ibid. 48 (1905), 40.

[5]) A b d e r h a l d e n, Lehrbuch der physiol. Chemie (1909).

[6]) D a k i n, Journ. Biol. Chem. 44 (1920), 524.

Natürlich ist die Annahme, daß das Elastin der Haut mit dem anderer Körperteile in allen Eigenschaften genau übereinstimmt, unsicher. Um sich jedoch überhaupt eine Vorstellung von den Hautelastinen machen zu können, erschien es wünschenswert, Proteine der gleichen allgemeinen Körperklasse von anderen Körperteilen, in denen sie leichter als in der Haut zugänglich waren, zu studieren. Man fand nun, daß das Elastin der Haut sich ähnlich wie das des ligamentum nuchae verhält. Es ist auch gegen kochendes Wasser und kalte Säure- und Alkalilösungen beständig. Bei der Leimbereitung bleibt der größte Teil des Elastins in dem Schmutz zurück, der beim Kochen der Haut in Wasser entsteht. Beim mikroskopischen Studium der Haut bei den verschiedensten Behandlungen fanden wir, daß elastische Fasern von schwachen Säure- oder Alkalilösungen oder den Kalkbrühen der Gerberei nicht angegriffen wurden; aufgelöst wurden sie jedoch von neutralen Trypsinlösungen. Die elastischen Fasern wirken einer Vergrößerung der Narbenfläche entgegen.

Die Proteine des Narbens sind gegen die meisten chemischen Agenzien außerordentlich widerstandsfähig. So werden die dünnen Fasern des Narbens bei Alkalikonzentrationen noch nicht angegriffen, die ausreichen, um Epidermis, Haare und sogar die Kollagenfasern aufzulösen; ferner besitzen sie im Gegensatz zu den letzteren eine ausgesprochene Widerstandsfähigkeit gegen kochendes Wasser. Während das Kollagen als Gelatine in Lösung geht, bleiben sie ungelöst zurück, wobei sie allerdings gewisse Veränderungen in ihrem Aufbau erleiden. Auch Trypsinlösungen, die imstande sind, die darunterliegenden elastischen Fasern aufzulösen, greifen augenscheinlich den Narben nicht an. Bei einem pH-Wert von etwa 6 werden sie leicht von Fäulnisbakterien zerstört; diese Erscheinung läßt sich jedoch durch genügenden Zusatz von Säure, Alkali oder Salz vermeiden.

Obgleich diese Fasern dem Gewicht nach einen sehr kleinen Teil der Haut bilden, sind sie wegen der charakteristischen Struktur, die sie dem Narben des fertigen Leders erteilen, von größter Wichtigkeit. Aus Abb. 150 kann man ihren Aufbau erkennen. Beim Gerben und Färben nehmen sie, wie man aus Schnitten beobachten kann, eine andere Farbe als die Kollagenfasern an. Jede Beschädigung der Narbenschicht setzt den Verkaufswert des Leders wesentlich herab.

Das Kollagen ist der vorherrschende Eiweißbestandteil der Haut und daher für den Gerber als der eigentliche „Lederbildner" von größter Wichtigkeit. Es ist der Hauptbestandteil der weißen Fasern des Bindegewebes des Coriums.

Man bereitet Kollagen für Untersuchungen aus frischer Haut durch Entfernung aller anderen Komponenten. Das Unterhautbindegewebe wird sorgfältig abgeschnitten und die Haut gründlich gewaschen. Darauf extrahiert man sie, um die löslichen Proteine zu entfernen, mehrmals mit $10\,^0/_0$iger Kochsalzlösung durch Schütteln in einer geschlossenen Flasche. In der gleichen Flasche wird sie dann mehrere Tage mit einer gesättigten Kalziumhydroxydlösung, die einen Überschuß an Kalziumhydroxyd und $0,1\,^0/_0$ Schwefelnatrium enthält, unter gelegentlichem Umschütteln bis zur Haarlässigkeit behandelt.

Man entfernt hierauf durch Schaben mit einem Messerrücken die Haare und das Epidermissystem. Danach schneidet man die ganze Narbenschicht am besten mit der Spaltmaschine ab. Weiterhin wird die Haut, um den Hauptanteil des Kalkes zu entfernen, mit Wasser gewaschen und dann bei 40^0 C 5 Stunden lang mit einer Lösung behandelt, die im Liter 1 g Pankreatin U.S.P., 2,8 g primäres Natriumphosphat und 18 ccm m/1 Natriumhydroxyd enthält. Auf diese Weise löst man alle elastischen Fasern heraus. Die in kleine Stücke zerschnittene Haut wird dann unter Umrühren in Wasser getan. Zu diesem Wasser setzt man gerade so viel Chlorwasserstoff als eben nötig ist, Methylorange zum Umschlagen zu bringen. Sobald kein Säurezusatz mehr nötig ist, bringt man die Hautstückchen über Nacht in fließendes Wasser. Am nächsten Tage werden sie zum Entwässern mit Alkohol und dann mit Xylol behandelt. Das Xylol läßt man an der Luft verdampfen. Schließlich werden die Hautstückchen in der Mühle feingemahlen. Das auf diese Weise bereitete Kollagen bezeichnet man als Hautpulver.

Beim Erhitzen mit Wasser auf 70^0 C geht Kollagen langsam als Gelatine in Lösung. Die Beziehungen zwischen Kollagen und Gelatine sind noch nicht mit Sicherheit erkannt. Hofmeister[1] nimmt an, daß Kollagen ein Gelatineanhydrid ist, daß der Übergang der beiden Formen ineinander umkehrbar und daß man daher Kollagen durch Erhitzen von Gelatine auf 130^0 C wieder erhalten kann. Nun ändert jedoch das Erhitzen die Eigenschaften der Gelatine insofern, als diese nach dem Trocknen schwerer quillt und schwerer in Lösung geht. Alexander[2] kommentiert Hofmeisters Ansicht wie folgt: „Es ist sehr zweifelhaft, ob Kollagen unter diesen Bedingungen regeneriert werden kann; mehr Wahrscheinlichkeit hat die Annahme, daß beim Entfernen des Wassers eine Aggregierung der die Gelatine bildenden Teilchen eintritt, so daß ein irreversibles, unlösliches Gel entsteht.“

Smith[3] fand, daß bei 100^0 C getrocknete Gelatine, die auf 128^0 C erhitzt wurde, $1,25\,^0/_0$ Wasser verlor. Sie quoll dann nur sehr langsam und löste sich bei 35^0—40^0 C in Wasser unter fast gänzlichem Verlust der Gelatinierungsfähigkeit. Er schließt daraus, daß bei 128^0 C getrocknete Gelatine in Kollagen übergeführt wird, und daß das Kollagen selbst eine schwer dispergierbare Form von Gelatine darstellt. Emmett und Gies[4] nehmen wiederum an, daß die Überführung von Kollagen in Gelatine eine intramolekulare Umlagerung ist.

---

[1] Hofmeister, Zeitschr. f. physiol. Chem. 2 (1878), 299.
[2] Allens Commercial Organic Analysis. Vol. 8 (1913), 586.
[3] Smith, Mutarotation of Gelatin and Its Significance in Gelation. Journ. Am. Chem. Soc. 41 (1919), 135.
[4] Emmet u. Gies, Journ. Biol. Chem. 3 (1907), 33.

Plimmer[1]) schreibt: „Jene Proteine, die der Trypsineinwirkung widerstehen, es sei denn, daß vorher Pepsin auf sie eingewirkt hat, stimmen strukturell darin überein, daß sie den Anhydridring aufweisen." Gelatine wird leicht von Pepsin oder Trypsin hydrolysiert, obgleich man gewöhnlich annimmt, daß Kollagen wohl durch Pepsin aber nicht durch Trypsin hydrolisiert wird. Diese Tatsache führte den Verfasser[2]) zu der Annahme, daß Plimmers Feststellung die Hofmeistersche Ansicht über die Anhydridstruktur des Kollagens bestätigt. Nun haben jedoch Thomas und Seymour-Jones[3]) kürzlich gezeigt, daß Kollagen von Trypsin unter geeigneten Bedingungen angegriffen wird. Die irrige Ansicht, daß Kollagen nur dann von Trypsin angegriffen wird, wenn es mit Säuren oder Alkalien vorher gequellt wird, ist durch qualitative Beobachtungen von Kühne[4]), Ewald und Kühne[5]) und Ewald[6]) entstanden.

Thomas und Seymour-Jones fanden, daß Trypsin bei einem pH-Wert von 5,9 schnell auf Kollagen einwirkt. Sie stellten ferner fest, daß ein vorhergehendes Benetzen mit Lösungen von anderen pH-Werten innerhalb der Grenzen, die eine direkte Hydrolyse des Proteins durch Säure oder Alkali ausschließen, die Trypsinwirkung nicht erheblich beschleunigt. Um den Einfluß von Zeit und Konzentration bei der Verdauung von Hautpulver durch Trypsin zu untersuchen, wandten sie folgende Methodik an: Bei jedem Versuch wurden 0,5 g Hautpulver in ein Zentrifugenglas getan, das ein Volumen von 10 ccm und einen in 0,1 ccm graduierten konischen Boden hatte. Um das Hautpulver auf den optimalen pH-Wert zu bringen, wurde es mit 5 ccm eines Phosphatpuffergemisches vom pH-Wert 5,9 über-

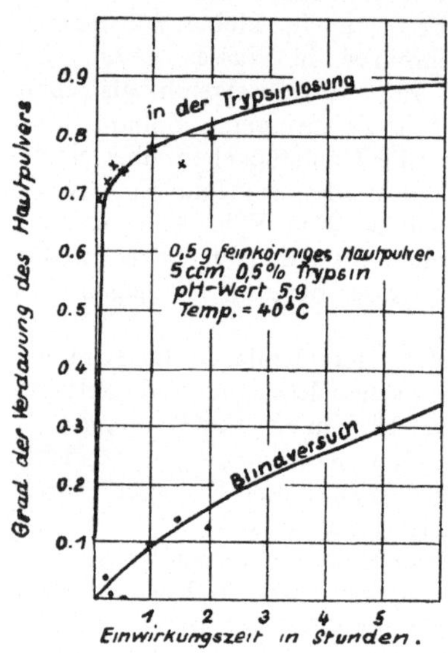

Abb. 37. **Die Verdauung von Hautpulver durch Trypsin als Funktion der Zeit**

---

[1]) Loc. cit.

[2]) Wilson, Theories of Leather Chemistry. Journ. Am. Leather. Chem. Assoc. (1917), 108.

[3]) A. W. Thomas u. F. L. Seymour-Jones, Hydrolysis of Collagen by Trypsin. Journ. Am. Chem. Soc. (1923); Seymour-Jones, Dissertation. Columbia University. 1923.

[4]) Kühne, Verhandl. d. Naturhist. Med. Ver. Heidelberg. 1 (1887), 198.

[5]) Ewald u. Kühne, Ibid. 1 (1887), 451.

[6]) Ewald, Biol. Zeitschr. 26 (1890), 1.

schichtet, ferner wurden einige Tropfen Toluol zur Hinderung von Bakterientätigkeit hinzugefügt. Das Gläschen wurde 3 Stunden geschüttelt und 20 Minuten bei 1000facher Endbeschleunigung zentrifugiert und danach das Volumen des Hautpulvers abgelesen. Die überstehende Flüssigkeit wurde abgegossen und durch 5 ccm einer Trypsinlösung vom pH-Wert 5,9 ersetzt, gleichzeitig wurde ein Parallelversuch mit der gleichen Menge Pufferlösung angesetzt. Zur Sicherheit wurde überall Toluol hinzugefügt. Die Versuche wurden hierauf bei 40° C eine bestimmte Zeit im Brutschrank geschüttelt, danach zentrifugiert und das Volumen des Hautpulvers wieder abgelesen. Die Volumenverminderung wurde als Maß für die Trypsinverdauung genommen.

Abb. 37 zeigt die Auflösungsgeschwindigkeit von Hautpulver durch 0,5%ige Trypsinlösung in Abhängigkeit von der Einwirkungszeit. Bei derartig konzentrierten Enzymlösungen tritt die Hydrolyse verhältnismäßig ·sehr schnell ein. Nicht uninteressant ist auch die Hydrolyse im Blindversuch.

Abb. 38 zeigt die Hydrolysegeschwindigkeit von feinem und grobem Hautpulver als Funktion der Trypsinkonzentration. Das feine Hautpulver entstammte einer Portion, die ein Sieb von 34 Maschen auf 25 mm passiert hatte, das grobe der zurückgehaltenen Portion. Wie man sieht, benötigt grobes Hautpulver mehr Zeit zur Hydrolyse, als man erwarten sollte. In Abschnitt 7 werden wir zeigen, daß eine konzentrierte Trypsinlösung nach 40 Stunden eine deutliche Hydrolyse von Kalbshaut

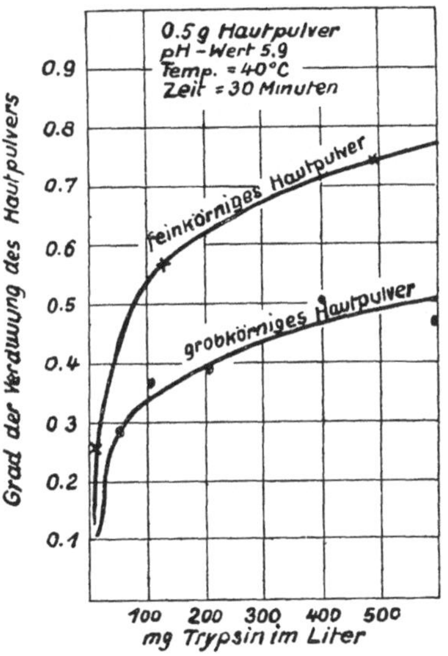

Abb. 38. Die Hydrolysegeschwindigkeit von feinem und grobem Hautpulver als Funktion der Trypsinkonzentration

herbeiführt. Hierbei spielen die Diffusionsgeschwindigkeit des Enzyms in die Haut und Komplikationen, die durch andere nicht kollagene Proteine bedingt werden, eine Rolle. Bei der oben beschriebenen Methode für die Hautpulverbereitung bewirkt das Enzym keinen ernsthaften Kollagenverlust, hingegen wird alles Elastin gelöst.

Kollagen wird durch konzentrierte Säure- und Alkalilösung bei genügend langer Einwirkungsdauer hydrolysiert. Beim Erwärmen geht die Hydrolyse schnell vor sich. Beim Studium der Hydrolyse durch Säuren, Alkalien, Trypsin und Pepsin fand Northrop[1]), daß der

---

[1]) Northrop, Comparative Hydrolysis of Gelatin by Pepsin, Trypsin, Acid, and Alkali. Journ. Gen. Physiol. 4 (1921), 57.

Verlauf der Hydrolyse in den ersten Stadien bei Alkali, Trypsin und Pepsin ähnlich ist, Säuren hingegen verhalten sich anders. Er vergleicht die verschiedenen Hydrolysengeschwindigkeiten bei mannigfachen Peptidketten und stellt folgende interessante Tatsachen fest: diejenigen Ketten, die von Pepsin hydrolysiert werden, werden auch von Trypsin angegriffen. Trypsin hingegen wirkt auch dort ein, wo Pepsin versagt. Jene Ketten, die auf beide Enzyme reagieren, werden von Pepsin schnell, von Trypsin nur langsam hydrolysiert. Ketten, die von Pepsin und Trypsin schnell aufgespalten werden, sind gegen Säuren resistent und gegen Alkalien sehr empfindlich.

Die Chemie des Kollagens und der Gelatine nimmt in der Chemie der Lederbereitung einen so großen Raum ein, daß eine ausführliche Behandlung den entsprechenden Kapiteln überlassen werden muß.

Die Haut enthält im Blut, der Lymphe und den Drüsensekreten eine Anzahl von Nichtproteinsubstanzen. Blut und Lymphe enthalten Zucker, Salze, insbesondere Phosphate, Karbonate, Sulfate und die Chloride des Kaliums und Natriums, ferner Fette, die Cholesterine und Lecithine enthalten; es sind dies Phosphorsäureverbindungen von Fetten, die oft in loser Verbindung mit Proteinen vorkommen. Der Hauptbestandteil des Schweißes ist Kochsalz; er enthält ferner Sulfate, Phosphate, Harnstoff und manchmal Sebum (Talg). Sebum, das Sekret der Talgdrüsen, besteht aus Cholesterinen, komplexen Oleïnen, höheren Alkoholen und verseiften Fetten. Gewöhnlich ist es mit Epithelzellen vermischt, die vermutlich aus den Fettdrüsen stammen, die das Sebum abscheiden.

Die Ionisation
der in der Gerberei gewöhnlich
gebrauchten Säuren und Basen

Die Beobachtung der H- und OH-Ionenkonzentration der Gerbe-brühen ist von allergrößter Wichtigkeit. Unregelmäßigkeiten dieser Konzentrationen rufen sicherlich entsprechende Unregelmäßigkeiten in den Eigenschaften der fertigen Leder hervor. Durch Ausbalancieren der Arbeitsmethoden erhielt man im allgemeinen ein einheitliches End-produkt, und die Gerber, die an einem so entwickelten Fabrikations-gang unabänderlich festhielten, waren in der Tat schon lange fähig, die H-Ionenkonzentration einigermaßen zu überwachen, ohne sich allerdings über den Sinn mancher Operation klar zu sein. Wurden Brühen plötzlich mit säurebildenden Fermenten infiziert, oder ent-schlüpften die Brühen aus anderen Gründen der Überwachung, so konnten die Folgen verheerende sein, wenn es der Gerber nicht durch ähnliche Erfahrungen gewitzigt verstand, die Unregelmäßigkeiten aus-zugleichen.

Viele Vorkämpfer, die es unternahmen, chemische Methoden in der Gerberei anzuwenden, waren von vornherein durch die Unfähig-keit, den Wirkungsgrad von Säuren und Basen verschiedener Stärke zu bestimmen, gehemmt. Sehr oft ist ein allzu großer Verlaß auf die Konzentration der Säure, unter Außerachtlassung der Ionisation, ver-hängnisvoll gewesen. Noch oft findet man teure Säuren im Gebrauch, wo billige den gleichen Zweck ebenso gut oder besser erfüllen können. Selbst dort, wo der Praktiker den entscheidenden Wert der H-Ionen-konzentration im Gegensatz zu Titrationsazidität erkannt hatte, war er oft außerstande, die H-Ionenkonzentration zu ermitteln. Es fehlte an übersichtlichen Tabellen, die die Ionisationswerte der allgemein üb-lichen Säuren und Basen bei verschiedener Konzentration angaben. Um diesem Übelstand abzuhelfen, errechnete und sammelte Thomas[1]) aus der Literatur eine Anzahl Tabellen für die Ionisationswerte einer Reihe von Basen und Säuren für Konzentrationen, bei denen sie im

---

[1]) Thomas, Tabulation of Hydrogen and Hydroxyl Ion Concentrations of Some Acids and Bases. Journ. Am. Leather Chem. Assoc. 15 (1920), 133.

allgemeinen verwendet werden. Es wurde ein Konzentrationsbereich zwischen 0,001 und 2 molar berücksichtigt. Unter der Annahme, daß gewisse Teile dieses Buches für eine große Zahl von Lesern leichter verständlich werden und daß ferner das Buch bei experimentellen Studien über Lederbereitung als Nachschlagewerk von Wert sein soll, wurden diese Tabellen hier wiedergegeben.

Bei der Zusammenstellung schlug Thomas zwei Wege ein. Für schwache Säuren wurde die H-Ionenkonzentration aus den Dissoziationskonstanten, die mit Hilfe von Leitfähigkeitsmessern ermittelt worden waren, berechnet. Nach Ostwalds Verdünnungsgesetz ist

$$K = \frac{a^2}{V(1-a)}$$

hierbei bedeutet K die Dissoziationskonstante, V das Volumen, in dem 1 Mol gelöst ist und a den Ionisationsgrad. Durch Auflösung der Gleichung nach a erhält man

$$a = {}^1/_2 \left(-KV + \sqrt{K^2 V^2 + 4\,KV}\right)$$

Da jedoch $K^2 V^2$ im Vergleich zu KV vernachlässigt werden darf, kann man diesen Faktor bei der Berechnung fallen lassen und folgenden Ausdruck benutzen:

$$\text{Ionisation in Prozenten} = 100\,\sqrt{KV} - 50\,KV$$

Für starke Säuren wurden die Werte für 100 a bei den verschiedensten Konzentrationen der Literatur entnommen. Die dazwischenliegenden wurden durch graphische Interpolation ermittelt. Bei Basen wurde entsprechend verfahren. Die Tabellen können insbesondere bei den starken Säuren und Basen Abweichungen bis zu $5\,{}^0/_0$ aufweisen. Augenblicklich jedoch sind die angegebenen Werte die einzig verfügbaren. Sie leiten sich, wie ausgeführt, aus Leitfähigkeits- und nicht aus Potentialmessungen ab.

Säuren

Ameisensäure. Von 2,0 bis 0,1 molar wurden die Werte aus der Ostwaldschen Konstanten $K = 21,4 \times 10^{-5}$ bei 25^0 C errechnet. Von 0,1 bis 0,001 molar wurden sie aus experimentell gefundenen Werten von Ostwald[2]) errechnet.

Borsäure. Die Werte wurden aus der von Lunden[3]) berechneten Konstanten $K = 6,6 \times 10^{-10}$ bei 25^0 C errechnet. Da die Säure außerordentlich schwach ist und bei 0,8 molar eine gesättigte Lösung entsteht, wurden in der Tabelle nur die Konzentrationen 0,8; 0,1; 0,01 und 0,001 molar angegeben.

Buttersäure. Das Konzentrationsgebiet 2 — 0,1 molar wurde aus der Ostwaldschen[2]) Konstanten $K = 1,49 \times 10^{-5}$ bei 25^0 C

[2]) Zeitschr. f. physik. Chem. 3 (1889), 170.
[3]) Journ. chim. physic. 5 (1907), 574.

errechnet. Das Konzentrationsgebiet zwischen 0,1 und 0,001 molar wurde aus Ostwaldschen Experimentaldaten errechnet.

Essigsäure. Sämtliche Werte wurden aus Experimentaldaten von Kendall[4] berechnet.

Gallussäure. Im Konzentrationsgebiet 1 — 0,03 molar wurden die Werte mit Hilfe der Ostwaldschen Konstanten $K = 4,0 \times 10^{-5}$, im Gebiete 0,03 — 0,001 molar aus Experimentaldaten Ostwalds[5] berechnet.

Kohlensäure. Diese Säure ist sehr schwach und ihre Konzentration hängt vom Partialdruck der Kohlensäure der Atmosphäre über der Flüssigkeit ab. Es wurde aus diesem Grunde keine besondere Tabelle angelegt, sondern nur zwei bedeutsame Konzentrationen von Kendall[6] übernommen. Bei 25^0 C beträgt die Löslichkeit von Kohlensäure bei einem Druck von 1 Atm. Kohlensäure 0,0337 Mole im Liter. Die Kohlensäure ist in der Lösung zu $33^0/_0$ ionisiert und die Konzentration der Wasserstoffionen beträgt daher 0,00011 Mole im Liter. Dies entspricht einem pH-Wert von 3,96. Unter gewöhnlichen Bedingungen beträgt der Partialdruck der Kohlensäure der Luft 0,000353 Atm., bei diesem Druck ist die Kohlensäure zu 0,0000119 Molen im Liter löslich, dies entspricht einer H-Ionenkonzentration von 0,000002 Molen im Liter oder einem pH-Wert von 5,70.

Milchsäure. Die Werte für Konzentrationen zwischen 2 und 0,1 molar wurden aus Daten von Kendall, Booge und Andrews[7], die für Konzentrationen zwischen 0,1 und 0,001 molar aus Experimentalwerten von Ostwald[5] errechnet.

Oxalsäure. Die einzig vorhandenen Angaben zwischen 0,03 und 0,004 molar waren die von Ostwald[5]; eine Berechnung nach dem Verdünnungsgesetz ist, da die Säure zu stark ist, unmöglich.

Phosphorsäure. Die Werte für die Konzentrationen 2 bis 0,1 molar wurden aus Daten von Kendall, Booge und Andrews[7], für Konzentrationen von 0,1 bis 0,001 molar aus Angaben von Noyes und Eastman[8] errechnet.

Salpetersäure. Die Werte zwischen 2 und 1 molar stammen von Jones[9], die zwischen 0,5 und 0,001 molar wurden aus Angaben von Kohlrausch[10] errechnet.

Salizylsäure. Die Werte wurden aus Experimentaldaten von Kendall[4] errechnet. 0,0167 molar ist die Löslichkeitsgrenze.

Salzsäure. Die Angaben zwischen 2 und 0,5 molar stammen von Jones[9], die zwischen 0,5 und 0,001 molar wurden aus Kohlrauschs[10] Experimentaldaten interpoliert.

---

[4] Medd. Vetenskapsakad. Nobelinst. Band 2, Nr. 38 (1913), 1—27.
[5] Zeitschr. f. physik. Chem. 3 (1889), 241.
[6] Journ. Am. Chem. Soc. 38 (1916), 1481.
[7] Journ. Am. Chem. Soc. 39 (1917), 2303.
[8] Carnegie Inst. Publ. Nr. 63 (1907), 268.
[9] Carnegie Inst. Publ. Nr 60 (1907), 93.
[10] Morgans Elements of Physical Chemistry. 4th edition (1908), 519.

Schwefelsäure. Die Angaben von 2 bis 1 molar stammen von Jones[9]), die zwischen 0,5 und 0,001 molar wurden aus Experimentaldaten von Kohlrausch[10]) errechnet.

Weinsäure. Die Konzentration 2 bis 0,04 molar wurde aus Daten von Kendall, Booge und Andrews[7]), die zwischen 0,04 und 0,001 molar aus Ostwalds[5]) Experimentaldaten errechnet.

Zitronensäure. Für 2 bis 0,4 molare Lösungen sind Werte von Kendall, Booge und Andrews[7]) wiedergegeben. Für 0,4 bis 0,1 molare Lösungen wurden die Werte extrapoliert. Für Konzentrationen zwischen 0,01 und 0,001 molar wurden sie aus Angaben von Walden[11]) errechnet.

Basen

Ammoniumhydroxyd. Die Tabelle wurde nach dem Verdünnungsgesetz aus der Konstanten $K = 1,8 \times 10^{-5}$ bei 25^0 C von Noyes, Kato und Sosman[12]) errechnet.

Bariumhydroxyd. Die einzigen vorhandenen Angaben von Noyes und Eastman[8]) umfassen das Gebiet von 0,001 bis 0,05 molar, aus welchen Angaben die Tabelle berechnet wurde.

Kaliumhydroxyd. Der Wert für 2 molar stammt von Jones[9]), die Werte von 1 bis 0,4 molar und von 0,03 bis 0,001 molar wurden den Angaben von Kohlrausch[10]) entnommen, die Werte zwischen 0,4 und 0,03 wurden extrapoliert.

Kalziumhydroxyd. Für diese Base sind keine Experimentaldaten aufzufinden, bei ihrer großen Ähnlichkeit mit Bariumhydroxyd begeht man indessen keinen großen Irrtum, wenn man die Werte für Kalzium- und Bariumhydroxyd gleichsetzt.

Natriumhydroxyd. Der 2 molare Wert stammt von Jones[9]), die anderen aus Angaben von Kohlrausch[10]).

Stärke der Säuren und Basen

Ordnet man die Säuren nach steigender Stärke oder H-Aktivität, so erhält man folgende Reihe:

Borsäure,
Kohlensäure,
Buttersäure,
Essigsäure,
Gallussäure,
Milchsäure,
Ameisensäure,
Zitronensäure,
Weinsäure,
Salizylsäure,
Phosphorsäure,

[11]) Zeitschr. f. physik. Chem. 10 (1892), 568.
[12]) Zeitschr. f. physik. Chem. 73 (1910), 1.

Oxalsäure,
Schwefelsäure,
Salpeter- und Chlorwasserstoffsäure.

Borsäure ist die schwächste, Salpeter- und Chlorwasserstoffsäure die stärksten Säuren.

Die Reihenfolge der Basen mit abnehmender OH-Aktivität ist

Kaliumhydroxyd,
Natriumhydroxyd,
Barium- und Kalziumhydroxyd,
Ammoniumhydroxyd.

Die Temperatur

Alle Werte in den Tabellen 2 bis 10 sind für 25^0 C berechnet. Da der Temperaturkoeffizient sehr klein ist, kann man ihn für den praktischen Gebrauch vernachlässigen, so daß die Tabellen für die in der Gerberei üblichen Temperaturen Geltung haben.

Die pH-Werte

Man benutzt heute weitgehend den Ausdruck pH, um unter Vorzeichenwechsel den Wert von a anzugeben, wobei die Beziehung: $(H^+) = 10^{-a}$ Mole im Liter besteht. Die Anwendung dieses Ausdruckes hat öfters Verwirrung angestiftet, weil mit steigenden Werten für die H-Ionenkonzentration die Werte für pH fallen. Die pH-Skala hat sich indessen auch für den Praktiker, der nicht mit der Chemie vertraut ist, als nützlich erwiesen. Er nimmt die pH-Werte als Maß für Säuren und Basen, wie er ein Thermometer als Maß für die Temperatur nimmt, ohne sich um den Mechanismus zu kümmern. Er hat sich daran gewöhnt, daß eine bestimmte Brühe beispielsweise bei einem pH-Wert von 5,5 am besten wirkt. Wenn die Analyse den pH-Wert 6,5 angibt, so wird er sofort wissen, daß ein Zusatz von Säure notwendig ist, um die Brühe auf den pH-Wert von 5,5 zurückzubringen. Der gewandte Praktiker bedient sich des pH-Systems wie jedes anderen Maßsystems. Er lernt sehr bald, daß ein pH-Wert von 7 eine neutrale Lösung darstellt, daß Werte, die über 7 liegen, Alkalinität und Werte, die unter 7 liegen, Säuregrade angeben.

Der Lederforscher wird die Einführung von $-\log [H^+]$ als Variable der von $[H^+]$ vorziehen, da er auf diese Weise bequemer einen weiten Bereich umfassen kann. Der Gebrauch der pH-Werte hat für ihn weiter den Vorteil, negative Werte zu vermeiden, er schafft so ein brauchbares Protokollsystem, das sonst durch den Gebrauch von Logarithmen und negativen Werten und durch Vorstellungen über Ionisation zu hoffnungslosen Verwirrungen Anlaß geben könnte.

Die den H-Ionenkonzentrationen entsprechenden pH-Werte sind den Tabellen von T h o m a s , um sie zu vervollständigen, hinzugefügt worden.

Tabelle 2

Mole Säure im Liter	Chlorwasserstoffsäure			Salpetersäure		
	Ionisation in %	Mole H+ im Liter	pH-Werte	Ionisation in %	Mole H+ im Liter	pH-Werte
0,001	100,0	0,0010	3,00	100,0	0,0010	3,00
0,002	100,0	0,0020	2,70	99,5	0,0020	2,70
0,003	100,0	0,0030	2,52	99,5	0,0030	2,52
0,004	100,0	0,0040	2,40	99,4	0,0040	2,40
0,005	100,0	0,0050	2,30	99,4	0,0050	2,30
0,006	100,0	0,0060	2,22	99,4	0,0060	2,22
0,007	100,0	0,0070	2,15	99,3	0,0070	2,15
0,008	100,0	0,0080	2,10	99,3	0,0079	2,10
0,009	99,9	0,0090	2,05	99,3	0,0089	2,05
0,01	99,8	0,010	2,00	99,3	0,010	2,00
0,02	98,8	0,020	1,70	99,3	0,020	1,70
0,03	98,0	0,029	1,54	99,2	0.030	1,52
0,04	97,6	0,039	1,41	98,7	0,039	1,41
0,05	96,8	0,048	1,32	98,3	0,049	1,31
0,06	96,4	0,058	1,24	97,6	0,059	1,23
0,07	95,8	0,067	1,17	97,3	0,068	1,17
0,08	95,6	0,076	1,12	96,8	0,077	1,11
0,09	95,2	0,086	1,07	96,3	0,087	1,06
0,1	94,8	0,095	1,02	96,0	0,096	1,02
0,2	92,0	0,184	0,74	92,9	0,186	0,73
0,3	90,1	0,270	0,57	90,7	0,272	0,57
0,4	88,7	0,355	0,45	89,4	0,358	0,45
0,5	87,5	0,438	0,36	87,9	0,439	0,36
0,6	86,5	0,519	0,28	—	—	—
0,7	84,7	0,593	0,23	—	—	—
0,8	83,3	0,666	0,18	—	—	—
0,9	81,5	0,734	0,13	—	—	—
1,0	79,6	0,796	0,10	84,8	0,848	0,07
2,0	69,3	1,386	— 0,14	73,9	1,478	— 0,17

Tabelle 3

Mole Säure im Liter	Schwefelsäure[1]			Phosphorsäure[2]		
	Ionisation in $\%$	Mole H+ im Liter	pH-Werte	Ionisation in $\%$	Mole H+ im Liter	pH-Werte
0,001	97,7	0,0020	2,70	89,0	0,0009	3,05
0,002	94,7	0,0038	2,42	83,0	0,0017	2,77
0,003	90,5	0,0054	2,27	77,5	0,0023	2,64
0,004	88,0	0,0070	2,15	73,5	0,0029	2,54
0,005	85,9	0,0086	2,07	70,0	0,0035	2,46
0,006	84,2	0,0101	2,00	67,5	0,0041	2,39
0,007	82,7	0,0116	1,94	65,0	0,0046	2,34
0,008	81,8	0,0131	1,88	63,0	0,0050	2,30
0,009	80,5	0,0145	1,84	60,5	0,0054	2,27
0,01	79,6	0,016	1,80	59,0	0,006	2,23
0,02	73,1	0,029	1,54	47,5	0,010	2,00
0,03	69,4	0,042	1,38	42,0	0,013	1,89
0,04	66,8	0,053	1,28	38,0	0,015	1,82
0,05	64,8	0,065	1,19	35,0	0,018	1,74
0,06	63,5	0,076	1,12	33,0	0,020	1,70
0,07	62,4	0,087	1,06	31,0	0,022	1,66
0,08	61,7	0,099	1,00	30,0	0,024	1,62
0,09	61,1	0,110	0,96	28,5	0,026	1,58
0,1	60,7	0,121	0,92	27,5	0,028	1,55
0,2	57,6	0,230	0,64	22,8	0,046	1,34
0,3	56,0	0,336	0,47	20,7	0,062	1,21
0,4	54,7	0,438	0,36	19,8	0,079	1,10
0,5	53,6	0,536	0,27	19,0	0,095	1,02
0,6	52,9	0,635	0,20	18,8	0,113	0,95
0,7	52,0	0,728	0,14	18,0	0,126	0,90
0,8	51,4	0,822	0,09	17,9	0,143	0,84
0,9	50,9	0,916	0,04	17,7	0,159	0,80
1,0	50,7	1,014	— 0,01	17,5	0,175	0,76
2,0	39,9	1,596	— 0,20	16,1	0,322	0,49

[1] 100% Ionisation bedeutet vollständige Dissoziation in H+, H+ und SO_4''.
[2] 100% Ionisation bedeutet vollständige Dissoziation in H+ und H_3PO_4'.

Tabelle 4

Mole Säure im Liter	Ameisensäure			Essigsäure		
	Ionisation in %	Mole H+ im Liter	pH-Werte	Ionisation in %	Mole H+ im Liter	pH-Werte
0,001	35,8	0,00036	3,44	12,8	0,00013	3,89
0,002	27,1	0,00054	3,27	9,2	0,00018	3,74
0,003	22,0	0,00066	3,18	7,5	0,00023	3,64
0,004	20,1	0,00080	3,10	6,6	0,00026	3,58
0,005	18,0	0,00090	3,05	5,9	0,00030	3,52
0,006	16,6	0,00100	3,00	5,4	0,00032	3,49
0,007	15,5	0,00109	2,96	5,0	0,00035	3,46
0,008	14,8	0,00118	2,93	4,7	0,00038	3,42
0,009	14,0	0,00126	2,90	4,4	0,00040	3,40
0,01	13,4	0,0013	2,87	4,2	0,00042	3,38
0,02	9,7	0,0019	2,72	3,0	0,00060	3,22
0,03	8,1	0,0024	2,62	2,4	0,00072	3,14
0,04	7,1	0,0028	2,55	2,1	0,00084	3,08
0,05	6,4	0,0032	2,49	1,9	0,00095	3,02
0,06	5,8	0,0035	2,46	1,7	0,00102	2,99
0,07	5,4	0,0038	2,42	1,55	0,00109	2,96
0,08	5,0	0,0040	2,40	1,5	0,00120	2,92
0,09	4,7	0,0042	2,38	1,4	0,00126	2,90
0,1	4,5	0,0045	2,35	1,3	0,00130	2,89
0,2	3,2	0,0064	2,19	0,9	0,00180	2,74
0,3	2,6	0,0078	2,11	0,7	0,00210	2,68
0,4	2,3	0,0092	2,04	0,6	0,00240	2,62
0,5	2,1	0,0105	1,98	0,57	0,00285	2,55
0,6	1,9	0,0114	1,94	0,50	0,00300	2,52
0,7	1,8	0,0126	1,90	0,45	0,00315	2,50
0,8	1,7	0,0136	1,87	0,42	0,00336	2,47
0,9	1,6	0,0144	1,84	0,40	0,00360	2,44
1,0	1,5	0,0150	1,82	0,37	0,00370	2,43
2,0	1,03	0,0206	1,69	0,30	0,00600	2,22

Tabelle 5

Mole Säure im Liter	Gallussäure			Milchsäure		
	Ionisation in %	Mole H+ im Liter	pH-Werte	Ionisation in %	Mole H+ im Liter	pH-Werte
0,001	18,7	0,00019	3,72	30,9	0,00031	3,51
0,002	13,4	0,00027	3,57	23,0	0,00046	3,34
0,003	10,7	0,00032	3,49	18,7	0,00056	3,25
0,004	9,3	0,00037	3,43	16,7	0,00067	3,18
0,005	8,4	0,00042	3,38	15,1	0,00076	3,12
0,006	7,6	0,00046	3,34	13,9	0,00083	3,08
0,007	7,0	0,00049	3,31	12,9	0,00090	3,05
0,008	6,7	0,00054	3,27	12,2	0,00098	3,01
0,009	6,2	0,00056	3,25	11,5	0,00104	2,98
0,01	5,9	0,00059	3,23	11,0	0,00110	2,96
0,02	4,1	0,00082	3,09	8,0	0,00160	2,80
0,03	3,3	0,00099	3,00	6,6	0,00198	2,70
0,04	3,0	0,00120	2,92	5,8	0,00232	2,63
0,05	2,70	0,00135	2,87	5,2	0,00260	2,58
0,06	2,50	0,00150	2,82	4,8	0,00288	2,54
0,07	2,30	0,00161	2,79	4,3	0,00301	2,52
0,08	2,20	0,00176	2,75	4,1	0,00328	2,48
0,09	2,05	0,00185	2,73	3,8	0,00342	2,47
0,1	1,98	0,0020	2,70	3,7	0,0037	2,43
0,2	1,40	0,0028	2,55	2,7	0,0054	2,27
0,3	1,15	0,0035	2,46	2,2	0,0066	2,18
0,4	1,00	0,0040	2,40	1,8	0,0072	2,14
0,5	0,89	0,0045	2,35	1,6	0,0080	2,10
0,6	0,80	0,0048	2,32	1,5	0,0090	2,05
0,7	0,74	0,0052	2,28	1,4	0,0098	2,01
0,8	0,70	0,0056	2,25	1,3	0,0104	1,98
0,9	0,68	0,0061	2,21	1,2	0,0108	1,97
1,0	0,63	0,0063	2,20	1,1	0,0110	1,96
2,0	—	—	—	0,8	0,0160	1,80

Tabelle 6

Mole Säure im Liter	Buttersäure			Borsäure[1]		
	Ionisation in %	Mole H+ im Liter	pH-Werte	Ionisation in %	Mole H+ im Liter	pH-Werte
0,001	11,4	0,00011	3,96	0,080	0,0000008	6,10
0,002	8,3	0,00017	3,77	—	—	—
0,003	6,8	0,00020	3,70	—	—	—
0,004	6,0	0,00024	3,62	—	—	—
0,005	5,4	0,00027	3,57	—	—	—
0,006	4,9	0,00029	3,54	—	—	—
0,007	4,55	0,00032	3,49	—	—	—
0,008	4,3	0,00034	3,47	—	—	—
0,009	3,95	0,00036	3,44	—	—	—
0,01	3,8	0,00038	3,42	0,026	0,0000026	5,58
0,02	2,7	0,00054	3,27	—	—	—
0,03	2,2	0,00066	3,18	—	—	—
0,04	1,95	0,00078	3,11	—	—	—
0,05	1,7	0,00085	3,07	—	—	—
0,06	1,6	0,00096	3,02	—	—	—
0,07	1,4	0,00098	3,01	—	—	—
0,08	1,35	0,00108	2,97	—	—	—
0,09	1,25	0,00113	2,95	—	—	—
0,1	1,2	0,00120	2,92	0,008	0,0000080	5,10
0,2	0,86	0,00172	2,76	—	—	—
0,3	0,70	0,00210	2,68	—	—	—
0,4	0,60	0,00240	2,62	—	—	—
0,5	0,54	0,00270	2,57	—	—	—
0,6	0,49	0,00294	2,53	—	—	—
0,7	0,43	0,00301	2,52	—	—	—
0,8	0,41	0,00328	2,48	0,003	0,0000240	4,62
0,9	0,40	0,00360	2,44	—	—	—
1,0	0,39	0,00390	2,40	—	—	—
2,0	0,27	0,00540	2,27	—	—	—

[1] 100 % Ionisation bedeutet vollständige Dissoziation in H+ und H_2BO_3'

Tabelle 7

Mole Säure im Liter	Weinsäure [1]			Zitronensäure [2]		
	Ionisation in $^0/_0$	Mole H+ im Liter	pH-Werte	Ionisation in $^0/_0$	Mole H+ im Liter	pH-Werte
0,001	65,3	0,0007	3,15	60,2	0,0006	3,22
0,002	51,0	0,0010	3,00	47,4	0,0009	3,05
0,003	43,0	0,0013	2,89	39,8	0,0012	2,92
0,004	39,0	0,0016	2,80	36,0	0,0014	2,85
0,005	35,5	0,0018	2,74	33,1	0,0017	2,77
0,006	33,0	0,0020	2,70	30,8	0,0018	2,74
0,007	31,0	0,0022	2,66	28,9	0,0020	2,70
0,008	30,0	0,0024	2,62	27,6	0,0022	2,66
0,009	28,0	0,0025	2,60	25,9	0,0023	2,64
0,01	27,0	0,0027	2,57	25,0	0,0025	2,60
0,02	19,5	0,0039	2,41	18,3	0,0037	2,43
0,03	16,5	0,0050	2,30	15,5	0,0047	2,33
0,04	14,5	0,0058	2,24	13,8	0,0055	2,26
0,05	13,1	0,0066	2,18	12,5	0,0063	2,20
0,06	12,2	0,0073	2,14	11,5	0,0069	2,16
0,07	11,4	0,0080	2,10	10,7	0,0075	2,12
0,08	10,9	0,0087	2,06	10,1	0,0081	2,09
0,09	10,2	0,0092	2,04	9,5	0,0086	2,07
0,1	9,9	0,010	2,00	9,1	0,009	2,04
0,2	7,1	0,014	1,85	6,1	0,012	1,92
0,3	5,7	0,017	1,77	4,7	0,014	1,85
0,4	4,9	0,020	1,70	4,0	0,016	1,80
0,5	4,2	0,021	1,68	3,5	0,018	1,74
0,6	3,7	0,022	1,66	3,1	0,019	1,72
0,7	3,5	0,025	1,60	3,0	0,021	1,68
0,8	3,2	0,026	1,58	2,9	0,023	1,64
0,9	3,0	0,027	1,57	2,8	0,025	1,60
1,0	2,9	0,029	1,54	2,7	0,027	1,57
2,0	2,1	0,042	1,38	1,8	0,036	1,44

[1] $100^0/_0$ Ionisation bedeutet vollständige Dissoziation in H+ und $HC_4H_4O_6'$.
[2] $100^0/_0$ Ionisation bedeutet vollständige Dissoziation in H+ und $H_2C_6H_5O_7'$.

Tabelle 8

| Mole Säure im Liter | Oxalsäure[1] | | | Salizylsäure | | |
	Ionisation in %	Mole H+ im Liter	pH-Werte	Ionisation in %	Mole H+ im Liter	pH-Werte
0,001	—	—	—	62,0	0,0006	3,22
0,002	—	—	—	51,0	0,0010	3,00
0,003	—	—	—	44,5	0,0013	2,89
0,004	95,0	0,0038	2,42	40,0	0,0016	2,80
0,005	93,0	0,0047	2,33	37,0	0,0019	2,72
0,006	91,5	0,0055	2,26	34,5	0,0021	2,68
0,007	90,0	0,0063	2,20	32,0	0,0022	2,66
0,008	89,0	0,0071	2,15	30,5	0,0024	2,62
0,009	88 0	0,0079	2,10	29,0	0,0026	2,58
0,010	87,0	0,0087	2,06	27,7	0,0028	2,55
0,0167	—	—	—	24,0	0,0040	2,40
0,020	79,0	0,0158	1,80	—	—	—
0,030	73,5	0,0221	1,66	—	—	—

[1] 100% Ionisation bedeutet vollkommene Dissoziation in H+ und HC_2O_4'.

Tabelle 9

Mole Base im Liter	Kaliumhydroxyd			Natriumhydroxyd		
	Ionisation in %	Mole OH' im Liter	pH-Werte	Ionisation in %	Mole OH' im Liter	pH-Werte
0,001	100,0	0,001	11,00	100,00	0,001	11,00
0,002	100,0	0,002	11,30	100,0	0,002	11,30
0,003	100,0	0,003	11,48	100,0	0,003	11,48
0,004	100,0	0,004	11,60	100,0	0,004	11,60
0,005	100,0	0,005	11,70	100,0	0,005	11,70
0,006	100,0	0,006	11,78	100,0	0,006	11,78
0,007	100,0	0,007	11,85	100,0	0,007	11,85
0,008	100,0	0,008	11,90	99,9	0,008	11,90
0,009	99,9	0,009	11,95	99,7	0,009	11,95
0,01	99,9	0,010	12,00	99,5	0,010	12,00
0,02	99,3	0,020	12,30	97,9	0,020	12,30
0,03	98,7	0,030	12,48	96,8	0,029	12,46
0,04	97,9	0,039	12,59	96,0	0,038	12,58
0,05	97,3	0,049	12,69	95,3	0,048	12,68
0,06	96,7	0,058	12,76	94,7	0,057	12,76
0,07	96,2	0,067	12,83	94,1	0,066	12,82
0,08	95,8	0,077	12,89	93,7	0,075	12,88
0,09	95,3	0,086	12,93	93,2	0,084	12,92
0,1	95,0	0,095	12,98	92,9	0,093	12,97
0,2	92,2	0,184	13,26	89,8	0,180	13,26
0,3	90,1	0,270	13,43	87,0	0,261	13,42
0,4	88,8	0,355	13,55	85,3	0,341	13,53
0,5	87,6	0,438	13,64	83,5	0,418	13,62
0,6	86,3	0,518	13,71	81,9	0,491	13,69
0,7	85,0	0,595	13,77	80,4	0,563	13,75
0,8	84,3	0,674	13,83	79,2	0,634	13,80
0,9	82,8	0,745	13,87	77,7	0,699	13,84
1,0	81,9	0,819	13,91	76,6	0,766	13,88
2,0	66,3	1,326	14,12	57,0	1,140	14,06

Tabelle 10

Mole Base im Liter	Ammoniumhydroxyd			Bariumhydroxyd[1]		
	Ionisation in $^0/_0$	Mole OH' im Liter	pH-Werte	Ionisation in $^0/_0$	Mole OH' im Liter	pH-Werte
0,001	12,52	0,00013	10,11	96,0	0,0010	11,00
0,002	8,99	0,00018	10,26	95,0	0,0019	11,28
0,003	7,44	0,00022	10,34	94,0	0,0028	11,45
0,004	6,48	0,00026	10,42	93,0	0,0037	11,57
0,005	5,82	0,00029	10,46	92,0	0,0046	11,66
0,006	5,33	0,00032	10,51	91,3	0,0055	11,74
0,007	4,93	0,00035	10,54	91,0	0,006	11,78
0,008	4,62	0,00037	10,57	90,5	0,007	11,85
0,009	4,37	0,00039	10,59	90,0	0,008	11,90
0,01	4,15	0,00042	10,62	88,4	0,009	11,95
0,02	2,96	0,00059	10,77	86,0	0,017	12,23
0,03	2,42	0,00073	10,86	82,8	0,025	12,40
0,04	2,12	0,00085	10,93	81,0	0,032	12,51
0,05	1,88	0,00094	10,97	80,0	0,040	12,60
0,06	1,72	0,00103	11,01	—	—	—
0,07	1,59	0,00111	11,05	—	—	—
0,08	1,49	0,00119	11,08	—	—	—
0,09	1,40	0,00126	11,10	—	—	—
0,1	1,33	0,00133	11,12	—	—	—
0,2	0,94	0,00188	11,27	—	—	—
0,3	0,77	0,00231	11,36	—	—	—
0,4	0,67	0,00268	11,43	—	—	—
0,5	0,60	0,00300	11,48	—	—	—
0,6	0,55	0,00330	11,52	—	—	—
0,7	0,50	0,00350	11,54	—	—	—
0,8	0,47	0,00376	11,58	—	—	—
0,9	0,45	0,00405	11,61	—	—	—
1,0	0,42	0,00420	11,62	—	—	—
2,0	0,30	0,00600	11,78	—	—	—

[1] $100^0/_0$ Ionisation bedeutet vollständige Dissoziation in $BaOH^+$ und OH'.
Bemerkung: Für Zahlenwerte von Kalziumhydroxyd kann man die von Bariumhydroxyd verwenden.

Der Einfluß von Salzzusatz

Die in den Tabellen enthaltenen Zahlen gelten für reine Lösungen von Säuren und Basen. Der Zusatz von Kochsalz oder anderen neutralen Chloriden äußert sich darin, die H-Ionenkonzentration der Säuren zu vermehren [1] [2] [3] [4] und die OH-Ionenkonzentration der Basen zu verstärken [2]. Neutrale Sulfate hingegen setzen die H-Ionenkonzentration herab.

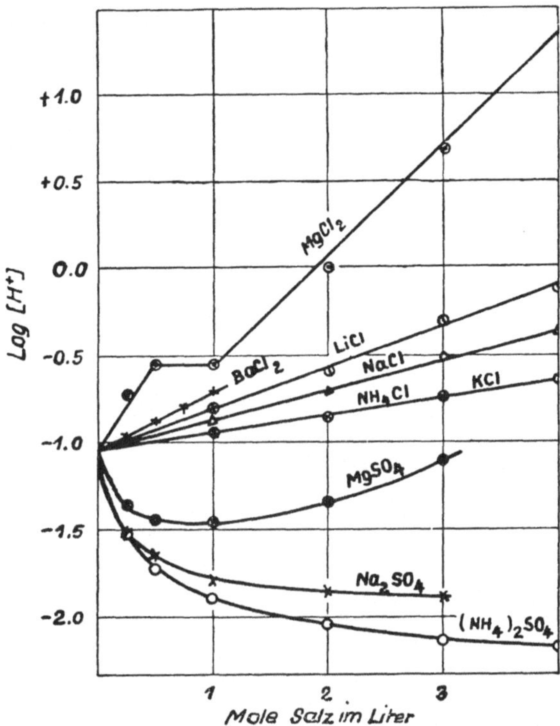

Abb. 39. Der Einfluß verschiedener Salze auf die
H-Ionenkonzentration einer n/10-Salzsäurelösung

Thomas und Baldwin[5] konnten den entgegengesetzten Einfluß von Chlor- und Sulfat-Ionen auf Lösungen von Schwefelsäure und Salzsäure zeigen. Die Ergebnisse ihrer Untersuchungen für

[1] Poma, Zeitschr. f. physik. Chem. 88 (1914), 671.
[2] Harned, Journ. Am. Chem. Soc. 37 (1915), 2460.
[3] Fales u. Nelson, ibid. 37 (1915), 2769.
[4] Thomas u. Baldwin, Journ. Am. Leather Chem. Assoc. 13 (1918), 248.
[5] Thomas u. Baldwin, Contrasting Effects of Chlorides and Sulfates on the Hydrogen-Ion Concentrations of Acid Solutions. Journ. Am. Chem. Soc. 41 (1919), 1981.

n/10-Säuren sind in Abb. 39 und 40 wiedergegeben. In jedem Falle wurde eine Säurelösung mit Salz vermischt und auf ein Volumen von 100 ccm gebracht, so daß die Endkonzentration n/10 betrug. Die H-Ionenkonzentration wurde dann nach zweitägigem Stehen mit der Wasserstoffelektrode gemessen.

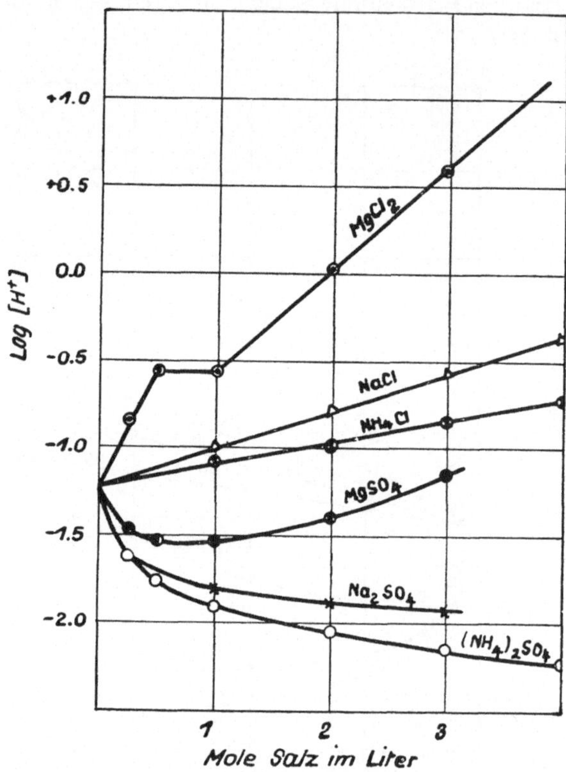

Abb. 40. **Der Einfluß** verschiedener Salze auf die H-Ionenkonzentration einer n/10-Schwefelsäurelösung

Ordnet man die Chloride nach ihrer Fähigkeit, die H-Ionenkonzentration zu vermehren, so erhält man folgende Reihe:

$$KCl = NH_4Cl < NaCl < LiCl < BaCl_2 < MgCl_2.$$

Dieselbe Reihenfolge erhält man für die Hydratationsfähigkeit dieser Salze, wobei unter Hydratation die Zahl der sich mit den Kationen bei unendlicher Verdünnung verbindenden Wassermoleküle zu verstehen ist. P o m a [1]) fand, daß die H-Ionenkonzentration von Chlorwasserstoffsäurelösung durch Chloride in folgender Reihenfolge vermehrt wird:

$$RbCl < KCl < LiCl < CaCl_2 < MgCl_2$$

---

[1]) Loc. cit.

Beim Ausbau der Arbeiten von Thomas und Baldwin zeigte Wilson[1]), daß ihre Resultate folgenden bemerkenswerten Zug aufweisen: Nimmt man den Logarithmus der H-Ionenkonzentration und die Konzentration der hinzugefügten Salze als Variable, so erhält man bei Alkalichloriden gerade Linien von der allgemeinen Formel

$$\log [H^+] = \log a + bm,$$

wobei b eine Konstante bedeutet, a die H-Ionenkonzentration für m = o, also bei keinem Salzzusatz, $[H^+]$ die H-Ionenkonzentration bei m Molen Salz im Liter.

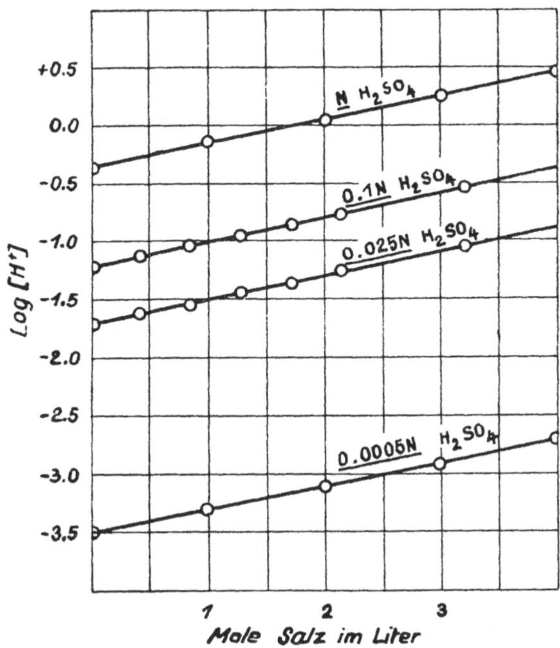

Abb. 41. **Der Einfluß von Natriumchlorid auf Schwefelsäure bei verschiedener Konzentration**

Es zeigte sich, daß die Beziehung von der Stärke der Säurelösung unabhängig ist, daß b also nur von der Art des zugesetzten Chlorides abhängt. Abb. 41 zeigt den Einfluß des Zusatzes von Kochsalz zu verschiedenen Schwefelsäurekonzentrationen. Es ergaben sich gerade Linien von gleichem Neigungswinkel gegen die Achsen, der Durchschnittswert von b betrug o,2o5.

Der Zusatz von 4 Molen Kochsalz pro Liter erhöht die H-Ionenkonzentration einer o,1 molaren Salzsäure auf o,44 Mol pro Liter. Dies

---

[1]) Wilson, Hydration as an Explanation of the Neutral Salt Effect. Journ. Am. Chem. Soc. 42 (1920), 715.

läßt sich nur durch die Annahme erklären, daß $3/4$ des gesamten Wassers nicht mehr als Lösungsmittel fungieren kann. Nach der Hydratationstheorie nimmt man an, daß die Wassermoleküle an die Ionen gebunden werden.

Wenn die Steigerung der H-Ionenkonzentration auf Entfernung von Wasser durch Kochsalz beruht, muß es möglich sein, aus Messung der H-Ionenkonzentration den Hydratationsgrad des Salzes bei irgendeiner Konzentration zu bestimmen. Man kommt dann zu folgender Entwicklung: nach obiger Gleichung ist $\log([H^+]/a) = bm$. Nun ist $[H^+]a$ der Faktor, der die Änderung der Säurekonzentration bestimmt, wenn man m Mole Salz pro Liter hinzufügt. Es sei w die Gesamtmenge des freien und a die des an das Salz gebundenen Wassers in einem Liter Lösung, das m Mole Salz enthält. Die Mole freien Wassers sind dann $wa/[H^+]$ und die an ein Mol Salz gebundenen, $(w/m) \times (1 - a/[H^+])$. Bezeichnet man den letzten Ausdruck mit h, so ist:

$$h = w(1 - 10^{-bm})/m.$$

Aus dieser Gleichung kann man die Hydratationswerte für jede Salzkonzentration berechnen. Bei unendlicher Verdünnung des Salzes vereinfacht sich der Ausdruck wie folgt:

$$\lim_{m=0} (1 - 10^{-bm})/m = 2,30b.$$

Nun ist bei unendlicher Verdünnung $w = 55,5$ und daher $h = 128b$. Die Zahl von Molekülen des Wassers, welche sich mit einem Molekül Kochsalz bei unendlicher Verdünnung verbinden würden, würde also $128 \times 0,205$ oder $26,2$ sein. Dieser Wert stimmt sehr gut mit dem Werte $26,5$ überein, den S m i t h [1]) mit Hilfe einer ganz anderen Messungsmethode gefunden hat. Die Berechnungen des Hydratationsgrades von Kaliumchlorid, Ammoniumchlorid und Lithiumchlorid aus der Beziehung $h = 128b$ stimmen mit den entsprechenden Messungen von S m i t h [1]) überein.

Man erhält also eine Möglichkeit, die Änderung der pH-Werte der Lösungen von Säuren bei Zusatz von neutralen Chloriden zu berechnen. Möge I den pH-Wert der Säurelösung ohne Salz bedeuten, den man aus den vorhergehenden Tabellen ersehen kann, möge ferner F den pH-Wert nach Zugabe von m Molen des Salzes im Liter und H endlich die Zahl der bei unendlicher Verdünnung von 1 Salzmolekül gebundenen Wassermoleküle sein, so ist

$$F = I - 0{,}0078Hm$$

Diese Gleichung stützt sich nicht nur auf die Gültigkeit der Theorie. Messungen von T h o m a s und B a l d w i n haben gezeigt, daß sie beim Zusatz von Chloriden zu Schwefelsäure und Salzsäure benutzt werden kann, wenn man für H folgende Werte einsetzt:

---

[1]) S m i t h, A Method for the Calculation of the Hydration of the Ions at Infinite Dilution. Journ. Am. Chem. Soc. 37 (1915), 722.

Kaliumchlorid	15
Ammoniumchlorid	15
Natriumchlorid	26
Lithiumchlorid	35
Bariumchlorid	50.

Da die H-Ionenkonzentration bei Zusatz von Sulfaten herabgesetzt wird, läßt sich dieser Effekt nicht auf die Hydratation zurückführen. Er beruht wahrscheinlich auf der Bildung von Additionsverbindungen, die durch Hydratationsvorgänge noch mehr verwickelt wird. Bezüglich der H-Ionenkonzentration von Schwefel- und Salzsäure bei Zusatz von Neutralsalzen sei auf die Arbeiten von Thomas und Baldwin verwiesen.

Über die Dissoziationsgrade einer Anzahl von Salzen bei verschiedener Konzentration findet man Angaben auf Seite 35 des kürzlich erschienenen Buches von Kraus [1]).

Während der Gerbung passieren die Häute Brühen von weit auseinanderliegenden H-Ionenkonzentrationen. Aus der Äscherbrühe mit einem pH-Wert von 12,5 kommt die Haut in eine Beizbrühe mit einem pH-Wert von 7,5, hierauf in einen Pickel mit einem pH-Wert von 1,5, dann in eine Chrombrühe, in der er von 3 auf 4 steigt, und schließlich in eine Fettbrühe, wo er 9 beträgt. In der vegetabilischen Gerbung kommen die Häute aus der Beizbrühe in eine Gerbbrühe, deren pH-Wert zwischen 2,5 und 5,5 liegt, je nach der Fabrikationsmethode. Trotzdem die Haut im Verlauf des ganzen Prozesses großen Schwankungen der pH-Werte ausgesetzt ist, ist sie doch gegen kleine Schwankungen dieser Werte innerhalb der einzelnen Prozesse selbst sehr empfindlich, es sei denn, daß irgendeine Änderung in einem Prozeß durch eine entsprechende in einem anderen ausgeglichen wird.

Eine einfache Wasserstoffelektrode für Gerbbrühen

Die große Nachfrage nach der Konstruktion einer Wasserstoffelektrode, die sich besonders für den Gebrauch in der Gerberei eignet, veranlaßten Wilson und Kern [2]), eine solche Modifikation der gewöhnlichen Elektroden zu beschreiben. Im Laufe einer zehnjährigen Praxis haben sich gewisse geringfügige Änderungen als nützlich herausgestellt. Die hier beschriebenen Wasserstoffelektroden sind in den vergangenen Jahren täglich für alle möglichen Gerbbrühen benutzt worden und haben sich selbst in der Hand von nicht wissenschaftlich vorgebildeten Personen als sehr brauchbar erwiesen.

Der äußere Teil der Wasserstoffelektrode ist das Glasgefäß A; es ist ein mit einem Seitenarm versehenes Glasrohr, dessen Boden zum Hindurchlassen des Wasserstoffstromes durchbrochen ist, und

---

[1]) Kraus, The Properties of Electrically Conducting Systems. New-York.

[2]) Wilson u. Kern, Hydrogen Electrode Vessels for Use with Tannery Liquors. Ind. Eng. Chem. 17 (1925), 74.

zwar fließt der gereinigte Wasserstoff durch den Seitenarm B herein. Die Elektrode selbst besteht aus einem 1 bis 2 cm langen Platindraht, der in ein Glasrohr, das durch einen Korken in das äußere Glasrohr eingeführt wird, eingeschmolzen ist. Die innere Röhre wird mit Quecksilber gefüllt, so daß der Kontakt mit dem Elektrometer durch Eintauchen eines Drahtes in die innere Röhre hergestellt werden kann.

Die Vorteile einer solchen Anordnung sind ohne weiteres einzusehen. Die Elektroden sind so billig, daß sie in großen Mengen herstellbar sind. Sie können schnell ersetzt werden, wenn sie, was häufig bei gewissen Brühen vorkommen kann, vergiftet werden. Die Verwendung einer Drahtelektrode, die nur geringe Berührungsfläche hat, ist von Vorteil, weil sich das Gleichgewicht schneller einstellt; insbesondere ist dies beim Titrieren von Brühen, welche die Elektroden vergiften, notwendig. Einige Dutzend dieser Elektroden sollten in Wasser immer gebrauchsfertig aufbewahrt werden. Es ist ferner wünschenswert, einige unter destilliertem Wasser mit Wasserstoff durchströmen zu lassen, so daß man sie in vergifteten Brühen kurze Zeit zur Messung verwenden und sofort durch neue ersetzen kann. Sie lassen sich leicht durch kurzes Eintauchen in Königswasser vor dem neuen Platinieren reinigen.

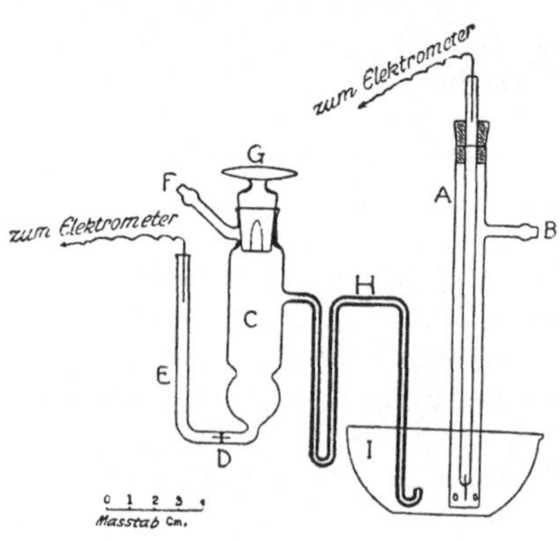

Abb. 41a.

Wasserstoffelektrode für Gerbbrühen

Das Gefäß C ist eine Kalomelelektrode; bei D ist ein Platindraht eingeschmolzen, der einen elektrischen Kontakt zwischen den beiden getrennten Teilen herstellt. Der Seitenarm E wird mit Quecksilber gefüllt und der Kontakt mit dem Elektrometer durch Hineinstecken eines Drahtes hergestellt. Der Boden der Elektrode wird mit Quecksilber, das mit einer Paste aus Quecksilber und Merkurochlorid überschichtet wird, bedeckt; außerdem wird das ganze Gefäß mit einer gesättigten Kaliumchlorid- und Merkurochloridlösung gefüllt. Diese Lösung gießt man aus einem Reservoir durch den Arm F bei geeigneter Stellung des Hahnes G ein, wobei die überschüssige Lösung durch die Kapillare H entweichen kann. Die zu messende Lösung wird in die Schale I gegossen.

Die U-förmige Gestalt des tiefsten Teiles der Kapillare verhindert, da die Gerbbrühen meist ein geringeres spezifisches Gewicht als das der Elektrodenlösung aufweisen, eine Verunreinigung der Kalomelelektrode. Mit Hilfe des Hahnes G ist man leicht in der Lage, die Kapillare nach jeder Bestimmung durchzuspülen; eine solche Elektrode kann man ohne weitere Reinigung monatelang verwenden.

Die physikalische Chemie der Proteine

Eine der Hauptstützen der Gerbereichemie ist die physikalische Chemie der Proteine. Noch bis vor kurzem war unser Wissen über die chemischen Reaktionen der Proteine so lückenhaft, daß man es kaum wagen konnte, die Vorgänge qualitativ zu behandeln. Die Proteine schienen sich den stöchiometrischen Beziehungen der klassischen, physikalischen Chemie nicht einordnen zu wollen, da die früheren Forscher nicht in der Lage waren, alle in den Systemen vorhandenen Phasen zu erkennen, und sie es unterlassen hatten, die H-Ionenkonzentration zu messen.

Ein Weg zur quantitativen Entwicklung der physikalischen Chemie der Proteine wurde durch die Donnansche Theorie der Membrangleichgewichte [1] gewiesen. Procter [2] wandte sie auf die Quellung von Gelatine an und Procter und Wilson [3] konnten daraus eine quantitative Theorie der Quellung von Proteingallerten entwickeln. Loeb [4] hat in ausgedehnten Versuchsreihen diese Untersuchungen weiter ausgebaut und dabei den osmotischen Druck, die Viskosität, die Stabilität und die Potentialdifferenzen in Proteinsystemen mit zur Auswertung herangezogen. Er konnte schließlich eine allgemeine Theorie des kolloidalen Zustandes überhaupt entwickeln. Diese wertvolle Arbeit ist jetzt in Buchform zugänglich und ist als Nachschlagewerk für die Gerbereichemie von größter Wichtigkeit [5].

Wir werden jetzt zeigen, daß sich die Proteine den klassischen Gesetzen der physikalischen Chemie fügen und daß sie nach wohldefinierbaren Prinzipien reagieren. Donnans Theorie der Membrangleichgewichte bildet den Ausgangspunkt für die folgenden Erwägungen. Eine gute Besprechung der Donnan-Theorie findet man in Lewis Physical Chemistry [6]. Wir haben sie hier bei Untersuchung des Einflusses der Wertigkeit angewandt.

---

[1] Donnan, Elektrochem. Zeitschr. 17 (1911), 572.

[2] Procter, Equilibrium of Dilute Hydrochloric Acid and Gelatin. Journ. Chem. Soc. 105 (1914), 313.

[3] Procter u. Wilson, The Acid-Gelatin Equilibrium. Journ. Chem. Soc. 109 (1916), 307.

[4] Journ. Gen. Physiol., 1918—1922.

[5] Loeb, Die Eiweißkörper u. d. Theorie d. kolloidalen Erscheinungen, 1924.

[6] Lewis, A System of Physical Chemistry, Vol. II, Thermodynamics, 275—286.

Das Donnansche Membrangleichgewicht

Diese Theorie behandelt das Gleichgewicht, das entsteht, wenn zwei Lösungen durch eine Membran getrennt werden, wobei die eine Lösung ein Ion enthält, das nicht durch die Membran wie alle anderen Ionen des Systems hindurch diffundieren kann. Als typisches Beispiel wählte Donnan die wässerige Lösung eines Salzes NaR, wie Kongorot, die in Kontakt mit einer Membran stand, welche für das Anion R' und das nichtdissoziierte Salz undurchlässig, hingegen für Na^+ und andere Ionen durchlässig war. Die Membran möge die Kongorotlösung von einer wässerigen Kochsalzlösung trennen, die letztere soll aus ihrer Lösung II in die Lösung I, welche NaR enthält, diffundieren. Hat sich ein Gleichgewicht eingestellt, so wird die freie Energie bei einer unendlich kleinen reversiblen Verschiebung bei konstanter Temperatur und konstantem Volumen gleichbleiben; mit anderen Worten, es wird keine Arbeit geleistet. Wir wollen hier jenen Vorgang betrachten, der sich beim Transport von dn Molen Na^+ und Cl' von Lösung II nach Lösung I abspielt. Die geleistete Arbeit, die den Wert o annehmen muß, wird durch folgende Ausdrücke wiedergegeben:

$$dn \cdot RT \cdot \log \frac{[Na^+]_{II}}{[Na^+]_I} + dn \cdot RT \cdot \log \frac{[Cl']_{II}}{[Cl']_I} = o;$$

$$[Na^+]_{II} \times [Cl']_{II} = [Na^+]_I \times [Cl']_I.$$

(Die Werte in den eckigen Klammern bedeuten Mole im Liter.)

Ein Gleichgewicht ist nur dann vorhanden, wenn das Produkt aus Anionen und Kationen auf beiden Seiten der Membran gleich ist.

Die Gleichheit dieses Produktes, so einfach sie erscheinen mag, ist für die quantitative Entwicklung der Gerbereichemie von so fundamentaler Wichtigkeit, daß jeder Zweifel an der Gültigkeit dieser Beziehung energisch zerstört werden muß. Man benötigt zur Ableitung dieser Gleichung die Thermodynamik nicht. Es ist verhältnismäßig leicht, sie auch auf andere Weise verständlich zu machen. Beim Durchwandern der Membran können entgegengesetzt geladene Ionen nur paarweise marschieren, da sonst mächtige elektrostatische Kräfte auftreten und ihre Bewegung aufhalten würden. Ein einzelnes Na^+ oder Cl'-Ion, das auf die Membran auftrifft, könnte sie also nicht durchdringen. Da jedoch die Membran für beide durchlässig ist, so wird beim gemeinsamen Auftreffen beider nichts sie daran hindern können, gemeinsam in die andere Lösung zu wandern. Die Durchwanderung hängt also von der Häufigkeit ab, mit der die Ionen zufällig paarweise an der Membran auftreffen; diese Häufigkeit wird jedoch durch das Produkt ihrer Konzentration gemessen. Im Gleichgewicht ist die Geschwindigkeit, mit der die Na^+- und Cl'-Ionen von Lösung II nach Lösung I wandern, ebenso groß, wie die Wanderungsgeschwindigkeit in anderer Richtung. Hieraus folgt, daß das Produkt der Konzentration der Ionen in beiden Lösungen gleich sein muß.

Interessant ist die Komplikation, die durch Einführung eines weiteren Salzes, wie KBr in das System entsteht. Zufolge der gleichen Entwicklung wie oben, ist es ohne weiteres einzusehen, daß ein Gleichgewicht nur dann herrschen kann, wenn das Produkt $[K^+] \times [Br']$ in beiden Lösungen gleich ist, dasselbe gilt für das Produkt $[K^+] \times [Cl']$ und $[Na^+] \times [Br']$. — Wenn irgendeine Anzahl von Salzen, die in je zwei einwertige Ionen zerfallen, im System gegenwärtig sind, so ist in der Tat das Produkt der Konzentration jedes möglichen Paares diffusibler, entgegengesetzt geladener Ionen, in beiden Lösungen gleich.

Wenn ein polyvalentes Ion die Membran trifft, kann es diese nur durchdringen, wenn eine äquivalente Zahl von Ionen entgegengesetzter Ladung die Membran gleichzeitig treffen. Die Diffusionsgeschwindigkeit irgendeines dissoziierten Ions von einer Lösung in die andere wird offenbar bestimmt durch das Produkt aller Ionen, die nötig sind, das undissoziierte Salz zu bilden. Das Produkt wird beim Gleichgewicht in beiden Lösungen denselben Wert haben. Enthält beispielsweise das System die Ionen Na^+ und SO''_4, so wird das Produkt $[Na^+] \times [Na^+] \times [SO''_4]$ oder $[Na^+]^2 \times [SO''_4]$ in beiden Lösungen im Gleichgewichtszustand denselben Wert haben.

Die Undurchlässigkeit der Membran für das Anion R' verursacht eine ungleichartige Verteilung der Ionen in beiden Lösungen. In Lösung II des einfachen Systems, das die Salze NaR und NaCl enthält, möge sein

$$x = [Na^+] = [Cl']$$

In Lösung I sei $\qquad y = [Cl']$

und $\qquad z = [R']$

so daß ist $\qquad [Na^+] = y + z.$

Die Produktengleichung hat dann folgende Form:

$$x^2 = y\,(y + z).$$

In dieser Gleichung ist auf der linken Seite ein Produkt gleicher Faktoren; auf der rechten eines ungleicher; zufolge einer einfachen mathematischen Überlegung ergibt sich, daß die Summe der ungleichen Faktoren größer sein muß, als die Summe der gleichen. Man erhält also folgende Ungleichung

$$2y + z > 2x.$$

Aus dieser Ungleichung folgt, daß die Konzentration diffusibler Ionen im Gleichgewichtszustand in Lösung I größer ist als in Lösung II. Zahlreiche experimentelle Befunde haben diese Tatsache bestätigt. Nennen wir den Überschuß an diffusiblen Ionen in Lösung I über die von Lösung II e, so ist:

$$2y + z = 2x + e$$

oder: $\qquad x = y + \sqrt{ey}.$

Aus dieser Gleichung folgt, daß x größer als y ist, mit anderen Worten, die Konzentration von NaCl ist in Lösung II größer als in

Lösung I. Das Kochsalz verteilt sich im Gleichgewicht nicht gleichmäßig zwischen beiden Lösungen, es ist vielmehr in Lösung II konzentrierter.

Die verschiedene Verteilung der Ionen im Gleichgewichtszustand verursacht nicht nur eine Verschiedenheit des osmotischen Druckes, sondern auch eine Potentialdifferenz an der Membran. D o n n a n konnte eine Gleichung für diese Potentialdifferenz aus thermodynamischen Überlegungen ableiten.

In dem eben beschriebenen System möge π_I das positive Potential von Lösung I, π_{II} das von Lösung II bedeuten. Betrachten wir jetzt eine Verschiebung einer unendlich kleinen positiven Elektrizitätsmenge Fdn von Lösung II nach Lösung I. Bei dieser Änderung des Systems aus dem Gleichgewichtszustand läßt sich die geleistete Arbeit folgendermaßen ausdrücken: Die Änderung der elektrischen Energiemenge beträgt Fdn $(\pi_{II} - \pi_I)$. Gleichzeitig müssen jedoch pdn Mole Na^+ von II nach I und qdn Mole Cl' in entgegengesetzter Richtung wandern. Es bedeuten p und q die Zahl der transportierten Ionen, deren Summe I sein muß. Hierbei wird osmotische Arbeit geleistet, die durch folgenden Ausdruck wiedergegeben wird:

$$pdn\,RT \cdot \log \frac{[Na^+]_{II}}{[Na^+]_I} + qdn\,RT \cdot \log \frac{[Cl']_I}{[Cl']_{II}}$$

Soll das System im Gleichgewicht sein, so muß die elektrische Arbeit gleich der osmotischen sein, also:

$$Fdn\,(\pi_I - \pi_{II}) = pdn\,RT \cdot \log \frac{[Na^+]_{II}}{[Na^+]_I} + qdn\,RT \cdot \log \frac{[Cl']_I}{[Cl']_{II}}$$

Nun ist aber:

$$\frac{[Na^+]_{II}}{[Na^+]_I} = \frac{[Cl']_I}{[Cl']_{II}} = \frac{x}{y}; \quad p + q = 1; \quad \text{ferner sei } E = \pi_I - \pi_{II},$$

so ist

$$E = \frac{RT}{F} \, \log \frac{x}{y}\,\text{Volt.}$$

Die eben entwickelte Gleichung ist für die Theorie vieler Vorgänge der Lederbereitung von grundlegendster Bedeutung.

Es läßt sich nun zeigen, daß diese Gleichung auch dann gültig ist, wenn Ionen anderer Wertigkeit dem System hinzugefügt werden. Nehmen wir den allgemeinsten Fall an, daß ein Salz hinzukommt, das die Ionen M^{a+} von der Wertigkeit a besitzt. Zufolge der obigen Entwicklung beträgt die durch die ungleichartige Verteilung der Ionen des hinzugefügten Salzes in Lösung I und II hervorgerufene Potentialdifferenz

$$E = \frac{RT}{nF} \cdot \log \frac{[M^{a+}]_{II}}{[M^{a+}]_I}$$

Hierbei ist $n = a$ gleich der Wertigkeit von M^{a+}. Aus der Produktengleichung folgt ferner

$$[M^{a+}]_I \times [Cl']^a_I = [M^{a+}]_{II} \times [Cl']^a_{II}$$

und
$$[Na^+]^a_I \times [Cl']^a_I = [Na^+]^a_{II} \times [Cl']^a_{II}$$

Hieraus folgt, daß

$$\frac{[M^{a+}]_{II}}{[M^{a+}]_I} = \frac{[Na^+]^a_{II}}{[Na^+]^a_I} = \frac{x^a}{y^a}$$

daher

$$E = \frac{RT}{aF} \cdot \log \frac{x^a}{y^a} = \frac{RT}{F} \cdot \log \frac{x}{y}.$$

Im Gleichgewicht bewirkt also die ungleichmäßige Ionenverteilung zwischen beiden Lösungen genau die gleiche Potentialdifferenz, wie die ungleiche Verteilung von NaCl. Obwohl der Zusatz eines Salzes zunächst durch Störung des Gleichgewichtes eine Potentialdifferenz hervorruft, bewirken doch alle Salze, die zugegen sind, nach Einstellung des Gleichgewichtes unabhängig von ihrer Wertigkeit die gleiche Potentialdifferenz. Man kann also die Potentialdifferenz aus der Beobachtung der Verteilung einer einzigen Ionenart zwischen beiden Lösungen berechnen.

Die Kompliziertheit von Systemen obiger Art beruht auf der Tatsache, daß die Membran die Diffusion einer Ionenart von einer Phase in die andere verhindert. Ein ähnlicher Zustand entsteht überall dort, wo eine Anzahl Ionen eines Systems daran gehindert werden, von einer Phase in die andere zu diffundieren. Offenbar gilt dies auch für jeden wichtigen Gerbevorgang. Die verschiedensten Gerbbrühen werden mit der Haut ins Gleichgewicht gebracht; hier wird nun die Diffusion von Protein-Ionen nicht durch eine Membran verhindert, sondern vielmehr durch eigene Kohäsionskräfte. Eine eingehende Erklärung dieser Vorgänge wird gelegentlich der Besprechung der Quellung von Proteinen erfolgen.

Die Quellung von Proteingelen

Wird ein Streifen trockener Gelatine in Wasser gebracht, so quillt er durch Wasseraufnahme und vergrößert sein Volumen je nach der Temperatur des Wassers und der Herkunft der Gelatine auf das Fünf- bis Zehnfache. Mit zunehmender Säure- oder Alkalikonzentration nimmt auch die Quellung bis zu einem Maximum zu, um dann wieder abzunehmen. Die Eigenschaft, in wässerigen Lösungen zu quellen, scheint allen Proteinen gemeinsam zu sein, wenn man die Bedingungen so wählt, daß keine direkte Lösung eintritt. Säure- und Alkaliquellung werden im allgemeinen durch Neutralsalzzusatz und durch hinreichende Vergrößerung der Säure- und Alkalikonzentration zurückgedrängt.

Auf der Suche nach einer rationellen Erklärung des Gerbungsmechanismus wurde Procter immer von neuem darauf gebracht, zunächst eine Erklärung für die Quellung zu finden. Ihm gebührt als erster der Ruhm, die innige Verkettung der Theorie der Gerbung und Quellung erkannt zu haben. Er begann 1897 seine Untersuchungen [1] über die Quellung von Gelatine in Säure und Salzlösungen; ihren Höhepunkt erreichten diese Arbeiten in der Procter-Wilsonschen Theorie der Quellung.

Procters allgemeine Methode war folgende: Streifen dünner gereinigter Knochengelatine wurden in Stücke von 1 g Trockengewicht zerschnitten. Jedes Stück wurde in eine Stöpselflasche getan, die 100 ccm einer bestimmten Chlorwasserstoffsäurekonzentration enthielt. Nach 48 Stunden, die sich zur Einstellung des Gleichgewichtes praktisch als ausreichend erwiesen hatten, wurde die Flüssigkeit abgegossen und mit n/1 Alkali titriert. Die Gelatineplatten wurden schnell gewogen und aus der Gewichtszunahme das Volumen der absorbierten Lösung berechnet. Die gequollenen Gelatineplatten wurden in die Flasche zurückgetan und mit so viel trockenem Kochsalz bedeckt, als nötig war, die absorbierte Flüssigkeit zu sättigen. Die Gelatine zog sich infolgedessen wieder zusammen und gab die absorbierte Lösung ab. Nach 24 Stunden hatte sich das neue Gleichgewicht eingestellt und die durch das Salz extrahierte Flüssigkeit wurde abgegossen und, um die absorbierte Säuremenge zu bestimmen, titriert. Ein kleiner Betrag der Lösung, etwa 1 ccm, wurde von dem Salz aus der Gelatine nicht herausgesogen. Man nahm nun mit einer gewissen Annäherung an, daß der zurückgehaltene Teil die gleiche Konzentration freier Säure hatte, wie der extrahierte Teil; diese Annahme ist allerdings nicht absolut richtig. Die Volumenvergrößerung infolge der Sättigung mit Kochsalz wurde entsprechend in Rechnung gesetzt. Man nahm weiterhin an, daß die noch bleibende Säure als Chlorid an die Gelatinebase gebunden war.

Löste man die durch Salzbehandlung entwässerte Gelatine in warmem Wasser auf und titrierte sie mit Alkali, so resultierte eine weitere Reihe von Kontrollversuchen. Durch Titration mit Methylorange erhielt man die freie Säure, mit Phenolphtalein den Gesamtsäuregehalt einschließlich der an die Gelatinebase gebundenen Säure des Gels. Die gebundene Säuremenge ergab sich als Differenz beider Titrationswerte.

Aus Tabelle 11 und Abb. 42/43 kann man die experimentell ermittelten Werte für das von der Gelatine absorbierte Volumen entnehmen, ferner auch die freie Säuremenge der äußeren Lösung, die freie Säuremenge in der Gallerte und die Säuremenge, die als Gelatinechlorid gebunden wurde. Diese Angaben sind der Abhand

---

[1] Procter, Über die Einwirkung verdünnter Säure- und Salzlösungen auf Gelatine. Kolloidchem. Beihefte (1911), 243.

lung von P r o c t e r[1]) über das Gleichgewicht zwischen verdünnter Salzsäure und Gelatine entnommen worden. Beim Auswerten der Ergebnisse wurde die Konzentration des Gelatinechlorids als Differenz der freien und gebundenen Säure in der Gallerte errechnet. Die berechneten Werte, die neben den experimentellen stehen, werden später im Zusammenhang mit der Theorie der Quellung besprochen werden.

Das Gleichgewicht zwischen Proteinen und Säure

P r o c t e r erkannte, daß die Gelatine sich mit Chlorwasserstoffsäure zu einem hochdissoziierten Chlorid verbindet, und daß ferner das entstehende Gleichgewicht ein spezieller Fall des Donnangleichgewichtes ist. Im Interesse der Einfachheit ist es zweckmäßiger, den neuesten Stand der Theorie darzustellen, als ihre Entwicklung aus den ersten Procterschen Arbeiten bis zum heutigen Standpunkt zu schildern, wie er von den W i l s o n s[2]) deduktiv entwickelt worden ist. Sie unternahmen es experimentell nachzuweisen, daß sich das Gleichgewicht gemäß den klassischen Gesetzen der physikalischen Chemie einstellt, unter der Annahme, daß Gelatine mit Salzsäure ein hochionisierbares Chlorid bildet. Die erfolgreiche Durchführung dieser Experimente mußte einen gutfundierten Beweis für die Richtigkeit der Theorie bilden.

Nehmen wir, um die Überlegung allgemein zu gestalten, an, daß das hypothetische Protein G in Wasser unlöslich, für Wasser und alle darin gelösten Salze durchlässig und elastisch ist, unter allen in Betracht kommenden Bedingungen dem H o o k e schen Gesetz folgt. Nehmen wir an, daß das Protein sich chemisch mit den H-Ionen und nicht mit dem Anion der Säure HA bindet, so daß folgende Gleichung gilt

$$[G] \times [H^+] = K[GH^+] \tag{1}$$

mit anderen Worten, daß der Komplex GHA gänzlich in GH$^+$ und A$'$-Ionen gespalten ist.

Man denke sich ein Millimol G in eine wässerige Lösung der Säure HA gebracht. Die Lösung wird G durchdringen und G wird sich mit den H-Ionen der Säure fest verbinden und sie der Lösung entziehen. Infolgedessen wird die Lösung innerhalb des Gels eine größere A$'$ als H$^+$-Ionenkonzentration aufweisen. In der äußeren Lösung hingegen muß notwendigerweise die A$'$ gleich der H$^+$-Ionenkonzentration sein. Die Lösung wird demnach in zwei Phasen zertrennt, eine innerhalb und eine außerhalb des Gels. Es wird sich schließlich ein Gleichgewicht zwischen den Ionen der beiden Phasen herausbilden.

---

[1]) P r o c t e r, Journ. Chem. Soc. 105˙ (1914), 313.
[2]) J. A. u. Wynnaretta H. W i l s o n, Colloidal Phenomena and the Adsorption Formula. Journ. Am. Chem. Soc. 40 (1918), 886.

Beim Gleichgewicht möge in der äußeren Lösung sein

$$x = [H^+] = [A'].$$

In der Gelphase möge sein

$$y = [H^+]$$

und

$$z = [GH^+]$$

woraus folgt

$$[A'] = y + z.$$

Es wird daran erinnert, daß die eckigen Klammern Mole im Liter bedeuten.

Aus den gleichen Überlegungen wie bei dem vorhin diskutierten Donnangleichgewicht folgt, daß das Produkt $[H^+] \times [A']$ in beiden Phasen gleich sein muß, so daß folgende Beziehung entsteht:

$$x^2 = y(y + z). \tag{2}$$

Wie oben gezeigt wurde, folgt aus Gleichung (2):

$$2y + z > 2x$$

oder

$$2y + z = 2x + e. \tag{3}$$

Hierbei bedeutet e wieder den Überschuß diffusibler Ionen der Gelphase über die der äußeren Phase. Kennt man 2 Variable, so kann man mit Hilfe von Gleichung 2 und 3 die anderen daraus errechnen und erhält folgendes Gleichungssystem:

$$x = y + \sqrt{ey} = \sqrt{y^2 + yz} = (z^2 - e^2)/4e. \tag{4}$$

$$y = (-z + \sqrt{z^2 + 4x^2})/2 = (2x + e - \sqrt{4ex + e^2})/2 = (z - e)^2/4e. \tag{5}$$

$$z = (x^2 - y^2)/y = \sqrt{4ex + e^2} = e + 2\sqrt{ey}. \tag{6}$$

$$e = (x - y)^2/y = z + 2y - 2\sqrt{y^2 + yz} = -2x + \sqrt{4x^2 + z^2}. \tag{7}$$

Da nun A im Gel größer ist als in der umgebenden Lösung, werden die negativ geladenen Ionen des Kolloidkomplexes die Neigung haben, in die äußere Lösung zu diffundieren. Dies ist jedoch nur möglich, wenn die daran hängenden Proteinkationen mitgeschleppt werden. Letztere werden jedoch durch die Kohäsionskräfte, die das Gel dem Zug nach außen entgegensetzt und dessen Maß e ist, aufgehoben. Wendet man jetzt das Hookesche Gesetz an, so ist

$$e = CV \tag{8}$$

C bedeutet eine Konstante und ist der Elastizitätskoeffizient des Gels, V die Volumenzunahme eines Millimols des Proteins in ccm.

Da wir 1 Millimol G genommen haben, ist:

$$[G] + [GH^+] = 1/(V + a)$$

oder:

$$[G] = 1/(V + a) - z. \tag{9}$$

Hier bedeutet a das Anfangsvolumen von 1 Millimol des Proteins. Aus Gleichung (1) und (9) folgt:

$$z = y/(V + a)(K + y).\qquad(10)$$

Aus Gleichung (6) und (8) folgt

$$z = CV + 2\sqrt{CVy}.\qquad(11)$$

Endlich folgt aus Gleichung (10) und (11)

$$(V + a)(K + y)(CV + 2\sqrt{CVy}) - y = 0.\qquad(12)$$

In dieser Gleichung sind nur noch die Variablen V und y.

Wenn die Moleküle des Proteins nicht für alle in Betracht kommenden Ionen durchlässig sind, so sollte a nicht das Gesamtvolumen des Gels darstellen, sondern nur den freien Zwischenraum in der ursprünglichen, trockenen Gelatine. Für unser hypothetisches Protein wollen wir nun den Grenzfall annehmen, daß a = 0 ist. Diese Annahme verursacht bei Gelatine Fehler, die kleiner sind als die durch die Experimente veranlaßten, besonders in Anbetracht des Umstandes, daß V innerhalb des wichtigsten, praktisch in Betracht kommenden Quellungsbereiches sehr groß ist. Gleichung (12) nimmt dann folgende einfachere Gestalt an:

$$V(K + y)(CV + 2\sqrt{CVy}) - y = 0.\qquad(13)$$

Kennt man die Konstanten K und C, so ist man in der Lage, das Gleichgewicht als nur von einer Variablen abhängig zu betrachten. Procter und Wilson[1]) bestimmten den Wert K = 0,00015 für die von ihnen benutzte Gelatine. Sie fügten nacheinander n/1 Salzsäure zu einer verdünnten Gelatinelösung und beobachteten die entsprechenden H-Ionenkonzentrationen. Der Wert [GH$^+$] aus Gleichung (1) oder die gebundene Säuremenge konnte als Differenz der H-Ionenkonzentrationen erhalten werden, die entstand, wenn die Salzsäure einerseits mit Wasser vermengt wurde, und wenn man andererseits die gleiche Menge der Säure in das gleiche Volumen Gelatinelösung brachte. Der Wert von K läßt sich dann leicht errechnen; man braucht nur ein Wertepaar von [GH$^+$] und [H$^+$] in Gleichung (1) einzusetzen und nach K aufzulösen.

C ließ sich aus Gleichung (8) durch experimentelle Bestimmung von V und e feststellen. C ist von der Temperatur und Herkunft der Gelatine abhängig und betrug bei 18° C bei der von Procter verwendeten Gelatine 0,0003.

Um die errechneten Werte von V mit der experimentell gefundenen Volumenzunahme für 1 g Gelatine vergleichen zu können, muß man das Äquivalentgewicht der Gelatine kennen. Ursprünglich betrachtete Procter die Gelatine als zweiwertige Base vom Molekulargewicht 839; spätere Arbeiten von Procter und Wilson ließen

---

[1]) Procter u. Wilson, The Acid-Gelatin Equilibrium, loc. cit.

es jedoch als ratsam erscheinen, Gelatine als einwertige mit einem Äquivalentgewicht von 768 aufzufassen, und zwar von einer Gelatine in einer Säurelösung, die keinen Abbau hervorrufen konnte. 768 Teile Gelatine vereinigen sich mit einem Mol Salzsäure. Die Verbindung ähnelt der von Salzsäure mit einer schwachen einwertigen Base. Für das Molekulargewicht der Gelatine hat man bisher noch keine über-

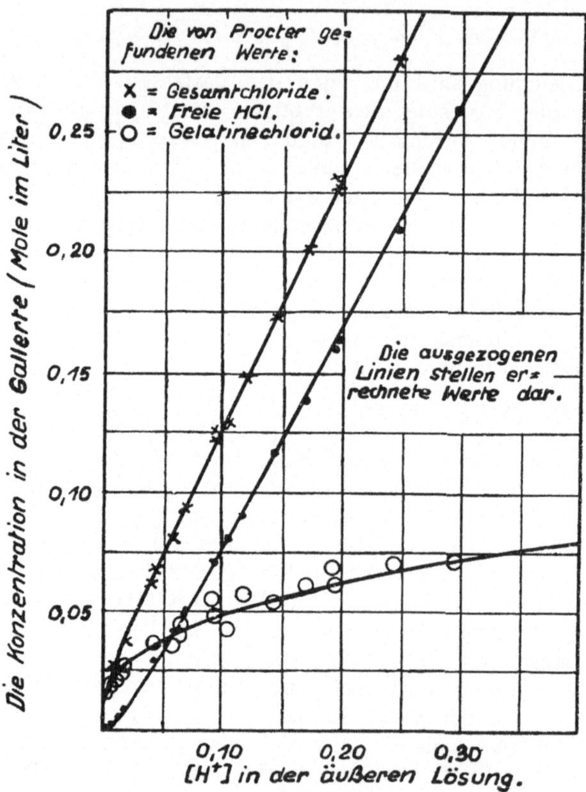

Abb. 42. Beobachtete und errechnete Werte für die Verteilung von Salzsäure in dem System Gelatine-HCl-H$_2$O

zeugenden Zahlen auffinden können. Andererseits kann man sich fragen, ob eine solche Untersuchung überhaupt einen Zweck hat. Wir fassen eine Gelatineplatte als Netzwerk von Aminosäuren auf, ohne daß sich Einzelmoleküle entdecken ließen, es sei denn, daß man die ganze Platte als Riesenmolekül auffaßt.

Aus Gleichung (13) und aus den oben erwähnten Konstanten errechneten J. A. und W. Wilson für jene Versuchsreihen, die Procter durchgeführt hatte, alle Variablen, die für das Gleichgewicht

Gelatine und Salzsäure ausschlaggebend sind. In Tabelle 11 sind die wichtigen Variablen zusammen mit Procters Befunden aufgeführt.

Die Übereinstimmung der beobachteten und errechneten Werte liegt absolut innerhalb der durch die Versuchsfehler bedingten Grenzen;

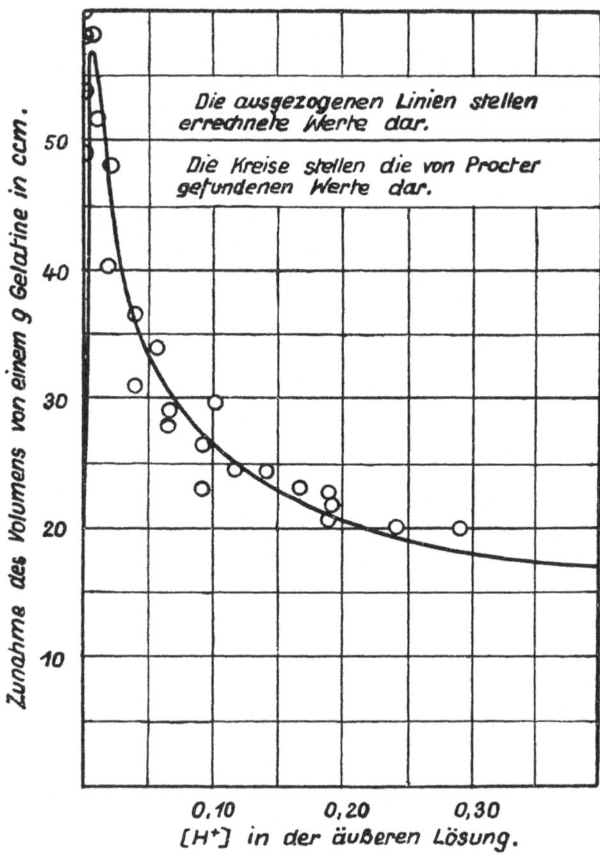

Abb. 43. Beobachtete und errechnete Werte für die Quellung von Gelatine in Abhängigkeit von der Salzsäurekonzentration

Procter und Wilson sehen darin einen Beweis für die Richtigkeit ihrer Theorie. Weitere Übereinstimmung zwischen Theorie und Praxis findet man in den ausgedehnten Untersuchungen von Loeb, von denen einige noch später beschrieben werden sollen. Es erscheint erwähnenswert, daß bisher noch keine andere Theorie der Quellung das Stadium qualitativer Spekulation überschritten hat.

Tabelle 11

Im Gleichgewicht

Anfangs-[HCl]	[HCl] in der Lösung	V be-rechnet	von 1 g Gelatine absorbierte Lösung in ccm		[HCl] in der Gallerte		[Gesamtchlorid] in der Gallerte	
			be-rechnet	ge-funden	be-rechnet	ge-funden	be-rechnet	ge-funden
0,006	0,0011	33,3	43,4	44,1	0,0001	0,0005	0,012	0,014
0,008	0,0018	37,5	48,8	48,7	0,0002	0,0004	0,014	0,015
0,010	0,0025	41,7	54,3	59,9	0,0004	0,0004	0,016	0,015
0,010	0,0028	42,7	55,6	58,4	0,0004	0,0004	0,017	0,015
0,010	0,0032	43,2	56,2	53,7	0,0005	0,0005	0,019	0,017
0,015	0,0073	40,8	53,1	57,9	0,002	0,002	0,024	0,020
0,015	0,0077	40,2	52,3	52,2	0,002	0,002	0,025	0,022
0,015	0,0120	37,5	48,8	51,9	0,005	0,006	0,031	0,027
0,020	0,0122	37,3	48,6	51,7	0,005	0,006	0,031	0,027
0,025	0,0170	34,5	44,9	40,4	0,008	0,009	0,036	0,037
0,025	0,0172	34,3	44,7	48,1	0,008	0,009	0,036	0,031
0,050	0,0406	26,7	34,8	36,4	0,026	0,030	0,063	0,061
0,050	0,0420	26,4	34,4	31,1	0,027	0,030	0,065	0,068
—	0,0576	24,0	31,2	34,0	0,041	0,043	0,082	0,079
0,075	0,0666	23,0	29,9	27,9	0,049	0,050	0,092	0,095
0,075	0,0680	22,8	29,7	29,1	0,050	0,053	0,094	0,092
0,100	0,0930	20,7	27,0	23,1	0,072	0,072	0,121	0,126
0,100	0,0944	20,5	26,7	26,4	0,073	0,072	0,122	0,121
—	0,1052	19,8	25,8	29,8	0,083	0,085	0,134	0,128
0,125	0,1180	18,9	24,6	24,4	0,095	0,090	0,148	0,148
0,150	0,1434	17,9	23,3	24,0	0,118	0,118	0,174	0,173
0,150	0,1435	17,9	23,3	24,2	0,118	0,118	0,174	0,172
0,175	0,1685	17,1	22,3	23,5	0,141	0,138	0,200	0,200
0,200	0,1925	16,3	21,2	20,6	0,164	0,161	0,225	0,229
0,200	0,1940	16,2	21,1	22,7	0,166	0,165	0,227	0,225
0,200	0,1945	16,2	21,1	22,1	0,167	0,164	0,228	0,226
0,250	0,2450	15,1	19,7	20,2	0,213	0,210	0,279	0,281
0,300	0,2950	14,0	18,2	20,0	0,261	0,260	0,332	0,332

Proteine, die sich in kaltem Wasser nicht lösen, verhalten sich in bezug auf Quellung ähnlich wie Gelatine. Sie haben natürlich andere Werte für die Konstanten K und C und für das Äquivalentgewicht. Es ist interessant, auf Grund der Theorie zu diskutieren, wie sich eine Änderung der Konstanten beim Ablauf des Quellungsvorganges äußern würde. Aus der Gleichung $V = e/C$ folgt, daß eine Zunahme von C eine Abnahme der Quellung bedingen würde. Der

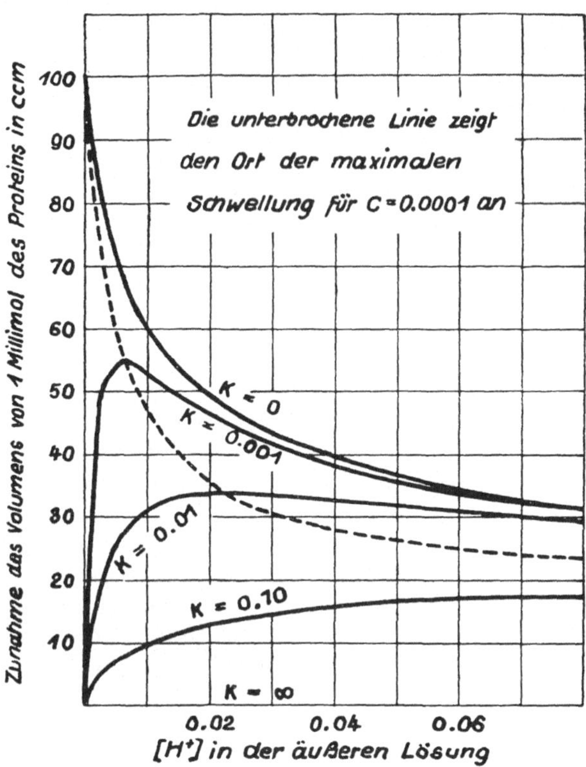

Abb. 44. Quellungskurven von Proteinen gleichen Elastizitätsmoduls mit verschiedenen Werten der Hydrolysekonstanten

Einfluß der Änderung von K, der Hydrolysekonstanten des Proteins, bei konstantem C ist aus Abb. 44 ersichtlich. Für $K = 0$ liegt die maximale Quellung bei $x = 0$ und hat den Wert $1/\sqrt{C}$. Mit zunehmendem K nimmt der Wert für die maximale Quellung ab und liegt bei steigenden Werten von x. Bei $K = \infty$ hat der Punkt der maximalen Quellung den Wert 0 und liegt bei $x = \infty$.

Gemäß dieser Theorie sollten bei Gelatine alle einbasischen Säuren die gleiche Quellung bei bestimmten H-Ionenkonzentrationen unter sonst gleichen Bedingungen verursachen, vorausgesetzt, daß die Proteinsalze gleichmäßig ionisierbar sind. Gewöhnlich nahm man an, daß nach dem bekannten Gesetz der Hofmeisterschen Ionenreihen einbasische Säuren verschiedene Quellungsgrade hervorrufen sollten. L o e b konnte jedoch nachweisen, daß die früheren Beobachter infolge des Nichtmessens der H-Ionenkonzentration den Irrtum begangen hatten, den Säuren Wirkungen zuzuschreiben, die nur in der Verschiedenheit der Wasserstoffionenkonzentration begründet lagen. Er fand, daß bei einem bestimmten Wert für x alle einbasischen Säuren praktisch die gleiche Quellung hervorrufen. Ebenso wirken zweibasische Säuren, wie Phosphorsäure und Oxalsäure, innerhalb derjenigen Konzentrationen, in denen sie wie einbasische Säuren fungieren.

Die Berechnung des Quellungsgrades in Lösung mehrbasischer Säuren ist nicht so einfach wie bei einbasischen. Nehmen wir an, daß das Protein G sich mit den H-Ionen und nicht mit dem Anion der mehrbasischen Säure H_aA verbindet. Möge die Konzentration der polyvalenten Anionen der äußeren Lösung beim Gleichgewicht x, die der Anionen des Gelatinesalzes z und die Konzentration der Anionen innerhalb der Gallerte y + z sein, so folgt:

$$x^{a+1} = y^a (y + z).$$

Bei Untersuchung der Gleichung finden wir:

$$(a + 1)\, x < (a + 1)\, y + z$$

oder

$$(a + 1)\, x + e = (a + 1)\, y + z.$$

Die Gesamtkonzentration der diffusiblen Ionen innerhalb der Gallerte ist größer als in der äußeren Lösung und zwar um einen gewissen Betrag, dem die Quellung direkt proportional ist. Es ist leicht einzusehen, daß, wenn x vom Wert o an über alle Maßen wächst, e und damit der Quellungsgrad zunächst bis zu einem Maximum ansteigen werden, um dann abzunehmen und sich dem Werte o immer mehr zu nähern. Dies liegt daran, daß z nicht über den Wert der Gesamtkonzentration der Gelatine wachsen kann. Bei x = o sind auch y und e = o Nähert sich x = ∞, so nimmt die Gleichung folgende Form an:

$$x^{a+1} = y^{a+1}$$

und es wird:
$$(a + 1)\, x + e = (a + 1)\, y$$

woraus folgt, daß x = y und e = o sein muß.

Die durch jene polyvalenten Säuren, welche sich mit Gelatine verbinden, hervorgerufene Quellung wird geringer sein, als die durch monobasische veranlaßte, da, wie L o e b zeigen konnte, sich weniger Anionen mit dem Äquivalentgewicht des Proteins verbinden. Bei Salzsäure und Schwefelsäure werden beispielsweise nur halb so viel SO_4- als Cl-Ionen gebunden. Bei sehr kleinen Werten von x sollte man daher erwarten, daß bei gleicher H-Ionenkonzentration Schwefelsäure nur die Hälfte der Quellung von Salzsäure hervorruft; dies ist in der Tat der Fall.

Die Herabsetzung der Quellung durch Neutralsalze

Die Theorie liefert auch eine Berechnung der hemmenden Wirkung von Neutralsalzen bei der Säurequellung von Proteinen. In dem oben beschriebenen System denke man sich zur Lösung der Säure HA, in der sich das Protein G befindet, das monovalente Neutralsalz MN hinzugefügt, von denen keines der Ionen sich mit der Gelatine verbinden möge. Beim Gleichgewicht möge die Konzentration von M in der äußeren Lösung u und in der Gallerte v sein. Aus der allgemeinen Produktengleichung folgt, daß das Produkt

$$([H^+] + [M^+] \times ([A'] + [N']))$$

in beiden Phasen gleich sein muß, oder daß

$$(x + u)^2 = (y + v)(y + v + z),$$

woraus folgt, daß

$$e = 2(y + v) + z - 2(x + u).$$

Aus beiden Gleichungen ergibt sich:

$$e = -2(x + u) + \sqrt{4(x + u)^2 + z^2}.$$

Wenn nun der Wert von $x + u$ bei konstantem z zunimmt, muß der Wert von e und damit die Quellung abnehmen. Der Zusatz von MN vergrößert nur u und drückt die Quellung herab, da z nur insofern vergrößert wird, als eine Verkleinerung des Volumens der Gallerte eintritt.

Wichtig ist die Feststellung, daß die Hemmung der Quellung nicht etwa auf einer Zurückdrängung der Ionisation des Proteinsalzes beruht. Die Wirkung des Salzes äußert sich darin, daß der Wert e, das Maß für die Quellung, verkleinert wird. In einigen Fällen ist eine Zurückdrängung der Dissoziation bis zu einem gewissen Grade möglich; diese Tatsache würde die quellungshindernde Wirkung nur noch unterstützen. Für Gelatinechlorid ergaben Messungen mit der Kalomelelektrode, daß die Quellung erheblich zurückgeht, bevor sich eine Zurückdrängung der Ionisation bemerkbar macht.

Das Gleichgewicht zwischen Proteinen und Alkali

Proteine sind amphotere Substanzen und reagieren als solche mit schwachen Basen und Säuren. Sie haben die Eigenschaft der einfachen Aminosäuren, aus denen sie aufgebaut sind, beibehalten. Wässerige Aminoessigsäure kann sowohl positive als auch negative, als auch beide Ladungen zugleich tragen, je nachdem sie als Säure, Base oder als beides zusammen reagiert.

$$H^+ + {'}OOC . CH_2 . NH_2 . HOH = HOOC . CH_2 . NH_2 . HOH =$$
$$HOOC . CH_2 . NH_2 . H^+ + OH'.$$

Die Ionisationskonstante eines Proteins als Säure kann man folgendermaßen formulieren:

$$[H^+] \times [G'] = K_a [GH].$$

Nun ist aber

$$[H^+] \times [OH'] = K_w \text{ oder } [H^+] = K_w/[OH'];$$

hieraus folgt:

$$[GH] \times [OH'] = k[G'], \text{ wobei } k = K_w/K_a.$$

Die letztere Gleichung ist ihrem Wesen nach dieselbe wie die erste, nur ist $[H^+]$ durch $[OH']$ ersetzt. Augenscheinlich müssen daher Proteine in Lösungen von steigender Alkalikonzentration sich ähnlich verhalten wie in Lösungen ven Säuren, solange sie außer einer Salzbildung keiner weiteren chemischen Veränderung unterliegen. In der Tat quillt Gelatine in einer Alkalilösung und weist bei 0,004 Mol im Liter ein Maximum auf, bei weiterer Erhöhung der Alkalikonzentration nimmt die Quellung ab. In saurer Lösung liegt das Maximum der Quellung bei einer Konzentration von 0,004 Mol im Liter.

In Säure- und Alkalilösungen ist der Einfluß der Wertigkeit ähnlich. L o e b fand, daß die zweiwertigen Basen Kalzium- und Bariumhydroxyd maximale Quellungen hervorrufen, die halb so groß sind wie die von einwertigen Basen. Bei definiertem pH-Wert ist die Größe der Quellung mehr durch die Wertigkeit der Ionen, die eine im Protein entgegengesetzte Ladung zeigen, bestimmt, als durch die spezifische Natur der Ionen.

In alkalischer Lösung ist das Protein negativ geladen, in saurer dagegen positiv. Läßt man die H-Ionenkonzentration einer ursprünglich alkalischen Lösung, in der das Protein zunächst negativ geladen ist, immer mehr wachsen, so muß schließlich ein Zustand eintreten, bei dem das Protein elektrisch neutral wird, wo es also mit gleichgroßen positiven und negativen Ladungen versehen ist. Die H-Ionenkonzentration, bei der dieses stattfindet, nennt man nach H a r d y [1] den isoelektrischen Punkt des Proteins. M i c h a e l i s und G r i n e f f [2] fanden, daß der isoelektrische Punkt für Gelatine bei einem pH-Wert von 4,7 liegt. Dieser Wert wurde von L o e b und anderen bei Wiederholung dieses Versuches bestätigt.

T h o m a s und K e l l y [3] bestimmten den isoelektrischen Punkt von Kollagen oder Hautpulver mit Hilfe von sauren und basischen Färbungen. Bestimmte Mengen von Hautpulver wurden zunächst mit Lösungen verschiedener pH-Werte durchtränkt, dann mit Lösungen von basischem Fuchsin oder Martius-Gelb behandelt und schließlich mit Lösungen von gleichen pH-Werten wie zu Beginn des Versuches gewaschen. Fuchsin färbte Hautpulver bei pH-Werten, die größer als 5 waren, Martius-Gelb bei Werten unter 5, so daß der isoelektrische Punkt von Kollagen oder Hautpulver bei einem pH-Wert von 5 liegt.

P o r t e r [4] konnte beobachten, daß das Minimum der Quellung

---

[1] H a r d y, Proced. Roy. Soc. London 66 (1900), 110.
[2] M i c h a e l i s u. G r i n e f f, Biochem. Zeitschr. 41 (1912), 373.
[3] T h o m a s u. K e l l y, The Isoelectric Point of Collagen. Journ. Am. Chem. Soc. 44 (1922), 195.
[4] P o r t e r, Swelling of Hide Powder. Journ. Soc. Leather Trades Chem. 5 (1921), 259; 6 (1922), 83.

für Hautpulver bei einem pH-Wert von 4,8 liegt. Dies gibt gleichzeitig an, daß auch der isoelektrische Punkt bei diesem pH-Wert
liegen muß. Er fand auch, daß ein Maximum der Quellung von
Hautpulver in saurer Lösung bei einem pH-Wert von 2,4 und in
alkalischer Lösung bei einem pH-Wert von 12,3 liegt.

Thomas und Kelly stellten aus der Literatur eine Reihe von
isoelektrischen Punkten für verschiedene Proteine zusammen; sie sind
in Tabelle 12 wiedergegeben.

Tabelle 12

Isoelektrischer Punkt von verschiedenen Proteinen

	— log $[H^+]$ oder pH-Wert	Literatur (siehe unten)
Kasein (Kuh)	4,6	1
	4,7	2
	4,7	3
Gelatine	4,6	4
	4,7	5
Serum-Albumin . , ...	4,7	6
Serum-Globulin	5,4	2
Ei-Albumin (Henne)	4,8	7
Denaturiertes Serum-Albumin	5,4	6
Oxyhämoglobin	6,7	9
Kohlenoxyd-Hämoglobin	6,8	10
Reduziertes Hämoglobin	6,8	10
Stroma-Globulin von roten Blutkörperchen . .	5,0	8, 9
Rote Blutkörperchen	4,6	11
Proteine aus Hefe (Globuline)	4,6	14
Gliadin	9,2	2
Edestin	5,6	15
Tuberin (Kartoffel)	4,0 (ungefähr)	12
Ruben-Proteine	4,0 („)	12
Tomaten-Proteine	5,0 („)	12
Nuklein-Säuren	2,0 („)	13

Literatur:
1. Michaelis u. Pechstein, Biochem. Zeitschr. 47 (1914), 260.
2. Rona u. Michaelis, Ibid. 28 (1910), 193.
3. Loeb, Journ. Gen. Physiol. 2 (1920), 577.
4. Michaelis u. Grineff, Biochem. Zeitschr. 41 (1912), 373.
5. Loeb, Journ. Gen. Physiol. 1 (1918), 39.
6. Michaelis u. Davidsohn, Biochem. Zeitschr. 33 (1911), 456.
7. Sörensen, Compt-rendus trav. lab. Carlsberg 12 (1915—17).
8. Michaelis u. Davidsohn, Biochem. Zeitschr. 41 (1912), 102.
9. Michaelis u. Takahashi, Ibid. 29 (1910), 439.
10. Michaelis u. Bien, Ibid. 67 (1914), 198.
11. Coulter, Journ. Gen. Physiol. 3 (1921), 309.
12. Cohn, Groß u. Johnson, Ibid. 2 (1919), 145.
13. Michaelis u. Davidsohn, Ibid. 39 (1912), 496.
14. Fodor, Kolloidzeitschr. 27 (1920), 58.
15. Michaelis u. Mendelssohn, Biochem. Zeitschr. 65 (1914), 1.

Zwei Formen von Kollagen und Gelatine

Quantitative Versuche über Alkaliquellung sind deshalb schwierig, weil Gelatine die Neigung hat, in Lösung zu gehen. Die Neigung übertrifft bei weitem die der in Säure gequellten Gelatine. Aus neueren experimentellen Untersuchungen geht hervor, daß die Gelatine und einige andere Proteine ihren Aufbau in alkalischen Lösungen ändern müssen. L l o y d [1]) konnte an Gelatine, die sich in alkalischem Medium gelöst hatte, eine bezeichnende Veränderung nachweisen. Ein Vergleich von Gelatine, die einerseits in Alkali und andererseits in Säure gelöst worden war, wurde folgendermaßen angestellt:

2 g Gelatine wurden in eine Flasche, die 200 ccm n/10 Salzsäure enthielt, gebracht. Nach sechstägigem Stehen bei 20⁰ C war die Gelatine vollständig aufgelöst. Hierauf wurden 20 ccm n/1 Natriumhydroxyd hinzugefügt, worauf Neutralreaktion gegen Lackmus eintrat. 220 ccm gesättigte Ammoniumsulfatlösung wurden hinzugefügt; es entstand ein weißer flockiger Niederschlag, der abfiltriert wurde. Das Filtrat wies keine Eiweißreaktionen mehr auf. Der Niederschlag, der in kaltem Wasser unlöslich war, wurde mehrere Male gewaschen. Er wurde dann in 2 ccm kochendem Wasser gelöst und abkühlen gelassen, bis sich eine Gallerte bildete. Zur Kontrolle wurden 2 g Gelatine in 220 ccm Wasser, die 1,12 g Chlornatrium enthielten, in ebensolcher Weise behandelt.

Zum Vergleich wurden 2 g Gelatine in eine Flasche getan, die 200 ccm n/10 Natriumhydroxyd enthielt. Nach zweitägigem Stehen bei 20⁰ C war die Gelatine vollständig aufgelöst. Hierauf wurden 20 ccm n/1 Chlorwasserstoffsäure hinzugefügt, worauf mit Lackmus auf Neutralreaktion geprüft wurde. 220 ccm gesättigte Ammoniumsulfatlösung wurden hinzugefügt, so daß wiederum ein weißer flockiger Niederschlag entstand, der abfiltriert wurde. Das Filtrat war proteinfrei. Diesmal löste sich der gefällte Niederschlag in einem kleinen Volumen kalten Wassers vollständig und wurde selbst bei einer Reduzierung des Volumens auf 2 ccm nicht gallertartig.

L l o y d nahm an, daß die Gelatine in alkalischer Lösung von der Enol- in die Keto-Form übergeht. Die Gelatine, die sich aus saurer Lösung gewinnen ließ und gelatinierungsfähig war, wurde als Keto-Form, die aus alkalischer Lösung hergestellte, die jede Gelatinierungsfähigkeit verloren hatte, als Enol-Form angesprochen. Fräulein L l o y d nahm ferner an, daß die Enolisierung in alkalischer Lösung reversibel ist; jedoch ist diese Annahme durch ihre Versuche nicht einwandfrei bewiesen. Im Laboratorium des Verfassers sind folgende ergänzende Versuche durchgeführt worden: K e r n fügte einer in Alkali gelösten Gelatine so lange Salzsäure zu, bis der pH-Wert an einer Wasserstoffelektrode gemessen 4,7 betrug. Nach dem Abkühlen bildete sich eine Gallerte, eine Tatsache, die beweist, daß der Vor-

---

[1]) L l o y d, On the Swelling of Gelatin in Hydrochloric Acid and Caustic Soda. Biochem. Journ. 14 (1920), 147.

gang reversibel ist. Fräulein Lloyds Untersuchungen zeigen nur, daß dieser reversible Übergang nicht nachweisbar ist, wenn zur Neutralisation jene Salzsäuremenge hinzugefügt wurde, die der vorher zugegebenen Alkalimenge äquivalent ist.

Bei Untersuchung der Quellung von Kalbshaut als Funktion der H-Ionenkonzentration fanden Wilson und Gallun zwei Minima bei pH-Werten 5,1 und 7,6. Dieser Versuch wird im Abschnitt „Die Beize" genauer beschrieben werden. Bei weiterer Untersuchung dieser Tatsache fanden Wilson und Kern[1]), daß bei Schwellung von Gelatine in Pufferlösungen ebenfalls zwei Minima auftraten, und zwar bei pH-Werten 4,7 und 7,7. Die Methodik soll im folgenden beschrieben werden: Es wurde eine Reihe von Pufferlösungen mit verschiedenen pH-Werten hergestellt. Die Lösungen bestanden aus n/10 Phosphorsäure und einer wechselnden Menge Natronlauge, so daß man die erwünschten pH-Werte erhielt. Letztere wurden mit der Wasserstoffelektrode bei 20^0 C festgestellt. Der untersuchte pH-Bereich umfaßte die Werte zwischen 3 und 12. Je 200 ccm der Pufferlösungen wurden in eine Stöpselflasche getan und im Thermostaten auf 7^0 C gebracht. Dann brachte man Streifen hochwertiger Knochengelatine, deren Gewicht bekannt war, in die Lösungen. Diese blieben 4 Tage lang bei einer Temperatur von 7^0 C in den Lösungen und wurden nach dem Herausnehmen sorgfältig abgetupft und dann gewogen. Tabelle 13 gibt eine Übersicht über die Gewichtszunahme der Gelatine in g sowie über die Anfangs- und Endwerte der Pufferlösungen. Abb. 45 zeigt die Abhängigkeit der Quellung von den pH-Werten.

Wilson und Kern nahmen an, daß es sich um zwei Formen der Gelatine handelt, die durch zwei Quellungsminima in den entsprechenden isoelektrischen Punkten gekennzeichnet sind, die auch von Lloyd gefunden worden sind. Es lassen sich zahlreiche Beispiele aus der Literatur anführen, die für diese Ansicht sprechen.

So fand Smith[2]) bei der Untersuchung der Mutarotation von Gelatine zwei Formen von verschiedenem Drehungsvermögen. Die eine Form, die über 35^0 C stabil war, wurde von ihm als Solform bezeichnet und wies eine spezifische Drehung von $[\alpha]_D = -141$ auf; die andere, die unterhalb von 15^0 C stabil war, wurde von ihm als Gelform bezeichnet und war durch eine spezifische Drehung von $[\alpha]_D = -313$ gekennzeichnet. Bei dazwischenliegenden Temperaturen lag ein Gleichgewicht von beiden Formen vor. Die Gelform wies im Gegensatz zu der Solform die Fähigkeit zum Gelatinieren auf. Smith konnte errechnen, daß von der Gelform in 100 ccm 0,6—1,0 g vorhanden sein müssen, damit Gelatinierung eintreten kann. Steigt die Temperatur über 15^0 C, so sind steigende Mengen Gelatine infolge der Abnahme

---

[1]) Wilson u. Kern, The Two Forms of Gelatin and Their Isoelectric Points. Journ. Am. Chem. Soc. 44 (1922), 2633.

[2]) Smith, Mutarotation of Gelatin and its Significance in Gelation. Journ. Am. Chem. Soc. 41 (1919), 135.

der Gelform notwendig, um eine Gelatinierung zu bewirken. Uber 35⁰ C verschwindet die Gelform vollkommen. Unter allen Proteinen ist die Gelatine das einzige, das Mutarotation aufweist, jedoch verliert es diese Eigenschaft gleichzeitig mit der Gelatinierungsfähigkeit, wenn es längere Zeit über 70⁰ C erhitzt wird.

Tabelle 13

Die Quellung von Gelatine in Phosphatpufferlösungen nach 4 Tagen bei 7⁰ C

pH-Werte der Pufferlösung bei 20⁰ C		Gewichtszunahme von 1 g trockener Gelatine in g
Anfangswert	Endwert	
2,90	2,92	13,20
3,50	3,50	9,49
3,96	4,01	7,72
4,14	4,17	6,91
4,47	4,59	6,68
4,78	4,86	6,20
5,08	5,12	7,02
5,29	5,38	7,13
5,57	5,61	7,22
5,78	5,80	7,56
6,04	6,08	7,80
6,29	6,29	7,83
6,48	6,49	8,02
6,69	6,70	8,29
6,96	6,94	8,31
7,08	7,10	8,25
7,41	7,37	8,03
7,68	7,62	7,62
7,97	7,89	8,39
8,42	8,36	8,59
8,56	8,48	8,60
9,03	8,96	8,78
9,57	9,51	8,91
10,00	9,96	8,98
10,47	10,41	9,24
11,06	10,98	9,55
11,52	11,48	9,95
12,00	11,95	10,73

Davis[1]) und Oakes untersuchten die Viskosität von Gelatinelösungen bei 40⁰ C in ihrer Abhängigkeit von den pH-Werten der Lösung. Die Ergebnisse der Untersuchungen sind in Abb. 46 zu finden. Sie fanden ein Minimum bei einem pH-Wert von 8 und keine Ubereinstimmung mit dem Befunde von Loeb, der 4,7 als den isoelektrischen Punkt der Gelatine ermittelt hatte. Bei der Besprechung

---

[1]) Davis u. Oakes, Further Studies of the Physical Characteristics of Gelatin Solutions. Journ. Am. Chem. Soc. 44 (1922), 464.

ihrer Versuchsergebnisse äußern sie sich darüber folgendermaßen:
„Es dürfte schwierig sein, das Minimum der Quellung bei einem pH-
Wert von 8 mit dem isoelektrischen Punkt von Gelatine bei 4,7 in
Einklang zu bringen". Sie untersuchten jedoch, da sie bei Temperaturen
von 40⁰ C arbeiteten, die Solform, wohingegen L o e b den iso-
elektrischen Punkt der Gelform ermittelt hat.

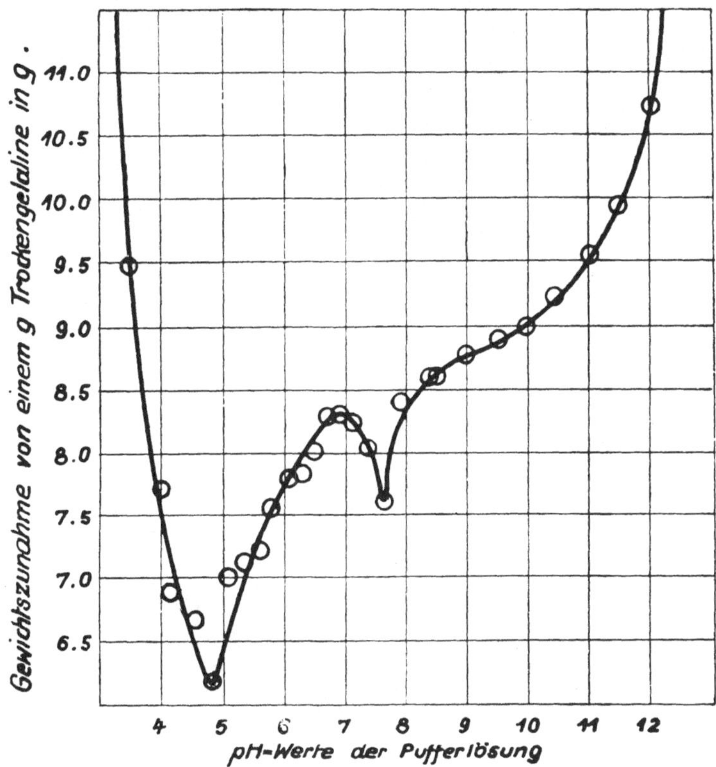

Abb. 45. **Die beiden Schwellungsminima von Gelatine**

Bei der Untersuchung des Beizprozesses bei Kalbsblößen fanden
Wilson[1]) und Daub ebenfalls, da sie bei Temperaturen von ca. 40⁰ C
arbeiten mußten, eine Verschiebung des isoelektrischen Punktes für
Kollagen. Sie konnten ein Quellungsminimum bei einem pH-Wert von
8,0 und nicht von 5,0, wie er von T h o m a s und K e l l y und von
P o r t e r für Kollagen festgestellt worden war, ermitteln. W i l s o n und
G a l l u n konnten wiederum, wenn sie bei niedrigen Temperaturen
arbeiteten, zwei Minima der Quellung von Kalbsblößen bei den pH-

---

[1]) W i l s o n u. D a u b, A Critical Study of Bating. Journ. Ind. Eng. Chem. 13
(1921), 1137.

Werten 5 und 8 feststellen. Die Arbeit von Sheppard, Sweet und Benedict[1]) ergibt weitere Beweise für das Vorhandensein von 2 kritischen pH-Werten bei 5 und 8. Eine Kurve, die die Abhängigkeit der Festigkeit eines Gelatinegels von den pH-Werten darstellt, weist ein Maximum bei 5 und ein flaches zwischen 7 und 9 auf.

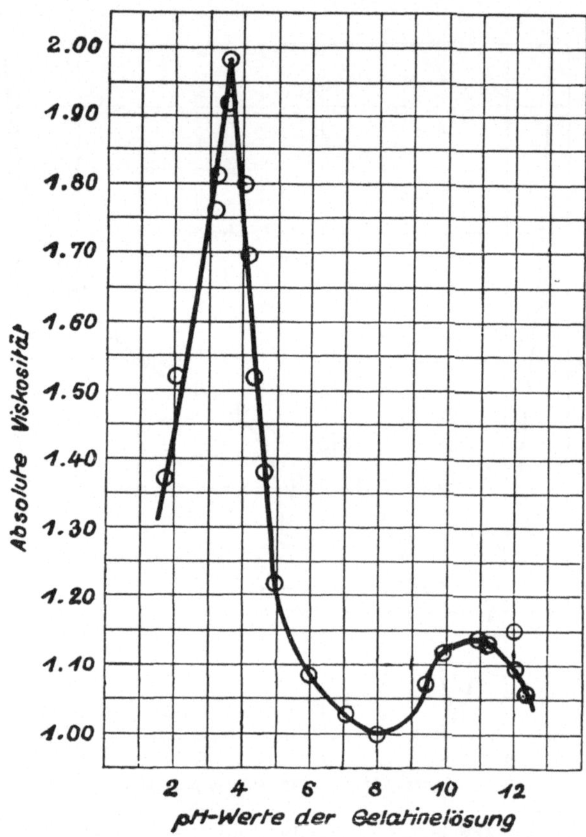

Abb. 46. **Die Viskosität einer 1%igen Gelatinelösung bei 40° C als Funktion der pH-Werte**

Augenscheinlich bewirkt die Erhöhung der Temperatur und der pH-Werte den Übergang der Gelatine von der Gelform in die sogenannte Solform. Untersuchungen von Wilson und Kern, die bei 7° C ausgeführt wurden, bei welcher Temperatur in saurer Lösung nur die Gelform vorliegt, ergaben, daß der isoelektrische Punkt der

---

[1]) Sheppard, Sweet u. Benedict, Elasticity of Purified Gelatin Jellies as a Function of Hydrogen-Ion Concentration. Journ. Am. Chem. Soc. 44 (1922), 1857.

Gelform tatsächlich bei einem pH-Wert von 4,7 liegt. Das Auftreten eines zweiten Quellungsminimums bei einem pH-Wert von 7,7 scheint anzugeben, daß die Gelatine zwischen 4,7 und 7,7 von der Gel- in die Solform übergeht, daß also das zweite Minimum im isoelektrischen Punkt der Solform liegt. Nur wenn die Temperatur unter 7^0 C lag, konnte man verhindern, daß die Gelatine bei höheren pH-Werten in Lösung ging.

Gegen die Bezeichnung Sol- und Gelform haben sich Widersprüche erhoben. Man kann sie jedoch, wie jede andere Bezeichnung benutzen, bis man über die Umwandlung mehr weiß. Lloyds Annahme, daß es sich um eine Ketoenolverschiebung handelt, ist bisher rein spekulativ.

Parker Higley[1]) hat vor kurzem an der Universität in Wisconsin das Absorptionspektrum von Gelatinelösungen bei verschiedenen pH-Werten untersucht. Er stellte eine Kurvenschar für die Abhängigkeit der Wellenlänge der maximalen Absorption im Ultraviolett bei verschiedenen pH-Werten und verschiedenen spezifischen Gewichten der Lösungen her. Die Kurven zeigen alle zwei Minima, von denen das eine bei einem pH-Wert von 4,68, das andere bei einem von 7,66, den beiden Quellungsminima für Gelatine liegt. Die wahre Existenz dieser Minima konnte so von unerwarteter Seite bestätigt werden.

Der Einfluß der Änderung des Kollagens von der einen Form in die andere auf die vegetabilische Gerbung wird in Kapitel „Die vegetabilischen Gerbmittel" näher besprochen werden.

Potentialdifferenz
zwischen Proteingallerten und wässerigen Lösungen

Aus der Diskussion der Donnanschen Theorie der Membrangleichgewichte folgt ohne weiteres, daß die ungleichartige Verteilung von Ionen zwischen einem Gel und der umgebenden Lösung eine Potentialdifferenz zwischen beiden Phasen verursachen muß. Diese wird durch den Ausdruck $(RT/F) . \log n (x/y)$, dargestellt. x bedeutet die Konzentration der H-Ionen der äußeren Lösung, y die der Lösung innerhalb des Gels; der Wert bleibt unabhängig von der Zahl und Wertigkeit der anderen Ionen des Systems. Man kann die Potentialdifferenz aus der Bestimmung der pH-Werte der äußeren Lösung und des Gels errechnen. Ersetzen wir in der Gleichung die natürlichen Logarithmen durch die gewöhnlichen, und setzen wir ferner für die Konstanten die numerischen Werte für 20^0 C ein, so erhalten wir:

$$\text{P.D.} = 58 \log (x/y) = 58 (\log x - \log y) \text{ Millivolt.}$$

Nun ist in dem Gel $- \log y = $ pH und in der äußeren Lösung $\log x = - $ pH. Daher ist bei 20^0 C:

$$\text{P.D.} = 58 (\text{pH des Gels} - \text{pH der Lösung}) \text{ Millivolt.}$$

---

[1]) Chem. Zentralbl. 1924 II 1, pag. 10.

Wilson, Chemie der Lederfabrikation.   8

L o e b [1]) gibt eine geschickte Methode zur Messung dieser Potential-
differenz mit Hilfe von 2 Kalomelelektroden und eines C o m p t o n -
Elektrometers an. Die Apparatur wird in Abb. 47 wiedergegeben.
Man mißt die Potentialdifferenz folgender Kette:

Kalomel-elektrode	gesättigte KCl-Lösung	äußere Lösung	festes Gel	gesättigte KCl-Lösung	Kalomel-elektrode

Infolge des symmetrischen Aufbaues wird nur die Potentialdifferenz
zwischen dem Gel und der äußeren Lösung, mit der es im Gleichgewicht steht, gemessen.

Die Ausführung eines typischen Versuches [2]) gestaltete sich folgendermaßen. Je 1 g gereinigter Gelatine wurde bis zu einer Korngröße,
die zwischen der Maschengröße des Siebes Nr. 30 und 60 lag, zer-

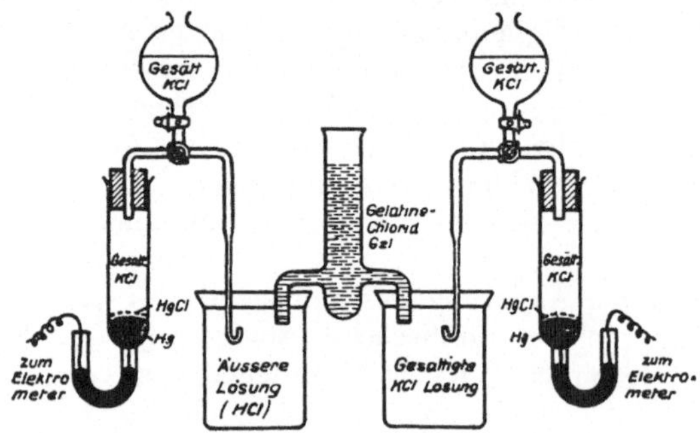

Abb. 47. **Die Messung der Potentialdifferenz zwischen
einem Gel und der mit ihm im osmotischen Gleichgewicht befindlichen Außenflüssigkeit nach Loeb**

kleinert und wurde in eine Serie Chlorwasserstoffsäure- oder Natrium-
hydroxydlösungen gebracht. Das Volumen dieser Lösung betrug
350 ccm, die Temperatur 20⁰ C. Nach 4 Stunden wurde das Volumen
jedes Gelatineanteils gemessen, die Lösung abgegossen und die
Gelatine geschmolzen, so daß die pH-Werte des Gels und der Lösung
mit der Wasserstoffelektrode bestimmt werden konnten. Die Gelatine
wurde dann in die entsprechenden Gefäßen, wie sie in Abb. 47 abgebildet sind, eingefüllt, zum Erstarren gebracht und die Potentialdifferenz zwischen Gel und der Außenlösung mit dem Elektrometer
gemessen. Die Ergebnisse der Messung der Potentialdifferenz im
Vergleich mit den aus den pH-Bestimmungen errechneten Potentialdifferenzen findet man in Tabelle 14. Die Werte stimmen im Vorzeichen und in der Größenordnung überein. Bei der Art der Unter-

---

[1]) L o e b, Die Eiweißkörper und die Theorie der kolloidalen Erscheinungen.
Berlin 1924. S. 192.

[2]) L o e b, The Origin of the Electrical Charges of Colloidal Particles and
of Living Tissues. Journ. Gen. Physiol. 4 (1922), 351.

suchung und bei den großen Verdünnungen ist hier eine gute Übereinstimmung festzustellen. Wir werden später zeigen, daß die Methode zu besseren Übereinstimmungen führt, wenn man die Fehlerquelle, die im Schmelzen und Erstarren der Gelatine begründet ist, ausschaltet. Dies ist der Fall, wenn man die Potentialdifferenzen bei einem Gleichgewicht zwischen Gelatinelösungen und proteinfreien Lösungen mißt, die durch eine semipermeable Wand getrennt sind, insbesondere bei größerer Leitfähigkeit der Lösung.

Gemäß der Theorie sollte die Konzentration der freien Säure in einem säuregeschwellten Gel kleiner als in der äußeren Lösung und entsprechend die Konzentration des freien Alkalis kleiner in dem alkaligeschwellten Gel als in der äußeren Lösung, mit der sie im Gleichgewicht steht, sein.

Tabelle 14

Suspensionen gepulverter Gelatine

Anfangs-konzentration in Molen im Liter	Vol. der Gelatine (mm)	Nach 4 Stunden bei 20° C.				
		Der pH-Wert der		(a) minus (b)	P.D. Millivolt	
		absorbierten Lösung (a)	äußeren Lösung (b)		berechnet	gefunden
0,0010 HCl .	28	4,44	3,35	+ 1,09	+ 63,0	+ 56,0
0,0005 HCl .	20	4,56	3,55	+ 1,01	+ 58,6	+ 55,5
0,0002 HCl .	18	4,79	3,92	+ 0,87	+ 51,0	+ 36,5
0,0001 HCl .	16	4,85	4,24	+ 0,61	+ 36,0	+ 15,0
Wasser . . .	17	4,89	4,97	— 0,08	— 4,5	— 17,5
0,0001 NaOH	18	4,98	5,96	— 0,98	— 57,0	— 59,0
0,0002 NaOH	28	5,06	6,24	— 1,18	— 68,0	— 61,0
0,0005 NaOH	37	5,50	6,46	— 0,96	— 56,0	— 70,0
0,0010 NaOH	40	6,74	7,30	— 0,56	— 33,0	— 66,0
0,0020 NaOH	47	9,54	10,56	— 1,02	— 59,0	— 46,0
0,0040 NaOH	48	10,15	11,08	— 0,93	— 48,0	— 36,0

Die Angaben von Tabelle 14 bestätigen dies. In der Tat ist für pH-Werte unter 4,7 in der äußeren Lösung die H-Ionenkonzentration in dieser größer als im Gel; bei pH-Werten der äußeren Lösung die über 4,7 liegen, ist sie hingegen kleiner als im Gel.

Rhythmische Quellung in Proteingelen

Sheppard und Elliott[1]) untersuchten die Ursachen für netzartige Verwerfungen auf photographischen Negativen, die in Beziehung zu ähnlichen Erscheinungen stehen, die bei der vegetabilischen Gerbung von Häuten auftreten. Während des Waschens oder Fixierens wird die nasse Gelatineschicht manchmal mehr oder minder deutlich gewellt oder gerunzelt, so daß sich ein netzartiges Muster bildet, das das

---

[1]) Sheppard u. Elliott, The Reticulation of Gelatin. Journ. Ind. Eng. Chem., 10 (1918), 727.

8*

ganze Negativ oder einen Teil davon überzieht. Sie konnten feststellen, daß diese Verwerfungen durch die gleichzeitige Wirkung eines quellenden und gerbenden Mittels entstehen.

Abb. 48 ist der Abdruck eines Negativs, bei dem ein solcher Runzelungseffekt eintrat, und der von Herrn Guido D a u b im Laboratorium des Verfassers erzeugt worden war. Die Platte wurde belichtet, entwickelt, mit Natriumthiosulfat fixiert, gewaschen und dann

Abb. 48. **Auf einem photographischem Negativ erzeugte
netzartige Verwerfung**

mit einer Lösung, die 5 g Mimosengerbstoff und 0,2 Mol Essigsäure im Liter enthielt, gespült. Die Temperatur wurde bei 28° C gehalten. Nach mehreren Minuten begann sich die Gelatineoberfläche an einzelnen Stellen zu werfen. Dieser Vorgang breitete sich über die ganze Oberfläche aus und erzeugte Reihen gequollener Gelatinerücken, die mit Tälern erhärteter, zusammengezogener Gelatine abwechselten. Die Silberteilchen folgten diesem Vorgang und wanderten von den erhärteten Teilen in die gequollenen Rücken, so daß das im Abdruck wiedergegebene mosaikartige Gepräge entstand. Oft war die Höckerbildung vor der Wanderung der Silberteilchen gut zu beobachten. Sheppard und Elliott bringen diesen Effekt in Zusammenhang mit den Liesegangschen Ringen.

Die Säure hat das Bestreben, eine Quellung der Gelatine hervorzurufen, während der Gerbstoff eine erhärtende und zusammenziehende Wirkung hat. Während nun die Säure sehr schnell diffundiert, bewegt sich der Gerbstoff sehr langsam, da er ein weit größeres Molekül und die Neigung hat, sich mit der Gelatine zu verbinden. Er erzeugt so eine Schicht, die weniger durchlässig ist und deren Quellbarkeit gegenüber der ursprünglichen Gelatine herabgesetzt ist. Dieser Vorgang wird durch Annäherung der Temperatur an den Schmelzpunkt der Gelatine immer mehr beschleunigt. Wird der Vorgang durch Temperaturerhöhung unter Vermeidung einer Auflösung der Gelatine verlängert, so bildet sich eine zweite, viel rauhere Serie von Höckern, die das erste feinere Muster überdecken. Bei den gröberen Mustern liegen die Spitzen der Erhebungen 1 bis mehrere Millimeter voneinander entfernt.

Eine solche Verwerfung der Hautoberfläche ist für den Gerber eine sehr unangenehme Erscheinung. Das einmal entstandene Muster ist kaum zu entfernen und setzt den Verkaufswert des Leders erheblich herab. Es bildet sich meistens ein Muster von gröberer Struktur und der Kunstgriff, diese Erscheinung zu einer künstlichen Reliefbildung zu verwerten, wie dies bei Negativen wegen der Feinheit der Verwerfung und wegen der Verteilung der Silberteilchen wohl möglich ist, kann man hier nicht anwenden. Die Ursache einer Verwerfung der Hautoberfläche liegt in der unverständigen Anwendung von Säure während des Gerbvorganges. Ferner kann sie eintreten, wenn sich plötzlich in Gruben, die für frische Brühen nicht benutzt werden, säurebildende Fermente in großer Zahl entwickeln. Als Gegenmaßnahme verhindert man die Quellung durch Zusatz von Neutralsalzen oder durch Neutralisation der Säure.

Die Struktur von Gelatinelösungen und -Gelen

Im Verlaufe seiner Untersuchungen über die Erscheinungen an Gelatinegelen gelangte Procter[1] zu folgender Auffassung über ihren inneren Aufbau: Er faßt sie als ein Netzwerk aneinanderhängender Moleküle auf, wobei genügend große Zwischenräume vorhanden sind, um den Durchgang von Wasser, einfachen Molekülen und Ionen zu gestatten. Jene langen Ketten von Aminosäuren, aus denen man sich die Eiweißmoleküle aufgebaut denkt, sind durch die Verknüpfung der sauren und basischen Enden besonders zu der Bildung eines solchen Netzwerkes geeignet. Eine heiße Gelatinelösung kann man als wahre Lösung von Molekülen oder zum mindesten von niedrig polymerisierten

---

[1] Procter, The Structure of Organic Jellies. Proc. 7th Intern. Congr. of Applied Chemistry. London 1909.

Gruppen auffassen. Kühlt sich die Lösung nun ab, so ordnen sich die Moleküle derart, daß durch die Vereinigung der aktivsten Säuregruppen mit den aktivsten basischen Gruppen im System ein Minimum an freier Energie entsteht. Es bildet sich im System ein kontinuierliches Netzwerk. Hiernach ist ein Gelatineblock ein großes Riesenmolekül, eine Vorstellung, die nach den modernen Theorien über die Kristallstruktur nicht als ungewöhnlich betrachtet werden kann.

Bringt man ein Gelatinegel in eine Lösung von Salzsäure, so erfüllt diese gemäß der Procter-Wilsonschen Theorie der Quellung zunächst beim Durchdringen die Zwischenräume des molekularen Netzwerkes. Sodann bildet sich ein ionisiertes Gelatinechlorid, die Chlorionen bleiben in der Lösung, welche die Zwischenräume erfüllt, die entsprechenden Gelatinekationen hingegen formen einen Teil des Netzwerkes und sind nicht in dem gleichen Sinne wie die Anionen in Lösung. Bei ihrem Bestreben, nach außen zu gehen, üben die Anionen einen Zug auf die Kationen aus und verursachen dadurch bis zur Elastizitätsgrenze eine dem Zug proportionale Volumenvergrößerung. In der Tat sind Gelatinegele elastisch und folgen dem Hookeschen Gesetz. Der physikalisch-chemische Beweis für die Richtigkeit dieser Auffassung liegt in der Übereinstimmung der gefundenen und gemäß der Theorie errechneten Werte der Versuche, die in Tabelle 11 wiedergegeben sind. Kürzlich konnten Sheppard und Sweet[1]) zeigen, daß im Verlauf von Festigkeitsversuchen von Gelatinegelen, diese fast bis zum Zerreißungspunkt dem Hookeschen Gesetz folgen.

Aus den Untersuchungen von Loeb über die Viskosität von Gelatinelösungen, die noch später besprochen werden sollen, geht hervor, daß die erste Stufe zur Gelatinierung die Kombination mehrerer Einzelmoleküle zu einem größeren Aggregat ist, etwa nach der Art eines Kristallisationsvorganges. Bogue[2]) schildert diesen Vorgang als Bildung kettenartiger Fäden die durch Aneinanderknüpfung je zweier Molekülenden entstehen. Der Vergleich der Bildung von fadenartigen Gebilden von Seifen mit dem Gelatinierungsvorgang führten McBain[3]) zur Auffassung, daß diese Vorgänge in beiden Fällen ähnliche sind. Er erklärt die Elastizität der Gele aus einer äußerst feinen, fadenartigen Struktur. Diese feinen $^1/_{1000}$ bis 1 mm langen Fäden werden von unzähligen der Länge nach aneinandergereihten Molekülen gebildet, die durch Restvalenzen zusammengehalten werden.

Erwägt man die verschiedene Natur und die große Zahl der Aminosäuren, die, wie aus Tabelle 1 ersichtlich, beim Aufbau der

---

[1]) Sheppard u. Sweet, The Elastic Properties of Gelatin Jellies. Journ. Am. Chem. Soc. 43 (1921), 539.

[2]) Bogue, Properties and Constitution of Glues and Gelatines. Chem. Met. Eng. 23 (1920), 61.

[3]) McBain, Colloid Chemistry of Soap. Brit. Assoc. Advancement Sci. Third Report. on Colloid Chemistry (1920), 2.

Proteine auftreten, so erscheint es sehr unwahrscheinlich, daß bei der Polymerisation von Gelatine nur eine Richtung bevorzugt werden sollte. Es ist eher anzunehmen, daß diese in allen möglichen Richtungen stattfindet und daß sich überall Verbindungsketten bilden, die die Ketten anderer Richtung stützen. Die beim Abkühlen mit der Zeit zunehmende Viskosität von Gelatinelösungen ist also auf zunehmende Teilchengröße zurückzuführen und die Bildung eines starren Gels beruht auf dem endgültigen Zusammenschluß größerer Aggregate. Es entsteht schließlich im ganzen System ein kontinuierliches Netzwerk.

Für die Proctersche Ansicht über die Struktur von Gallerten und für die von Loeb über die von Gelatinelösungen besteht eine sehr große Wahrscheinlichkeit. Ihrer Ansicht nach enthalten diese Gebilde, wenn sie einige Zeit unter 35^0 C stehen gelassen werden, Gelteilchen, die aus Aggregaten von Gelatinemolekülen bestehen. Thompson[1]) führt in einer Literaturübersicht eine Reihe von Tatsachen an, die für diese Auffassung sprechen.

Graham hat vor langem gezeigt, daß die Geschwindigkeit, mit der Kristalloide durch Gelatinegele diffundieren, nicht erheblich kleiner ist als die Diffusionsgeschwindigkeit in reinem Wasser. Die geringe Herabsetzung der Geschwindigkeit steht in keinem Verhältnis zu der sichtbar großen physikalischen Differenz des Zustandes von Wasser und Gallerte. Obgleich die Viskosität von Gelatinegelen so groß ist, daß sie mit den gewöhnlichen Methoden nicht untersucht werden kann, bewegen sich die Einzelmoleküle, wie in einem Medium von der Viskosität des Wassers. Die Netzwerktheorie erklärt dies durch die Annahme, daß die diffundierenden Substanzen sich sicherlich im Wasser oder in wässerigen Lösungen die die Zwischenräume des Netzwerkes ausfüllen, bewegen. Eine gewisse kleine Herabsetzung der Geschwindigkeit läßt sich dadurch erklären, daß ein Teil des Volumens durch Gelatinemoleküle erfüllt ist. Das gleiche gilt auch für Gelatinelösungen; hier ist es der diffundierenden Substanz möglich, sich durch die in der Lösung suspendierten Gelteilchen ebenso schnell zu bewegen, wie durch die sie umgebende Flüssigkeit.

Thompson zeigt an Hand einer Arbeit von Dumansky[2]), daß die Leitfähigkeit von Kaliumchloridlösungen in Gelatine nicht geringer ist, als in Wasser, wenn man eine Korrektur für jenes Volumen einführt, das das Gelatinenetzwerk selbst beansprucht. Hätte hingegen die Viskosität einen Einfluß, so müßte die Leitfähigkeit auf einen ganz geringen Bruchteil ihres Wertes für Wasser herabgedrückt werden.

Der Dampfdruck ist selbst bei einem 2oprozentigen Gelatinegel praktisch ebenso groß, wie der des Wassers, eine Tatsache, die auch auf die Anwesenheit von Wasser innerhalb des Netzwerkgefüges hinweist.

---

[1]) Thompson, Structure of Gelatin Solutions. Journ. Soc. Leather Trades Chem. 3 (1919), 209.
[2]) Dumansky, Zeitschr. f. physik. Chem. 50 (1907), 553.

Übt man in einer Richtung einen Zug auf ein Gelatinegel aus, so tritt Doppelbrechung ein, eine Erscheinung, die immer auf eine geregelte Struktur und Anisotropie schließen läßt. Selbst bei verdünnten Lösungen tritt bei Kompression oder bei Umhüllung mit zwei entgegengesetzt rotierenden Zylindern Doppelbrechung ein. Mit zunehmendem Druck nimmt der Effekt bis zu einem Punkte zu, der der Elastizitätsgrenze entspricht. Dieser Beweis einer gewissen Struktur unterstützt die Ansichten von L o e b und B o g u e.

Ein weiterer Beweis für die Netzwerktheorie von Gelatinelösungen liegt in der Tatsache, daß die Viskosität von Gelatinelösungen durch einfache Bewegung der Lösungen vermindert wird. L o e b s Arbeiten über die Viskosität von Gelatinelösungen und B o g u e s Messungen über Plastizität, die später besprochen werden, sind weitere Stützen der Theorie.

Die Beziehungen zwischen dem osmotischen Druck und der Viskosität von Gelatinelösungen einerseits und der Quellung von Gelatinegelen andererseits

In umfassenden Versuchsreihen konnte L o e b zeigen, daß die Veränderung des osmotischen Druckes und der Viskosität von Gelatinelösungen mit wechselnden pH-Werten oder Salzkonzentrationen parallel mit den entsprechenden Werten für die Quellung von Gelatinegelen geht, eine Tatsache, die sich auf Grund der Proteinsalzhypothese, die oben entwickelt wurde, voraussehen ließ. Die Kurven in Abb. 49 bis 54 lassen diesen Parallelismus deutlich erkennen.

Bei Ausführung der Versuche [1]) zur Bestimmung der Kurven von Abb. 49 wurde 1 g gepulverte Gelatine 1 Stunde lang bei 20⁰ C in 100 ccm einer Säurelösung bestimmter Konzentration belassen. Nach dem Absetzen wurde das Volumen der Gelatine in einem graduierten Zylinder gemessen und der pH-Wert des Gels nach dem Schmelzen bestimmt. Das Volumen wurde als Funktion des pH-Wertes des Gels und nicht etwa des der äußeren Lösung, die immer, wie in der Theorie der Quellung erörtert wurde, niedriger ist, abgetragen.

Die Kurven in Abb. 50 wurden folgendermaßen ermittelt [2]): 0,8 %ige Gelatinelösungen, die verschiedene Säuremengen enthielten, wurden schnell auf eine Temperatur von 45⁰ C gebracht und dabei 1 Minute belassen, dann schnell auf 24⁰ C abgekühlt und die Viskosität bei dieser Temperatur bestimmt. Die Viskosität wurde als Funktion des pH-Wertes der Lösung abgetragen.

---

[1]) L o e b, Ion Series and the Physical Chemistry of the Proteins II. Journ. Gen. Physiol. 3 (1920), 247.

[2]) L o e b, Ion Series and the Physical Properties of Proteins I. Journ. Gen. Physiol. 3 (1920), 85.

Bei den Versuchen [1]) für Abb. 51 wurden Collodiumsäckchen in der Form von Erlenmeyerkölbchen von 50 ccm Inhalt mit 1 %iger Gelatinelösung gefüllt, die verschiedene Mengen Salzsäure enthielt.

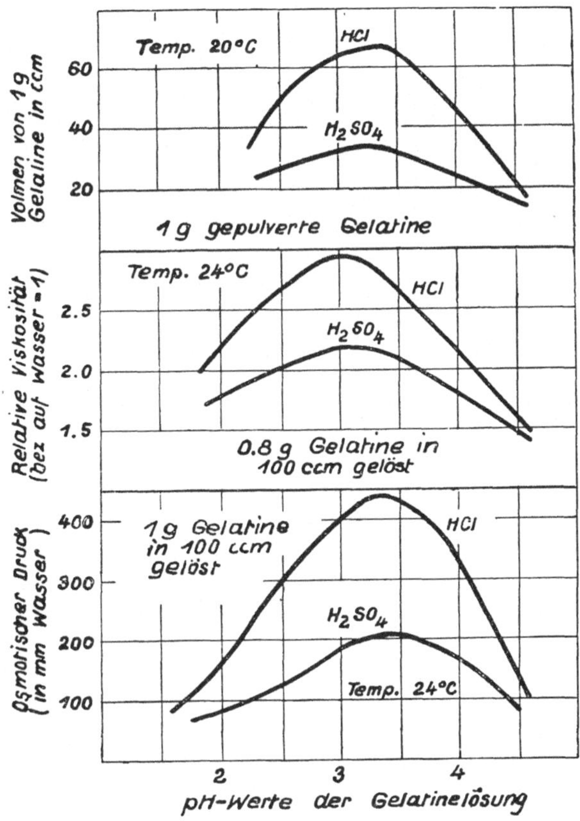

Abb. 49. Das Volumen gepulverter Gelatine als Funktion des pH-Wertes

Abb. 50. Die Viskosität von Gelatinelösungen als Funktion des pH-Wertes

Abb. 51. Der osmotische Druck einer Gelatinelösung als Funktion des pH-Wertes

Jedes Säckchen wurde mit einem Gummistopfen verschlossen, dieser wurde von einem Glasrohr durchbohrt, das als Manometer diente. Der Apparat wurde schließlich in ein Becherglas gehangen, das die gleiche schwache Säurelösung enthielt, wie man sie zur Bereitung der

[1]) Loeb, Donnan Equilibrium and the Physical Properties of Proteins; II. Osmotic Pressure. Journ. Gen. Physiol. 3 (1921), 691.

Gelatinelösung benutzt hatte. Nach Einstellung des osmotischen Gleichgewichtes wurde das Niveau der Lösung im Manometerrohr

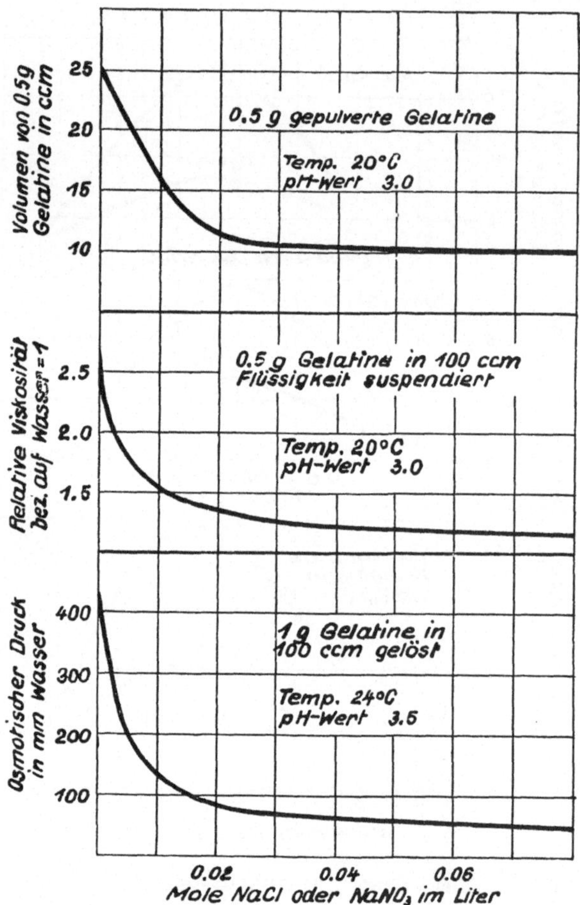

Abb. 52. **Das Volumen gepulverter Gelatine als Funktion des Salzzusatzes**

Abb. 53. **Die Viskosität von Gelatinesuspensionen als Funktion des Salzzusatzes**

Abb. 54. **Der osmotische Druck von Gelatinelösungen als Funktion des Salzzusatzes**

abgelesen und als Funktion der pH-Werte der Lösung abgetragen. Die Messungen wurden alle bei 24^0 C ausgeführt.

Die Erklärung für die Übereinstimmung der Kurven für Quellung, Viskosität und osmotischen Druck als Funktion des pH-Wertes liegt darin, daß die Änderung in allen Fällen auf die gleiche Ursache, nämlich die Entstehung von Donnanschen Membrangleichgewichten zurückzuführen ist. Bei der Viskositätsmessung enthalten die Lösungen Aggregate von Gelatinemolekülen, die entsprechend der Änderung der pH-Werte quellen. Da nun die Viskosität mit zunehmendem Volumen des von der Gelatine besetzten Raumes wächst, so können wir erwarten, daß die Viskosität mit dem Quellungsgrad der Gelatineteilchen ab- und zunimmt.

Bei Untersuchungen über den osmotischen Druck ist die Äußerung des Donnanschen Membrangleichgewichtes wohl ähnlich, aber bedeutend verwickelter als bei der Quellung von Gelen.

Bei Versuchen über Quellung und osmotischen Druck kann man feststellen, daß das Maximum dieser Erscheinungen für Schwefelsäure halb so hoch liegt, wie für Salzsäure. Auch diese Tatsache erklärt die Theorie, da ja das zweiwertige Sulfation keinen größeren Diffusionsdruck als das einwertige Chlorion hat, aber in bezug auf die Äquivalentkonzentration bei Gelatinesalzbildung nur halb so groß ist.

Die Abb. 52, 53 und 54 enthalten Kurven, die den hemmenden Einfluß von Neutralsalzen erkennen lassen. Mit zunehmender Konzentration des Neutralsalzes nimmt das Volumen gepulverter Gelatine, die Viskosität von Suspensionen gepulverter Gelatine und der osmotische Druck von Gelatinelösungen[1]) ab. Wieder besteht ein Parallelismus, wie er von der Theorie gefordert wird.

Osmotischer Druck und Membranpotentiale

Eine Besprechung der Vorgänge, die sich beim Zustandekommen des osmotischen Druckes von Gelatinelösungen abspielen, ist sehr geeignet, die für die Lederchemie wichtigen Vorgänge bei der Quellung besser verständlich zu machen. Die in Loebs[2]) Versuch benutzten Collodiumsäckchen ließen Wasser, einfache Säuren, Basen und Salze hindurchdiffundieren, gelöste Proteine dagegen nicht. Nehmen wir an, daß das Collodiumsäckchen mit Gelatinechlorid und Salzsäure gefüllt ist und in reines Wasser gebracht wird. Die Salzsäure wird so lange in die äußere Lösung diffundieren, bis sich ein Gleichgewicht zwischen der äußeren Lösung und der Gelatinelösung im Innern des Säckchens gebildet hat. Die äußere Lösung enthält nur Salzsäure, die innere Salzsäure und Gelatinechlorid. Beim Gleichgewicht möge in der äußeren Lösung sein

$$x = [H^+] = [Cl']$$

und in der inneren

$$y = [H^+]$$
$$z = [\text{Gelatine Ion}]$$

so daß

$$[Cl'] = y + z.$$

---

[1]) Loeb, Donnan Equilibrium and the Physical Properties of Proteins; III. Viscosity. Journ. Gen. Physiol. 3 (1921), 827.

[2]) Loeb, Donnan Equilibrium and the Physical Properties of Proteins; I. Membrane Potentials. Journ. Gen. Physiol. 3 (1921), 667.

Im Gleichgewicht ist nun, wie früher in diesem Kapitel entwickelt wurde

$$x^2 = y'(y + z)$$

und daher

$$2y + z > 2x.$$

Die größere Konzentration diffusibler Ionen befindet sich innerhalb der Lösung und ist $2y + z$ und muß ein Anwachsen des osmotischen Druckes bewirken, der dem Ausdruck e in folgender Gleichung proportional ist:

$$e = 2y + z - 2x.$$

Dies würde bedeuten, daß die Gelatine selbst keinen osmotischen Druck ausübt, indessen trifft dies nicht absolut genau zu. Man muß zu e noch einen gewissen Betrag addieren, der dem osmotischen Druck der Gelatine selbst entspricht. L o e b [1]) konnte nun nachweisen, daß die etwa notwendigen Korrekturen geringer sein würden, als die durch experimentelle Fehler bewirkte Abweichungen.

Wenn man die Größen x, y und z bestimmen kann, läßt sich der osmotische Druck berechnen. Bei 24^0 C ist der osmotische Druck an dem Druck einer Wassersäule gemessen $2,5e \times 10^5$ mm. L o e b [2]) fand für Kaseinchlorid, soweit sich die Untersuchung durchführen ließ, daß der beobachtete osmotische Druck sich dem Werte $250,000 e$ näherte.

Wegen der ungleichartigen Verteilung der Ionen zwischen Innen- und Außenflüssigkeit muß zwischen beiden eine Potentialdifferenz entstehen, die sich bei 20^0 C für Gele nach folgender Formel berechnen läßt:

P.D. $= 58$ (pH der inneren Lösung — pH der äußeren Lösung) Millivolt.

Bei Bestimmung der Potentialdifferenz zwischen innerer und äußerer Lösung benutzte L o e b eine ähnliche Apparatur, wie sie in Abb. 47 abgebildet ist. Das Collodiumsäckchen, das die innere Lösung enthielt, wurde in ein Becherglas getan, das die äußere Lösung enthielt. Das Manometerrohr wurde durch einen Trichter ersetzt und die Kapillare der rechten Kalomelelektrode in diesen, um den Kontakt mit der Lösung herzustellen, hineingetaucht. Die Potentialdifferenz der Kette wurde mit Hilfe eines Compton-Elektrometers gemessen.

Tabelle 15 gibt einen weiteren Beweis für die Richtigkeit der Theorie. Sie zeigt den hemmenden Einfluß von Neutralsalzen auf den osmotischen Druck und die Potentialdifferenz des Systems einer sauren Gelatinelösung, die von einer gelatinefreien durch eine Collodiummembran getrennt wird. Die Kurven des osmotischen Druckes kann man aus Abb. 54 ersehen. Nach Einstellung des Gleichgewichtes wurden, wie oben beschrieben, die pH-Werte der inneren und der äußeren Lösung bestimmt. Die Potentialdiffenrenz konnte dann aus

---

[1]) L o e b, The Interpretation of the Influence of Acid on the Osmotic Pressure of Protein Solutions. Journ. Am. Chem. Soc. 44 (1922), 1930.

[2]) L o e b, The Colloidal Behavior of Proteins. Journ. Gen. Physiol. 3 (1921), 557.

diesen Messungen mit Hilfe des Faktors 58,8 für 24° C berechnet werden. Die Übereinstimmung von berechneten und gefundenen Werten ist so weitgehend, wie man überhaupt erwarten kann.

T a b e l l e 15

Gelatinelösungen bei 24° C

Mole NaNO₃ im Liter	Osmotischer Druck (mm)	pH-Werte der		(a) minus (b)	P.D. (Millivolt)	
		äußeren Lösung (b)	inneren Lösung (a)		errechnet	gefunden
keine	435	3,05	3,58	0,53	31,2	31
0,000244 . .	405	3,08	3,56	0,48	28,3	28
0,000488 . .	371	3,10	3,51	0,41	24,0	24
0,000975 . .	335	3,11	3,46	0,35	20,7	22
0,00195 . . .	280	3,14	3,41	0,27	16,0	16
0,0039 . . .	215	3,17	3,36	0,19	11,2	12
0,0078 . . .	134	3,20	3,32	0,12	7,0	7
0,0156 . , .	85	3,22	3,29	0,07	4,1	4
0,0312 . . .	63	3,24	3,25	0,01	0,6	0

Mit zunehmender Salzkonzentration nähern die pH-Werte der inneren und äußeren Lösung einander immer mehr. Gemäß der Theorie wird die Verteilung eines Ions zwischen den beiden Lösungen gleichmäßig durch Neutralsalzzusatz beeinflußt. Die Lagorithmen der Konzentrationen von äußerer und innerer Lösung nähern einander immer mehr und bewirken eine Verringerung der Differenz der Gesamtkonzentration diffusibler Ionen in beiden Lösungen. Die Verringerung der Quellung, des osmotischen Druckes und der Viskosität beruht also nicht etwa auf einer Zurückdrängung der Ionisation des Proteinsalzes, sondern auf dem eben entwickelten Vorgang.

Die Änderung der Viskosität von Gelatinelösungen mit der Zeit

Beim Abkühlen von Gelatinelösungen nimmt die Viskosität mit der Zeit zu, bis diese schließlich ein festes Gel bilden. L o e b [1]) erklärt diesen Vorgang aus der Bildung von Aggregaten von Gelatinemolekülen und nimmt an, daß die Viskosität dem Anwachsen der mittleren Größe der Aggregate parallel läuft. Die Kurven in Abb. 55 und 56 zeigen die Abhängigkeit der Viskosität von der Zeit bei verschiedenen pH-Werten der Lösungen und bei verschiedenen Temperaturen. Der Einfluß der pH-Werte wurde folgendermaßen bestimmt: 2 %ige Gelatinelösungen, die verschiedene Mengen Schwefelsäure enthielten, wurden schnell auf 45° C erhitzt, dann schnell auf 20° C ab-

---

[1]) L o e b, The Reciprocal Relation between the Osmotic Pressure and the Viscosity of Gelatin Solutions. Journ. Gen. Physiol. 4 (1921), 97.

gekühlt und die Viskosität bei dieser Temperatur in Abständen von 5—10 Minuten gemessen. Die Zunahme der Säurekonzentration bewirkt eine Verzögerung der Aggregatbildung; am schnellsten nimmt die Viskosität in isoelektrischen Lösungen zu.

Der Einfluß der Temperatur wurde so bestimmt, daß man $2\,^0/_0$ige Gelatinechloridlösungen, die einen pH-Wert von 2,7 hatten, schnell auf 45° C erhitzte und darauf schnell auf die Temperatur brachte, bei dei die Viskositätsmessungen vorgenommen wurden. Die

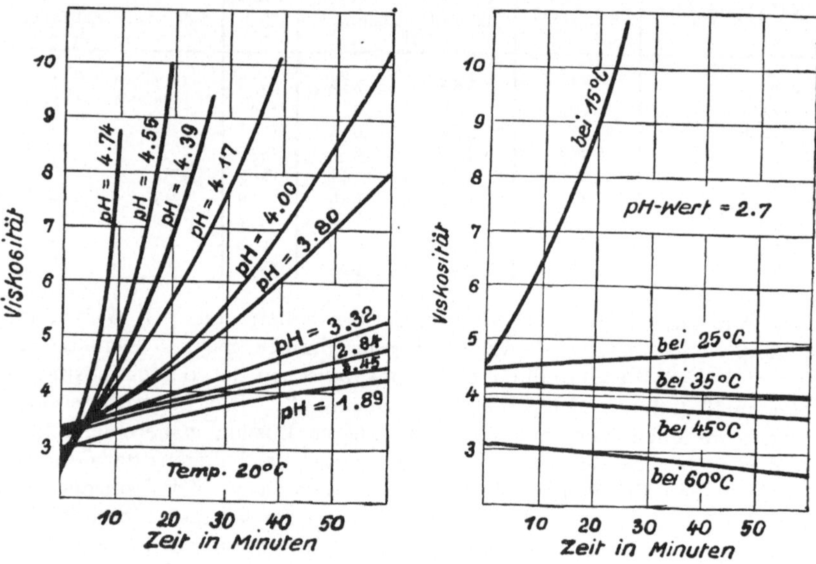

<table>
<tr><td>

Abb. 55. **Die Zunahme der Viskosität einer $2\,^0/_0$igen Gelatinesulfatlösung mit der Zeit bei verschiedenen pH-Werten**

</td><td>

Abb. 56. **Die Änderung der Viskosität einer $2\,^0/_0$igen Gelatinechloridlösung bei verschiedenen Temperaturen**

</td></tr>
</table>

Temperatur wurde dann konstant erhalten und alle 5—10 Minuten eine Messung vorgenommen. Der bemerkenswerteste Umstand ist, daß unterhalb von 35° C die Viskositäten mit der Zeit zunehmen, wohingegen sie bei höheren Temperaturen mit der Zeit abnehmen.

Bogue[1]) hat die Viskosität von Gelatinelösungen mit Hilfe eines MacMichaelschen Torsionsviskosimeters gemessen. Bei einigen Temperaturen stellte er Messungen bei verschiedenen Umdrehungsgeschwindigkeiten des Gefäßes an. Einige Messungsergebnisse sind in Abb. 57 wiedergegeben. Die ausgezogenen Linien bedeuten beobachtete Werte, wohingegen die unterbrochenen Extrapolationen bis

---

[1]) Bogue, The Sol-Gel Equilibrium in Protein Systems. Journ. Am. Chem. Soc. 44 (1922), 1313.

zum Nullpunkt sind. Man kann ersehen, daß die Kurven für Temperaturen über 34^0 C alle durch den Nullpunkt gehen, ein Umstand, der dahin gedeutet werden muß, daß es sich um einen viskosen Fluß handelt. Bei niedrigeren Temperaturen entsprechen unendlich kleinen Umdrehungsgeschwindigkeiten endliche Dämpfungswerte; hier handelt es sich um plastischen Fluß; in der Tat besitzen Gelatinelösungen

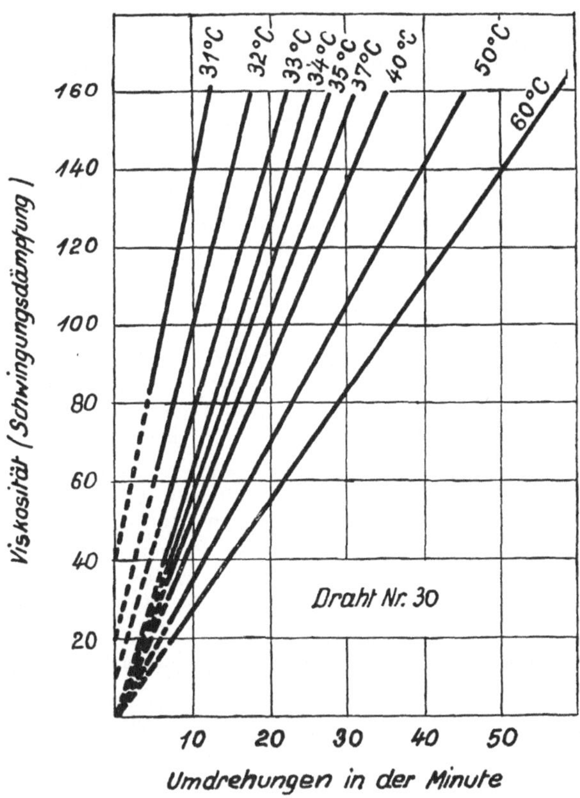

Abb. 57. **Die Kurven für Viskosität und Plastizität bei einer 20 %igen Gelatinelösung**

bei niedrigen Temperaturen eine meßbare Festigkeit. Diese Erscheinungen sind eine Stütze für die Ansicht von Smith, der annimmt, daß Gelatinelösungen über 35^0 C in einer Modifikation existieren, die keine Gelatinierfähigkeit mehr besitz. Mit abnehmender Temperatur geht ein Teil der Gelatine von der Sol- in die Gelform über, welch letztere durch Gelatinierungsfähigkeit charakterisiert ist. Mit abnehmender Temperatur nimmt nun das Verhältnis von Gel- zur Solform zu. Bei 15^0 C und darunterliegenden Temperaturen existiert nur die Gelform. Die Struktur der Molekülaggregate der Gelform ist derart, daß sie den Lösungen die von B o g u e beobachtete Plastizität erteilt.

Wenn sich eine saure Gelatinelösung von 20^0 C, die in ein Collodiumsäckchen gefüllt ist, ins Gleichgewicht mit einer wässerigen Säurelösung setzt, so entstehen in Wirklichkeit 3 Phasen. Die Lösung innerhalb der Säckchen hat einen pH-Wert, der über dem der äußeren liegt, jedoch kleiner ist als der jenes Lösungsanteils, der von den in der Gelatinelösung suspendierten Aggregaten von Gelatinemolekülen absorbiert wird. L o e b [1] konnte zeigen, daß mit zunehmendem Verhältnis von aggregierten Teilen zu den gelösten die Änderung der pH-Werte einen zunehmenden Einfluß auf die Viskosität und einen abnehmenden auf den osmotischen Druck ausübt, wie es die Theorie voraussagt.

Die Theorie des Aussalzens und der Stabilität kolloidaler Suspensionen

Die Proteinlösungen unterscheiden sich von den lyophoben Solen wie kolloidalen Goldsuspensionen dadurch, daß eine verhältnismäßig hohe Salzkonzentration notwendig ist, um die Sole auszuflocken. Im allgemeinen nimmt man an, daß die Stabilität kolloidaler Suspensionen durch elektrische Ladungen, von denen die Partikelchen gewöhnlich begleitet werden, mitbestimmt wird. In nur wenigen Arbeiten ist die Größe der Ladung quantitativ bestimmt worden.

P o w i s [1] hat die Potentialdifferenz an der Grenze Öl - Wasser für eine Emulsion von Zylinderöl gemessen und fand, daß die Emulsion nur stabil ist, wenn der absolute Wert der Potentialdifferenz 30 Millivolt überschritten hatte. Bei Reduktion auf Werte zwischen $+$ oder $-$ 30 Millivolt trat eine von der Voltzahl unabhängige Koagulation ein.

Der Verfasser [2] deutete 1916 an, daß die D o n n a n s c h e Theorie der Membrangleichgewichte sich ebenso gut auf lyophobe Sole, wie auf Proteingele anwenden läßt. Dies möge an einem Goldsol als typischem Beispiel erläutert werden. Wird Gold in Wasser suspendiert, so hat die Anwesenheit von Chlor-, Brom-, Jod- oder Hydroxyl-Ionen in Konzentrationen von $0{,}00005 - 0{,}005/n$ einen merklich stabilisierenden Einfluß auf das Sol. Die Teilchen sind negativ geladen, ein Effekt, den man der Fähigkeit der Ionen, mit dem Gold stabile Komplexe zu bilden, zuschreiben kann. Fluoride, Nitrate, Sulfate und Chlorate vermindern die Stabilität von Goldsolen, woraus sich umgekehrt schließen läßt, daß diese Ionen keinerlei Fähigkeiten besitzen, mit dem Gold stabile Komplexe zu bilden [3].

---

[1] P o w i s, Die Beziehungen zwischen der Beständigkeit einer Ölemulsion und der Potentialdifferenz an der Öl - Wassergrenzfläche und die Koagulation kolloidaler Suspensionen. Zeitschr. f. physik. Chem. 89 (1914), 186.

[2] W i l s o n, Theory of Colloids. Journ. Am. Chem. Soc. 38 (1916), 1982.

[3] B e a n s u. E a s t l a c k, The Electrical Synthesis of Colloids. Journ. Am. Chem. Soc. 37 (1915), 2667.

In Abb. 58 mögen A und B zwei Goldteilchen sein, die durch Kaliumchlorid in Lösung gehalten werden. Bei der Vereinigung mit Goldteilchen geben die Chlorionen ihre negative Ladung an diese ab, die Kaliumionen bleiben allein in der Lösung zurück. Ihre Bewegungsfreiheit ist jetzt jedoch beschränkt, sie sind auf jene dünne Flüssigkeitsschicht angewiesen, die die Goldteilchen umhüllt, da sie die negative Ladung dieser Teilchen ausgleichen müssen. Das Volumen der die Goldteilchen umhüllenden Schicht läßt sich aus der Oberfläche der Goldteilchen und der mittleren Entfernung berechnen, um die die Kaliumionen sich von der Oberfläche entfernen können.

Nehmen wir nun an, daß in der Lösung ein Betrag an Chlorkalium vorhanden ist, der zu gering ist, um Koagulationen hervorzurufen. Die umhüllende Schicht der Goldteilchen enthält dann Kalium-

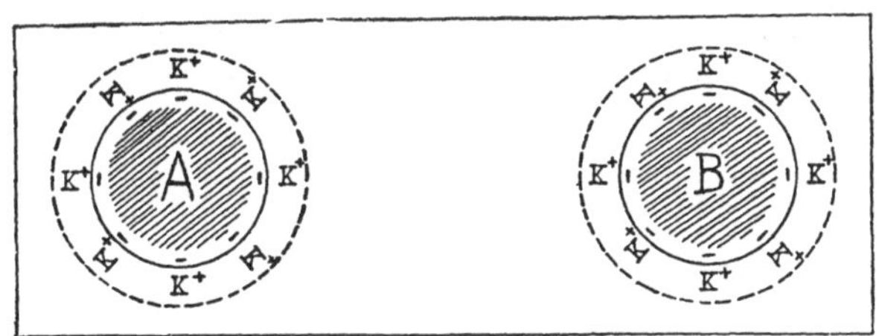

Abb. 58. Teilchen eines stabilen Goldsols mit der die Teilchen umhüllenden dünnen wässerigen Phase

ionen, die der Ladung des Goldpartikelchens das elektrostatische Gleichgewicht halten, und ionisiertes Kaliumchlorid. Die äußere Lösung enthält natürlich die gleiche Anzahl von Kalium und Chlorionen. In dieser Lösung möge sein

$$x = [K^+] = [Cl'].$$

In der umhüllenden dünnen Schicht möge sein

$$y = [Cl']$$

und

$$z = [K^+],$$

letzteres durch die Ladung der Goldteilchen ausgeglichen, wobei

$$y + z$$

die Gesamtkonzentration der Kaliumionen bedeutet.

Wie bei der Entwicklung der Donnanschen Theorie gezeigt wurde, muß das Produkt $[K^+] \times [Cl']$ in beiden Phasen, d. h. in der umhüllenden dünnen Schicht und in der äußeren Lösung beim Gleichgewicht gleich sein, so daß folgende Beziehung besteht:

$$x^2 = y(y + z).$$

Die umhüllende dünne Schicht wird demnach eine größere Gesamt-Ionenkonzentration haben als die äußere Lösung; der Überschuß E hat den Betrag 2y $+$ z $-$ 2x. Die ungleichartige Verteilung der Ionen muß nun eine Potentialdifferenz zwischen der dünnen, umhüllenden Schicht und der äußeren Lösung hervorrufen. Diese hat den Wert

$$E = \frac{RT}{F} \log \frac{x}{y} = \frac{RT}{F} \log \frac{2x}{-z + \sqrt{4x^2 + z^2}}$$

Lassen wir jetzt x über alle Maßen wachsen, während z konstant bleibt, so muß E abnehmen und schließlich als Grenzwert den Wert o annehmen, da ja:

$$\lim_{x = \infty} E = \frac{RT}{F} \log \frac{2x}{\sqrt{4x^2}} = o.$$

Man ersieht ohne weiteres, daß die Potentialdifferenz ein Maximum haben wird, wenn kein freies Kaliumchlorid vorhanden ist, um dann mit zunehmender Konzentration dieses Salzes bis zum Werte o herabzusinken.

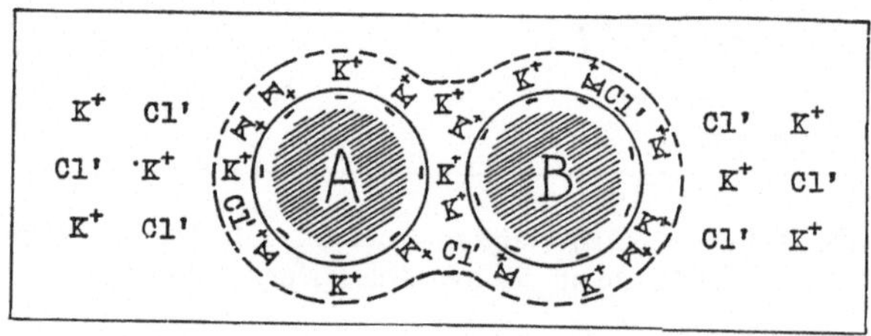

Abb. 59. **Die Koagulation eines Goldsols, verursacht durch Herabsetzung der Potentialdifferenz durch Kaliumchloridzusatz, zwischen der umhüllenden dünnen Schicht und der äußeren Lösung**

In Abb. 58 werden die Teilchen durch jene Potentialdifferenz von genügender Größe an der Vereinigung verhindert, die zwischen der umhüllenden dünnen Schicht und der äußeren Lösung entsteht. Die elektrostatischen Abstoßungskräfte sind mehr von der Potentialdifferenz als von der absoluten elektrischen Ladung der Teilchen abhängig, da ja die dünne Schicht die Teilchen umhüllt und ihnen ihre Eigenschaften gibt.

Bei genügendem Kaliumchloridzusatz wird schließlich die Potentialdifferenz so niedrig, daß sie nicht länger imstande ist, den Attraktionskräften zwischen den Goldteilchen und der Oberflächenspannung der umhüllenden dünnen Schicht entgegenzuwirken. Die Teilchen wandern aufeinander zu, die umhüllenden Schichten mehrerer Einzelteilchen gehen, wie aus Abb. 59 ersichtlich, ineinander über. Jetzt kommen die absoluten Ladungen der Teilchen zur Geltung und sind offenbar für die Eigenschaften des Niederschlages verantwortlich zu machen.

Um die Theorie des Aussalzens auf Gelatine und ähnliche Proteine anwenden zu können, braucht man sich nur die festen Teilchen und die sie umhüllende dünne Schicht durch das molekulare, netzwerkartige Gefüge, dessen Zwischenräume mit wässeriger Lösung erfüllt sind, ersetzt zu denken.

Loebs Angaben in Tabelle 15 lassen erkennen, daß die Potentialdifferenz zwischen einer sauren Gelatinelösung und einer gelatinefreien Lösung im Gleichgewichtszustand durch einen Zusatz von 0,031 Mol Natriumnitrat im Liter unter 1 Millivolt sinkt. Wenn wir eine ähnliche Herabsetzung der Potentialdifferenz zwischen weitgehend dispergierter Gelatine und der dispergierenden Flüssigkeit durch Zusatz der gleichen Salzmenge annehmen, so müßte man daraus folgern, daß die Koagulation, als Funktion der Potentialdifferenz betrachtet, von den Eigenschaften der dispersen Phase nicht unabhängig ist. Bei Zusatz von 0,03 Mol Natriumnitrat zeigt eine Gelatinelösung keinerlei Koagulationsneigung; eine Öl-Emulsion war, wie Powis zeigen konnte, bei Rückgang der Potentialdifferenz auf 30 Millivolt bereits instabil. Sättigt man eine Gelatinelösung in der Nähe des Neutralpunktes mit Ammoniumsulfat, so flockt die Lösung aus, jedoch fehlen bisher Angaben über die Verminderung der Potentialdifferenz kurz vor der Ausflockung.

Thomas[1]) lenkte die Aufmerksamkeit auf die Tatsache, daß die Stabilität kolloidaler Lösungen in manchen Fällen eher durch die Anziehungskräfte zwischen dispergierter Phase und dispergierendem Medium als durch die Potentialdifferenz der Grenzfläche bedingt wird. Offenbar sind die geringen Attraktionskräfte zwischen Wasser und Öl daran schuld, daß die Koagulation der Emulsion von Powis bereits bei 30 Millivolt eintritt. Bei gewissen Proteinlösungen genügt eine Potentialdifferenz unter 1 Millivolt zur Verhinderung von Koagulation, da die Anziehungskräfte zwischen Wasser und Protein verhältnismäßig groß sind; ja zwischen Zucker und Wasser scheinen sie so groß zu sein, daß er überhaupt keine Potentialdifferenz benötigt, um sich in Lösung zu halten.

Loebs Arbeiten, die im Zusammenhang mit den Forschungen im Laboratorium des Verfassers unternommen wurden, zeigen, daß die Erniedrigung der Potentialdifferenz eines Proteinsystems nicht durch die Zurückdrängung der Ionisation des Proteinsalzes, sondern eher durch den Mechanismus des soeben beschriebenen Donnan-Gleichgewichtes verursacht wird. Wir konnten an einem Gelatinesystem, bei dem die Potentialdifferenz weitgehendst erniedrigt worden war, keine Zurückdrängung der Ionisation des Gelatinechlorides durch Messungen mit Kalomelelektroden beobachten. Bei der quantitativen Auswertung der Daten ergibt sich außerdem keinerlei Notwendigkeit, eine Ionisationszurückdrängung anzunehmen.

---

1) Thomas, The Solution Theory of Colloidal Dispersion. Lecture before the Milwaukee Section of the Am. Chem. Soc. Sept. 15, 1922.

Die Anwendung der Aussalzungstheorie auf Seifenlösung ergänzt die Mc Bain[1]) Theorie dieser Systeme. Auch hier faßt man am besten die Mizellen besser als aggregierte monovalente Ionen und nicht als Komplexe polyvalenter Ionen auf.

Die Adsorption

Seitdem Gibbs gezeigt hat, daß die Konzentration eines gelösten Stoffes an der Oberfläche einer Lösung größer sein muß als im Innern, da die gelöste Substanz die Oberflächenspannung der Lösung herabsetzt, war man geneigt, diese Tatsache als Erklärung für die Verminderung der Konzentration des Gelösten in den verschiedensten Lösungsmitteln bei Berührung mit Substanzen großer Oberfläche heranzuziehen. Der Irrtum dieser Auffassung liegt darin begründet, daß die Untersuchung von Gibbs sich nur auf die Erniedrigung der Oberflächenspannung durch wirklich gelöste Substanzen bezieht. Da es in vielen Fällen nicht möglich ist, die wahre Konzentration des Gelösten in jener Schicht zu bestimmen, die in unmittelbarem Zusammenhange mit der Oberfläche des Materials, das die Konzentrationsänderung in der Lösung verursacht, steht, sind alle Schlüsse über die Ursachen einer solchen Konzentrationsabnahme unsicher. Bei der Gelatine ist es nun möglich, die Konzentration der absorbierten Lösung zu messen; diese Untersuchungen sind geeignet, einiges Licht auf die als Adsorption bekannten Phänomene zu werfen.

Unter Adsorption in weitestem Sinne versteht man die Entfernung von gelösten Stoffen durch Stoffe, die mit der Lösung in Kontakt stehen. Freundlich[2]) schlug eine empirische Formel vor, die angenähert innerhalb gewisser Grenzen mit einigen beobachteten Untersuchungsergebnissen in Einklang zu bringen ist, wenn man die beiden in der Formel vorkommenden Konstanten richtig wählt. Es besteht die Gleichung

$$w = ax^b,$$

hierbei bedeutet w das der Lösung durch eine Einheit des adsorbierenden Materials entzogene Gelöste, x aber dessen Endkonzentration; a und b sind Konstanten, die so gewählt wurden, daß die Gleichung paßt. Nach Freundlich variiert b zwischen 0,1 und 0,5, a weit mehr.

Die Natur der Gleichung ist derartig, daß sie eine weite Skala von Werten umfaßt, insbesondere, da man die beiden Konstanten wählen kann. Sie erklärt jedoch nichts. Aus Tabelle 11 können wir ersehen, daß die Gesamtmenge der Chloride beim Gleichgewicht innerhalb des Gelatinegels durch den Ausdruck V (y + z) dargestellt wird. Man kann diese Werte als Funktion der H-Ionenkonzentration mit Hilfe von Freundlichs Gleichung formulieren. Setzt

---

[1]) Mc Bain u. Salmon, Colloidal Electrolytes, Soap Solutions and their Constitution. Journ. Am. Chem. Soc. 42 (1920), 426.
[2]) Freundlich, Kapillarchemie. Leipzig 1922.

man $V(y+z) = 7,33x^{0,42}$, so kann man eine Kurve für die von der Gelatine aufgenommene, gebundene und ungebundene HCl-Menge zeichnen, die ziemlich genau mit den berechneten und beobachteten Werten von Tabelle 11 übereinstimmt. Die Übereinstimmung ist allerdings nicht so genau wie die zwischen beobachteten und berechneten Werten selbst. Benutzt man $\log V(y+z)$ und $\log x$ als Variable, so erhält man eine Gerade. Die beobachteten Ergebnisse ergeben nie eine Gerade, sondern streuen ebenso wie die in Tabelle 11 errechneten Ergebnisse.

Auch die Kurven der Konzentration des Gelatinechlorides in Abb. 42 lassen sich durch Freundlichs Formeln darstellen, wenn man $z = 0,10x^{0,3}$ setzt. Diese Formel gestattet es, mit Leichtigkeit irgendeine Reaktion innerhalb gewisser Grenzen ungefähr zu formulieren. Dies liegt darin begründet, daß sehr viele Funktionen durch Kurven von parabolischer Gestalt dargestellt werden.

Die Adsorption, soweit sie Gelatine betrifft, ist eine chemische Bindung, die durch die Bildung von zwei Phasen der Lösung verwickelt wird. Es liegt für uns kein Grund vor, die Adsorption in anderen Fällen anders aufzufassen. Auch bei kolloidalen Suspensionen nehmen wir die Bildung zweier Phasen an analog der bei Gelatinesystemen. Es bildet sich eine dünne, umhüllende Schicht um jedes einzelne Teilchen, die der absorbierten Lösung bei der Gelatine entspricht.

Der Leser, der sich eingehender für diese Fragen interessiert, wird auf gewisse Abschnitte des Buches von Loeb „Die Eiweißkörper und die Theorie der kolloidalen Erscheinungen" und auf das von Bogue „Chemistry and Technology of Gelatin and Glue" verwiesen.

Konservierung und Desinfektion von Häuten

Vom praktischen Gesichtspunkt betrachtet, liefert jedes Land der Welt das Ausgangsmaterial für die Lederfabrikation in Form von Fellen und Häuten. Die Häute großer ausgewachsener Tiere nennt man in Amerika „Hides", die von halberwachsenen Tieren größerer Arten „Kips" und endlich die von kleinen Tieren, die im allgemeinen zur Herstellung von Pelzen verwendet werden, „Skins". So bezeichnet man zum Beispiel die Haut eines Kalbes, wenn sie das Gewicht von 15 Pfund[1]) erreicht hat, als „Kip", sie wird mit zunehmendem Alter des Tieres eine „Hide", wenn sie etwa 30 Pfund[1]) wiegt. Diese Zahlen stellen nur angenäherte Werte dar, die nur ein ungefähres Schema für die Einteilung der Rohware geben sollen. Bei einem Bullen kann die „Hide" über 100 Pfund[1]) wiegen. Eine Schafshaut bleibt dagegen immer eine „Skin", da sie eine gewisse Größe nicht überschreiten kann; die Haut eines ausgewachsenen ostindischen Büffels immer ein „Kip", da sie die Größe einer Kuhhaut nie erreicht.

Die Rohhaut, das Ausgangsmaterial des Gerbers, ist ein Abfallprodukt der Schlachthausindustrie; werden doch die Tiere weit mehr, zur Ernährung des Menschen als zur Erzeugung von Leder herangezogen. Aus diesem Grunde hat ein abnehmender Lederkonsum wenig Einfluß auf das Angebot des Rohmaterials, obgleich der Marktwert des letzteren herabgedrückt wird. Umgekehrt regt eine plötzliche Nachfrage nach Leder die Aufzucht oder das Abschlachten von Vieh nicht an, es vergrößert höchstens die Vorsichtsmaßnahmen, die man trifft, um den vorhandenen Vorrat an Häutematerial gegen Fäulnis zu schützen. Die Rohhäute neigen sehr leicht zur Fäulnis. Es verstreicht nun zwischen dem Schlachten und den ersten Gerbereioperationen eine beträchtliche Zeit, die es erforderlich macht, die Häute auf irgendeine Weise möglichst bald nach dem Enthäuten zu konservieren.

---

[1]) Pfund bedeutet hier englische Pfund, 1 pound = 0,454 Kilogramm.

Salzen

Die allgemeinste Methode, Häute, wenn sie nicht weit transportiert werden, zu konservieren, ist die des Salzens. Die flach ausgebreiteten Häute werden auf der Fleischseite mit einem Viertel ihres Gewichtes Salz bedeckt. Oftmals ordnet man sie zu Haufen an, so daß die Seiten höher als die Mitten liegen, und verhindert so das Abfließen der Salzlake. Diese Maßnahme ist jedoch wenig vorteilhaft, es sei denn, daß die Häute vorher vom Blut und anderen Unreinlichkeiten befreit worden sind. Bisweilen behandelt man die Häute auch erst mit einer konzentrierten Salzlösung, um sie dann mit festem Salz zu bedecken. Das Hauptziel muß sein, das Salz zum vollständigen Durchdringen der Haut zu veranlassen. Bei leichteren Häuten dauert dies einige Tage, bei schwereren mehrere Wochen. Die Häute werden mit der Fleischseite nach außen zusammengelegt und sind dann zum Versand bereit.

Werden Blut und Lymphe gleich nach dem Enthäuten entfernt, und verwendet man genügend reines Salz, so daß sich die ganze Haut mit einer gesättigten Lösung des Salzes durchtränken kann, so ist die Gefahr einer Beschädigung durch Fäulnis auf ein Minimum gebracht und man kann die Häute mit einer gewissen Sicherheit lange aufbewahren. Gewöhnlich verwendet man Kochsalz, doch sind auch andere Neutralsalze wirksam und werden verwendet.

Salzflecken

Bei gesalzenen Häuten treten oft Fehler in Form von eigenartigen Flecken von rostigbrauner oder grünblauer Farbe auf. Sie sind bisweilen sehr schwer zu entfernen, und oft werden sie durch Berührung mit Schwefelnatrium oder mit vegetabilischen Gerbbrühen noch intensiver und dunkler. Sie setzen dann den Verkaufswert des Leders erheblich herab. Da sie eine Quelle beständigen Ärgers für den Gerber sind, und da sie ihm Verluste verursachen, hat man von Zeit zu Zeit Untersuchungen angestellt, um die Natur der Flecken aufzuklären und ihre Entstehung zu verhindern. Manche der Flecken verschwinden, wenn man die Haut mit Lösungen von Schwefelsäure und Kochsalz behandelt; andere widerstehen jedoch dieser Behandlung. Ihren Namen erhalten diese Flecken aus ihrer vermutlichen Ursache, aus dem zum Konservieren benutzten Salz. Jedenfalls fällt es auf, daß die Häufigkeit der Flecken von der Zusammensetzung und der Anwendung des Salzes abhängig zu sein scheint.

Der Prozentsatz an Häuten mit Salzflecken war besonders in jenen Teilen Europas groß, in denen das Speisesalz versteuert wurde und wo infolgedessen das Salz zum Konservieren denaturiert werden mußte. Besonders wurden die eisenhaltigen Aluminiumsalze des Handels, die zum Denaturieren verwendet wurden, beargwöhnt und die Gerbereichemiker fingen danach an, nach Denaturierungsmitteln zu suchen, die eher geeignet waren, Salzflecken zu verhindern, als sie zu erzeugen.

Eine Reihe von Wissenschäftlern sahen die Ursache der Salz-flecken in der Tätigkeit von Bakterien, und so suchte man nach Mitteln, um diese an ihrer Entwicklung zu hindern. P a e ß l e r[1]) fand, daß der Prozentsatz an Häuten mit Flecken bedeutend herabgesetzt werden konnte, wenn man dem Salz $3\,^0/_0$ an kalzinierter Soda zusetzte. Seine Entdeckung ist allgemein in Gebrauch genommen worden und hatte den großen Erfolg, die Anzahl der mit Flecken behafteten Häute bedeutend zu vermindern.

S c h m i d t[2]) zeigte, daß bakterielle Tätigkeit wirksam durch Besprengen des Salzes mit $12\,^0/_0$ Zinkchlorid gehemmt werden kann. Auch diese Methode ist bis zu einem gewissen Grade in Gebrauch genommen worden, um die Salzflecken zu verhindern. Paeßler konnte indessen auf Grund einer Reihe von Versuchen nachweisen, daß Zink-chlorid zur Vermeidung von Salzflecken nicht wirksamer ist als Soda.

R o m a n a und B a l d r a c c o[3]) vermuteten, daß das Blut und die Lymphe für die Bildung von Salzflecken verantwortlich zu machen wären. Sie wuschen daher die Häute vor dem Salzen gut und fanden, daß die Zahl der Flecken bei so behandelten Häuten stark vermindert wurde. Sie stellten ferner fest, daß ein Zusatz von $1\,^0/_0$ Natriumfluorid zum Salz Fleckenbildung verhinderte.

E i t n e r[4]) machte die Beobachtung, daß die Bildung von Flecken immer dann auftrat, wenn die Häute nicht rechtzeitig konserviert worden waren, so daß die Bakterien Zeit hatten, ihre schädliche Tätigkeit zu entwickeln. Er empfahl eine gründliche Verdrängung des Wassers aus der Haut durch intensives Salzen und durch Abfließen lassen der Salzlake, die infolge ihres Gehaltes an Proteinen einen Nährboden für Bakterien darstellt.

Y o c u m[5]) beobachtete, daß Salzflecken im Sommer häufiger auftraten als im Winter, er stellte ferner fest, daß sie um so häufiger waren, je mehr die Häute der Luft ausgesetzt wurden und je länger sie im gesalzenen Zustande aufbewahrt worden waren. Er konnte in den Flecken durch Auflegen von mit Essigsäure angefeuchtetem Filtrierpapier Eisen nachweisen. In den ungefleckten Teilen des Leders war kein Eisen zu finden. Andererseits ließ sich in der Asche von frischen Häuten, die keine Flecken hatten, ebenfalls Eisen nachweisen. Verwandelte man diese Häute sofort, ohne sie zu salzen, in Leder, so erhielt man ein Produkt, das keine Flecken aufwies. Dieser Befund ließ sich durch die Annahme erklären, daß der chemische Zustand des ursprünglich in der Haut vorhandenen Eisens sich derart verändert

---

[1]) P a e ß l e r, Das Salzen von Häuten und Fellen. Ledertechn. Rundschau. (1912), 137.

[2]) S c h m i d t, Depreciation of Skins in Process. Shoe & Leather Rep. (1911), 6. March.

[3]) R o m a n a u. B a l d r a c c o, Recherches sur le salage des cuirs pour éviter les taches dites de sel. Collegium (1914), 518.

[4]) E i t n e r, Zur Theorie der Salzflecken. Der Gerber (1913).

[5]) Y o c u m, Salt Stains. Journ. Am. Leather Assoc. 8 (1913), 22.

hatte, daß das Eisen sich mit der Haut im Falle der Fleckenbildung fest verband. Er konnte Flecken durch Hämoglobin auf Häuten künstlich erzeugen und stellte die Behauptung auf, daß das Blut für die Fleckenbildung verantwortlich zu machen wäre.

Becker[1]) untersuchte gelbe, orangefarbene und rote Flecken der Haut, und es gelang ihm, Reinkulturen von Bakterien zu erhalten, die imstande waren, diese Flecken zu erzeugen. Weiter konnte er zeigen, daß Salzzusatz bis zu $10\,^0/_0$ die Tätigkeit der Bakterien begünstigt, höhere Salzkonzentrationen diese aber wiederum hemmt. Er warnte daher vor ungenügendem Salzen, vor dem Aufbewahren in warmer, feuchter Luft und vor der ungenügenden Entfernung von Schmutz und Unrat. Zur Verhinderung der Salzflecken empfahl er eine Behandlung der Häute mit einer $0{,}25\,^0/_0$ Senföllösung mit nachfolgendem Salzen mit Kochsalz, das mit Soda denaturiert worden war. Da er nicht imstande war, blaue Flecke zu erzeugen, nahm er an, daß diese nicht auf Bakterien zurückzuführen wären, sondern daß es sich in diesem Falle um chemische Vorgänge handelte.

Besonderes Interesse erwecken die Arbeiten von Abt[2]), im Hinblick auf die große Bedeutung, die man der Tätigkeit der Bakterien einräumt. Abt behauptet, daß die Mehrzahl der von ihm untersuchten Flecken an französischen Häuten nicht durch bakterielle Tätigkeit hervorgerufen werden. Besonders unangenehme Flecken konnten auf die Anwesenheit von Kalziumsulfatkristallen im Salz zurückgeführt werden. In den Flecken ließen sich meistens große Mengen Kalziumphosphat und Eisen nachweisen. Untersuchte er die Flecken qualitativ und quantitativ im Vergleich mit den nichtgefleckten Teilen, so ergab sich folgender Befund: Qualitativ wiesen die Flecken eine deutlichere Eisenreaktion auf als die nichtgefleckten Teile, quantitative Untersuchungen ergaben jedoch, daß in beiden Teilen gleich viel Eisen vorhanden war. — Er denkt sich die Entstehung der Flecken folgendermaßen: Das zum Konservieren verwendete Salz enthält Kalziumsulfat; dieses setzt sich nun mit den Ammoniumphosphaten aus den Nucleinsäuren zu unlöslichem Kalziumphosphat um. Das freiwerdende Ammoniumphosphat setzt sich weiterhin mit den unlöslichen Eisenverbindungen, die in der Haut vorhanden sind, zu löslichem Eisensulfat um, letzteres ergibt durch Vereinigung mit den Hautproteinen die Salzflecken. —

Abt untersuchte weiterhin die Fleckenbildung mit dem Mikroskop. Er konnte feststellen, daß mit fortschreitender Fleckenbildung die Zellkerne verschwanden, auch das Bindegewebe löste sich langsam auf. Der Abbau ähnelte nicht dem, der durch Bakterien hervorgerufen wird; auch konnte er keine Bakterien entdecken. Er nahm an, daß das Eisen entweder aus den Zellkernen oder aus dem Blut stammte.

---

[1]) Becker, Salzflecken. Collegium (1912), 408.
[2]) Abt, Mikroskopische Untersuchungen der Haut und des Leders angewandt auf das Studium der Salzflecken. Separatabdruck aus „Collegium" 1914.

Eine zweite Art von Flecken enthielt kein Kalziumphosphat, bei diesen fand er stark pigmentierte Epithelzellen. Die Flecke erklärt er aus der Fixierung der Pigmente durch anorganische Verbindungen, so daß ein späterer Abbau durch Kalkbrühen verhindert wird. Als Maßnahme gegen die Fleckenbildung empfiehlt Abt den Zusatz von Soda zu den zum Salzen verwendeten Salzen. Diese fällt das schädliche Kalziumsalz aus, wirkt desinfizierend und gleichzeitig entwässernd.

Obgleich Abt[1] behauptet, daß die Mehrzahl der von ihm untersuchten Flecken nicht durch bakterielle Tätigkeit hervorgerufen wurden, gab er zu, daß bei anderen Flecken Bakterien eine wichtige Rolle spielen. Es gelang ihm, braune Flecken auf Gelatine mit Hilfe eines Mikroorganismus zu erzeugen, wenn Spuren von Kalziumphosphat und Eisen zugegen waren.

Überblickt man die aufgezählten Arbeiten, so findet man für die fleckenverhindernde Wirkung von Soda zum mindesten drei Erklärungen: Abt macht das Ausfällen der Kalziumverbindungen für den Effekt verantwortlich. Paeßler und andere vertreten die Ansicht, daß die durch Soda hervorgerufene Alkalinität Bakterien, die Flecken hervorrufen, nicht günstig ist und Moeller[2] wiederum, der annimmt, daß die Fleckenbildung eine Gerbung infolge der Anwesenheit von Melaninen oder Eisen- und Schwefelbakterien ist, glaubt, daß eine solche Gerbung in alkalischer Lösung nicht vorsich gehen kann. Es ist ohne weiteres ersichtlich, daß die Soda Eisen in unlösliche Verbindungen überführt, so daß eine Vereinigung mit den Hautproteinen verhindert wird.

Vergleicht man die Arbeiten der verschiedenen Forscher, so kommt man zu dem Ergebnis, daß die Flecken auf verschiedene Weisen entstehen können. Sie können durch die Einwirkung von Bakterien, wie sie von Becker isoliert worden sind, hervorgerufen werden oder auch durch lösliche Eisensalze. Das Eisen kann entweder aus dem zum Konservieren benutzten Salz und aus den in der Haut befindlichen Eisensalzen, wie es Abt beschreibt, stammen, oder durch die Vermittlung von Bakterien freigemacht werden. Blut und Lymphe sind ein ausgezeichneter Nährboden für Bakterien und enthalten Verbindungen von Eisen und Phosphaten.

Dem Verfasser sind die folgenden einfachen besonders geeigneten Maßnahmen zur Vermeidung von Salzflecken bekannt. Sie müssen sich, wie mit einiger Sicherheit anzunehmen ist, als erfolgreich erweisen, wenn sie vom Augenblick des Schlachtens an sorgfältig innegehalten werden. Gleich nach dem Enthäuten werden die Häute sorgfältig in fließendem Wasser gewaschen, um Blut, Lymphe und alle anderen löslichen Substanzen gründlichst zu entfernen. Dann werden sie gleichmäßig und mit reichlichen Mengen reinen Salzes, das mit Soda dena-

---

[1] Abt, Über die Rolle eines Bakteriums bei der Salzfleckenbildung. Collegium (1913), 204.
[2] Moeller, Zur Theorie der Salzflecken. Collegium (1917).

turiert ist, gesalzen. Während der Zeit, die notwendig ist, um ein vollständiges Durchdringen der Haut mit Salz zu erzielen, ist es zweckmäßig, die Häute in kühlen Räumen aufzubewahren und dafür zu sorgen, daß die Lake abfließen kann. Durch die letztere Maßnahme werden alle löslichen Bestandteile, die beim Waschen noch nicht entfernt worden sind, herausgelöst. Man verwendet am besten ein Viertel des Hautgewichtes an Salz. Man konserviert indessen die Haut nicht nur gut, um die Bildung von Salzflecken zu verhindern, man will sie vor allem auch vor Fäulnis schützen, da sonst sowohl die Menge der Hautsubstanz als auch der Wert des Leders vermindert werden.

Trocknen

In den tropischen Ländern, von wo aus die Rohhäute oft auf große Entfernungen verschickt werden, wie in Indien und Java, ist die billigste und beste Häutekonservierungsmethode die des Trocknens. Das gleiche gilt auch für alle Gegenden, in denen Salz und Antiseptika selten und teuer sind. Die Hauptwirkung des Trocknens besteht in der Verminderung des Hautgewichtes um $70\,{}^0/_0$ durch die Entfernung von Wasser. Diese Wasserentziehung verhindert aber gleichzeitig die Tätigkeit der Bakterien, die ohne Feuchtigkeit kaum auf die Proteine einwirken können; getötet werden sie freilich nicht.

Wenn diese Konservierung sachgemäß überwacht wird, so treten nur ganz geringfügige Beschädigungen der Haut auf. In heißem Klima ist es notwendig darauf zu achten, daß die noch feuchten Teile nicht zu schnell getrocknet werden, da sonst bei einer Überhitzung ein Abbau von Proteinen eintreten kann. Oft kommt es vor, daß die äußeren Teile der Häute so schnell trocknen, daß die inneren feucht bleiben und Fäulnisvorgänge dort begünstigt werden. Häute, die in diesem Zustande verschickt werden, erleiden ganz beträchtlichen Schaden. Fehler dieser Art zeigen sich dem Gerber an der trockenen Haut kaum, erst wenn die Häute geweicht werden, treten die unangenehmsten Überraschungen auf. Entweder zerfallen die Häute vollständig oder die Narbenschicht löst sich von der Fleischschicht, infolge der im Innern der Haut durch die Fäulnisbakterien hervorgerufenen Hydrolyse ab. Wird aber die Haut bei hoher Temperatur zu lange getrocknet, so ergeben sich erhebliche Schwierigkeiten beim Zurückbringen der Haut auf den alten Wassergehalt.

Die Haut des Tieres lebt nach dem Tode des Tieres noch eine Weile weiter und unterliegt in diesem lebenden Zustande nicht so leicht der Einwirkung von Bakterien. Es erscheint daher wünschenswert, die Häute gleich nach dem Enthäuten zu trocknen. Man sollte sie zunächst durch Waschen von Blut und Lymphe befreien und dann in einem kühlen Luftstrom zum Trocknen frei aufhängen. Wenn die Bedingungen so liegen, daß die Trocknung nicht schnell genug vor sich gehen kann, wie etwa in einem feuchten Klima, behandelt man die Felle gewöhnlich mit Antiseptika wie Naphthalin; diese haben den Zweck, Schädigungen durch Fäulnis und Insekten zu verhindern.

Die Vorteile des Konservierens durch Trocknen liegen in der Einfachheit und Schnelligkeit der Operation, ferner darin, daß man von dem Vorhandensein von konservierenden Mitteln unabhängig ist und daß die Transportkosten für die Häute bedeutend vermindert werden. Nachteilig ist, daß die Häute schwer auf den ursprünglichen Wassergehalt zurückzubringen und etwaige Fehler und Beschädigungen der Hautproteine vor dem Weichen nicht zu entdecken sind; ferner enthalten die Häute unter Umständen seuchenverbreitende Bakterien oder deren Sporen.

Salzen und Trocknen

Oft ist es möglich, die Operationen des Salzens und Trocknens in vorteilhafter Weise zu verknüpfen. Die Häute werden zunächst auf die gewöhnliche Weise gesalzen und dann getrocknet. Man läßt das Salzwasser abfließen und benutzt die Eigenschaft des Salzes, während des Trocknens Fäulnis zu verhindern.

Diese Methode wird in manchen Teilen von Indien weitgehend verwendet, jedoch benutzt man an Stelle des Salzes gewisse Erden, die nach Untersuchungen von Procter[1]) aus Natriumsulfat, Sand und unlöslichen Eisen- und Aluminiumverbindungen bestehen. Das Material wird zu einer Paste verrieben und mit einer Bürste auf die Fleischseite der Häute aufgetragen. Diese Prozedur wird vom 2. bis zum 4. Tage wiederholt und der Brei mit porösen Ziegeln in die Haut, die ausgespannt wird, hineingearbeitet. Die Häute werden in bedeckten Räumen getrocknet und sind dann zum Versand bereit. Das in dem Salz anwesende Eisen kann, wenn die Häute zu lange feucht bleiben, zu Flecken Veranlassung geben.

Pickeln

Es ist möglich, Häute in Lösungen von Schwefel- oder Salzsäure mit Kochsalz zu konservieren. Diesen Prozeß nennt man Pickeln. Die Konzentration wählt man am besten so, daß die Säure n/20 und die Salzlösung 2n ist. Für frische Häute wendet man diese Methode nicht an, da sich Verwicklungen beim alkalischen Äscher ergeben. Weitgehend benutzt man dieses Verfahren für entwollte Schafshäute, da diese durch den Pickel in einen Zustand gebracht werden, der für die Chromgerbung günstig ist.

Eine besondere Bedeutung erlangt diese Methode für Schaffelle dadurch, daß beim Schaf die Haare wertvoller sind als die Haut. Häufig werden die Schafhäute von sogenannten „Woolpullers"[2]) aufgekauft, diese enthaaren sie nach dem im Abschnitt „Enthaaren und

---

[1]) Procter, Principles of Leather Manufacture. 2. Edition. London.
[2]) „Woolpullers" bedeutet wörtlich „Wolleabzieher" und ist durch einen deutschen Ausdruck kaum zu übersetzen.

Streichen" beschriebenen Verfahren, um sie dann zu kälken, zu beizen und zu pickeln. In letzterem Zustand werden sie aufbewahrt und an die Gerbereien verkauft. Diese Konservierungsmethode ermöglicht es, die Wolle nutzbar zu machen, ohne daß die Haut einen Schaden erleidet und ohne daß die Blößen sofort gegerbt werden müssen.

Das Pickeln führt man gewöhnlich in Haspelgefäßen so aus, daß man die Blößen in eine stärkere Salzlösung von einem bestimmten Säuregehalt hineingibt. Blößen und Brühe werden durch Bewegung in innige Berührung gebracht. Bei der analytischen Überwachung des Prozesses ist es nur nötig, die Säurekonzentration zu verfolgen. Man beläßt die Blößen so lange im Pickel, bis sich ein Gleichgewicht zwischen der Säure und der Blöße gebildet hat; dies zeigt sich daran, daß die Säurekonzentration mit der Zeit nur sehr langsam abnimmt. Der Vorgang kann je nach den gewählten Bedingungen 4 bis 24 Stunden dauern. Die Zeit hängt von der Dicke und dem Zustande der Blöße und von der Konzentration der Brühe ab. Je höher man die Säurekonzentration wählt, um so schneller verläuft die Einstellung des Gleichgewichtes, andererseits wird eine zu große Säuremenge aufgenommen und man muß den Überschuß an Säure vor der Gerbung mit einer Salzlösung auswaschen. Nach dem Pickeln stapelt man die Blößen nach vorherigem Abtropfen, bis sie zur Weiterfabrikation benötigt werden, auf.

Desinfektion

In vielen Gegenden der Welt, besonders in Asien, sind unter den Viehherden infektiöse Seuchen verbreitet. Es ist deshalb, um die Ausbreitung solcher Seuchen zu verhindern, eine Desinfektion der Häute, die aus jenen Gegenden stammen, notwendig. Man hat daher der Verhinderung der Ausbreitung von Maul- und Klauenseuche, der Rinderpest und vor allem des gefürchteten Milzbrandes große Aufmerksamkeit gewidmet, um so mehr, als die Krankheiten auch Menschen sehr gefährlich werden können. Viele Regierungen haben Vorschriften zur Desinfektion von Häuten, die aus verseuchten Gegenden stammen, erlassen; insbesondere hat man Vorsichtsmaßregeln gegen die Ausbreitung des Milzbrandes getroffen, da dieser für den Menschen besonders gefährlich werden kann. Außerdem wird sich jede wirksame Maßnahme gegen diese Seuche auch als erfolgreich zur Bekämpfung der anderen erweisen.

Die Milzbranderkrankungen werden durch den Sporen enthaltenden Milzbrandbazillus, bacillus anthracis, hervorgerufen. Der Bazillus hat die Gestalt eines kurzen Stäbchens und kann leicht zerstört werden. Nach Seymour-Jones[1] wird er durch bloßes Trocknen getötet, wohingegen die Sporen weiterleben. Der Umstand, daß die Sporen gegen die Desinfektionsmittel, die die Haut nicht schädigen, sehr widerstands-

---

[1] Alfred Seymour-Jones, Anthrax Prophylaxis in the Leather Industry. Journ. Am. Leather Chem. Assoc. 17 (1922), 55.

fähig sind, verursacht bei der Desinfektion der Häute Schwierigkeiten. Man findet Milzbrandsporen in den getrockneten Häuten und in den Blutkuchen, die an den Haaren und an der Wolle haften. Bei feucht-gesalzenen Häuten sind sie selten.

Die Anzahl der praktisch verwendbaren Methoden zur Desinfektion von milzbrandverdächtigen Fellen ist begrenzt, da sehr viele Desinfektionsmittel die Haut beschädigen und den Wert des Leders herabsetzen. Von den brauchbaren Methoden ist die von Seymour-Jones[1]) die beste. Sein Verfahren wird am besten, um eine Verbreitung des Milzbrandes zu vermeiden, in den Ausfuhrhäfen vorgenommen; sie ist folgende: Man läßt die Haut 1 bis 3 Tage in einer Lösung, die 1 $^0/_0$ Ameisensäure und 0,02 $^0/_0$ Merkurichlorid enthält, weichen, und bringt sie dann in eine gesättigte Kochsalzlösung. Nach einstündigem Salzen werden die Häute getrocknet und sind in Ballen gepackt versandfertig. —

Procter und Arnold Seymour-Jones[2]) untersuchten die Absorbtionsgeschwindigkeit der Haut in bezug auf Ameisensäure und Merkurichlorid bei verschiedenen Konzentrationen. Sie verwandten dabei 100 g trockene Haut auf einen Liter der Lösung. Die Säurekonzentration fiel innerhalb von 20 Stunden langsam aber stetig. Die Salzkonzentration nahm dagegen zunächst zu, um dann bis zur Gleichgewichtskonzentration abzunehmen. Die anfängliche Steigerung der Salzkonzentration erklären die Verfasser aus der großen Absorbtions- und Diffusionsgeschwindigkeit des Wassers und der Säure gegenüber dem Salz. Abb. 60 gibt einen dieser Versuche wieder.

Die durch die Säure veranlaßte Wasseraufnahme bringt die Haut in eine dem ursprünglichen Zustand ähnliche Verfassung. Das Behandeln mit Salzwasser ruft eine Wirkung, die dem Salzen ähnlich ist, hervor. Seymour-Jones betont besonders, daß diese Behandlungsweise etwaige Fehler, die beim Trocknen eingetreten sind, sichtbar macht, so daß das Risiko für den Gerber erheblich geringer wird.

Eine andere Desinfektionsmethode schlägt Schattenfroh[3]) vor: Die infizierten Häute werden beim Weichen drei Tage bei 40^0 C in einer Lösung von 2 $^0/_0$ Salzsäure und 10 $^0/_0$ Kochsalz belassen. Die beiden Methoden von Seymour-Jones und Schattenfroh sind der Gegenstand von lebhaften Debatten gewesen. Tilley[4]) kam auf Grund experimenteller Vergleiche der Methoden zu dem Ergebnis, daß die von Seymour-Jones wirksamer ist, wenn die Merkurichloridkonzentration nicht unterhalb von 0,04 $^0/_0$ liegt und

---

[1]) Alfred Seymour-Jones, Formic-Mercury Anthrax Sterilization Method. London (1910).

[2]) Procter u. Arnold Seymour-Jones, Seymour-Jones Anthrax Sterilization Method. Leather Trades Review trough Journ. Am. Leather Chem. Assoc. 6 (1911), 85.

[3]) Schattenfroh, Eine harmlose Methode zur Desinfektion von Häuten gegen Milzbrand. Collegium (1911), 248.

[4]) Tilley, Bacteriological Study of Methods for the Disinfection of Hides Infected with Anthrax Spores. Journ. Am. Leather Chem. Assoc. 11 (1916), 131.

wenn die Häute erst nach einer Woche der Wirkung von Substanzen, die die Wirkung des Quecksilbersalzes aufheben, wie Schwefelnatrium, ausgesetzt werden. Eine zweckmäßige Desinfektion würde daher nur in den Ausfuhrhäfen möglich sein. In einer Entgegnung hierauf erklärt Seymour-Jones[1]), daß eine Unwirksammachung des Merkurichlorides nur in den schwefelnatriumhaltigen Äschern stattfinden könne.

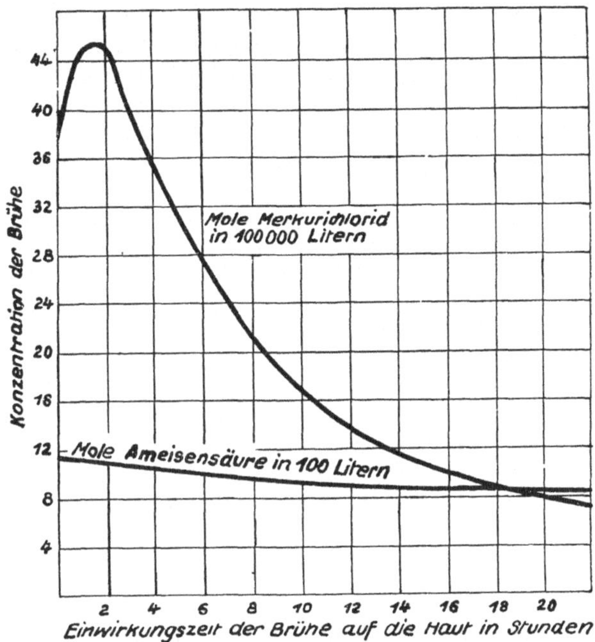

Abb. 60. Die Konzentrationsänderungen in einer Ameisensäure-Sublimat-Sterilisationsbrühe als Funktion der Zeit

Diese Äscher seien jedoch selbst desinfizierend, so daß die Milzbrandsporen abgetötet würden und eine Infektion nach dem Äscher ausgeschlossen wäre. Diese Desinfektionsmethode würde also eine Infektion durch Häute oder Leder, die den üblichen Äschergang durchgemacht haben, unmöglich machen.

Bei der Schattenfroh-Methode fand Tilley die größte Wirksamkeit bei einer Einwirkungsdauer der Säure- und Salzlösung von 48 Stunden und mehr, Schnurer und Sevcik[2]), die den Schattenfrohprozeß auf sehr schwere Häute anwandten, fanden, daß von 11 milzbrandigen Häuten 4 nach einer Behandlung von 72 Stunden

---

[1]) Alfred Seymour-Jones, The Formic-Mercury Process for Sterilizing and Curing Dried Hides. Journ. Am. Leather Chem. Assoc. 12 (1917), 68.

[2]) Schnurer u. Sevcik, Die Milzbrand-Desinfektion von Häuten. Tierärztl. Zentralbl. (1913).

mit einer Lösung, die 2 $^0/_0$ Salzsäure und 10 $^0/_0$ Kochsalz enthielt, noch nicht von Milzbrandkeimen befreit worden waren. Sie erklärten den ungünstigen Verlauf der Versuche damit, daß sie annahmen, daß Schattenfroh zu seinen Versuchen nur dünne Häute verwendet hatte. Wandten sie das Verfahren von Seymour-Jones auf schwere Häute an, so fand eine vollständige Desinfektion nach 24 Stunden statt, wenn die Konzentration des Merkurichlorides auf 0,2 $^0/_0$ erhöht wurde. Eitner beobachtete, daß so behandelte Häute nicht beschädigt wurden. Ferner stellten die Verfasser fest, daß es notwendig sei, sehr fetthaltige Häute wie Schafshäute vorher zu entfetten, wenn man nicht die zehnfache Menge an Merkurichlorid verwenden wolle.

Bei der Kritik der Methode Schattenfroh weist Seymour-Jones darauf hin, daß diese nur den Anforderungen des Laboratoriums entspräche, und daß die Arbeitsbedingungen so wie der Zeitfaktor und die Temperatur für die Praxis ungeeignet seien. Ponder[1]), der die Desinfektionsmethoden im Auftrage der Leathersellers Company of London untersucht und Abt[2]) vom Pasteur-Institut in Paris, der für das Syndikat der französischen Gerber tätig ist, sprachen sich beide zugunsten der Methode von Seymour-Jones aus. Nach den Untersuchungen von zahlreichen Forschern erleiden die Häute bei der Bearbeitung nach diesen beiden Methoden keinerlei Schaden, der am fertigen Leder entdeckt werden könnte.

Abt hat indessen die Ansicht ausgesprochen, und ist darin von Seymour-Jones unterstützt worden, daß Häute keine Milzbrandsporen enthalten würden, wenn sie gleich nach dem Tode des Tieres getrocknet würden.

---

[1]) Ponder, A Report to Worshipful Company of Leathersellers (1911).
[2]) Abt, Desinfection of Anthrax Infected Hides and Skins. Pasteur-Inst. (1913).

Weichen und Entfleischen

In dem Zustand, in dem die Häute in die Gerberei eingeliefert werden, weisen sie viel für den Gerber unnützes Material auf. Würde dies nicht so zeitig als möglich entfernt werden, so dürften Komplikationen eintreten. Man ist daher bemüht, jeden unnützen Teil, sobald man dies wirksam durchführen kann, zu entfernen. Diese Vorbehandlung der Haut wird in der sogenannten Wasserwerkstatt durchgeführt. Außer der Entfernung von unnützen Teilen der Haut, hat sie auch noch den wichtigen Zweck, die Haut in den geeigneten Quellungsgrad zu bringen.

Ohren, Kopf und Hufe werden, wo noch vorhanden, abgetrennt, das Fleisch oder Unterhautbindegewebe wird mit Hilfe von besonderen Entfleischmaschinen entfernt. Diese ist so konstruiert, daß die Haut gegen eine Walze, die mit scharfen Rippen versehen ist, gepreßt wird, so daß die Rippen das Unterhautbindegewebe abschneiden. Die abgetrennten und beim Entfleischen erhaltenen Abfälle bilden das sogenannte Leimleder und werden zur Fabrikation von Leim und Gelatine verwendet.

Auf der Haarseite der Haut setzt sich die Epidermis aus einem Netzwerk von Membranen, die die Wände der Epidermiszellen bilden, zusammen; diese sind für die löslichen Proteinmoleküle der Haut und auch für andere große Moleküle oder Molekülgruppen undurchlässig. An der Fleischseite dagegen besteht das Unterhautbindegewebe aus Schichten von Fettzellen, die durch semipermeable Wände zusammengehalten werden. Es ist daher sehr wohl zu verstehen, daß das Unterhautbindegewebe beseitigt werden muß, wenn man alle löslichen Stoffe aus der Haut entfernen will.

An der unteren Grenze der Lederhaut besitzen die Kollagenfasern der Haut infolge ihrer besonderen Verknüpfung eine vermehrte Festigkeit. Beim Entfleischen ist es wichtig, alles Unterhautbindegewebe zu entfernen, ohne in die Haut zu schneiden, da sie geschwächt würde und ein minderwertiges Leder ergäbe. Wie aus Abb. 7 ersichtlich, ist dies nicht so schwierig, wenn sich die Haut in dem gewöhnlichen Zustand befindet; ist doch die untere Grenze des Coriums scharf definiert und das Unterhautbindegewebe nicht überall festgewachsen. Ist die Haut dagegen ganz oder teilweise getrocknet, so ist das Entfleischen eine sehr schwierige Operation.

Bei den gewöhnlichen Trockenmethoden erleiden die Proteingallerten eine Veränderung der Gestalt und der Größe, die von den verschiedensten Faktoren, wie der ursprünglichen Gestalt, den Widerständen, die sich einer Schrumpfung entgegensetzen, und von der Trocknungsgeschwindigkeit abhängig ist. Sheppard und Elliott[1] konnten dies sehr schön an Gelatineblöcken zeigen. Die in Abb. 61 bis 64 wiedergegebenen Photographien wurden in freundlicher Weise von Herrn Dr. S. E. Sheppard von der Eastman Kodak Co. zur Verfügung gestellt. Abb. 62 zeigt vier Stadien beim Trocknen einer $20\,^0/_0$ Gelatinegallerte, die frei in der Luft aufgehangen wurde. Nr. 1 gibt die ursprüngliche Gestalt wieder, Nr. 2 und 3 sind Zwischenstufen, und Nr. 4 ist die endgültige Trockenform. Am schnellsten geht natürlich die Trocknung an den Kanten und Ecken vor sich, so daß die Seiten des Würfels zunächst, wie dies aus der zweiten Abbildung zu erkennen ist, nach außen gebogen werden, so daß sie konvexe Flächen bilden. Die Kanten und Ecken trocknen und erhärten jetzt schnell, und der weitere Vorgang spielt sich· nun so ab, als ob der Körper sich in einem festen Rahmen befände, in dem das Innere des Würfels aufgehängt wäre. Die Seitenflächen treten jetzt langsam zurück und die Kanten werden etwas eingebogen. Es entsteht ein Kubus, der durch verbindende Flansche verstärkt wird. Jeder Querschnitt hat jetzt eine I-förmige Gestalt, als ob der Trocknungsvorgang eine gegen Druck den größten Widerstand ausübende Gestalt hervorbringt. Die flanschartigen Ecken scheinen Schnitte von Hyperboloiden zu bilden, die einen gemeinsamen Mittelpunkt im Innern des Kubus haben. Abb. 61 zeigt die Schrumpfung einer Kugel; auch hier ist sie ungleichmäßig und die Oberfläche ist rauh und schrumpelig.

Abb. 64 zeigt die Form zweier getrockneter Gelatinezylinder, Abb. 63 ihren Grundriß. Bei dem einen Zylinder haftet die eine Grundfläche an einer festen Oberfläche, bei dem anderen beide; diese Flächen werden daher an einer Schrumpfung verhindert. Die Hemmung, die sich dem Körper bei der Trocknung in einer Richtung entgegensetzt, macht sich darin bemerkbar, daß die Schrumpfung in den anderen Richtungen heftiger ist. Wenn man eine dünne Gelatineschicht auf einer Glasplatte trocknen läßt, so geht die Schrumpfung nur in der Richtung senkrecht zur Platte vor sich.

Wenn man Gelatineblöcke in Wasser weicht, vollzieht sich das Aufweichen genau in der entgegengesetzten Reihenfolge wie das Trocknen. Die Körper haben die Neigung, sich wieder in den ursprünglichen Zustand zurückzuverwandeln, den sie vor der Quellung besaßen.

Beim Trocknen der Haut werden die Vorgänge bei der Formveränderung der unlöslichen Hautproteine durch die Neigung der

---

[1] Sheppard u. Elliott, The Drying and Swelling of Gelatin. Journ. Am. Chem. Soc. 44 (1922), 373.

Abb. 61. **Drei Stadien beim Trocknen einer Gelatinekugel**

Abb. 62. **Vier Stadien beim Trocknen eines Gelatinewürfels**

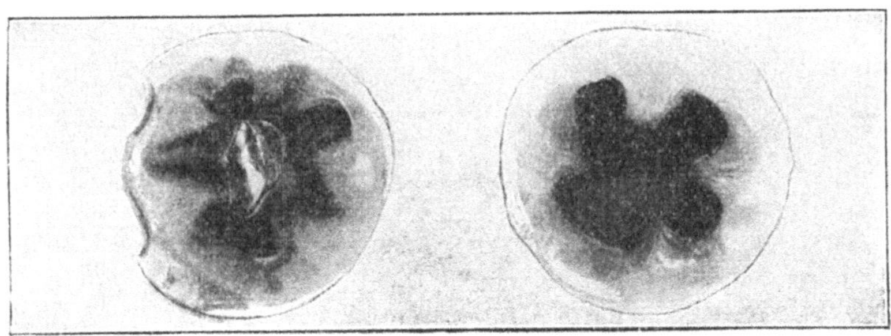

Abb. 63. **Grundrisse von getrockneten Gelatinezylindern**

Abb. 64. **Zwei Gelatinezylinder, so getrocknet, daß eine, beziehungsweise zwei Flächen an festen Oberflächen haften**

10*

Fasern, aneinander zu kleben, noch verwickelter. Bevor man eine Haut entfleischen kann, muß man sie so lange in Wasser weichen, bis alle unlöslichen Proteinbausteine durch Quellung ihre normale Gestalt und Größe wieder angenommen haben. Ist die Haut nicht gleichmäßig gequollen, so liegt die Gefahr nahe, daß die Grenze zwischen Corium und Unterhautbindegewebe nicht in einer Ebene liegt. Die Entfleischmaschine würde zwar die Haut glattschneiden, es würden jedoch Teile des Bindegewebes auf der Haut bleiben, die beim Herauslösen der löslichen Bestandteile hinderlich sein würden, oder es würden Schnitte in dem Corium entstehen, die den Wert der Haut herabsetzen würden. Wenn auch die Häute zunächst eine glatte Fleischseite aufwiesen, so würden sie beim weiteren Weichen zerfetzt erscheinen und das Corium wiese eine unregelmäßige Dicke auf. F. L. Seymour-Jones berichtet, daß die Häute in Europa meist nach dem Äschern, zum mindesten nach einem vorläufigen, entfleischt werden. In Amerika werden Ziegenhäute meist nach dem Kälken entfleischt.

Schwere, getrocknete Häute benötigen zum Weichen eine energischere Behandlung als dünne, frische. Dies ist wegen der größeren Widerstandsfähigkeit der schwereren Häute von keinem Nachteil für das fertige Leder. Um gleichmäßige Ergebnisse bei der Gerbung zu erzielen, sortieren die Gerber die eingelieferten Häute nach Größe und Stand. Eine passende Zahl möglichst gleichartiger Häute wird zu einer „Partie", die während der ganzen Gerbung zusammenbleibt, vereinigt. Der Fabrikationsgang richtet sich nach der Größe der Häute, nach ihrem Zustand und nach der Lederart, die man daraus herstellen will. Man pflegt oft große Häute, um sie handlicher zu machen, längs des Rückgrates in zwei gleiche Teile zu zerschneiden.

Werden die Häute im frischen Zustand in die Gerberei eingeliefert, so ist die Weiche sehr einfach. Sie werden zunächst beschnitten und dann durch halbstündiges Walken in fließendem Wasser in einem offenen Faß vom anhaftenden Blut und Schmutz befreit. Sie werden dann entfleischt und mehrere Male in kaltem, sauberem Wasser, das Salz oder geringe Mengen Alkali enthält, gewässert. Diese Operation hat den Zweck, die Häute von allen löslichen Proteinen zu befreien. Diese würden sonst im weiteren Verlauf die Brühen verunreinigen. Das Salz oder Alkali bezweckt das Herauswaschen der in reinem Wasser unlöslichen Globuline.

Bei getrockneten oder teilweise getrockneten Häuten ist ein Wässern vor und nach dem Entfleischen vorzunehmen. Das erste Wässern hat den Zweck, die unlöslichen Proteine durch Quellung auf ihre ursprüngliche Gestalt und Größe zurückzubringen, so daß ein sachgemäßes Entfleischen gewährleistet wird. Die zweite Weiche dient der Entfernung der löslichen Proteine.

Die Dauer der ersten Weiche hängt von dem Grade der Trocknung ab. Vollständig ausgetrocknete Häute nehmen Wasser nur sehr langsam auf. Andererseits ist warmes Wasser nur mit großer Vorsicht anzuwenden, da die Häute in dem Zustande, in dem sie in der Gerberei eingeliefert werden, mit Fäulnisbakterien behaftet sind. Das beste Mittel, das Quellen von scharf getrockneten Häuten zu fördern, ist ein Zusatz von kleinen Säure- oder Alkalimengen zum Weichwasser.

Der Desinfektionsprozeß von Seymour-Jones, der im vorhergehenden Abschnitt beschrieben worden ist, und dem man große Aufmerksamkeit geschenkt hat, hat Ameisensäure weitgehend als Schwellungsmittel eingeführt. Man kann indessen bei chemischer Überwachung jede andere Säure verwenden. Alkalien haben den Vorteil, die Haut in einen Zustand, der für die später folgenden Operationen des Äscherns geeignet ist, überzuführen. Von diesen ist Natriumsulfid am meisten verbreitet, da der Vorgang nicht wie bei den schärferen Alkalien wie Natronlauge so genau überwacht werden muß. Beim Weichen verwendet man eine Gallone [1]) Wasser auf je ein Pfund [2]) nasser Haut, bei vollständig getrockneter Haut das gleiche Volumen auf ein fünftel Pfund. Die Anfangskonzentration an Alkali wahlt man am besten, ohne die Haut und die Haare zu schädigen, zu 0,02 n. Nach dem Gebrauch ist die Lösung nur noch schwach alkalisch, da sich der größte Teil des Alkalis mit der Haut verbunden hat. Man verwendet die alkalische Lösung nur am ersten Tage, danach werden die Häute von Tag zu Tag in frisches Wasser gebracht, bis sie den normalen Grad der Schwellung erreicht haben.

Bisweilen beschleunigt man die Aufnahme von Wasser und das Erweichen durch Walken in Fässern zwischen den einzelnen Weichwassern. Im allgemeinen wendet man dies Verfahren nur für schwere, getrocknete Häute an.

Gesalzene Häute lassen sich nach 24stündigem Weichen bereits entfleischen, bisweilen genügen auch geringere Weichzeiten. Nach dem Entfleischen pflegt man die Häute so lange zu wässern, bis praktisch alles Salz entfernt ist. Da das Salz schneller aus der Haut diffundiert, als die löslichen Proteine, so bedeutet eine Ausdehnung des Weichvorganges, bis alles Salz entfernt ist, keine unnötige Zeitverschwendung, wenn man Wert darauf legt, die löslichen Proteine zu entfernen. Diese Gewohnheit hat jedoch dazu beigetragen, die Ansicht allgemein zu verbreiten, daß es schädlich ist, Salze mit in den Äscher zu bringen. Gerade das Gegenteil ist der Fall, die Salze unterstützen den Enthaarungsprozeß bei den gewöhnlichen Kalkäschern und auch das Prallwerden der Häute. Eine Erklärung findet diese Erscheinung in der Tatsache, daß Salze im allgemeinen die OH-Ionenkonzentration einer Lösung erhöhen [3]).

---

[1]) 1 Gallone $= 4,54$ Liter.
[2]) Englisches Pfund.
[3]) Harned, The Hydrogen- and Hydroxyl-Ion Activities of Solutions of Hydrochloric Acid, Sodium and Potassium Hydroxides in the Presence of Neutral Salts. Journ. Am. Chem. Soc. 37 (1915), 2460.

Viele Fehler im fertigen Leder lassen sich auf die Weiche zurückführen. Die Hauptgefahr liegt zweifellos in der Tätigkeit von Bakterien. Die Haut kann jedoch noch aus anderen Gründen Schaden erleiden. Da bei dem Tode des Tieres die Haut nicht sofort abstirbt, so ist es denkbar, daß eine plötzliche Abkühlung nach dem Schlachten einen Einfluß auf die Muskeln und Drüsen der Thermostatschicht ausübt. Wenn beispielsweise die arrector pili-Muskeln sich in einem zusammengezogenen Zustand befänden und durch eine plötzliche Abkühlung gelähmt würden, würde die Haut eine nicht zu beseitigende rauhe Oberfläche zeigen. Man kennt Fälle, bei denen eine ungewöhnliche Rauheit der Haut durch plötzliches Abkühlen frisch abgezogener Häute in Wasser, dessen Temperatur nahe am Gefrierpunkt lag, erklärt werden kann. Verwendet man warmes Wasser, so wird die Bakteriengefahr vergrößert; es empfiehlt sich daher, die Häute nach dem Enthäuten so mit kaltem Wasser zu behandeln, daß die Temperatur der Haut nur langsam fällt.

Es bleibt nur noch zu erörtern, wie lange die einzelnen Teile der Haut nach dem Tode des Tieres weiterleben. Wir wissen nun, daß die Haut vom Augenblick des Enthäutens an Veränderungen dieser und jener Art unterliegt. McLaughlin[1]) stellte fest, daß die Schwellungsgeschwindigkeit der Haut in gesättigtem Kalkwasser in den ersten 2 oder 3 Stunden nach dem Schlachten abnimmt. Ein Streifen Haut, der 30 Minuten nach dem Schlachten in eine gesättigte Kalklösung, die überschüssigen Kalk enthielt, gebracht wurde, wies gegenüber einem Hautstreifen, der 210 Minuten nach dem Schlachten in die Kalklösung gebracht wurde, eine um $30\,^0/_0$ höhere Schwellung auf, wenn beide Streifen 120 Stunden in der Lösung blieben.

Dieser Befund überrascht keinesfalls, da man viele Vorgänge kennt, die sich nach dem Tode des Tieres in der Haut abspielen und die einer Schwellung entgegenwirken. So verhindert die Koagulation des Blutes durch die Verwandlung des Fibrinogen in Fibrin das Eindringen des Kalziumhydroxydes in diese, ähnlich wirkt die teilweise Eintrocknung gewisser Gewebe. Es können ferner Abbauprodukte entstehen, die Kalksalze zu bilden vermögen und die so einer Schwellung entgegenwirken. Weiterhin ist es nicht unwahrscheinlich, daß die Proteine zu kleineren Bausteinen abgebaut werden, die ein geringeres Schwellungsvermögen aufweisen.

Ist die Konservierung der Haut sorgfältig und sachgemäß durchgeführt worden, so haben diese Veränderungen keinen Einfluß auf das fertige Leder. Verfasser hat das nachgeprüft, indem er Leder, das aus Häuten, die unmittelbar nach dem Tode des Tieres dem Gerbprozeß eingefügt wurden, hervorging, mit solchem verglich, das aus Häuten hergestellt war, die bei sachgemäßer Konservierung monatelang gelagert hatten. Er konnte nach chemischer, physikalischer und mikroskopischer Untersuchung keinerlei bemerkenswerte Unter-

---

[1]) McLaughlin, Journ. Am. Leather Chem. Assoc. 16 (1921), 435.

schiede feststellen; wird jedoch leichtfertig verfahren, so erleidet die Haut bereits vor der Beendigung der Weiche erheblichen Schaden.

Die hauptsächlichste Gefahrenquelle beim Weichen ist die Tätigkeit von Bakterien. Wenn auch die Fleischseite der Haut beim lebenden Tier frei von Bakterien ist, so siedeln sich diese aus der Luft nach dem Enthäuten leicht darauf an und finden einen ausgezeichneten Nährboden vor. In der Zeit zwischen Enthäuten und Weiche wird die Haut mit zahllosen Millionen Bakterien infiziert. Viele dieser Bakterien spalten Enzyme ab, die der Haut außerordentlich gefährlich werden können. Das Hauptziel einer Untersuchung der in den Weichwässern vorkommenden Bakterien muß ihre Zerstörung oder ihre Unschädlichmachung sein. Wood[1]) hat eine umfangreiche Untersuchung über die in den Gerbebrühen vorkommenden Bakterien angestellt.

Andreasch[2]) isolierte eine Reihe von Bakterien, die in den Weichwässern der Gerbereien vorkommen, und die er wie folgt identifizieren konnte:

Bazillus fluorescens liquefaciens (Flügge)
Bazillus megaterium (de Bary)
Bazillus subtilis
Bazillus mesentericus vulgatus
Bazillus mesentericus fuscus
Bazillus mycoides (Flügge)
Bazillus liquidus (Frankland)
Bazillus gasoformans (Eisenberg)
Weißer Bazillus (Maschek)
Proteus vulgaris
Proteus mirabilis
Bazillus butyricus (Hueppe)
Weißer Streptococcus (Maschek)
Wurmförmiger Streptococcus (Maschek)
Grauer Coccus (Maschek).

Alle aufgezählten Bakterien lassen sich als Fäulnisbakterien bezeichnen. Sie scheiden zum Teil Enzyme aus, die sehr energisch auf die Haut einwirken.

Abb. 65 gibt eine typische Gelatineplattenkultur eines Weichwassers wieder, das ohne Zusätze von Chemikalien zum Wässern von getrockneten Schafshäuten benutzt worden war. Die Abbildung entstammt den Abhandlungen von Wood. Die Entwicklung der Bakterien mußte, ehe sich manche Arten entwickeln konnten, durch Formalindämpfe aufgehalten werden, da sonst die Platte verflüssigt worden wäre.

---

[1]) Wood, Properties and Action of Enzymes in Relation to Leather Manufacture. Journ. Ind. Eng. Chem. 13 (1921), 1135.
[2]) Andreasch, „Der Gerber" (1895—96).

Rideal und Orchard[1]) untersuchten die Einwirkung von Bazillus fluorescens liquefaciens auf Gelatine, der als Nährmittel 10 °/₀ einer Pasteurschen Lösung hinzugefügt worden war. Innerhalb von $3^1/_2$ Tagen war die Gelatine vollkommen verflüssigt. Es konnte nachgewiesen werden, daß die Verflüssigung durch ein von dem Bazillus

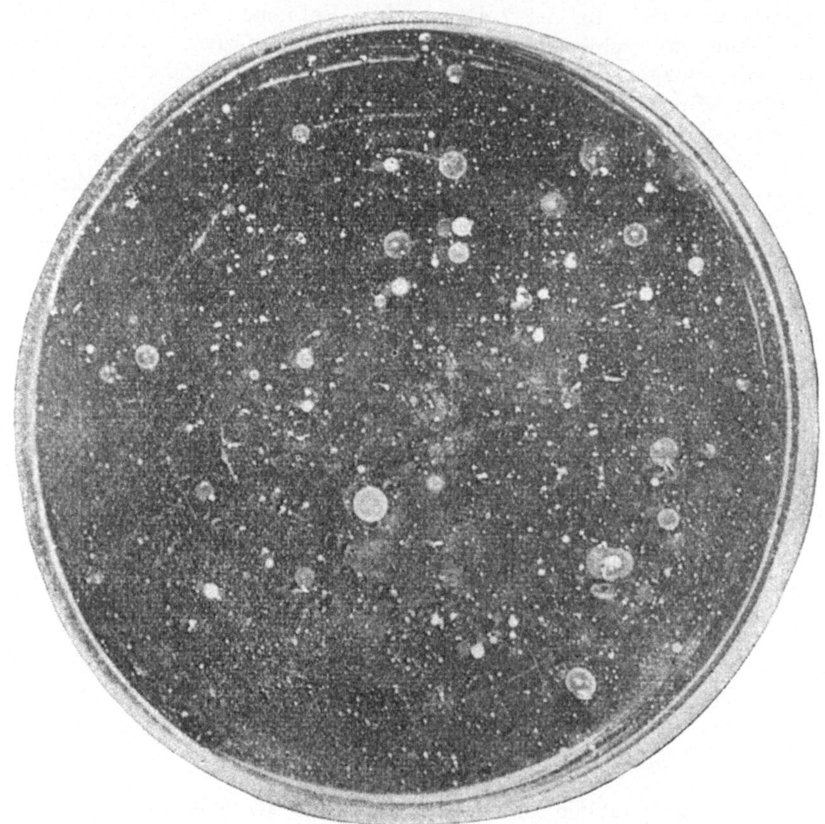

Abb. 65. **Gelatineplattenkultur von Weichwasser, das zum Wässern von getrockneten Schaffellen benutzt worden war**

ausgeschiedenes Enzym verursacht worden war. Die verflüssigte Gelatine wies schwach alkalische Reaktion auf und zeigte einen leichten Fäulnisgeruch; Schwefelwasserstoff war jedoch nicht vorhanden. Beachtenswert erscheint es, daß nur geringe Mengen Ammoniak und anderer flüchtiger Basen entwickelt wurden; nach 16tägiger Einwirkung konnten nur 0,2 g Ammoniak aus 100 ccm erzeugt werden.

---

[1]) Rideal u. Orchard, Analyst. Okt. 1897.

Die ersten Anzeichen von Bakterienwirkungen gewisser Art zeigen sich in einer Lockerung der Haare, die man als Haarlässigkeit bezeichnet. Die Bakterien oder die von ihnen erzeugten Enzyme wirken auf die Epithelzellen der Malpighischen Schicht der Epidermis, indem sie dieselbe verflüssigen. Sie bewirken so eine Trennung der Haare und der Epidermis von den übrigen Teilen der Haut. An und für sich ist diese Einwirkung ohne jeden Schaden für die Haut; die Bakterien entwickeln sich jedoch mit außerordentlicher Geschwindigkeit und können durch Zersetzung des Narbens eine dauernde Beschädigung der Haut hervorrufen. Beim fertigen Leder machen sich diese Beschädigungen durch matte Stellen bemerkbar, man bezeichnet diese Erscheinung als stippigen Narben. Es kommt auch vor, daß Bakterien den Narben unangegriffen lassen und nur die Kollagenfasern beschädigen. Greifen die Bakterien die Proteine der Thermostatschicht an, so wird die Verbindung zwischen Narben und Retikularschicht geschwächt. Dies macht sich dadurch unangenehm bemerkbar, daß der Narben beim fertigen Leder die Neigung hat, sich abzuschälen; man bezeichnet diese unangenehme Erscheinung als losen Narben.

Chemiker, die die Zusammensetzung der frischen Haut nicht kennen, verfallen bisweilen in den Fehler, die Anwesenheit von Stickstoff in gebrauchten Weichwässern auf eine Beschädigung der Kollagenfasern zurückzuführen. Die Weiche hat jedoch den Zweck, alle löslichen Proteine zu entfernen, um ein Mitschleppen in die Äscherbrühen zu vermeiden.

Bakterien können sich gerade unter dem Narben einnisten und dort der Einwirkung der verschiedensten Gerbebrühen widerstehen. Sie geben dann zu sehr unerfreulichen Erscheinungen Anlaß. Sie rufen matte Stellen auf dem Leder hervor oder hydrolysieren die zum Geschmeidigmachen des Leders verwendeten Fette. Die Hydrolyse und Oxydation dieser Fette verursacht auf dem fertigen Leder Ausschläge.

Bei der faulen Weiche benutzt man die Tätigkeit der Bakterien zur Unterstützung des Aufweichens getrockneter Häute. Diese Methode ist jedoch nicht nur sehr wenig angenehm, sondern auch sehr schwer zu überwachen; oft sind Beschädigungen kaum zu vermeiden. In Ländern höherer Kultur wird diese Methode kaum angewendet, in einigen Teilen von Indien weicht man getrocknete Häute durch Wässern in Fäulnisbrühen, die sich aus den Abfallbrühen der Gerberei zusammensetzen.

In den meisten Gerbereien versucht man es nicht, die Bakterien der Weichwässer nutzbringend zu verwerten. Man verwendet im Gegenteil alle Sorgfalt darauf, die Tätigkeit der Bakterien mit allen verwendbaren Mitteln in den Weichwässern zu verhindern. Bei der Untersuchung des Einflusses der Wasserstoffionenkonzentration auf die Aktivität der Bakterien in Weichwässern fand der Verfasser die größte zwischen den pH-Werten 5,5 und 6,0. Hieraus erklärt sich wahrscheinlich der Vorteil beim Gebrauch alkalischer Weichwässer; die

Verflüssigung der Haut durch Bakterien bei einem pH-Wert von 5,5 wird bei Änderung des pH-Wertes auf 12 stark gehemmt oder sogar aufgehoben. Eine Herabsetzung des pH-Wertes auf 3 durch Hinzufügen von Säure hat einen ähnlichen Einfluß.

Procter[1]) hat die Vorteile des Gebrauches von schwefliger Säure beim Weichen geschildert. Einmal wird die Tätigkeit der Bakterien gehindert und andererseits wird die Aufnahme von Wasser gefördert. Er fand, daß selbst wenn die Häute später längere Zeit in Wasser behalten wurden, keine Fäulnisvorgänge stattfanden, auch trat keine Lösung der Kollagenfasern ein, ihre Festigkeit blieb wohl erhalten.

Alkalien sind ebenso wirksam wie Säuren sowohl in Beziehung auf Wasseraufnahme als auch auf die Verhinderung bakterieller Tätigkeit. Sie werden im allgemeinen vorgezogen, da sie die Wirkung der alkalischen Äscherbrühen unterstützen.

Neben dem Gebrauch an Säuren und Alkalien ist die Hauptvorsichtsmaßnahme beim Weichen die Verwendung von großen Mengen sauberen, kalten Wassers. Läßt man die Temperatur nicht über 10° C steigen und verwendet man viel sauberes Wasser, so ist eine Beschädigung der Häute bei der Weiche nicht zu befürchten.

Bakterienzählung

Untersuchungen über Bakterienzählungen in Weichwässern haben gezeigt, daß Bakterien nicht als Einzelindividuen, sondern in Gruppen zusammengeballt, im Wasser vorkommen. Bei der gewöhnlichen Ausführung der Zählung ermittelt man die Zahl dieser Gruppen und nicht die der Einzelindividuen. Im Verlaufe einer Untersuchung gelang es Wilson und Vollmar[2]) nachzuweisen, daß die Zahl der ermittelten Bakteriengruppen eine Funktion der Art und der Konzentration der in den Weichwässern vorhandenen Neutralsalze ist.

Die Verfasser stellten Zählungen von Bakterien in Wasser an, das zum Weichen von Kalbsfellen benutzt worden war. Sie konnten dabei folgende Beobachtung machen: verwendeten sie zum Verdünnen das sterilisierte Wasser der Weiche an Stelle des destillierten oder Leitungswassers, so erhielten sie weit höhere Werte für die Anzahl der Bakterien. Im Verlauf weiterer Untersuchungen konnte gezeigt werden, daß die Ursache für diese Erscheinung in der Anwesenheit von Salzen zu suchen war. Salze, die entweder der zur Untersuchung entnommenen Probe entstammten oder die später hinzugefügt wurden, beeinflußten je nach ihrer Art und Konzentration die Zählung in positivem oder negativem Sinne.

Alle Zählungen wurden nach der Methode der „American Public Health Association" durchgeführt. Die untersuchten Weichwässer enthielten im Durchschnitt 0,03 Mol Natriumchlorid im Liter. Die Kon-

---

[1]) Procter, Principles of Leather Manufacture. London (1922), 161.
[2]) Wilson u. Vollmar, Bacteria in Tannery Soak Waters. Journ. Ind. Eng. Chem. 16 (1924), 367.

zentration wurde jedoch durch die Verdünnung, die notwendig war, um die Zahl der Kolonien jeder Platte in den notwendigen Grenzen zu halten, so herabgemindert, daß das Salz vernachlässigt werden konnte. Es wurden in jedem Falle zwei parallele Serien bei 10 000- und bei 100 000facher Verdünnung durchgeführt.

Als Nährboden wurde Agar-Pflanzengelatine verwendet; bei allen Versuchen wurde die gleiche Agarsorte benutzt. Das vorher in Wasser gelöste Salz wurde zu dem Medium vor der endgültigen Einstellung des Volumens und dem Sterilisieren hinzugefügt. In Berücksichtigung der Bedeutung der Wasserstoffionenkonzentration wurde diese in allen Fällen vor und nach der Brutzeit ermittelt. Die pH-Werte lagen in allen Fällen zwischen 6,90 und 7,10.

Abb. 65a zeigt den Einfluß von Natriumchlorid. Alle Angaben beziehen sich auf das gleiche Weichwasser, die einzige Variable ist die Salzkonzentration des Kulturbodens. Bei Anwendung der offiziellen Methode erhielt man 610 000 Bakterien in jedem ccm. Mit wachsender Salzkonzentration stieg die Zahl; bei 0,05 Mol im Liter betrug sie 11 100 000 in jedem ccm, bei weiterem Zusatz fiel sie langsam, um bei einem Zusatz von 1 Mol im Liter den Wert Null zu erreichen. Bei einem Zusatz von 0,05 Mol im Liter konnte eine achtzehnfache Erhöhung der Bakterienzahl beobachtet werden. Daß dieser Befund nicht auf eine Beschleunigung des Wachstums der Bakterien zurückzuführen ist, ist dadurch erwiesen, daß eine Verlängerung der Brutzeit von 48 Stunden auf eine Woche die Zählungen nicht beeinflußte. Bei Wiederholung der Versuche ergaben sich stets die gleichen Befunde.

Abb. 65b zeigt die Abhängigkeit der Bakterienzählung von der Natur des Anions bei verschiedenen Haloiden. Bei Konzentrationen von 0,01 Mol im Liter und darunter ist eine Vergrößerung der Bakterienzahl zu verzeichnen. Die Reihenfolge der Wirksamkeit ist folgende: KF . KJ, KBr, KCl. In allen Kurven treten Maxima auf, bei höheren Konzentrationen tritt immer eine Verminderung der Bakterienzahl ein, wobei die Reihenfolge der Wirksamkeit nicht verändert wird. Steigen die Kurven anfänglich steil an, so ist das Maximum flach und liegt bei niedriger Konzentration.

In Abb. 65c ist eine vergleichende Untersuchung über den Einfluß von Kalziumchlorid und Natriumsulfat auf die Bakterienzählung wiedergegeben. Die allgemeine Form der Kurven ist die gleiche, auch hier zeigen sich rechts des Maximums eigenartige Einknickungen der Kurven.

Die Untersuchungen lassen sich folgendermaßen deuten: In verdünnten Salzlösungen entwickeln sich alle Bakterien beim Brüten. Die Unterschiede in den Zählungen entstehen dadurch, daß die Durchschnittszahl von Bakterien, die je eine Kolonie hervorrufen, eine verschiedene ist. Die Bakterien der ursprünglichen Probe sind in Gruppen zu mehreren Einzelindividuen angeordnet. Der Einfluß eines geringen Zusatzes von Salz macht sich nun so bemerkbar, daß der ursprüngliche Verteilungsgrad der Bakterien vergrößert wird. Dies hat weiter zur

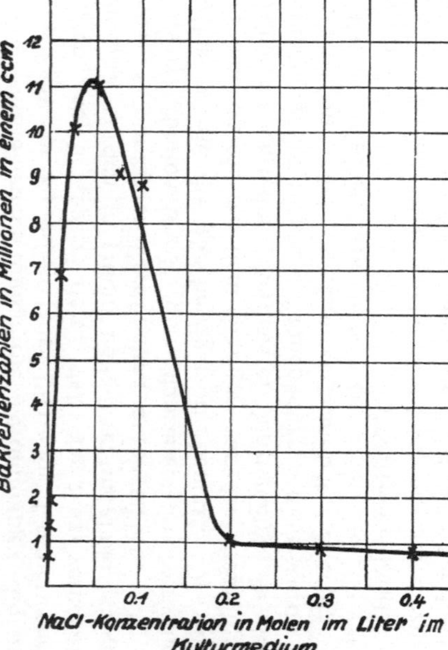

Abb. 65a. Der Einfluß von Natriumchlorid auf die Bakterienzählung in Wasser, das zum Weichen von gesalzenen Kalbsfellen benutzt worden war

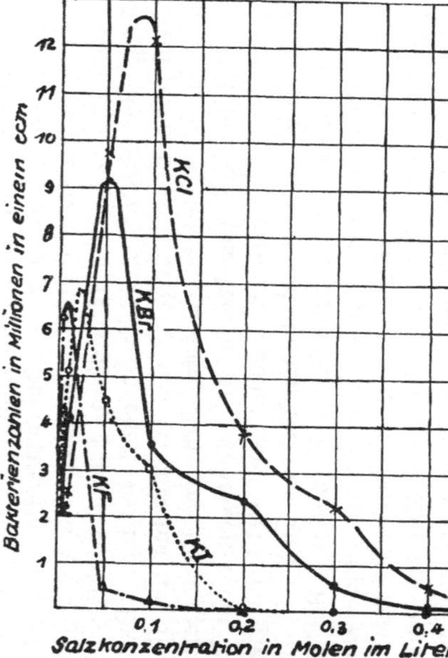

Abb. 65b. Der Einfluß verschiedener Kaliumhaloide auf die Bakterienzählung in Wasser, das zum Weichen von gesalzenen Kalbsfellen benutzt worden war

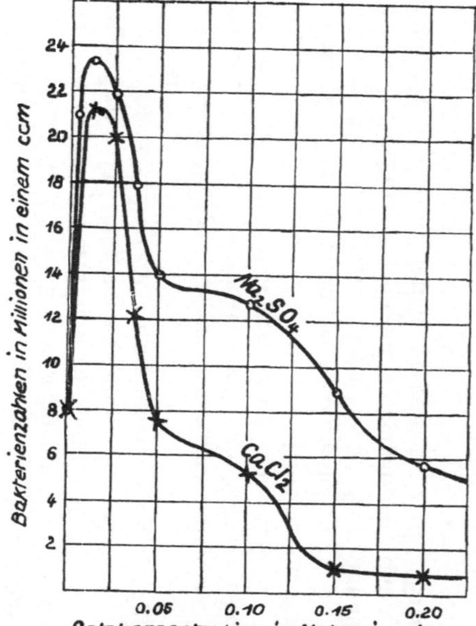

Abb. 65c. Der Einfluß von Natriumsulfat und Kalziumchlorid auf die Bakterienzählung in Wasser, das zum Weichen von gesalzenen Kalbsfellen benutzt worden war

Folge, daß die Zahl der Kolonien in der Kultur vermehrt wird, obgleich die Anzahl der ursprünglich vorhandenen Bakterien nicht verändert worden ist. Größere Salzzusätze rufen Agglutination und entsprechend niedrigere Bakterienzahlen hervor.

Auf Grund dieser Anschauung müßte eine durch heftiges Schütteln verursachte vorübergehende Zerteilung der Bakteriengruppen eine Vermehrung der Bakterienzahlen verursachen. Diese Vermutung konnte durch einige Versuche bestätigt werden. Schüttelte man eine verdünnte Probe energisch vor dem Vermischen mit dem Nährmaterial, so ergaben sich bei folgenden Schüttelzeiten folgende Bakterienzahlen: bei 15 Sekunden 280 000, bei einer Minute 670 000, bei 2 Minuten 1 220 000, bei 3 Minuten 1 790 000 und bei 5 Minuten 2 430 000. Der Versuch zeigt also, daß die Bakterienzahl bei einer Schüttelzeit von 5 Minuten um das Achtfache erhöht wird.

Gemäß dieser Auffassung verhalten sich Suspensionen von Bakterien ähnlich wie kolloidale Dispersionen einfacherer Körper, etwa wie metallisches Gold in Gegenwart von Elektrolyten. Wie im Anschluß an die „Physikalische Chemie der Proteine" ausgeführt wurde, ist die Stabilität von kolloidalen Dispersionen von der Potentialdifferenz abhängig, die durch die Anwesenheit von Elektrolyten an der Grenze der Teilchen hervorgerufen wird. Nun fanden Northrop und De Kruif[1] andererseits, daß auch die Potentialdifferenz an der Grenzfläche von Bakterien durch die Anwesenheit von Elektrolyten merklich beeinflußt wurde. Loeb fand, daß, wenn in kolloidalen Dispersionen von Gold, Graphit, Kollodium und manchen anderen Stoffen die Potentialdifferenz unter 15 Millivolt fiel, Ausflockung eintrat. Northrop und De Kruif fanden eine ähnliche kritische Potentialdifferenz bei der Ausflockung gewisser Bakterienarten. Weitere Analogien im Verhalten von Bakterien und von kolloidalen Dispersionen gegen Elektrolyte sind aus der Arbeit von Winslow, Falk und Caulfield[2] über die Elektrokataphorese von Bakterien zu entnehmen.

Augenscheinlich sind in Suspensionen von Bakterien und in kolloidalen Dispersionen verschiedenartig gerichtete Kräfte tätig, die die Durchschnittsgröße der einzelnen Teilchen bestimmen, gleichgültig ob es sich um Gruppen von Bakterien oder um Aggregate von Bakterien handelt. Kohäsionskräfte trachten danach, die Teilchen zu vergrößern; elektrische Ladungen sowie die Attraktionskräfte zwischen den Molekülen der Teilchen und dem Wasser sind dagegen bestrebt, eine Verkleinerung der Teilchengröße hervorzurufen. Da man nun zeigen konnte, daß die Potentialdifferenz an der Oberfläche der Bakterien durch Art und Konzentration der anwesenden Salze beeinflußt wird, wenn alle anderen Komponenten konstant bleiben, so sollte man erwarten, daß die Durchschnittszahl der Bakterien jeder Gruppe und daher auch die Bakterienzahlen eine Funktion der Art und Konzen-

---

[1] Northrop u. De Kruif, Journ. Gen. Physiol. 4 (1922), 639.
[2] Winslow, Falk u. Caulfield, Journ. Gen. Physiol. 6 (1923), 177.

tration der in der Suspension anwesenden Salze ist. Gerade dies ist nun der Fall. Es ist wahrscheinlich, daß alle Zählungen, die in den Kurven wiedergegeben worden sind, kleiner als die wirklichen Werte sind. Man kann sogar die Frage aufwerfen, ob die wahre Zahl der Bakterien durch die offizielle Methodik wohl überhaupt bestimmbar ist. Bei vergleichenden Zählungen ist heutzutage die Wichtigkeit der Konstanz der Wasserstoffionenkonzentration bereits allgemein bekannt, indessen ist es wichtig, auch auf eine Konstanz gewisser anderer Komponenten des Mediums zu achten.

Enthaaren und Streichen

Sind die Häute beschnitten und gesäubert worden, hat man das Unterhautbindegewebe und alle löslichen Stoffe entfernt, hat man sie ferner auf ihren ursprünglichen Wassergehalt zurückgebracht, so sind sie für die folgende Operation, die Entfernung des Epidermissystems, bereit. Es wird daran erinnert, daß sich das Epidermissystem, wie im Abschnitt „Histologie der Haut" beschrieben, aus der eigentlichen Epidermis, den Haaren, den Schweiß- und den Fettdrüsen zusammensetzt, daß sich dieses System ferner nach der Entstehung, der Struktur und der Art des Wachstums und in bezug auf den chemischen Charakter von der eigentlichen Haut wesentlich unterscheidet. Die verschiedenen Schichten der Epidermis unterscheiden sich wiederum untereinander in ihrem Verhalten gegen chemische Agentien. Glücklicherweise ist zum Vorteil für den Gerber der Teil der Malpighischen Schicht, die auf der Lederhaut aufliegt, besonders empfindlich. Wird dieser Teil der Epidermis zerstört, so trennt sich der übrige Teil mit den Haaren von der Lederhaut und kann leicht abgeschabt werden.

Schwitzen

Die wahrscheinlich älteste Methode zum Enthaaren der Haut wird als Schwitze bezeichnet. Der Name leitet sich aus der Art des Vorganges ab, wie er bei einer höher entwickelten Technik durchgeführt wird. Er ist im wesentlichen eine Zerstörung der Malpighischen Schicht durch Fäulnis. Da der Vorgang sehr einfach in der Ausführung ist, die Häute brauchen nur 1 bis 2 Tage in feuchten warmen Räumen aufbewahrt zu werden, so wird er in den frühesten Zeiten der Menschheit entdeckt worden sein. Nicht unwahrscheinlich ist es, daß diese Zufallsentdeckung unsere Vorfahren erst darauf brachte, den Vorteil enthaarter Häute bei der Herstellung von Leder zu erkennen.

Da die Häute in den Schwitzkammern leicht schwere Beschädigungen erleiden können, es sei denn, daß der Vorgang sorgfältigst überwacht wird, ist diese Methode, seit sicherere Enthaarungsmethoden bekannt sind, nicht allzu beliebt bei der Herstellung besserer Ledersorten. Angewendet wird sie noch in Gerbereien, die billigeres und minderwertiges Häutematerial verarbeiten, ferner zum Enthaaren von Schafsfellen, bei denen die Haare wertvoller sind als die Haut.

Die Häute werden gewöhnlich in geschlossenen Räumen, in denen die Luft feucht und warm gehalten wird, aufgehängt. Während dieses Prozesses entwickeln sich beträchtliche Mengen Ammoniak, die den Enthaarungsvorgang unterstützen. Temperatur, Feuchtigkeit und Ventilation müssen sorgfältigst überwacht werden. Sobald die Haare locker sind, müssen die Häute aus den Kammern entfernt und in gesättigtes Kalkwasser gebracht werden. Das Hineinbringen in die Kalkbrühe hat einen doppelten Zweck; einmal müssen die Bakterien an einer weiteren Entwicklung gehindert werden und zweitens ist eine Quellung der schlappen und verfallenen Häute notwendig, beides bewirkt das Kalziumhydroxyd in zuverlässiger Weise.

Wilson und Daub[1]) untersuchten den Vorgang beim Schwitzen im Mikroskop. Streifen frischer Schafshaut wurden bei 38^0 C in einem Behälter belassen, in dem die Luft mit Feuchtigkeit gesättigt war. In bestimmten Zeitabschnitten wurden den Hautstreifen Proben entnommen und unter dem Mikroskop untersucht. Nach 42 Stunden konnten die Haare, ohne daß die Haut irgendwelchen Schaden erlitten hatte, entfernt werden. Bereits nach einem Tage war der Geruch nach Ammoniak in dem Gefäß sehr intensiv.

Die ersten Anzeichen einer Veränderung der Haut waren in einer Trennung der Zellen der Malpighischen Schicht zu beobachten. Der Vorgang dehnte sich mit der Zeit bis in die entlegensten Teile der Schicht, bis zu den Zellen der Schweiß- und Fettdrüsen aus. Nach dem zweiten Tage war der Prozeß so weit fortgeschritten, daß Epidermis, Wolle und die Schweiß- und Fettdrüsen ganz von dem Corium getrennt waren. Viele Epithelzellen waren zerstört. Abb. 66 gibt den Schnitt durch eine Haut wieder, die 42 Stunden einen Schwitzprozeß durchgemacht hatte. Der obere Teil des Schnittes ist in Abb. 67 bei stärkerer Vergrößerung wiedergegeben.

Aus diesen Abbildungen kann man erkennen, daß die körnige Schicht noch ganz intakt, die Malpighische Schicht hingegen ganz aufgelöst ist. Die die Haarbälge begrenzenden Schichten sind unterbrochen, auch die Drüsen erscheinen im Gefüge gelockert und sind vom Corium getrennt. Sehr interessant ist es, Abb. 66 mit Abb. 28 zu vergleichen; letztere gibt einen Schnitt durch die gleiche Haut wieder, nur daß hier der Schnitt unmittelbar nach dem Tode des Tieres in Erlickischer Flüssigkeit fixiert worden ist.

In der Praxis hat es sich als wesentlich herausgestellt, die Schwitzkammern des öfteren gründlich zu reinigen, um das Anwachsen unerwünschter schädlicher Mikroorganismen zu verhindern. Hampshire[2]) untersuchte die als „run pelts" bekannte Erscheinung,

---

[1]) Wilson u. Daub, The Mechanism of Unhairing. Bei der 64. Tagung der Leather Division of the American Chemical Society vorgetragen. Das Recht zur Veröffentlichung der Mikrophotographien hat sich der Verfasser des Buches vorbehalten.

[2]) Hampshire, Causes of Run Pelts in the Sweating Process. Journ. Soc. Leather Trades Chem. 5 (1921), 20.

Abb. 66. **Vertikalschnitt durch eine Schafshaut**
(Nach 42stündigem Schwitzen)

Stelle der Entnahme: Schild
Dicke des Schnittes: 20 μ
Färbung: Van Heurcks Blauholz,
  Daubs Bismarckbraun

Okular: Keins
Objektiv: 16 mm
Wratten-Filter: H-Blaugrün
Lineare Vergrößerung: 45fach

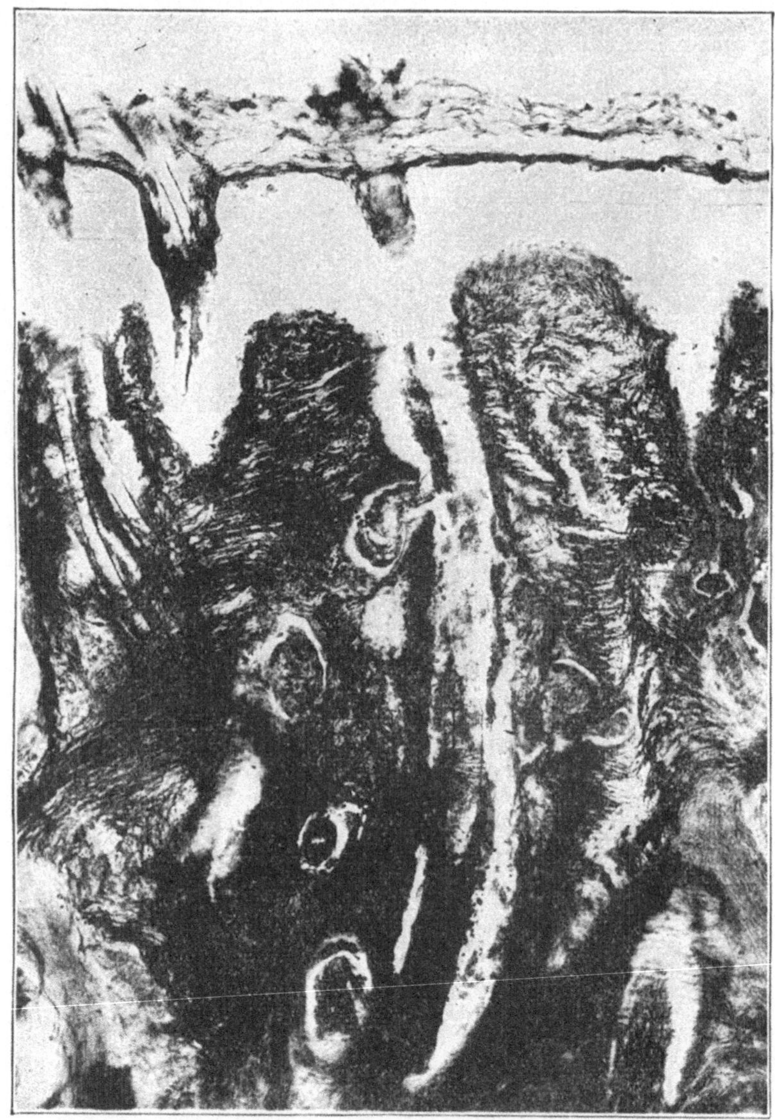

Abb. 67. Vertikalschnitt durch die Thermostatschicht einer Schafshaut
(Nach 42stündigem Schwitzen)

Stelle der Entnahme: Schild
Dicke des Schnittes: 20 μ
Färbung: Van Heurcks Blauholz,
    Daubs Bismarckbraun

Okular: 5X
Objektiv: 16 mm
Wratten-Filter: H-Blaugrün
Lineare Vergrößerung: 135fach

die sich in Form von Löchern und fleckenartigen Auflösungserscheinungen auf Fleisch- und Narbenseite von Häuten unangenehm bemerkbar macht. Er fand, daß diese Löcher durch Mikroorganismen, die zu der Familie der „Nemathelminthen" gehören, wurmartigen Gebilden von der Länge eines Millimeters, verursacht werden. Durch Trocknen werden sie offenbar zerstört. Sie wurden in großen Mengen in den Schwitzkammern vorgefunden, auf den hineingebrachten Häuten dagegen nicht. Man konnte weiterhin durch Experimente im Laboratorium nachweisen, daß diese Organismen bei Gegenwart von Spuren von Ammoniak, die ja immer in den Schwitzkammern sind, imstande waren, solche Aushöhlungen in der Haut hervorzubringen. Es zeigte sich, daß Häute, die in sauberen Gefäßen, ohne eine Anwesenheit von Mikroorganismen, außer denen die mit den Häuten hereingebracht waren, gute Haarlässigkeit und keinerlei Fehler aufwiesen, sobald sie dem Schwitzprozeß unterworfen wurden. Es scheint demnach, daß sich die Bildung dieser Hautfehler durch Reinhaltung der Schwitzkammern vollkommen verhindern läßt.

Nach dem Schwitzen werden die Häute gewöhnlich in gesättigtes Kalkwasser gebracht und einige Stunden oder über Nacht darin gelassen. Wenn auch diese Behandlung nicht in allen Fällen notwendig ist, so vermindert sie doch durch Abtötung der Bakterien die Gefahr einer Beschädigung der Haut durch Faulnis. Hierauf können Haare und Epidermis entfernt werden. In modernen Betrieben wird dies mit Hilfe von Maschinen durchgeführt, die Häute werden mit der Rückseite auf eine Gummiplatte gebracht und ein System von stumpfen Messern schiebt unter leichtem Druck Haare und Epidermis fort. Bisweilen werden die stumpfen Messer auf Rollen montiert, die sich beim Streichen über die Haut drehen.

Die Blöße wird dann auf den „Baum" gelegt und „gestrichen". Der Baum[1]) ist eine hölzerne konvexe Platte von 2 Meter Länge, die so aufgebaut wird, daß sie mit der Horizontalen einen Winkel von 30^0 bildet und das erhöhte Ende etwa einen Meter über dem Erdboden ist. Der „Baumarbeiter" lehnt sich über den Baum und schiebt mit einem besonderen Eisen, einem gebogenen Messer mit zwei Holzgriffen, die Überreste der Drüsen, die Kalkseifen, den Schmutz und die etwa noch gebliebenen Haare aus der Haut nach unten und nach den Seiten heraus.

Ziegenhäute kann man nach dem Beizen mit der Maschine streichen; beim Streichen von gekälkten Kalbsblößen läßt sich nach den Erfahrungen des Verfassers ein guter Baumarbeiter durch keine Maschine ersetzen. Die Bearbeitung mit der Hand ist deshalb vorzuziehen, weil die Neigung der Haarbälge zur Haut verschieden ist. Wird das Eisen in der Wachstumsrichtung der Haare, also von der

---

[1]) Der Engländer und Amerikaner bezeichnet die Wasserwerkstatt nach diesem Baum, dies Wort lautet im Englischen „Beam", der Ausdruck für Wasserwerkstat ist dementsprechend „Beamhouse".

Wurzel zur Spitze über die Haut hinweggeführt, so wird dabei der Schmutz aus den Haarbälgen herausgedrückt; bei entgegengesetzter Führung des Eisens verfängt er sich jedoch in den Bälgen. Weiterhin ist der Baumarbeiter in der Lage zu sehen, wo in der Haut noch Schmutz vorhanden ist, da die geäscherte Haut eine gewisse Durchsichtigkeit hat. Die Maschine faßt die neuen Haare, deren Wurzeln zwar ebenso lang wie die der ausgewachsenen sind, nicht, da der über die Haut herausragende Teil zu kurz ist. Der Baumarbeiter kann jedoch solche Haare bemerken und entfernen.

Nach dem Streichen werden die Blößen gründlich gewaschen, um auf diese Weise den größten Teil des Kalkes zu entfernen. Die Bedeutung dieser Operation ist nicht zu unterschätzen, verhindert sie doch das Mitschleppen von Kalksalzen, das bei den nachfolgenden Prozessen zu unangenehmen Störungen Anlaß geben kann. Im allgemeinen wäscht man die Blößen in Walkfässern in fließendem Wasser. Wood[1]), der das Auswaschen experimentell untersuchte, fand, daß nach 2stündigem Waschen der Vorgang praktisch zum Stillstand gekommen war. Man dehnt jedoch in der Praxis das Waschen nicht so lange aus und entfernt nur den Hauptteil des Kalkes, der Rest wird auf andere Weise zum Verschwinden gebracht. Abb. 68 zeigt die entfernte Kalkmenge bei einem typischen Waschvorgang in Abhängigkeit von der Zeit. Der in der Haut verbleibende Anteil an Kalk nähert sich einem bestimmten Endwert, der durch die Bildung von Karbonaten in der Haut und von Verbindungen der Haut mit dem Kalk zu erklären ist.

Kälken

Die verbreitetste Methode zur Trennung der Epidermis von der eigentlichen Haut ist sehr alt. Sie leitet ihre Bezeichnung aus dem verwendeten gesättigten Kalkwasser ab[2]). Die älteren Kalkäscher wurden auf folgende Weise bereitet. Man hatte nur nötig, eine Grube mit Wasser zu füllen und einen Überschuß an Kalk hinzuzufügen. Nach dem Weichen wurden die Häute in diese Brühen gebracht und darin belassen, bis eine gute Haarlässigkeit eintrat. Oft wurden sie, um den Vorgang zu beschleunigen, unter öfterem Zubessern von Kalk täglich umgezogen. Bei der Anwendung dieser Äschermethode ergab es sich, daß Häute, die in Äscher gebracht wurden, die schon mehrere Male benutzt worden waren, schneller enthaart wurden als die, welche vorher damit behandelt worden waren. In alten Äschern bildeten sich Ammoniak, Proteinabbauprodukte, Bakterien und Enzyme, die offenbar mit dazu beitrugen, die enthaarende Wirkung zu beschleunigen. Andererseits wurden die Kollagenfasern in alten Äschern immer mehr angegriffen und wurde eine geringere Schwellwirkung ausgeübt.

---

[1]) Wood, Das Entkälken und Beizen der Felle und Häute. Braunschweig 1914.
[2]) Anmerkung des Übersetzers: Im Englischen leitet sich das Wort „Liming" für Kälken ebenfalls von dem entsprechenden Worte für Kalk „Lime" ab.

Als man es gelernt hatte, die Eigenschaften der Äscher verschiedenen Alters zu erkennen, durchliefen die einzelnen Partien bestimmte Äschergänge. Die Häute wurden zunächst, um die Haarlockerung einzuleiten, in ältere Äscherbrühen getan, sodann brachte man sie von Tag zu Tag in frischere, so daß sie sich schließlich bei vollkommener Haarlässigkeit in einem ganz frischen befanden. Dieses etwas umständliche System ist noch in einigen älteren Gerbereien üblich, die moderne Gerberei bevorzugt jedoch schnellere Verfahren.

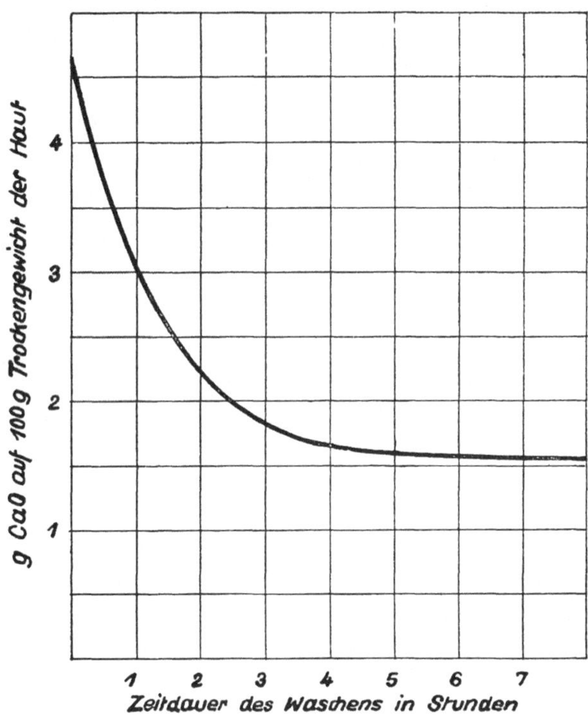

Abb. 68. Die Entfernung des Kalkes aus einer Blöße durch Auswaschen mit Wasser

Verwendet man nur Kalk in den Äschern, so erreicht man gute Haarlässigkeit in 1 bis 3 Wochen. Nachteilig ist es, daß ein Teil des Kollagens besonders in den alten Äschern, die nicht mehr mit Kalk gesättigt sind, hydrolysiert wird. Ein Grund hierfür liegt in der Empfindlichkeit der Bakterien gegen Schwankungen der pH-Werte, insbesondere sind die in den Äscherbrühen vorhandenen Bakterien bei einem pH-Wert von 12,5, der einer gesättigten Brühe eigentümlich ist, verhältnismäßig wenig aktiv, fällt der pH-Wert jedoch, so werden sie immer aktiver. Um der Gefahr, die sich aus ungesättigtem Äschern ergibt, zu begegnen, hat man vielfach ein Umrühren der Äscher empfohlen. Eine einfache Konstruktion sieht ein Schaufelrad in den Äschergruben vor, das bei Bewegung ein Durchrühren der Brühe und damit eine Sättigung mit Kalk bewirkt.

Obgleich gesättigtes Kalkwasser seit Jahrhunderten zur Trennung der Epidermis und des Haares von der eigentlichen Lederhaut verwendet wird, ist die Einwirkung des Kalkwassers auf die Haut noch nie erschöpfend behandelt worden. Der Grund hierfür liegt in den Schwierigkeiten, die sich aus der verwickelten Struktur und Zusammensetzung der Haut ergeben. Der Einfluß eines lange Zeit dauernden Äscherns auf das fertige Leder ist in der Praxis wohlbekannt; der Mechanismus des Vorganges selbst ist indessen noch immer ungeklärt. Um diese Lücke auszufüllen, führten Wilson und Daub[1]) mikroskopische Untersuchungen zur Klärung dieser Vorgänge aus.

Der Schild einer Kalbshaut wurde in Stücke von 12×36 mm zerschnitten. Nachdem die Stücke einen Tag in kaltem Wasser gewässert worden waren, wurden sie in eine Kalklösung übergeführt, die im Liter 27 g Kalziumhydroxyd enthielt. Die Lösungen mit den Hautstücken wurden dann in geschlossenen Gefäßen in einem Thermostaten bei 20^0 C aufbewahrt. Von Zeit zu Zeit wurden daraus Stücke zur Untersuchung im Mikroskop entnommen. Die Mikrophotographien und Schnitte wurden in der früher beschriebenen Weise hergerichtet. Auch wurden in Abständen Flüssigkeitsproben zur Feststellung der Bakterienzahl entnommen. Eine zweite Versuchsreihe wurde so durchgeführt, daß bakterielle Tätigkeit durch Bedeckung des Kalkwassers mit Toluol ausgeschaltet wurde; die Versuchsergebnisse beider Reihen stimmten jedoch überein.

Es zeigte sich, daß alle untersuchten Lösungen steril waren. Nur bei dem Versuch, in dem die Haut 7 Monate mit Kalkbrühe in Berührung war, entwickelte sich nach 4tägigem Brüten je eine Bakterienkolonie in einem ccm Agar. Dieser Befund entspricht den Erfahrungen des Verfassers, daß die Bakterienzahl in frischen Äscherbrühen im allgemeinen gleich Null ist, oder zum mindesten gegen die in den Weichbrühen ermittelten Zahlen vollkommen zu vernachlässigen ist. Collett[2]) konnte kürzlich nachweisen, daß Bakterien sich eine Zeitlang in Kalkbrühen erhalten können. Sie büßen jedoch die Fähigkeit sich zu vermehren ein und sterben langsam ab, so daß die Brühen praktisch steril werden, es sei denn, daß von außen frische Bakterien hineingelangen. Man kann daher ohne weiteres annehmen, daß die Veränderungen, die die Hautproteine erleiden, nur durch das Kalkwasser und nicht durch bakterielle Vorgänge hervorgerufen werden.

Zuerst machte sich eine Auflösung der Zellen der Malpighischen Schicht bemerkbar. Nach 5 Tagen war diese so weit vor sich ge-

---

[1]) Wilson u. Daub, Effect of Long Contact of Calfskin with Saturated Limewater. Journ. Ind. Eng. Chem. 16 (1924), 602.
[2]) Collett, Journ. Soc. Leather Trades Chem. 7 (1923), 418.

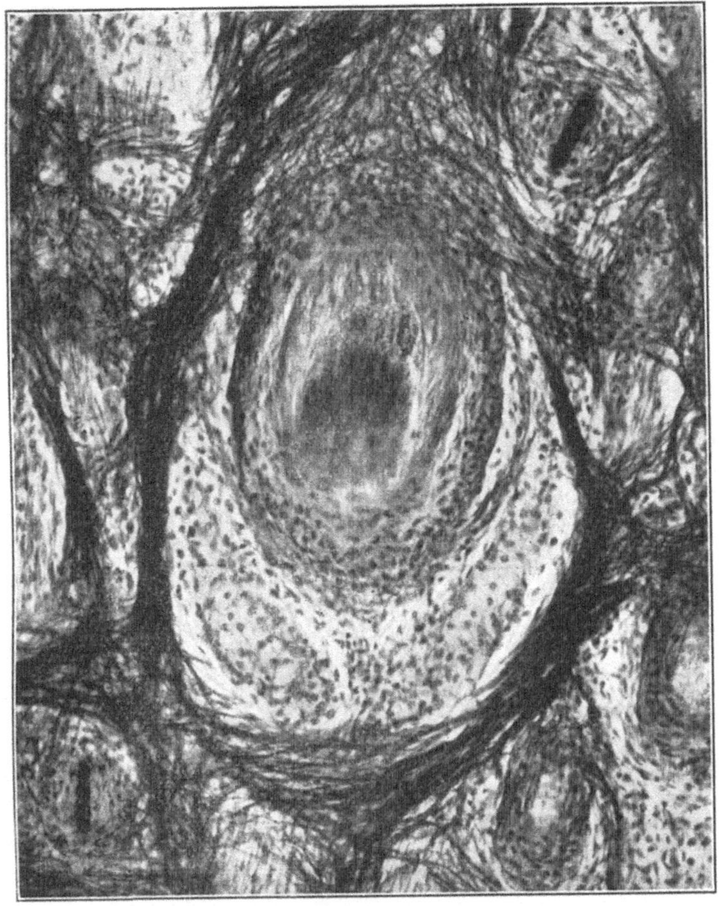

Abb. 68 a. Horizontalschnitt durch die Schweißdrüsen einer frischen Kalbshaut
(Nach 1tägiger Weiche in Wasser niederer Temperatur)

Stelle der Entnahme: Schild	Okular: 5X
Dicke des Schnittes: 30 μ	Objektiv: 8 mm
Färbung: Van Heurcks Blauholz,	Wratten-Filter: H-Blaugrün
Daubs Bismarckbraun	Lineare Vergrößerung: 225fach

gangen, daß man Epidermis und Haare mit einem Messerrücken leicht abschaben konnte. Erst nach 3 Wochen ließ sich eine weitere auffällige Veränderung nachweisen.

Es stellte sich heraus, daß Horizontalschnitte am besten die Einwirkung des Kalkwassers demonstrieren. Abb. 68a gibt einen Schnitt nach eintägiger Weiche in kaltem Wasser wieder; in der Mitte befindet sich ein Haar, das senkrecht zur Bildebene verläuft. Rechts

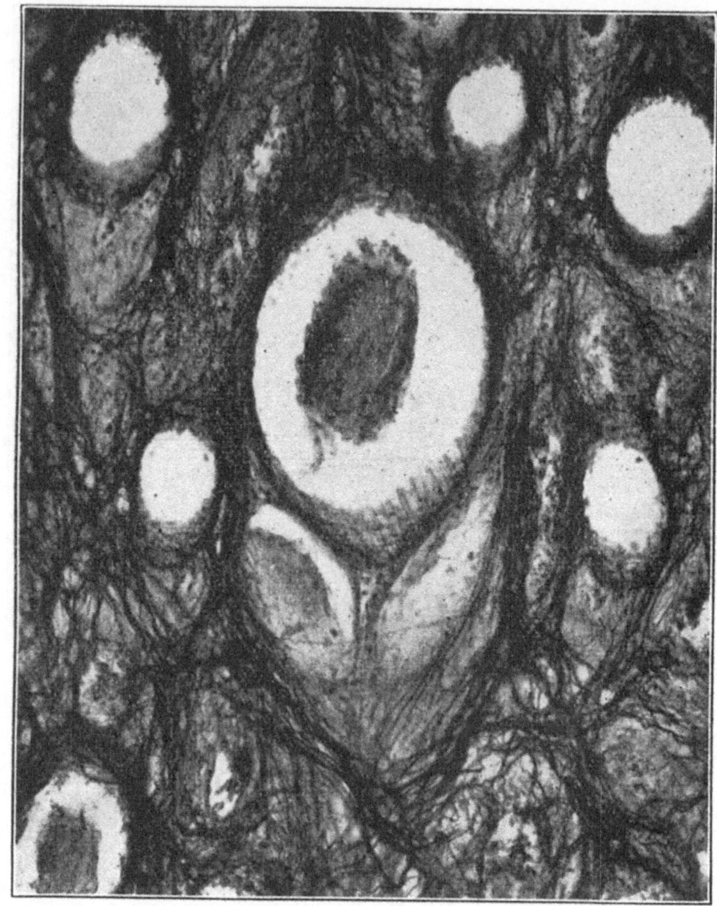

Abb. 68b. Horizontalschnitt durch die Schweißdrüsen einer Kalbshaut
(Nach 3wöchiger Einwirkung von gesättigtem Kalkwasser)

Stelle der Entnahme: Schild	Okular: 5X
Dicke des Schnittes: 30 μ	Objektiv: 8 mm
Färbung: Van Heurcks Blauholz,	Wratten-Filter: H-Blaugrün
Daubs Bismarckbraun	Lineare Vergrößerung: 225fach

und links davon befinden sich zwei Schweißdrüsen, die das Haar mit
Fett versorgen. Um die Drüsen und das Haar herum ist eine Schicht
von Elastinfasern. Die dunklen Punkte entsprechen Zellkernen.

Abb. 68b zeigt einen gleichen Schnitt nach dreiwöchiger Einwirkung von Kalkwasser. Die Drüsen sind angegriffen und die
Epidermiszellen um das Haar herum zerstört, so daß die Haare in
leeren Bälgen zurückbleiben. Die Elastinfasern zeigen jetzt nach
3 Wochen noch keine Veränderung, nach 4 Wochen jedoch zerfallen

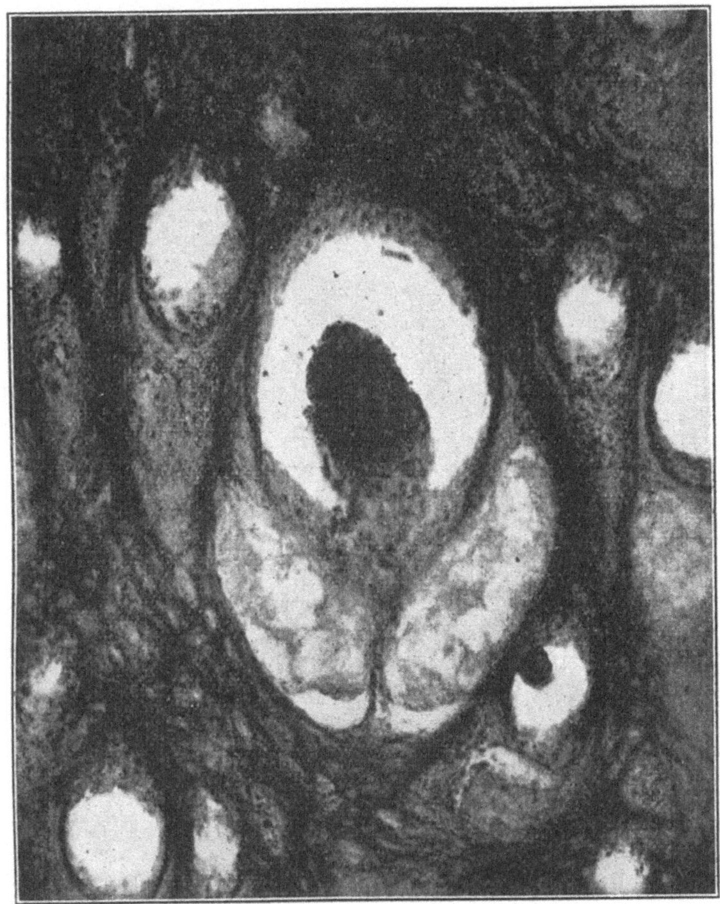

Abb. 68 c. Horizontalschnitt durch die Schweißdrüsen einer Kalbshaut
(Nach 4wöchiger Einwirkung von gesättigtem Kalkwasser)

Stelle der Entnahme: Schild
Dicke des Schnittes: 30 μ
Färbung: Van Heurcks Blauholz,
   Daubs Bismarckbraun

Okular: 5X
Objektiv: 8 mm
Wratten-Filter: H-Blaugrün
Lineare Vergrößerung: 225fach

sie schnell, nach 5 Wochen sind sie, wie Abb. 68d erkennen läßt, ganz verschwunden.

Nach 5 Wochen verschwindet ein Teil der Zellkerne, sie werden nach und nach zerstört und verschwinden nach 3 Monaten ganz. Das s t r a t u m c o r n e u m erweist sich 15 Wochen lang als resistent, sie beginnt dann sich langsam aufzulösen und ist nach 7 Monaten ganz verschwunden.

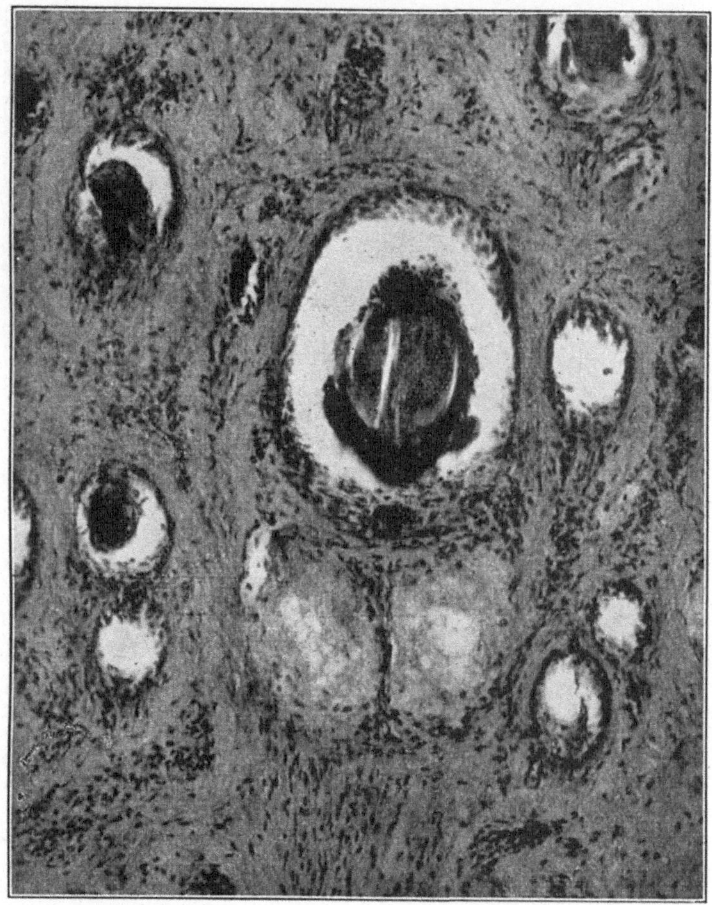

Abb. 68 d. Horizontalschnitt durch die Schweißdrüsen einer Kalbshaut
(Nach 5wöchiger Einwirkung von gesättigtem Kalkwasser)

Stelle der Entnahme: Schild
Dicke des Schnittes: 30 μ
Färbung: Van Heurcks Blauholz,
   Daubs Bismarckbraun

Okular: 5X
Objektiv: 8 mm
Wratten-Filter: H-Blaugrün
Lineare Vergrößerung: 225fach

Die lederbildenden Kollagenfasern blieben 5 Monate hindurch unangegriffen, danach zeigten sie ein verschwommenes und glasiges Aussehen und wurden langsam hydrolysiert. Nach 7 Monaten hatte die Haut die Fähigkeit, in neutraler Ammoniumchloridlösung zu verfallen, verloren. Beim Pickeln entstand eine harte Masse, die an entwässerte Gelatineplatten erinnerte. Beim Gerben erhielt man ein leeres und flaches Leder. Dies weist auf einen großen Kollagenverlust während des Äscherns hin.

Das Bestreben, die Dauer des Äschers möglichst abzukürzen und die Hautsubstanz zu schonen, hat die Anwendung von „Anschärfungsmitteln", wie Arsensulfid, Schwefelnatrium und Natronlauge weitgehend verbreitet. Die sachgemäße Anwendung der Anschärfungsmittel in Verbindung mit Kalk verringert die Äscherdauer von Wochen auf Tage. Wichtig ist es ferner, auf die Temperatur zu achten. Gerbereien, die keine heizbaren Äscher besitzen, benötigen im Winter längere Zeit zum Äschern als im Sommer. Am besten hält man die Temperatur der Äscher während des ganzen Jahres auf 20^0—25^0 C.

Eines der ersten Anschärfungsmittel war Arsensulfid. Gebrannter Kalk und Arsensulfid wurden vor dem Löschen gemischt, wobei aut 25 Teile Kalk ein Teil Arsensulfid kam. Die aus diesem Gemisch entstehende Brühe wurde in einer Konzentration verwendet, die hinreichte, um die Häute in 2 bis 3 Tagen haarlässig zu machen, und die eine Beschädigung der Haare vermied. Heutzutage verwendet man allgemein Schwefelnatrium, das billiger und etwas wirksamer ist. Die Konzentration des Schwefelnatriums beträgt bei Verwendung von gesättigter Kalkbrühe am besten 0,01 Mol im Liter.

In Abb. 69 ist die Einwirkung eines mit Schwefelnatrium angeschärften Äschers auf eine Kalbshaut wiedergegeben. Eine frische Kalbshaut wurde in eine Lösung gebracht, die im Liter 0,7 g Na_2S enthielt und die mit Kalk gesättigt war. Die Temperatur der Brühe betrug 25^0 C, sie wurde ferner des öfteren umgerührt. Wie bei der Untersuchung des Schwitzprozesses wurden der Haut des öfteren Proben in bestimmten Zeiträumen zur Untersuchung entnommen. Äußerlich unterscheidet sich der Schwitzvorgang in bezug auf die Wirkung auf die Haut vom Kalkäscher dadurch, daß die Haut nach dem Enthaaren im ersteren Falle flach und verfallen und im anderen prall und gequollen ist. Das Schicksal der Zellen der Malpighischen Schicht ist jedoch in beiden Fällen das gleiche. Aus den Schnitten läßt sich erkennen, daß die Malpighische Schicht langsam aufgelöst wird, so daß eine vollkommene Trennung der übrigen Teile der Epidermis von der eigentlichen Lederhaut eintritt, ebenso werden die Haare und Drüsen abgetrennt. Abb. 69 gibt den Schnitt eines Hautstückes nach 48stündiger Einwirkung wieder. Der obere Teil des Schnittes wird bei stärkerer Vergrößerung in Abb. 70 abgebildet, er ist mit Abb. 18 vergleichbar, die dieselbe Haut im lebenden Zustand wiedergibt.

Die Alkalilösung hat die Malpighische Schicht vollkommen zerstört; die körnige Schicht erscheint dadurch als ununterbrochene Linie, die vom Corium vollkommen getrennt ist. Die Epithelzellen in den Haarbälgen sind gänzlich aufgelöst, so daß die Haare locker sitzen und von der Enthaarungsmaschine heruntergeschoben werden können. Die Schweißdrüsen sind, wie die Hohlräume zeigen, verschwunden, die Fettdrüsen liegen in Säckchen, die sich nach den Haarbälgen öffnen. Unverletzt ist noch der arrector pili-Muskel, der sich kaum bemerkbar vom Haarkolben nach links aufwärts erstreckt. In der Thermostatschicht und in den tieferen Schichten des Coriums er-

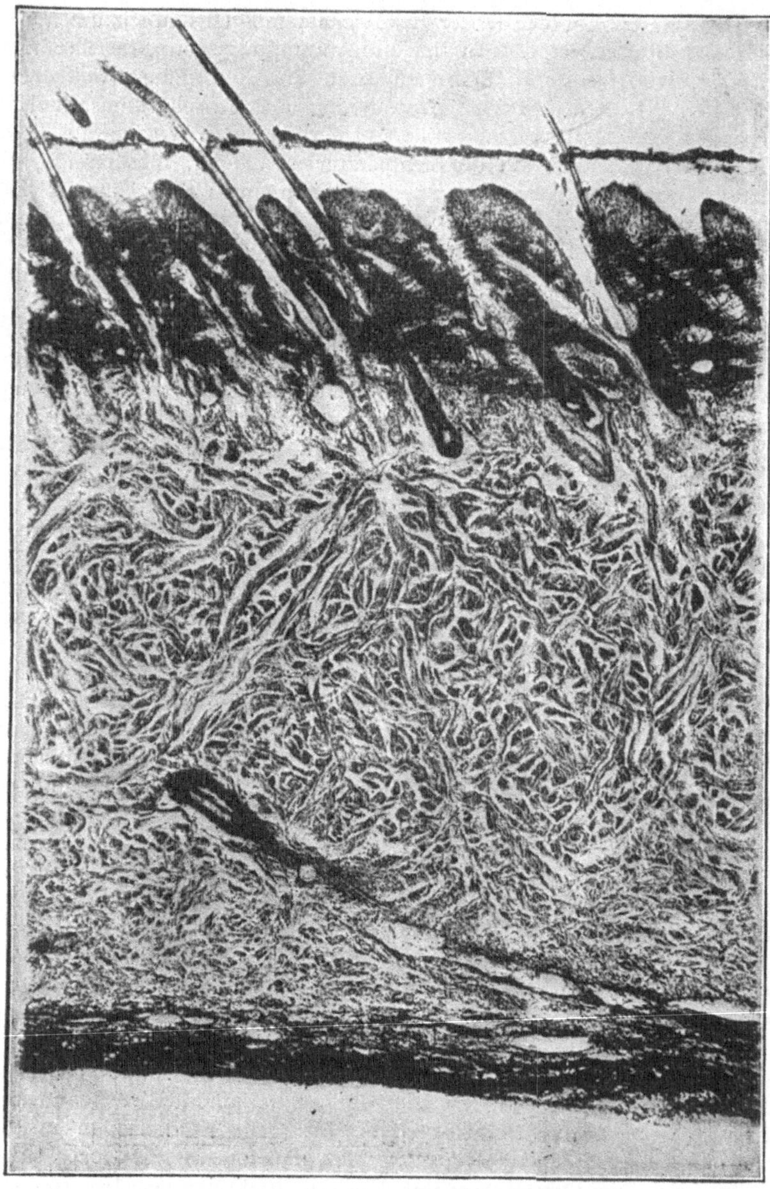

Abb. 69. **Vertikalschnitt durch eine Kalbshaut**
(Nach 48stündiger Einwirkung von Kalkwasser)

Stelle der Entnahme: Schild
Dicke des Schnittes: 40 μ
Färbung: Weigerts Resorcin-
    Fuchsin, Picro-Rot

Okular: Keins
Objektiv: 32 mm
Wratten-Filter: B-Grün; E-Orange
Lineare Vergrößerung: 25fach

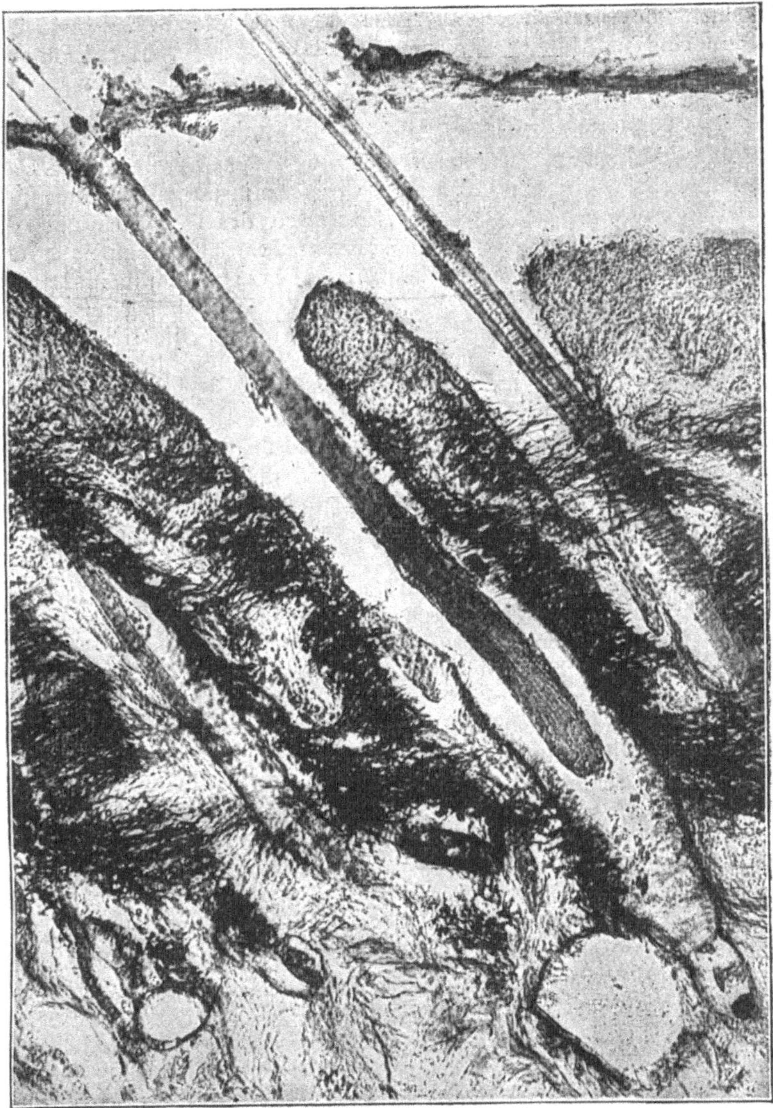

Abb. 70. Vertikalschnitt durch die Thermostatschicht einer Kalbshaut
(Nach 48stündiger Einwirkung von Kalkwasser)

Stelle der Entnahme: Schild
Dicke des Schnittes: 40 μ
Färbung: Weigerts Resorcin-
    Fuchsin, Picro-Rot

Okular: 5X
Objektiv: 16 mm
Wratten-Filter: B-Grün; E-Orange
Lineare Vergrößerung: 135fach

scheinen die Elastinfasern als ganz dünne schwarze Fäden. Diese Fasern sind in Abb. 18 nicht so gut zu beobachten, da die Färbung für diese nicht so günstig gewählt wurde, um die Feinheiten anderer Hautteile besser hervortreten zu lassen.

Da jeder Enthaarungsvorgang auf der Verschiedenheit der Einwirkung mannigfacher Mittel auf die verschiedenen Proteine der Haut beruht, wobei meist eine Hydrolyse der Keratinsubstanzen eintritt, ist es wichtig, die Abhängigkeit der Hydrolyse des Kollagens und der Keratine von der Wasserstoffionenkonzentration, der Temperatur und der Dauer der Einwirkung zu kennen. Merill[1]) führte im Laboratorium des Verfassers einige Versuche in dieser Richtung aus. Wenn auch das Verhalten der jung gebildeten Keratine, die sich chemisch durch ihre geringere Widerstandsfähigkeit gegenüber Alkalien von den älteren unterscheiden, für das Verständnis des Äschervorganges von größter Wichtigkeit ist, so sah man sich doch infolge der Unmöglichkeit, dieses Material, das nur dem Mikroskop zugänglich war, zu isolieren, genötigt, die Versuche mit alten Keratinen durchzuführen.

Bei der Vorbereitung der Haut zu den Versuchen wurde, um eine zu weitgehende Veränderung zu vermeiden, folgender Weg eingeschlagen:

Zwei Kalbshäute wurden 3 Tage in reinem Wasser geweicht, mit Kalziumhydroxyd, dem etwas Schwefelnatrium zugefügt war, geäschert, gebeizt und mit einer Lösung von 0,01 n Chlorwasserstoffsäure, die $12^0/_0$ Natriumchlorid enthielt, entkälkt. Die ganze Haut wurde in Stücke von 2 qmm zerschnitten und im Gleichgewicht mit einer Lösung von Borax, die einen pH-Wert von 7,7 hatte, gebracht. Danach wurden die Hautstückchen mehrere Tage in fließendem kalten Wasser und schließlich in destilliertem Wasser gewaschen. Das Material wurde dann mit absolutem Alkohol entwässert, mit Xylol vom Alkohol befreit und bei Zimmertemperatur getrocknet. Die so gewonnenen Hautstückchen hatten, wenn sie in Wasser geweicht wurden, die gleiche Beschaffenheit wie die ursprüngliche Haut.

Die Haare wurden von gleichmäßig braunen Kalbsfellen abgeschnitten, mehrmals mit Wasser gewaschen und mit Chloroform entfettet.

Der Hydrolysegrad der Haut und der Haare wurde durch Bestimmung des in Lösung gegangenen Stickstoffes ermittelt. Portionen von 3 g Haaren oder Haut wurden mit 150 ccm einer Natrumhydroxyd- oder Salzsäurelösung behandelt, deren Wasserstoffionenkonzentration bekannt war; ferner wurden Zeit und Temperatur in jedem Falle konstant gehalten. Um bakterielle Einflüsse auszuschalten, wurde zu den Versuchen Toluol hinzugesetzt. Nach der Einwirkung wurden die Lösungen filtriert und der Stickstoffgehalt in aliquoten Teilen des Filtrates ermittelt.

Die pH-Werte wurden vor und nach den Versuchen bestimmt, wobei die zuletzt ermittelten Werte bei der Aufstellung der Kurven ver-

---

[1]) Merill, Hydrolysis of Skin and Hair. Journ. Ind. Eng. Chem. 16 (1924), 1144.

wertet wurden. Die Lösungen waren nicht gepuffert, sondern enthielten nur Natriumhydroxyd oder Salzsäure. Es ist natürlich, daß sich die pH-Werte während der Einwirkung verändern. Bei starken Säure- oder Alkalilösungen, bei denen allein eine kleine Änderung der pH-Werte einen deutlichen Einfluß auf die Hydrolysenprozente ausübte, war die Änderung der pH-Werte außerordentlich klein. Die Einführung großer Salzmengen bei Anwendung von Pufferlösungen würde die Hydrolyse mehr beeinflußt haben als die geringfügigen Änderungen der pH-Werte, die tatsächlich eintraten.

Aus Abb. 70a kann man den Einfluß der Wasserstoffionenkonzentration auf die Hydrolyse von Haut und Haar feststellen. Sie zeigt die Prozentzahl des gesamten in Lösung gegangenen Stickstoffs nach einem Tage bei 25^0 C bei pH-Werten, die zwischen denen von 4 n Salzsäure und 4 n Natriumhydroxyd liegen. Die Kurven zeigen zwei beachtenswerte Momente. Einmal kann man ersehen, daß in saurer Lösung bei gleichem pH-Wert die Haut weit mehr hydrolisiert wird als das Haar, während in alkalischer Lösung gerade das Umgekehrte der Fall ist. Zweitens kann man aus der Form der Kurven folgendes entnehmen: In der Nähe des Neutralpunktes ist die Hydrolyse sehr gering Steigt der pH-Wert weiter, oder nimmt er weiter ab, so tritt ein plötzliches Ansteigen der Kurven ein, so daß diese fast senkrecht zur X-Achse verlaufen. Mit anderen Worten: Es tritt nach Überschreitung gewisser Werte vollständige Hydrolyse ein, vor Erreichung dieser Werte fast überhaupt nicht In alkalischen Lösungen tritt mit steigenden pH-Werten die Hydrolyse des Haares eher ein als die der Haut, in sauren Lösungen ist der Effekt gerade ein umgekehrter, das heißt, Hydrolyse der Haut findet mit wachsender Wasserstoffionenkonzentration eher statt. Dies konnte bei allen Untersuchungen festgestellt werden.

Abb. 70b zeigt den Einfluß der Temperatur auf die Hydrolysegeschwindigkeit. Die Untersuchungen wurden bei 7^0, 15^0 und bei 25^0 C in alkalischer Lösung durchgeführt. Man kann ersehen, daß mit dem Steigen der Temperatur der Punkt vollständiger Hydrolyse sich nach den Gebieten geringerer Alkalinität verschiebt. Dieser Einfluß macht sich bei der Haut bemerkbarer als bei dem Haar. Bei 7^0 und 15^0 C trat überhaupt keine vollständige Hydrolyse der Haut ein, selbst dann nicht, wenn 4 n Natriumhydroxyd angewandt wurde. Die Kurven für Haare liegen immer links und über denen für Haut, bei niedrigeren Temperaturen ist die Divergenz noch größer.

Der Einfluß der Zeit in alkalischer und in saurer Lösung ist aus den Abb. 70c, 70d und 70e zu ersehen. Eine verlängerte Einwirkungszeit wirkt ähnlich wie eine Erhöhung der Temperatur. Im pH-Bereich, bei dem eine bemerkenswerte Hydrolyse kaum eintritt, ist diese ein wenig erhöht, der Punkt vollständiger Hydrolyse wird durch Verlängerung der Einwirkungszeit in das Gebiet niederer Alkalinität und niederen Säuregrades verschoben. Außer dem bereits erwähnten Einfluß der pH-Werte ist kein weiterer Unterschied in dem Verhalten von Haar und Haut zu verzeichnen.

In modernen Gerbereibetrieben werden zum Beschleunigen der Äscher Sulfide als Anschärfungsmittel verwendet. Der Einfluß der Sulfide auf die Hydrolyse von Haut und Haaren in alkalischer Lösung

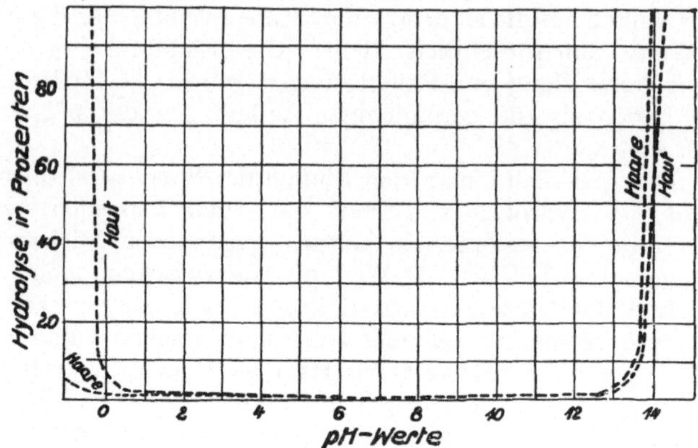

Abb. 70a. **Der Einfluß der pH-Werte auf die Hydrolyse von Kalbshaut und -Haaren**

Lösung: NaOH oder HCl   Einwirkungszeit: 24 Stunden
Temperatur: 25⁰ C   Unabhängige Variable: pH-Wert

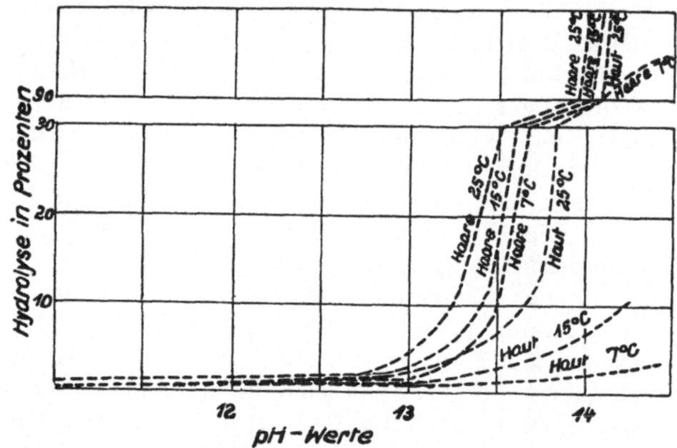

Abb. 70b. **Der Einfluß der Temperatur auf die Hydrolyse von Kalbshaut und -Haaren**

Lösung: NaOH   Einwirkungszeit: 24 Stunden
Temperatur: 7⁰, 15⁰, 25⁰ C   Unabhängige Variable: pH-Wert

ist daher von Wichtigkeit zur Erklärung des Mechanismus des modernen Äschers. Merill[1]) hat im Laboratorium des Verfassers Versuche in dieser Richtung durchgeführt. Die Methodik war die gleiche wie bei der Untersuchung der Hydrolyse von Haut und Haaren in rein alkalischem

---

[1]) Merill, Effect of Sulfides on the Alkaline Hydrolysis of Skin and Hair. Journ. Ind. Eng. Chem. (1925), 36.

Medium. Der Grad der Hydrolyse wurde wiederum durch die in Lösung gegangenen Stickstoffmengen festgestellt. Außerdem wurde noch die von der Haut und den Haaren aufgenommene Menge von Sulfiden

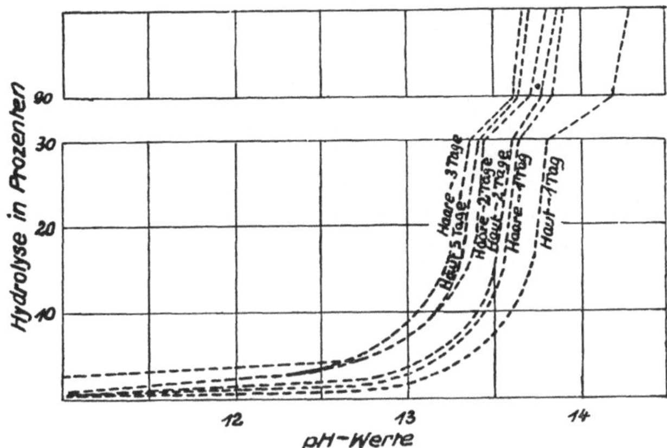

Abb. 70c. Der Einfluß der Einwirkungszeit auf die Hydrolyse von Kalbshaut und -Haaren

Lösung: NaOH   Einwirkungszeit: 1, 2 und 3 Tage
Temperatur: 25° C   Unabhängige Variable: pH-Wert

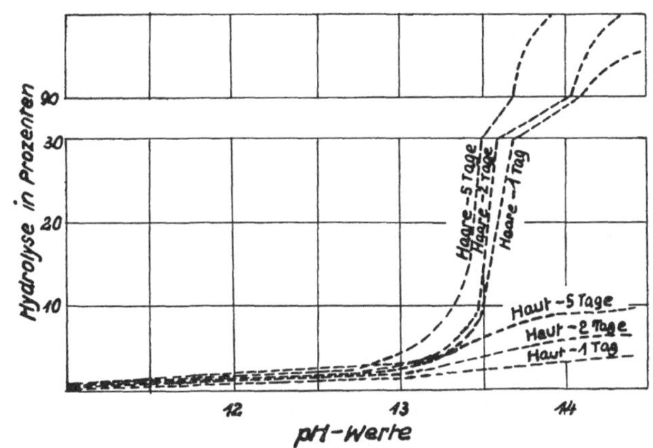

Abb. 70d. Der Einfluß der Einwirkungszeit auf die Hydrolyse von Kalbshaut und -Haaren

Lösung: NaOH   Einwirkungszeit: 1, 2 und 5 Tage
Temperatur: 7° C   Unabhängige Variable: pH-Wert

durch Titration der Lösungen mit Zinksulfat und Nitroprussidnatrium als Indikator ermittelt.

Es gelangten folgende Lösungen zur Anwendung: (1) $NaOH +$ $NaSH$; (2) $Ca(OH)_2 + NaSH$; (3) $Ca(OH)_2 + Ca(SH)_2$. NaSH wurde durch Einleiten von reinem Schwefelwasserstoff in 2 n NaOH, bis die gleiche Anzahl Na- und SH-Ionen vorhanden war, erhalten; entsprechend wurde Ca(SH)$_2$ durch Einleiten von H$_2$S in eine Lösung von Ca(OH)$_2$ hergestellt.

Bei den Versuchen wurden zu einer gesättigten Lösung von Ca(OH)$_2$ steigende Mengen NaSH bzw. Ca(SH)$_2$ hinzugesetzt. Die Zeit der Einwirkung betrug einen Tag und die Temperatur 25° C. Die Ergebnisse der Untersuchungen sind aus Abb. 70f ersichtlich. Besonders beachtlich erscheint das verschiedene Verhalten der Haut und der Haare. Bei den Haaren erhöht sich die in Lösung gegangene Menge durch Vermehrung der Sulfide in beträchtlicher Weise, bei der Haut dagegen ist eine deutlich vergrößerte Hydrolyse nur festzustellen, wenn die Menge des hinzugefügten NaSH eine beträchtliche ist. Die Haare

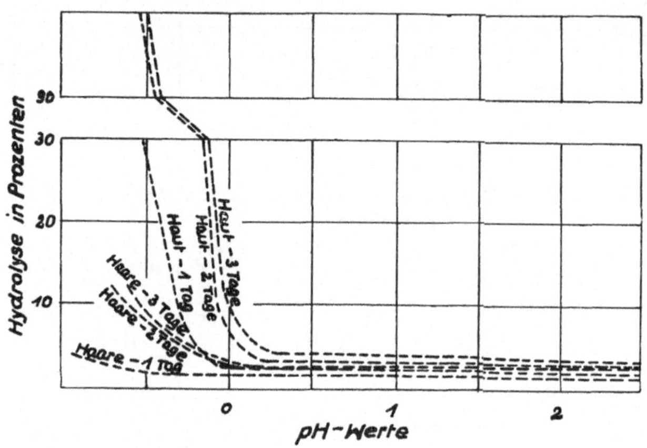

Abb. 70e. **Der Einfluß der Einwirkungszeit auf die Hydrolyse von Kalbshaut und -Haaren**

Lösung: HCl   Einwirkungszeit: 1, 2 und 3 Tage
Temperatur: 25° C   Unabhängige Variable: pH-Wert

unterscheiden sich ferner von der Haut durch die Fähigkeit, große Mengen von Sulfiden aus der Lösung aufzunehmen oder auf eine andere Weise daraus zu entfernen. Es liegt nahe, einen Zusammenhang zwischen Absorption und Hydrolyse bei den Haaren anzunehmen.

Bei Untersuchung des Einflusses der Sulfidkonzentration auf die Hydrolyse ergaben sich insofern Schwierigkeiten, als sich mit dieser auch die Wasserstoffionenkonzentration änderte. Ferner war es nicht möglich diese Änderung der Wasserstoffionenkonzentration messend zu verfolgen, da bei Verwendung der Wasserstoffelektrode diese vergiftet wurde und da die in diesem Gebiet in Betracht kommenden Indikatoren Verbindungen mit den Sulfiden bildeten. Zur Überwindung dieser Schwierigkeiten wurde folgender Weg eingeschlagen: Es wurde eine Reihe von Lösungen mit gleichem Gehalt an NaSH und wechselnden Mengen NaOH hergestellt, wobei die NaSH-Konzentration so klein gewählt wurde, daß ihr Einfluß auf den pH-Wert sich kaum bemerkbar machen konnte. Die pH-Werte der Lösungen wurden aus der Konzentration der Komponenten mit Hilfe der Hydrolysekonstanten des NaSH berechnet. Mit Hilfe dieser Reihe konnte die Hydrolyse bei konstanter SH-Ionenkonzentration und wachsender OH-Ionenkonzentration ermittelt werden. Weitere Versuchsreihen wurden bei anderen SH-Ionenkonzentrationen durchgeführt. Die Ergebnisse sind aus Abb. 70g zu ersehen. Es ergab sich folgender Befund: Bei konstanter SH-Ionen-

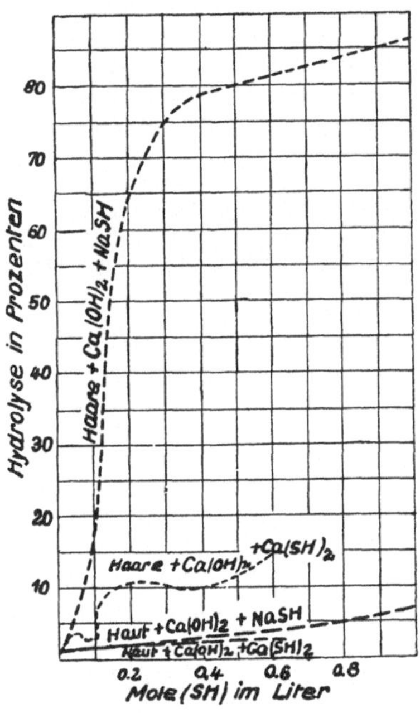

Abb. 70f. **Die Hydrolyse von Kalbs-
haut und -Haaren als Funktion der
Sulfidkonzentration**
Einwirkungszeit: 1 Tag
Temperatur: 25⁰ C

konzentration nahm mit steigender OH-Ionenkonzentration die Hydrolyse zu; ebenso bei konstanter OH-Ionenkonzentration mit wachsender Sulfidkonzentration.

Aus der Diskussion der Kurven, die die Hydrolyse der Haare als Funktion der SH-Ionenkonzentration darstellen, ergibt sich folgendes: In dem System $Ca(OH)_2 + NaSH$ werden die OH-Ionen und die SH-Ionenkonzentration beim Hinzufügen von NaSH vermehrt. Die Folge davon ist ein sehr schnelles Ansteigen der Hydrolyse. Im System $Ca(OH)_2 + Ca(SH)_2$ jedoch wird die OH-Ionenkonzentration durch den Zusatz von $Ca(SH)_2$ infolge der Verkleinerung der Löslichkeit von $Ca(OH)_2$ herabgedrückt. In diesem System sind demnach zwei Faktoren von entgegengesetztem Einfluß auf die Hydrolysegeschwindigkeit am Werk, beide ändern sich gleichzeitig und erteilen der Kurve eine unregelmäßige Gestalt, wie man aus der Abb. 70f ersehen kann. Die in der Kurve auftretenden Maxima sind demnach

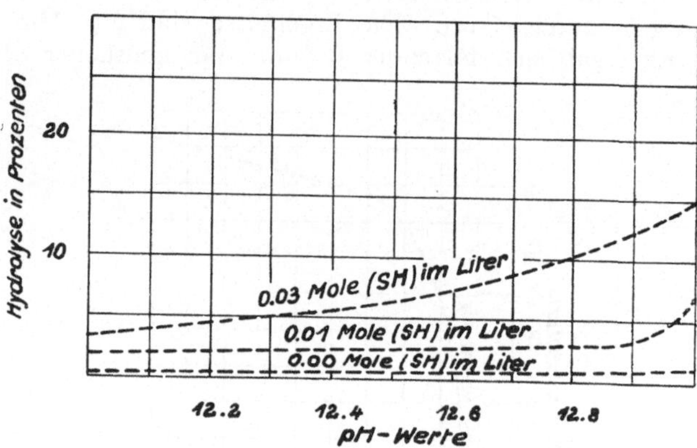

Abb. 70g. **Die Hydrolyse von Haaren als Funktion des pH-Wertes bei verschiedenen Sulfidanfangskonzentrationen**
Lösung: NaOH + NaSH
Einwirkungszeit: 1 Tag
Temperatur: 25^0 C

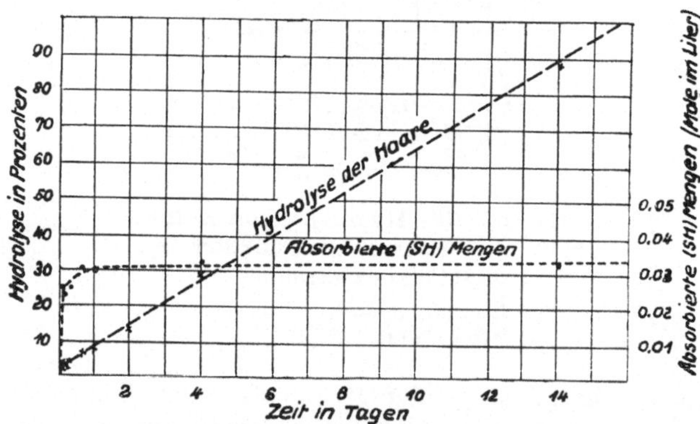

Abb. 70h. **Die Hydrolyse von Haaren und die Absorption von Sulfiden in Abhängigkeit von der Zeit**
Lösung: $Ca(SH)_2$ + $Ca(OH)_2$
Temperatur: 25^0 C

nicht auf Versuchsunregelmäßigkeiten sondern auf das Zusammenwirken zweier entgegengesetzter Faktoren zurückzuführen.

Wie gezeigt worden ist, nimmt mit wachsender NaSH- und $Ca(SH)_2$-Konzentration die Hydrolyse der Haare zu, wenn der pH-Wert konstant bleibt. Es wurde weiterhin gesehen, daß die Sulfide wohl von den

Haaren aber nicht von der Haut absorbiert wurden und auf diese nicht wirkten. Man könnte nun vermuten, daß eine bestimmte Beziehung zwischen der absorbierten und der hydrolysierten Menge besteht.

Aus der Tabelle 13a kann man die Absorption von Sulfiden und die Hydrolyse der Haare bei verschiedenen Anfangssulfidkonzentrationen ersehen. Im allgemeinen wird man feststellen können, daß mit steigender Sulfidkonzentration die absorbierte Menge und die Hydrolyse zunimmt.

Tabelle 13a

**Die Hydrolyse von Haaren als Funktion des pH-Wertes
bei verschiedenen Sulfidanfangskonzentrationen**

(Lösung: NaOH + Na(SH); Einwirkungszeit: 1 Tag; Temperatur: 25° C)

pH-Werte	Mole (SH) im Liter		Hydrolyse in %
	vorher	nachher	
12,00	—	—	—
12,4	—	—	—
12,7	—	—	0,35
13,0	—	—	0,80
11,5	0,018	0,011	1,56
12,0	0,018	0,011	1,29
12,4	0.018	0,010	2,15
12,7	0,018	0,010	2,15
12,85	0,018	0,010	3,03
13,0	0,018	0,011	7,04
11,5	0,047	0,029	2,05
12,0	0,047	0,030	3,03
12,4	0,047	0,029	5,48
12,7	0,047	0,029	8,95
12,85	0,047	0,029	11,75
13,0	0,047	0,029	14,52

Vergleicht man jedoch das Verhältnis beider Größen, so wird man keine Konstanz feststellen können; auch die aufgenommene Menge steht in keinem einfachen Verhältnis zur Anfangssulfidkonzentration.

Es liegt nahe, diese Befunde so zu deuten, daß eine unmittelbare lösende Wirkung der SH-Ionen auf die Haare nicht eintritt, sondern daß der Mechanismus des Vorganges verwickelter sein muß. Diese Vermutung wird weiter durch folgenden Umstand unterstützt. Wie aus Abb. 70h ersichtlich ist, wird die Hydrolyse der Haare als Funktion der Zeit fast durch eine gerade Linie dargestellt, die Sulfidabsorption hingegen ist praktisch in der ersten halben Stunde beendet. Hieraus geht deutlich hervor, daß die Lösung der Haare nicht allein durch die Absorption bestimmt wird.

Aus Tabelle 13a kann man ferner entnehmen, daß die aufgenommene Sulfidmenge von den pH-Werten unabhängig ist.

Versetzt man steigende Mengen von Haaren mit dem gleichen Lösungsvolumen, so nimmt, wie zu erwarten, die Menge des Gelösten mit steigender Menge der Haare zu. Der Prozentgehalt des in Lösung gehenden Stickstoffes nimmt jedoch, wie aus Tabelle 13b ersichtlich ist, ab. Dies erscheint für die Praxis von besonderem Wert, da man vermuten kann, daß zur Erzeugung einer ausreichenden Haarlässigkeit eine ganz bestimmte Menge der Haare und des Epidermissystems hydrolysiert werden muß. Auch die von den Haaren aufgenommene Menge an Sulfiden steigt, wenn auch nicht annähernd in dem Maße der zunehmenden Haarmenge.

Die Ergebnisse der Untersuchung legen folgenden Schluß nahe: Die SH-Ionen reagieren in solcher Weise mit den Haarproteinen, daß das Reaktionsprodukt von OH-Ionen leichter angegriffen werden kann.

Tabelle 13b

Der Einfluß des Verhältnisses von Haaren zu dem Volumen der Lösung auf die Hydrolyse der Haare und die Adsorption von Sulfiden

(Lösung: $Ca(OH)_2 + Ca(SH)_2$; Zeit der Einwirkung: 1 Tag; Temperatur: 25^0 C)

Haare in g	Mole (SH) im Liter vorher	nachher	g Stickstoff im Haar	gelöst	Hydrolyse in %	Lösungsvol. in ccm
0,25	0,124	0,116	0,0358	0,0059	16,48	150
0,5	0,124	0,114	0,0715	0,0088	12,31	150
1,0	0,124	0,108	0,1430	0,0143	10,00	150
2,0	0,124	0,108	0,2860	0,0227	7,94	150
5,0	0,124	0,104	0,7150	0,0370	5,17	150

Stiasny[1]) hat schon vor langer Zeit gezeigt, daß die Haarlässigkeit sowohl auf die OH- als auch auf die SH-Ionen zurückzuführen ist. Er fand die größte Wirksamkeit, wenn gleichviel Ionen beider Arten vorhanden waren; sie wurde durch die Vermehrung der SH-Ionen über dies Verhältnis herabgesetzt. Der Befund ist für einen gewissen Bereich der SH-Ionenkonzentrationen, wie man aus Abb. 70g ersehen kann, richtig. Dies ist jedoch in der Herabsetzung der pH-Werte begründet. Wenn man die OH-Ionenkonzentration konstant hält und dabei die SH-Ionenkonzentration vermehrt, wird Haarsubstanz in steigenden Mengen in Lösung gebracht, gleichviel wie sich das Verhältnis der beiden Ionenarten gestalten mag.

Es ist möglich, einen Beweis für die aus den Versuchen entwickelte Anschauung, daß die Einwirkung von Alkalisulfiden auf Haare in zwei Stufen vor sich geht: nämlich, daß zunächst eine schnelle Einwirkung der SH-Ionen stattfindet, die die sekundäre Einwirkung der OH-Ionen vorbereitet — zu erbringen. Bei Gültigkeit dieser Anschauung muß man erwarten, daß nach der Einwirkung von Sulfiden

---

[1]) Stiasny, „Der Gerber" (1906), Nr. 34.

auf Haare die Hydrolyse mindestens ebensoschnell in einer Lösung, die keine Sulfide enthält, vor sich gehen muß, als in der ursprünglichen Lösung, in der bereits die Einwirkung der SH-Ionen auf die Keratine stattfand.

Diese Überlegung konnte nun durch folgenden Versuch bestätigt werden: Zwei Haarproben wurden mit der gleichen $Ca(OH)_2$- und $Ca(SH)_2$-Lösung behandelt. In einem Falle (A) betrug die Einwirkungszeit 24 Stunden, im anderen (B) wurden nach einer Stunde $^4/_5$ der Lösung durch Kalkwasser ersetzt. Die neue Lösung wirkte dann weitere 23 Stunden ein. Es wurden später Stickstoffbestimmungen der aus B entfernten Lösung und der Lösungen A und B nach 24stündiger Einwirkung angestellt. Außerdem wurde noch ein dritter Versuch (C) angesetzt, bei dem die Sulfidkonzentration am Anfang gleich der war, die im Versuch B nach dem Ersatz von $^4/_5$ der Lösung durch Kalkwasser herrschte.

Der Stickstoffanteil, der in der Zeit nach der ersten bis zur 24. Stunde in Lösung ging, wurde errechnet. Die Versuchsergebnisse sind aus Tabelle 13c zu entnehmen.

Tabelle 13c

Der Einfluß der Sulfidkonzentration auf die Hydrolyse von Haaren nach einer vorangehenden Einwirkung durch Sulfide

(Lösung: $Ca(OH)_2 + Ca(SH)_2$; Temperatur: 25^0 C)

Probe	Mole (SH) im Liter			Gelöste Stickstoffmenge in g		
	vorher	nach 1 Std.	24 Std.	1 Std.	1. bis 24. Std.	24 Std.
A	0,119	0,098	0,098	0,0131	0,0971	0,1102
B	0,119	0,098	0,019	0,0131	0,0801	0,0932
		0,019 a)				
C	0,026	0,018	0,018	0,0084	0,0013	0,0097

a) 120 ccm der Lösung wurden nach 1 Stunde durch $Ca(OH)_2$-Lösung ersetzt.

Die Ergebnisse der Untersuchung decken sich im allgemeinen mit denen der Theorie, in qualitativer Hinsicht ist vollkommene Übereinstimmung vorhanden. Der in Lösung gegangene Stickstoff ist im Falle B in der Zeit zwischen der ersten und der vierundzwanzigsten Stunde fast ebensogroß wie im Falle A, wo die gesamte Sulfidmenge in der Lösung blieb. Andererseits ist die in Lösung gegangene Stickstoffmenge im Versuch B 6omal so groß als im Falle C, die den gleichen Sulfidgehalt aufwies, bei dem jedoch das Haar nicht vorher mit stärkerer Sulfidlösung behandelt worden war.

Wenn auch die Haarlockerung in einem einzigen Bade in 2 bis 3 Tagen durchgeführt werden kann, so bevorzugen doch manche Gerber immer noch das System des Äscherganges, indem sie behaupten, Ergebnisse zu erhalten, die den verschiedenen Lederarten, die sie herstellen wollen, besser angepaßt sind. Sie vergessen dabei den

Mehraufwand an Arbeit in Rechnung zu stellen, der durch das Umziehen der Partien entsteht. Es werden hierzu Walzen, die zwischen den einzelnen Gruben liegen, benutzt. Die Häute werden so aneinander gefügt, daß der Kopf des einen an den Schwanz des folgenden geknüpft wird, und dann über die Walzen gezogen, so daß die zuletzt hineinkommende Haut die Grube zuerst verläßt. Die Häute werden zunächst in ältere Äscher gebracht und kommen jeden Tag in frischere, bis sie schließlich haarlässig sind.

Schwellen und Verfallen

Wird tierische Haut in schwache Alkali- oder Säurelösungen gebracht, so tritt eine Schwellung der Proteine unter Wasseraufnahme ein. Dem oberflächlichen Beobachter erscheint es kaum, als wenn Wasser aufgenommen würde, er wird vielmehr eine Zunahme der elastischen Eigenschaften der Haut beobachten. Der letztere Befund findet in der faserigen Struktur der Haut seine Begründung. Durch die Volumenvermehrung infolge von Wasseraufnahme dehnen sich die einzelnen Fasern aus und erfüllen zunächst die Zwischenräume, die vorher zwischen den einzelnen Fasern bestanden. Auch eine nicht gequellte Haut kann ebensoviel Wasser enthalten wie eine etwa in Kalkwasser gequellte. Es besteht indessen ein grundlegender Unterschied in der Wasseraufnahme bei beiden Systemen; bei der nichtgequellten Haut ist das Wasser zwischen den Fasern gelagert und kann durch leichtes Pressen entfernt werden, bei der gequellten Haut hingegen befindet sich das Wasser in den einzelnen Fasern selber und kann daraus ebenso wie aus einer Gelatinegallerte durch Druck nicht entfernt werden. Der Gerber, der die Quellung als eine Zunahme der elastischen Eigenschaften, die sich in einem Widerstand gegen Zusammenpressen · äußert, beobachtet, bezeichnet den Vorgang als „Prallwerden".

W o o d , S a n d und L a w [1]) haben einen Apparat beschrieben, der es gestattet den Quellungsgrad einer Haut und damit auch den Grad der Beize messend zu verfolgen. Er ist im wesentlichen ein empfindlicher Dickenmesser, der eine Veränderung der Belastung auf ein qcm Haut mit Hilfe von Gewichten ermöglicht. Der durch vollständige Beize hervorgerufene Zustand ist nun dadurch charakterisiert, daß die Haut nach einer Belastung die Fähigkeit ganz verloren hat, den Zustand vor der Belastung wieder einzunehmen. Der Apparat ist ferner geeignet, den Elatizitätsmodul der Haut zu bestimmen, den man auch als Maß für den Grad der Quellung ansehen kann.

Dieser Apparat regte W i l s o n und G a l l u n [2]) dazu an, einen ähnlichen zu konstruieren, der in manchen Fällen den Vorteil

[1]) W o o d , S a n d u. L a w, The Quantitative Determination of the Falling of Skin in the Puering or Bating Process. Journ. Soc. Chem. Ind. 31 (1912), 210.
[2]) W i l s o n u. G a l l u n, Direct Determination of the Plumping Power of Tan Liquors. Journ. Ind. Eng. Chem. 15 (1923), 376.

größerer Einfachheit hat. Der neue Apparat bestand aus einem Dicken-messer nach R a n d a l l und S t i c k n e y mit einer Metallplatte zur Aufnahme des zu untersuchenden Hautstückchens, ferner aus einem Drücker, dessen Druckfläche 1 qcm betrug, der es ermöglichte, die Haut unter konstantem Druck zu halten. Die auf einer Skala ab-zulesende Dicke ergab sich aus der Stellung des Drückers. Da es sich zeigte, daß mit zunehmendem Druck die Dicke mit der Zeit abnahm, wurde, um übereinstimmende Werte zn erhalten, jede Dickenmessung-ablesung erst nach einer bestimmten Einwirkungszeit des Druckes aus-geführt. Um die schwellende Wirkung einer Gerbereibrühe auf die Haut zu bestimmen, wurde die Dicke des zu untersuchenden Hautstückchens vor der Behandlung mit der Brühe unter Normalbedingungen ermittelt. Nach der Einwirkung der Brühe wurde der Widerstand gegen Zusammen-drückbarkeit wieder bestimmt, wobei in jedem Falle die Dickenmessung als Maß für diesen Widerstand genommen wurde. Ein Maß für die Quellung erhielt man aus dem Verhältnis der End- zur Anfangsdicke. In Abschnitt 8 wird die Abhängigkeit des Schwellungsgrades, der wie eben beschrieben gemessen wurde, vom pH-Wert erörtert werden.

Wird Haut in alkalischer Lösung übermäßig geschwellt, so erleidet sie eine innere Zerrung, die nicht wieder rückgängig gemacht werden kann und die daher den Wert des Leders erheblich herabsetzt. Es ist deshalb wichtig, etwas über die Schwellwirkung von Brühen auf Häute zu wissen, die im allgemeinen zum Äschern verwendet werden.

A t k i n konnte an Hand von Arbeiten von P r o c t e r , W i l s o n und L o e b [1]), die im Abschnitt „Die physikalische Chemie der Proteine" im Zusammenhang mit der Quellung von Proteingelen erwähnt werden, eine Erklärung für die Tatsache finden, daß bei der Herstellung ge-wisser Ledersorten Arsensulfid dem Schwefelnatrium als Anschärfungs-mittel beim Äschern vorzuziehen ist, insbesondere wenn es sich darum handelt, einen sehr feinen Narben zu erzeugen. L o e b konnte zeigen, daß zweiwertige Basen gegenüber einwertigen bei Gelatine eine nur halb so große Quellung hervorriefen. A t k i n bestätigte dies für Hautpulver; er konnte zeigen, daß bei gleichen pH-Werten die schwache Base Ammoniumhydroxyd ebenso quellend wirkt wie Natronlauge. Löscht man nun ein Gemisch von Kalk und Arsensulfid, und ver-wendet man einen frischen Äscher, so enthält dieser in der Lösung $Ca(OH)_2$, $Ca(SH)_2$ und Kalziumsulfarsenit. Wird hingegen Na_2S als Anschärfungsmittel verwendet, so sind im Kalkäscher NaSH und NaOH anwesend. Man sollte daher annehmen, daß bei der Verwendung von Schwefelnatrium als Anschärfungsmittel, die Schwellung eine größere sein sollte als bei der von Arsensulfid, da letzteres im Äscher nur zwei-wertige Ionen erzeugt. In der Praxis macht man von dieser Eigenschaft des Arsensulfides bei der Herstellung von Glacéleder aus Zickelfellen, bei denen so ein glatter und seidengriffiger Narben erzeugt wird, Gebrauch.

---

[1]) A t k i n , Notes on the Chemistry of Lime Liquors Used in the Tannery. Journ. Ind. Eng. Chem. 14 (1922), 412.

Es läge nahe zu folgern, daß überall dort Schwefelarsen als Anschärfungsmittel verwendet wird, wo man beim Leder einen glatten Narben verlangt. Dieser Schluß ist jedoch nicht ganz richtig, da die verschiedenen Hautsorten sich in bezug auf Quellung ganz verschieden verhalten. Eine Schwellung, die eine Ziegenhaut nicht vertragen würde, braucht deshalb für eine Kalbshaut noch lange nicht schädlich zu sein. Andererseits unterscheidet sich eine Kalbshaut von einer anderen beispielsweise in bezug auf eine Schädigung, die durch eine andauernde innere Anspannung des Hautgewebes verursacht werden kann. In allen den Fällen in denen Schwefelnatrium nicht schädlich ist, ist es wegen der Zeitersparnis beim Äschern und wegen des niedrigeren Preises vorzuziehen.

Es kommt des öfteren vor, daß eine stark geschwellte Haut schwer zu enthaaren ist. Der Grund hierfür liegt wahrscheinlich in der besonderen Struktur der Haaroberfläche begründet, die, wie aus Abb. 6 ersichtlich, durch die sich nach oben öffnenden Schuppen charakterisiert ist. Wirkt nun ein Äscher stark quellend auf die Haut, so werden die Wände des Haarbalges gegen die sich durch die Quellung spreizenden Haarschuppen gedrückt. Dabei bohren sich diese Schuppen in die Haut ein und die Haare sind sehr schwer herauszuziehen. Auch der Umstand, daß Haare, die nach dem Äschern nicht von der Haut entfernt werden, durch die Gerbung festwachsen, kann man auf dieses Spreizen der Schuppen und das Einbohren in die Haut zurückführen; der so erzeugte Zustand wird durch die Gerbung fixiert.

Frische und faule Äscher

Einen Äscher, der gebraucht ist und daher Abbauprodukte der Haut, Bakterien und Enzyme enthält, wird als „fauler [1]) Äscher" bezeichnet. Er unterscheidet sich in seiner Wirkung von einem frischen durch sein schnelleres Enthaarungsvermögen und durch seine geringere Schwellwirkung. Der Unterschied beruht nicht, wie Wood und Law [2]) zeigen konnten, auf einer verschiedenen OH-Ionenkonzentration, sie stellten vielmehr fest, daß alte und neue Äscher, wenn sie mit Kalk gesättigt sind, die gleichen pH-Werte aufweisen. Bei dieser Gelegenheit wurde ferner festgestellt, daß geringe Zusätze von Schwefelnatrium die pH-Werte nur wenig verandern. Die geringere Schwellwirkung der alten Äscher läßt sich auf die Bildung von Kalksalzen zurückführen, die einer Schwellwirkung durch Kalziumhydroxyd entgegenwirken. Die größere enthaarende Wirkung ist wohl auf die Gegenwart von Eiweißprodukten, Bakterien und Enzymen und auch auf die geringere Schwellwirkung zurückzuführen; möglicherweise wirken auch alle erwähnten vier Faktoren zusammen.

---

[1]) Anmerkung des Übersetzers: Im Englischen bezeichnet man diese Äscher als „mellow", als milde Äscher.

[2]) Wood u. Law, Vorläufiger Bericht über die Äscher-Kontrolle bei Oberleder. Collegium (1912), 121.

Wood und Law sehen in der Bildung von Bakterien in Kalkäschern die eigentliche Ursache der besonderen Wirkung der alten und gebrauchten Äschers. Bei einer Untersuchung eines Äschers, in dem Häute 3—4 Wochen gelegen hatten, fanden sie in einem ccm 50 000 Bakterien, die einem Typus angehörten, der imstande war, sich aus Nährgelatine, die Ammoniak enthielt, zu entwickeln. Sie konnten die beiden folgenden proteolytisch wirkende Bakterien identifizieren: „Micrococus flavus liquefaciens" und „B. prodigiosus". Bakterien, die an der Wurzel der Haare beim Schwitzprozeß gefunden wurden, konnten in einer alkalischen Lösung von der Normalität 0,05 leben und sich weiter entwickeln. Es scheint sich um eine Bakterienart zu handeln, die den in den alten Äschern vorhandenen ähnlich ist. Wood hält es daher nicht für unwahrscheinlich, daß die enthaarende Wirkung in alten Äschern und beim Schwitzprozeß auf die gleiche Bakterienart zurückzuführen ist.

Auch Stiasny[1]) konnte zeigen, daß die Bakterien in den alten Äschern eine entscheidende Rolle spielen. Während ein unbehandelter alter Äscher innerhalb von 24 Stunden Haarlässigkeit bewirkte, war eine solche selbst nach 3 Tagen noch nicht festzustellen, wenn der Äscher zur Tötung der Bakterien vorher mit Chloroform behandelt worden war. Wurde der Äscher durch Erwärmen auf 60° C und gleichzeitiges Hindurchblasen von Kohlensäure vom darin enthaltenen Ammoniak befreit, so ging die enthaarende Wirkung nicht zurück, dagegen wurde weniger Hautsubstanz gelöst. Danach erscheint die Anschauung, daß in alten Äschern die dort vorhandenen Bakterien von entscheidender Bedeutung sind, nicht unwahrscheinlich.

Aus der geringen enthaarenden Wirkung von sterilem Kalkwasser schloß man, daß in den Fällen, in denen keinerlei Anschärfungsmittel angewendet wurden, Bakterien für eine Enthaarung unbedingt nötig sind. Schlichte[2]) konnte indessen zeigen, daß Haut, die nach dem Seymour-Jones-Prozeß mit Ameisensäure und Sublimat sterilisiert worden war, nach zweiwöchigem Liegen in steril gehaltenem Kalkwasser haarlässig war. Wood und Law[3]) wandten gegen die Versuchsanordnung ein, daß möglicherweise der Vorgang durch die Schwellung während des Sterilisationsprozesses der Haut beeinflußt worden wäre. Der Einwand wird noch verständlicher, wenn man die Ansicht von Stiasny[4]) über den chemischen Aufbau der Haut heranzieht. Dieser nimmt an, daß die Proteine aus Peptonen bestehen, die durch Nebenvalenzen zusammengehalten werden, letztere bestehen wiederum aus Peptiden, die durch Hauptvalenzen aneinander-

---

[1]) Stiasny, Über das Wesen des Äschers. „Der Gerber" (1906).

[2]) Schlichte, A Study of the Changes in Skins during Their Conversion into Leather. Journ. Am. Leather Chem. Assoc. 10 (1915), 526, 585.

[3]) Wood u. Law, Note on the Action of Lime in the Unhairing Process. Journ. Soc. Chem. Ind. 35 (1916), 585.

[4]) Stiasny, Some Modern Problems in Leather Chemistry. Science 57 (1923), 483.

gekettet sind. Bei der Quellung nimmt er eine Verminderung der Kräfte an, die die Peptone aneinanderhalten. Gemäß dieser Auffassung würden gequellte Proteine oder solche, die vorher gequellt worden waren, durch Schwächung dieser Kräfte leichter von hydrolysierenden Mitteln angegriffen werden als unbehandelte. In Übereinstimmung mit dieser Auffassung findet S t i a s n y [1]), daß Kollagen von Trypsin leichter angegriffen wird, wenn es vorher mit Lösungen von Rhodankalium oder Jodkali geschwellt wird, ferner, daß der Abbau nur bis zu den Peptonen geht.

Verfasser nimmt an, daß Barium- und Kalziumhydroxyd die Haut weniger hydrolysieren als die Hydroxyde des Ammoniums oder des Natriums, weil die ersteren höherwertige Kationen aufweisen. Die Quellung der Proteine beruht auf dem Auftreten von Zugkräften, die durch die Proteinkationen infolge des Überschusses der Ionen im Gel über die in der Lösung entstehen. Wenn der Zug stark genug wird, ist zu erwarten, daß das Gel zerrissen wird. Ein Natrium- oder Ammoniumion übt nun seine Zugkraft auf einen Proteinbaustein aus, ein divalentes Ion dagegen verteilt sich auf zwei Bausteine. Im letzteren Falle wird die Tendenz zum Abbau nur halb so groß sein. Der Einfluß der Valenz ist jedoch in sterilen Äschern nicht allein für die Haarlockerung ausschlaggebend. Der Ersatz der Hälfte aller OH-Ionen durch SH-Ionen hat bereits eine wesentliche Vergrößerung der Enthaarungsgeschwindigkeit zur Folge. Es handelt sich, wie vorhin gezeigt wurde, dabei mit um einen spezifischen Einfluß der SH-Ionen auf die Keratine, derart, daß diese von den OH-Ionen leichter hydrolysiert werden. Bei den Beobachtungen von S c h l i c h t e ist, wie W o o d und L a w ferner angeben, zu beachten, daß sich in dem Ascher aus den leichtlöslichen Schwefelverbindungen der Haare durch die Wirkung des Kalkes Schwefelverbindungen bilden, die die Lösung der Haare unterstützen.

Enthaaren mit anderen Alkalien

Reine NaOH- und Na_2S-Lösungen zerstören bei bestimmten Konzentrationen, wie bereits gezeigt, die Haare schnell, auch die Epidermis wird bei geeigneter Konzentration gelöst. Eine $2\,^0/_0$ Schwefelnatriumlösung zerstört innerhalb von zwei Stunden bei 25^0 C die Haare und die Epidermis einer Kalbshaut, ohne dabei die Kollagenfasern ernsthaft zu beschädigen. Mit besonderem Vorteil wendet man dies Verfahren zum Enthaaren von schweren getrockneten Häuten an. Infolge der großen Schnelligkeit des Verfahrens wurde es besonders im Kriege zur Herstellung von Armeeleder benutzt. Die Häute wurden in eine durch Schaufelräder bewegte Schwefelnatriumlösung gebracht und nach einigen Stunden in eine Kalziumchlorid- oder Natriumbikarbonatlösung übergeführt, um einer weiteren schädlichen Ein-

---

[1]) S t i a s n y u. A c k e r m a n n, Über die Wirkung von Trypsin auf Kollagen und die Beeinflussung dieser Wirkung durch Neutralsalze. „Collegium" (1923), 74.

wirkung des Alkalis zu begegnen. Die auf der Haut befindlichen Haare wurden von der Brühe vollkommen gelöst; der Vorgang mußte jedoch, um eine Beschädigung der Haut zu vermeiden, abgebrochen werden, ehe die Lösung bis zu den Haarwurzeln vorgedrungen war. Wie man mit dem Mikroskop feststellen konnte, blieben die Haarwurzeln im allgemeinen bei diesem Verfahren unzerstört in der Haut zurück. Das Leder erlitt hierdurch jedoch keinerlei Einbuße seiner wichtigen Eigenschaften.

Aus ökonomischen Gründen war es notwendig, die Brühen mehrere Male zu verwenden, wobei man durch Zubessern von entsprechenden Mengen Schwefelnatrium die Konzentration konstant hielt. Es sammelten sich nun in den Lösungen große Mengen von Eiweißabbauprodukten der Hautproteine an. V. H. Kadish und H. L. Kadish[1]) versuchten, die in diesen Brühen vorhandenen Stickstoffmengen als Düngemittel nutzbar zu machen. Die Abfallbrühen wurden in eine Mischungskammer geleitet, in der Schwefel-, schweflige oder andere Säuren hinzugefugt wurden. Die ausgefällten stickstoffhaltigen Substanzen wurden von der Lösung abgetrennt. Der sich entwickelnde Schwefelwasserstoff wurde wieder gewonnen und konnte von neuem Verwendung finden, so daß ein kontinuierlicher Betrieb gewährleistet wurde.

Verwendet man Natronlauge allein, so ist die Wirkung ähnlich, jedoch werden die Häute praller. Will man bei leichten Häuten einen feinen Narben erhalten, so kann man Schwefelnatrium oder Natronlauge nicht benutzen, da durch die energische Schwellwirkung der Narben rauh wird.

Schaffelle enthaart man häufig nach einem Verfahren, daß man als „Schwöde" bezeichnet. Man bestreicht die Fleischseite der Häute mit einer Paste aus Kalkbrei und Schwefelnatrium. Nach dem Bestreichen werden die Häute mit der Haarseite nach außen liegen gelassen, bis das Schwefelnatrium bis in die Haarwurzeln vorgedrungen ist. Sind diese zerstört, so kann die Wolle leicht heruntergeschabt oder abgebürstet werden. Gewöhnlich werden die Häute nach der Schwöde über den Baum gelegt und vom Baumarbeiter enthaart. Danach werden die Blößen gekälkt, gewaschen, gebeizt und gepickelt. Im gepickelten Zustand können sie beliebig lange bis zur weiteren Verwendung aufbewahrt werden. Bisweilen benutzt man auch an Stelle des Schwefelnatriums Arsensulfid beim Schwöden.

2 n Ammoniumhydroxyd-Lösungen besitzen eine ausgeprägte Fähigkeit, Häute zu enthaaren. Der Verfasser konnte bei frischen Häuten bereits nach einer Einwirkung einer solchen Lösung von 2 Stunden einen guten Enthaarungseffekt beobachten. Die Haut schwoll kaum und der Narben blieb auffällig weich und seidig. Da Ammoniak lösend auf die Kollagenfasern wirkt, ist ein allzulanger Aufenthalt der Häute in solchen Lösungen gefährlich. Da diese

---

[1]) Kadish, U. S. Pat. I, 269, 189 (1918); Kadish u. Kadish, U. S. Pat. I, 298, 960 (1919).

Eigenschaft des Ammoniaks seit langen bekannt ist, ist es auffällig, daß man sie noch nicht praktisch verwertet hat. Im Verlaufe von Untersuchungen konnte der Verfasser jedoch feststellen, daß Ammoniak als Enthaarungsmittel nicht zuverlässig war. Je nach der Vorbehandlung der Häute ist die enthaarende Wirkung verschieden, bei manchen Häuten lösten sich nur einzelne Streifen der Epidermis mit den Haaren zusammen ab. Eine Kalbshaut wurde in 2 Teile zerschnitten und der eine mit einer 2 n Ammoniaklösung enthaart; der andere wurde zunächst eine Stunde mit einer $n/1$ Essigsäurelösung behandelt, dann gewaschen und mit Ammoniak neutralisiert, und schließlich in eine 2 n Ammoniaklösung gebracht. Eine deutliche Haarlockerung stellte sich in diesem Falle nach mehreren Stunden nicht ein.

Stiasny[1]) untersuchte den Einfluß verschiedener Neutralsalze auf die enthaarende Wirkung von Ammoniak. Er benutzte eine Lösung von halbmolarem Ammoniak und 0,07 normaler Chloride des Natriums, Kalziums, Bariums und Zinks. Ein Versuch wurde mit Ammoniak allein durchgeführt. In jede der Lösungen wurde ein Stück frischer Kalbshaut getan. Die Zunahme des Gewichtes des Hautstückes in Prozenten betrug nach 2 Tagen, bei der Ammoniaklösung 65,5, bei der mit NaCl 45,8, bei der mit $CaCl_2$ 14,9, bei der mit $BaCl_2$ 19,8 und bei der mit $ZnCl_2$ 31,4. Eine Haarlockerung trat nur in der Lösung ein, die Ammoniak allein und die Ammoniak zusammen mit Natriumchlorid enthielt. Atkin hat darauf hingewiesen, daß die verschiedene Fähigkeit von Neutralsalzen, die Quellung zu hemmen, von der Wertigkeit des Kations abhängt. Es ist jedoch ohne weiteres einzusehen, daß die Unterschiede in der haarlockernden Wirkung sich auf dieselbe Weise erklären lassen. Stiasny[1]) erklärte die verschiedene Wirkung der Neutralsalze aus dem Entstehen von verschiedenartigen Komplexverbindungen zwischen den Salzen und dem Ammoniak vom Typus $Ca(NH_3)_8Cl_2$.

Enthaaren mit Säuren

Wood übersandte dem Verfasser im Jahre 1916 ein Stück Kalbshaut, das nach dem Seymour-Iones-Prozeß sterilisiert worden war. Wood hatte nach 8tägigem Einwirken der Sterilisationsbrühe eine Haarlockerung beobachtet, die er auf die Ameisensäure zurückführte. Thuau und Nihoul[2]) haben kürzlich gezeigt, daß man mit Hilfe von schwefliger Säure eine Haarlockerung erzeugen kann, wenn Salzzusatz eine Schwellung der Haut verhindert. Marriot[3]) fand, daß gesalzene Häute die neun Tage in eine Lösung von $0,25\%$ Essigsäure getan wurden, enthaart werden können.

In keinem Falle konnte mit Säuren eine befriedigende Haarlockerung, wie sie die Alkalien ergeben, erhalten werden. Die Säure

[1]) Stiasny, Über das Wesen des Äschers, loc. cit.
[2]) Thuau, Enthaaren mit schwefliger Säure. „Collegium" (1908), 362.
[3]) Marriot, Acid Unhairing. Journ Soc. Leather Trades Chem. 5 (1921), 2.

greift offenbar nur die allertiefste Schicht der Malpighischen Schicht an und läßt sonst die ganze Epidermis intakt. Es erscheint sehr zweifelhaft, ob die Säuren jemals die Alkalien beim Äscher ersetzen können.

Enthaaren mit Pankreatin

1913 beschrieb Röhm[1]) einen Enthaarungs- und Beizprozeß bei dem er alkalische Pankreatinlösungen verwandte; seither ist Pankreatin vielfach als Enthaarungsmittel verwendet worden. Im Jahre 1920 beschreibt Hollander[2]) das Verfahren von Röhm und zählt dabei eine Reihe von Vorteilen auf, die das neue Enthaarungsverfahren gegenüber den alten hat. Er faßt den Vorgang als eine reine Enzymwirkung auf. Gemäß seiner Beschreibung werden die Häute zuerst in einer schwachen Lösung von NaOH geschwellt und dann in eine Bikarbonatlösung übergeführt. Zu diesem Bad wird nach dem Aufhören der Schwellwirkung das Pankreatin hinzugefügt. Nach 24 Stunden sind die Haare vollkommen locker und können abgeschabt werden.

Um die Rolle des Enzyms genauer kennen zu lernen, führten Wilson und Gallun[3]) Versuche aus, die im folgenden beschrieben werden sollen. In einem Vorversuch wurden Stücke einer gut gereinigten Kalbshau tzunächst 1 Tag in 0,05 molaren NaOH-Lösungen gebracht. Darauf folgend wurden sie 5 Stunden mit einer 01 molaren Natriumbikarbonatlösung behandelt, um schließlich der Wirkung des Pankreatins ausgesetzt zu werden. Die Pankreatinlösung hatte folgende Zusammensetzung: Sie enthielt im Liter 18 ccm m/1 NaOH, 2,8 g primäres Natriumphosphat und 1 g U. S. P. Pankreatin. Bei 25^0 C lag der pH-Wert der Lösung bei der für die Wirkung des Pankreatins günstigsten, bei 7,52. Es wurden zwei Parallelversuche bei 25^0 C angesetzt; der eine wurde unter dem in der Praxis üblichen Bedingungen bei Zutritt der Luft durchgeführt, der andere wurde durch Bedecken mit einer Toluolschicht vor bakterieller Einwirkung geschützt. Nach 24stündiger Einwirkung zeigte sich folgender Befund; im ersten Falle war die Haarlässigkeit gut, es trat ein schöner weißer Narben zutage; im zweiten dagegen blieben die Haare fest. Aus diesen Versuchen scheint hervorzugehen, daß die enthaarende Wirkung bei 25^0 C nicht auf das Enzym, sondern auf die Tätigkeit von Bakterien zurückzuführen ist.

Zur weiteren Klärung der Frage nach der Bedeutung des Pankreatins beim Enthaaren erweiterten die Verfasser ihre Versuche und wandten ihre Aufmerksamkeit besonders der Pankreatinwirkung bei 40^0 C zu. Die Untersuchungen wurden an gereinigten Stücken von Kalbshaut, von der Größe von etwa 20×8 cm, durchgeführt. Es wurden Versuchsreihen bei 25^0 und 40^0 C angesetzt, ferner wurde jeder

---

[1]) Röhm, Ein neuer Äscher. „Collegium" (1913), 374.
[2]) Hollander, Unhairing Hides and Skins by Enzyme Action. Journ. Am. Leather Chem. Assoc. 15 (1920), 477.
[3]) Wilson und Gallun, Pancreatin as an Unhairing Agent. Journ. Ind. Eng. Chem. 15 (1923), 267.

Versuch durch einen Blindversuch, der sich nur durch die Abwesenheit von Pankreatin unterschied, kontrolliert. Die Pankreatinlösungen enthielten wieder im Liter außer 1 g Pankreatin 18 ccm m/1 NaOH und 2,8 g primäres Natriumphosphat. Die pH-Werte schwankten um 0,1 um den Mittelwert 7,6. Alle verwendeten Lösungen, auch die vor der eigentlichen Enzymbehandlung wurden mit Toluol sterilisiert. Um die individuellen Eigenschaften der Haut auszuschalten, wurden bei einigen Versuchen Hautstücke verschiedener Herkunft verwendet.

Es wurden zunächst Versuche mit Hautstücken, die vorher nicht mit NaOH oder anderen Mitteln geschwellt worden waren, durchgeführt. Nach einer Einwirkungszeit von 24 Stunden konnten sowohl bei 25° C als auch bei 40° C keinerlei Veränderung festgestellt werden, nach 48 Stunden jedoch trat bei 40° C eine Lösung der Kollagenfasern der Haut ein. Dieser Vorgang begann an der Fleischseite und war von keiner Haarlockerung begleitet. Andererseits zeigten die Blindversuche bei 40° C und die Pankreatin- und Blindversuche bei 25° C keinerlei wichtige Veränderungen der Haut. Aus diesem Versuch geht deutlich hervor, daß Pankreatin, wenn die Haut nicht vorher in Säuren der Alkalien geschwellt wird, die Kollagenfasern leichter angreift als die Epidermis. Interessant ist der Einfluß der Zeit auf die Lösung des Kollagens. Aus dem Verhalten dieser Fasern kann man schließen, daß die Kollagenfasern von einer gegen tryptische Enzyme widerstandsfähigeren Schicht umgeben sind, vielleicht steht diese hypothetische Hülle in Beziehung, mit der von Seymour-Jones[1]) beobachteten „fiber sarcolemma", die die Kollagenfasern umhüllt.

Die nächste Versuchsreihe unterschied sich von der vorhergehenden durch die Vorbehandlung der Haut bei 25° C bzw. 40° C mit einer 0,05 n NaOH-Lösung und nachfolgender Hemmung der Schwellwirkung in einer m/10 $NaHCO_3$-Lösung bei entsprechenden Temperaturen. Die erste Behandlung dauerte 24, die zweite 5 Stunden. Danach wurden die Hautstücke 24 Stunden in die Pankreatinlösungen und entsprechende blinde Lösungen getan. Bei 40° C bewirkte die Pankreatinlösung hinreichende Haarlässigkeit, auch in dem Blindversuch war eine gewisse geringe Haarlässigkeit, die auf die vorhergehende Behandlung mit Alkali zurückzuführen war, zu beobachten. Aus diesen Versuchen geht hervor, daß Pankreatin bei 40° C bei vorhergehender Behandlung mit Alkalien ein Enthaarungsmittel ist. Bei 25° C war keinerlei enthaarende Wirkung zu beobachten.

Weitere Versuchsreihen wurden mit HCl als Schwellmittel durchgeführt. An Stelle der 0,05 m NaOH wurde eine 0,05 m HCl verwendet. Sonst war die Versuchsanordnung die gleiche. Auch hier ließ sich bei 25° C keinerlei enthaarende Wirkung feststellen. Im Schwellungsbad von 40° C wurden die Kollagenfasern glasig, bei dem

---

[1]) Alfred Seymour-Jones, Physiology of the Skin. Journ. Soc. Leather Trades Chem. 2 (1918), 203.

Blindversuch trat keine weitere Veränderung ein, die Pankreatinlösung löste die Kollagenfasern auf, so daß Epidermis und Haare in der Flüssigkeit schwammen. Bemerkenswert erscheint die verschiedenartige Wirkung der Alkali- und Säureschwellung bei 40^0 C auf die Haut. Während eine 0,05 n Alkalilösung die Epidermis rascher hydrolysiert als die Haut, ist es bei einer 0,05 molaren Säurelösung gerade umgekehrt der Fall.

Die Versuche wurden so verändert, daß mit einer 0,05 m HCl bei 25^0 geschwellt wurde und daß die Pankreatinlösung bei 40^0 C einwirkte. Nach 24stündiger Einwirkung der Pankreatinlösung war die Haarlässigkeit gut. Daraus folgt, daß die Pankreatinwirkung von einer vorhergehenden Schwellung, gleichgültig ob sie mit Alkali oder Säure durchgeführt wird, abhängig ist. Der Einfluß der Temperatur beim Schwellen mit Alkali war kein großer. Wurde die Schwellung bei 25^0 C und die Pankreateinwirkung bei 40^0 C durchgeführt, so war die Haarlässigkeit befriedigend, fast ebenso als ob man bei 40^0 C mit einer 0,05 n-Lösung geschwellt hätte.

In weiteren Versuchen wurde Ammoniak als Schwellungsmittel verwendet, die Versuche wurden analog ausgeführt, nur daß an Stelle der 0,05 molaren NaOH-Lösung eine 0,50 molare Ammoniaklösung verwendet wurde. Die Vorbehandlung mit Ammoniak bewirkte bereits eine gewisse Haarlässigkeit, die bei 40^0 C größer war als bei 25^0 C. Nachdem die Hautstücke 24 Stunden in den Pankreatin- und in den blinden Lösungen gelegen hatten, wiesen sie alle eine gewisse, doch ungenügende Haarlässigkeit auf. Folgende Zahlenangaben mögen den Versuch bis zu einem gewissen Grade wiedergeben. Die Haarlässigkeit betrug bei der Pankreatinlösung bei 40^0 C 75 $^0/_0$, bei dem Blindversuch bei 40^0 C 50 $^0/_0$, bei den beiden Versuchen bei 25^0 C 25 $^0/_0$. Offenbar unterstützt die Vorbehandlung mit Ammoniak, die an und für sich eine gewisse enthaarende Wirkung hat, die enthaarende Wirkung des Pankreatins nicht, jedenfalls nicht in dem Maße wie eine Vorbehandlung mit Mitteln, die eine Schwellung der Haut bewirken.

Gleichzeitiges Beizen und Enthaaren mit Pankreatin

Weiter untersuchten Wilson und Gallun den Einfluß des Pankreatins auf die Elastinfasern der Haut, hatten doch die Versuche von Wilson und Daub, die im nächsten Abschnitt beschrieben werden sollen, ergeben, daß einer der Hauptvorgänge bei der Beize die Entfernung der Elastinfasern ist. Den beschriebenen Versuchsreihen wurden nach der Einwirkung des Pankreatins Hautstücke entnommen, diese, wie im 1. Abschnitt beschrieben, eingebettet, gefärbt und zum Mikrophotographieren vorbereitet.

In der Praxis werden die Pankreatinbrühen der Luft ausgesetzt. Die Versuche von Wilson und Gallun lassen erkennen, daß eine Haarlockerung bei 25^0 C zwar eintritt, jedoch auf die Wirkung von Bakterien und nicht auf die des Pankreatins zurückzuführen ist.

Letztere bleibt aus, wenn die Brühen mit Toluol bedeckt werden. Ist das Pankreatin unter diesen Bedingungen nicht wirksam, so dürfte keine gleichzeitige Entfernung der Elastinfasern eintreten. Abb. 71 zeigt, daß diese Ansicht richtig ist. Trat eine Haarlockerung bei Luftzutritt bei 25^0 C ein, so wurde nur die Epidermis aufgelöst und das Haar gelockert, die Elastinfasern blieben dann als dünne dunkle, horizontal verlaufende Fäden in der oberen Hälfte des Bildes sichtbar, ungelöst zurück.

Die Versuche, bei denen die Haut nicht mit Alkali oder Säure vorbehandelt und die bei 40^0 C den Enzymlösungen ausgesetzt worden waren, ergaben jetzt folgenden Befund: Die Elastinfasern wurden von der Fleischseite her innerhalb von 24 Stunden aufgelöst, wobei die unmittelbar unter der Narbenschicht liegende Region gänzlich verschont blieb. Offenbar ist die harte, körnige Schicht der Epidermis für das Enzym undurchlässig. Bei den gewöhnlichen Enthaarungsmethoden, wie beim Kälken, wirken die Enthaarungsmittel auf die Zellen der Malpighischen Schicht, die zwischen der körnigen Schicht und dem Corium liegt. Die Undurchlässigkeit der körnigen Schicht für das Enzym ist dafür verantwortlich zu machen, daß eine Auflösung der Malpighischen Schicht und daher eine Haarlockerung nicht eintritt. In alkalischer oder saurer Lösung schwillt die körnige Schicht beträchtlich und wird für das Enzym durchlässiger. In geschwelltem Zustand wird sie vom Enzym angegriffen, da sie bei den entsprechenden Hautschnitten nicht mehr aufgefunden werden konnte.

Abb. 72 gibt den Schnitt durch eine Kalbshaut wieder, die nach Schwellung mit Natronlauge und einer Pankreatinlösung bei 40^0 C bei Toluolzusatz behandelt worden war. Es tritt nicht nur eine Zerstörung der Epidermis und eine Lockerung der Haare, sondern auch eine vollständige Beizwirkung ein, wie sich aus der Abwesenheit der Elastinfasern erkennen läßt.

R o s s [1]) hat einen interessanten Versuch unternommen, die natürlichen Enzyme der Haut zur Enthaarung heranzuziehen. Die fremden Enzyme werden durch eine $1\,^0/_0$ Ammoniumhydroxydlösung inaktiviert und das Thrombin, das in der Haut vorhanden ist, wird durch Kalziumlaktat oder Polysulfid aktiviert. Es wird weiter erwähnt, daß die Wirkung des Thrombins durch solche andere proteolytische Fermente wie Trypsin unterstützt werden kann, die in schwach alkalischem Medium wirken. Der Enthaarungsvorgang geht ohne Zerstörung der Epidermis vor sich, so daß diese in langen Fetzen mit den daran haftenden Haaren entfernt werden kann. Eine nachfolgende Beize ist nicht nötig. Für Bekleidungsleder werden die Häute bei höheren Temperaturen, für Sohlleder bei niederer Temperatur behandelt. Bei den letzteren tritt so eine größere Schwellwirkung ein. Die Frage, inwieweit die Erklärung des Mechanismus des Vorganges den Tatsachen entspricht, wartet noch auf Beantwortung; ähnliche Versuche, wie die

---

[1]) R o s s, Brit. Pat. 169, 730; March 25 (1920); Chem. Abstracts 16 (1922), 853.

Abb. 71. Vertikalschnitt durch die Thermostatschicht einer Kalbshaut
(Nach einer eintägigen Behandlung mit einer 0,1 % Pankreatinlösung bei 25° C)

Stelle der Entnahme: Schild
Dicke des Schnittes: 30 μ
Färbung: Van Heurcks Blauholz,
    Daubs Bismarckbraun

Okular: 5X
Objektiv: 8 mm
Wratten-Filter: H-Blaugrün
Lineare Vergrößerung: 170fach

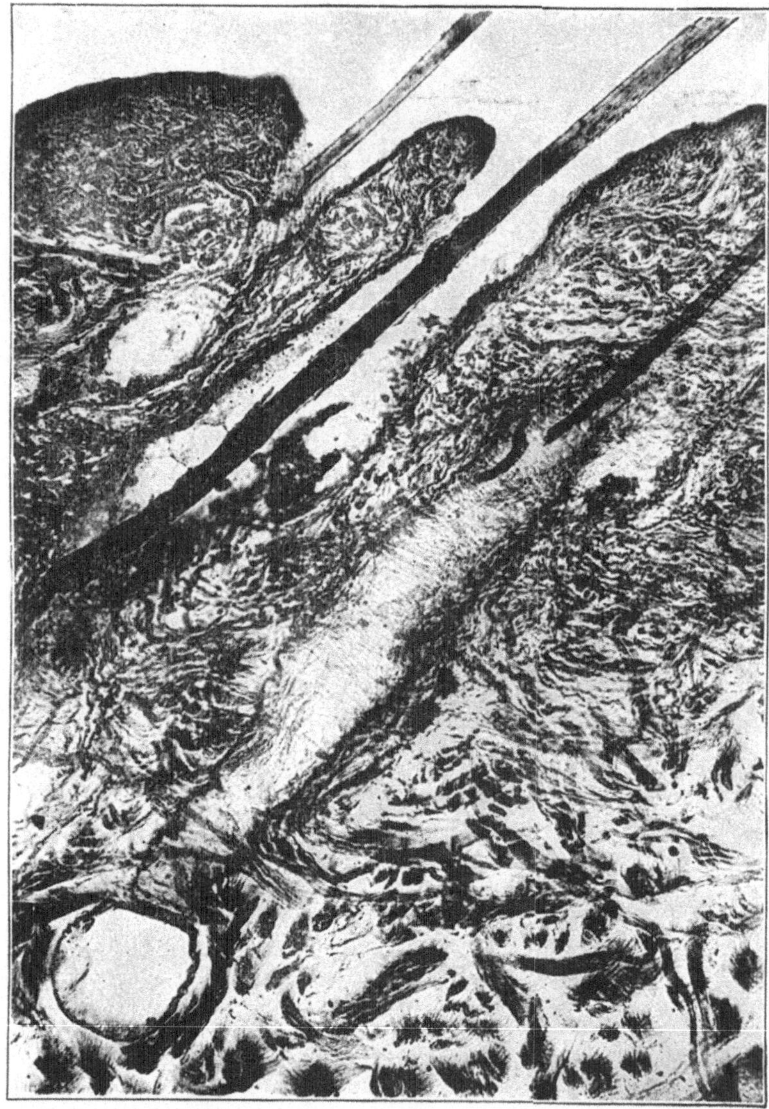

Abb. 72. **Vertikalschnitt durch die Thermostatschicht einer Kalbshaut**
(Nach eintägiger Behandlung mit einer 0,1 % Pankreatinlösung bei 40° C)

Stelle der Entnahme: Schild
Dicke des Schnittes: 30 μ
Färbung: Van Heurcks Blauholz,
  Daubs Bismarckbraun

Okular: 5X
Objektiv: 8 mm
Wratten-Filter: H-Blaugrün
Lineare Vergrößerung: 170fach

eben erwähnten von Wilson und Gallun, würden darüber Aufschluß geben.

Häute, die zum Enthaaren mit Pankreatinlösungen behandelt worden sind, werden mit der Maschine enthaart und mit der Hand am Baum ausgestrichen. Zum Schluß werden sie noch gewaschen; sie sind dann zum Gerben bereit. Häute aus Kalkäschern werden enthaart, gestrichen, gewaschen und dann gebeizt oder auf eine andere Weise entkälkt. Manche Gerber bringen die gekälkten Häute direkt in alte vegetabilische Gerbbrühen; diese sind dann so zusammengesetzt, daß sie entkälkend wirken.

Offenbar ist jedes Mittel, das die frisch gebildeten Zellen der Epidermis zerstört, ohne die Haut anzugreifen, zum Enthaaren geeignet. Die allgemeine Verwendung des Kalkes zum Äschern erklärt sich aus der Harmlosigkeit dieses billigen Mittels. Seine begrenzte Löslichkeit ermöglicht es, durch Benutzung gesättigter, mit einem Uberschuß versehener Brühen, eine konstante OH-Ionenkonzentration von 0,03 Molen im Liter aufrechtzuerhalten. Die Konzentration ist einerseits hoch genug, um Fäulnisvorgänge genügend zu hemmen und andererseits zu niedrig, um die Haut zu schädigen, insbesondere da das Kation zweiwertig ist. Es ist jedoch nicht ganz unmöglich, daß andere Enthaarungsmethoden bei einem höheren Grad der Vollkommenheit den Kalkäscher verdrängen können.

Die Beize

Der eigenartigste aller Gerbprozesse ist die Beize. Über den Ursprung des Vorganges weiß man sehr wenig, da er als ein Geheimnis gehütet wurde; er ist zum mindesten einige Jahrhunderte alt. Wenn die Häute aus den Kalkäschern genommen werden, enthalten sie nach dem Enthaaren, Streichen und Waschen noch Kalk, der in Form von Karbonaten und Proteinkalksalzen festgehalten wird. Die Blößen sind dann prall und gummiartig. Es haben sich nun erhebliche Schwierigkeiten ergeben, wenn diese in solchem Zustand in gewisse vegetabilische Gerbbrühen gebracht werden. Der eigentliche Zweck der Beize ist der, die Blößen in einen für die weitere Gerbung geeigneten Zustand zu bringen. Früher wurde dieses so durchgeführt, daß man die Blößen in Aufgüssen von Hunde- oder Geflügelkot beließ, bis sie ihre Prallheit verloren hatten. Der Gerber erkannte diesen Zustand daran, daß ein mit Daumen und Finger durch Zwicken erzeugter Abdruck erhalten blieb. Ferner mußten die Blößen so porös sein, daß sie den Durchtritt von Luft unter einem gewissen Druck gestatteten. Je nachdem man Hühnermist oder Hundekot verwendete, sprach man von „Bating" oder von „Puering" [1]). Heutzutage gebraucht man den Ausdruck „Bating" für alle Arten des Beizens, unabhängig vom verwendeten Material. Die Verschiedenheit in der Terminologie verschwand, wie man sich leicht denken kann, mit dem Auftauchen künstlicher Beizen.

Eine allgemeine Methode zur Behandlung von leichten Blößen war folgende: Ein Geschirr wurde mit einer Bruhe gefüllt, die 100 g Hundekot im Liter enthielt, und deren Temperatur durch Einleiten von Dampf auf 40^0 C gehalten wurde. Ein Flügelrad hielt die Brühe und Blößen in Bewegung. Mit der Zeit verloren die Blößen langsam ihre Prallheit und wurden weich und lappig. Das Ende des Vorganges wird durch eine gewisse Schlaffheit der Blöße, die der Arbeiter erst nach langer Erfahrung richtig beurteilen kann, angezeigt. Aufgüsse

---

[1]) Beide Ausdrücke „puering" und „bating" entsprechen dem deutschen Ausdruck „Beizen".

von Hühner- und Taubenmist werden im allgemeinen bei der Beize von schweren Häuten, seltener bei der von leichten Häuten verwendet, da sie schneller in die Blößen diffundieren als die von Hundekot. Wahrscheinlich ist dies auf die Anwesenheit von Harnprodukten wie Harnstoff, die im Hundekot fehlen, zurückzuführen.

Viele Jahre lang blieb dieser Teil des Gerbprozesses in mysteriöses Dunkel gehüllt. Manche Gerber erhielten durch die Beize Ledersorten, die sie auf keine andere Weise so gut erzeugen konnten. In den vergangenen 30 Jahren ist man eifrig bemüht gewesen, diesen Vorgang in seinen wesentlichen Grundzügen kennenzulernen, mit dem Ziele, ihn mit weniger unangenehmen Mitteln zuverlässig durchzuführen, ohne dabei den Herstellungsgang des Leders im übrigen zu verändern. Einesteils nahm man an, daß die Entfernung des Kalkes der Hauptzweck der Beize wäre. Dieser Auffassung widersprach jene, die weniger in der Entfernung der Kalksalze den Zweck der Beize sah, als vielmehr darin gewisse für die Gerbung unnötige Proteine zu entfernen. Zu der Lösung dieser Fragen sind von vielen Forschern eingehende Untersuchungen über die wirksamen Bestandteile des Kotes und über die Veränderungen, die die Blöße durch die Beize erleidet, ausgeführt worden.

Die größte Pionierarbeit auf diesem Gebiet ist von W o o d [1]) geleistet worden. Die unangenehmen Kotbeizen sind jetzt fast allgemein durch Pankreatinpräparate dank den Ergebnissen der Untersuchungen von W o o d und der praktischen Auswertung, die R ö h m und andere diesen gegeben haben, verdrängt worden. W o o d schreibt in seinem Buche: „Zu der Zeit, als ich Lehrling war, wurde jeder Lederfehler auf diesen Teil des Fabrikationsganges geschoben. Dieser Umstand sowie die Unreinlichkeit und Widerwärtigkeit des Beizprozesses veranlaßten mich, ihn näher zu untersuchen. Es bildete sich bei mir der feste Entschluß, die Grundlagen dieses Vorganges festzustellen. Diese Beize war nicht nur ein schmutziger, sondern auch ein ekelerregender Prozeß, und in hygienischer Beziehung alles andere als einwandfrei. Es ist nicht weiter verwunderlich, daß die Beize unter allen Gerbvorgängen derjenige war, der am wenigsten geschätzt wurde, und der den meisten Verdruß bereitete.“

Nach W o o d besteht der anorganische Bestandteil des Kotes hauptsächlich aus Sulfaten, Chloriden, Karbonaten und Phosphaten des Natriums, Kaliums, Ammoniums und Kalziums sowie aus Silikaten. Die wichtigsten organischen Substanzen schienen Bakterien, Enzyme, zelluloseartige Körper und Fett zu sein. Er fand peptische und tryptische Fermente, ein Labferment, ein Stärke spaltendes Ferment und eine Lipase. Da die Beizbrühen meist schwach alkalisch sind, scheint es, als ob das Trypsin bei dem Vorgang am wirksamsten ist. Man konnte in der Tat später sehen, daß dieses Enzym einen Teil des Effektes von Kot auf Haut bedingt. Es gelang W o o d ferner, aus

---

[1]) W o o d, Das Entkälken und Beizen der Felle und Häute. Braunschweig 1914.

dem Kot eine Art des Bacterium coli zu isolieren, dessen Enzym in bezug auf seine Wirkung auf Haut dem Trypsin glich.

Heutzutage findet man im Handel eine Reihe von Beizpräparaten, die im wesentlichen Pankreatin, Ammoniumchlorid und offenbar unwirksames Füllmaterial enthalten. Sie haben die früher verwendeten Kotbeizen größtenteils verdrängt. Es sind jedoch Präparate als Beizen im Handel erschienen, die keinerlei tryptische Enzyme enthalten. Dies läßt, da mit diesen Präparaten für manche Leder gute Ergebnisse erhalten werden, die Frage nach dem Prinzip der Beize, zumal manche davon wesentliche Kohlehydrate enthalten, von neuem entstehen. Diese Kohlehydrate bilden durch Wirkung bestimmter. Fermente organische Säuren. Offenbar enthält der Kot verschiedene wirksame Komponenten, die Fülle verschiedener Beizpräparate ist daher so zu erklären, daß die Hersteller ihre Aufmerksamkeit diesen verschiedenen Komponenten zugewendet haben. Der Umstand, daß Mittel von ganz verschiedener Zusammensetzung unter der einheitlichen Bezeichnung Beize in den Handel gebracht werden, hat eine gewisse Verwirrung über diesen Begriff enstehen lassen. Die verschiedenen Effekte, die diese Beizen hervorzurufen imstande sind, werden im Folgenden einzeln beschrieben werden.

Verfallen

Eine allen Beizprodukten gemeinsame Eigenschaft ist die, den Quellungsgrad der Proteinbausteine der gekälkten Haut herabzusetzen. Diesen Vorgang bezeichnet man in der Praxis als „Verfallen". Es würde in der Tat unmöglich sein, ein Beizprodukt in den Handel zu bringen, das diese Eigenschaft nicht aufweisen würde, wird sie doch als Kriterium für eine vollständig durchgeführte Beize angesehen.

Aus der Theorie der Quellung von Proteinen im Abschnitt „Die physikalische Chemie der Proteine" ergibt sich, daß der Quellungsgrad eine Funktion der Wasserstoffionen- und Neutralsalzkonzentration der Lösung sein muß.

Wilson und Gallun[1]) untersuchten den Grad der Schwellung in Abhängigkeit von den pH-Werten nach der im Abschnitt „Enthaaren und Streichen" beschriebenen Methode. Blößenstücke von 2 qcm wurden, um möglichst gleichmäßig aufgebaute Stücke zu verwenden, dem Schild einer Kalbsblöße entnommen. Sie wurden in einer 12 %/0 Kochsalzlösung, die geringe Menge Salzsäure enthielt, vom Kalk befreit und in einer kalten gesättigten Natriumbikarbonatlösung neutralisiert. Danach wurden sie gewaschen und bei 40° C 24 Stunden in eine Lösung gebracht, die im Liter 0,1 g U. S. P. Pankreatin, 2,8 g primäres Natriumphosphat und 18 ccm m/1 Natronlauge enthielt. Bei der Untersuchung im Mikroskop ergab es sich nun, daß alle Elastinfasern entfernt worden waren. Die Stücke wurden dann in fließendem

---

[1]) Wilson und Gallun, The Points of Minimum Plumping of Calf Skin. Journ. Ind. Eng. Chem. 15 (1923), 71.

Wasser von einem pH-Wert von 8 24 Stunden gewaschen. Schließlich wurden sie für Versuche im Eisschrank bei 7^0 C in destilliertem Wasser aufbewahrt. Der Zustand, in dem sich die Blößen befanden, wurde, da er leicht reproduzierbar war, als normaler angenommen.

Für die Versuche wurde eine Reihe von 24 großen Behältern mit Versuchslösungen bereitet, diese enthielten im Endvolumen eine Lösung von m/10 Phosphorsäure. Sie enthielten ferner soviel Natronlauge, als notwendig war, um die gewünschten pH-Werte zu erhalten. Diese wurden mit Hilfe der Wasserstoffelektrode ermittelt. Die pH-Werte der Lösungen, die untersucht wurden, lagen zwischen 4 und 11.

Bei jedem Versuch wurden die Blößenstücke zunächst im Normalzustand mit dem Dickenmesser von Randall und Stickney, der im vorhergehenden Abschnitt beschrieben wurde, gemessen. Die Messung wurde in jedem Falle 5 Minuten nach dem Auflegen des Gewichtes durchgeführt, diese ergab die Anfangsdicke. Darauf wurden die Stücke, um sie auf ihre ursprüngliche Gestalt zurückzubringen, mit Wasser geschüttelt und dann in 200 ccm Pufferlösung bestimmter pH-Werte gebracht. Um proteolytische Vorgänge nach Möglichkeit auszuschalten, wurden die Versuche im Eisschrank bei 7^0 C durchgeführt. Nach 24 Stunden wurde jede Pufferlösung durch eine frische ersetzt. Da nach 4 Tagen keine weitere Veränderung der pH-Werte eintrat, wurde angenommen, daß sich das Gleichgewicht eingestellt hatte. Die Stücke wurden herausgenommen und die Dicke wiederum bestimmt. Tabelle 16 gibt nun eine Übersicht über das Versuchsergebnis. Das Verhältnis der Enddicke zur Anfangsdicke gibt ein Maß für den Quellungsgrad der Haut. In Abb. 73 ist dieser als Funktion des pH-Wertes wiedergegeben.

Die Bedeutung der beiden Quellungsminima wurde bereits früher besprochen. Bei dem Vergleich von Abb. 73 und 45 ersieht man, daß die Abhängigkeit der Quellung von den pH-Werten bei Kalbshaut und Gelatine sehr ähnlich ist. Offenbar erleidet das Kollagen, wenn es von der sauren in die alkalische Lösung gebracht wird, eine innere Umlagerung; die beiden Minima entsprechen zwei verschiedenen isoelektrischen Punkten der beiden Lösungsformen.

Zwischen den pH-Werten 4,5 und 9,0 ist die Schwellung so gering, daß die Haut, nach dem Schwellungsgrad beurteilt, nur als gebeizt angesehen werden müßte. Wood, der wahrscheinlich als erster die Wasserstoffelektrode auf die Prozesse der Gerberei anwendete, fand, daß der pH-Wert einer frischen Kotbeize zwischen 4,7 und 5,4 lag, während das Beizen einer Partie von Blößen ihn nach 6,4 bis 8,4 verschob. In einer Kalkbrühe, die einen pH-Wert von 12,5 hat, ist die Haut geschwollen und gummiartig. Wird sie jedoch in das Gleichgewicht mit einer Lösung gebracht, deren pH-Wert zwischen 4,5 und 9,0 liegt, so verfällt sie und wird lappig.

Der Verfasser konnte beobachten, daß, wenn in Lösungen von Proteinen Fäulniserscheinungen auftraten, der pH-Wert der Lösung das Bestreben hatte, sich ohne Rücksicht auf den Anfangs-pH-Wert auf 5,5—6,0 einzustellen. Die faulenden Kotbeizen haben daher das Bestreben, den pH-Wert der gekälkten Haut von 12.5 auf 6 herabzusetzen. Da die Beizbrühe jedoch Phosphate enthält, so fällt infolge der Pufferwirkung dieser Salze der pH-Wert nicht ganz so weit. Die Phosphate dienen so als Schutzmittel der Haut gegen Fäulnis, die eintreten würde, wenn der pH-Wert bis zu dem für Fäulnisbakterien günstigsten fallen würde. Im letzteren Falle würde die Haut schnell zerstört werden.

Tabelle 16

Kalbsblöße in Pufferlösungen verschiedener pH-Werte

Dickenmessungen (Durchschnittswerte von mehreren Messungen)			pH-Werte der Lösungen bei 20° C	
in mm Anfangsmessung	in mm Endmessung	Verhältnis *	Anfangswert	Endwert
1,421	2,729	1,92	3,96	3,97
1,205	1,885	1,56	4,14	4,17
1,269	1,431	1,13	4,47	4,49
1,439	1,296	0,90	4,78	4,79
1,489	1,305	0,88	5,08	5,07
1,299	1,161	0,89	5,29	5,27
1,347	1,239	0,92	5,57	5,57
1,388	1,306	0,94	5,78	5,72
1,212	1,263	1,04	6,04	6,08
1,225	1,270	1,04	6,29	6,29
1,391	1,478	1,06	6,48	6,42
1,248	1,343	1,08	6,69	6,68
1,435	1,514	1,06	6,96	6,88
1,292	1,362	1,05	7,08	7,00
1,379	1,415	1,03	7,41	7,41
1,413	1,385	0,98	7,68	7,62
1,393	1,407	1,01	7,97	7,89
1,515	1,520	1,00	8,42	8,44
1,428	1,427	1,00	8,56	8,50
1,253	1,343	1,07	9,03	9,13
1,258	1,377	1,09	9,59	9,64
1,219	1,388	1,14	10,00	9,98
1,240	1,621	1,31	10,47	10,51
1,289	2,206	1,71	11,06	11,08

* Dies Verhältnis ist ein Maß für die Quellung.

Viele der sogenannten Beizen setzen vor allem den pH-Wert der geäscherten Haut herab und bringen so die Schwellung auf ein Minimum. Die Bedeutung des Verfallens bei der vegetabilischen Gerbung ist leicht einzusehen. In eine gequollene Haut dringen die Gerbstoffe nur langsam ein, ist sie jedoch verfallen, so können die Gerbstoffe, indem sie die Zwischenräume der einzelnen Fasern benutzen, viel schneller das Innere der Haut erreichen; die Durchdringungsgeschwindigkeit wird also erheblich beschleunigt. Die Annahme, daß die Häute nur dann in ein dickes Leder verwandelt werden können, wenn sie in geschwelltem Zustand in die Gerbbrühen gelangen, ist nicht ganz richtig. Die Festigkeit des entstehenden Leders ist eher auf die Reaktion der Gerbstoffbrühen mit der Haut als auf den Grad der Schwellung, in dem diese hineingelangen, zurückzuführen.

Es ist offenbar nicht sehr schwierig, Präparate herzustellen, die die Haut auf ein Minimum der Schwellung bringen. Zu diesem Zwecke

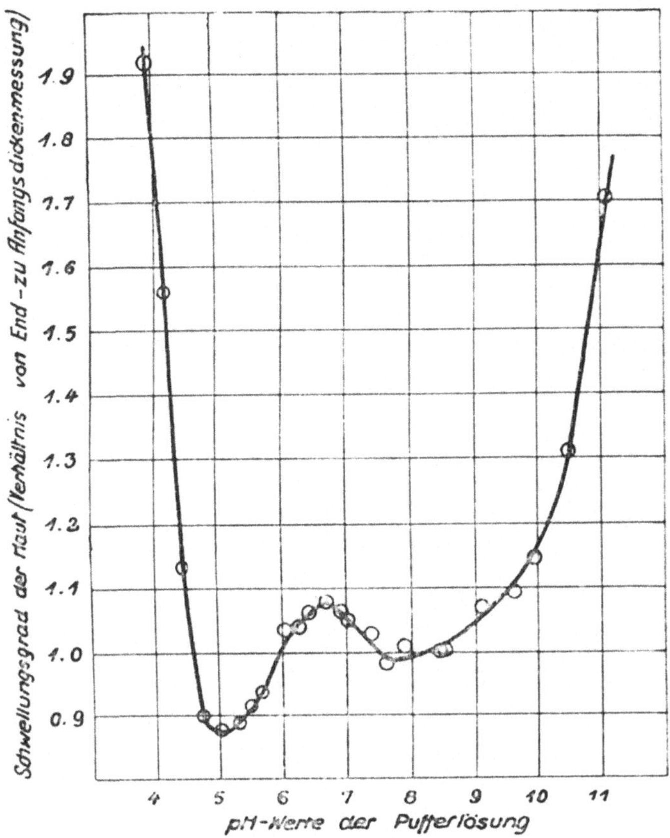

Abb. 73. **Die beiden Minima bei der Quellung von Kalbshäuten.**

braucht man nur ein Mittel, das in der Lage ist, den pH-Wert der Haut auf einen Endwert von 8 zu bringen, mit einem Puffer zu versetzen. Zu solchen Stoffen gehören Borsäure, Ammoniumchlorid, schwache organische Säuren, und Stoffe, aus denen durch fermentative Vorgänge Säuren gebildet werden können, sowie saures Natriumphosphat. Der Verfasser ließ 5 Partien eine künstliche Beizbrühe passieren, die Natriumphosphat enthielt. Es zeigte sich bei guter

Beizwirkung, daß, obwohl die Konzentration des Natriumphosphats in keiner Weise überwacht wurde, der pH-Wert der Brühe höchstens um 0,5 vom normalen Wert 8 während des ganzen Vorganges abwich. Will man nur die Haut zum Verfallen bringen, so verwendet man am praktischsten Natriumphosphat und sorgt durch Zusatz kleiner Mengen Salzsäure dafür, daß der pH-Wert der Brühe ungefähr bei 8 stehen bleibt.

Die Einstellung der Wasserstoffionenkonzentration

Da der Schwellungsgrad eine Funktion der Wasserstoffionenkonzentration ist, so ist sicherlich die Herabsetzung der pH-Werte bei der Beize für die Entschwellung wichtig, jedoch erfüllt sie unabhängig davon noch einen weiteren Zweck. Es ist zu bedenken, daß $80\,^0/_0$ des Beizgewichtes durch das Wasser, das der Haut anhaftet, ausgemacht wird. Dieses Wasser hat nun den pH-Wert der Beizbrühe. Selbst wenn man die Haut nach der Beize mit Wasser wäscht, so hängt der pH-Wert des Waschwassers weitgehend von den Stoffen ab, die an der Haut haften. Wird daher die gebeizte Haut in Gerbbrühen gebracht, so wird der pH-Wert der Brühen durch die an der Haut haftenden Flüssigkeitsteilchen beeinflußt. Ist nun der pH-Wert dieser Teilchen sehr verschieden von dem der Gerbbrühe, so entstehen Schwierigkeiten, da die Diffusionsgeschwindigkeit der Gerbstoffe in die Haut, die Farbe der Gerbstoffbrühen und ihre Oxydationsgeschwindigkeit eine Funktion des pH-Wertes ist. Die Konstanz der pH-Werte der an den Blößen haftenden Flüssigkeitsteilchen ist daher von außerordentlicher Wichtigkeit. Hieraus wird die Bedeutung der alten Kotbeizen verständlich. Es bestand keine andere Möglichkeit, die pH-Werte zu regulieren. Wahrscheinlich war es weniger wichtig, innerhalb gewisser Grenzen, einen bestimmten pH-Wert zu gewährleisten, als vielmehr für die Konstanz dieses Wertes zu sorgen, wobei die Bedingungen der Gerbung diesem angepaßt waren.

Entkälken

Des öfteren wird die Beize als ein Vorgang aufgefaßt, dessen Hauptziel die Entfernung der Kalziumverbindungen aus der Haut ist. Wood fand, daß bei der Verwendung von Kotbeizen der Gehalt der Haut an Kalziumoxyd von $3-6\,^0/_0$ auf $0,5-0,9\,^0/_0$, auf Trockengewicht der Haut bezogen, zurückging, wobei das Kalzium in Form von Neutralsalzen vorhanden zu sein schien.

Indessen weisen nicht alle künstlichen Beizen die Fähigkeit auf, die Kalziumverbindungen aus der Haut zu entfernen. Der Verfasser verfolgte die Entfernung der Kalziumverbindungen bei einer Beize, die aus Phosphaten und Ammoniumchlorid bestand und die einen pH-Wert von 8,4 aufwies. Er konnte jedoch, obwohl die Haut vollkommen verfallen war, keine Abnahme der Kalziumverbindungen feststellen, alles Kalzium war in neutrale oder unlösliche Salze übergeführt worden. Es hatte sich offenbar in der Haut unlösliches Kalziumphosphat gebildet, so daß eine Entfernung verhindert wurde. In solchen und ähnlichen Fällen kann man die Beize kaum als einen Entkälkungsvorgang bezeichnen. Ist es bei der Durchführung der weiteren Gerbung notwendig und wesentlich, die Kalziumverbindungen vollkommen zu entfernen, so ist es bei weitem zweckmäßiger, eine in dem nächsten Abschnitt beschriebene Säurelösung, die gut überwacht werden muß, zu verwenden.

Bakterielle Tätigkeit

Bei den Kotbeizen spielen die Bakterien eine große Rolle, einerseits sorgen sie für eine Entfernung des Kalkes und andererseits drücken sie den pH-Wert auf die Region minimalster Schwellung der Blöße zurück. Gewisse Bakterien oder ihre Abscheidungen greifen, wie man aus dem Auftreten von Stickstoff in den Lösungen schließen muß, die Blöße an. Abb. 74 zeigt auf einem Gelatinenährboden [1]) die Bakterienkultur einer Kotbeize, wie sie benutzt zu werden pflegt.

B e c k e r [2]) isolierte nicht weniger als 54 Bakterienarten aus dem Hundekot und untersuchte bei vielen die Einwirkung auf die Haut. Dabei fand er eine Bakterienart, vom ihm als „B. erodiens" bezeichnet, die die Fähigkeit hatte, gekälkte Haut ähnlich zum Verfallen zu bringen, wie der Kot selbst. W o o d in England, sowie P o p p und B e c k e r in Deutschland haben über künstliche Bakterienbeizen gearbeitet, sie vereinigten später ihre Bemühungen und brachten die als Erodin bekannte Beize, die aus einem Nährmaterial und einer Reinkultur des B. erodiens, die vor dem Gebrauch hinzugefügt wird, besteht, auf den Markt. Es hat sich in der Praxis als ein guter Ersatz für Kot bei der Herstellung gewisser Lederarten bewährt.

Da der B. erodiens keine tryptischen Enzyme erzeugt, hat W o o d vorgeschlagen, Bakterien zu verwenden, wie sie an den Wurzeln der Wolle beim Schwitzprozeß auftreten. Diese scheiden ein schwaches proteolytisches Ferment aus und würden sich als Zusatz zum Erodin eignen. Die Empfänglichkeit der Erodinbrühen für fremde Bakterien ist ein ernsthaftes Hindernis für eine weitgehende Anwendung. W o o d hat beobachtet, daß frische Brühen gewöhnlich einen pH-Wert von 6,6 haben, dieser steigt während der Beize auf 7,3.

C r u e s s und W i l s o n [3]) konnten 10 verschiedene Bakterienarten aus Taubenmist isolieren, die imstande waren, ein Verfallen der Haut zu bewirken. Ferner konnten sie Reinkulturen in verdünnten Lösungen entrahmter Milch herstellen. Wurde die Beizwirkung zu lange ausgedehnt, so wurden die Proteine der Haut hydrolysiert, diese Gefahr konnte jedoch durch den Zusatz von 0,5 $^0/_0$ Glukose auf ein

---

[1]) W o o d, The Properties and Action of Enzymes in Relation to Leather Manufacture. Journ. Ind. Eng. Chem. 13 (1921), 1135.

[2]) B e c k e r, Bakteriologische Vorgänge in der Lederindustrie. Zeitschr. f. öffentl. Chemie 10 (1904) 447.

[3]) C r u e s s u. F. H. W i l s o n, A Bacterial Study of the Bating Process. Journ. Am. Leather Chem. Assoc. 8 (1913), 180.

Minimum verringert werden. Es konnte gezeigt werden, daß die Glukose zu Säuren abgebaut wird; diese hemmen nun die Bakterien und unterstützen die Entfernung des Kalkes aus der Haut.

Allgemein verbreitet ist die Ansicht, daß die Beizwirkung nicht von den Bakterien allein, sondern von den von ihnen abgeschiedenen Stoffen hervorgerufen wird. Von diesen wiederum betrachtet man

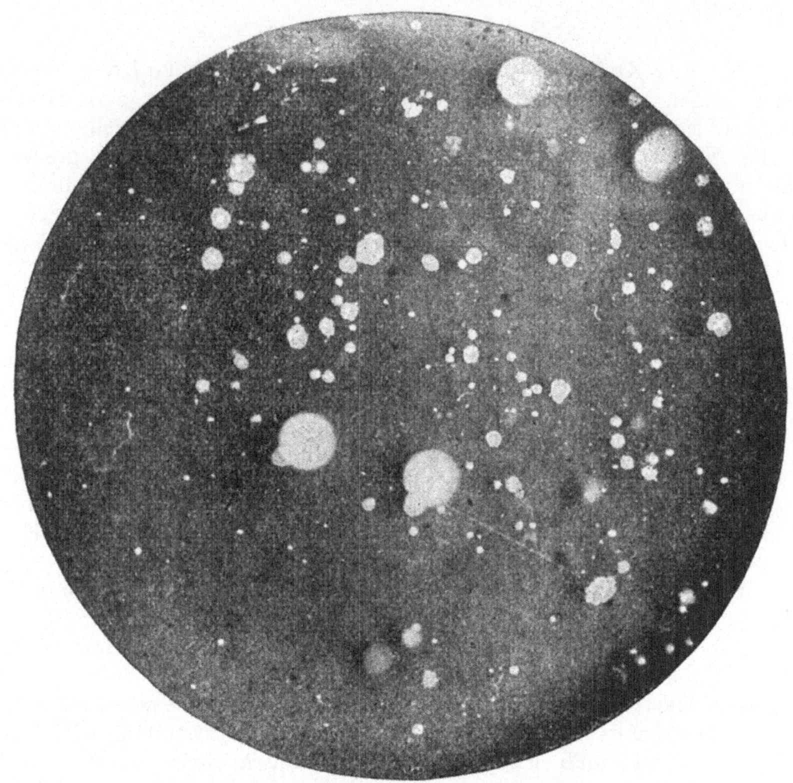

Abb. 74. **Typische Plattenkultur einer Beizbrühe auf Gelatine**

die Enzyme als die wichtigsten, da die Erniedrigung des pH-Wertes, bzw. das Verfallen der Blößen durch einfache chemische Mittel hervorgerufen werden kann, die im allgemeinen nicht Bestandteile der Beize sind.

Enzymatische Einwirkungen und Elastinentfernung

Es gelang Wood[1]), die Enzyme des Hundekotes durch Ausfällen mit Alkohol zu isolieren und zu zeigen, daß sie zusammen mit

---

[1]) Wood, Notes on the Constitution and Mode of Action of the Dung Bate. Journ. Soc. Chem. Ind. 17 (1898), 1011.

Ammoniumverbindungen imstande sind, Blößen zu beizen. Da die Lösungon alkalisch waren, erschien es sehr wahrscheinlich, das Trypsin als hauptsächlich wirkenden Faktor anzusehen. Später konnten Wood und Law[1]) zum mindesten folgende 5 verschiedene Enzyme im Hundekot nachweisen:

    1. ein peptisches Enzym ähnlich dem Pepsin
    2. ein tryptisches Enzym ähnlich dem Trypsin der Pankreas
    3. ein Labferment (koagulierendes Enzym)
    4. ein amylolytisches Enzym
    5. eine Lipase.

Bei stark fetthaltigen Häuten kommt der Lipase sicherlich eine wichtige Rolle zu; sie hydrolysiert und emulgiert das Fett.

Im Jahre 1908 ließ Röhm[2]) die Verwendung der Enzyme des Pankreassaftes bei gleichzeitiger Anwendung von Ammoniumsalzen als Beizmittel patentieren. Rosenthal[3]) nahm als Maß für den Elastingehalt der Haut den Stickstoffanteil, der durch tryptische Verdauung in Lösung gebracht wurde. Er konnte auf Grund dieser Methode nachweisen, daß mit Oropon der Elastingehalt der Haut eines Kalbes von 10,36 auf 0,31 Prozent, auf Trockensubstanz bezogen, verringert wurde. Spätere mikroskopische Untersuchungen des Verfassers über das Wesen der Beize ergaben, daß die Methode von Rosenthal keine genauen Ergebnisse liefert. Offenbar entsteht ein Teil des Stickstoffes, der als aus dem Elastin stammend angesehen wird, aus anderen Proteinelementen der Haut oder aus ihren hydrolytischen Abbauprodukten.

Bei Untersuchung des Beizvorganges bei dem Narbenspalt einer Schafshaut fand Wood, daß stickstoffhaltiges Material in Lösung ging. Dies entsprach 1 Prozent der gesamten Proteinmenge der Haut. Wie man durch mikroskopische Untersuchungen nachweisen kann, entspricht diese Angabe ungefähr dem Prozentsatz des in der Haut anwesenden Elastins.

Auch Seymour-Jones nimmt an, daß die Hauptfunktion der Beize die Entfernung der Elastinfasern der Haut ist. Zusammen mit Wood fuhrte Seymour-Jones[4]) interessante Versuche über die Beize von Schafshäuten aus. Eine Schafshaut wurde so gespalten, daß die Narbenschicht von dem Hauptteil der Haut getrennt wurde; der letztere wurde herkömmlich als Fleischspalt bezeichnet. Narben- und Fleischspalt wurden längs des Rückens in zwei Hälften geschnitten. Ein Narben- und ein Fleischspalt wurde mit Pankreatol,

---

[1]) Wood u. Law, Enzymes Concerned in the Puering or Bating Process. Journ. Soc. Chem. Ind. 31 (1912), 1105.
    [2]) Röhm, U. S. A. Pat. (1908), 886, 441.
    [3]) Rosenthal, Biochemical Studies of Skin. Journ. Am. Leather Chem. Assoc. 11 (1916) 463.
    [4]) Alfr. Seymour-Jones, The Physiology of the Skin. Journ. Soc. Leather Trades Chem. 4 (1920), 60.

einem dem Oropon ähnlichen Präparat, gebeizt; die anderen Hälften hingegen wurden mit Essigsäure entkälkt. Alle vier Hälften wurden dann mit Sumach gegerbt. Die gebeizten und entkälkten Fleischhälften wiesen kaum Unterschiede auf, die Narbenhälften zeigten jedoch beträchtliche Differenzen. Die gebeizte Narbenhälfte war sanft und eben, die Haarlöcher sauber und klar, die nur entkälkte Hälfte hatte aber eine rauhe, zusammengezogene Oberfläche, die Haarlöcher schienen verklebt zu sein; er schloß daraus, daß das in der Narbenschicht vorhandene Elastin vor der Gerbung entfernt werden muß, wenn ein befriedigender Narben entstehen soll, daß hingegen das Beizen der Haut unter der Narbenschicht nicht nur unnötig, sondern sogar unerwünscht ist.

Der Unterschied, den Seymour-Jones zwischen den beiden Narbenspalten fand, war wahrscheinlich nicht auf die Beizwirkung allein zurückzuführen. Da der eine mit Essigsäure behandelt worden war, der andere dagegen nicht, hatte die ungebeizte Blöße einen niedrigeren pH-Wert als die gebeizte. Diese Differenz in den pH-Werten wurde zum Teil auch auf die Sumachbrühe, die zum Ausgerben verwendet wurde, übertragen. Wie bereits in einem früheren Abschnitt ausgeführt, wird die Bildung von rythmischen Schwellungen in der Narbenschicht durch die Herabsetzung der pH-Werte der Gerbbrühen begünstigt. Als erstes Anzeichen dieser Erscheinung ist eine Rauheit des Narbens, wie sie bei diesem Versuch auch von Seymour-Jones beobachtet wurde, festzustellen; sinkt der pH-Wert der Brühe noch weiter, so tritt eine ausgeprägte Verwerfung der Hautoberfläche in Erscheinung. Wenn auch die Rauheit des nichtgebeizten Narbenspaltes durch die Anwesenheit von Elastinfasern noch unterstützt worden sein mag, so ist die Hauptursache doch wohl in der Herabsetzung des pH-Wertes der Haut zu suchen.

Wilson und Daub[1][2] unternahmen es, durch mikroskopische Untersuchungen die Frage der Entfernung der Elastinfasern der Haut beim Beizen endgültig zu beantworten. Sie präparierten Schnitte von Kalbshauten, sowohl vor als auch nach einer Beizbehandlung mit Pankreatin. Sie fanden, daß bei genügender Zeitdauer bei diesem Prozeß alle Elastinfasern entfernt werden. Abb. 75 gibt einen Schnitt durch eine Kalbsblöße nach dem Kälken, Enthaaren, Streichen und Waschen, jedoch vor dem Beizen, wieder. Die Elastinfasern sind als dickes, schwarzes Band unter dem Narben sichtbar; die Vergrößerung ist nicht stark genug, um jede Faser einzeln hervortreten zu lassen. An der Grenze der Aasseite ist eine weitere Schicht von Elastinfasern zu beobachten. Die Hauptmasse der Haut enthält so gut wie keine Elastinfasern, nur an manchen Stellen umgeben sie die Blutgefäße, Nerven und Muskeln. Abb. 76 zeigt einen angrenzenden Schnitt der gleichen Haut nach einer 24stündigen Beize in einer 0,01 % Pankreatinlösung von einem pH-Wert von 7,5 bei 40° C.

---

[1] Wilson, The Mechanism of Bating. Journ. Ind. Eng. Chem. 12 (1920), 1087.
[2] Wilson u. Daub, A Critical Study of Bating. Daselbst 13 (1921), 1137.

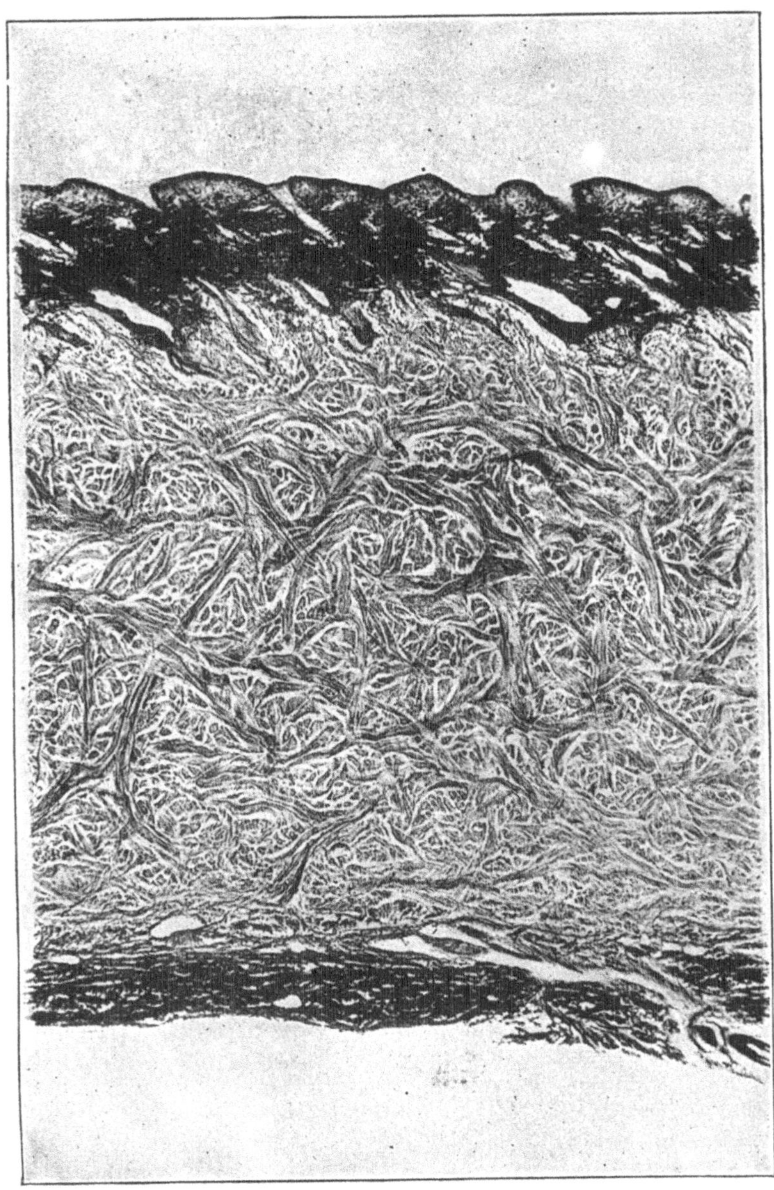

Abb. 75. **Vertikalschnitt durch eine Kalbsblöße**
(Nach dem Kälken und Enthaaren und vor dem Beizen)

Stelle der Entnahme: Schild
Dicke des Schnittes: 40 μ
Färbung: Weigerts Resorcin-
  Fuchsin und Picro-Rot

Okular: Keins
Objektiv: 32 mm
Wratten-Filter: B-Grün; E-Orange
Lineare Vergrößerung: 25fach

Wilson, Chemie der Lederfabrikation.

14

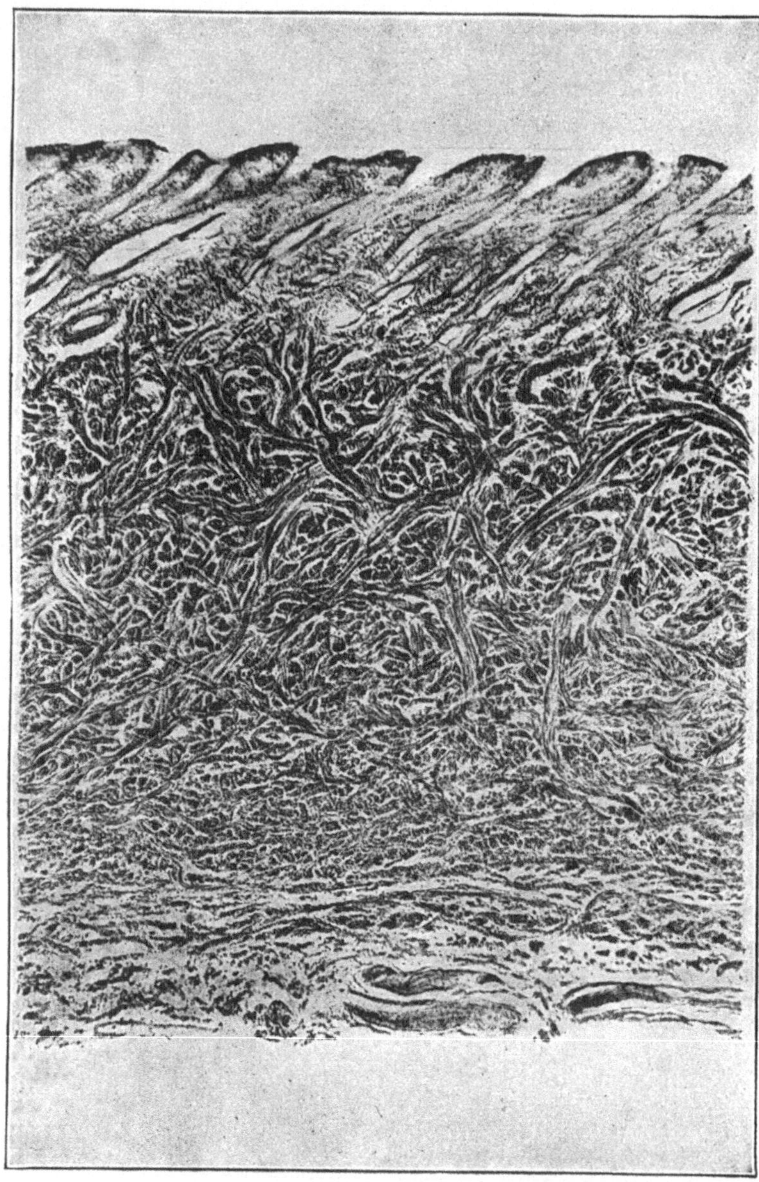

Abb. 76. **Vertikalschnitt durch eine Kalbsblöße**
(Nach der Beize, vor dem Gerben)

Stelle der Entnahme: Schild
Dicke des Schnittes: 40 μ
Färbung: Weigerts Resorcin-
  Fuchsin und Picro-Rot

Okular: Keins
Objektiv: 32 mm
Wratten-Filter: B-Grün; E-Orange
Lineare Vergrößerung: 25fach.

Der Verfasser erhielt kürzlich von Herrn L. Krall in Genf (Schweiz) die Nachricht, daß er die Priorität dieser Entdeckung für sich in Anspruch nimmt; er gibt an, mit Hilfe des Mikroskopes die Entfernung der Elastinfasern der Haut als das Hauptprinzip des Beizvorganges erkannt zu haben. Seine Untersuchungen, die in den Jahren 1914—1916 an der Universität zu Genf durchgeführt wurden, beweisen, daß durch Behandlung mit einem Aufguß von Hundekot bei 40⁰ C die Haut von den Elastinfasern vollständig befreit wird. Seine Mikrophotographien lassen erkennen, daß die Wirkung des Kotes praktisch mit der identisch ist, die Wilson und Daub bei Pankreatin feststellten; diese Befunde erhärten die Ansicht von Wood, daß das Pankreatin der wirksame Hauptbestandteil des Kotes beim Beizen ist. Unglücklicherweise war Kralls wichtige Abhandlung[1] in einem Privatdruck vergraben.

Wilson und Daub untersuchten unter Anwendung einer großen Zahl von Färbemethoden Hunderte von Hautschnitten vor und nach der Beize bei hoher Vergrößerung; sie kamen dabei zu dem Schluß, daß die Hauptfunktion des Beizens die Entfernung der Elastinfasern der Haut ist, und daß alle anderen Effekte, die von Kotbeizen hervorgerufen werden, auch durch Nichtbeizprozesse, die sich leicht chemisch überwachen lassen, erzielt werden können. Die Entfernung des Elastins wird jedoch immer von einem Verfallen der Haut begleitet, da das Pankreatin gerade bei einem pH-Wert wirksam ist, der jene Entquellung der gekälkten Haut veranlaßt, die als Kriterium für die Beendigung des Beizvorganges angenommen wird.

Um die Vorgänge während der Beize zu verfolgen, untersuchten Wilson und Daub vor und nach der Beize Hautschnitte und schätzten dabei den prozentualen Verlust an Elastin ab. Als Enzym verwendeten sie eine Probe des Handelsproduktes U. S. P. Pankreatin folgender Zusammensetzung: 6,3 $^0/_0$ Wasser; 6,8 $^0/_0$ Asche; 11,0 $^0/_0$ Stickstoff; 1,7 $^0/_0$ Chlor; 3,5 $^0/_0$ Phosphate als Phosphorpentoxyd; keine Sulfate. Um die tryptische Wirksamkeit nach Sherman und Neun[2] zu bestimmen, ließ man 10 Milligramm des Produktes bei einem pH-Wert von 7,33 bei 40⁰ C auf 1 Gramm Kasein eine volle Stunde lang in 100 ccm Wasser einwirken; dabei wurden 51 Milligramm Stickstoff in Lösung gebracht. Vorsichtigerweise sollte man darauf hinweisen, daß diese Angabe kein genaues Maß für die Aktivität des Präparates in bezug auf Elastinverdauung darstellt. Der Verfasser schlägt vor, die elastinlösenden Eigenschaften eines Beizpräparates durch jenen Betrag an Elastin zu kennzeichnen, der aus einer Haut unter ganz bestimmten, besonders verfeinerten Versuchsbedingungen gelöst wird. Die Aktivität des Präparates in bezug auf Kasein oder Gelatine kann zu einer ganz irreführenden Beurteilung der Beizwirkung führen.

---

[1] Krall, Fermente in der Gerberei. Priv.-Druck der Soc. Anonyme, anc. B. Siegfried, Zofingen (Schweiz), (1918) Juni.
[2] Sherman u. Neun. Journ. Am. Chem. Soc. 38 (1916) 2199.

Für jede Versuchsreihe bereiteten Wilson und Daub Stücke aus Blößen, die etwa 6 cm lang und 1,5 cm breit waren. Es wurde ferner darauf geachtet, daß bei einer Versuchsreihe die Streifen möglichst dem gleichen Teil der Haut entnommen worden waren, da es sich gezeigt hatte, daß die Schnelligkeit, mit der das Elastin entfernt wurde, in geringer, immerhin deutlich meßbarer Weise von der Dicke der Blöße abhängig war. Da jeder Streifen in ein Flüssigkeitsvolumen von 500 ccm gebracht worden war, konnten die Blößenstücke die Konzentration der Lösung kaum ändern. Um den Einfluß des Lichtes auszuschalten, wurden die Versuche in braunen Flaschen ausgeführt. Die Flaschen mit den Versuchen wurden in einem Freas-Thermostaten eine bestimmte Zeit bei der für tryptische Verdauung optimalen Temperatur von 40^0 C belassen. Die Abweichung betrug $\pm$ 0,01^0 C[1]).

Jede Brühe enthielt außer dem Enzym als Puffer 0,02 Mol Phosphorsäure im Liter, ferner diejenige Menge Kaliumhydroxyd, die nötig war, um die gewünschte Wasserstoffionenkonzentration zu ergeben. Der pH-Wert jeder Brühe wurde mit Hilfe von einer Hildebrand-Elektrode und eines Potentiometers nach Leeds und Northrup gemessen, ausgenommen bei jenen, bei denen Vorversuche mit der Indikatorenmethode nach Clark und Lubs genügende Genauigkeit ergeben hatten. Außer bei starken Säure- und Alkalilösungen war die Änderung der pH-Werte praktisch zu vernachlässigen. Die Schätzung des entfernten Elastins bezog sich auf die Entfernung dieses Materials aus der Narbenschicht allein. In manchen Fällen war aus der Narbenschicht alles Elastin entfernt, ehe aus der Schicht, die der Fleischseite zugewendet war, nur die Hälfte verschwunden war. Da jedoch beim Falzen dieses Elastin mit dieser Schicht praktisch beseitigt wird, so ist das Entfernen aus dieser Schicht von geringer Bedeutung.

Gewöhnlich wurde zunächst eine Versuchsreihe, die einen weiten Spielraum umfaßte, angesetzt; eine zweite umfaßte dann nur das aktive Gebiet des Enzyms. Zur Kontrolle wurde immer noch eine dritte Parallelreihe durchgeführt.

Der Einfluß der Wasserstoffionenkonzentration

Es ist wohlbekannt, daß die Wasserstoffionenkonzentration die Reaktionsgeschwindigkeit der Enzyme beeinflußt. Bei Anwendung von 0,1 g Pankreatin im Liter wurde bei 24stündiger Einwirkung eine vollständige Entfernung des Elastins aus der Haut nur bei pH-Werten, die zwischen 7,5 und 8,5 lagen, erreicht. Ein Teil des Pankreatins wurde in ein Kollodiumsäckchen getan und gegen fließendes Wasser 16 Stunden in einem dunklen Raum dialysiert; es wurde dann in einer analogen Versuchsreihe verwendet. Dabei kamen 0,1 g des ursprünglichen Pankreatins auf 1 Liter. Die Ergebnisse deckten sich mit

---

[1]) Falk, The Chemistry of Enzyme Actions. New York.

denen, die mit nicht dialysiertem Pankreatin erhalten worden waren.
Eine weitere Versuchsreihe wurde mit 1,0 g Pankreatin im Liter angesetzt. Vollständige Elastinentfernung trat zwischen den pH-Werten
5,5 und 8,5 ein. Die Ergebnisse beider Versuchsreihen, die in Abb. 77
wiedergegeben sind, wurden, um große Genauigkeit zu erzielen, sorgfältigst überprüft. Der Prozentgehalt an entferntem Elastin ist als
Funktion des pH-Wertes der Lösung nach der Einwirkung und nach
Abkühlen auf 25⁰ C dargestellt.

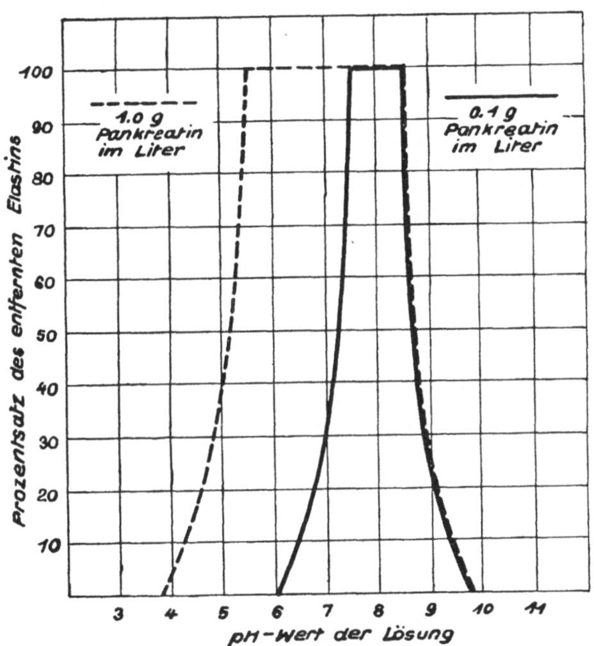

Abb. 77. **Die Entfernung der Elastinfasern aus gekälkter
Kalbsblöße als Funktion der Wasserstoffionenkonzentration**
Einwirkungsdauer 24 Stunden   Temperatur 40⁰ C

Die eigenartige Beziehung der beiden Kurven zueinander ist be-
deutsam. Für pH-Werte über 7,5 stimmen sie fast überein, bei 6,0
jedoch entwickelt die stärkere Lösung noch ihre volle Aktivität, während
die schwächere Lösung ihre ·elastinlösende Fähigkeit augenscheinlich
eingebüßt hat. Wenn ein Enzym verschiedenen Substraten gegenüber
Wirkungsoptima bei verschiedenen pH-Werten aufweist, so hat man
dies so erklärt, daß der Einfluß der pH-Werte dem Substrat gegenüber ausschlaggebend ist. In diesem Falle haben wir nun dasselbe
Substrat und das gleiche Enzym, offenbar hängt die Lage des Optimums
jedoch nur von der Konzentration des Enzyms ab.

Zur Erklärung dieser Erscheinung kann man eine Arbeit von Northrop[1][2] heranziehen. Dieser nimmt an, daß die Aktivität eines Enzymes nicht notwendigerweise eine Funktion der augenscheinlichen Gesamtkonzentration des Enzyms ist; ein Teil des Enzyms kann vielmehr durch Bindung an Peptone oder andere fremde Substanzen inaktiviert werden. Er zeigt weiter, daß die Bildung von Additionsverbindungen zwischen Proteinen und Enzymen von der Konzentration der Proteinionen abhängt; diese ist wiederum von der

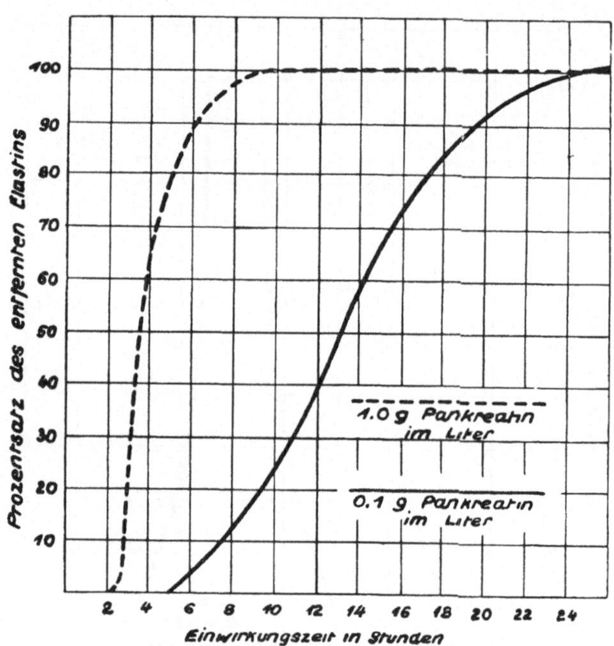

Abb. 78. **Die Entfernung der Elastinfasern aus gekälkter Kalbsblöße als Funktion der Einwirkungszeit** Temperatur 40° C; pH-Wert 7,6

Wasserstoffionenkonzentration der Lösung abhängig. Wenn andere Proteine als das Elastin für die Inaktivierung des Enzyms verantwortlich zu machen sind, so könnte man erwarten, daß diese Inaktivierung im isoelektrischen Punkt dieser Proteine ein Minimum hat.

Nach dem Beizen wurden die Streifen auf Vollendung des Prozesses durch Beurteilung des „Griffes" untersucht; dieses Kriterium hängt, wie schon erwähnt, nicht mit der Elastinentfernung sondern

[1] Northrop, The Effect of the Concentration of Enzyme on the Rate of Digestion of Proteins by Pepsin. Journ. Gen. Physiol. 2 (1920), 471.
[2] Northrop, The Significance of the Hydrogen-Ion Concentration for the Digestion of Proteins by Pepsin. Ibid., 3 (1920), 211.

mit dem Schwellungszustand der Blöße, der ein minimaler sein muß,
zusammen. Die einzigen Stücke, die dieser Probe genügten, entstammten Brühen, deren pH-Werte zwischen 6,1 und 9,8 lagen.
Deren Mittelwert war 8,0 und entsprach der optimalen Konzentration
für die Wirkung der verdünnten Enzymlösung. . Außerdem entspricht
dieser Wert dem zweiten Minimum der Schwellung von Kalbshäuten,
das, wie aus Abb. 73 ersichtlich, W i l s o n und G a l l u n nachweisen
konnten. Wichtig ist die Tatsache, daß W i l s o n und D a u b bei

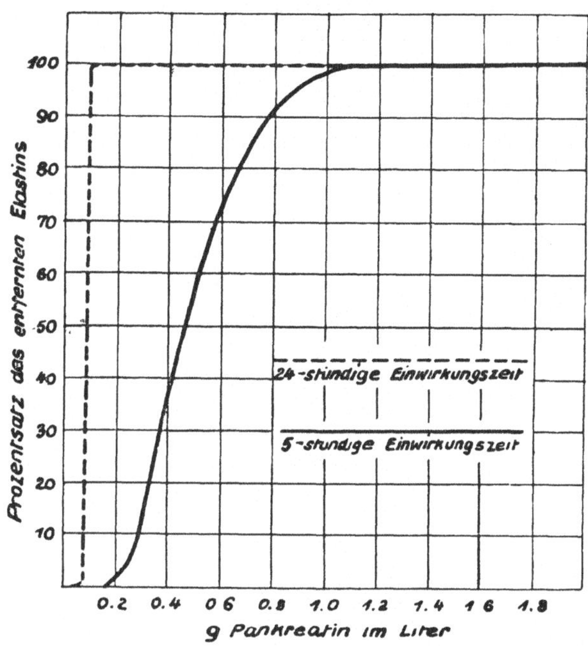

Abb. 79. **Die Entfernung der Elastinfasern aus gekälkter
Kalbsblöße als Funktion der Enzymkonzentration**
Temperatur 40° C; pH-Wert 7,6

40° C nur ein Minimum bei pH = 8 fanden. Auf Basis der im Abschnitt „Physikalische Chemie der Proteine" diskutierten Theorie von
der Existenz zweier Formen der Gelatine scheint es, als ob W i l s o n
und D a u b bei 40° C mit der Form experimentierten, die bei höherer
Temperatur stabil ist und deren isoelektrischer Punkt bei 7,7 zu
liegen scheint.

Es wurde daher folgende vorläufige Theorie entwickelt: Bei einem
pH-Wert von 7,7 ist das gesamte Enzym praktisch ungebunden und greift
das Elastin an; mit abnehmendem pH-Wert jedoch nimmt die Konzentration der Kollagenkationen entsprechend zu, und inaktiviert diese durch
wachsende Absättigung des Enzyms. In schwächeren Enzymlösungen

ist praktisch bei einem pH-Wert von 6 alles Enzym an das Kollagen gebunden, in stärkeren Lösungen hingegen ist der Überschuß an Enzym noch ausreichend, um das Elastin abzubauen. In diesem Zusammenhange ist es interessant, daß Thomas und Seymour-Jones[1]) feststellten, daß die abbauende Wirkung von Pankreatin auf Kollagen schnell zunimmt, wenn die pH-Werte von 8 auf 6 zurückgehen. Um den Einfluß der Wasserstoffionenkonzentration auf die Wirkung eines

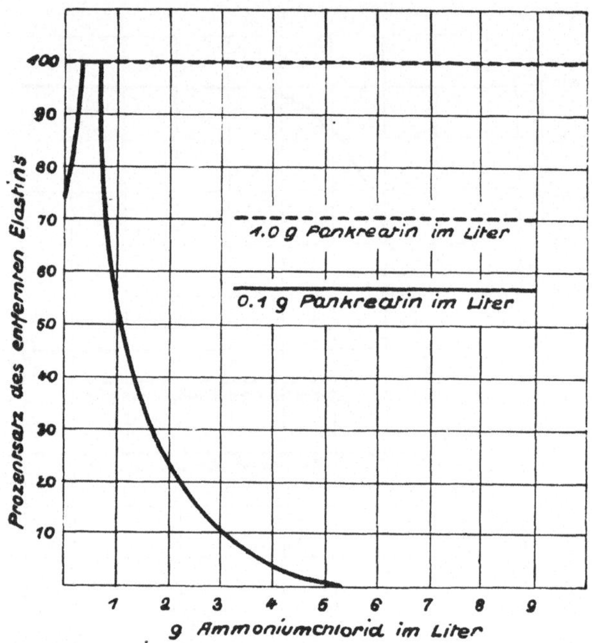

Abb. 80. **Die Entfernung der Elastinfasern aus gekälkter Kalbsblöße als Funktion der Ammoniumchloridkonzentration** Einwirkungsdauer 24 Stunden   Temperatur 40° C; pH-Wert 7,6

Enzymes zu beurteilen, ist es nötig, den Einfluß der Wasserstoffionenkonzentration auf jede mit der Lösung in Berührung stehende Substanz zu kennen.

Interessant ist der Vergleich der pH-Werte, die andere Autoren[2]) als für die tryptische Verdauung optimal feststellten. So fanden Michaelis und Davidsohn[3]) für Albumosen 7,7, Sherman und Neun[4])

---

[1]) Thomas und Seymour-Jones, Hydrolysis of Collagen by Trypsin. Journ. Am. Chem. Soc. (1923), 1515.
[2]) Falk, loc. cit. p. 66.
[3]) Michaelis und Davidsohn, Biochem. Zeitschr. 36 (1911), 280.
[4]) Sherman u. Neun, Journ. Am. Chem. Soc. 38 (1916), 2203; 40 (1918), 1138.

für Kasein 8,3, Long und Hull[1]) für den gleichen Stoff 5,5 bis 6,3 und für Fibrin 7,5 bis 8,3. Die Spanne von 5,5 bis 8,3 ist ungefähr die gleiche, die Wilson und Daub bei der vollständigen Entfernung des Elastins aus Haut mit konzentrierten Enzymlösungen wirksam fanden.

Bei pH-Werten unter 3,0 fand eine erhebliche Zerstörung der Kollagenfasern statt, die offenbar auf Hydrolyse durch Säure zurückzuführen ist; die Hautstreifen waren geschwollen und gummiartig; eine Entfernung des Elastins konnte nicht beobachtet werden.

Der Einfluß der Zeit auf den enzymatischen Abbau

Es wurden zwei Versuchsreihen angesetzt; bei der einen betrug die Enzymkonzentration 0,1 g im Liter, bei der anderen 1,0 g. Sonst stimmten die Serien überein.

Der pH-Wert jeder Flüssigkeit wurde auf 7,6 eingestellt und während des Versuches nicht geändert. Jedes Hautstückchen befand sich in einer besonderen Flasche und diese wurde innerhalb von 24 Stunden in bestimmten Abständen dem Thermostaten entnommen.

Bei stärkeren Enzymlösungen fand eine vollständige Entfernung der Elastinfasern nach 6 bis 8 Stunden statt; bei schwächeren Lösungen waren 24 Stunden erforderlich. Abb. 78 zeigt das Fortschreiten der Verdauung mit der Zeit. Um den Vorgang einzuleiten, waren bei stärkeren Lösungen 2, bei schwächeren 5 Stunden nötig. Offenbar war diese Zeit bis zur vollständigen Durchdringung der Regionen der Haut, die Elastinfasern enthielten, notwendig. Aus Abb. 82 ist ersichtlich, daß diese 0,1 mm unter dem Narben beginnen.

Der Einfluß der Enzymkonzentration

Es wurden zwei identische Versuchsreihen angesetzt, bei denen sich die einzelnen Glieder nur durch verschiedene Pankreatinkonzentrationen unterschieden. Die eine Serie wurde 5, die andere 24 Stunden im Thermostaten belassen. Die Ergebnisse sind in Abb. 79 wiedergegeben. Man kann daraus das Minimum der anzuwendenden Menge ersehen. Bei 0,1 g Pankreatin sind 24 Stunden, bei 1,1 g 5 Stunden nötig.

Der Einfluß der Ammoniumchloridkonzentration

Da die meisten im Handel als Beizen erscheinenden Produkte in ausgiebigem Maße Ammoniumchlorid enthalten, würde ohne die Berücksichtigung dieses Faktors die Untersuchung über die Beize unvollständig sein. Man spricht diesem Salz, abgesehen von seiner Rolle als Füllmittel, verschiedene Wirkungen zu. Einmal nimmt man an, daß die Entfernung der Kalksalze unterstützt wird und andererseits glaubt man, daß damit eine gewisse schwache Alkalinität, die der tryptischen Verdauung günstig ist, gewährleistet wird. Es wurden zwei Versuchs-

---

[1]) Sherman u. Neun, Journ. Am. Chem. Soc. 39 (1917), 1051.

reihen mit 0,1 und 1,0 g Pankreatin im Liter angesetzt. Zu den einzelnen Versuchen wurden steigende Mengen Ammoniumchlorid hinzugefügt. Der pH-Wert der Lösungen wurde gleichmäßig auf 7,6 eingestellt. Die Einwirkungszeit betrug 24 Stunden. Die Ergebnisse der Versuchsreihen sind in Abb. 80 zusammengestellt.

Bei den schwächeren Pankreatinlösungen bewirkte ein Zusatz von 0,5 g Ammoniumchlorid im Liter eine Aktivierung der enzymatischen Tätigkeit, größere Zusatzmengen hemmten. Bei dünnen Kalbsblößen konnte bei einer Enzymkonzentration von 0,1 g im Liter nach einer 24stündigen Einwirkung keine Aktivierung beobachtet werden, da alles Elastin auch ohne jeden Ammoniumchloridzusatz entfernt werden konnte. Um hier den Einfluß zeigen zu können, mußten dickere Blößenstücke verwendet werden. Bei diesen war eine vollkommene Elastinentfernung ohne Ammoniumchlorid erst nach längerer Einwirkung möglich. Wie bei der geringeren Enzymkonzentration wurde ein aktivierender Einfluß bei einer Ammoniumchloridkonzentration von 0,5 g im Liter deutlich, größere Konzentrationen hemmten. Interessant ist es festzustellen, daß durch einen genügenden Enzymüberschuß die Wirkung des Ammoniumchlorides ausgeglichen werden kann.

Eine der Wirkung des Ammoniumchlorides ähnliche beobachtete Thomas[1]). Er fand, daß die Wirkung der·Amylase des Malzes durch Kaliumbromid bei Konzentrationen von 0,0 bis 0,1 Molen im Liter gehemmt wurde, daß dagegen höhere Konzentrationen aktivierend wirkten.

Bei Konzentrationen über 50 g Ammoniumchlorid im Liter wird die Kollagenfaser wahrscheinlich infolge der Bildung von freiem Ammoniak angegriffen.

Die Verteilung der Elastinfasern in der Haut verschiedener Tiere

Es ist dem Gerber wohlbekannt, daß die Haut verschiedener Tiere und von Tieren verschiedenen Alters beim Beizen und bei anderen Arbeitsvorgängen verschieden behandelt werden muß. Beizt man beispielsweise eine Kuh- und eine Kalbsblöße unter gleichen, Bedingungen, so ist die Einwirkung bei der Kalbsblöße viel intensiver. Diese Erscheinung wird aus der Betrachtung der Abb. 81 und 82 erklärlich. Beide geben den oberen Teil von Häuten nach dem Kälken, Enthaaren, Streichen jedoch vor dem Beizen wieder. Abb. 81 zeigt einen Vertikalschnitt durch die Blöße einer Kuh und Abb. 82 einer Färse. Man kann feststellen, daß ältere Haut verhältnismäßig wenig Elastinfasern aufweist, obgleich sich diese, absolut genommen, tiefer in die Haut erstrecken. Diese größere Tiefenausdehnung bedingt eine längere Beize; dem Enzym muß Zeit gelassen werden, auch bis zu den tiefer gelegenen Fasern vorzudringen. Andererseits ist es nicht nötig, schwere Häute energisch zu beizen, da die Elastinfasern nur spärlich vertreten sind.

---

[1]) Thomas, A Noteworthy Effect of Bromides upon the Action of Malt Amylase. Journ. Am. Chem. Soc. 39 (1917), 1501.

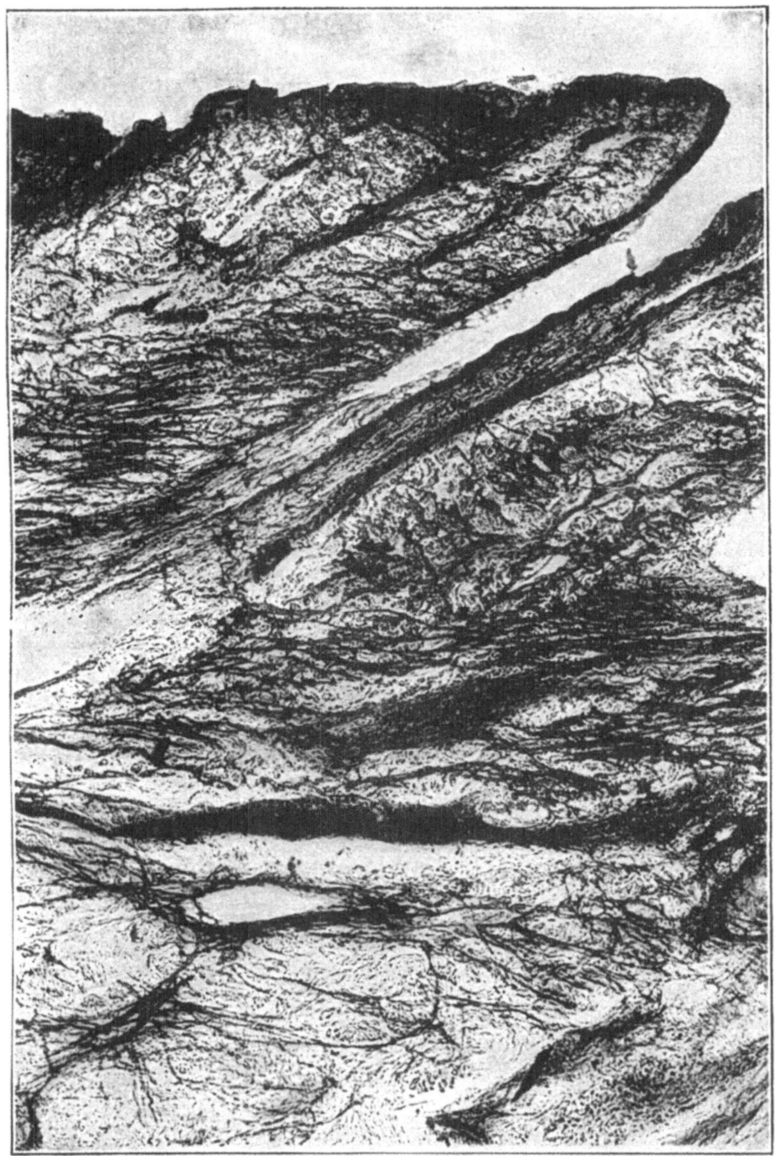

Abb. 81. **Vertikalschnitt durch die Thermostatschicht einer Kuhblöße**
(Nach dem Kälken und Enthaaren, vor dem Beizen)

Stelle der Entnahme: Schild
Dicke des Schnittes: 20 μ
Färbung: Daubs Bismarckbraun

Okular: 5X
Objektiv: 16 mm
Wratten-Filter: C-Blau
Lineare Vergrößerung: 140fach

Abb. 82. Vertikalschnitt durch die Thermostatschicht einer Kalbsblöße
(Nach dem Äschern und Enthaaren, vor der Beize)

Stelle der Entnahme: Schild
Dicke des Schnittes: 20 μ
Färbung: Daubs Bismarckbraun

Okular: 5X
Objektiv: 16 mm
Wratten-Filter: C-Blau
Lineare Vergrößerung: 140fach

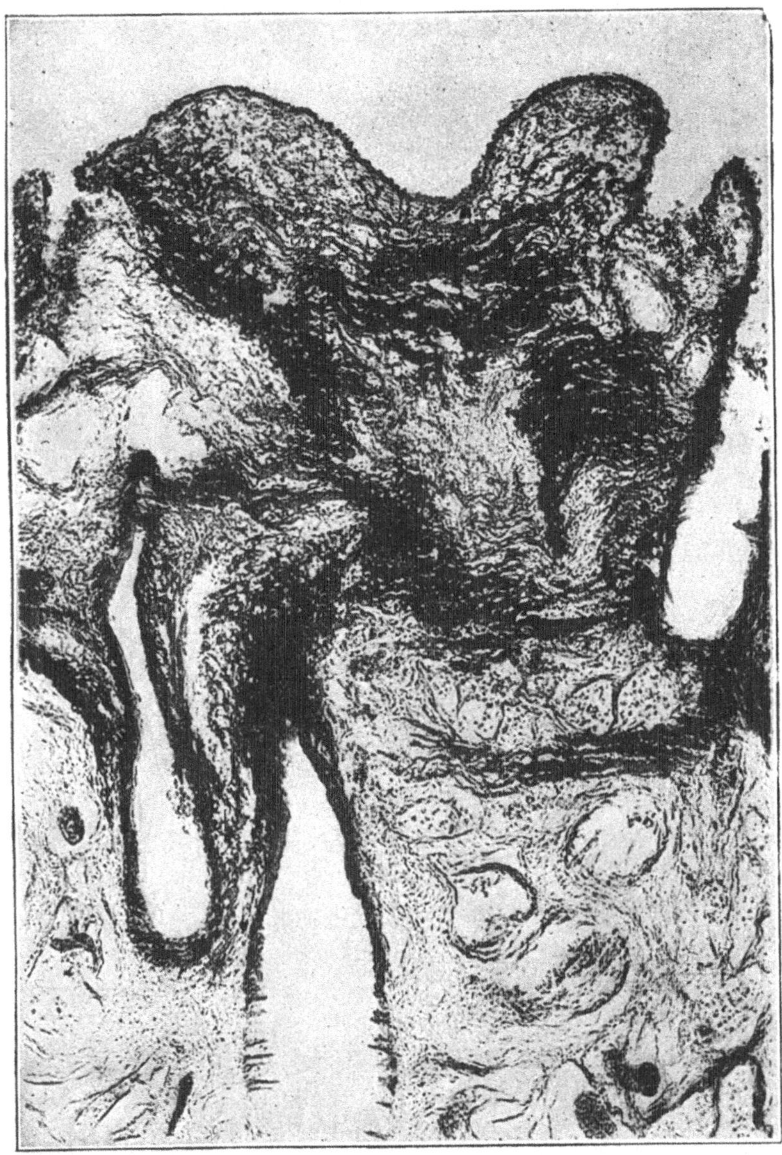

Abb. 83. **Vertikalschnitt durch die Thermostatschicht einer Schafsblöße**
(Nach dem Kälken und Enthaaren, vor dem Beizen)

Stelle der Entnahme: Schild   Okular: 5X
Dicke des Schnittes: 20 μ Objektiv: 16 mm
Färbung: Daubs Bismarckbraun   Wratten-Filter: C-Blau
                                          Lineare Vergrößerung: 140fach

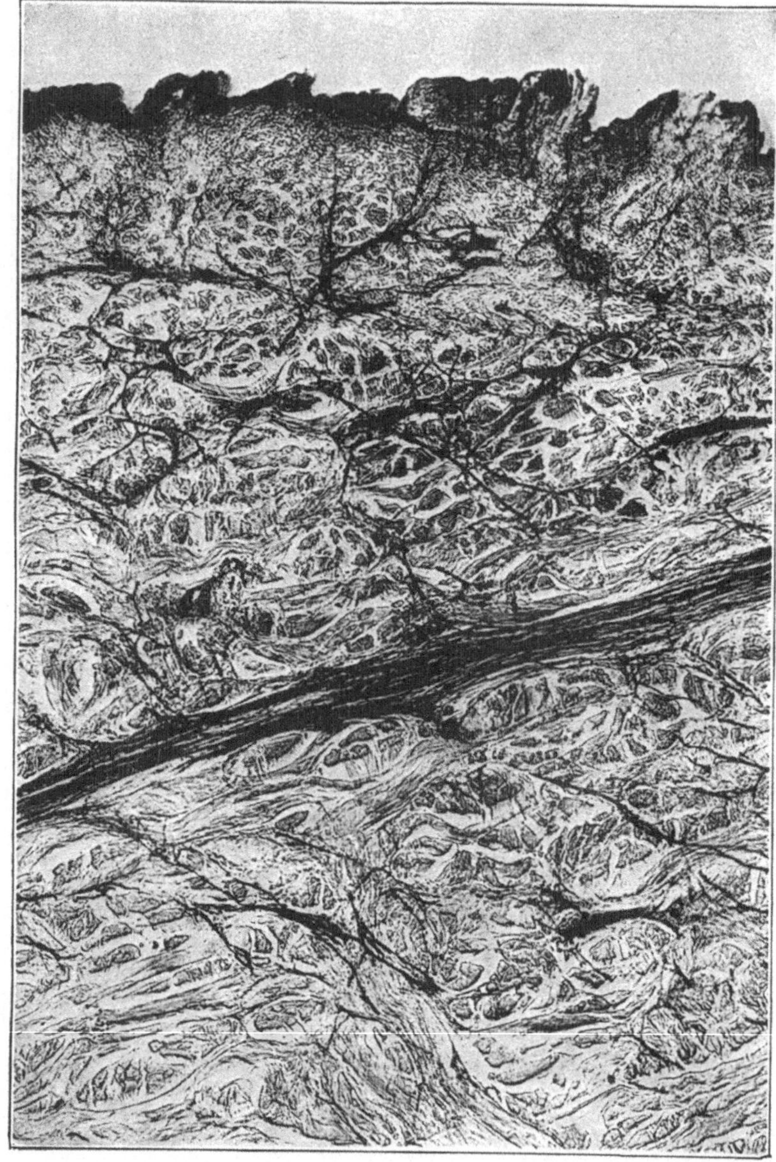

Abb. 84. Vertikalschnitt durch die Thermostatschicht einer Schweinsblöße
(Nach dem Kälken und Enthaaren, vor dem Beizen)

Stelle der Entnahme: Schild   Okular: 5X
Dicke des Schnittes: 20 μ Objektiv: 16 mm
Färbung: Daubs Bismarckbraun   Wratten-Filter: C-Blau
                                      Lineare Vergrößerung: 140fach

Abb. 83 zeigt die Elastinfasern in einer Schafsblöße und Abb. 84 in einer Schweinsblöße vor der Beize. Diese sind in der Schweinsblöße nur spärlich vertreten; das schwere Band elastischer Fasern, das schräg nach rechts oben verläuft, schützt wahrscheinlich den arrector pili-Muskel.

Es ist zweckmäßig, die Abb. 81, 82, 83 und 84 mit den entsprechenden Abb. 11, 18, 28 und 30 der Rohhäute zu vergleichen.

Der Einfluß der Elastinentfernung auf das fertige Leder

Um die praktische Bedeutung der Beize zu untersuchen, verglichen Wilson und Daub unter gleichen Umständen hergestelltes, gebeiztes und ungebeiztes Leder. Eine gekälkte Kalbshaut wurde längs des Rückgrates zerschnitten; aus der einen Hälfte wurde das Elastin mit Hilfe von Pankreatin entfernt, die andere wurde nur mit einer schwachen Ammoniumchloridlösung vom pH-Wert 8 behandelt, so daß der Schwellungsgrad beider Hälften gleich war. Beide wurden dann gut gewaschen und gegerbt. Es zeigte sich, daß ein Vergleich während der Gerbung nur dann durchgeführt werden konnte, wenn die pH-Werte der von den Blößen absorbierten Lösungen gleich waren. Es wurde daher sorgfältigst darauf geachtet, daß sich die beiden Hälften nur durch den Elastingehalt unterschieden.

In den ersten Stadien der vegetabilischen Gerbung waren die größten Unterschiede bemerkbar. Da die Außenschichten der Blöße schneller gegerbt werden als die inneren, hat die Narbenschicht zeitweilig das Bestreben, sich mehr als die übrige Blöße auszudehnen. Die Elastinfasern der ungebeizten Blöße haben nun offenbar das Bestreben, dieser Ausdehnung entgegenzuwirken. Durch die entstehende innere Spannung wurde der Narben leicht gerauht, dem Aussehen nach erschien er glatt und sanft. Die Narbenschicht der gebeizten Blöße hatte infolge einer zeitweiligen Ausdehnung ein runzliges Aussehen, obgleich sie sich weich und zart anfühlte. Im Verlaufe der Durchgerbung verschwanden die Unterschiede jedoch immer mehr. Der einzige Unterschied am fertigen Leder war die hellere Färbung des gebeizten. Abb. 85 stellt die Mikrophotographien zweier genau entsprechender Stellen des Narbens der beiden Hälften gegenüber. Der Unterschied im Aussehen der beiden Hälften ist praktisch zu vernachlässigen. Wenn Gerber Versuche solcher Art ausführen, so legen sie wenig Gewicht darauf, bei den Vergleichsversuchen für die Gleichheit der pH-Werte zu sorgen. Sie schieben dann die Verschiedenheiten der fertigen Leder auf allerlei Beizwirkungen, während sie in Wirklichkeit auf die Ungleichheit der pH-Werte zurückzuführen sind.

Wenn auch gebeizte und ungebeizte fertige Leder dem Aussehen nach gleich erscheinen, so sind doch die Unterschiede in physikalischer Beziehung beträchtliche; es ist dies angesichts der Tatsache, daß alle Elastinfasern aus den Schichten unter dem Narben entfernt worden sind, naheliegend. Je nach den Eigenschaften der zu erzeugenden Leder wird man die Elastinfasern ganz oder nur teilweise entfernen.

Gebeizte Leder sind gewöhnlich etwas weicher als ungebeizte; für manche Leder ist dies erwünscht, für andere nicht. Wood[1] nimmt an, daß es gar nicht nötig ist, alle Elastinfasern zu entfernen, daß es vielmehr, um eine gewisse Geschmeidigkeit zu erzielen, genügt, sie zu lockern und zu schwächen.

Kollagenabbau während der Beize

Obgleich Thomas und Seymour-Jones gezeigt haben, daß Pankreatin Kollagen hydrolysiert, geht aus den Untersuchungen von Wilson und Daub hervor, daß kein ernsthafter Kollagenverlust eintritt, wenn die pH-Werte zwischen 7,5 und 8,0 gehalten werden und wenn ferner der Prozeß abgebrochen wird, sobald alles Elastin

<table>
<tr><td>Gebeizt</td><td>Ungebeizt</td></tr>
</table>

Abb. 85. **Narben gegerbter Kalbshaut**

Okular: Keins	Wratten-Filter: K2-Gelb
Objektiv: 48 mm	Lineare Vergrößerung: 7fach

aus der Haut entfernt ist. Dehnt man den Vorgang zu lange aus, so wird das Kollagen beträchtlich angegriffen und der Wert und die Festigkeit des Leders erheblich herabgesetzt. Oft läßt sich ein schwerer Kollagenverlust während der Beize auf einen vorhergehenden Abbau des Kollagens durch übermäßiges Äschern, durch Fäulnis oder durch Berührung mit stark ammoniakhaltigen Brühen zurückführen. Bei der Handschuhlederfabrikation macht man von diesen Umständen Gebrauch, um ein weiches Leder zu erhalten; man beläßt die Häute so lange in den Äscherbrühen, bis ein beträchtlicher Teil der Kollagensubstanz hydrolysiert ist, und unterwirft sie dann einer übermäßig langen Beize. Wenngleich hierbei beträchtliche Mengen an Kollagensubstanz verlorengehen, so erhalten die Leder andererseits Eigenschaften, die sie für ihren eigentlichen Zweck besonders geeignet machen.

---

[1] Wood, The Properties and Action of Enzymes in Relation to Leather Manufacture. Loc. cit.

Kleienbeize, Behandlung mit Säuren und Pickeln

Bei der Vorbereitung der Blößen zum Gerben ist darauf zu achten. daß der pH-Wert der von ihnen absorbierten Flüssigkeit, also der Lösung, mit der sie zuletzt in Berührung waren, so eingestellt wird, daß dieser sich der jeweiligen Gerbmethode einfügt. Der pH-Wert beträgt während des Äscherns 12,5 während der Beize 7,5. Bevor die Blößen nun nach irgendeiner der gebräuchlichen Gerbemethoden gegerbt werden können, muß der pH-Wert dieser Lösung beträchtlich unter 7,5 erniedrigt werden. Während der vegetabilischen Gerbung beträgt der pH-Wert der Brühe gewöhnlich weniger als 5, beim Chromverfahren weniger als 4. Verwendet man Gerbbrühen, die einen geeigneten Überschuß an Säure enthalten, so kann der Ausgleich gleich in der Brühe selbst stattfinden, was jedoch oft sehr schwer durchzuführen ist, wenn der Prozeß nicht peinlich vom Chemiker überwacht wird.

Kleienbeize und Säurebehandlung

Bei der Herstellung gewisser Ledersorten ist es üblich, die Blößen vor der eigentlichen Gerbung mit Säure zu behandeln. Bisweilen ist sogar eine Beize unnötig und die Blößen werden gleich nach dem Waschen, das dem Kälken folgt, einer Behandlung mit Säure unterzogen. Die Brühe zur Behandlung mit Säure kann folgendermaßen bereitet werden: Man läßt 5 bis 10 g Kleie in je einem Liter Wasser bei 30⁰ bis 35⁰ C fermentieren; dabei bilden sich eine Reihe von organischen Säuren. Die Behandlung der Blößen nimmt man am besten in einer Haspel vor. In manchen Gerbereien wird die Kleie in besonderen Behältern fermentiert; zur Verwendung gelangt nur die klare, dekantierte, saure Brühe. Die Säuren haben eine doppelte Wirkung, einmal lösen sie die in der Blöße befindlichen Kalksalze und dann bringen sie dies in einen für die eigentliche Gerbung geeigneten Zustand. Außerdem üben die Kleieteilchen durch Absorption von Schmutz und Fett noch eine gewisse reinigende Wirkung aus. Die Behandlung dauert für gewöhnlich einige Stunden, der Endpunkt ist schwer zu erkennen;

ein geschickter Arbeiter, der es gelernt hat, das Aussehen und den Griff in bezug auf Eignung für die darauffolgende Operation zu beurteilen, ist jedoch leicht in der Lage den Endpunkt der Operation anzugeben.

Während des Vorganges entwickeln sich beträchtliche Gasmengen, die die Blößen zum Schwimmen bringen. Wood[1]) untersuchte die Zusammensetzung der Gase und der in der Brühe vorhandenen Säuren und fand dabei folgendes:

Kohlensäure	$25{,}2\,^0/_0$
Schwefelwasserstoff	Spuren
Sauerstoff	$2{,}5\,^0/_0$
Wasserstoff	$46{,}7\,^0/_0$
Stickstoff	$26{,}0\,^0/_0$

Der Säuregehalt im Liter betrug:

Ameisensäure	$0{,}0306$ g
Essigsäure	$0{,}2042$ g
Buttersäure	$0{,}0134$ g
Milchsäure	$0{,}7907$ g

Andere Stoffe bilden sich in äußerst geringen Mengen, am deutlichsten nachweisbar war Trimethylamin.

Mege Mouries[2]) fand, daß die Stärke der Kleie durch ein amylolytisches Enzym, Cerealin, in Glukose und Dextrin übergeführt wird. Dieser Vorgang ähnelt dem Abbau durch Diastase, den Brown und Morris[3]) in ihrer Arbeit über das Wachstum der Grassamen beschrieben haben. Diese Diastase verwandelt Stärke in Dextrin und Glukose, während die Diastase des Malzes die Stärke in Dextrin und Maltose abbaut. Die Wirkung des Cerealins ist geringer als die der Diastase. Die so gebildeten Zucker werden weiter durch Bakterien (bacillus furfuris) zerlegt, wobei sich die oben erwähnten Säuren, in der Hauptsache Milchsäure, bilden; Essigsäure entsteht ohne vorhergehende alkoholische Gärung unmittelbar aus der Glukose.

Wird der Säuerungsvorgang von erfahrenen Praktikern überwacht, so bietet er kaum Schwierigkeiten, natürlich hat auch er seine Klippen. Nimmt die Azidität der Brühen zu schnell zu und werden die Blößen nicht rechtzeitig entfernt, so schwellen sie übermäßig an und besonders bei warmer Lösung kann eine Beschädigung der Fasern durch Hydrolyse eintreten Die Rolle der Enzyme bei dieser Hydrolyse ist noch nicht geklärt worden. Offenbar kann man dieser Gefahr leicht durch Zusatz von schwellungshinderndem Kochsalz begegnen.

---

[1]) Wood, The Properties and Action of Enzymes in Relation to Leather Manufacture. Loc. cit.

[2]) Mouries, Compt. rend. 37 (1853), 351; 38 (1854), 505; 43 (1856), 1122; 48 (1859), 431; 50 (1860), 467.

[3]) Brown u. Morris, Journ. Chem. Soc. 57 (1890), 458.

Bei der Besprechung von Lederschäden, die durch mangelhafte Überwachung der Säurebehandlung entstehen, weist W o o d [1] darauf hin, daß der Ursprung des modernen Pickelverfahrens in der Erkenntnis zu suchen ist, daß man die Hydrolyse des Kollagens in sauren Lösungen durch Zusatz von Salz verhindern kann.

Bisweilen entwickelt sich die Fermentierung der Brühen nicht in der üblichen Weise, diese werden, anstatt sauer zu werden, alkalisch. Sie färben sich dann infolge der Anwesenheit von chromogenen Bakterien bläulich schwarz. In solchen Fällen wird die Blöße schnell von proteolytischen Bakterien angegriffen. Man kann Schäden vermeiden, wenn man die Blößen rechtzeitig in eine Lösung von Salz und Säure bringt.

Bisweilen wird die Fermentation von einer heftigen Gasentwicklung begleitet. Durch Gasbildung im Innern der Faser entstehen Beschädigungen der Häute; die Gase bohren sich einen Weg durch die Narbenschicht und verursachen kleine Löcher. Eine ähnlich aussehende Beschädigung kann durch die Wirkung von proteolytischen Bakterien hervorgerufen werden; in diesem Falle entsprechen die einzelnen Löcher Bakterienkolonien. Solche Lederfehler sind besonders bei hohen Temperaturen zu beobachten. Eine weitere Gefahr bei hohen Temperaturen ist insbesondere, wenn die normale Säuremenge überschritten wird, eine durch Hydrolyse des Kollagens verursachte Auflockerung des Hautgefüges. Diese äußert sich in einer Schwammigkeit des daraus hergestellten Leders.

Wird die Narbenschicht bei der Behandlung mit Säure von Bakterien angegriffen, so weist das fertige Leder matte Stellen auf, die den Eindruck erwecken, als ob es geätzt worden wäre. E i t n e r [2] konnte nachweisen, daß diese Erscheinung auf den „Bacillus megaterium“ zurückzuführen ist, der eine schleimige Schicht auf den Narben bildet, welcher nun seinerseits von dem proteolytischen Enzym, das der Bazillus abscheidet, angegriffen wird.

W o o d und W i l c o x [3] konnten zeigen, daß in der Kleienbeize die sich entwickelnden Säuren allein für die Wirkung auf die Haut verantwortlich zu machen sind; bei Verwendung der Säuren allein verlief der Vorgang bis auf eine schnellere Wirkung ebenso. Nachdem sich diese Erkenntnis bei den Gerbern durchgesetzt hatte, wurden Lösungen von organischen Säuren wie Milch- und Essigsäure verwendet. Die Lösungen können ohne Gefahren für die Blöße benutzt werden, wenn sie Methylorange gegenüber neutral reagieren. Auch die billigere Salzsäure läßt sich verwenden, nur muß man hier sorgfältig auf die Überwachung des Prozesses achten. Mittels dieser Methoden ist man in der Lage allen Kalk aus den Blößen zu ent-

---

[1] W o o d, Das Entkälken und Beizen der Felle und Häute. 1914.
[2] E i t n e r, „Der Gerber“ (1898), 204.
[3] W o o d u. W i l c o x, Further Contribution on the Nature of Bran Fermentation. Journ. Soc. Chem. Ind. 12 (1893), 422.

fernen; man kann ferner den pH-Wert der absorbierten Lösung so einstellen, daß der der vegetabilischen Gerbbrühen, mit denen sie in Kontakt kommen, nicht verändert wird.

Es lassen sich selbst bei Verwendung von reinen Säurelösungen keine allgemeinen Regeln aufstellen. Enthalten die vegetabilischen Gerbbrühen große Mengen an Salzen und Nichtgerbstoffen, so ist eine vorherige Behandlung der Blößen mit Säurelösungen von niedrigeren pH-Werten ungefährlich; bei frischen vegetabilischen Gerbbrühen ist jedoch, wenn der pH-Wert der Gerbbrühe unter einen bestimmten Wert, der von der Zusammensetzung der Brühe abhängt, sinkt, die Gefahr rhythmischer Schwellungserscheinungen, wie sie im Abschnitt „Physikalische Chemie der Proteine" besprochen wurden, vorhanden. Der Versuch, diese Gefahr durch Zugabe von Salz herabzumindern, würde ohne großen Enderfolg sein, da man die Gerbstoffe zum Ausfällen bringen würde. Man kann nur sagen, daß die Behandlung mit Säuren um so sorgfaltiger durchgeführt und überwacht werden muß, je reiner die erste Gerbbrühe ist, mit der die Blöße in Berührung kommt.

Bisweilen enthalten die Gerbbrühen leicht fermentierbare Zucker, so daß organische Säuren immer von neuem gebildet werden. In solchen Fällen ist eine vorhergehende Behandlung mit Säure unerwünscht und selbst eine Beize, wenn auf die Entfernung des Elastins kein Wert gelegt wird, überflüssig. Die Gerbbrühen selbst übernehmen dann die Funktionen der Säurebehandlung und die sich bildenden Kalziumsalze verhindern rhythmische Schwellungserscheinungen. Es ist unzweckmäßig, Blößen, die in solche Gerbbrühen kommen, vorher mit Säure zu behandeln, da dann durch die in der Brühe anwesende Säuremenge eine Beschädigung des Leders verursacht werden wurde.

In der Praxis findet man die verschiedensten Variationen dieses Vorganges; einige Gerber verwenden nach einer vorhergehenden Behandlung mit Säure nichtsäurehaltige Gerbbrühen, andere wiederum gerben ohne eine vorhergehende Säurebehandlung mit sauren Brühen. Würde jedoch einer es wagen, einen Teil der Methoden des anderen in seinem Fabrikationsgang zu verwerten, so würde der Mißerfolg katastrophal sein; man kann entweder den ganzen Fabrikationsgang oder nichts übernehmen. Man ersieht hieraus, daß es unmöglich ist, ein quantitativ genau ausgearbeitetes System für Beizen und Entkälken oder für irgendwelche anderen Prozesse der Gerberei anzugeben. Alle Hauptvorgänge in einer Gerberei sind voneinander abhängig und eine Veränderung eines dieser, selbst wenn damit eine Verbesserung erreicht werden würde, kann eine entsprechende Veränderung aller anderen zur Folge haben.

Der Pickel

Das Pickeln unterscheidet sich hauptsächlich von der Säurebehandlung durch die gleichzeitige Verwendung von Salz und Säure. Früher war es in der Praxis üblich, die geäscherten oder gebeizten Blößen bis eine geringe Schwellung eintrat, mit verdünnter Schwefelsäure zu behandeln und sie dann in eine gesättigte Kochsalzlösung überzuführen, die ein Zurückgehen der Schwellung bewirkte. Heutzutage verwendet man Säure und Salz gemeinsam, da die vorhergehende Schwellung sich als unnötig und bisweilen auch als unerwünscht erwiesen hat. Ein in den meisten Fällen ausreichender Pickel besteht zweckmäßig aus einer normalen Kochsalzlösung, der in den nötigen Mengenverhältnissen Schwefelsäure zugesetzt wird.

Die Pickelbrühen erfüllen verschiedene Zwecke, hauptsächlich dienen sie dazu, die Blößen für die Chromgerbung vorzubereiten oder sie zu konservieren, damit sie beliebig lange Zeit bis zum Gerben aufbewahrt werden können.

Bei der Vorbereitung der Blößen für die Chromgerbung richtet sich die Konzentration der Säure nach dem Basizitätsgrad der später zur Verwendung kommenden Chrombrühe. Je größer die ·Säurekonzentration der Pickelbrühe ist, um so schneller strebt das System dem Gleichgewicht zu. Weiterhin wird bei einer hohen Konzentration der absorbierten Säurelösung das Chromsalz während der Gerbung schneller in die Blöße eindringen. Andererseits wird bei zu hoher Säurekonzentration die Geschwindigkeit, mit der die Chromsalze in die Haut eindringen, leicht zu groß, es sei denn, daß man die Säure während der Gerbung durch Zusatz von Natriumbikarbonat, Borax oder sonstigen Mitteln neutralisiert.

Das Pickeln ist der Säurebehandlung vorzuziehen, da es chemisch viel leichter zu regulieren ist. Wenn die Konzentration des Salzes nicht unter halbmolar fällt, kann man die Pickelbrühen durch einfache Titration mit Methylorange als Indikator überwachen. Unabhängig von den in den Blößen vorhandenen wechselnden Mengen an Kalksalzen, die aus dem Äscher stammen, kann man durch die Regulierung der Säurekonzentration der Pickelbrühe die Blößen stets im gleichen Zustand in die Gerbung gelangen lassen; es ist nämlich im Gleichgewicht die Säurekonzentration der von den Blößen absorbierten Lösung gleich der der Pickelbrühe. Auf diese Weise durchgeführt, erweist sich der Pickel als wertvoller Stabilisator besonders in der Chromgerbung.

Liegt das Säuregleichgewicht bei 0,05 molar oder höher, so dauert der Pickel einige Stunden, bei verdünnteren Lösungen und bei schweren Blößen muß man die Partien über Nacht in den Brühen liegen lassen. Liegt die Säurekonzentration über 0,01 molar, so ist die Möglichkeit schädlicher bakterieller Einwirkungen praktisch nicht vorhanden. Da die anwesende Salzmenge ferner bei jedem pH-Wert eine übermäßige Schwellung verhindert, ist der Vorgang, wenn er sachgemäß ausgeführt wird, außerordentlich sicher.

Will man die Haut nach dem Beizen konservieren, so bringt man sie zweckmäßig in eine Lösung, die im Liter 1 Mol Kochsalz und 0,01 Mole Schwefelsäure enthält. Die Lösungen lassen sich für mehrere Partien verwenden, da das sich bildende Kalziumsulfat infolge der Anwesenheit von Säure gelöst wird. Beim Pickeln sorgt man für Bewegung von Blößen und Brühe in einer Haspel. Das Gleichgewicht stellt sich dann schneller ein. Nach der Beendigung dieses Vorganges werden die Blößen aus den Brühen genommen, über Böcke geschlagen und nach dem Abtropfen im feuchten Zustand zusammengepackt. In diesem Zustand kann man sie monatelang aufbewahren.

Es kommt bisweilen vor, daß man so behandelte Blößen in vegetabilischen Brühen gerben will, die so zusammengesetzt sind, daß durch die in den Blößen vorhandenen Mengen an Säure und Salz Fällungen entstehen würden. In solchen Fällen entpickelt man die Blößen im Haspel mit einer halb molaren Kochsalzlösung, die durch entsprechenden Zusatz von Borax neutral gegen Methylorange gehalten wird. Hat sich das Gleichgewicht eingestellt, so werden die Blößen in ein Walkfaß übergeführt und in fließendem Wasser gewaschen. Nach ·dieser Operation sind sie zum Gerben bereit. Bei der Chromgerbung ist eine Entpickelung nicht nötig.

Bei der Kontrolle von Pickelbrühen ist zu beachten, daß die Abnahme der Säurekonzentration nicht allein auf die Neutralisation durch Kalziumsalze zurückzuführen ist. Zwei weitere Faktoren tragen zur Verringerung der Säurekonzentration mit bei. Einmal wird durch die in der Blöße vorhandene Wassermenge, die $80\,\%$ ausmacht, das Wasservolumen vergrößert und andererseits verbinden sich, wie der Verfasser feststellen konnte, mit 1 g Kollagen 0,00133 Grammäquivalente Säure. Berücksichtigt man diese beiden Faktoren, so läßt sich der von den Kalziumsalzen verbrauchte Säureanteil ungefähr berechnen.

Vegetabilische Gerbmittel

Seit prähistorischen Zeiten weiß man, daß die Haut durch die Berührung mit wässerigen Lösungen von Substanzen, die aus den verschiedensten Teilen der Pflanze stammen, gefärbt und gegen Fäulnis geschützt werden. Der wirksame Bestandteil, der im Pflanzenreiche weit verbreitet ist, ist die unter der Bezeichnung Gerbstoffe bekannte Körperklasse. Unter der vegetabilischen Gerbung versteht man die Vereinigung dieser Gerbstoffe mit den Hautproteinen zu Leder.

Zu den gerbstoffliefernden Materialien, die als Handelsprodukte eine Rolle spielen, gehören die verschiedensten Pflanzenteile, wie Rinden, Hölzer, Blätter, Zweige, Früchte, Schoten und Wurzeln. Die Verschiedenheit der aus verschiedenen Ausgangsmaterialien gewonnenen Gerbextrakte beruht weniger auf den Unterschieden der extrahierten Gerbstoffe als auf denen der extrahierten Begleitstoffe.

Einteilung

Man hat es oft versucht, die Gerbstoffe gemäß den Eigenschaften, die sie dem Leder erteilen, zu gruppieren. Indessen erhält man je nach der Natur und der Menge der mitextrahierten Begleitstoffe so verschiedene Leder, daß eine Einteilung nach dem erwähnten Gesichtspunkt noch kein brauchbares Ergebnis gezeitigt hat. Die Eigenschaften eines Gerbextraktes leiten sich mehr von der Art der Extraktion, als vom Ausgangsmaterial ab. Es ist bei geschickter Variation der Gerbungsbedingungen möglich, mit Gerbmaterialien, die deutliche Unterschiede zeigen, das gleiche Leder zu erhalten.

Vom chemischen Standpunkt betrachtet, zerfallen die Gerbstoffe indessen in zwei große Klassen. Man unterscheidet die Pyrogallol- und die Pyrokatechingerbstoffe. Diese Einteilung wurde gewählt, weil die Gerbstoffklassen bei der trockenen Destillation einerseits Pyrogallol und andererseits Brenzkatechin ergeben. Bei der alkalischen Schmelze mit Natriumhydroxyd liefern die Pyrogallole das Natriumsalz der Gallussäure und die Katechine das Natriumsalz der Protokatechusäure. Beide Gerbstoffklassen unterscheiden sich ferner in ihrem Kohlenstoffgehalt, während die Pyrogallole etwa $52\,^0/_0$ enthalten, weisen die Pyrokatechine etwa $60\,^0/_0$ auf. Beide Klassen lassen sich durch ihr verschiedenes Verhalten gegen eine Reihe von Reagentien unterscheiden.

Allen Gerbstoffen gemeinsam ist die Eigenschaft, Gelatine zu fällen und daher benutzt man diese Reaktion zum Nachweis von Gerbstoffen. Zu diesem Zwecke löst man 10 g Gelatine und 100 g Natriumchlorid in 1 Liter Wasser. Auf 5 ccm der auf Gerbstoffe zu prüfenden Lösung verwendet man einen Tropfen dieser Lösung. Unter gewöhnlichen Umständen lassen sich bereits Spuren von Gerbstoff nachweisen. Die Bedingungen der Reaktion, ihre Empfindlichkeit und ihre Grenzen werden im nächsten Abschnitt besprochen werden.

Fügt man Gerbstofflösungen Eisensalze zu, so tritt bei den Pyrogallolgerbstoffen eine dunkelblaue und bei den Pyrokatechingerbstoffen eine dunkelgrüne Färbung ein. Von Bleiacetat werden alle Gerbstoffe gefällt, indessen bleiben die Pyrokatechine in Lösung, wenn man die Lösung durch Zusatz von Essigsäure ansäuert, so daß sie eine Acidität von $n/1$ aufweist. Fügt man zu Gerbstofflösungen einen Überschuß von Bromwasser, so werden andererseits nur die Pyrokatechine ausgefällt.

Eine allgemeine Trennungsmethode für beide Gerbstoffklassen ist folgende: Zu 50 ccm einer Gerbstofflösung setzt man 10 ccm $40\,^0/_0$ Formaldehyd und 5 ccm konzentrierte Salzsäure und läßt das Gemisch eine halbe Stunde unter Rückfluß kochen. Durch diese Behandlung werden die Pyrokatechingerbstoffe vollkommen gefällt. Die Lösung wird dann abgekühlt und filtriert. Fügt man zu 10 ccm des Filtrates 5 g kristallisiertes Natriumacetat und 1 ccm einer $1\,^0/_0$ Eisenalaunlösung, so zeigen sich Pyrogallolgerbstoffe durch eine intensiv blauviolette Färbung an. Sind keine dieser Gerbstoffe vorhanden, so bleibt die Fällung aus.

Auf der Trennung der Gerbstoffe in diese beiden Klassen und auf mannigfachen Einzelreaktionen, die Gegenstand ausgedehnter Untersuchungen sind, baut sich ein qualitatives Erkennungssystem für die verschiedenen Gerbstoffe auf. Dies ist in manchen Fällen zum Nachweis von Fälschungen in Gerbstoffextrakten von Wert. Eines der besten Systeme dieser Art hat P r o c t e r [1]) zusammengestellt.

Durch die Fermentierung der Gerbbrühen in Gruben entsteht als Abbauprodukt aus den Pyrogallolgerbstoffen Ellagsäure, die sich am Boden der Behälter als Schlamm und auf dem Leder als „Blume" absetzt. Die Pyrokatechingerbstoffe bilden schwerlösliche Körper, die als „Gerbstoffrote" oder Phlobaphene bezeichnet werden.

Die Herkunft der Gerbstoffe

Es sollen hier nur die wichtigsten Rohstoffe aufgeführt werden. Wer sich für eine ausführliche Zusammenstellung interessiert, sei auf das Werk von D e k k e r [2]) und auf die Bücher von P r o c t e r [3]) und H a r v e y [4]) verwiesen. Unter den als Ausgangsmaterial für Gerbstoffe

[1]) P r o c t e r - P a e ß l e r, Leitfaden für gerbereichemische Untersuchungen. Berlin 1901.
[2]) D e k k e r, Die Gerbstoffe. Berlin 1913.
[3]) P r o c t e r, Principles of Leather Manufacture. London 1922.
[4]) H a r v e y, Tanning Materials. London 1921.

verwendeten Rinden ist zunächst die der Eiche zu nennen. Eichenrinde, einer der wichtigsten Rohstoffe, ist sowohl ein Pyrogallol als auch ein Pyrokatechingerbstoff, wobei letzterer vorherrscht. Lange Zeit wurden Eichenrindenextrakte bei der Herstellung von festem und vollem Leder bevorzugt. In den Vereinigten Staaten werden Hemlockrindenextrakte in ausgedehntestem Maße zur Fabrikation schwerer Leder verwendet. Extrakte aus Rinden der Lärche, der Pechtanne und der Kiefer werden in Amerika und Europa in großem Maße benutzt. Die Rinden der Mimosa, Maletto und gewisser Mangrovearten, die in Australien und Südafrika vorkommen, sind sehr gerbstoffreich. Die Babulrinde (Bablah) wird gewöhnlich in Indien, Weiden- und Birkenrinde meist in Rußland verwendet. Das als Juchten bekannte russische Kalbleder wurde ursprünglich mit Birkenrindengerbstoff, dem es seinen charakteristischen Geruch verdankt, gegerbt. Im allgemeinen gehören die Gerbstoffe von Rinden zur Pyrokatechingruppe.

Unter den gerbstoffliefernden Hölzern zeichnet sich das in Südamerika wachsende Quebrachoholz aus. Die Gerbstoffe des Kastanien- und Eichenholzes werden bei der Herstellung von Sohlleder als Zusatz benutzt. Die Gerbstoffe des Quebrachoholzes gehören zur Pyrokatechin-, die des Kastanien- und Eichenholzes hingegen zur Pyrogallolgruppe Der Extrakt des indischen Katechuholzes wird vielfach als Beize beim Färben benutzt. Kürzlich ist im Handel ein Extrakt des Gelbholzes aufgetaucht, der gleichzeitig Gerbstoffe und ein natürliches Färbemittel enthält.

Die wichtigsten Extrakte von Gerbstoffen aus Blättern und Zweigen erhält man aus dem indischen Gambir und dem Sumach Siziliens. Der erstere enthält Pyrokatechin-, der letztere hingegen Pyrogallolgerbstoffe. Gambirextrakt ist dank des großen Gehaltes an Nichtgerbstoffen als eines der mildesten Gerbmittel bekannt. Er wird als Farbbeize und zusammen mit anderen Gerbmaterialien bei Herstellung leichterer Leder bevorzugt. Man verwendet Sumachextrakt gewöhnlich zum Gerben von Narbenspalten von Schafshäuten, zu Schweiß- und ähnlichen Ledern, aber auch als Beize. Durch kochendes Wasser wird er leicht zersetzt.

Ein weiteres Ausgangsmaterial für Gerbstoffe ist eine Anzahl unreifer Früchte- und Schotenarten; meist gehören sie zum Pyrogalloltyp. Sie enthalten oft leicht fermentierbare Zucker und können daher beim Gerben zum Entkälken herangezogen werden. Die helle Farbe der Leder, die bei Verwendung von leicht fermentierbaren, zuckerhaltigen Gerbstoffen erhalten wird, läßt sich in Hinblick auf neuere Untersuchungen daraus erklären, daß die Farbe von Gerbbrühen und des Leders um so heller wird, je niedriger die pH-Werte der Gerbstofflösungen sind. Algarobilla- und Divi-Divi-Schoten kommen in ausgedehntem Maße in Zentral- und Südamerika vor. Sie werden wie die getrockneten unreifen Früchte des indischen Myrobalanenbaumes mit anderen Gerbmaterialien, die nicht viel Säuren entwickeln, zusammen verwendet. Bei der Bereitung mancher Mischungen wird die

Valonea, die Eichel der türkischen Eiche, bevorzugt. Ein weiterer leicht fermentierbarer Gerbstoffextrakt entsteht aus den indischen Bablah (auch Babul)-Schoten, die sowohl Pyrogallol- als auch Pyrokatechingerbstoffe enthalten.

Unter den gerbstoffliefernden Wurzeln sind die der Palmetto der Vereinigten Staaten und der in Mexiko und Australien wachsenden Canaigre die bekanntesten; die letztere ist reich an Pyrokatechingerbstoffen und leicht fermentierbar.

Wenn man die Gerbbrühen nicht chemisch überwacht, richtet sich die Auswahl der Gerbmaterialien nach den Operationen, die dem Gerbvorgang vorangehen und ihm folgen und nach dem Preis und der Zugänglichkeit der Gerbmaterialien. So ist zum Beispiel ein Quebrachoextrakt ein an sich ausgezeichnetes Gerbmaterial. Reine Lösungen dieses Gerbstoffes indessen sind nicht geeignet, Hautpartien passieren zu lassen, die noch viel Kalk enthalten. Ihr natürlicher geringer Säuregehalt würde bald durch den Kalk neutralisiert werden; die Gerbstoffe würden durch den Kalk ausfallen oder sich oxydieren und keine gute Gerbwirkung mehr aufweisen. Diese Gefahr kann man jedoch leicht durch den Zusatz von Gerbmaterialien, die säurebildend sind wie etwa Divi-Divi oder Myrobalanen bedeutend herabmindern.

Die Extraktion

Häufig findet man in den Gerbereien Einrichtungen zur Extraktion von Gerbstoffen aus den in der Umgebung vorkommenden Rohstoffen, trotzdem die Herstellung von Gerbstoffextrakten eine Industrie für sich geworden ist und den Vorteil bietet, den einzelnen Gerbereien eine größere Zahl von Gerbstoffen zugänglich zu machen. Eine der ältesten, am häufigsten angewendeten Methoden zur Gewinnung von Gerbstoffen ist die offene Extraktion. Die Rinde oder das gerbstoffhaltige Material wird zunächst in größere Stücke zerbrochen und dann in der Lohmühle zermahlen. Die Extraktionsbatterien sind gewöhnlich in Gruppen zu acht Behältern angeordnet. Jeder dieser ist mit einem durchbrochenen Boden, auf dem das Material lagert, versehen, am echten Boden befindet sich ein Rohr zum Auffüllen und Ablassen der Brühe. Wird ein Behälter mit frischem Material gefüllt, so gelangt diejenige Brühe in diesen Behälter, die den größten Gerbstoffgehalt aufweist und die daher bereits alle anderen sieben Behälter passiert hat. Hat die Brühe den achten Behälter durchlaufen, so wird sie abgezogen und kann dem Vorratsbehälter zugeführt werden. Das Material, das sich in dem Behälter befindet, wird jetzt mit einer nicht ganz so gerbstoffhaltigen Brühe beschickt, die nur sechs Behälter passiert hat. Der Vorgang wiederholt sich so lange, bis das Material schließlich mit reinem Wasser beschickt wird. Das Material ist dann fast ganz erschöpft; nach der Extraktion mit reinem Wasser wird es aus dem Behälter als unbrauchbar herausgenommen.

Wie ausgeführt wurde, wird frisches Wasser nur zur Extraktion von ganz erschöpftem Material verwendet; in deren Verlauf kommt die Brühe mit steigendem Gerbstoffgehalt mit immer frischerem Material in Berührung, um zum Schluß auf unausgelaugtes zu gelangen. Wird ein Behälter entleert, so füllt man ihn sofort mit frischem Material, und er wird dann im Cyklus der erste. Auf diese Weise ist man in der Lage, konzentrierte Brühen herzustellen. Während die in den Gerbereien hergestellten in Vorratskammern aufbewahrt werden können, sind die Extraktfabriken, um ein billig transportables Produkt zu erhalten, genötigt, das überflüssige Wasser durch Eindampfen zu entfernen.

Oft sucht man die Extraktion durch mechanische Hilfsmittel zu unterstützen. Man stattet die Behälter mit mechanischen Rührern oder mit Röhren zum Hindurchblasen von Luft aus. Bisweilen werden die feststehenden Behälter durch rotierende ersetzt, wobei der Extraktionsgang unverändert bleibt. Bei anderen Konstruktionen wird das zu extrahierende Material mit Hilfe von Schraubgewinden in der einen Richtung bewegt, während die Brühe in der entgegengesetzten fließt. Das erschöpfte Material wird nach der letzten Extraktion mit Wasser aus den Behältern herausgenommen und wird dann als Feuerungsmaterial oder in anderer Weise verwendet. Die auf das frischeste Material gelangende Brühe ist am gerbstoffreichsten und kann in Vorratsbehälter abgeleitet werden.

Zur Erhöhung der Ausbeute verwenden manche Fabriken Druckautoklaven, sie glauben so eine bessere Ausbeute ohne Qualitätsverminderung erzielen zu können. Das Extraktionssystem ist im übrigen das gleiche wie das vorher beschriebene. Bei einem anderen modernen Verfahren wird im Autoklaven im Vakuum extrahiert; man behauptet, daß durch das Sieden bei niederer Temperatur eine bessere Ausbeute ohne Schädigung des Extraktes erhalten wird. Die Vor- und Nachteile beider Verfahren können erst klarer zutage treten, wenn diese noch gründlicher untersucht worden sind.

Temperatureinfluß

Die Extraktionsgeschwindigkeit der Gerbstoffe, aber auch ihre Zersetzungsgeschwindigkeit, steigt mit der Temperatur. Die Temperatur für die günstigste Ausbeute liegt offenbar bei einem ganz bestimmten Verhältnis beider Geschwindigkeiten, das je nach der Natur der Gerbstoffe verschieden sein wird. Man beginnt bei der Extraktion meistens mit den frischen Gerbmaterialien mit niedrigen Temperaturen und steigert sie mit dem Fortschreiten der Extraktion. Verwendet man bei Rinden offene Extraktion, so benutzt man zweckmäßig zunächst kochendes Wasser; mit fortschreitender Sättigung der Brühe läßt man die Temperatur auf 60° C herabsinken.

Der Einfluß der Härte und der Alkalinität des Wassers

Verwendet man zur Extraktion sehr hartes, alkalisches Wasser, so wird die Gerbstoffausbeute herabgesetzt, die Brühen nehmen eine dunkle Farbe an und sind von geringerer Qualität. Zahlreiche Untersuchungen haben ergeben, daß weiches Wasser für die Extraktion von Gerbstoffen günstiger ist. Aus neueren Arbeiten von Wilson und Kern ist jedoch zu schließen, daß die Härte von geringerem Einfluß ist als der pH-Wert des Wassers und der Brühen.

Der Einfluß der pH-Werte auf die Farbe von Gerbstoffbrühen

Wilson und Kern[1]) untersuchten den Einfluß der pH-Werte auf die Eigenschaften von Gambir- und Quebrachobrühen. Es wurden zwei Gerbstoffbrühen, die eine aus Gambir und die andere aus Quebracho hergestellt. Mit Phosphorsäure wurde der pH-Wert in beiden Fällen auf 2,5 gebracht. Infolge der Pufferwirkung der Säure änderte er sich beim Stehen nicht. Durch Hinzufügen von Natronlauge zu gleichen Teilen der Lösungen wurde eine Reihe von Gerbstofflösungen hergestellt, deren pH-Werte zwischen 3,0 und 12,0 lagen. Der Gerbstoffgehalt war so eingestellt worden, daß er, nach der im nächsten Abschnitt zu beschreibenden Wilson-Kern-Methode bestimmt, 1 $^0/_0$ betrug. Die Farbe der Gambirreihe wechselte von Strohgelb bei einem pH-Wert von 3,0 nach Dunkelrot bei einem pH-Wert von 12,0. Die Quebrachoserie wies eine ähnliche Farbänderung außer einem Stich ins Violette bei niederen pH-Werten auf. Wie bei den Indikatorenreihen zur Bestimmung der Wasserstoff-Ionenkonzentration war jede auch hier eine Standard-Farbskala. Nur bei den pH-Werten unter 4 trat ein leichter Niederschlag auf. Daß es sich um einen reinen Indikatoreneffekt handelt, geht daraus hervor, daß die Farbe eines jeden Gliedes der Skala durch Gleichmachen der pH-Werte in Übereinstimmung mit jedem anderen gebracht werden konnte. Wurden die Glieder beider Serien auf einen pH-Wert von 3,0 zurückgebracht, so waren sie praktisch identisch. Eine Störung der Reversibilität war indessen zu beobachten, wenn die Brühen längere Zeit der Luft ausgesetzt wurden.

Der Einfluß der pH-Werte auf die Oxydation von Gerbstoffbrühen

Zwei Versuchsreihen jedes Extraktes wurden in Reagenzgläser gebracht, wobei die eine Serie fest verschlossen und die andere der Luft ausgesetzt wurde. Am nächsten Tage zeigten die verschlossenen Röhrchen keine Veränderung, während die anderen um so dunkler geworden waren, je höher der pH-Wert lag. Brachte man die verschlossenen Brühen auf einen pH-Wert von 3,0, so hatten sie praktisch die gleiche Farbe. Bei der Serie jedoch, die der Luft ausgesetzt worden war, war die Farbe nach dem Zurückbringen auf den pH-Wert

---

[1]) Wilson u. Kern, Der Farbwert einer Bruhe als eine Funktion der Wasserstoff-Ionenkonzentration. „Collegium" (1922), 188.

3,0 um so dunkler, je höher die pH-Werte lagen, während sie der
Luft ausgesetzt worden waren; außerdem bildete sich bei den Lösungen,
deren pH-Wert in der Nähe von 9 gelegen hatte, ein Niederschlag.

Die Niederschlagsbildung ist sehr eigenartig. Eine vollständige
Serie jedes Extraktes wurde in flachen Schalen 3 Tage lang der Luft
ausgesetzt. Die Brühen wurden dann auf ihr ursprüngliches Volumen
zurückgebracht und in graduierte Zylinder von 100 ccm Inhalt gegossen. In jedem dieser Versuche wurde der pH-Wert durch den
entsprechenden Zusatz von Salz-
säure auf 3,0 gebracht. Nach
Stehenlassen über Nacht wurde
das Volumen des Niederschlages
von 100 ccm der ursprünglichen
Brühe abgelesen. Die Ergebnisse
sind in Abb. 86 zusammengestellt.

Ließ man beide Extrakte bei
einem pH-Wert von 9 unter Luftzutritt stehen, so entstand, wenn
der pH-Wert auf 3 herabgesetzt
wurde, ein beträchtlicher Niederschlag. Lag jedoch der pH-Wert,
bei dem die Extrakte der Luft
ausgesetzt waren über 10, so
trat bei einer Herabsetzung des
pH-Wertes auf 3 keinerlei Fällung
ein. Alle so behandelten Brühen
blieben gänzlich klar. Fügte man
einen Säureüberschuß hinzu, so
bildete sich jedoch in allen Fällen
ein in Alkali löslicher Niederschlag.

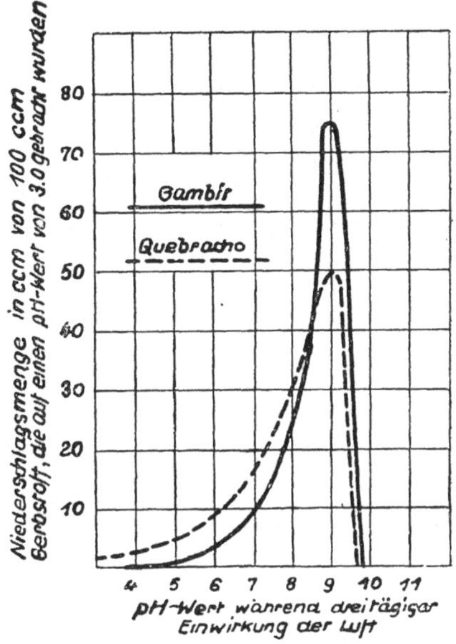

Abb. 86. Abhängigkeit der Niederschlagsbildung bei Gerbbrühen vom pH-Wert 3
von den pH-Werten, bei denen die
Brühen der Luft ausgesetzt worden
waren

Brühen, die zwischen den
pH-Werten 8 und 9 der Luft ausgesetzt worden waren, ergaben
eigenartigerweise Schwierigkeiten
bei der Messung der pH-Werte mit
der Wasserstoffelektrode. Ließ man einige Zeit Wasserstoff hindurchblasen, so sank die Voltzahl schnell auf Null. Selbst wenn diese Brühen
auf pH-Werte von 3 zurückgebracht worden waren, verschwanden
diese Schwierigkeiten nicht. Die Wasserstoff-Ionenkonzentration wurde
daher mit Hilfe von Indikatoren festgestellt. Solche Störungen traten
nicht ein, wenn die Brühen bei pH-Werten unterhalb von 7 und
oberhalb von 10 der Luft ausgesetzt wurden. Offenbar ist für die
Oxydation von Gerbstoffbrühen der pH-Wert 9 ein kritischer.

Die Kurven von Abb. 86 zeigen, daß eine Oxydation von Gerbstoffbrühen besonders zwischen pH-Werten von 6 und 10 eintritt. Der
pH-Wert von hartem Wasser liegt meist innerhalb dieser Spanne, bei
einem pH-Wert von höher als 8.

Der Einfluß der pH-Werte auf die Niederschlagsbildung in Gerbbrühen

Des weiteren untersuchten Wilson und Kern[1]) den Einfluß der pH-Werte auf die Niederschlagsbildung in Quebrachobrühen. Gemäß den Vorschriften der „American Leather Chemists Association"[2]) wurden Lösungen aus einem guten Quebrachoextrakt bereitet. Der einzige Unterschied bestand darin, daß man durch Zugabe von Schwefelsäure, Salzsäure, Natrium- und Kalziumhydroxyd die pH-Werte der Lösungen bei den vier Versuchsreihen ungefähr auf die gewünschten Werte brachte. Die endgültigen pH-Werte wurden bei der Volumeneinstellung mit der Wasserstoffelektrode bei 20^0 C gemessen. Die Lösungen wurden dann nach der offiziellen Methode analysiert. Aus Abb. 87 ist der Einfluß von Säure- und Alkalizusatz auf das Unlösliche zu ersehen.

Der pH-Wert der Lösungen ohne jeden Säure- oder Alkalizusatz betrug 4,60. Mit der Herabsetzung der pH-Werte durch Zusatz von Schwefel- oder Salzsäure nahm der Prozentsatz an Unlöslichem zu, wobei die Schwefelsäure sich als wirksam erwies. Mit steigendem pH-Wert war zunächst eine Abnahme des Unlöslichen zu beobachten, wobei die unfiltrierten Lösungen langsam durchsichtiger wurden. Enthielten die Lösungen Natriumhydroxyd, so vollzog sich dieser Vorgang kontinuierlich. Bei einer Brühe vom pH-Wert 11,35 trat vollkommene Klärung ein. Bei Zusatz von Kalziumhydroxyd zeigte sich jedoch im Neutralpunkt ein plötzlicher Wechsel, mit fortschreitendem pH-Wert trat in steigendem Maße Ausfällung ein.

Wendet man diese Untersuchungsergebnisse auf die Extraktion der Ausgangsmaterialien an, so ergibt sich die Regel, daß der pH-Wert während der Extraktion unterhalb von 7 zu halten ist, um ein Ausfallen der Gerbstoffe durch die im Wasser vorhandenen Kalksalze zu verhindern. Um andererseits Oxydationsvorgänge nach Möglichkeit zu vermeiden, sollten die Extraktionen bei pH-Werten, die über 5

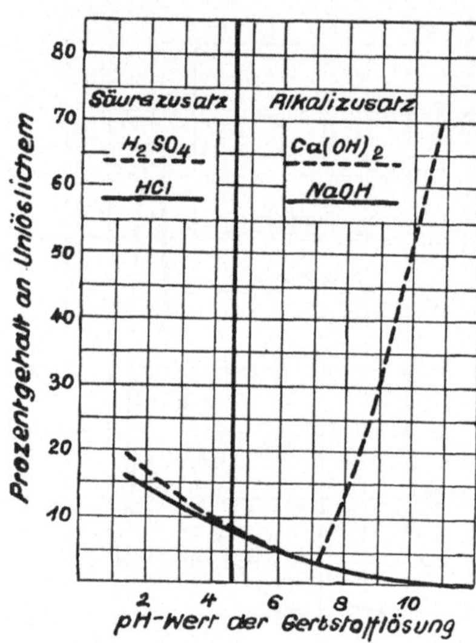

Abb. 87. Der Einfluß der pH-Werte auf das Unlösliche bei einem Quebrachoextrakt

---

[1]) Wilson u. Kern, Effect of Hydrogen-Ion Concentration upon the Analysis of Vegetable Tanning Materials. Journ. Ind. Eng. Chem. 14 (1922), 1128.
[2]) Journ. Am. Leather Chem. Assoc 16 (1921), 113

liegen, nicht durchgeführt werden. Dieser pH-Wert ist offenbar für die Extraktion der günstigste, da bei noch niedrigeren wachsende Mengen ausgefällt werden. Steht nur hartes Wasser zur Verfügung, so ist es zweckmäßig, den pH-Wert des Wassers durch Säurezusatz auf 5 zu bringen.

Klären, Entfärben und Eindampfen

Bei der Herstellung von Gerbstoffextrakten ist man bestrebt, möglichst klare und schön gefärbte Produkte zu erhalten. Ferner ist es zweckmäßig die Brühen so weit einzuengen, daß sie sich billig transportieren lassen. Man kann die Brühen auf verschiedene Weisen klären, d. h. von den in der Lösung fein verteilten schwebenden Teilchen befreien. Entweder man läßt die Lösung absitzen und dekantiert, oder man verwendet Filter, durch die man die Lösung hindurchpreßt, oder aber man zentrifugiert sie.

Hat der Hersteller seine Rohmaterialien aufs äußerste ausgenutzt, so hat der Extrakt leicht eine dunkle, wenig beliebte Farbe. Sie erklärt sich aus den bei höherer Temperatur mitextrahierten dunkler gefärbten Anteilen und auch aus Oxydationsprodukten. Zum Klären und Entfärben wendet man oft Blutalbumin an. Die Gerbstoffbrühen werden mit Blutalbumin versetzt und dann auf 70^0 C erhitzt. Bei dieser Temperatur koagulieren die Albumine und reißen die suspendierten Teilchen, sowie die tiefer gefärbten Körper und einen gewissen kleinen Anteil an Gerbstoffen mit herunter. Die klare Lösung wird dekantiert und der Schlamm in einer Filterpresse zur Mitgewinnung der daranhaftenden Gerbstofflösung ausgepreßt. Wenn auch ein Teil des Gerbstoffes auf diese Weise verloren geht, so wird doch die Farbe wesentlich verbessert.

Andere Klärungsmethoden beruhen auf der Verwendung von anorganischen Chemikalien. Sehr oft benutzt man schweflige Säure oder Natriumbisulfit. Ein Teil der aufhellenden Wirkung beruht sicherlich auf der Verringerung der pH-Werte durch die schweflige Säure; der Vorgang ist jedoch verwickelter, da ein Teil der suspendierten und schwerlöslichen Teile gelöst wird. Offenbar spielt die reduzierende Wirkung der schwefligen Säure dabei eine Rolle.

Für das Einengen der Brühen gibt es, wie zu erwarten, eine ganze Reihe von Methoden. Da bei diesem Vorgang hohe Temperaturen und Berührung mit Luft von Nachteil sind, nimmt man diesen Vorgang vielfach im Vakuum, in zu diesem Zwecke konstruierten Appaturen, vor. Diese sind im Laufe der Zeit immer mehr verbessert worden, so daß man heutzutage einen Extrakt weitgehend, ohne ihn zu schädigen, eindampfen kann. Es war früher üblich, den Wassergehalt der Extrakte nur auf 50—60 $^0/_0$ herabzudrücken, heutzutage dagegen findet man nicht selten Extrakte vor, die nur 10 $^0/_0$ Wasser enthalten.

Die Gerbstoffe

Einen Begriff von dem Umfang der Literatur über den chemischen Aufbau und die Zusammensetzung der Gerbstoffe erhält man aus den von Dean [1]) in einer Monographie zusammengestellten 273 wichtigsten Arbeiten, die vor dem Jahre 1910 veröffentlicht wurden. Sehr bemerkenswert ist es, daß die größte Arbeit auf diesem Gebiet von demselben Mann, der die verwickelte Struktur der Eiweißkörper aufgeklärt hat, Emil Fischer, geleistet worden ist. Von seinen zahlreichen Arbeiten und denen seiner Mitarbeiter möge erwähnt sein, die „Synthese der Depside, Flechten und Gerbstoffe" betitelt ist, da sie einen gewissen Uberblick gibt. Fischer [2]) untersuchte die Gerbstoffe der Galläpfel, die man als Tannine bezeichnet, und die eine der reinsten Formen der Gerbstoffe der Pyrogallolgruppe darstellen.

Bereits im Jahre 1852 wurde von Strecker [3]) die Behauptung aufgestellt, daß die Gerbstoffe Verbindungen von Glukose und Gallussäure seien; unterstützt wurde diese Auffassung durch die Arbeiten von van Tieghem [4]), der Glukose unter den Spaltungsprodukten von Gerbstoffen fand, und die von Pottevin [5]), der einen hydrolytischen Abbau von Gerbstoffen mit Hilfe des Enzymes von „Aspergillus niger" durchführte. Erschüttert wurde diese Annahme durch die Verschiedenheit der aufgefundenen Glukosemengen, so daß die Ansicht von Schiff [6]), der die Gerbstoffe als Digallussäuren auffaßte, allgemein als richtig anerkannt wurde. Die Digallussäuren haben nach seiner Auffassung die folgende Konstitution:

$$\text{HO}\underset{\text{HO}}{\overset{\text{HO}}{\diagup}}\!\!\bigcirc\!\!\diagdown\text{CO·O}\diagup\!\!\bigcirc\!\!\underset{\text{COOH.}}{\overset{\text{HO OH}}{\diagdown}}$$

Es zeigte sich indessen bald, daß diese Formulierung nicht richtig sein konnte; die optische Aktivität der Gerbstoffverbindungen forderte

---

[1]) Dean, On the Composition of Tanning Materials; Bibliography 1828—1909. Journ. Am. Leather Chem. Assoc. 6 (1911), 172.

[2]) Fischer, Ber. Deutsch. Chem. Ges. 46 (1913), 3253.

[3]) Strecker, Ann. 81 (1852), 248; 90 (1854), 328.

[4]) van Tieghem, Annal. d. Sciences nat. V. Serie Bot. (1867), 210.

[5]) Pottevin, Compt. rend. 132 (1901), 704.

[6]) Schiff, Ber. Deutsch. Chem. Ges. 4 (1871), 232, 967; 12 (1879), 33.

asymetrische Kohlenstoffatome, die in der Digallussäureformel nicht vorkommen können, auch erhielt man weit höhere Atomgewichte als sich voraus berechnen ließen. Durch Bestimmung der Leitfähigkeit, der Lichtabsorption und durch die Untersuchung des Verhaltens gegen arsenige Säure konnte Walden[1] zeigen, daß die Digallussäure nicht mit den natürlichen Tanninen identisch ist.

Fischer und Freudenberg[2] waren die ersten, die genauer untersuchten, ob die von Strecker aufgefundene Glukose eine Verunreinigung oder ein Bestandteil des Tannins war. Die Untersuchungen wurden am reinst zugänglichen Tannin durchgeführt. Bei ihren Untersuchungen gingen sie von der Annahme aus, daß das Tannin keine freien Karboxylgruppen enthielt. Sie reinigten es daher durch Extraktion mit Aethylacetat aus alkalischer wässeriger Lösung. Diese Methode wurde unabhängig von Paniker und Stiasny[3] aufgefunden und von diesen Autoren veröffentlicht. Wie angenommen, wurde das Tannin gelöst und die Natriumgallussäure blieb in der wässerigen Lösung zurück. Diese Tatsache war gleichzeitig ein Beweis für die Richtigkeit der Annahme der Abwesenheit freier Karboxylgruppen. Wurde diese Reinigungsmethode auf verschiedene Tannine des Handels angewendet, so erhielt man praktisch identische Produkte.

Wurden die so gereinigten Produkte mit Schwefelsäure hydrolysiert, so erhielt man 7 bis 8 $^0/_0$ Glukose. Bei dem reinsten Produkt kamen ein Molekül Glukose auf 10 Moleküle Gallussäure. Außer Gallussäure konnten keine anderen Phenolkarbonsäuren gefunden werden, auch dann nicht, wenn die Hydrolyse mit Alkali durchgeführt wurde. Bei einem Überschuß von Alkali wurden bei Luftabschluß große Mengen reiner Natriumgallussäure erhalten.

Den sichersten Weg, den Aufbau des Tanninmoleküls zu klären, sah Fischer in der Synthese. Er ging dabei wieder von der Annahme aus, daß das Tannin keine freien Karboxylgruppen aufweist, daß diese vielmehr durch esterartige Bindung der Gallussäure verdeckt sein müßten. Diese Forderung wird erfüllt, wenn man sich das Tannin als eine esterartige Verbindung von einem Glukosemolekül mit 5 Molekülen Digallussäure denkt, etwa nach Art der Pentaacetylglukose.

Die Arbeiten von Fischer und seiner Mitarbeiter über dieses Gebiet sind so umfangreich, daß sie in einem besonderen Buche behandelt werden müßten; es sei auf das von Freudenberg[4] hingewiesen, der die Arbeiten von Fischer in dieser Richtung weiterverfolgt hat. Es gelang Fischer[5] eine Penta-m-digalloyl-β-Glukose aufzubauen, die sich als isomer mit dem Tannin der chinesischen Gallen erwies. Die Formel des Tannins war folgende:

---

[1] Walden, Ber· Deutsch. Chem. Ges. 30 (1897), 3151; 31 (1898), 3167.
[2] Fischer u. Freudenberg, Ber. Deutsch. Chem. Ges. 45 (1912), 919.
[3] Journ. Chem. Soc. 99 (1911), 1819.
[4] Freudenberg, Die Chemie der natürlichen Gerbstoffe. Berlin 1920.
[5] Fischer u. Bergmann, Über das Tannin und die Synthese ähnlicher Stoffe. Ber. Deutsch. Chem. Ges. 51 (1918), 1760.

$$
\begin{array}{c}
\overline{\quad\quad}\ O\ \overline{\quad\quad} \\
| \quad\ H \quad H \quad | \quad\ H \quad H \\
| \quad\ | \quad\ | \quad\ | \quad\ | \quad\ | \\
HC - C - C - C - C - CH \\
| \quad\ | \quad\ | \quad\ | \quad\ | \quad\ | \\
O \quad O \quad O \quad H \quad O \quad O \\
| \quad\ | \quad\ | \quad\quad\ | \quad\ | \\
R \quad R \quad R \quad\quad R \quad R
\end{array}
$$

hierbei bedeutet R folgendes Radikal:

$$
-OC\!\!<\!\!\begin{array}{c} OH \\ \\ OH \end{array}\!\!>\!\!\begin{array}{c} HO \\ \\ O-OC \end{array}\!\!<\!\!\begin{array}{c} OH \\ \\ OH \end{array}
$$

Freudenberg hat eine Einteilung der vegetabilischen Gerbstoffe vorgeschlagen, die genauer ist als die im vorigen Abschnitt beschriebene. Er teilt sie zunächst in zwei große Klassen ein, die erste besteht aus Gerbstoffen, bei denen die Benzolkerne durch Sauerstoff aneinander gebunden sind und die zweite aus solchen, bei denen die Benzolkerne durch Kohlenstoff verknüpft sind. Sind beide Komponenten wie bei der Ellagsäure vorhanden, so ergibt sich die Einteilung aus dem genetischen Zusammenhang mit anderen Gerbstoffen.

Die erste Gruppe umfaßt drei Untergruppen: 1. Depside, Ester von Phenolkarbonsäuren untereinander, oder mit anderen Oxysäuren, 2. Tanningerbstoffe, Ester von Phenolkarbonsäuren mit mehrwertigen Alkoholen oder Zuckern und 3. Glukoside. Das wichtigste Kriterium der ersten Gruppe ist die Zerlegung in einfache Komponenten durch Enzyme wie Tannase und Emulsin. Kürzlich haben Freudenberg und Vollbrecht[1]) die Bestimmung der Aktivität der Tannase des „aspergillus niger" und seine Isolierung untersucht.

Die zweite Gruppe wird durch Enzyme nicht in einfache Komponenten zerlegt. Von Brom werden die Gerbstoffe dieser Gruppe im allgemeinen nicht ausgefällt. Zu unlöslichen amorphen Körpern, den Gerbstoffroten oder Phlobaphenen, werden sie bei Behandlung mit Oxydationsmitteln und starken Säuren kondensiert. Je nachdem die Gerbstoffe dieser Klasse Phloroglucin enthalten oder nicht, kann man sie wieder in zwei Unterklassen teilen. Die Pyrokatechine gehören mit Ausnahme der einfacheren Ketone wie der Oxybenzophenone und der Oxyphenylstyrilketone zu dieser Gruppe, ebenso die Gerbstoffe des Quebrachoholzes und vermutlich auch die der Eichenrinde.

Aus den Kurven von Abb. 86 kann man ersehen, daß die Gerbstoffrote oder Phlobaphene, die aus den Lösungen von Quebracho- und Gambirextrakten durch Säuren gefällt werden, ·Oxydationsprodukte sind; es wird dort gezeigt, daß die Ausfällung durch vorhergehende

---

[1]) Freudenberg u. Vollbrecht, Zur Kenntnis der Tannase. Zeitschr. f. physiol. Chem. 116 (1921), 277.

Oxydation vergrößert wird. Über die eigentliche Zusammensetzung der Phlobaphene weiß man nichts. Die Ellagsäure oder „Blume", die sich in den Lösungen der Gerbstoffe der Pyrogallolklasse bildet, ist dagegen von verhältnismäßig einfachem Aufbau. Von allen aufgestellten Formeln ist die von G r a e b [1]) die am meisten befriedigende.

$$\text{(Strukturformel)}$$

Die praktische Definition der Gerbstoffe

Die großen klassischen Untersuchungen über den Aufbau der Gerbstoffe sind von einer erschöpfenden Erkenntnis noch zu weit entfernt, um sie auf die praktische Gerbung anwenden zu können, es sei denn, daß es sich um die Untersuchung bestimmter, in den Gerbstoffen vorkommender Gruppen handelt. Die Struktur der Gerbstoffe der Pyrokatechingruppe ist noch unbekannt. Wie bei den Proteinen hat es sich als zweckmäßig erwiesen, die Gerbstoffe nach ihren allgemeinen Eigenschaften mehr von der physikalisch-chemischen Seite zu untersuchen. Eine allen Gerbstoffen gemeinsame Eigenschaft scheint es zu sein, mit wässerigen Lösungen von Gelatine Fällungen zu ergeben und sich mit Hautpulver zu gegen Wasser resistenten Verbindungen, zu vereinigen. Jeder natürliche Stoff der Pflanzenwelt, der diese beiden Eigenschaften aufweist, wird als Gerbstoff bezeichnet. Diese Eigenschaften sind auch die Grundlagen für die mannigfachen Gerbstoffbestimmungsverfahren geworden. Man bezeichnet die Lösungsanteile, die sich weder mit Hautpulver zu stabilen Verbindungen vereinigen noch mit Gelatine Niederschläge ergeben, als Nichtgerbstoffe.

Die Gelatine-Kochsalz-Reaktion auf Gerbstoffe

Die Gerbstoffreaktion mit Gelatine wird im allgemeinen folgendermaßen ausgeführt. Man löst 10 g Gelatine und 100 g Kochsalz in einem Liter Wasser und fügt einen Tropfen dieser Lösung zu der zu untersuchenden Gerbstofflösung. Ein Niederschlag oder eine Trübung gibt die Anwesenheit von Gerbstoff an. Diese Reaktion ist während eines Jahrhunderts der Gegenstand zahlreicher Untersuchungen gewesen. Die Empfindlichkeit der Reaktion ist kürzlich von T h o m a s und F r i e d e n untersucht worden. Sie stellten fest, daß die Gelatine vollständig gefällt wird, wenn das Verhältnis von Gelatine zu Gerbstoff 0,5 nicht überschreitet. Ein großer Gelatineüberschuß verhindert die Fällung.

---

[1]) Chem. Zeitg. (1903), 129.

Thomas und Frieden[1]) untersuchten weiterhin den Einfluß der pH-Werte und der Salzkonzentration auf diese Reaktion. Verwendeten sie reine Gelatinelösungen ohne Salz, so fanden sie bei der Fällung von Tannin ein Maximum bei einem pH-Wert von 4,4, bei pH-Werten oberhalb von 5 oder unterhalb von 4 trat nur Opaleszens ohne Niederschlagsbildung ein. Die Spanne der pH-Werte innerhalb der eine Fällung eintrat, wurde durch den Zusatz von Kochsalz vergrößert, zwischen den pH-Werten 4 und 5 wurde die Empfindlichkeit nicht verändert. Wie sich aus ihren Untersuchungen ergab, lagen bei Handelsextrakten die optimalen Fällungen zwischen den pH-Werten 3,5 und 4,5; für Quebracho und Hemlock lagen sie etwas oberhalb von 4,0, bei Gambir, Eiche, Lärche nur wenig unterhalb von 4,0.

Die Empfindlichkeit der Gelatine-Kochsalz-Reaktion schien von dem pH-Wert abzuhängen, je näher dieser an der für optimale Fällung günstigsten Stelle lag, um so empfindlicher war die Reaktion. Die optimalen pH-Werte lagen bei den meisten Gerbstoffen zwischen 3,5 und 4,5. Gambir konnte bei dem optimalen pH-Wert bei einer Verdünnung von 1 : 110 000 mit dem Gelatine-Kochsalz-Reagenz nachgewiesen werden. Mimosenextrakt, der im Gegensatz zu Gambir sehr empfindlich gegen dieses Reagenz ist, konnte noch bei einer Verdünnung von 1 : 200 000 nachgewiesen werden. Wenn man die üblichen Handelsextrakte mit destilliertem Wasser verdünnt und nicht auf den endgültigen pH-Wert achtet, kann die Empfindlichkeit bedeutend herabgesetzt werden. Als am wenigsten empfindlich erwies sich Hemlock bei einer Verdünnung von 1 : 6500, am meisten Gambir bei einer Verdünnung von 1 : 30 000. Sie stellten ferner fest, daß das Alter von Gelatine-Kochsalz-Lösungen, wenn keine Bakterientätigkeit eingetreten war, keinen Einfluß auf die Reaktion hatte.

Die Ermittlung des Gerbstoffgehaltes

Wenn auch die allgemeine Besprechung der analytischen Methoden zur Ermittlung des Gerbstoffgehaltes außerhalb des Rahmens dieses Buches liegt, so ist diese Frage doch von zu großer Wichtigkeit für die Gerbereichemie, als daß man sie unbeachtet lassen könnte, insbesondere da die allgemein angewandten Methoden als „Gerbstoffe" einen variablen Anteil von Nichtgerbstoffen ermitteln, der im extremen Falle von Gambir zweimal so groß als der wirkliche Gerbstoffgehalt selbst ist.

Seit mehr als hundert Jahren haben sich die Chemiker um die Ermittlung des Gerbstoffgehaltes gestritten, wobei zahlreiche Methoden vorgeschlagen wurden. Von allen diesen hat sich nur die als „Hautpulvermethode" bezeichnete als lebensfähig erwiesen. Aber auch diese wird in den verschiedenen Teilen der Welt verschieden ausgefuhrt.

---

[1]) Thomas und Frieden, The Gelatin-Tannin-Reaction. Ind. Eng. Chem. (1923), 839.

In Procters [1]) Buch findet man eine Zusammenstellung aller bis 1908 vorgeschlagenen Methoden. Für unsere Zwecke wird es genügen, die der „American Leather Chemists Association", die im Prinzip den in Europa üblichen Anwendungsformen ähnlich ist, zu beschreiben.

Die Methode der A. L. C. A. [2])

Das amerikanische „Standard-Hautpulver" wird durch eine leichte Chromalaungerbung vorbereitet, von allen löslichen Anteilen durch Auswaschen befreit und der Feuchtigkeitsgehalt durch Auspressen auf höchstens $71—74\,^0/_0$ gebracht. Die zu untersuchende Gerbstoff· lösung darf nicht mehr als 0,425 und nicht weniger als 0,375 g nach dieser Methode ermittelten Gerbstoff in 100 ccm enthalten. Zu 200 ccm dieser Lösung wird ein Quantum an feuchtem Hautpulver hinzugefügt, das 12,2 bis 12,8 g trockenen Pulvers entspricht und das Ganze 10 Minuten geschüttelt. Die vom Gerbstoff befreite Lösung wird von dem Hautpulver durch Auspressen mittels eines Leinentuches und nachfolgendem Filtrieren getrennt. Die Lösung muß bis zur vollständigen Klarheit unter Zusatz von Kaolin das gleiche Filtrierpapier passieren. Man bestimmt dann den Rückstand eines aliquoten Teiles dieses Filtrates und unter der Berücksichtigung des Wassergehaltes des Hautpulvers berechnet man daraus den Anteil der Nichtgerbstoffe des Gerbextraktes. Die Differenz zwischen dem Gesamtlöslichen und den Nichtgerbstoffen nennt man Gerbstoff. Die anderen Einzelheiten dieser Methode interessieren in diesem Zusammenhang nicht.

Aus der Besprechung des Gleichgewichtes von Proteinsystemen im Abschnitt über „Physikalische Chemie der Proteine" kann man ersehen, daß diese Methode auf zwei falschen Anschauungen beruht. Einmal wird angenommen, daß sich das Hautpulver nur mit Gerbstoffen verbindet und zweitens wird vorausgesetzt, daß die absorbierte Lösung in dem Kollagengel die gleiche Konzentration aufweist wie in der umgebenden Lösung. Es mag erwähnt werden, daß die erste Annahme größere Irrtümer hervorruft als die zweite. Schon vor 1903 zeigten Procter [3]) und Blockey, daß Hautpulver aus Lösungen beträchtliche Mengen von Nichtgerbstoffen wie Gallussäure, Brenzkatechin und Chinon aufnimmt. Wilson und Kern [4]) konnten dies noch klarer durch die Analyse von reinen Gallussäurelösungen nach der A. L. C. A.-Methode vor Augen führen. Durch die Änderung der Menge des Hautpulvers konnte fast jedes beliebige Ergebnis erhalten werden. Aus den Tabellen 17 und 18 geht hervor, daß der Wert für den Gerbstoffgehalt mit zunehmender Konzentration der Lösungen abnimmt, und daß er mit zunehmenden Hautpulvermengen zunimmt.

---

[1]) Procter, Leather Industries Laboratory Book. London (1908).
[2]) Weitere Einzelheiten siehe: Journ. Am Leather Chem. Assoc. 16 (1921), 113.
[3]) Procter, Absorption of Non-Tanning Substances by Hide Powder and Its Influence on the Estimation of Tannin. Journ. Soc. Chem. Ind. 22 (1903), 482.
[4]) Wilson u. Kern, The Nontannin Enigma. Journ. Am. Leather Chem. Assoc. 13 (1918), 429.

Wenn man Lösungen von 1 g Gallussäure im Liter herstellt, gibt die Methode einen Gerbstoffgehalt von 60 %/$_0$ an, obgleich überhaupt keiner vorhanden ist.

Tabelle 17

Das Ergebnis der Analyse reiner Gallussäure-lösungen nach der A.L.C.A.-Methode

(Es kamen 47 g nasses Hautpulver (73 %/$_0$ Wasser) auf 200 ccm der Lösung)

g Gallussäure im Liter	Nichtgerbstoffe in %/$_0$	Gerbstoffe in %/$_0$
8,88	54,0	46,0
4,44	47,1	52,9
2,22	43,8	56,2
1,11	40,4	59,6

Tabelle 18

Der Einfluß der Änderung des Verhältnisses von Hautpulver u. Gallussäure (Gallussäurekonz. konstant 0,888 %/$_0$) auf die aufgenommene Menge Gallussäure

(Gemäß den Bestimmungen der A.L.C.A.-Methode)

Nasses Hautpulver (73 %/$_0$ Wasser) g in 200 ccm	Nichtgerbstoffe in %/$_0$	Gerbstoffe in %/$_0$
5	91,8	8,2
10	86,0	14,0
25	69,6	30,4
50	52,1	47,9
75	43,7	56,3

Die Wilson-Kern-Methode

Um die handgreiflichen Mängel der A. L. C. A. - Methode zu beheben, unternahmen es Wilson und Kern[1] ein Gerbstoffbestimmungsverfahren auszuarbeiten, das nach der Definition jene Stoffe als Gerbstoffe ermittelt, welche von Gelatine gefällt werden, und die mit Hautpulver Verbindungen eingehen, die gegen Wasser beständig sind. Das Prinzip der Methode ist, aus den zu untersuchenden Lösungen allen Gerbstoff mit Hilfe einer bekannten Hautpulvermenge zu entfernen, wobei die Gelatine-Kochsalz-Reaktion angibt, wann aller Gerbstoff entfernt ist. Das gegerbte Hautpulver wird

---

[1] Wilson und Kern, The True Tanning Value of Vegetable Tanning Materials. Journ. Ind. Eng. Chem. 12 (1920), 465.

sodann durch Waschen von den mitaufgenommenen Nichtgerbstoffen, die bei der offiziellen Methode zu den großen Irrtümern Anlaß geben, befreit. Danach wird das Hautpulver getrocknet und wie üblich auf Gerbstoffgehalt untersucht. Der Gerbstoffgehalt der Ausgangslösung läßt sich aus diesen Daten leicht errechnen.

Wilson und Kern[1]) wandten ihre Methode, um ihre Ausführbarkeit zu beweisen, auf 8 der gebräuchlichsten Gerbstoffextrakte an. Insbesondere wurden die Extrakte so gewählt, daß die Adstringenz bei den verschiedenen möglichst differierte. Außer Quebrachoextrakt wurden die des Eichenholzes, der Lärchenrinde, des Kastanienholzes und des Gelbholzes untersucht. Diese Produkte sind auf dem amerikanischen Markt am häufigsten, ferner wurden noch ostindischer Gambir in Pastenform, sizilianischer Sumach aus gemahlenen Blättern und Zweigen und Hemlockrindenextrakt aus Wisconsin untersucht. Die Extrakte wurden heiß aufgelöst und nach langsamem Abkühlen auf ein bestimmtes Volumen aufgefüllt. Die Rinden und der Sumach wurden fein gemahlen und dann durch Hindurchsickernlassen von Wasser extrahiert; die Extraktionsbrühen wurden erst verwendet, wenn ein bestimmtes Volumen hindurchgelaufen war. Je 12 g Hautpulver von bekannter Menge Hautsubstanz wurden mit 200 ccm der zu untersuchenden Lösungen in eine weithalsige 250 ccm fassende Flasche, die durch einen Gummipfropfen verschlossen wurde, getan, und 6 Stunden geschüttelt.

Die Menge des anzuwendenden Gerbmaterials durfte nicht zu groß sein und richtete sich nach der Aufnahmefähigkeit des Hautpulvers. Man war andererseits bestrebt, die Gerbextraktmenge möglichst groß zu wählen, um die Fehler bei der Bestimmung zu verkleinern. Da der Gerbstoff als Differenz ermittelt wird, ist der Fehler um so kleiner, je mehr Gerbstoff von der Einheit des Hautpulvers aufgenommen wird. Ergab die zu untersuchende Lösung nach sechsstündigem Schütteln mit Hautpulver noch positive Reaktion auf Gerbstoff mit Gelatine-Kochsalz, so mußte der Versuch noch einmal mit weniger Extrakt angesetzt werden.

Das gegerbte Hautpulver wurde 30 Minuten mit 200 ccm Wasser geschüttelt und dann durch Leinen filtriert. Die Waschung wurde so lange wiederholt, bis die Waschwässer mit Eisenchlorid keine Färbungen mehr ergaben. Diese Färbungen zeigen Nichtgerbstoffe wie Gallussäure an. Außer bei Gelbholz- und Kastanienholzextrakten, die in mehrfacher Beziehung ein ungewöhnliches Verhalten zeigten, waren nicht mehr als 12 Waschungen nötig, um das Hautpulver von den Nichtgerbstoffen zu befreien. Dies zeigt, daß die Grenze zwischen Gerbstoffen und Nichtgerbstoffen bei den gewöhnlichen Extrakten ziemlich scharf ist. Das Waschwasser des mit Gelbholzextrakt gegerbten Hautpulvers ergab bis zur 50. Waschung eine Farbreaktion.

---

[1]) Wilson und Kern, The True Tanning Value of Vegetable Tanning Materials Journ. Ind. Eng. Chem. 12 (1920), 465.

Tabelle 19

Gerbmaterial:	Gerbmaterial im Liter in g	Analysenergebnisse des gegerbten Hautpulvers in %					Auf 100 Teile Hautsubstanz kommen		Gerbstoff im Gerbmaterial in %
		Wasser	Asche	Fett	Hautsubstanz (N × 5,62)	Gerbstoff (als Differenz)	ermittelter Gerbstoff in g	angewandtes Gerbmaterial in g	
Quebracho	18,8	11,56	0,14	0,35	74,92	13,03	17,39	36,8	47,26
Quebracho	18,8	11,42	0,08	0,35	75,05	13,10	17,46	36,8	47,45
Quebracho	11,5	13,81	0,03	0,30	77,53	8,33	10,74	22,6	47,52
Hemlockrinde . . .	150,0	9,94	0,12	0,24	76,54	13,16	17,19	287,9	5,97
Hemlockrinde . . .	100,0	10,73	0,13	0,28	79,39	9,47	11,93	191,9	6,22
Hemlockrinde . . .	75,0	12,76	0,05	0,28	79,53	7,38	9,28	147,1	6,31
Eichenrinde . . .	67,5	12,54	0,07	0,12	74,76	12,51	16,73	131,6	12,71
Eichenrinde . . .	45,0	11,19	0,09	0,24	79,36	9,12	11,49	87,6	13,12
Eichenrinde . . .	25,0	13,53	0,05	0,34	81,00	5,08	6,27	48,9	12,82
Lärchenrinde . . .	67,5	12,59	0,09	0,13	75,61	11,58	15,32	131,6	11,64
Lärchenrinde . . .	45,0	13,65	0,09	0,30	77,90	8,06	10,35	87,7	11,80
Lärchenrinde . . .	25,0	16,52	0,08	0,25	78,65	4,50	5,72	48,9	11,70
Kastanienholz . . .	67,5	12,43	0,11	0,05	75,76	11,65	15,38	131,6	11,69
Kastanienholz . . .	45,0	12,82	0,13	0,19	78,54	8,32	10,59	87,7	12,08
Kastanienholz . . .	37,5	12,05	0,10	0,21	80,74	6,90	8,55	71,7	11,92
Sumach	93,8	11,39	0,16	0,36	74,92	13,17	17,58	179,3	9,80
Sumach	62,5	12,26	0,23	0,31	78,38	8,82	11,25	119,5	9,41
Sumach	37,5	11,75	0,12	0,37	81,97	5,79	7,06	73,5	9,61
Gelbholz	48,8	12,82	0,13	0,17	77,35	9,53	12,32	95,0	12,97
Gelbholz	32,5	12,83	0,09	0,25	80,09	6,74	8,42	63,3	13,30
Gelbholz	26,3	12,43	0,12	0,25	81,43	5,77	7,09	51,2	13,85
Gambir	50,0	12,08	0,18	0,19	81,44	6,11	7,50	97,4	7,70
Gambir	49,5	11,77	0,26	0,28	81,70	5,99	7,33	94,7	7,74
Gambir	29,0	13,06	0,14	0,35	82,74	3,71	4,48	56,5	7,93

Bei dem mit Kastanienholz gegerbten waren 25 Waschungen nötig, um alle Substanzen zu entfernen, die mit Eisenchlorid Farbreaktionen ergaben. Alle Waschwässer wurden mit dem Gelatine-Kochsalz-Reagenz geprüft; die Prüfung fiel in allen Fällen negativ aus.

Die so gewaschenen Hautpulver wurden bei Zimmertemperatur getrocknet und dann auf Wasser, Asche, Fett und Hautsubstanz untersucht. Die Hautsubstanz errechnete man aus dem Prozentgehalt des Stickstoffes durch Multiplikation mit 5,62. Die Differenz des Prozentgehaltes an Wasser, Asche, Fett und Hautsubstanz mit 100 ergab den Prozentgehalt an Gerbstoffen. Den Gehalt an Gerbstoffen in der ursprunglichen Lösung erhielt man durch Multiplikation der Gerbstoffprozente des Hautpulvers mit dem Verhältnis von Hautpulver zu Gerbmittel. Die Versuchsergebnisse mit den 8 aufgeführten Gerbmaterialien ersieht man aus Tabelle 19.

Der Vergleich der A. L. C. A.- und der Wilson-Kern-Methode

Die beiden beschriebenen Methoden ergeben verschiedene Resultate. Es ist daher nützlich, sie miteinander zu vergleichen, insbesondere, da dies dazu beitragen wird, den Gerbvorgang verständlicher zu machen, und den Begriff „Gerbstoff" schärfer zu fassen. Es wird daran erinnert, daß die meisten in der Literatur angegebenen Werte nach der A. L. C. A.-Methode oder nach ähnlichen ermittelt worden sind. Das Wilson-Kern-Verfahren ist noch zu neu, um allgemein eingeführt zu sein.

Tabelle 20

Prozente des analysierten Materials

Material:	A. L. C. A.-Methode				Wilson-Kern-Methode: Gerbstoffe	Prozente-Fehler der A. L C. A.-Methode
	Wasser	Un-lösliches	Lösliche Nichtgerbstoffe	Gerbstoffe		
Quebracho . .	17,87	7,16	6,96	68,01	47,41	43
Hemlockrinde .	8,90	74,33	6,71	10,06	6,17	63
Eichenrinde .	52,66	3,68	19,46	24,20	12,88	88
Lärchenrinde .	51,08	5,88	20,90	22,14	11,71	89
Kastanienholz .	58,90	1,50	13,80	25,80	11,90	117
Sumach . .	9,25	47,20	17,99	25,56	9,61	166
Gelbholz . .	46,05	3,45	10,63	39,87	13,37	198
Gambir . . .	51,12	5,36	18,57	24,95	7,79	220

Zum Vergleich untersuchten Wilson und Kern 8 Gerbmaterialien nach beiden Methoden; die Ergebnisse kann man aus Tabelle 20 entnehmen. Die Fehlerberechnungen der A. L. C. A.-Methode beruht auf der Annahme, daß die Wilson-Kern-Methode richtig ist. Obgleich die großen Fehler der A. L. C. A.-Methode geradezu erstaunlich sind, sind sie doch keinesfalls übertrieben. Diese Fehler werden weniger

Tabelle 21

Der Einfluß der Änderung des Verhältnisses von Hautpulver zu Gerbstoff auf die Gerbstoffbestimmungen nach der A. L. C. A.-Methode

Gerbmaterial:	g im Liter	Nasses Hautpulver (73 % Wasser) zum Entgerben von 200 ccm Gerbstofflösung in g	Ermittelter Prozentsatz an Gerbstoff nach der A. L. C. A.-Methode	Fehler in % durch die A. L. C. A.-Methode
Quebracho	3	93,3	68,18	44
		46,7	67,56	43
		26,7	66,61	40
		13,3	64,36	36
		6,7	57,56	21
Hemlockrinde . . .	20	93,3	10,98	78
		46,7	10,60	72
		26,7	9,76	58
		13,3	9,35	52
		6,7	7,98	29
Eichenrinde	4,11	93,3	25,02	94
		46,7	24,59	91
		23,3	24,01	86
		11,7	22,09	72
		5,9	18,77	46
Lärchenrinde	4,37	93,3	28,10	140
		46,7	24,52	109
		23,3	21,97	88
		11,7	19,10	63
		5,9	16,24	39
Kastanienholz . . .	15	93,3	26,87	126
		46,7	25,80	117
		26,7	24,59	107
		23,3	23,52	98
		16,0	22,49	89
Sumach	4	93,3	24,98	160
		46,7	25,05	161
		23,3	24,47	155
		11,7	23,45	144
		5,9	21,45	123
Gelbholz	8	93,3	40,48	203
		46,7	39,47	195
		26,7	38,21	186
		13,3	36,27	171
		9,3	35,67	167
Gambir	4,58	93,3	29,04	273
		46,7	25,60	229
		23,3	22,56	190
		11,7	17,22	121
		5,9	13,38	72

überraschen, wenn man sich die in den Tabellen 17 und 18 erhaltenen Werte für die Bestimmung von Gallussäure nach der A. L. C. A.-Methode vergegenwärtigt.

Man erkennt ohne weiteres die Notwendigkeit, die Mengenverhältnisse bei der A. L. C. A. - Methode genau festzusetzen, wenn man die Gallussäureversuche berücksichtigt. Noch deutlicher wird dies indessen, wenn man ähnliche Experimente bei gewöhnlichen Gerbstoffen anstellt. In der Tabelle 21 und den Abb. 88, 89 und 90

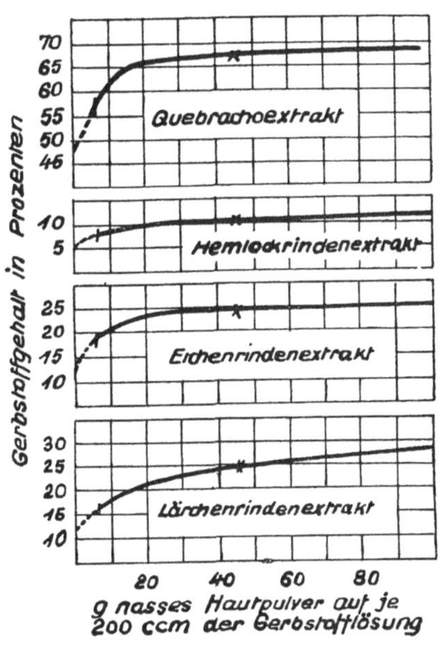

Abb. 88. Der Einfluß der Änderung der Hautpulvermenge auf die Gerbstoffbestimmung nach der A. L. C. A.-Methode

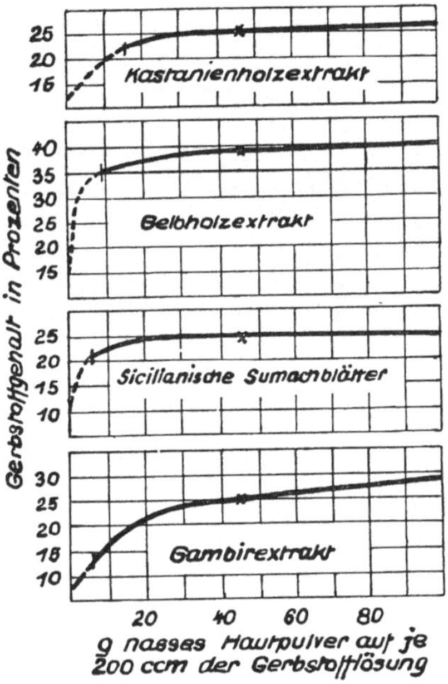

Abb. 89. Der Einfluß der Änderung der Hautpulvermenge auf die Gerbstoffbestimmung nach der A. L. C. A.-Methode

erkennt man deutlich den Einfluß der Veränderung des Verhältnisses von Hautpulver zu Gerbstoffen auf die Gerbstoffbestimmung. In den Abb. 88 und 89 geben die kleinen senkrechten Striche in den Kurven jene Hautpulvermenge an, die gerade imstande ist, nach der A. L. C. A.-Methode die Lösung gerbstofffrei zu machen, wobei die Gelatine-Kochsalzreaktion maßgebend ist. Die Kreuzchen geben die nach der A. L. C. A.-Methode notwendigen Hautpulvermengen an. Die Nullpunkte geben jenen Prozentgehalt an Gerbstoffen an, wie er nach der Methode von Wilson und Kern gefunden wurde, der punktierte Teil der Linien wurde extrapoliert.

Für die Berechtigung der in der A.L.C.A.-Methode angewandten Mengen ist keinerlei wissenschaftlicher Grund anzuführen. Nach den Grundsätzen der Methode kann man, da die Lösungen in allen Fällen gerbstofffrei gemacht wurden, jeden Gerbstoffwert der Tabelle 21 als richtig ansehen. Man muß sich dies vergegenwärtigen, wenn man die in der Literatur angeführten Angaben über Gerbstoffgehalte verwerten will, da alle Bestimmungen nach dieser und ähnlichen Methoden ausgeführt worden sind.

Wie zu erwarten ist, treten die größten Fehler bei jenen Gerbstoffmaterialien auf, bei denen das Verhältnis von Nichtgerbstoffen zu Gerbstoffen am größten ist. Quebracho, das den geringsten Nichtgerbstoffgehalt aufweist, zeigt die kleinsten Fehler. Wenn man jedoch Quebracho mit Gallussäure mischt und so das Verhältnis von Nichtgerbstoffen zu Gerbstoffen wie beim Gambir vergrößert, so erhält man Fehler, die, wie man aus Tabelle 22 ersehen kann, fast so groß sind wie bei diesem.

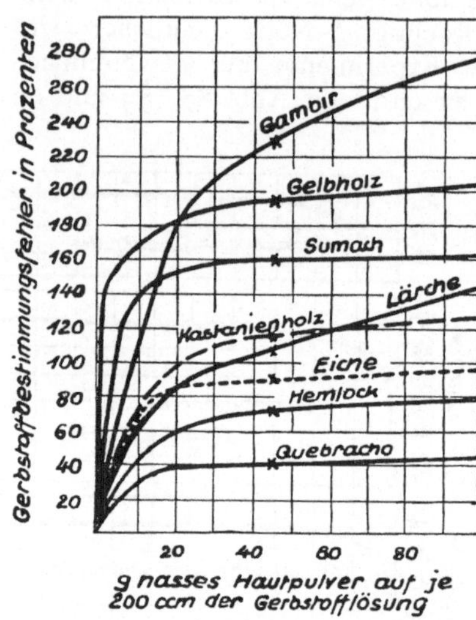

Abb. 90. Der Einfluß der Änderung der Hautpulvermenge auf die Größe des Fehlers bei Anwendung der A.L.C.A.-Methode

Bei dem Vergleich der beiden Methoden tritt zum mindesten ein Faktor deutlich hervor, der von praktischer Bedeutung ist. Diejenigen Gerbstoffe, die bei der Bestimmung mit der A.L.C.A.-Methode die

Tabelle 22

Mischung von Quebrachoextrakt mit Gallussäure

Nasses Hautpulver (73 %/₀ Wasser) zum Entgerben von 200 ccm Gerbbrühe in g	Prozentzahlen der Analyse einer Mischung von 5 Teilen Quebrachoextrakt mit 9 Teilen trockener Gallussäure A.L.C.A.-Methode				Wilson-Kern-Methode	Fehler in Prozenten bei der A.L.C.A.-Methode		
	Wasser	Unlösliches	Lösliche Nichtgerbstoffe	Gerbstoffe	Gerbstoffe	Quebracho allein (Abb. 90)	Quebracho bei der Gegenwart von Gallussäure	Gambir allein
93,3	5,80	3,96	33,87	56,37	16,93	44	233	273
46,7	5,80	3,96	37,14	53,10	16,93	43	214	229
23,3	5,80	3,96	44,07	46,17	16,93	39	173	190
11,7	5,80	3,96	53,39	36,85	16,93	33	118	121
5,9	5,80	3,96	63,34	26,90	16,93	18	59	72

kleinsten Fehler ergeben, weisen die größte Adstringenz auf, wohingegen die, die die kleinste zeigen, die größten Fehler bedingen. Die Reihenfolge der Gerbmaterialien in Tabelle 20 kann fast als Tabelle abnehmender Adstringenz angesehen werden, wenn auch von einem absoluten Parallelismus nicht gesprochen werden kann. Gewöhnlich nimmt man an, daß Quebracho und Hemlockrinde die größte Adstringenz aufweisen, und Sumach und Gambir die geringste. Dies deutet auf eine Beziehung zwischen der Adstringenz und dem Verhältnis von Nichtgerbstoff zu Gerbstoff hin. Diese Adstringenz scheint eine Funktion der Geschwindigkeit der Verbindung von Protein und Gerbstoff zu sein. Bei den Experimenten, die in der Tabelle 19 wiedergegeben werden, nahm Hautpulver aus Quebracholösungen in 3 Stunden mehr als doppelt soviel Gerbstoff auf als in 6 Stunden aus einer Gambirbrühe. Wenn man jedoch soviel Gallussäure zu dem stärkeren Quebrachoextrakt hinzufügte, damit das Verhältnis von Nichtgerbstoff zu Gerbstoff ebenso wurde wie beim Gambir, entfernte das Hautpulver in 6 Stunden auch nicht annähernd allen Gerbstoff. Bei Zusatz des Gelatine-Kochsalzreagenzes erhielt man nach 6 Stunden noch ungeheuere Mengen von Niederschlägen, die zeigten, daß die Adstringenz ganz erheblich herabgesetzt worden war. Daß es sich nur um eine Verlangsamung der Bindungsgeschwindigkeit handelte, ließ sich sehr einfach dadurch nachweisen, daß die Hautpulvermenge in 24 Stunden in der Lage war, die Gerbstofflösung zu entgerben. Dies erklärt auch die milde Wirkung von Gerbbrühen, die schon lange Zeit in Benutzung waren und in denen sich die Nichtgerbstoffe angesammelt hatten.

Die Polemik, die der Veröffentlichung der Wilson-Kern-Methode folgte, hat die Untersuchung der Eigenschaften der Gerbmaterialien sehr angeregt. Anläßlich der 17. Jahres-Tagung der American Leather Chemists Association wurde die Wilson-Kern-Methode zur Debatte [1] gestellt. Das Hauptargument der Gegner bestand darin, anzunehmen, daß durch das angegebene Verfahren Gerbstoffe verloren gehen, und somit zu niedrige Ergebnisse erhalten würden. Man stellte die Behauptung auf, daß erst nach längerer Berührung mit der Haut stabile Verbindungen entständen, und daß selbst Gerbstoffe, die sich schon mit der Haut verbunden hatten, durch das Waschen wieder entfernt würden, das bei Anwendung der Wilson-Kern-Methode durchgeführt werden muß. Jedoch wurden für diese Behauptungen keine wirklichen Beweise erbracht.

Der Einfluß des Waschens

Gewisse Verschiedenheiten im Verhalten mehrerer Gerbmaterialien haben die weitverbreitete Ansicht entstehen lassen, daß einige Gerbstoffe mit der Haut stabilere Verbindungen bilden als andere; so nimmt man beispielsweise an, daß die Gerbstoffe aus Gambir weniger stabile Verbindungen mit der Haut bilden als die der Hemlockrinde.

---

[1] Journ. Am. Leather Chem. Assoc. 15 (1920), 451.

Man hat ferner geglaubt, daß Gemische von Gerbstoffen sich in dieser Beziehung anders verhalten als die einzelnen Komponenten.

Wilson und Kern[1]) stellten sorgfältige Versuche über die beim Waschprozeß ihrer Methode möglichen Gerbstoffverluste an. Sie kamen dabei zu dem Ergebnis, daß die Verluste so gering sind, daß sie keine Fehler bei Gerbstoffbestimmung bewirken können. Aus Tabelle 23 kann man ersehen, daß gleiche Ergebnisse erhalten werden, wenn man das gegerbte Hautpulver 15-, 25- oder 50mal wäscht. Nach der Theorie ist der Gerbvorgang möglicherweise umkehrbar, jedoch ist die Hydrolysegeschwindigkeit zu gering, um einen Einfluß auf die Wilson-Kern-Methode ausüben zu können. Dies gilt gleichmäßig für schwächer und stärker adstringierende Gerbmaterialien.

Tabelle 23

Der Einfluß des Waschens auf die mittels der Wilson-Kern-Methode ermittelten Gerbstoffgehalte

Extrakte:	Extrakt in 200 ccm Lösung in g	Hautpulvermenge zum Entgerben von 200 ccm Lösung in g	Prozente Gerbstoff in den Extrakten Analysenzahlen erhalten bei nachstehenden Waschungszahlen des gegerbten Hautpulvers		
			15mal	25mal	50mal
Quebracho . . .	3,80	10,44	46,84	47,25	46,90
Gambir	10,00	10,44	7,87	7,89	7,67
Gambir-Quebracho-gemisch* . .	6,90	10 44	20,67	20,34	20,43
Kastanienholz . .	13,60	10,32	—††	13,99	13,93
Hemlockrinde . .	13,00	10,32	23,47	23,38	23,50
Kastanienholz-Hemlockrinden-Gemisch† . .	13,30	10,32	—††	18,73	19,05
Eichenrinde . .	13,60	10,40	15,52	15,36	15,35
Lärchenrinde . .	13,60	10,32	—††	11,29	11,28
Sumach	13,00	10,39	16,36	16,29	16,39
Mimosenrinde . .	8,00	10,32	24,66	24,16	24,73

* Eine Mischung von 19 Teilen festen Quebrachoextraktes mit 50 Teilen Gambirextrakt.

† Eine Mischung aus 68 Teilen eines Kastanienholzextraktes und 65 Teilen Hemlockrindenextrakt.

†† Es sind keine Ergebnisse angegeben, da die Waschwässer mit Eisenchlorid Reaktion auf Nichtgerbstoffe zeigten.

Die Verwandlung von Nichtgerbstoffen in Gerbstoffe

Bei der Kritik der Wilson-Kern-Methode sagte Schultz[2]): „Wir nahmen die Waschwässer und Nichtgerbstoffe, engten sie bei

[1]) Wilson u. Kern, Nature of the Hide-Tannin Compound and its Bearin upon Tannin Analysis. Journ. Ind. Eng. Chem. 12 (1920), 1149.
[2]) Schultz, Journ. Am. Leather Chem. Assoc. 15 (1920), 455.

nohem Vakuum auf ihr ursprüngliches Volumen von 200 ccm ein, gerbten Hautpulver damit und fanden einen bestimmten Gehalt an Gerbstoffen". Er erwähnte auch, daß sich in den konzentrierten Waschwässern mit Gelatine-Kochsalz Gerbstoff nachweisen ließ. Im ersten Augenblick sieht es so aus, als ob die Waschwässer tatsächlich Gerbstoff enthalten hätten, wie S c h u l t z es auch angenommen hat. W i l s o n und K e r n konnten den Befund von S c h u l t z bei der Untersuchung eines Gambirextraktes mit Hilfe ihrer Methode bestätigen. Die entgerbte Brühe und die 15 Waschwässer, die mit Gelatine-Kochsalz keine Trübung mehr gaben, wurden auf 200 ccm konzentriert und ergaben dann einen voluminösen Niederschlag mit dem Reagens. Dies zeigt, daß während des Eindampfens eine wichtige chemische Veränderung mit den in der entgerbten Brühe und in den Waschwässern enthaltenen Stoffen vor sich gegangen sein muß.

Eine zweite Probe des Gambirs wurde nach der neuen Methode analysiert und ein Gerbstoffgehalt von 7,94 $^0/_0$ festgestellt. Die entgerbte Brühe und die 17 Waschwässer, zusammen 3600 ccm, wurden auf 250 ccm eingedampft und nach der neuen Methode analysiert. Sie enthielten dann 5,56 $^0/_0$ Gerbstoff auf den ursprünglichen Extrakt bezogen, so daß bei diesem ein Gesamtgehalt an Gerbstoffen von 13,50 $^0/_0$ ermittelt wurde. Die Einzelangaben findet man in Tabelle 24.

Um zu zeigen, daß das Hautpulver sich auch mit der vermehrten Gerbstoffmenge verbunden hätte, wenn es in der ursprünglichen Lösung

Tabelle 24

Gambirextrakt

200 ccm einer Lösung, die 9,00 g Extrakt enthielt, wurde mit 12 g lufttrockenem Hautpulver, das 10,40 g Hautsubstanz entsprach, entgerbt; das gegerbte Hautpulver wurde dann 17mal mit Wasser gewaschen; das gesamte Waschvolumen betrug 3400 ccm. Die übrigbleibende Lösung wurde mit den Waschwässern auf ein Volumen von 250 ccm eingedampft und darin 12 g frisches Hautpulver gegerbt. Letzteres wurde wie üblich gewaschen.

Analyse des lufttrocknen, gegerbten Hautpulvers	Gegerbt in der ursprünglichen Lösung	Gegerbt in den eingeengten Waschwässern
Wasser	17,31	16,24
Asche	0,16	0,14
Fett (Chloroformextraktion)	0,39	0,42
Hautsubstanz (N $\times$ 5,62)	76,86	79,38
Gerbstoff (als Differenz)	5,28	3,82
Auf 100 g Hautsubstanz berechnet:		
Gefundener Gerbstoff in g	6,87	4,81
Angewandtes Material in g	86,54	86,54
Prozente Gerbstoff im Extrakt	7,94	5,56

Der Gesamtgerbstoff, der ursprünglich vorhandene und der während des Einengens gebildete, betrug 13,50 $^0/_0$.

vorhanden gewesen wäre, stellten Wilson und Kern eine neue Lösung dieses Extraktes her, verdünnten sie, engten sie mehrere Male ein und analysierten sie dann; sie fanden 12,69 °/₀ Gerbstoff. Wenn man die Einengung noch etwas fortgesetzt hätte, so würde man den Wert von 13,50 wohl erreicht oder übertroffen haben. Die Resultate sind aus Tabelle 25 ersichtlich.

Tabelle 25

Gambirextrakt (der gleiche wie in Tabelle 24)

Es wurden 60,00 g Extrakt in 1 Liter Wasser gelöst, auf 250 ccm eingeengt und wieder auf 1 Liter verdünnt. Dieser Vorgang wurde 3mal wiederholt, beim vierten Male wurde auf 2 Liter verdünnt. 200 ccm der verdünnten Lösung, die 6,00 g des ursprünglichen Extraktes entsprach, wurde mit 12 g lufttrockenen Hautpulvers entgerbt, das 10,37 g Hautsubstanz enthielt. Das Hautpulver wurde dann wie gewöhnlich gewaschen.

Analysenresultate des lufttrockenen gegerbten Hautpulvers

Wasser	18,23
Asche	0,18
Fett (Chloroformextraktion)	0,42
Hautsubstanz (N × 5,62)	75,62
Gerbstoff (als Differenz)	5,55

Auf 100 g Hautsubstanz kamen:

Gefundene Gerbstoffmenge in g	7,34
Angewandtes Material in g	57,86
Prozente Gerbstoff im Extrakt	12,69

Trotz der großen Veränderungen, die durch das Einengen in den Gerbbrühen hervorgerufen werden, werden diese in den Analysen nach der A. L. C. A.-Methode nicht gezeigt, wie man aus Tabelle 26 ersehen kann. Das Verdünnen und das Einengen der Brühen verursachte eine Vermehrung der Gerbstoffe bei Anwendung der neuen Methode von 7,94 auf 12,69 °/₀. Bei der A. L. C. A.-Methode ist nur ein Ansteigen von 26,14 auf 26,40 °/₀ zu beobachten. Die Differenz ist so gering, daß sie auch auf die Fehler der Untersuchungsmethode geschoben werden kann. Daß diese Differenz so gering ausfällt, ist darauf zurückzuführen, daß alle jene Substanzen, die sich in Gerbstoffe überführen lassen, sich gleich zu Anfang mit dem Hautpulver verbinden, obgleich sie sich leicht auswaschen lassen.

Über die Natur der Vorgänge bei der Verwandlung von Nichtgerbstoffen in Gerbstoffe lassen sich, so lange nicht noch mehr Versuchsmaterial vorliegt, nur Vermutungen aussprechen; wahrscheinlich sind dabei Oxydations-, Kondensations- und Polymerisationsvorgänge zu berücksichtigen. Es läßt sich sehr wohl annehmen, daß die Gallussäure unter geeigneten Bedingungen in eine Digallussäure übergeführt wird, und es ist dann nicht unwahrscheinlich, daß Polymerisate der Digallussäure gerbende Eigenschaften haben. Eine reine Gallussäurelösung gibt keine Tanninreaktion; kocht man die Lösung jedoch mehrere Male, so bilden sich, wie Wilson und Kern zeigen konnten, wolkige Niederschläge mit dem Gelatine - Kochsalz - Reagenz. Diese Körper werden wahrscheinlich die Fähigkeit haben, Haut zu gerben. Eine entgerbte Lösung, die keine Gerbstoffreaktion mehr zeigt, kann solche wieder aufweisen, wenn man Luft hindurchgeleitet hat. Die gleiche Wirkung kann erhalten werden, wenn man die Lösung der Luft aussetzt. Es tritt klar hervor, daß die Wilson-Kern-Methode ein Mittel an die Hand gibt, um die Verwandlung von Nichtgerbstoffen in Gerbstoffe zu verfolgen; man kann sie auf die Bildung von Gerbstoffen in der Natur und auf die Erforschung der Vorgänge beim Altern von Rinden anwenden.

Tabelle 26

Gambirextrakt (der gleiche wie in Tabelle 24)

Die ursprüngliche Brühe von Tabelle 24 und die behandelte von Tabelle 25 wurden entsprechend verdünnt und nach der A.L.C.A.-Methode untersucht.

	Prozentgehalt des Extraktes der	
	ursprünglichen Brühe	behandelten Brühe
Unlösliche Stoffe	7,66	8,62
Nichtgerbstoffe	18,33	17,57
Gerbstoffe	26,14	26,40

Der Einfluß des Alterns

Die Überführung von Nichtgerbstoffen in Gerbstoffe macht sich bei der Herstellung von schweren Ledern bei zwei wichtigen Faktoren bemerkbar, einmal beim Zeitfaktor in bezug auf die Gerbdauer und dann beim Altern des Leders. Bei der erwähnten Zusammenkunft der A. L. C. A. und der Diskussion der Gerbstoffbestimmungsmethoden bemerkte A l s o p [1]), daß Sohlleder, wenn es langsam gegerbt wird, tatsächlich weniger Gerbstoff gebraucht als wenn es mittels Schnellgerbung hergestellt wird. P r o c t e r hat in einer privaten Mitteilung an den Verfasser die Aufmerksamkeit auf den Umstand gelenkt, daß Leder, die vor dem Waschen lange Zeit gelagert hatten oder gealtert waren, mehr Gerbstoffe enthielten als Leder, die gleich nach der Gerbung gewaschen wurden. Einige Kritiker der Wilson-Kern-Methode haben die Behauptung aufgestellt, daß mit Hilfe dieser nicht alle jene Substanzen als Gerbstoffe ermittelt werden, die sich durch den Vorgang des Alterns mit der Haut verbinden. Dieses Argument ist jedoch schwach, da die Wilson-Kern-Methode ein gutes Mittel an die Hand gibt, um die Alterungserscheinungen verschiedener Gerbmaterialien zu verfolgen. Tabelle 27 gibt eine Anwendung dieser Methode auf eine solche Untersuchung bei 10 Extrakten des Handels und deren Mischungen untereinander wieder.

---

[1]) Loc. cit. S. 464.

Tabelle 27

Der Einfluß des Alterns auf den Gerbstoffgehalt im Leder

(Drei Hautpulvermengen zu je 12 g wurden zum Entgerben von 200 ccm
der in der Tabelle angeführten Lösungen verwendet. Eine Hautpulvermenge wurde
25mal sofort nach dem Gerben mit Wasser gewaschen; die anderen beiden ließ
man ohne Waschen trocknen. Eine dieser beiden wurde nach genau 30 Tagen,
die andere nach einem Jahr 25mal gewaschen.)

Extrakte:	Gerbstoffprozente bezogen auf den ursprünglichen Extrakt nach der			
	Wilson-Kern-Methode.			A. L. C. A.-Methode
	Im Leder, nach der Gerbung sofort gewaschen	Im Leder, nach 30tägigem Liegen gewaschen	Im Leder, nach 1 Jahr gewaschen	
Quebracho	47,25	53,00	54,59	60,87
Gambir	7,89	10,49	13,13	25,61
Gambir-Quebracho-Mischung	20,34	23,92	25,34	33,22
Kastanienholz	13,99	18,02	18,36	25,70
Hemlockrinde	23,38	24,87	25,46	26,68
Kastanienholz-Hemlockrinde-Gemisch	18,73	20,45	21,25	25,64
Eichenrinde	15,36	17,23	20,08	26,19
Lärchenrinde	11,29	13,22	18,73	22,96
Sumach	16,29	17,94	17,96	25,51
Mimosenrinde	24,16	25,89	26,61	33,55

Beachtenswert ist die Feststellung, daß der Einfluß des Alterns
den Gerbstoffgehalt in keinem Falle auf die mit der A. L. C. A.-Methode
ermittelten Werte bringt. Das Altern des gambirgegerbten Hautpulvers
ergab einen Gerbstoffgehalt von fast dem gleichen Wert, wie wenn
man den Extrakt vor der Gerbung konzentrierte, wie dies in den
Tabellen 24 und 25 angegeben ist. Der Alterungsvorgang ist wahrscheinlich ähnlich wie der der Umwandlung von Nichtgerbstoffen in
Gerbstoffe zu erklären.

Bei der Herstellung von Oberledern ist der Einfluß des Alterns
offenbar nicht so ausgeprägt. Wilson und Kern fanden in der
Praxis, daß Oberleder nach einer Lagerzeit von 3 Jahren nach den
Analysen der A. L. C. A.-Methode kaum 50 $^0/_0$ des hineingebrachten
Gerbstoffes enthielt. Die Hälfte der Gerbstoffe schien auf mysteriöse
Weise verschwunden zu sein. Als man jedoch die neuen Methoden
zur Untersuchung anwandte, deckten sich die angewandten und die
im Leder nachgewiesenen Gerbstoffmengen durchaus innerhalb der
Fehlergrenzen.

Man sollte erwarten, daß bei der Herstellung von Sohlleder der
Alterungseinfluß viel ausgesprochener sein müßte. Wie anzunehmen
ist, kann man die Wilson-Kern-Methode auch auf die Sohlleder-
herstellung anwenden, wenn man das gegerbte Hautpulver vor dem

Waschen den Bedingungen bei der Lederherstellung entsprechend lagern läßt. Die folgende Angabe zeigt, daß die A. L. C. A.-Methode bei schweren Ledern nicht zuverlässiger ist als bei Oberledern. Von 100 Pfund (engl.) Gerbstoff, nach der A. L. C. A.-Methode ermittelt, die in eine Extraktionsanlage hineinkommen, erscheinen nur 39 Pfund (engl.) im fertigen Leder. Die Verluste an verwendetem Gerbmaterial, die erschöpften Brühen und die wasserlöslichen Stoffe des Leders wurden nach der A. L. C. A.-Methode bestimmt. Jedoch selbst unter Berucksichtigung aller dieser Faktoren bleibt ein großer Gerbstoffverlust, den man sich nur dadurch erklären kann, daß die A. L. C. A.-Methode viel zu hohe Werte ergibt.

Der Einfluß der pH-Werte

Thompson, Seshachalam und Hassan[1] führten einige Vorversuche durch, um den Einfluß des Zusatzes von Essig- und Salzsäure auf Extrakte von Quebracho, Mimosa, Mangrove, Gambir, Myrobalanen, Kastanien- und Eichenholz zu studieren. Sie stellten fest, daß alle Gerbstoffbestimmungen bei Zusatz kleiner Mengen beeinflußt wurden. Man kann aus Abb. 91, die einer Arbeit von Wilson und Kern[2] entnommen ist, sehen, wie die Gerbstoffbestimmungen mit Hilfe der A. L. C. A.- und der Wilson-Kern-Methode durch die Änderung der pH-Werte beeinflußt werden. Die letztere ergibt innerhalb der weiten Spanne von 3,6 bis 7,3 praktisch konstante Werte. Dort wo der Abfall des Gerbstoffgehaltes bei einem pH-Wert von über 7 durch die punktierte Linie angegeben wird, sind die Werte unsicher, da in allen Fällen die übrigbleibende Lösung noch Gerbstoff aufwies. Die Methode verlangt jedoch gerade, daß die Bestimmung so durchgeführt wird, daß die Lösungen mit dem Gelatine-Kochsalzreagenz keine Trübungen mehr ergeben. Die Werte wurden nur aufgenommen, um den Einfluß der pH-Werte auf die Gerbgeschwindigkeit zu zeigen.

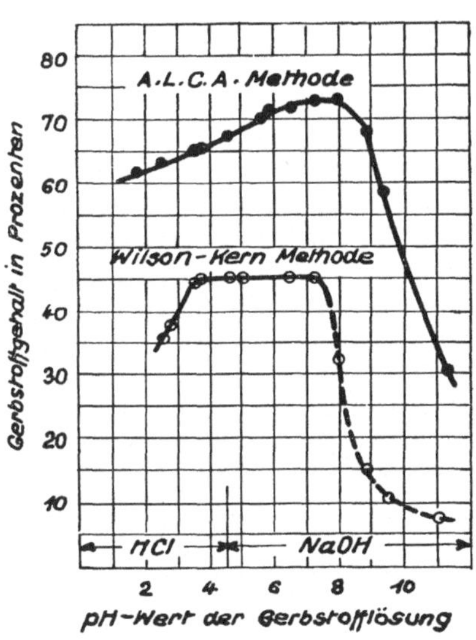

Abb. 91. Der Einfluß der pH-Werte auf die Gerbstoffbestimmung bei einem Quebrachoextrakt

<hr>

[1] Thompson, Seshachalam u. Hassan, Journ. Soc. Leather Tr. Chem. 5 (1921), 389.

[2] Wilson u. Kern, Effect of Hydrogen-Ion Concentration upon the Analysis of Vegetable Tanning Materials. Journ. Ind. Eng. Chem. 14 (1922), 1128.

Die modifizierte Wilson-Kern-Methode

Um den Forderungen nach einer einfacheren Methode zu entsprechen, änderten W i l s o n und K e r n [1]) ihr Verfahren folgendermaßen ab: Standard-Hautpulver wird weiter dadurch gereinigt, daß man alle löslichen Stoffe mit Wasser auswäscht, das Hautpulver dann mit Alkohol entwässert, nacheinander mit zwei verschiedenen Xylol-Quanten behandelt und schließlich trocknet. Die Gerbbrühe wird wie bei der A. L. C. A.-Methode filtriert und nur der lösliche Anteil verwertet; 100 ccm werden mit 2 g gereinigtem Hautpulver 6 Stunden geschüttelt. Das gegerbte Hautpulver wird über Nacht in einem besonders vorgeschriebenen Apparat gewaschen, dann getrocknet und gewogen. Die Zunahme des Gewichtes des Hautpulvers gibt das Gewicht der Gerbstoffe in 100 ccm an. W i l s o n und K e r n verglichen die veränderte und die ursprüngliche Ausführungsform ihres Verfahrens und fanden bei den gewöhnlichen Extrakten praktisch übereinstimmende Werte.

Die Potentialdifferenz von Gerbstofflösungen

Im Abschnitt „Physikalische Chemie der Proteine" wurde ausgeführt, daß die Stabilität von kolloidalen Lösungen weniger durch den absoluten Betrag der Ladung der Teilchen, als durch die Potentialdifferenz an der Grenzfläche zwischen der die Teilchen umgebenden dünnen Schicht und der eigentlichen Lösung bedingt wird. Die Procter - Wilsonsche Theorie der vegetabilischen Gerbung, die auf Seite 246 besprochen werden soll, nimmt an, daß die Adstringenz einer Gerbbrühe eine Funktion der Potentialdifferenz der die Gerbstoffpartikelchen unmittelbar umgebenden Flussigkeitsschicht und der Gerbstofflösung einerseits und der Potentialdifferenz zwischen der Gerbstofflösung und dem Kollagengel andererseits ist. G r a s s e r [2]) untersuchte das elektrische Verhalten von Gerbstofflösungen; er erhielt jedoch widersprechende Ergebnisse von geringem Wert, da er es wahrscheinlich versäumt hatte, die Wasserstoff-Ionenkonzentration der Brühen zu ermitteln.

Mehr Erfolg hatten T h o m a s und F o s t e r [3]). Sie verwendeten eine U-förmige Röhre für Kataphoreseversuche, wie sie von B u r t o n [4]) beschrieben sind, und es gelang ihnen, die Potentialdifferenz von Gerbstofflösungen unter verschiedenen Bedingungen zu ermitteln. In Tabelle 28 sind eine Reihe von Werten, die bei 8 typischen Gerbmaterialien erhalten wurden, wiedergegeben. Es ist sehr interessant

---

[1]) W i l s o n u. K e r n, The Determination of Tannin. Journ. Ind. Engl. Chem. 13 (1921), 772.

[2]) G r a s s e r, Die Elektrochemie der Gerbstoffe. Collegium (1920), 17, 49, 277, 332.

[3]) T h o m a s u. F o s t e r, The Colloid Content of Vegetable Tanning Extracts. Journ. Ind. Eng. Chem. 14 (1922), 191.

[4]) B u r t o n, Physical Properties of Colloidal Solutions. London (1916).

festzustellen, daß Gambir, das die mildeste Wirkung hat, die niedrigste Potentialdifferenz zeigt, während Quebracho mit der größten Adstringenz die höchste aufweist. Die Reihenfolge abnehmender Leitfähigkeit war: Sumach, Gambir, Eichenrinde, Lärchenrinde, Hemlockrinde, Kastanien-, Gelbholz, Quebracho. Es ist ohne weiteres einzusehen, daß die Potentialdifferenz keine einfache Funktion der Leitfähigkeit ist, sondern von der Art und der Menge der anwesenden Elektrolyte abhängt.

Tabelle 28

Die Potentialdifferenz von Gerbstoffen verschiedener Herkunft

Extrakte:	Gesamtlösliches im Liter in g	Potentialdifferenz in Volt
Gambir	18,7	— 0,005
Eichenrinde	17,0	— 0,009
Kastanienholz	17,8	— 0,009
Hemlockrinde	16,7	— 0,010
Sumach	19,6	— 0,014
Lärchenrinde	19,5	— 0,018
Gelbholz	13,7	— 0,018 (?)
Quebracho	11,0	— 0,028

Wenn der absolute Betrag der elektrischen Ladung der Teilchen konstant bleibt, so sollte gemäß der im Abschnitt „Physikalische Chemie der Proteine" entwickelten Theorie mit zunehmender Elektrolytkonzentration die Potentialdifferenz abnehmen, während sie mit abnehmender Konzentration zunehmen sollte. Thomas und Foster konnten, wie man aus Tabelle 29 entnehmen kann, in der Tat zeigen, daß bei einem Quebrachoextrakt bei abnehmender Konzentration die Potentialdifferenz zunimmt; der Zusatz von Säure setzt die Potentialdifferenz herunter, da die absolute Ladung herabgesetzt wird, eine Erscheinung, die allgemein für negativ geladene Teilchen gilt. Tabelle 30 zeigt die Resultate dieser Versuche.

Tabelle 29

Die Potentialdifferenz von Lösungen von Quebrachoextrakt

Trockensubstanz in g im Liter	Potentialdifferenz in Volt
32	— 0,024
16	— 0,028
8	— 0,029
4	— 0,030

Bei der Dialyse von Gerbstofflösungen wird die Konzentration der Elektrolyte herabgesetzt; hieraus würde sich eine Erhöhung der Potentialdifferenz voraussehen lassen. Daß diese in der Tat eintritt, zeigt Tabelle 31; ein Teil der Potentialerhöhung ist wohl auch aus der Herabsetzung der Gerbstoffkonzentration zu erklären.

T a b e l l e 30

Der Einfluß des Säurezusatzes

(16 g fester Quebrachoextrakt im Liter)

Zusatz von 0,1 n HCl pro Liter Extrakt in ccm	Potentialdifferenz in Volt
0	— 0,024
10	— 0,014
15	— 0,010
20	— 0 (annähernd)

T a b e l l e 31

Der Einfluß der Dialyse

Extrakt:	Extrakt in 250 ccm in g	Dialysedauer in Stunden	End- volumen	Potentialdifferenz in Volt
Quebracho	4	60	415	— 0,033
Gelbholz	4	24	370	— 0,024
Sumach	4	24	460	— 0,026
Gambir	8,2	24	390	— 0,029
Hemlockrinde . . .	—	24	—	— 0,024

Der isoelektrische Punkt der Gerbstoffe

Später erweiterten Thomas und Foster ihre Versuche und untersuchten die Gerbstoffe auf ihren isoelektrischen Punkt. Verschiedene Gerbstoffextrakte wurden in Zitratpuffergemischen vom pH-Wert 2,0 gelöst. Die endgültigen pH-Werte wurden mit Hilfe der Wasserstoffelektrode gemessen. Vorversuche hatten die Notwendigkeit von Puffergemischen erwiesen, um sekundäre Vorgänge, wie Diffusionserscheinungen an den räumlichen Begrenzungen oder Veränderungen der Reaktion der Gerbstoffe, durch Elektrolyse zu vermeiden.

Die Wanderungsrichtung der Gerbstoffteilchen änderte sich zwischen den pH-Werten 2,5 und 2, sie wurde bei den Extrakten aus Eichen-, Hemlock-, Mimosenrinde, Sumach und Gambir kathodisch. Bei Quebracho schien zwischen den pH-Werten 3,0 und 2,5 ein Stillstand der Wanderung einzutreten; bei einem pH-Wert von 2 war eine anodische Wanderung zu beobachten. Bei Quebracho konnten indessen keine klaren Ergebnisse erhalten werden, da ein Teil der Gerbstoffe durch die Puffergemische ausgefällt wurde und die Versuche nur mit dem in Lösung gebliebenen Teil angestellt werden konnten.

Die Versuche zeigen, daß der isoelektrische Punkt bei Hemlock-, Eichen-, Mimosenrinden-, Sumach- und Gambirgerbstoffen zwischen den pH-Werten 2,0 und 2,5 liegen dürfte.

Ausflockung von Gerbstoffbrühen

Um Aufschluß über den kolloidalen Zustand der Gerbstoffe zu erhalten, untersuchten T h o m a s und F o s t e r die Wirkung zahlreicher Elektrolyte auf eine größere Anzahl von Gerbstoffen. Es wurden wässerige Lösungen verschiedener Gerbstoffextrakte hergestellt; je 100 ccm enthielten 4 g feste Substanz. Die Lösungen wurden auf 85⁰ C gebracht, auf 25⁰ C abgekühlt, und das endgültige Volumen dann eingestellt. Die Stammlösung wurde hierauf bei 1000 Touren in der Minute zur Trennung der Lösung von den suspendierten Teilchen zentrifugiert. 25 ccm dieser Lösungen brachte man in graduierte Zentrifugengläser von 100 ccm Inhalt und fügte 25 ccm einer Elektrolytlösung hinzu. Nachdem die Gemische 15 bis 30 Minuten, um Ausflockung eintreten zu lassen, gestanden hatten, wurden sie wieder bei gleicher Tourenzahl 5 Minuten zentrifugiert. Das Volumen des Niederschlages wurde als Funktion der verwendeten Elektrolytkonzentration aufgezeichnet.

Am bequemsten lassen sich die Ergebnisse überblicken, wenn man sie in Gruppen nach den verwendeten Elektrolyten zusammenfaßt. Die Gerbstoffuntersuchungen konnten nicht mit allen Elektrolyten durchgeführt werden, da in manchen Fällen Vorversuche die Aussichtslosigkeit weiterer erwiesen hatten.

Einwertige Kationen

Kaliumchlorid. KCl-Konzentrationen von 0,02—4 normal ergaben mit Gambir und Quebracho zu vernachlässigende Niederschläge. Bei Eichenrinde stellte sich ein zunehmender Aussalzungseffekt ein. Da Quebracho und Gambir zwei extreme Gerbstofftypen sind, wurden weitere Versuche mit KCl nicht angestellt. Es wird daran erinnert, daß diese Lösungen, zu denen die Neutralsalze hinzugefügt wurden, so hergestellt waren, daß man die Extrakte in destilliertem Wasser löste und sie nun einen pH-Wert von etwa 4,5 aufwieseu.

Salzsäure. Es wurden 0,01 bis 6 molare Lösungen verwendet. Gambir und Quebracho gaben nur bei sehr hohen Säurewerten Niederschläge. Da es sich nicht um Ausflockung von Kolloiden handelte, wurden die Versuche nicht fortgesetzt. Ein Aussalzungseffekt trat nur bei Eichenrinde, wie aus Abb. 92 zu ersehen ist, ein.

Schwefelsäure. Wie aus Abb. 93 ersichtlich ist, ergaben Quebracho, Hemlock-, Eichen- und Lärchenrinde zunehmende Niederschlagsmengen mit zunehmender Säurekonzentration. Ein Niederschlag trat bei Sumach erst ein, als molare Konzentration erreicht war. Es wurden dann schleimige Massen, ähnlich wie bei Aluminiumsulfat, ausgeflockt. Bei 4fach molarer Konzentration trat ein flockiger Niederschlag auf.

Phosphorsäure. Gambir bildete bei 4- bis 7fach molarer Lösung einen beträchtlichen Niederschlag. Mit Sumach entstand ein zäher Niederschlag bei doppeltnormaler Konzentration, wie man ihn auch bei der Ausflockung mit Schwefelsäure und Aluminiumsulfat beobachtet hatte; bei 4- bis 7fach molaren Lösungen entstanden flockige Niederschläge, die sich gut absetzten und die darüberstehende Lösung entfärbten. Quebracho wurde fortschreitend ausgefällt. (Abb. 92.)

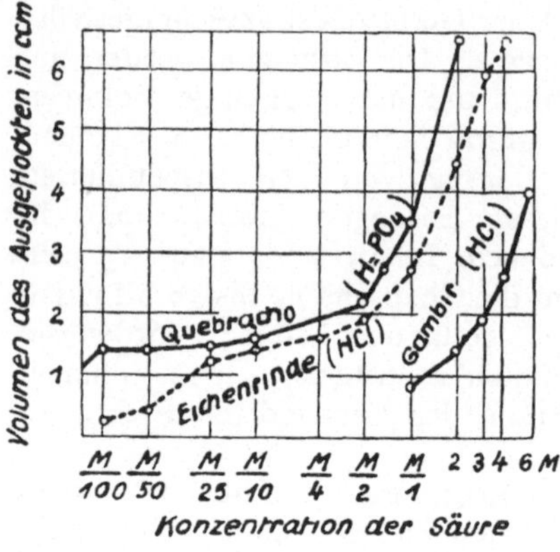

Abb. 92. Ausflockung von Gerbstofflösungen durch Salz- und Phosphorsäure

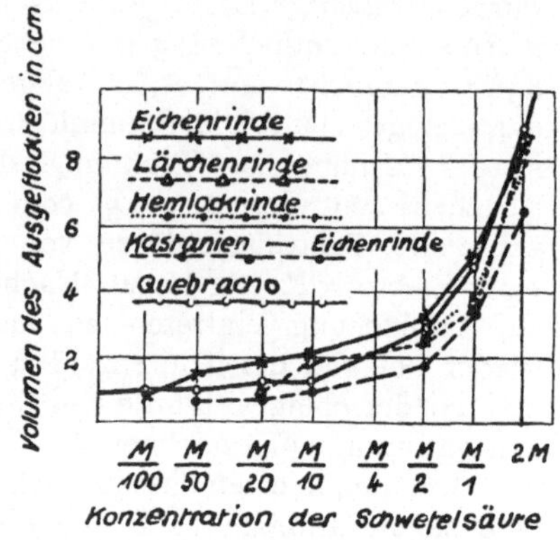

Abb. 93. Ausflockung von Gerbstofflösungen durch Schwefelsäure

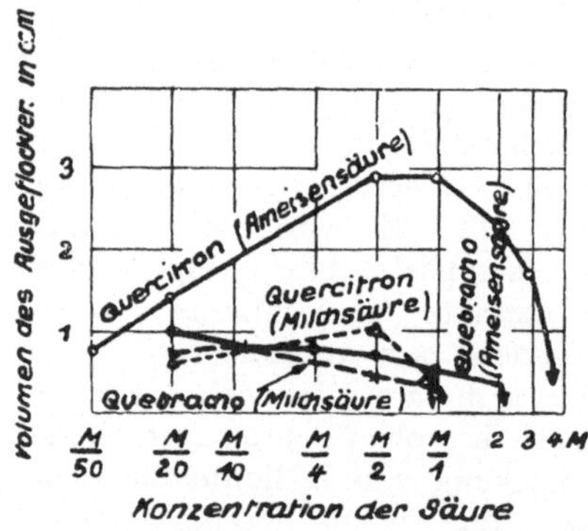

Abb. 94. Ausflockung von Gerbstofflösungen durch Ameisen- und Milchsäure

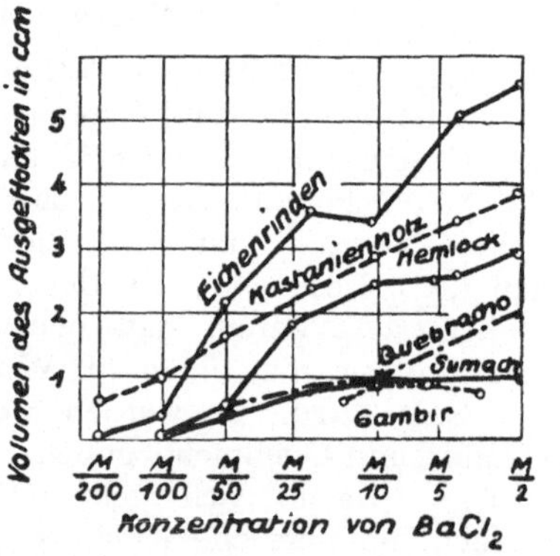

Abb. 95. Ausflockung von Gerbstoffen durch Bariumchlorid

Essigsäure. Es wurden Versuche mit 0,005- bis 4fach molaren Lösungen durchgeführt. In keinem Falle trat eine nennenswerte Ausflockung ein. Bei höheren Konzentrationen wurden die suspendierten Stoffe aufgelöst.

Ameisensäure. Es kamen Konzentrationen zwischen 0,005 und 12,5 molar zur Anwendung. Sumach, Kastanien-Eichenrinde sowie Gambir und Hemlockrinde ergaben keine Niederschläge bis zu

4fach molaren Lösungen; bei dieser Konzentration begannen sich die suspendierten Teilchen aufzulösen. Quebracho und Quercitronrinde wurden ausgefällt, jedoch zwischen 2- und 4fach molar wieder gelöst. (Abb. 94.)

Milchsäure. Es wurden Konzentrationen zwischen 0,005- und 2fach molar verwendet. Die Erscheinungen waren ähnlich wie bei Ameisensäure. (Abb. 94.) Die Niederschläge bei Quebracho und Quercitron lösten sich in Milchsäure bei niedrigeren Konzentrationen als von Ameisensäure wieder auf. Da die Milchsäure eine schwächere Säure als die Ameisensäure ist und Wiederauflösung bei Salz- und Schwefelsäure erst recht nicht eintrat, muß man schließen, daß es sich hierbei nicht um die Wirkung der Wasserstoffionen, sondern um echte chemische Vorgänge handelt. Dies ist bei der chemischen Überwachung der Gerbbrühen zu beachten.

Zweiwertige Kationen

Bariumchlorid. Wegen der geringen Löslichkeit konnten nur Lösungen bis 0,5 molar verwendet werden. Den Aussalzungseffekt kann man aus Abb. 95 ersehen.

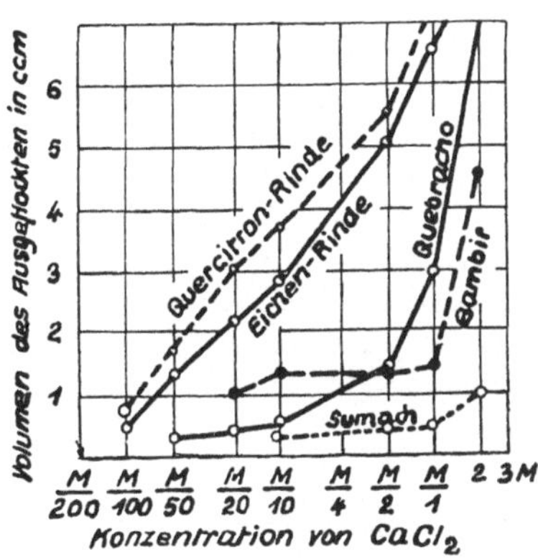

Abb. 96. Ausflockung von Gerbstofflösungen durch Kalziumchlorid

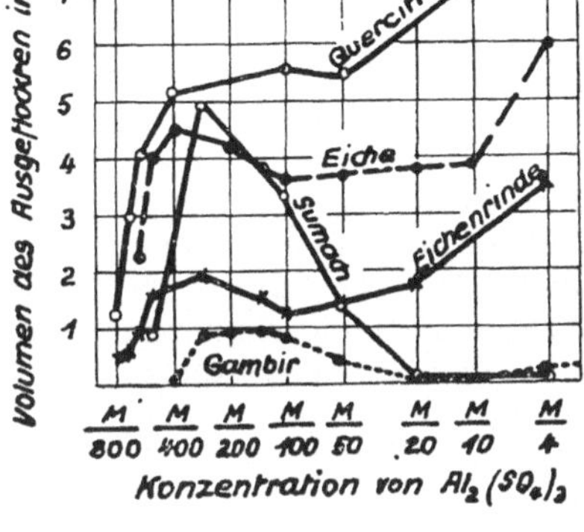

Abb. 97. Ausflockung von Gerbstofflösungen durch Aluminiumsulfat

Kalziumchlorid. Es wurden Lösungen bis 2fach molar verwendet. Wie bei Bariumchlorid wurden bei den verschiedensten Gerbstoffen zunehmende Mengen Niederschlag erhalten, wie aus Abb. 96 ersichtlich. Bei gleichen Konzentrationen der beiden Salze traten verschiedene Mengen Niederschläge bei den verschiedenen Extrakten auf; dies deutet darauf hin, daß Substanzen zugegen sind, die mit den Barium- und Kalziumionen Verbindungen verschiedener Löslichkeit eingehen.

Dreiwertige Kationen

Aluminiumsulfat. Bei der Ausflockung von negativ geladenen kolloiden Teilchen ist Aluminiumsulfat nicht nur sehr wirksam, sondern ergibt auch „unregelmäßige Reihen" oder „Toleranz-Zonen", ein Verhalten, daß für die Wirkung von Salzen mit einer schwachen Base als Kation und einer starken Säure als Anion, wie Buxton und Teague[1]), sowie Freundlich und Schucht[2]) zeigen konnten, charakteristisch ist. Das untersuchte Konzentrationsgebiet lag zwischen 0,00125 und 0,5 molar.

Der Effekt der „unregelmäßigen Reihen" zeigte sich bei Gambir, Sumach, Eichen- und Quercitronrinde. Die Ausflockung setzte gewöhnlich bei 0,00125 molarer Konzentration ein, stieg dann bis zu einem Maximum an, fiel in der Toleranzzone ab und stieg dann, wie aus Abb. 97 ersichtlich, wieder an.

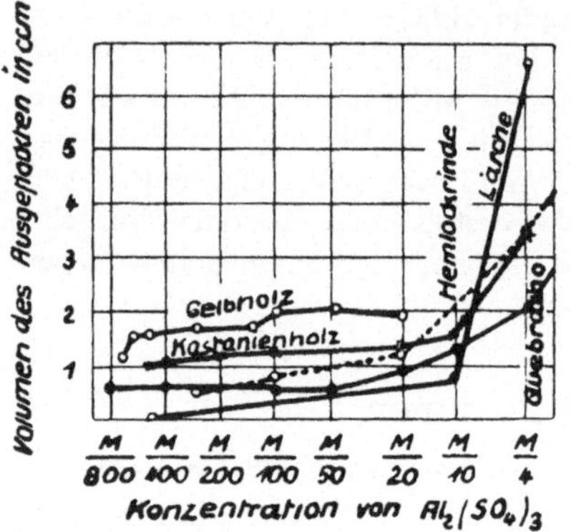

Abb. 98. Ausflockung von Gerbstoffen durch Aluminiumsulfat

Gelbholz, Quebracho, Kastanienholz, Kastanieneiche und Hemlock- und Lärchenrinde ¦ ergaben, wie aus Abb. 98 ersichtlich, bis zu 0,5 molarer Konzentration keine „unregelmäßigen Reihen". Die Ausflockung begann bei 0,00125 molarer Konzentration und nahm bis zu 0,1 molar erst allmählich zu, um darauf ähnlich wie beim Aussalzungsvorgang sehr schnell zuzunehmen. Diese Extrakte sind gegen Ausflockung durch verdünnte Lösungen von Aluminiumsulfat nicht so empfindlich wie die in Abb. 97 bezeichneten Extrakte. Bengalischer Katechu nahm insofern eine Ausnahmestellung ein, als das Hinzufügen von Aluminiumsulfat keinen Einfluß hatte.

Die Wasserstoffionenkonzentration

Den Einfluß der Wasserstoffionenkonzentration auf die Ausflockung der Gerbstofflösungen von Quebracho, Gambir, Lärchen- und Eichenrinde bei Zusatz von Schwefel-, Salz- und Ameisensäure kann man aus Abb. 99 bis 102 erkennen. Lösungen von Sumach, Hemlock- und Mimosenrinde wurden von diesen Säuren bis zu einem pH-Wert von 1 nicht ausgeflockt. Man erkennt ohne weiteres, daß der sich gebildete Niederschlag nicht eine Funktion der Wasserstoffionenkonzentration allein ist, da die drei Kurven verschiedene Gestalt aufweisen.

---

[1]) Buxton u. Teague, Zeitschr. f. physik. Chemie 57 (1907), 76.
[2]) Freundlich u. Schucht, Ibid. 85 (1913), 641.

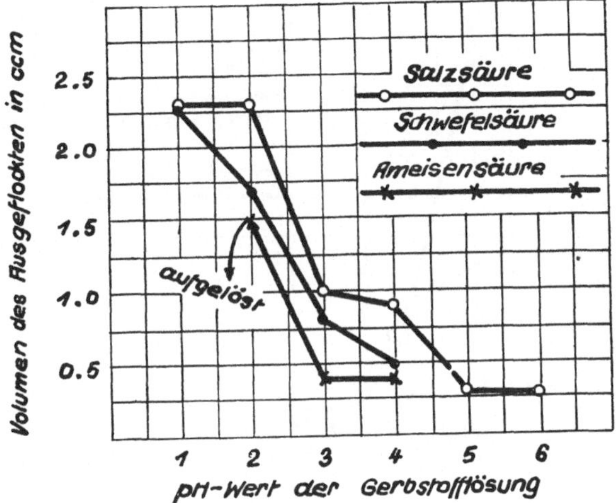

Abb. 99. Die Ausflockung von Gerbstoffen eines Quebrachoextraktes als Funktion der pH-Werte

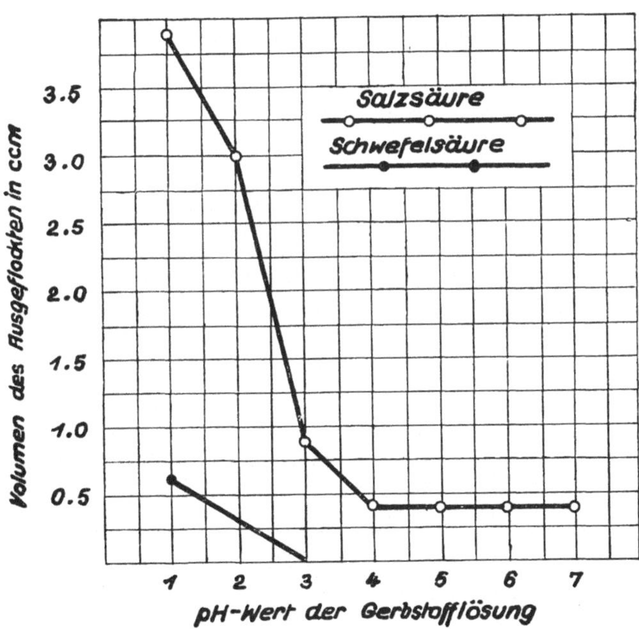

Abb. 100. Die Ausflockung der Gerbstoffe eines Gambirextraktes als Funktion der pH-Werte

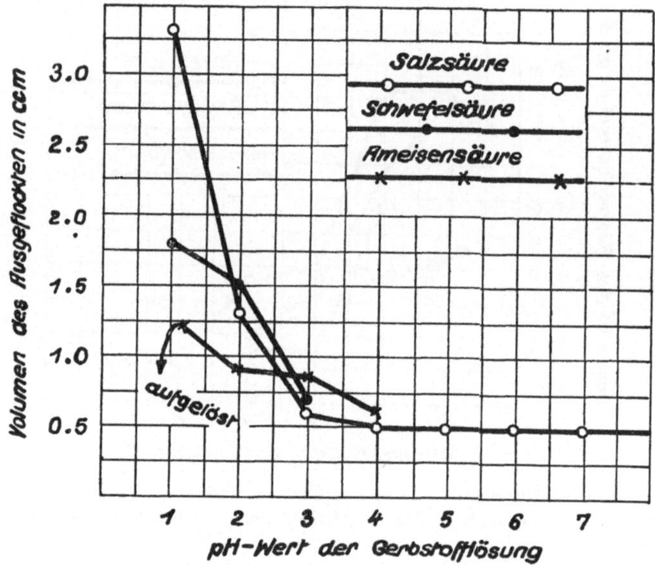

Abb. 101. Die Ausflockung der Gerbstoffe von Lärchenrinden-
extrakt als Funktion der pH-Werte

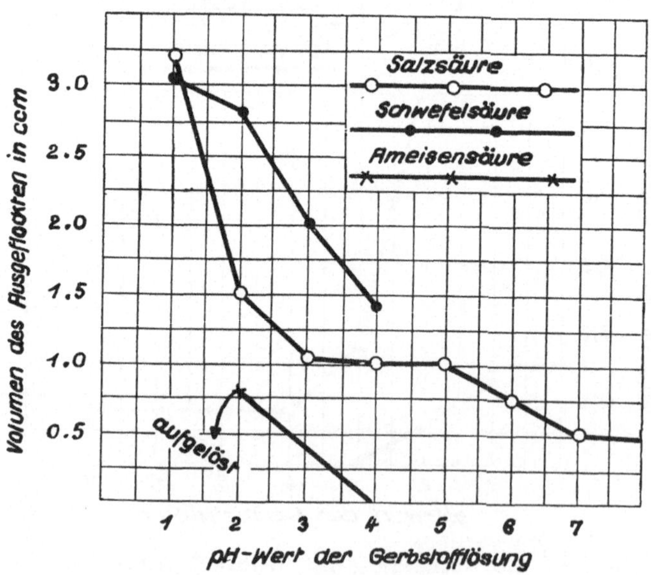

Abb. 102. Die Ausflockung der Gerbstoffe der Eichenrinde
als Funktion der pH-Werte

Die ausgeflockten Mengen nahmen bei zunehmender Wasserstoff-ionenkonzentration von Schwefel- und Salzsäure zu, wohingegen sie bei Ameisensäure infolge von Wiederauflösung abnahmen; trat keine Ausflockung ein, so wurden die suspendierten Teilchen aufgelöst.

Es zeigte sich, daß die Ausflockung mit Salzsäure in hochgrädigem Alkohol und in 9fach molarer Milchsäure löslich war. Beim Um-schütteln mit Wasser verteilte sich der Niederschlag, flockte jedoch nach 24 Stunden mehr oder minder vollständig aus. Bei Eichenrinden- und Quebrachoextrakten wurde bei einem pH-Wert von 1 zwei Drittel des ursprünglich anwesenden Gelösten ausgefällt.

Wurden die pH-Werte durch Zusatz von Natriumhydroxyd ver-größert, so trat zunehmende Lösung ein; bei pH-Werten von 8 wurden klare Lösungen erhalten. Der Einfluß eines Zusatzes von Kalzium-hydroxyd ist jedoch anders, wie an Abb. 87 bereits gezeigt wurde. Bei pH-Werten oberhalb von 7,2 werden steigende Mengen ausgeflockt.

Das Verhalten der von Thomas und Foster untersuchten Extrakte beweist, daß sie einen großen Teil von Kolloiden enthalten, die in ihren Eigenschaften zwischen den ausgesprochen hydrophilen und hydrophoben Dispersionen liegen. Die vegetabilischen Gerbstoffe sind, vom kolloidchemischen Standpunkt aus betrachtet, noch ein ziemlich unerforschtes Gebiet. Die hier vorgetragene Arbeit kann nur als der Anfang einer „Kolloidchemie der vegetabilischen Gerbstoffe" betrachtet werden.

Vegetabilische Gerbung

Die Rohhaut neigt in nassem Zustand zur Fäulnis. Wird sie getrocknet, so kann sie vorübergehend vor Fäulnis geschützt werden; dabei kleben jedoch die einzelnen Kollagenfasern zusammen und es entsteht eine harte, hornige Masse. Feuchtet man die Haut wieder an, so wird sie zwar wieder geschmeidig, ist nun jedoch von neuem der Fäulnisgefahr ausgesetzt. Vor vielen tausend Jahren ist die Entdeckung gemacht worden, daß die Haut ihre Eigenschaften vollkommen verändert, wenn sie in wässerige Lösungen gewisser vegetabilischer Substanzen gebracht wird, die daher die Bezeichnung „Gerbstoffe" erhalten haben. Den Vorgang selbst nennt man „Vegetabilische Gerbung" und die Verbindung von Haut und Gerbstoff „Leder". Leder ist dadurch charakterisiert, daß es beim Trocknen nicht hart und blechig wird und in feuchtem Zustand nicht fault.

Je nach dem Zwecke, dem das Leder dienen soll, kann man ihm verschiedene Eigenschaften erteilen. Bereits scheinbar geringfügige Änderungen bei der Gerbung bewirken große Verschiedenheiten der resultierenden Leder. Dieser Umstand bedingt eine gewisse Kompliziertheit der Fabrikation. Jede Änderung des eigentlichen Gerbprozesses äußert sich je nach der Vor- und der Nachbehandlung der Blöße verschieden. Bei manchen Lederarten erleidet die Blöße eine mannigfach wechselnde Behandlung; eine scheinbar geringfügige Änderung dieser Einzelvorgänge zieht eine entsprechende aller anderen nach sich, wenn man das gleiche Leder erhalten will. Es ist ohne weiteres ersichtlich, daß praktische Vorschriften für die Gerbung bei einer solchen Verknüpfung aller einzelnen Prozesse von nur sehr geringem Wert für den Gerber sind. Würde man versuchen, eine in der Literatur beschriebene Einzeloperation in den Fabrikationsgang einzureihen, weil sie an und für sich eine Verbesserung darstellen würde, so müsste man damit rechnen, ein Leder zu erhalten, das in seinen Eigenschaften an ein bisher erhaltenes gutes nicht herankommen würde. Nun gibt es jedoch gewisse Richtlinien, die im allgemeinen innegehalten werden müssen.

Will man gutes Leder erhalten, so sind vor allem zwei Dinge zu beachten: Einmal muß die physikalische Struktur der Haut möglichst wenig verändert werden, und dann muß die Gerbung in allen Teilen der Haut gleichmäßig vor sich gehen. Die zweite Forderung ist eigentlich dem Sinne nach in der ersten enthalten.

Die erste Bedingung sucht man dadurch zu erfüllen, daß man die Häute während der Gerbung mit dem Kopf nach unten an Stöcken frei aufhängt; besonders ist darauf zu achten, daß Falten und Runzeln, die durch die Gerbung fixiert werden würden, vermieden werden. Der hintere Teil der Blöße wird gewöhnlich an einem Stock befestigt, dann wird die Blöße sorgfältig ausgebreitet und im natürlichen Zustand in die Gerbbrühen gehangen. Die Stöcke ruhen auf einem rechteckigen Rahmen, der auf der Gerbbrühe schwimmt. Es ist zweckmäßig, jede heftige Bewegung der Häute zu vermeiden, bis der Narben durch die Gerbung fixiert ist und die Gerbstoffe bis zu einem bestimmten Grade in die Haut eingedrungen sind.

Würden die Blößen aus der Wasserwerkstatt sogleich in starke Gerbbrühen gebracht werden, so daß die Diffusionsgeschwindigkeit der Gerbstoffe geringer sein würde als die Geschwindigkeit, mit der sich die Haut mit den Gerbstoffen verbindet, so würden die äußeren Schichten der Haut eine andere Struktur aufweisen als die übrigen und eine dauernde Verzerrung der Haut würde unvermeidlich sein. Eine Gerbbrühe mit solchen Eigenschaften bezeichnet man als adstringent. Es wird oft übersehen, daß die adstringierende Wirkung einer Gerbbrühe nicht nur von ihrer Zusammensetzung abhängt, sondern auch von den Eigenschaften der Brühen, mit denen die Blöße vor der Gerbung in Berührung war. So kann eine Gerbbrühe sich einer gepickelten Haut gegenüber adstringent verhalten, wohingegen sie bei einer gebeizten Haut milde wirken würde. Die Verzerrung der Haut äußert sich als rauhe oder feine Verwerfung der Hautoberfläche, wie in Abb. 48 gezeigt, oder auch nur als rauher Narben. Diese Erscheinungen setzen den Wert des Leders erheblich herab und man sucht sie daher nach Möglichkeit zu vermeiden.

In der Praxis begegnet man dieser Gefahr dadurch, daß man die Blößen zunächst in Brühen hängt, die schon von einer ganzen Anzahl von Blößen passiert worden sind und in denen daher das Verhältnis von Nichtgerbstoffen zu Gerbstoffen ziemlich groß ist. Die Blößen werden dann jeden Tag in frischere Brühen übergeführt, bis sie ganz durchgegerbt sind. Die Vergrößerung des Verhältnisses von Nichtgerbstoffen zu Gerbstoffen bewirkt eine Zunahme der Diffusionsgeschwindigkeit bis zu der Geschwindigkeit der Vereinigung der Hautproteine mit den Gerbstoffen. Auf diese Weise wird die Gerbung in der gesamten Blöße gleichmäßiger und man vermeidet die störenden Zerrungen. Der Prozeß wäre in idealer Weise durchgeführt, wenn es gelingen würde, die Vereinigung von Hautproteinen und Gerbstoffen zu verhindern, bis die Blöße vollkommen von den Gerbstoffen durchdrungen ist. Eine weitere Vorsichtsmaßnahme, die die Gerber, ohne sich über den Sinn des Vorganges klar zu werden, angewendet haben, ist folgende: Die Brühen, mit denen die Blößen vor der Gerbung in Berührung waren, müssen so wirken, daß die in den ersten Stadien der Gerbung in der Haut vorhandenen gegerbten und ungegerbten Teile ein möglichst gleiches spezifisches Volumen aufweisen.

Die Diffusionsgeschwindigkeit von Gerbbrühen läßt sich durch die Beobachtung der Färbung von Querschnitten der Blößen leicht beobachten. Die rohen Teile sind noch weiß und die angegerbten haben eine mehr oder minder braune Farbe. Sind die Gerbstoffe fast bis zur Mitte der Blöße vorgedrungen, so werden diese von den Stöcken abgenommen und in Gruben aufeinandergelegt. Je nach der Dicke der Häute ist die Zeit bis zur vollkommenen Durchdringung mit Gerbstoff verschieden. Leichte Leder, die man in Haspeln ausgerben kann, sind bereits nach etwa 10 Tagen gar, schwere, dicke Sohlleder hingegen, die in Gruben gar gemacht werden, müssen infolge der niedrigen Diffusionsgeschwindigkeit der Gerbstoffe monatelang darin liegen.

In den Fällen, in denen großer Wert auf Festigkeit gelegt wird, genügt es nicht, alles Kollagen in Leder zu verwandeln. Das Volumen der Kollagenfasern wird um so größer, mit je mehr Gerbstoff sich diese verbinden. Nach vollständiger Durchgerbung pflegt man die Blößen unter Bewegung mit sehr starken Gerbbrühen zu behandeln, um so viel Gerbstoff als irgend möglich in sie hineinzubekommen. Das Gewicht von Sohlleder wird des öfteren durch Hineinarbeiten von Glukose oder Magnesiumsulfat noch weiter erhöht.

Die Struktur verschiedener Leder

Bei der Herstellung mancher Leder ist die Auswahl des Ausgangsmaterials von allergrößter Bedeutung. Wenn man auch durch die Veränderung des Gerbvorganges die Eigenschaften des Leders weitgehend beeinflussen kann, so ist man doch nicht in der Lage, aus einer Haut. alle Arten von Leder herzustellen. Man macht sich vielmehr die Verschiedenheit der in der Natur vorkommenden Häute zunutze, um Leder mit verschiedenen Eigenschaften herzustellen.

Abb. 103 gibt einen Vertikalschnitt durch den Schild einer Stierblöße wieder, die in Sohlleder verwandelt worden ist. Da die Haut an und für sich schon eine große Festigkeit aufweist, ist es nicht so schwierig, sie in ein für Schuhsohlen geeignetes Leder zu verwandeln. In unserem Falle wurde das Leder durch Gerbung mit Eichenrindenextrakt ohne jede Beschwerung durch Glukose oder Magnesiumsulfat erhalten.

In Abb. 143 ist ein Schnitt durch eine vegetabilisch gegerbte Kalbsblöße wiedergegeben, um sie mit einem chromgaren Kalbsleder aus der gleichen Haut vergleichen zu können. Interessant ist ein Vergleich mit der noch unbehandelten Haut, die in Abb. 18 wiedergegeben ist. Dieses Leder ist der Typus eines besonders feinen Schuhoberleders.

Abb. 104 zeigt eine Schafsblöße unmittelbar nach dem Gerben; der große Unterschied gegenüber dem Leder aus der Stier- und Kalbshaut ist auffallend. Die Löcher und Zwischenräume, die infolge der Zerstörung der Drüsen und der Entfernung der Wolle entstanden sind, erteilen dem Leder eine schwammige Beschaffenheit, die seine Verwendung beschränken. Die obere Schicht wird oft abgespalten und als Buchbinder-, Schweiß- oder Futterleder für besonders teuere Schuhe verwendet. Bisweilen benutzt man auch bei der Handschuhlederfabrikation Schafleder als Ersatz für Zickelleder, wenn besonderer Wert auf Weichheit gelegt wird. Über die Struktur der Rohhaut kann man sich aus Abb. 28 informieren.

Abb. 105 ist ein Schnitt durch Leder aus dem Schild einer Roßblöße; es ist als Oberleder für die Herstellung wasserdichter Schuhe hergerichtet. Die Rohhaut ist in Abb. 31 bei schwächerer Vergrößerung wiedergegeben. Es wird daran erinnert, daß die Haut durch einen Schnitt durch die glasige Schicht in zwei Teile gespalten worden ist, wobei nur der obere Verwendung gefunden hat. Die enge Verflechtung der Kollagenfasern in dem unteren Drittel des Leders sorgt dafür, daß es wasser- und fast auch luftdicht ist. Das aus diesen Teilen einer Roßhaut hergestellte Leder ist als Corduanleder bekannt. Ein Vergleich mit einem Schnitt durch ein chromgares Leder aus der gleichen Haut in Abb. 145 zeigt den großen Gegensatz zwischen beiden Gerbungsarten.

Die Besonderheit der Roßhaut liegt darin, daß die geschlossene Struktur der Kollagenfasern nur auf den Schild beschränkt ist, der übrige Teil der Haut ist ausgesprochen lose. Abb. 106 gibt einen Schnitt des Leders von Abb. 105 wieder, nur ist eine Stelle untersucht worden, die außerhalb der Region der glasigen Schicht liegt. Die Weichheit und Schwammigkeit des Leders machen es für die Herstellung von schweren Handschuhen geeignet.

Der in Abb. 107 wiedergegebene Schnitt entstammt einer vegetabilisch gegerbten Schweinshaut. Die Struktur der Rohhaut ist aus Abb. 30 zu ersehen. Wie man aus der Abbildung ersehen kann, enthält das Leder Löcher, die durch das Aufschneiden der Haarbälge an der Fleischseite beim Falzen entstehen. Diese Erscheinung ist für Schweinsleder charakteristisch; überall, wo sich Borsten befanden, sind jetzt Löcher im fertigen Leder. Die Rauheit des Narbens macht das Leder besonders geeignet für die Herstellung von Sätteln, Fußballüberzügen, Portemonnaies usw.

Abb. 108 zeigt einen Schnitt durch ein Lachsleder, wie es aus der vegetabilischen Gerbung kommt. Es ist nützlich, einen Vergleich mit einem Schnitt durch die Rohhaut, Abb. 36, anzustellen. Der Riß im oberen Teil ist der Balg einer Schuppe. Das Leder eignet sich infolge seiner Struktur besonders für leichte Gürtel.

Die Rauheit mancher Haifischleder wird bei der Betrachtung von Abb. 109 erklärlich. Man hat neuerdings versucht, Haifischhäute auf

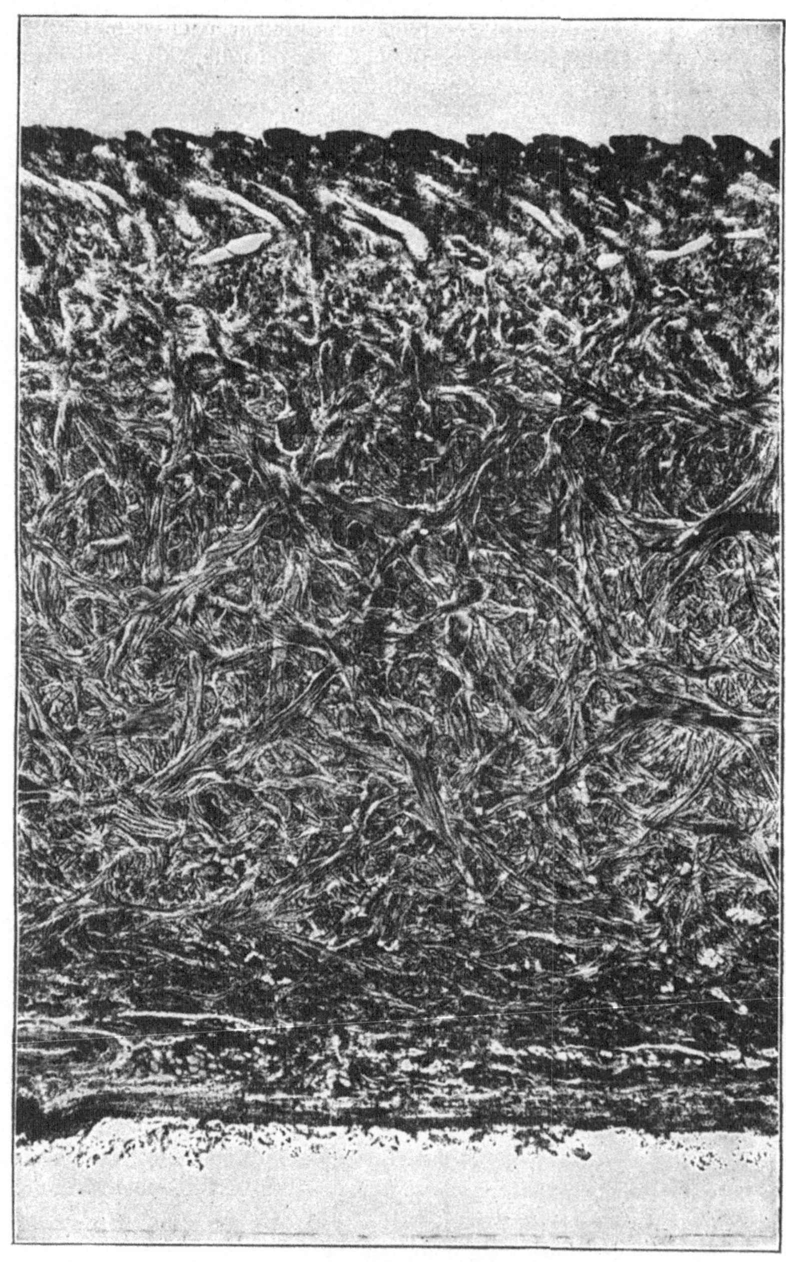

Abb. 103. **Vertikalschnitt durch Stierleder**
(Sohlleder)

Stelle der Entnahme: Schild
Dicke des Schnittes: 40 μ
Färbung: Keine
Gerbung: Vegetabilisch

Okular: Keins
Objektiv: 48 mm
Wratten-Filter: H-Blaugrün
Lineare Vergrößerung: 15fach

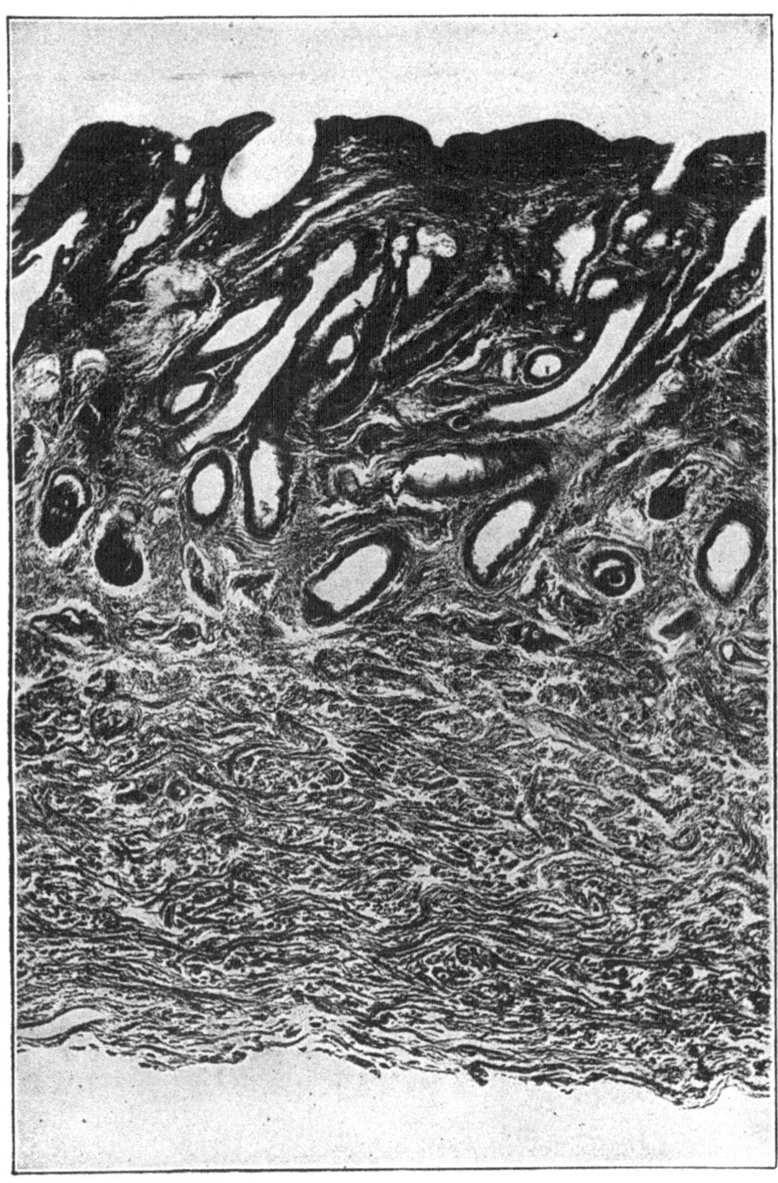

Abb. 104. Vertikalschnitt durch nicht zugerichtetes Schafleder

Stelle der Entnahme: Schild
Dicke des Schnittes: 30 μ
Färbung: Keine
Gerbung: Vegetabilisch

Okular: Keins
Objektiv: 16 mm
Wratten-Filter: H-Blaugrün
Lineare Vergrößerung: 46fach

Abb. 105. **Vertikalschnitt durch Roßleder**
(Corduan, aus dem Schild)

Stelle der Entnahme: Schild	Okular: Keins
Dicke des Schnittes: 20 μ	Objektiv: 16 mm
Färbung: Daubs Bismarckbraun	Wratten-Filter: H-Blaugrün
Gerbung: Vegetabilisch	Lineare Vergrößerung: 70fach

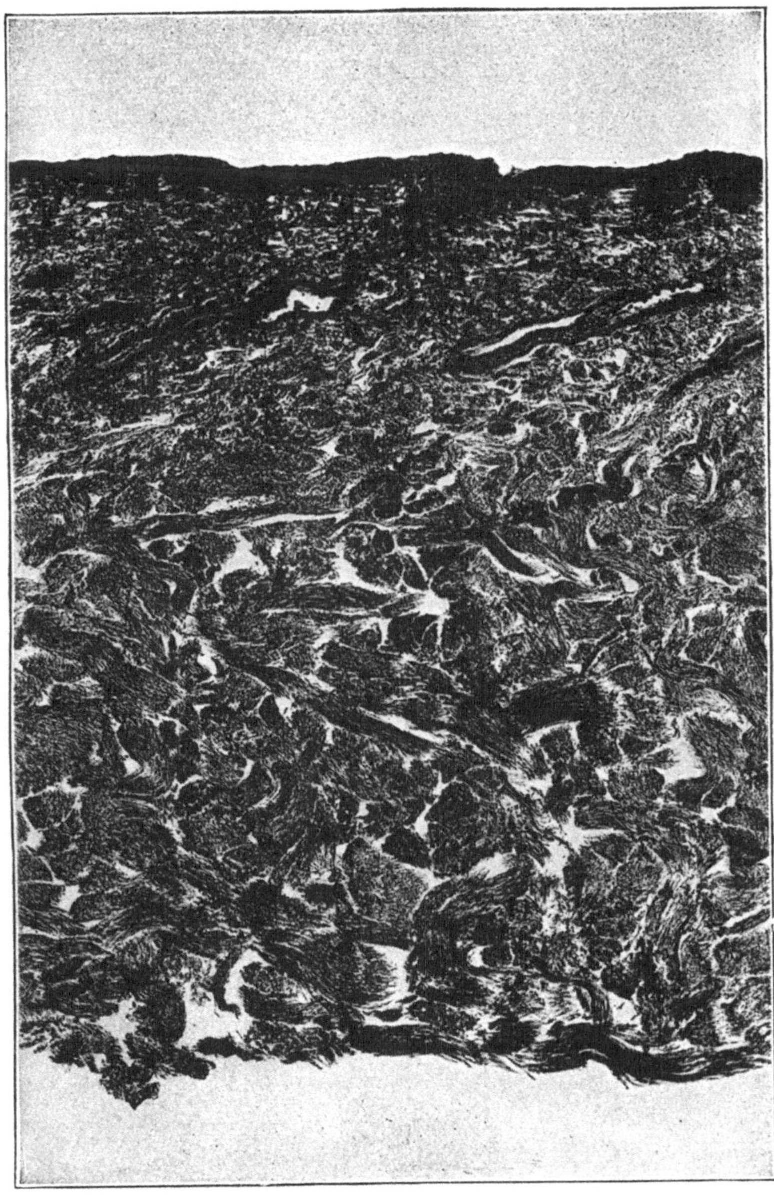

Abb. 106. **Vertikalschnitt durch Roßleder**
(Schwammiger Teil in der Nähe des Schildes)

Stelle der Entnahme: Rücken
Dicke des Schnittes: 20 μ
Färbung: Daubs Bismarckbraun
Gerbung: Vegetabilisch

Okular: Keins
Objektiv: 16 mm
Wratten-Filter: H-Blaugrün
Lineare Vergrößerung: 70fach

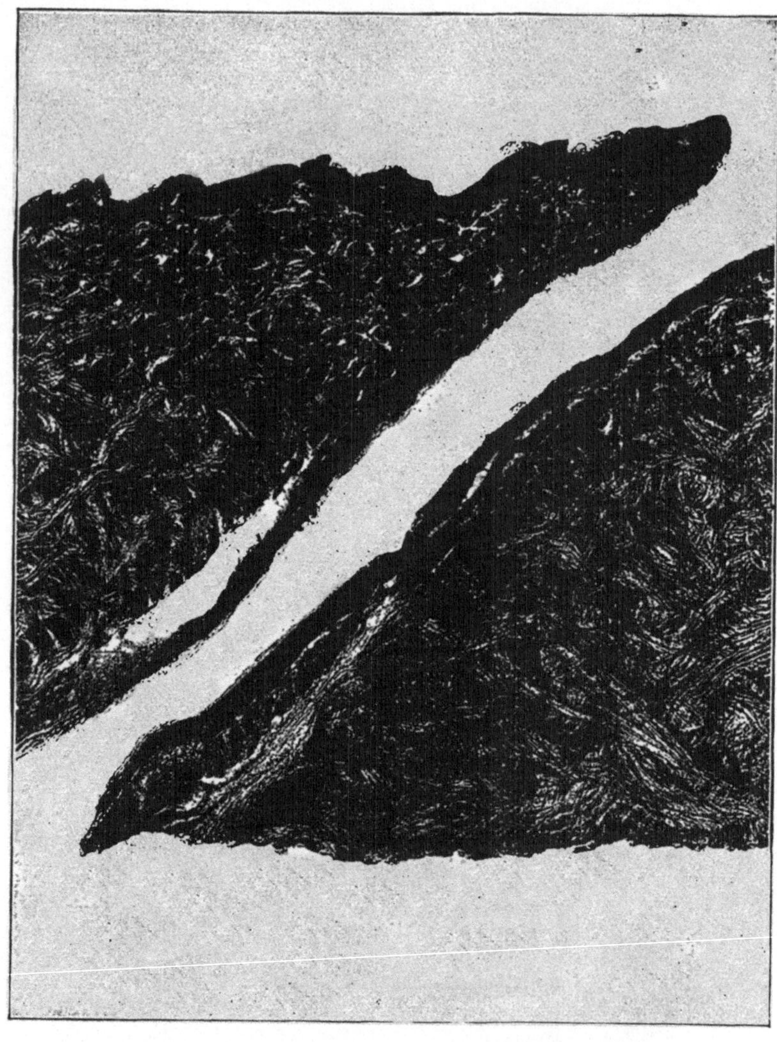

Abb. 107. Vertikalschnitt durch Schweinsleder

Stelle der Entnahme: Schild	Okular: Keins
Dicke des Schnittes: 30 μ	Objektiv: 16 mm
Färbung: Keine	Wratten-Filter: K3-Gelb
Gerbung: Vegetabilisch	Lineare Vergrößerung: 46fach

Abb. 108. **Vertikalschnitt durch nicht zugerichtetes Lachsleder**

Stelle der Entnahme: Seite
Dicke des Schnittes: 20 μ
Färbung: Keine
Gerbung: Vegetabilisch

Okular: 5X
Objektiv: 16 mm
Wratten-Filter: B-Grün
Lineare Vergrößerung: 110fach

Abb. 109. **Vertikalschnitt durch Haifischleder**

Stelle der Entnahme: (?)　　　　　Okular: 5X
Dicke des Schnittes: 50 μ　　　　Objektiv: 16 mm
Färbung: Keine　　　　　　　　　Wratten-Filter: B-Grün
Gerbung: Vegetabilisch　　　　　　Lineare Vergrößerung: 75fach

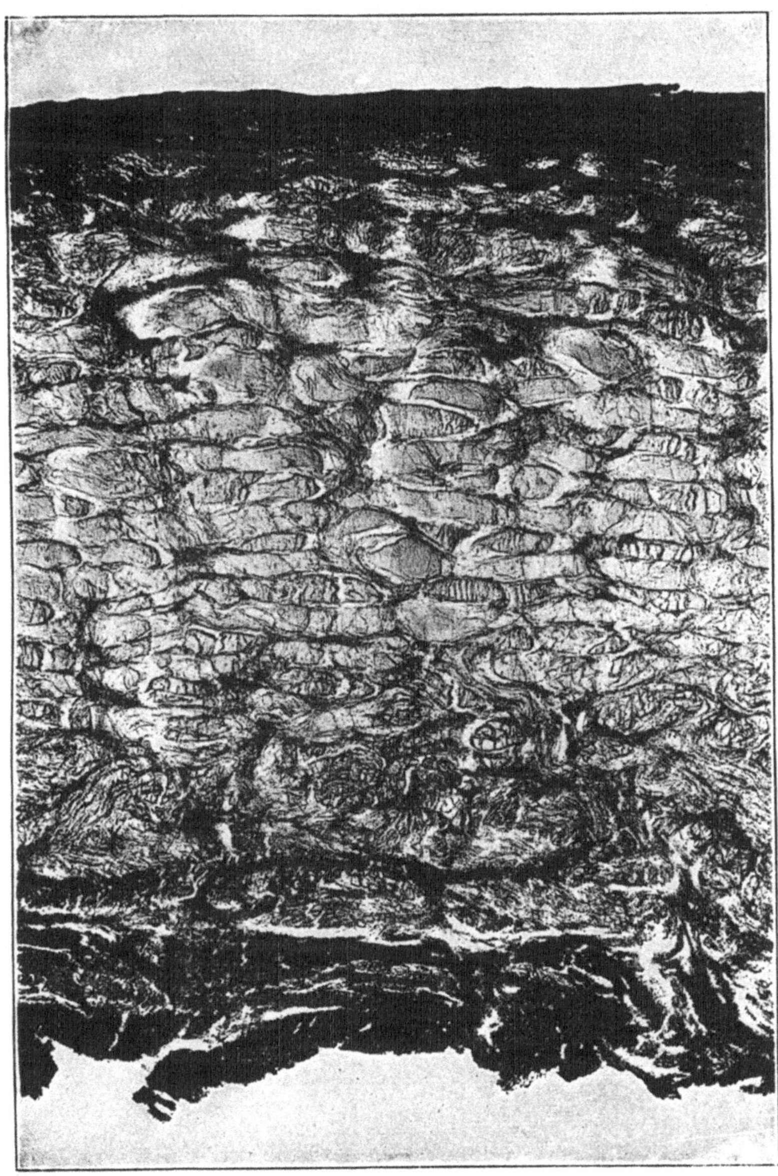

Abb. 110. **Vertikalschnitt durch Alligatorleder**

Stelle der Entnahme: Rücken	Okular: Keins
Dicke des Schnittes: 50 μ	Objektiv: 16 mm
Färbung: Keine	Wratten-Filter: G-Gelb
Gerbung: Vegetabilisch	Lineare Vergrößerung: 45fach

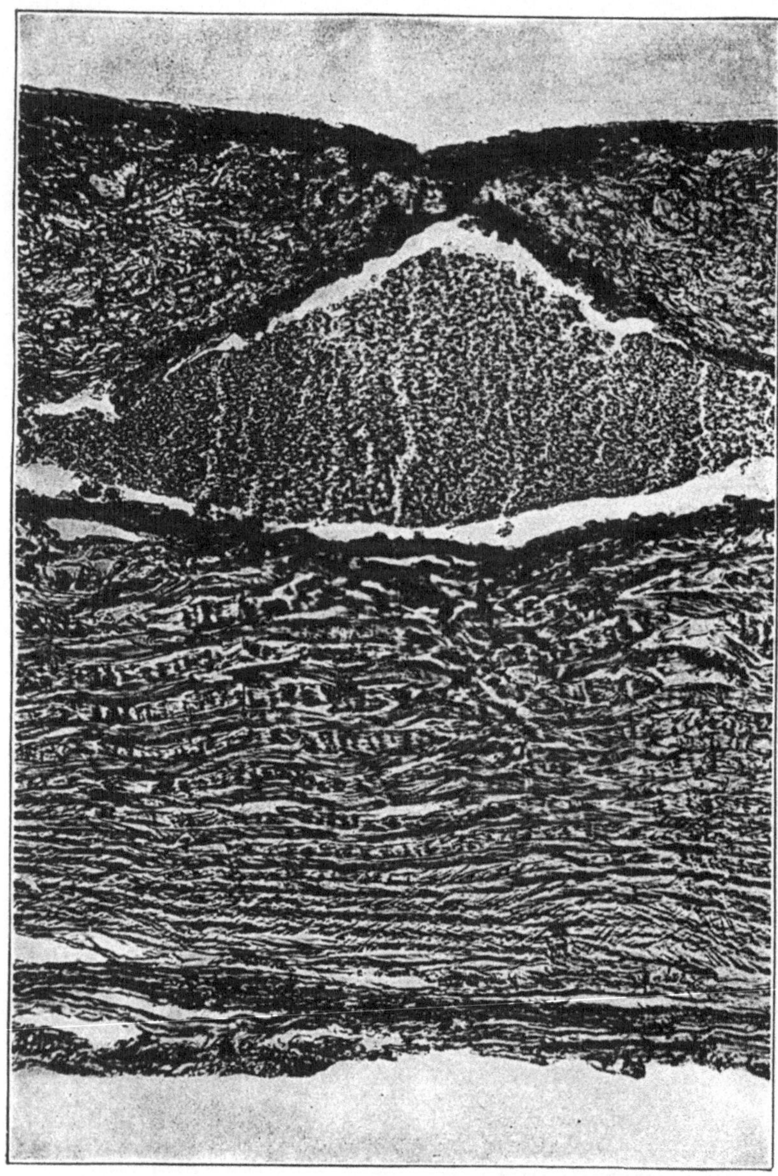

Abb. 111. **Vertikalschnitt durch Schildkrötenleder**

Stelle der Entnahme: Schild
Dicke des Schnittes: 20 μ
Färbung: Keine
Gerbung: Vegetabilisch

Okular: 5X
Objektiv: 8 mm
Wratten-Filter: H-Blaugrün
Lineare Vergrößerung: 220fach

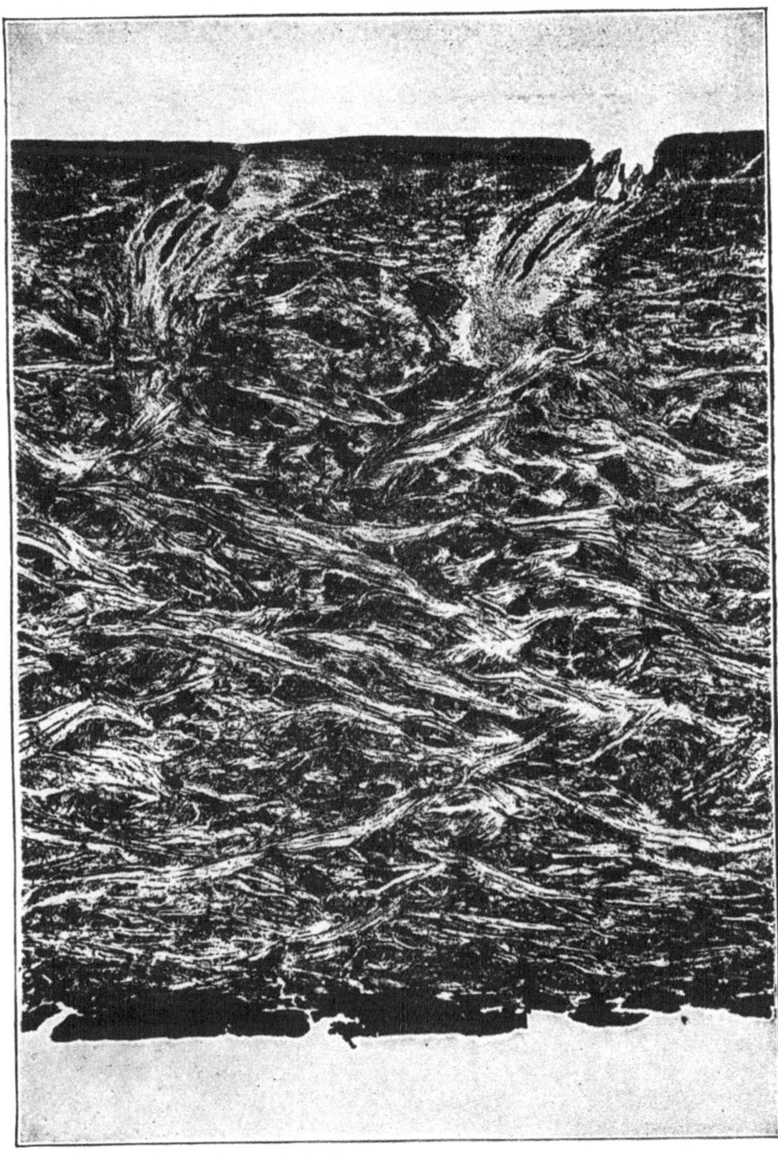

Abb. 112. **Vertikalschnitt durch Kamelleder**

Stelle der Entnahme: Schild (?)
Dicke des Schnittes: 30 μ
Färbung: Keine
Gerbung: Vegetabilisch

Okular: Keins
Objektiv: 32 mm
Wratten-Filter: B-Grün
Lineare Vergrößerung: 30fach

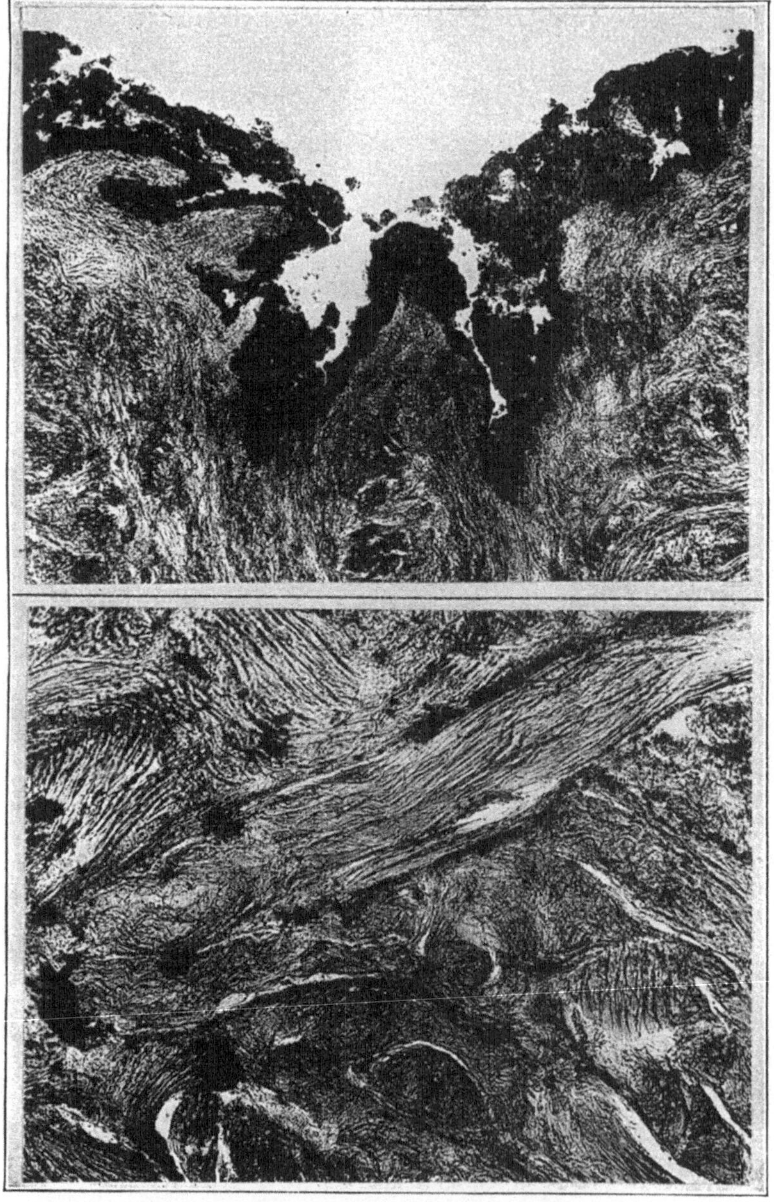

Teile von Vertikalschnitten durch Walroßleder
Abb. 113. Narbenschicht
Abb. 114. Schicht 22 mm unter dem Narben

Stelle der Entnahme: Schild (?)   Okular: 5X
Dicke des Schnittes: 40 μ Objektiv: 16 mm
Färbung: Keine   Wratten-Filter: G-Gelb
Gerbung: Vegetabilisch   Lineare Vergrößerung: 68fach

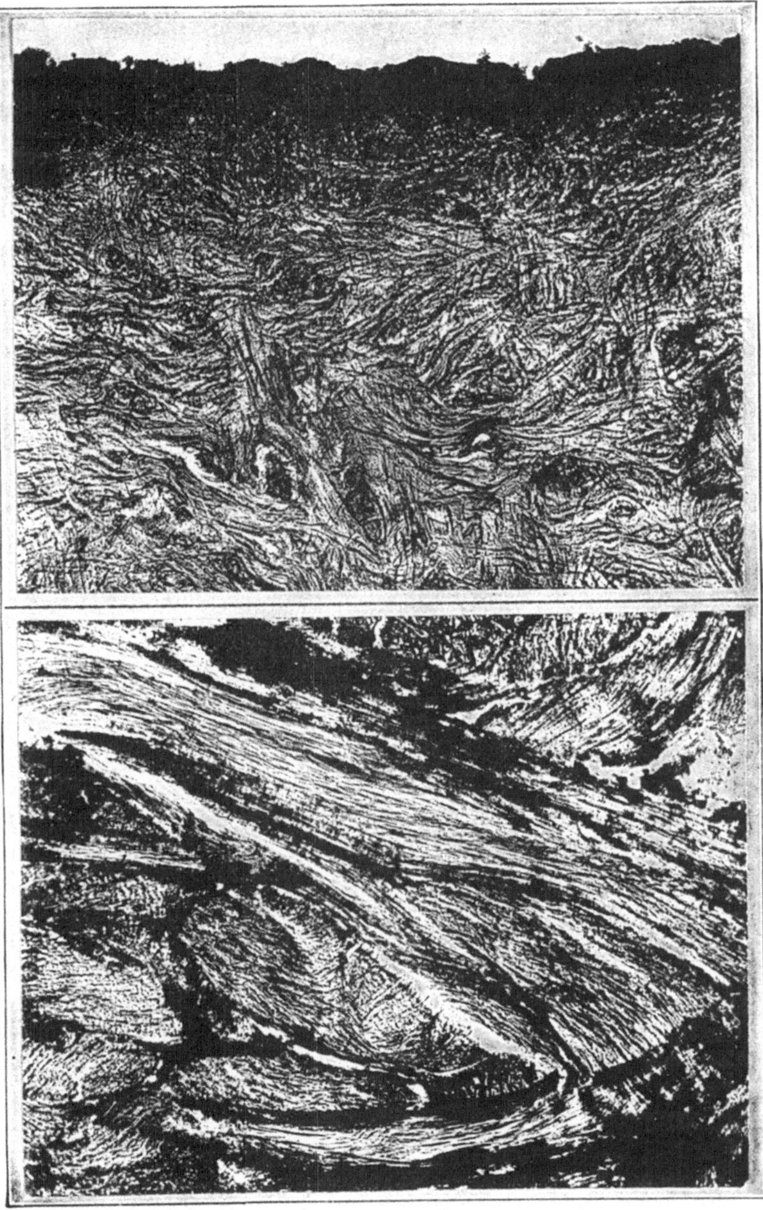

Teile von Vertikalschnitten durch Nilpferdleder
Abb. 115. Narbenschicht
Abb. 116. Schicht 28 mm unter dem Narben

Stelle der Entnahme: Schild (?) Okular: 5X
Dicke des Schnittes: 40 μ Objektiv: 16 mm
Färbung: Keine Wratten-Filter: G-Gelb
Gerbung: Vegetabilisch Lineare Vergrößerung: 68fach

Oberleder zu verarbeiten, wobei man die Haken vor der vegetabilischen Gerbung entfernt hat. Die Struktur der Fasern ist ebenso wie bei anderen Fischen.

Abb. 110 ist ein Schnitt durch ein Alligatorleder. Dieses Leder findet Verwendung bei der Herstellung von Taschen und Futteralen. Abb. 111 gibt einen Schnitt durch eine vegetabilisch gegerbte Schildkrötenhaut wieder. Wenn auch die Häute nicht sehr groß sind, so eignen sie sich doch für kleine Serviettenringe und Fantasiegeldtaschen. Bei beiden Häuten ist die Struktur der Fasern ähnlich wie bei Fischen.

Der Schnitt durch ein Leder aus einer Kamelhaut ist aus Abb. 112 zu ersehen. Die geschlossene Struktur der Fasern ist auffällig, das Leder würde sich daher für Riemen- oder leichtes Sohlleder eignen. Abb. 113 und 114 zeigen Teile von Schnitten durch vegetabilisch gegerbte Walroßhaut, Abb. 115 und 116 solche durch Nilpferdleder [1]). Bei diesen Häuten ist die Dicke besonders auffallend. Die Durchschnittsdicke von Walroßleder beträgt 24 mm, die von Nilpferdleder 30 mm. Um den Querschnitt eines Leders bei 68facher Vergrößerung abzubilden, würde ein Bild von etwa 2 m Höhe notwendig sein.

Nach den gut entwickelten Papillen zu urteilen, die sich überall aus dem Narben hervorstülpen, muß das Walroß gegen Berührung sehr empfindlich sein. In keinem dieser Leder waren die Haarwurzeln und die Fettzellen an den Haarbälgen zerstört. Hieraus läßt sich schließen, daß die Äscherflüssigkeit nicht so weit vorgedrungen sein konnte. Die Haut des Walrosses ähnelt mit Ausnahme der großen Ausmaße der Kollagenfasern und der Haut an sich der des Schweins. Ein Vergleich dieser Leder, mit denen aus Häuten kleinerer Tiere, ist nicht uninteressant; man muß natürlich die Vergrößerung berücksichtigen.

Es ist des öfteren die Vermutung ausgesprochen worden, daß die vegetabilische Gerbung in einer Umhullung der Fasern mit Gerbstoffen besteht. Die Beobachtung der Schnitte unter dem Mikroskop konnte jedoch keine Stütze für diese Auffassung erbringen. Die äußeren Schichten der Blößen wirken als Filter und lassen nur die löslichen Stoffe in das Innere der Haut eindringen. Diese diffundieren in die eigentliche Fasersubstanz und, wenn die Gerbung vollendet ist, ist alles gleichmäßig durchdrungen. Bei dem fertigen Leder findet man im Gegensatz zu der allgemeinen Ansicht kein die Fasern umhüllendes Material und auch keins, das die Lücken zwischen den Fasern ausfüllt.

Die Diffusionsgeschwindigkeit von Gerbstofflösungen in Gelatinegallerte

Die lange Dauer der Gerbung erklärt sich aus der langsamen Diffusionsgeschwindigkeit der Gerbstoffe in die Blößen. Da es sehr

---

[1]) Die Leder aus Nilpferd-, Walroß- und Kamelhäuten wurden uns freundlicherweise von Herrn Professor Douglas Mc Candlish von der Universität Leeds in England überlassen.

schwierig ist, die Diffusionsgeschwindigkeit in der Blöße messend zu verfolgen, sind entsprechende Versuche an Gelatinegallerten in Röhren unternommen worden. Hoppenstedt[1]), der feststellte, daß verschiedene Gerbextrakte mit verschiedener Geschwindigkeit in Gelatine diffundieren, fand folgende Reihenfolge für steigende Diffusionsgeschwindigkeit: Mangrovenrinde, Quebracho, Hemlockrinde, Algarobilla, Valonea, Eichenrinde, Myrobalanen, Kastanienholz, Gambir, Divi-Divi, Sumach.

Thomas[2]) konnte später zeigen, daß die Diffusionsgeschwindigkeit mit wachsendem Verhältnis von Nichtgerbstoffen zu Gerbstoffen zunimmt. Bei der Untersuchung typischer Gerbmaterialien fand er für steigende Diffusionsgeschwindigkeit in Gelatinegallerte folgende Reihenfolge: Quebracho, Hemlock-, Lärchen- und Eichenrinde, Kastanienholz, Gambir, Sumach; diese stimmt mit der von Hoppenstedt überein. Es ist bemerkenswert, daß die Reihenfolge abnehmender Adstringenz die gleiche ist. Untersuchungen roherer Art, die an Kuhblößen vorgenommen wurden, bestätigten die Befunde an Gelatinegallerten.

Man kann sich die Wirkung der Nichtgerbstoffe auf die Diffusionsgeschwindigkeit folgendermaßen erklären: Sowohl die Gerbstoffe als auch die Nichtgerbstoffe bilden mit Kollagen Verbindungen mit dem Unterschiede, daß die Verbindungen mit den Gerbstoffen bedeutend stabiler sind als die mit den Nichtgerbstoffen. Die letzteren sind weitgehend dissoziiert. Da die Nichtgerbstoffe ein geringeres Molekulargewicht als die Gerbstoffe haben, dringen sie schneller in die Blöße ein. Wenn nun die langsamer diffundierenden Gerbstoffe an eine Stelle gelangen, wo sie sich mit den Hautproteinen vereinigen könnten, so ist diese schon durch Nichtgerbstoffe besetzt. Die Gerbstoffe, die sich sonst nur in den äußeren Schichten der Blöße festsetzen und dadurch ein weiteres Durchdringen stark behindern würden, dringen auf diese Weise in das Innere der Haut ein und bewirken so eine Vergrößerung der Diffusionsgeschwindigkeit. Der Effekt ist um so ausgesprochener, in je höherem Maße sich die Nichtgerbstoffe mit dem Kollagen verbinden können. In dem Maße, wie die Verbindung der Proteine mit den Nichtgerbstoffen hydrolysiert wird, bildet sich die stabilere Protein-Gerbstoff-Verbindung.

Gemäß der Procter-Wilsonschen Theorie der vegetabilischen Gerbung, die anschließend besprochen werden soll, kann man die Geschwindigkeit der Gerbung und auch die, mit der sich gewisse Nichtgerbstoffe mit dem Kollagen vereinigen, verringern, wenn man entweder die Konzentration der Elektrolyte vermehrt oder die positive Ladung, die das Kollagen in saurer Lösung besitzt, durch Herab-

---

1) Hoppenstedt, Diffusion of Tannins through Gelatin Jelly. Journ. Am. Leather Chem. Assoc. 6 (1911), 343.
2) Thomas, Order of Diffusion of Tanning Extracts through Gelatin Jelly. Journ. Am. Leather Chem. Assoc. 15 (1920), 593.

setzung des Säuregrades vermindert. Es wäre daher zu schließen, daß die Diffusionsgeschwindigkeit von Gerbstoffen und auch Nichtgerbstoffen bei Annäherung des Säuregrades der Lösung an den isoelektrischen Punkt des Kollagens in steigendem Maße zunimmt.

T h o m a s stellte sich Gelatinegallerten wie folgt her: Er bereitete eine 5 % heiße Lösung von Gelatine, die 0,1 % Ferrichlorid enthielt. Zum Gelatinieren goß er diese in eine Reihe von Reagenzgläsern, die nur zu drei Vierteln gefüllt und nach dem Gelatinieren mit wässerigen Lösungen verschiedener Gerbextrakte überschichtet wurden. Die Gerbstofflösungen waren so hergestellt, daß sie 1 % Trockensubstanz enthielten. Das Ferrichlorid, mit dem die Gerbstoffe und Nichtgerbstoffe intensiv grüne oder blaue Farbreaktionen ergaben, diente als Indikator zur Angabe der Diffusion. Nach 96 Stunden war der Gambirextrakt 18 mm eingedrungen, der Quebrachoextrakt nur 4,8. Es wurde auf diese Weise natürlich auch die Diffusionsgeschwindigkeit von gewissen Nichtgerbstoffen ermittelt, da diese schneller als die eigentlichen Gerbstoffe eindrangen.

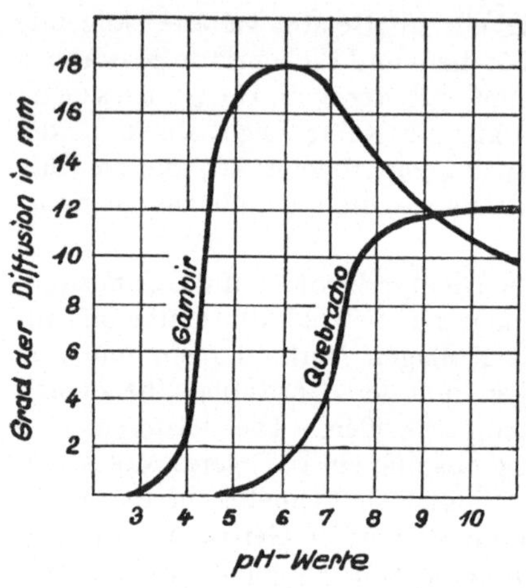

Abb. 117. **Diffusionsgeschwindigkeit von Gerbstoffbrühen in Gelatinegallerte als Funktion des pH-Wertes**

Wilson und Kern[1]) stellten den pH-Wert einer Gelatine- und Ferrichloridlösung mit Weinsäure auf 2,5 ein, wobei der pH-Wert mit der Wasserstoffelektrode gemessen wurde. Durch Hinzufügen von verschiedenen Mengen von Natronlauge zu der Gelatinelösung wurde eine pH-Wert-Reihe von 2,5 bis 11,0 erzielt. Die Konzentrationen in den endgültigen Lösungen betrugen wie bei den Versuchen von T h o m a s 5 % Gelatine und 0,1 % Ferrichlorid.

Lösungen von Gambir- und Quebrachoextrakt wurden mit Weinsäure ebenfalls auf einen pH-Wert von 2,5 gebracht. Des weiteren bereitete man mit Hilfe von Natronlauge auch Gerbstoffreihen mit verschiedenen pH-Werten. Die Endkonzentration war so gewählt, daß auf 100 ccm Flüssigkeit 1 g Trockensubstanz kam.

Die Gelatinelösungen wurden in Versuchsgefäße gegossen, um sie in diesen gelatinieren zu lassen. Auf jede dieser Gelatinegallerten wurde ein bestimmtes Volumen eines Gerbextraktes von gleichem pH-Wert gegossen. Beide Serien, mit Gambir und Quebracho wurden

---

[1]) W i l s o n u. K e r n, Effect of Change of Acidity upon the Rate of Diffusion of Tan-Liquor into Gelatin Jelly. Journ. Ind. Eng. Chem. 14 (1922), 45.

doppelt angesetzt. Sie wurden in den Eisschrank getan und nach 96 Stunden untersucht. Abb. 117 zeigt die Diffusionsgeschwindigkeit der Gerbbrühen in Gallerte nach 96 Stunden. Die Vergleichsversuchsreihen ergaben praktisch übereinstimmende Werte.

Gambir, der durch ein großes Verhältnis von Nichtgerbstoffen zu Gerbstoffen ausgezeichnet ist, fängt bei einem pH-Wert von 3 an einzudringen und erreicht die größte Diffusionsgeschwindigkeit bei einem pH-Wert von 6,0. Quebracho hingegen, der den entgegengesetzten Gerbstofftypus darstellt, fängt erst bei einem pH-Wert von 4,7, dem isoelektrischen Punkt der Gelatine, an einzudringen. Bei pH-Werten über 9 ist die Diffusionsgeschwindigkeit der Quebrachobrühe wahrscheinlich infolge des höheren Gerbstoffgehaltes größer.

Analoge Versuche wurden auch an Kuhblößen durchgeführt. Auch hier zeigte sich, daß mit dem Ansteigen der pH-Werte nach 8 eine deutliche Zunahme der Diffusionsgeschwindigkeit zu beobachten war. Es war jedoch infolge des verfallenen Zustandes der Haut schwierig, genaue Messungen anzustellen. Bei pH-Werten unter 3 und über 11 schwoll die Blöße beträchtlich und wurde schließlich zerstört.

Die Gerbgeschwindigkeit als Funktion der Zeit und der Konzentration der Gerbbrühen

Wichtige Untersuchungen über das Wesen der vegetabilischen Gerbung sind kürzlich von Thomas und Kelly[1]) unternommen worden. Ihre ersten Arbeiten beschäftigten sich mit dem Einfluß der Zeit und der Konzentration der Gerbbrühen auf die vegetabilische Gerbung[1])[2]). In Vorversuchen schüttelten sie gereinigtes Hautpulver mit bestimmten Lösungen nichtfiltrierter Gerbextrakte bei verschiedenen Zeiten und wuschen dann die löslichen Stoffe aus. Sie ermittelten weiter durch Analyse des gegerbten Hautpulvers den Anteil an Gerbstoffen, der von der Hautsubstanz gebunden worden war. Bei den konzentrierteren Gerbbrühen entstand dadurch ein gewisser Fehler, daß das Hautpulver nichtlösliche Bestandteile mit einschloß, die, da sie sich nicht auswaschen ließen, als Gerbstoff bestimmt wurden.

Die von den Verfassern in den weiteren Arbeiten verwendete Methodik war identisch mit der der Wilson-Kern-Gerbstoffbestimmungsmethode. Sie unterließen es nur, die Gerbstofflösungen vollständig zu entgerben. Bei ihren letzten Arbeiten wurden durch Zentrifugieren und Filtrieren geklärte Brühen verwendet. Auf diese Weise erhielt man weit klarere und einheitlichere Ergebnisse, die auch eher den Bedingungen der Praxis entsprachen, da die äußere Schicht der Blößen die gerbenden Lösungen filtrieren und nur den gelösten Stoffen gestatten, mit den Hautproteinen in Berührung zu kommen.

---

[1]) Thomas u. Kelly, Time and Concentration Factors in the Combination of Tannin with Hide Substance. Journ. Ind. Eng. Chem. 14 (1922), 292.

[2]) Thomas u. Kelly, The Concentration Factor in the Fixation of Tannins by Hide Substance. Ibid. (1923), 1148.

Es wurden Hautpulvermengen, die 2 g Trockensubstanz entsprachen, mit 100 ccm einer Gerbstoffbrühe von bestimmtem Gehalt eine bestimmte Zeit geschüttelt. Danach wurde das gegerbte Hautpulver so lange gewaschen, bis die Waschwässer keine dunkle Färbungen mit einem Tropfen Ferrichloridlösung mehr ergaben. Die Empfindlichkeit dieser Farbreaktion ist außerordentlich groß; ein Teil Gallussäure oder Pyrogallol ist noch in 75 000 Teilen der Lösung nachzuweisen. Die von allen auswaschbaren Stoffen befreiten, gegerbten Hautpulver wurden zunächst in einem warmen Luftstrom und dann im Trockenschrank getrocknet. Die Gewichtszunahme von 2 g Hautpulvertrockensubstanz ergab die aufgenommene Gerbstoffmenge.

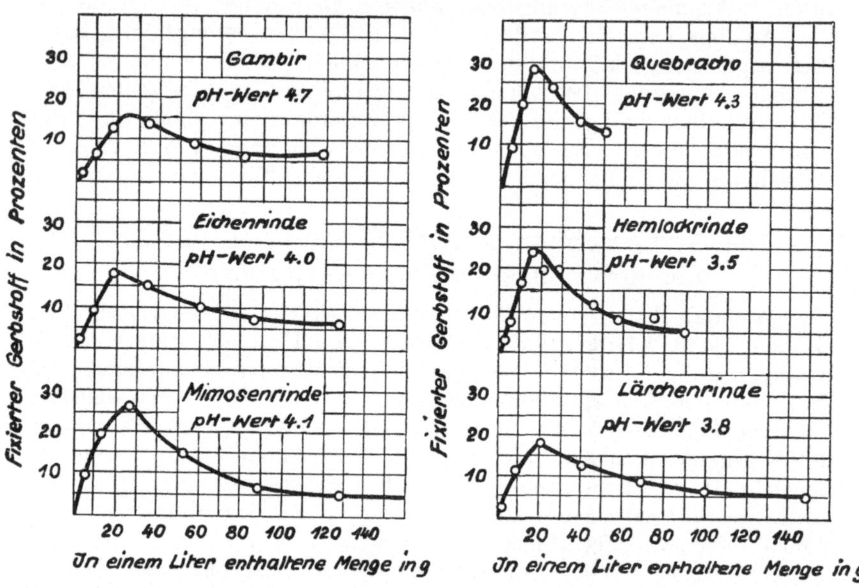

<table>
<tr><td>

Abb. 118. **Die Gerbgeschwindigkeit als Funktion der Konzentration der Gerbbrühe. Einwirkungszeit 24 Stunden**

</td><td>

Abb. 119. **Die Gerbgeschwindigkeit als Funktion der Konzentration der Gerbbrühe. Einwirkungszeit 24 Stunden**

</td></tr>
</table>

Die Abhängigkeit der Gerbstoffaufnahme von der Konzentration verschiedener Gerbstoffextrakte wie des aus Quebracho, Hemlock- und Lärchenrinde, Gambir, Eichen- und Mimosenrinde ist in den Abb. 118 und 119 wiedergegeben. Die milde Wirkung des Gambir prägt sich im Vergleich zu der des äußerst adstringenten Quebrachos in der größeren Steilheit der Quebrachokurven aus. Es fällt auf, daß alle Kurven ähnliche Gestalt haben und Maxima bei verhältnismäßig niedrigen Konzentrationen, wie sie in der Praxis üblich sind, aufweisen. Thomas und Kelly konnten zeigen, daß die Kurven nicht aus der Änderung der Wasserstoffionenkonzentration erklärt werden können, sondern daß vielmehr andere veränderliche Faktoren ausschlaggebend sind.

Die Maxima der Kurven kann man auf verschiedene Weisen erklären. Mit zunehmender Gerbstoffkonzentration nimmt die Geschwindigkeit der Vereinigung von Hautproteinen und Gerbstoffen so schnell zu, daß die Oberfläche der einzelnen Fibrillen mit Gerbstoff augenblicklich gesättigt wird. Diese Sättigung bedingt nun eine verringerte Durchlässigkeit für die noch vorhandene Gerbstofflösung. Diese vermag nun nicht oder nur sehr langsam in das Innere der Fasern einzudringen und es wird deshalb verständlich, warum aus konzentrierten Lösungen weniger Gerbstoff aufgenommen wird als aus verdünnteren. Eine andere Erklärung kann man aus den Arbeiten von Thomas und Foster[1]) entnehmen. Sie konnten beobachten, daß die Potentialdifferenz an der Oberfläche von Gerbstoffteilchen mit der wachsenden Konzentration der Lösungen abnahm. Diese Verminderung der Potentialdifferenz würde eine Verringerung der Geschwindigkeit der Vereinigung der Gerbstoffe mit den Hautproteinen zur Folge haben. Eine solche Erklärung erscheint im Hinblick auf die Tatsache wahrscheinlicher, daß konzentrierte Brühen eine größere Diffusionsgeschwindigkeit haben. Die Gestalt der Kurven wird durch zwei sich gleichzeitig abspielende Vorgänge bestimmt. Die Zunahme der Gerbstoffkonzentration bewirkt eine erhöhte Gerbgeschwindigkeit, die der Nichtgerbstoffe gerade das Gegenteil. Das Maximum der Kurven ist nun dadurch gekennzeichnet, daß der hemmende Einfluß der Nichtgerbstoffe die Oberhand gewinnt.

Die Kurven stimmen mit der Beobachtung verschiedener Autoren überein, daß konzentrierte Gerbbrühen eine verminderte Adstringenz verdünnteren gegenüber aufweisen. Die Befunde der Untersuchungen decken sich dem Sinne nach mit denen aus der Praxis. Seymour-Jones[2]) und Enna[3]) haben die Verwendung von konzentrierten Gerbbrühen in die Praxis einzuführen versucht. Ihre Bemühungen haben jedoch wenig Erfolg gehabt. Offenbar entstehen bei späteren Prozessen gewisse Schwierigkeiten, die sich ohne Beeinträchtigung des fertigen Leders nur schwer überwinden lassen.

Die Gerbgeschwindigkeit als Funktion des pH-Wertes

Bei weiteren Untersuchungen wandten Thomas und Kelly[4]) ihre Aufmerksamkeit dem Einfluß der pH-Werte auf die Fixierung von Gerbstoffen auf die Haut zu. Es wurde die gleiche Methode wie bei der Untersuchung des Konzentrationseinflusses verwendet. Die pH-Werte, die mit Hilfe der Wasserstoffelektrode gemessen waren, wurden

---

[1]) Thomas u. Foster, The Colloid Content of Vegetable Tanning Ectracts. Journ. Ind. Eng. Chem. 14 (1922), 191.

[2]) Alfred Seymour-Jones, Rapid Tanning of Sole Leather. Journ. Soc. Leather Trades Chem. 1 (1917), 2.

[3]) Enna, Rapid Tannage. Ibid. 1 (1917), 36.

[4]) Thomas u. Kelly, The Hydrogen-Ion and Time Factors in the Fixation of Tannins by Hide Substance. Ind. Eng. Chem. (1923), 1148.

durch Zugabe von Natronlauge oder Salzsäure zu den Gerbstofflösungen
eingestellt. Aus den Abb. 120 und 121 ersieht man den Einfluß der
pH-Werte auf die Gerbgeschwindigkeit von Hautpulver mit Lösungen

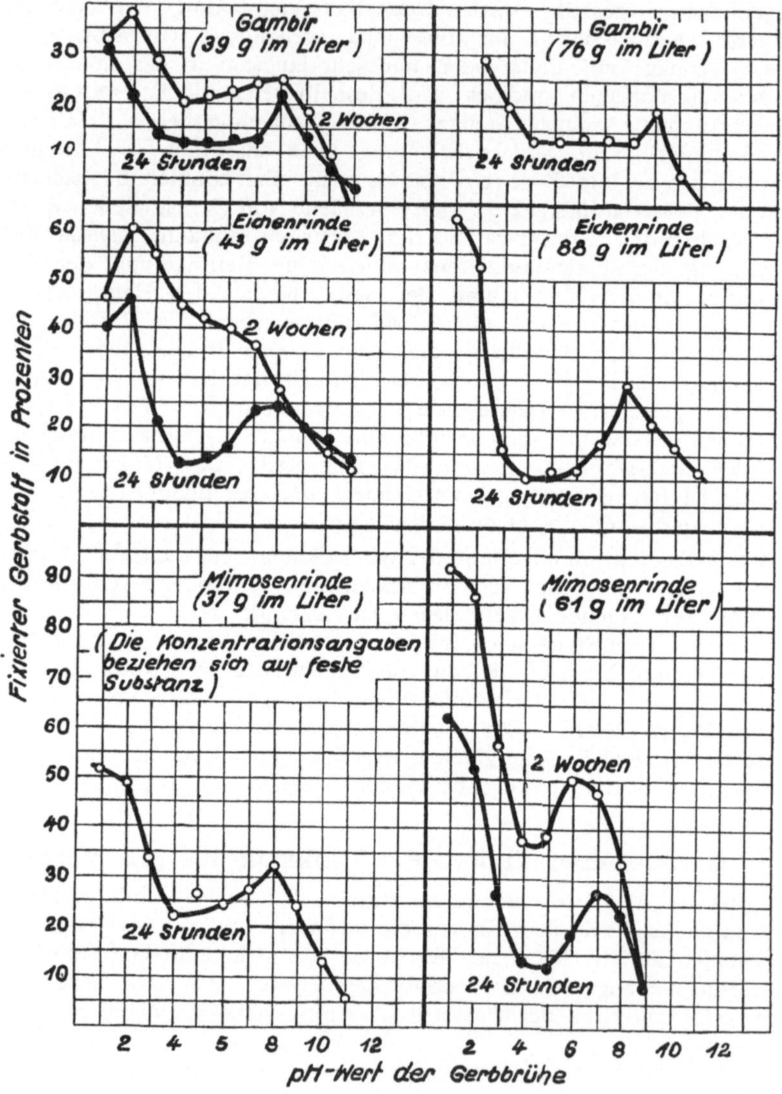

Abb. 120. Die Gerbgeschwindigkeit als Funktion des pH-Wertes

von Quebracho, Gambir, Eichen-, Mimosen-, Hemlock- und Lärchen-
rindeextrakten. Die Kurven enthalten eine Reihe von wichtigen
Befunden.

Zuerst soll die Hemlockkurvenschar, die am meisten ausgearbeitet
ist, besprochen werden. Bei den Untersuchungen der Konzentrations-
wirkung hatte es sich gezeigt, daß eine Gerbstofflösung mit 24 g

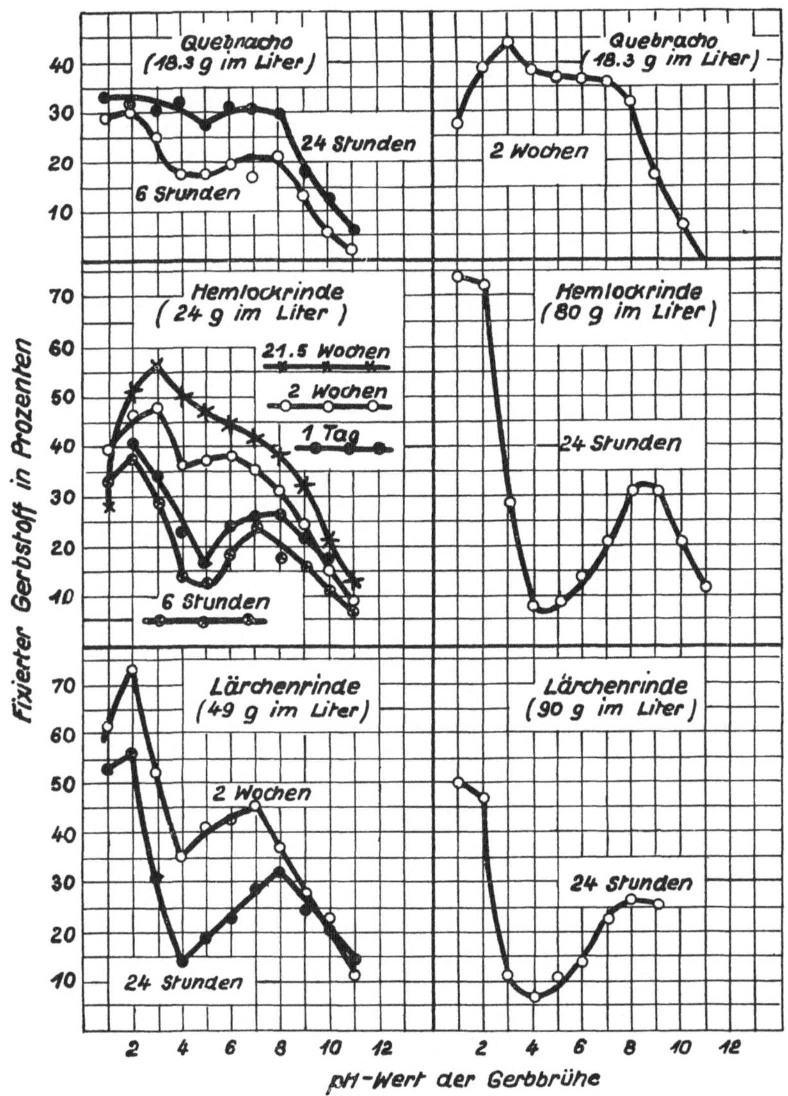

Abb. 121. **Die Gerbgeschwindigkeit als Funktion des pH-Wertes**

Trockensubstanz im Liter eine größere Gerbgeschwindigkeit hatte als
eine mit 80 g im Liter. Aus Abb. 121 ist jedoch ersichtlich, daß
dieses von dem pH-Werte abhängt. Bei einem pH-Wert von 5 gerben

die verdünnteren Brühen schneller; bei Werten von 2 und 8 weist dagegen die konzentriertere Lösung eine höhere Gerbgeschwindigkeit auf.

Allen Kurven gemeinsam ist der steile Anstieg links vom pH-Wert = 5 bei einer Gerbdauer von 24 Stunden. Dieser Befund steht in guter Übereinstimmung mit der Tatsache, daß die positive Ladung des Kollagens in dem Maße wächst, in dem die pH-Werte kleiner werden und sich vom isoelektrischen Punkt entfernen, ferner mit der, daß Gerbstoffe bei pH-Werten über 2 negativ geladen sind. In manchen Fällen ist bei einem pH-Wert von 2 ein Abfall der Kurven zu bemerken. Es ist indes schwierig, in diesem Gebiet, um den pH-Wert 2 herum, verläßliche Zahlen zu erhalten, da das Kollagen bei hohem Säuregehalt beträchtlich schwillt und hydrolysiert wird.

Der interessanteste Teil der Kurven liegt zwischen den pH-Werten 5 und 8. Da die Gerbstoffe in diesem Gebiet negativ geladen sind, erhebt sich die Frage, ob die Hautproteine bei einem Anstieg der pH-Werte von 5 auf 8 in steigendem Maße positiv geladen werden können. Die Frage erscheint widersinnig, wenn man nicht berücksichtigt, daß Kollagen nach den Untersuchungen von Wilson und Gallun (Abb. 73) zwei Minima der Schwellung aufweist. Es wurde angenommen, daß Kollagen beim Übergang von saurer in alkalische Lösung möglicherweise eine intermolekulare Umlagerung erleidet, und daß die beiden Minima bei den pH-Werten 5,0 und 7,7 den beiden isoelektrischen Punkten der beiden Formen entsprechen. Die in saurer Lösung stabile Form des Kollagens möge mit A, die in alkalischer stabile möge mit B bezeichnet werden. Läßt man die pH-Werte von 5 auf 7,7 anwachsen, so geht die Verwandlung von A in B schneller vor sich als die Bildung negativ geladener Ionen der Form A. Es würde daraus folgen, daß die Gesamtladung des Kollagens doch in wachsendem Maße positiv wird, was sich in einer erhöhten Gerbgeschwindigkeit äußern würde.

Es erhob sich die Frage, ob unterhalb eines pH-Wertes von 2 und oberhalb eines von 8, Gerbstoff von der Haut fixiert wird. Bei allen Versuchen war das gegerbte Hautpulver mit destilliertem Wasser, das infolge der gelösten Kohlensäure einen pH-Wert von 5,8 aufwies, gewaschen worden. Durch die Absorption dieses Wassers konnte das Hautpulver einen pH-Wert von 5,8 annehmen, ehe alles Lösliche ausgewaschen worden war. Für die Fixierung des Gerbstoffes wäre dann weniger der pH-Wert der Gerbbrühe während des Schüttelns, als der während des Waschens verantwortlich zu machen. Thomas und Kelly konnten jedoch zeigen, daß jenseits von pH-Werten von 2 und 8 kaum eine Fixierung von Gerbstoffen stattfindet.

Sie stellten eine Lösung von Mimosenrindenextrakt her, die im Liter 40 g Trockensubstanz enthielt. Der pH-Wert der Lösung wurde durch Zugeben von Salzsäure auf 0,87 gebracht. Vier Teile Hautpulver wurden auf die angegebene Weise mit dieser Gerbstofflösung 24 Stunden gegerbt. Zwei wurden dann mit destilliertem Wasser, und die anderen beiden mit einer Lösung von Salzsäure vom pH-Wert 0,87 gewaschen, bis kein Gerbstoff im Wasser mehr nachweisbar war. Die letzteren beiden wurden darauf mit destilliertem Wasser von der Salzsäure befreit. Es stellte sich heraus, daß die beiden Hautpulvermengen, die mit Salzsäure gewaschen worden waren, 0,739 g Gerbstoff auf je 2 g Hautpulvertrockensubstanz aufgenommen hatten, während die mit destilliertem Wasser gewaschenen 0,987 g fixiert hatten. Aus dem Versuch geht hervor, daß durch das Waschen mit destilliertem Wasser die aufgenommene Gerbstoffmenge vergrößert, und daß bei einem pH-Wert von 0,87 auch Gerbstoff aufgenommen wird.

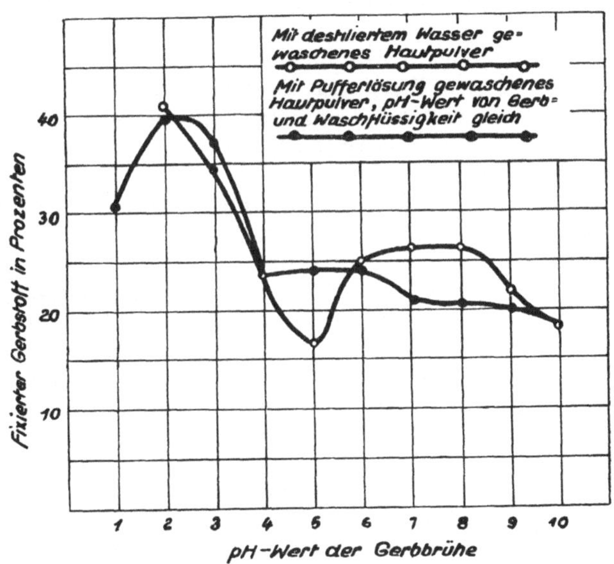

Abb. 122. **Die Gerbgeschwindigkeit als Funktion des pH-Wertes und der Einfluß des Waschens auf gegerbtes Hautpulver mit Pufferlösungen, die denselben pH-Wert hatten wie die beim Gerben benutzte Gerbbrühe**

Die Verfasser stellten weiter zwei Reihen von Gerbstofflösungen aus Hemlockrindenextrakt her, die im Liter 24 g Trockensubstanz enthielten und deren pH-Werte, die mit Hilfe der Wasserstoffelektrode gemessen worden waren, zwischen 1 und 10 lagen. Bestimmte Mengen Hautpulver wurden mit jeder der beiden Serien auf die beschriebene Weise gegerbt. Nach der Gerbung wurden die Hautpulvermengen der einen Serie mit destilliertem Wasser gewaschen, die der anderen jedoch von löslichen Gerbstoffen mit Lösungen befreit, die den gleichen pH-Wert aufwiesen wie die Gerbstofflösungen, mit denen sie vorher behandelt worden waren. Bei pH-Werten von 4 und darunter enthielten die Waschlösungen nur Salzsäure, bei solchen zwischen 5 und

9 bestanden sie aus Mischungen von m/15 Natriumphosphat mit entsprechenden Mengen von HCl oder NaOH. Beim pH-Wert = 10 wurde eine Lösung von Natriumhydroxyd verwendet. Die endgültige Waschung wurde mit destilliertem Wasser vorgenommen. Alle Untersuchungsergebnisse sind aus Abb. 122 zu ersehen. Die beiden Kurven, die nicht identisch sind, zeigen, daß zwischen den pH-Werten 1 und 10 Gerbstoff von der Haut fixiert wird. Wurden Pufferlösungen zum Waschen eines bei einem pH-Wert von 5 gegerbten Hautpulvers verwendet, so war die aufgenommene Gerbstoffmenge größer. Bei niedrigerer Konzentration haben bei einem pH-Wert von 5, Salze, wie später gezeigt werden wird, die Eigenschaft, den fixierten Gerbstoff zu vergrößern.

In einer weiteren Arbeit untersuchten Thomas und Margaret Kelly[1]), um in das Wesen der vegetabilischen Gerbung weiter einzudringen, den Einfluß der Konzentration und der Wasserstoffionenkonzentration bei einem Gerbstoff[2]), dessen chemische Konstitution bekannt war, bei dem Tannin.

Zur Untersuchung des Einflusses der Konzentration wurden Hautpulvermengen, die 2 g Trockensubstanz entsprachen, mit 100 ccm Tanninlösung bei verschiedenen pH-Werten bei Zimmertemperatur 24 Stunden lang geschüttelt. Nach der Gerbung wurden die Hautpulver durch Filtrieren von den Lösungen getrennt und in Wilson-Kern-Extraktoren gewaschen, bis die Waschwässer mit Ferrichlorid keine Färbung mehr ergaben. Darauf trocknete man die Hautpulver an der Luft, danach im Vakuum bei 100° C vollends. Die aufgenommene Gerbstoffmenge ergab sich aus der Gewichtszunahme des Hautpulvers. Die Versuchsergebnisse sind in Abb. 122a zusammengestellt. Die pH-Werte der Tanninlösungen wurden mit Hilfe von Natronlauge bzw. Salzsäure auf 5, 4 und 2 eingestellt und mit der Wasserstoffelektrode gemessen. Es stellte sich indessen heraus, daß der pH-Wert von 2 sich während der Gerbung zu sehr veränderte, und man sah sich veranlaßt, noch einen weiteren Versuch bei diesem pH-Wert unter Zugabe von Phosphorsäure als Puffer anzusetzen. Bei diesem Versuch blieb in der Tat die Wasserstoffionenkonzentration konstant und die hohe Gerbstoffaufnahme, die bei einem pH-Wert = 2 zu erwarten war, konnte tatsächlich beobachtet werden.

Die Versuchsergebnisse decken sich mit denen mit Handels-Gerbstoffextrakten, wie man aus dem Vergleich der betreffenden Kurven, die die gleiche Gestalt aufweisen, ersehen kann. Auf ein steiles Maximum folgt ein flaches Minimum, dem sich ein weiterer flacherer Anstieg anschließt. Zur Erklärung des Kurvenverlaufs lassen sich im wesentlichen die gleichen Gründe anführen, wie sie bei der Diskussion der Kurven in Abb. 118 und 119 angeführt wurden.

---

[1]) Thomas u. Kelly, Tannic Acid Tannage. Journ. Ind. Eng. Chem. (1924), Nr. 8, 800.

[2]) Das Präparat wurde von der Firma Zinsser & Company geliefert.

Während bei der Untersuchung der gewöhnlichen Gerbstoffextrakte erst bei solchen Konzentrationen in den Filtraten Gerbstoff nachgewiesen werden konnte, die oberhalb der maximalen Gerbstoffaufnahme lagen, trat bei den Tanninlösungen bereits eine Fällung mit Gelatine-Kochsalz auf, wenn diese vor der Gerbung etwa 5—10 g Tannin

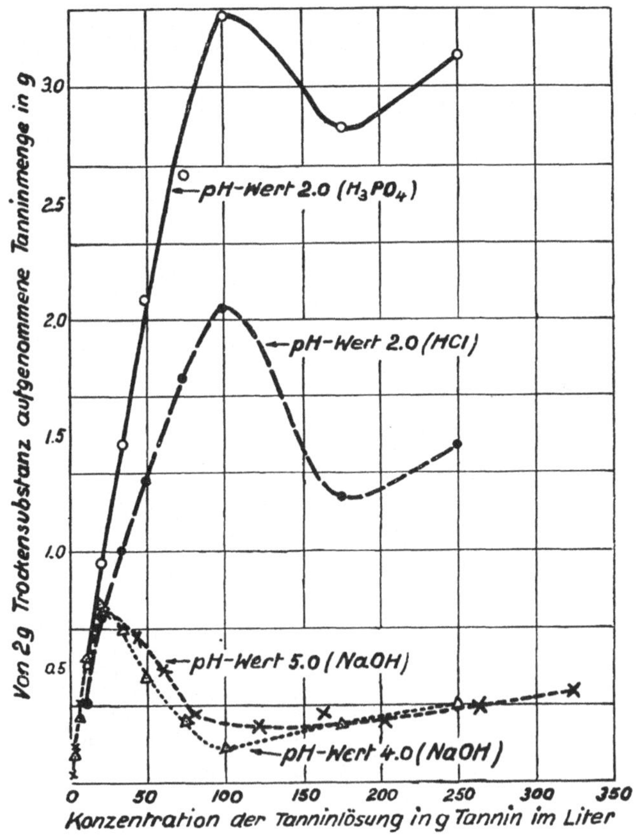

Abb. 122a. **Die Gerbgeschwindigkeit des Tannins als Funktion der Konzentration der Lösung**

im Liter enthalten hatten. Diese Konzentration liegt weit unterhalb der Maxima der Kurven.

Bei einem pH-Wert von 4 und 5 liegt das Maximum bei 20 g Tannin im Liter, bei einem solchen von 2 liegt es wesentlich höher, nämlich bei 100 g. Ein solcher Anstieg läßt sich aus der Erhöhung der Potentialdifferenz an der Grenze des Proteingels erwarten, die eintreten muß, wenn die pH-Werte der Lösungen von 4 oder 5 auf 2 vermindert werden. Weiter kann man aus den Kurven erkennen, daß längs des ansteigenden Astes nur etwa die Hälfte des anwesenden Tannins als Gerbstoff gebunden wird, selbst dann, wenn das Filtrat keine Gerbstoffreaktionen mehr ergibt. Es liegt nahe, daraus zu

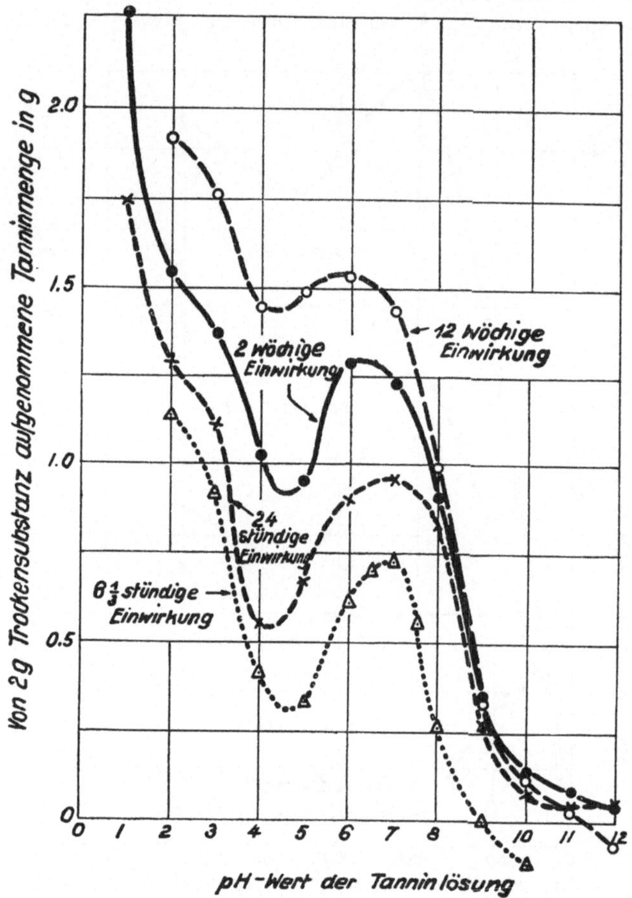

Abb. 122b. Die Tanninaufnahme bei Tannin als Funktion der Wasserstoffionenkonzentration

schließen, daß das Tannin, selbst wenn es wie hier in reinster Form vorliegt, kein einheitlicher Körper ist. Aus den Arbeiten anderer Autoren auf anderen Gebieten läßt sich der gleiche Schluß ziehen [1] [2] [3].

Bemerkenswert ist die Gerbstoffaufnahme im Maximum der Kurve bei einem pH-Wert von 2 bei Zugabe von Phosphorsäure. Sie beträgt

[1] Stiasny, „Collegium" (1912), 9.
[2] Nierenstein, Ber. Deutsch. Chem. Ges. 43 (1910), 628.
[3] Fischer, Journ. Am. Chem. Soc. 36 (1914), 1170.

164 Teile Tannin auf 100 Teile Hautpulver. Thomas und Kelly machen darauf aufmerksam, daß dieses ihres Wissens nach die höchste Gerbstoffaufnahme ist, über die man berichtet hat.

Des weiteren sollte der Einfluß der Wasserstoffionenkonzentration untersucht werden. Die Methode war im wesentlichen die gleiche. Es wurden 4 Versuchsreihen bei nachstehenden Einwirkungszeiten durchgeführt: $6^1/_3$ Stunde, 24 Stunden, 2 Wochen, 12 Wochen. Die Gerbstoffkonzentration betrug 40 g Tannin im Liter. Die Wasserstoffionenkonzentration wurde mit Natronlauge bzw. Salzsäure eingestellt und mit der Wasserstoffelektrode gemessen. Abb. 122b gibt die Ergebnisse wieder.

Die Kurven unterscheiden sich unwesentlich in ihrem Verlauf von denen mit technischen Extrakten in Abb. 120 und 121. Im isoelektrischen Punkt des Kollagens entsteht ein Minimum, zu dessen beiden Seiten die Gerbgeschwindigkeit zunimmt. Auf der alkalischen Seite tritt jedoch nach einem pH-Wert von 7 ein weiterer steiler Abfall ein. Die Handelsextrakte zeigen, wie erinnerlich, in einem Gebiet, das jenseits des pH-Wertes von 8 liegt, noch Gerbwirkung.

Thomas und Kelly suchten diese Verschiedenheit auf die Abwesenheit von Gallussäure und chinonähnlichen Stoffen zurückzuführen. Diese Stoffe sind bei technischen Extrakten vorhanden und bewirken eine Gerbstoffaufnahme im alkalischen Gebiet. Die geringen Mengen, die beim Tannin in alkalischem Gebiet aufgenommen werden, sind Verunreinigungen, ferner Abbauprodukten durch Hydrolyse und Oxydation zuzuschreiben. Daß solche in der Tat vorhanden waren, zeigte sich daran, daß die Lösungen eine grüne und die Hautpulver eine schwärzliche Färbung annahmen.

In Verbindung mit der neueren Kenntnis über Kollagen, d. h. daß es in zwei Formarten mit den zugehörigen isoelektrischen Punkten bei pH-Werten von 5 und 7,6 existiert, beweisen die Kurven in diesem Zusammenhange in glänzender Weise die Richtigkeit der Procter-Wilsonschen Theorie der vegetabilischen Gerbung.

Die Stabilität von Kollagen-Gerbstoffverbindungen bei verschiedenen pH-Werten

Wilson und Kern[1]) konnten bei der Untersuchung des Einflusses von Säuren und Basen auf Leder, das keine wasserlöslichen Stoffe enthielt, feststellen, daß schwache Alkalilösungen im Gegensatz zu solchen von Säuren Gerbstoff lösten. Um festzustellen, bei welchem pH-Wert die Hydrolyse eintrat, führten sie folgende Versuche durch: Ein größerer Vorrat von gereinigtem Hautpulver wurde bei einem pH-Wert von 4,6 mit Quebrachoextrakt gegerbt und nach der Gerbung

---

[1]) Wilson u. Kern, Stability of the Hide-Tannin Compound at Different pH Values. Vortrag vor der „Leather Division of the American Chemical Society, 6. Sept. 1922.

durch Waschen in destilliertem Wasser von allen löslichen Stoffen befreit und dann getrocknet. Weiter wurden in größeren Mengen 7 verschiedene Pufferlösungen bereitet. m/10 Phosphorsäure wurde mit den entsprechenden Mengen Natriumhydroxyd versetzt, so daß eine Reihe mit folgenden pH-Werten entstand: 5, 6, 7, 8, 9, 10 und 11. Je 8 g des gegerbten Hautpulvers wurden in Extraktoren[1]) nach Wilson und Kern mit je 4 Litern der Pufferlösungen bei einer Extraktionsdauer von 6 Stunden behandelt. Jede Hautpulvermenge extrahierte man mit einer Pufferlösung von anderem pH-Wert. Die Hautpulver wurden dann mit destilliertem Wasser gewaschen und nach dem Trocknen zum Vergleich mit dem ursprünglichen Hautpulver analysiert. Die Extraktionsflüssigkeiten wurden, nachdem sie auf einen pH-Wert von 4 gebracht worden waren, mit Gelatine-Kochsalzlösung auf Gerbstoff untersucht. Die von den Pufferlösungen extrahierten Stickstoffmengen waren so gering, daß sie vernachlässigt werden konnten. Die Untersuchungsergebnisse sind in Tabelle 32 zusammengestellt.

Tabelle 32

Analyse von gegerbtem Hautpulver und der Einfluß des Waschens mit Lösungen verschiedener pH-Werte

	Vor dem Waschen	Nach dem Waschen mit einer Lösung vom pH-Wert						
		5	6	7	8	9	10	11
Asche	0,2	0,4	0,5	0,4	0,6	0,3	0,5	0,4
Hautsubstanz (Nx 5,62) . .	84,2	83,9	83,9	83,9	84,2	84,7	84,9	85,3
Gerbstoff (als Differenz erhalten)	15,6	15,7	15,6	15,7	15,2	15,0	14,6	14,3
Extrahierte Gerbstoffmenge in Prozenten		0,0	0,0	0,0	2,6	3,8	6,4	8,3
Gerbstoffreaktion in der Extraktionsflüssigkeit . . .		—	—	—	+	+	+	+

Leder, das bei einem pH-Wert von 4,6 gegerbt worden ist, wird von Lösungen, die einen pH-Wert unterhalb von 8 aufweisen, nicht hydrolysiert. Oberhalb dieses Wertes wird die Hautgerbstoffverbindung in steigendem Maße gespalten. Dieser Befund läßt sich als ein weiterer Beweis für das Vorhandensein eines zweiten isoelektrischen Punktes bei einem pH-Wert von 7,7 des Kollagens deuten. In Übereinstimmung mit den Untersuchungsergebnissen von Thomas und Kelly[2]) erhärten die Versuche die Anschauung, daß stabile Verbindungen von Gerbstoff und Kollagen in saurer Lösung anderer Natur sind als in alkalischer Lösung. Später zu beschreibende Versuche von Thomas und Kelly werden dies noch klarer hervortreten lassen.

---

[1]) Beschreibung siehe Journ. Ind. Eng. Chem. 13 (1921), 772.
[2]) Thomas u. Kelly, The Influence of Neutral Salts upon the Fixation of Tannins by Hide Substance. Ind. Eng. Chem. (1923), 1262.

Der Einfluß
von Neutralsalzen auf die Gerbgeschwindigkeit

Kürzlich wurde der Einfluß von $NaCl$ und Na_2SO_4 auf die Gerbgeschwindigkeit von Hautpulver mit Lösungen von Gambir- und Hemlockrindenextrakt bei verschiedenen pH-Werten von T h o m a s und K e l l y untersucht. Bei jedem Versuch wurden Hautpulvermengen, die 2 g Trockensubstanz entsprachen mit 100 ccm der Gerbflüssigkeit, die eine bestimmte Menge Salz enthielt, 24 Stunden geschüttelt. Die gegerbten Hautpulver wurden dann in einen Wilson-Kern-Extraktor gebracht, filtriert und dann gewaschen, bis die Waschwässer mit. Ferrichlorid keine Färbung mehr ergaben. Die gegerbten Hautpulver wurden im Vakuum bei 100^0 C getrocknet und gewogen. Die Gewichtszunahme ergab die aufgenommene Gerbstoffmenge.

Um zu vermeiden, daß Stoffe, die durch die Zugabe von Salzen ausgefällt worden waren, als Gerbstoff mitbestimmt wurden, wurden Blindversuche ohne Hautpulver angesetzt und entsprechende Korrekturen vorgenommen.

Die Gerbstoffextrakte wurden zunächst durch Zentrifugieren geklärt und dann so verdünnt, daß sie nach dem Hinzufügen von bestimmten Mengen Salzsäure oder Natronlauge zur Einstellung der pH-Werte auf 2,5, und 8—40 g Trockensubstanz im Liter enthielten.

Die Versuchsergebnisse mit $NaCl$ sind in Abb. 123 und die mit Na_2SO_4 in Abb. 124 zusammengestellt. Bei einem pH-Wert von 2 hemmen beide Salze die Gerbstoffaufnahme in beträchtlichem Maße, wobei Na_2SO_4 wirksamer ist. Je höher der Salzzusatz ist, um so größer ist auch die hemmende Wirkung. Bei einem pH-Wert von 8 liegen die Verhältnisse ähnlich, nur sind sie weniger ausgesprochen. Am schwächsten ist die Neutralsalzwirkung bei einem pH-Wert von 5. Lösungen von $NaCl$, die unter 2 m liegen, scheinen sogar eher eine Beschleunigung der Gerbstoffaufnahme zu bewirken.

Die ausgeprägte Hemmung der Gerbung durch Neutralsalze bei einem pH-Wert von 2 läßt sich wohl darauf zurückführen, daß sowohl die Potentialdifferenz an der Grenzfläche von Kollagengel und Gerbstofflösung als auch zwischen der die Gerbstoffteilchen umhüllenden dünnen Schicht und der Lösung herabgesetzt wird. Da das Maximum der Potentialdifferenz zwischen Kollagengel und Gerbbrühe wahrscheinlich bei einem pH-Wert von 2 liegt, ist es verständlich, warum der hemmende Einfluß der Neutralsalze bei diesem pH-Wert am größten ist. Gemäß der Procter-Wilsonschen Theorie der vegetabilischen Gerbung bewirkt nämlich die Verringerung der Potentialdifferenz eine Herabsetzung der Gerbgeschwindigkeit. Der größere Einfluß von Na_2SO_4 läßt sich, wie im 4. Abschnitt auseinandergesetzt wurde, vom zweiwertigen Sulfation ableiten.

Aus der Abnahme der Potentialdifferenz zwischen der die Gerbstoffteilchen umhüllenden dünnen Schicht und der Gerbbrühe ergibt sich noch ein weiterer Grund für die Herabsetzung der Geschwindigkeit der Gerbung. Die Stabilität der Gerbstofflösung wird herabgesetzt, es fallen durch Aggregation Gerbstoffteilchen aus, so daß der hemmende Einfluß verstärkt wird.

Des weiteren spielt der Hydratationseffekt der Neutralsalze sicherlich eine Rolle. Es wird durch die Neutralsalze, wie im 3. Abschnitt erklärt wurde, der Lösung Wasser entzogen, und so die Gerbstofflösung konzentriert. Diesem Effekt entgegengesetzt gerichtet, ist, wie Thomas und Kelly betonen, innerhalb gewisser Grenzen das Ausflockungsbestreben der Neutralsalze. Diese beiden entgegengerichteten

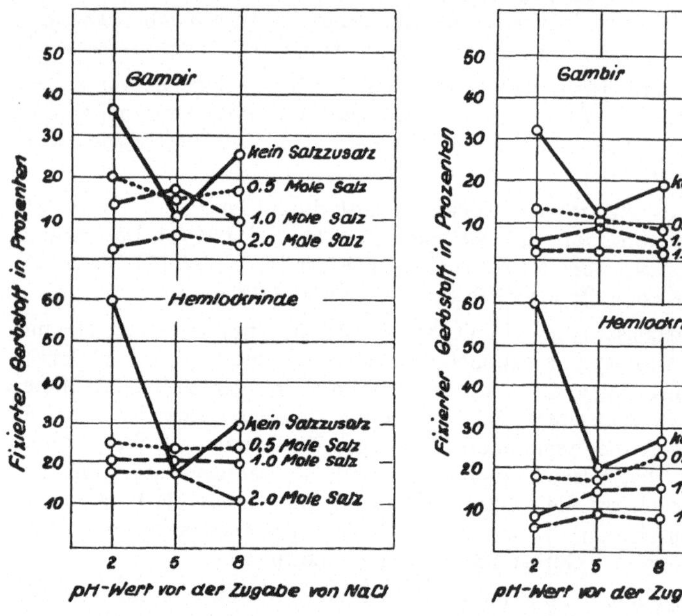

Abb. 123. Einfluß von NaCl und der pH-Werte auf die Gerbgeschwindigkeit. Einwirkungszeit: 24 Stunden

Abb. 124. Einfluß von Na_2SO_4 und der pH-Werte auf die Gerbgeschwindigkeit. Einwirkungszeit: 24 Stunden

Erscheinungen kommen bei einem pH-Wert von 5, bei dem die Potentialdifferenzen gering sind und infolgedessen die anderen den Vorgang beherrschenden Faktoren nicht überdeckt werden, am deutlichsten zur Geltung. Thomas und Kelly machen für die gerbungfördernde Wirkung der m/1 und m/2 NaCl-Lösungen die Hydratations·wirkung des Kochsalzes verantwortlich, die eine Gerbstoffkonzentrierung zur Folge hat. Wird die Konzentration des Kochsalzes weiter erhöht, so gewinnt der Ausflockungseffekt die Oberhand und die Gerbung wird gehemmt. Die Untersuchungen über den Einfluß der Neutralsalze werden fortgesetzt.

Der Schwellungsgrad der Blöße als Funktion der Säure- und Salzkonzentration der Gerbbrühe

Bei der Herstellung von schweren Ledern wird dem Schwellungsgrad der Blößen während der Gerbung große Aufmerksamkeit zugewandt. Die allgemeine Auffassung ist die, daß um so größere Ausbeuten an Leder erhalten werden, je stärker geschwellte Blöße gegerbt wird. Dies gilt natürlich nur innerhalb gewisser Grenzen, da durch übermäßiges Schwellen mit Säuren die Blöße geschädigt wird. Diese Gefahr macht sich zuerst in einer Verwerfung der Narbenschicht bemerkbar. Die äußeren Schichten der Blöße werden sehr schnell gegerbt und es wird verhindert, daß der Gerbstoff in das Innere der Blöße eindringt. Die inneren Schichten bleiben dann roh und schwellen wenn sie lange und besonders bei höherer Temperatur darin belassen werden, erheblich unter Hydrolyse des Kollagens an. Solche Schäden lassen sich nicht wieder ausgleichen und das entstehende Leder ist fast wertlos.

Tabelle 33

Schwellungsgrad einer Kalbsblöße, die mit einer Gerbbrühe aus Eichenrindenextrakt von 25 g Trockensubstanz im Liter gegerbt wurde, welche wechselnde Mengen von Milchsäure und Kochsalz enthielt

Mole im Liter		Dickenmessung in mm (Mittelwert aus 3 Messungen)			End-pH-Wert bei 25° C
Milchsäure	Kochsalz	Anfangswert	Endwert	Verhältnis*)	
0,000	0,00	1,346	2,150	1,60	4,63
0,0025	0,00	1,411	2,343	1,66	3,94
0,0050	0,00	1,383	2,699	1,95	3,74
0,010	0,00	1,433	3,842	2,68	3,47
0,025	0,00	1,470	4,564	3,10	3,05
0,050	0,00	1,360	4,497	3,31	2,81
0,100	0,00	1,434	5,100	3,56	2,52
0,100	0,05	1,456	4,522	3,11	2,49
0,100	0,10	1,458	3,918	2,69	2,47
0,100	0,25	1,461	3,483	2,38	2,43
0,100	0,50	1,420	2,182	1,54	2,37

*) Maß für den Schwellungsgrad.

Wilson und Gallun[1] untersuchten mit den im 7. Abschnitt beschriebenen Methoden den Einfluß von Säuren und Salzen auf den Schwellungsgrad von Kalbsblößen in Gerbstoffbrühen. In Tabelle 33 und in den Abb. 125 und 126 sind die Ergebnisse einer Untersuchung über den Schwellungsgrad einer Kalbsblöße in einer Brühe von Eichenrindenextrakt bei verschiedenen Zusätzen von Milchsäure und Kochsalz wiedergegeben.

---

[1] Wilson u. Gallun, Direct Determination of the Plumping Power of Tan Liquors. Journ. Ind. Eng. Chem. 15 (1923), 376.

Bei der Untersuchung wurde ein Stück von gleichmäßiger Dicke aus dem Schild eines Kalbfelles, das geäschert, enthaart und gewaschen worden war, verwendet. Es wurden Quadrate von 2 cm Seitenlänge herausgeschnitten und mit einer 0,01 m HCl, die 10 $^0/_0$ NaCl enthielt, entkälkt. Über Nacht wurden sie dann in eine gesättigte Natriumbikarbonatlösung, die 10 $^0/_0$ NaCl enthielt, gelegt, hierauf gründlich gewaschen und schließlich 5 Stunden bei 40^0 C in einer Lösung, die im Liter 1 g Pankreatin enthielt, bei einem pH-Wert von 7,6 gebeizt. Nachdem die Blößenstücke 24 Stunden in fließendem Wasser gewaschen worden waren, wurden sie in destilliertem bei 7^0 C aufbewahrt. Der Widerstand der Blößenstücke gegen Kompression wurde mit dem Dickenmesser von Randall und Stickney ermittelt. Das Stück wurde auf eine Metallplatte gelegt und mit Hilfe eines runden Stempels von einem Quadratzentimeter Querschnitt 2 Minuten bei konstantem Druck belastet. Danach wurde die Dicke abgelesen.

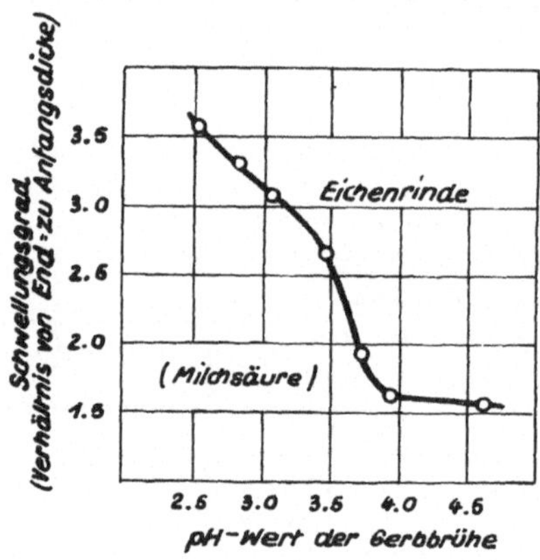

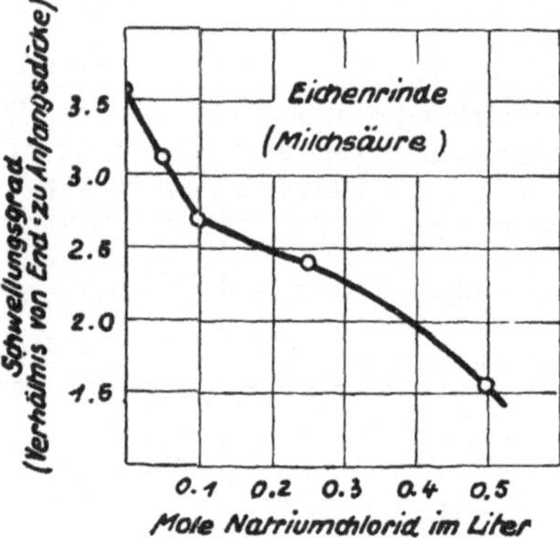

Abb. 125. Der Einfluß des pH-Wertes der Gerbbrühe auf den Schwellungsgrad einer Kalbsblöße

Abb. 126. Der Einfluß von NaCl auf den Schwellungsgrad einer Kalbsblöße in einer mit Milchsäure angesäuerten Gerbbrühe

Wie in Tabelle 33 angegeben, wurden 11 verschiedene Gerbbrühen aus Eichenrindenextrakt hergestellt. Zunächst führte man Dickenmessungen an den Standart-Blößenstücken aus. Durch Schütteln mit Wasser wurden die Stücke wieder auf ihr altes Volumen zurückgebracht und dann in die Gerbbrühen von 20^0 C getan. Nach 24 Stunden wurden sie wieder herausgenommen und einer Dickenmessung unterworfen. Um sicher zu gehen, setzte man immer drei parallele Versuchsreihen an. Die Übereinstimmung der Versuchsergebnisse war in allen Fällen befriedigend. Der von den Gerbbrühen erzeugte Schwellungsgrad ergab sich aus dem Verhältnis von End- zu Anfangsdicke.

Die Wirkung der Säure und des Salzes wird zwar durch die gerbenden Eigenschaften der Brühe, nämlich das Schwellungsvermögen der Blöße herabzusetzen, verdeckt. Das Bestreben von Säuren, die Schwellung zu fördern und von Salzen sie zu hemmen, ist jedoch noch deutlich zu erkennen.

McLaughlin und Porter[1]) untersuchten die Gewichtsveränderung von gekälkten Stierblößen bei der Gerbung in verschieden zusammengesetzten vegetabilischen Gerbbrühen. Da es unglücklicherweise versäumt wurde, die Wasserstoffionenkonzentration zu messen, ist es in manchen Fällen schwierig zu entscheiden, ob nicht dieser Faktor für die Gewichtsveränderungen verantwortlich zu machen ist.

Schnellgerbung

Die Schnellgerbung von schweren Ledern ist, wie die zahlreichen Abhandlungen über diesen Gegenstand beweisen, von großem Interesse. In nur wenigen Fällen jedoch ist es gelungen, die Arbeiten so durchzuführen, daß der Mechanismus der Schnellgerbmethode wirklich klargelegt werden konnte. Vielfach wirken die beschleunigenden Mittel wohl indirekt, indem sie die Gerbbrühen in einen günstigeren Reaktionszustand versetzen.

Ein Verfahren, das verdient weiter untersucht zu werden, ist das von Cross, Greenwood und Lamb[2]). Im Verlauf von Untersuchungen über Hemizellulosen von Samen stießen die Forscher auf ihre Verbindungen mit Gerbstoffen, die imstande waren, offenbar homogene Gallerten zu bilden. Durch Färbversuche an Seide wurden sie dazu angeregt, die Adstringenz von Gerbstoffbrühen mit Hilfe dieser Gerbstoffverbindungen zu beeinflussen. Sie stellten fest, daß bei gleichzeitiger Verwendung von Tragasol und Gerbstofflösungen die Durchdringung der Blößen mit Gerbstoffen erheblich beschleunigt werden kann. Dicke Blößen konnten in 2 bis 3 Tagen durchdrungen werden; immerhin war zur Fixierung des Gerbstoffes der Blöße eine etwas längere Zeit notwendig.

Auf ähnliche Weise suchten Turnbull und Carmichael[3]) das Problem der Schnellgerbung zu lösen, indem sie Gerbstoffe in Stärkegallerte auflösten.

Mit Hilfe eines Vakuumverfahrens suchte Nance[4]) die Gerbung von schweren Blößen zu beschleunigen. Die Blößen brachte man zunächst in Behälter, die bis auf einen Druck von etwa 27 mm Quecksilber evakuiert wurden. Nachdem die Temperatur des Behälters langsam so eingestellt worden war, daß Wasser bei diesem Druck gerade sieden konnte, ließ man einen großen Teil des in der Blöße vorhandenen Wassers verdampfen. Dann wurde die Gerbbrühe

---

[1]) McLaughlin u. Porter, On the Swelling and Falling of White Hide in Vegetable Tan Liquors. Journ. Am. Leather. Chem. Assoc. 15 (1920), 557.

[2]) Cross, Greenwood u. Lamb, Colloidal Tannin Compounds and Their Applications. Journ. Soc. Dyers Colourists (1919), 35, 62.

[3]) Turnbull u. Carmichael, Brit. Pat. 110470 (1917).

[4]) U. S. Pat. 1065168 (1913).

Wilson, Chemie der Lederfabrikation.　　　　　　　　20

eingelassen, so daß sie das verdampfte Wasser in der Blöße ersetzte. Es wird behauptet, daß bei richtiger Regulierung des Druckes, der Temperatur und der Konzentration der Gerbbrühen die Gerbdauer erheblich herabgesetzt werden kann.

Auch den elektrischen Strom hat man zur Beschleunigung des Gerbprozesses herangezogen. Die Blößen werden zwischen zwei Kohleelektroden gebracht und ein elektrischer Strom durch die Brühe geschickt. Wenn sich die Gerbstoffe der Anode nähern, werden sie gezwungen, die Blößen zu durchdringen. Rideal und Evans[1]) stellten fest, daß sie besonders gute Ergebnisse erhielten, wenn die Leitfähigkeit der Lösung gering war, und die Kathode aus Kohle und die Anode aus Kupfer bestand. Williams[2]) beobachtete, daß Gleichstrom im Gegensatz zu Wechselstrom Tannin äußerst schnell zerstört. J. G. Parker, der nach den Angaben von Rideal und Evans Versuche anstellte, kam zu dem Schluß, daß die elektrische Gerbung anderen Verfahren gegenüber keine Verbesserung darstellt. In der Praxis hat sich diese Art der Gerbung bisher in keinem großen Maßstab einführen lassen.

Große Aufmerksamkeit verdient die Verwendung von organischen Verbindungen, die Sulfogruppen enthalten, in vegetabilischen Gerbbrühen. Die Durchdringungsgeschwindigkeit der Blößen wird erheblich beeinflußt. Zu Verbindungen solcher Art gehören die sogenannten Ligninsulfosäuren, die in der bei der Papierfabrikation abfallenden Sulfitzelluloseablauge vorhanden sind und gewisse synthetische Gerbstoffe, wie sie von Stiasny, wie im Abschnitt über „Verschiedene Gerbmethoden" beschrieben werden wird, entdeckt wurden. Die Wirkung dieser Materialien ist ähnlich wie die der Nichtgerbstoffe in Gerbbrühen; die Adstringenz wird herab- und die Diffusionsgeschwindigkeit heraufgesetzt. Infolge ihres niedrigeren Molekulargewichtes dringen sie schneller in die Blößen ein als die Gerbstoffe. Da sie sich außerdem mit den Hautproteinen verbinden, verzögern sie die Bindung der wahren Gerbstoffe mit diesen. Auf solche Weise dringt der Gerbstoff, ohne daß er an den äußeren Schichten der Fasern gebunden wird, bis in das Innere ein. Die erwähnten Stoffe sind daher besonders in den ersten Stadien der Gerbung als Zusatzstoffe von Vorteil. Der Streit über die Schädlichkeit und Unschädlichkeit der Sulfogruppe für das fertige Leder ist bisher weder in dem einen noch in dem anderen Sinne entschieden worden.

Der saure Charakter der Sulfogruppe bewirkt eine Erniedrigung des pH-Wertes der Brühen; diese macht sich in einer helleren Farbe der Brühen und der Leder bemerkbar. In manchen Fällen ist die Bildung von leichter löslichen Verbindungen von Gerbstoffen mit diesen organischen Komplexen nicht von der Hand zu weisen. Gewisse

---

[1]) Rideal u. Evans, Some Experiments on the Theory of Electro-Tanning. Journ. Soc. Chem. Ind. 32 (1913), 633.
[2]) Williams, Untersuchung über elektrisches Gerben. „Collegium" (1913), 76.

synthetische Gerbstoffe scheinen des weiteren, wie sich aus der geringeren Fällbarkeit mit Säuren schließen läßt, eine Reduktion von höher oxydierten Gerbstoffen hervorzurufen.

Theorie der Gerbung

Erst nachdem man es verstanden hatte, die Chemie der Proteine quantitativ zu erfassen, bestand eine gewisse Möglichkeit, eine quantitative Theorie der Gerbung zu entwickeln. Die zahlreichen Versuche, die Verbindungsgewichte von Gelatine und Gerbstoffen zu ermitteln, waren, solange man das Vorhandensein gewisser Variable nicht erkannt hatte, von vornherein zur Unfruchtbarkeit verurteilt. Eine Zusammenstellung der älteren Theorien über die vegetabilische Gerbung würde nur von historischem Wert sein.

Die modernen Gerbtheorien passen sich der Entwicklung der Proteinchemie an. Während die eine Richtung die Theorie von der physikalisch-chemischen Seite entwickelt, ist die andere bestrebt, sie auf organisch-chemischer Grundlage aufzubauen.

Die Procter-Wilson-Theorie

Die Entwicklung, die Procter der physikalischen Chemie der Proteine gegeben hat, führte natürlicherweise dazu, die vegetabilische Gerbung so aufzufassen, wie sie in der Procter-Wilsonschen[1]) Theorie der Gerbung ihren endgültigen Ausdruck gefunden hat. Die Arbeiten, die zu dieser Theorie führten, sind bereits im 4. Abschnitt erörtert worden und brauchen nicht wiederholt zu werden. Befindet sich Kollagen im Gleichgewichtszustand mit einer Gerbbrühe von einem pH-Wert zwischen 2 und 5, so kann man das Kollagen als ein Aggregat von kompliziert aufgebauten Kationen auffassen; diese werden durch einfachere Anionen im elektrostatischen Gleichgewicht gehalten, die sich in jener Schicht in Lösung befinden, von der das Kollagengefüge unmittelbar umgeben wird. Die Struktur des Kollagengefüges wird ähnlich gedacht wie die einer Gelatinegallerte.

Zur Erklärung der Theorie nehmen wir an, daß ein Stück Haut in Kontakt mit einer Lösung steht, die außer Gerbstoff nur noch die Säure HA enthält. Hat sich das Gleichgewicht zwischen der Lösung und dem Hautstückchen eingestellt, so möge in der Gerbstofflösung folgende Gleichung erfüllt sein:

$$x = [H^+] = [A'].$$

In der Gelphase möge folgende bestehen:

$$y = [H^+],$$

ferner sei:

$$z = [CH^+] \text{ (Konzentration des Kollagenkations)},$$

so daß

$$[A'] = y + z.$$

---

[1]) Procter u. Wilson, Theory of Vegetable Tanning. Journ. Chem. Soc. 109 (1916), 1327.

Die Gleichgewichtsbedingungen sind ebenso wie die bei der Gelatine beschriebenen; es wird daher auch hier an der Grenze der Gelphase und der äußeren Lösung eine Potentialdifferenz folgender Größe auftreten müssen:

$$E = \frac{RT}{F} \log \frac{y}{x} = \frac{RT}{F} \log \frac{-z + \sqrt{4x^2 + z^2}}{2x}.$$

Jedes Gerbstoffteilchen ist negativ geladen und muß daher mit einer entsprechenden Zahl von Kationen versehen sein, die sich in der die einzelnen Gerbstoffteilchen umhüllenden, dünnen Schicht befinden. Die Theorie erfährt auch keine Änderung, wenn man die Gerbstoffpartikel · nicht als feste Teilchen ähnlich wie suspendiertes Gold, sondern als Gelteilchen auffaßt, die Lösung absorbieren können. Die Konzentration dieser Kationen möge z_1, die der Anionen A' in der umhüllenden dünnen Schicht y_1 sein; die Gesamtkonzentration der Kationen ist dann $y_1 + z_1$. Die Potentialdifferenz an der Grenzfläche der umhüllenden dünnen Schicht und der eigentlichen Lösung läßt sich dann folgendermaßen berechnen:

$$E_1 = \frac{RT}{F} \log \frac{x}{y_1} = \frac{RT}{F} \log \frac{2x}{-z_1 + \sqrt{4x^2 + z_1^2}}.$$

Es ist ohne weiteres ersichtlich, daß E und E_1 verschiedenes Vorzeichen haben müssen.

Gemäß der Procter-Wilsonschen Theorie der Gerbung ist der erste Schritt bei der Gerbung der Ausgleich dieser beiden Ladungen. Die Gerbgeschwindigkeit wird daher am Anfang der Summe der absoluten Werte dieser Potentialdifferenzen direkt proportional sein:

$$\frac{RT}{F} \log \frac{4x^2}{(-z + \sqrt{4x^2 + z^2})\,(-z_1 + \sqrt{4x^2 + z_1^2})}.$$

In diesem Ausdruck bedeutet z den absoluten Wert der elektrischen Ladung des Kollagens und z_1 den der Ladung der Gerbstoffteilchen, während x die Wasserstoffionenkonzentration der Lösung ist. Bei konstantem x muß, wie man ersehen kann, die Gerbgeschwindigkeit bei einem Wachsen des Wertes z oder z_1 auch vergrößert werden.

Löst man in der Gerbbrühe ein Neutralsalz etwa NaCl, das im Gleichgewicht folgender Gleichung genügen möge:

$$u = [\text{Na}^+] = [\text{Cl}'],$$

so wird aus Gründen, die im 4. Abschnitt erörtert worden sind, die Anfangsgeschwindigkeit der Gerbung durch folgenden Ausdruck dargestellt:

$$\frac{RT}{F} \log \frac{4\,(x + u)^2}{[-z + \sqrt{4\,(x + u)^2 + z^2}] \cdot [-z_1 + \sqrt{4\,(x + u)^2 + z_1^2}]}.$$

Es ist ohne weiteres einzusehen, daß ein vermehrtes u, wenn z und z_1 konstant bleiben, eine Verzögerung der Gerbgeschwindigkeit be-

wirken muß. Aus dieser Tatsache erklärt sich zum Teil der gerbungs-
hemmende Einfluß von Neutralsalzen. Wird u über alle Maßen groß,
so nimmt der obige Ausdruck den Wert Null an.

Haben sich die die Gerbstoffteilchen umhüllenden Flüssigkeits-
schichten mit dem Lösungsanteil vereinigt, der sich in der Gelphase
des Kollagens befindet, und so die Potentialdifferenzen, die beide
gegenüber der äußeren Lösung aufweisen, ausgeglichen, so können
sich die wirklichen Ladungen der Kollagen- und Gerbstoffteilchen
ausgleichen, wie etwa bei der Bildung eines schwach dissoziierten
Salzes aus zwei entgegengesetzt geladenen Ionen.

Wie die physikalische Chemie der Proteine, die im 4. Abschnitt
entwickelt wurde, ist diese Theorie der Gerbung einer ausgedehnten
mathematischen Behandlung zugänglich. Da die quantitative Auswertung
der Theorie eben erst begonnen hat, so mögen solche Bestrebungen
der Zukunft überlassen werden. Es erscheint erwähnenswert, daß die
Theorie sich als wertvoller Führer bei der Weiterentwicklung des
Gerbprozesses erwiesen hat und daß bisher noch keine Erscheinung
beobachtet werden konnte, die sich nicht in die Theorie einfügen ließe.

Interessant ist es, das wahrscheinliche Verbindungsverhältnis von
Kollagen und Pentadigalloylglukose zu errechnen. Nimmt man den
vom Verfasser vorgeschlagenen Wert für das Verbindungsgewicht des
Kollagens zu 750 und ferner an, daß jeder Digallussäurerest sich mit
Kollagen verbinden kann, so kommen auf 340 Teile Gerbstoff 750
Teile Kollagen, oder 45,3 $^0/_0$ Gerbstoff auf 100 $^0/_0$ Kollagen-
teile. Vielleicht ist es mehr als ein bloßer Zufall, daß diese Menge
die geringste ist, die nach den Erfahrungen des Verfassers genügt,
um Haut vollkommen in Leder zu verwandeln. Läßt man Blößen
monatelang in Gerbbrühen liegen, so werden 90 Teile Gerbstoff von
100 Teilen Kollagen gebunden. Höhere Werte hat der Verfasser in
der Praxis nie beobachten können. Da die Gerbstoffe verschiedenes
Molekulargewicht aufweisen, muß man mit gewissen Abweichungen
rechnen. Wenn auch jede Annahme über das Verbindungsverhältnis
bei dem geringen Umfang unserer Kenntnisse über das Wesen des
Gerbvorganges als spekulativ zu bezeichnen ist, so kommt doch gerade
dort, wo wenig bekannt ist, solchen Spekulationen ein gewisser Wert
als Kristallisationszentrum für weitere Erkenntnisse zu.

Die Procter-Wilsonsche Theorie beschäftigt sich nicht mit dem
Aufbau des Kollagenkations oder des Gerbstoffanions, auch nicht mit
jenen Verbindungen von Gerbstoff und Kollagen, die bei gleichen
Vorzeichen der elektrischen Ladungen der beiden Komponenten zustande kommen. Hierbei ist zu bemerken, daß die Bedingungen für
das Zustandekommen solcher Verbindungen in der Praxis kaum jemals
anzutreffen sind.

Thomas und Kelly[1]) haben kürzlich eine Untersuchung über

---

[1]) Thomas u. Kelly, The Difference in Kind or Degree of Tannin Fixation
as a Function of the Hydrogen-Ion Concentration. Ind. Eng. Chem. (1923), 1148.

die Natur der Gerbstoff-Kollagenverbindungen angestellt. T r u n k e l [1]) hatte bereits gezeigt, daß die wasserunlösliche Verbindung aus Tannin und Gelatine durch Behandlung mit Äthylalkohol in ihre Komponenten zerlegt werden konnte, wenn die Verbindung nicht getrocknet wurde. Nach dem Trocknen war die Verbindung gegenüber Alkohol stabil. T h o m a s und K e l l y untersuchten den Einfluß von Äthylalkohol auf Kollagen, das bei verschiedenen pH-Werten gegerbt worden war.

Die Gerbstoffbrühen wurden so bereitet, daß sie pH-Werte von 1, 3, 5, 7 und 9 aufwiesen. Hautpulvermengen, die 1 g Trockensubstanz entsprachen, wurden mit 50 ccm einer wässerigen Lösung, die 2,7 g festen Hemlockrindenextrakt enthielt, 24 Stunden bei Zimmertemperatur geschüttelt. Die gegerbten Hautpulver wurden dann filtriert und in Wilson-Kern-Extraktoren behandelt, bis die Waschwässer keine Färbung mehr mit Ferrichlorid ergaben; darauf wurden die gegerbten Hautpulver in Thorn-Extraktoren übergeführt und mit 95 % Alkohol behandelt. Dieser Extraktor ist so konstruiert, daß das zu extrahierende Material sowohl mit den Dämpfen des Lösungsmittels als auch mit dem kondensierten Lösungsmittel in Berührung kommt.

Von Zeit zu Zeit wurde Lösungsmittel entnommen, zur Trockne eingedampft und dann im Vakuum bei 100° C 4 Stunden getrocknet. Nach erschöpfender Extraktion wurden die gegerbten Hautpulver im Vakuum getrocknet und dann gewogen. Der durch die Extraktion mit Alkohol verursachte Gewichtsverlust wurde aus Vergleich entsprechender Kontrollserien, die nicht mit Alkohol behandelt worden waren, errechnet.

Aus Tabelle 34 ersieht man die Ergebnisse aus den Bestimmungen der im alkoholischen Extrakt gelösten Stoffe, aus Tabelle 35 die aus der Analyse der gegerbten Hautpulver ermittelten Daten. Die Gerbstoff-Proteinverbindungen, die sich bei pH-Werten zwischen 3 und 5, dem in der Praxis üblichem Bereich, gebildet haben, werden am leichtesten von Alkohol zerlegt. Man erkennt ferner deutlich, daß die bei pH-Werten über 5 gegerbten Hautpulver widerstandsfähiger sind als die bei Werten unter 5. Tabelle 35 zeigt ferner den Einfluß des Trocknens auf die Zerlegung des Leders; die Gerbstoffbindung wird fester.

Es ist sehr eigenartig, daß die Daten von Tabelle 35 geringere Gerbstoffverluste anzeigen als die von Tabelle 34. Diese Differenz wird durch Versuche mit Gambir verständlicher. Die Versuche wurden ebenso ausgeführt, nur daß 50 ccm der Gerblösung 2 g Trockensubstanz an Gambir enthielten. Aus Tabelle 36 kann man die Ergebnisse ersehen, die durch Ermittlung der Trockengewichte des gegerbten Hautpulvers nach der Extraktion erhalten wurden. Hautpulver, das bei einem pH-Wert von 9 gegerbt worden war, zeigte sogar eine Gewichtszunahme! T h o m a s und K e l l y haben vermutet, daß der Alkohol zu Aldehyd oxydiert wird und so gerbend wirkt. Bei pH-Werten von 9 nehmen die Gerbstofflösungen bereitwillig unter

---

[1]) T r u n k e l, Über Leim und Tannin. Biochem. Zeitschr. 26 (1910), 458.

Tabelle 34

Alkoholextraktion von Gerbstoff aus Leder, das mit einem Hemlockrindenextrakt bei verschiedenen pH-Werten gegerbt worden war. Die Daten wurden durch Wägen der Alkoholrückstände ermittelt

Gegerbt bei einem pH-Wert von	Extrahierter Gerbstoff in Prozenten nach		
	1 Stunde	45 Stunden	91 Stunden
1	6,1	19,3	23,3
3	7,7	24,1	28,9
5	7,8	17,1	22,0
7	3,1	6,9	9,8
9	4,2	6,3	8,4

Tabelle 35

Der gleiche Versuch wie oben; die Daten wurden durch Wägen der getrockneten Leder nach der Extraktion erhalten

Gegerbt bei einem pH-Wert von	Nach 91stündiger Extraktion entfernter Gerbstoff in Prozenten	
	bei feuchtem Leder	bei getrocknetem Leder
1	16,6	0,0
3	23,3	2,8
5	25,1	4,4
7	4,6	0,6
9	0,6	0,0

Tabelle 36

Alkoholextraktion von Gerbstoff aus Leder, das mit einem Gambirextrakt bei verschiedenen pH-Werten gegerbt worden war. Die Daten wurden durch Wägen der getrockneten Leder nach der Extraktion erhalten

Gegerbt bei einem pH-Wert von	Nach einer 91stündigen Extraktion aus dem feuchten Leder entfernter Gerbstoff in Prozenten
1	17,5
3	26,3
5	19,5
7	0,7
9	(13,8 % Gewinn!)

Dunkelfärbung Sauerstoff auf. Der Verfasser hat gefunden, daß die im Leder vorhandenen Gerbstoffe den Sauerstoff auf ungesättigte Öle und Fette, die durch das Fetten in das Leder gebracht werden, zu übertragen vermögen. Das Verhältnis von gesättigten zu ungesättigten Fettsäuren hatte sich, wenn man Fett aus dem Leder wieder extrahierte, zugunsten der ersteren verschoben. Es ist daher nicht unwahrscheinlich, daß Gerbstoffe, die sich bei einem pH-Wert von 9 oxydiert haben, ihren Sauerstoff an das Alkoholmolekül abgeben.

Die wichtigste Feststellung dieser Arbeit ist die, daß die Fixierung von Gerbstoffen oberhalb und unterhalb eines pH-Wertes von 5 verschieden ist. Die Procter-Wilsonsche Theorie zieht nicht jene verwickelten Vorgänge in Betracht, die sich in Gerbstoffbrühen abspielen, deren pH-Wert oberhalb von 5 liegt. Auch werden die Veränderungen der Gerbstoff-Proteinverbindungen beim Trocknen und Altern nicht berücksichtigt.

In einer weiteren Untersuchung dehnten Thomas und Kelly[1]) diese Versuche auch auf mit Tannin gegerbtes Leder aus. Die Methode war ganz die gleiche. Hautpulvermengen, die 1 g Trockensubstanz entsprachen, wurden mit 50 ccm einer Tanninlösung, die im Liter 40 g enthielt, bei verschiedenen pH-Werten geschüttelt. Nachdem die Hautpulver zunächst im Wilson-Kern-Extraktor gewaschen worden waren, wurden sie 48 Stunden in einem Thorn-Extraktor mit Alkohol extrahiert. Die Versuchsergebnisse sind in Tabelle 36a zusammengestellt.

Tabelle 36a

Alkoholextraktion von Haut, die mit Tannin bei verschiedenen pH-Werten gegerbt wurde

Gegerbt bei einem pH-Wert von	Entfernter Gerbstoff in Prozenten			
	bei feuchtem Leder		bei getrocknetem Leder	
	a)	b)	a)	b)
1	89	103	81	92
3	84	95	67	74
5	69	82	66	75
7	82	94	60	67
9	73	89	27	41

a) Analyse der Leder; b) Analyse des Alkohols.

Es zeigte sich wieder ein Unterschied, je nachdem die Ergebnisse aus der Analyse des Alkohols oder des Hautpulvers errechnet wurden. Dieser wird, wie schon erwähnt, auf die Bildung von Aldehyd zurückzuführen sein.

---

[1]) Thomas u. Margaret Kelly, Tannic Acid Tannage. Ind. Eng. Chem. 16 (1924), 800.

Die tanningegerbten Hautpulver verhielten sich anders wie die mit Gerbstoffextrakten behandelten. Sie wurden ebenso wie die Leimtanninverbindungen von Trunkel[1]) durch Alkohol zerlegt. Hautpulver, das bei einem pH-Wert von 1 gegerbt worden war, wurde vollkommen, solches, das bei pH-Werten oberhalb von 3, zu zwei Dritteln zerlegt. Auch hier erfuhr die Bindung zwischen Gerbstoff und Hautpulver durch Trocknen eine Festigung.

Die Oxydationstheorie

Die einzige der zahlreichen organischen Theorien über die vegetabilische Gerbung, die einer Erwähnung würdig erscheint, ist die Oxydationstheorie, die von Meunier, Fahrion[2]) und anderen Autoren verfochten wird. Meunier[3]) und seine Mitarbeiter fanden, daß Haut durch Behandlung mit Chinon in Leder verwandelt werden kann. Die Farbe der Haut veränderte sich nacheinander von Rosa über Violett nach Braun. Das erhaltene Leder wies eine gute Wasserbeständigkeit auf. Es wurde dabei die theoretisch wichtige Beobachtung gemacht, daß Chinon in Hydrochinon übergeführt wird. Meunier zog daraus den Schluß, daß ein Teil des Chinons durch eine Oxydation des Kollagens reduziert worden war, und daß ferner nur dieses oxydierte Kollagen sich mit dem noch bleibenden Chinon verband. Er zog eine Parallele zu der Wirkung von Chinon auf aromatische Amine:

$$C_6H_5NH_2 + 2C_6H_4O_2 = C_6H_5N(C_6H_4O_2) + C_6H_4(OH)_2$$
$$2C_6H_5NH_2 + 3C_6H_4O_2 = (C_6H_5N)_2C_6H_4O_2 + 2C_6H_4(OH)_2$$

Nimmt man die Existenz primärer Aminogruppen im Kollagenmolekül an, so lassen sich die gebildeten Verbindungen etwa folgendermaßen formulieren:

$$R-N{<}{\overset{O}{\underset{O}{}}}{>}C_6H_4 \qquad {\overset{R-N-O}{\underset{R-N-O}{|}}}{>}C_6H_4$$

Fahrion[4]) nahm folgende Reaktionen an:

$$2RNH_2 + O = R-NH-NH-R + H_2O$$

$$\overset{R-NH}{\underset{R-NH}{|}} + C_6H_4O_2 = \overset{R-NH-O}{\underset{R-NH-O}{}}{>}C_6H_4$$

Meunier nimmt an, daß sich durch Oxydation in den vegetabilischen Gerbbrühen Chinone bilden, die sich mit dem Kollagen zu Leder vereinigen.

---

[1]) Trunkel, loc. cit.
[2]) Fahrion, Neuere Gerbmethoden und Gerbtheorien. Braunschweig 1915.
[3]) Meunier, Modern Theories of the Various Methods of Tanning. Chimie & industrie 1 (1918), 71, 272.
[4]) Fahrion, Mon. sci. (1911), 361, (1914), 112.

Powarnin[1]) wandte sich gegen die Annahme der Bildung von Chinonen durch Oxydation, indem er Umlagerungen in tautomere Verbindungen annahm:

$$
\begin{array}{ccc}
\text{CH} & & \text{CH} \\
\text{HC}\quad\text{C.OH} & \rightleftarrows & \text{HC}\quad\text{CH}\!-\!\text{O} \\
\text{HC}\quad\text{C.OH} & & \text{HC}\quad\text{CH}\!-\!\text{O} \\
\text{CH} & & \text{CH} \\
\text{Enol-Form} & & \text{Keto-Form}
\end{array}
$$

Die Enol-Form sollte in alkalischer und die Keto-Form hauptsächlich in saurer Lösung stabil sein.

Nach den Anschauungen von Powarnin hat nur die Keto-Form gerbende Eigeschaften; er formuliert die Lederbildung folgendermaßen:

$$
\begin{array}{ccccc}
\text{CH} & \text{NH}_2 & & \text{CH} & \text{NH} \\
\text{HC}\quad\text{CH}\!-\!\text{O}\quad\text{CH}_2 & & \text{HC}\quad\text{CH}\quad\text{CH}_2 & \\
\text{RC}\quad\text{CH}\!-\!\text{O}\quad\text{CO} & = & \text{RC}\quad\text{CH}\quad\text{CO} & +\;2\,\text{H}_2\text{O} \\
\text{CH}\quad\text{NH.R} & & \text{CH}\quad\text{N.R} & \\
\text{Gerbstoff}\quad\text{Protein} & & \text{Leder} &
\end{array}
$$

Es ist indessen zu bemerken, daß die organische Chemie der vegetabilischen Gerbstoffe bisher stark spekulativer Natur ist.

---

[1]) Powarnin, Das aktive Karbonyl und die Gerbung mit organischen Verbindungen. „Collegium" (1914), 634.

Chromgerbung

Trotzdem die gerbenden Eigenschaften der Chromsalze erst seit verhältnismäßig kurzer Zeit bekannt sind, werden sie heutzutage doch fast überall in der Welt zu der Herstellung leichter Oberleder verwendet. Der erste, der die Verwendung von Chromsalzen zum Gerben vorschlägt, ist der Deutsche Friedrich Knapp, der in seiner Abhandlung „Natur und Wesen der Gerberei und des Leders" die Gerbung von Häuten mit Salzen des Aluminiums, Eisens und Chroms beschreibt. Erst im Jahre 1884 ließ August Schultz in New York sich ein Verfahren zum Gerben von Häuten mit Chromsalzen patentieren. Dieses Patent ist der eigentliche Ausgangspunkt des Siegeszuges der Chromgerbung geworden[1]). Bei dem Verfahren von Schultz werden die gebeizten und entkälkten Blößen zuerst mit einer Lösung von Kaliumbichromat und Salzsäure im Walkfaß behandelt, bis sie gleichmäßig durchtränkt sind. Nach dem Abtropfen werden sie in einem zweiten Bad mit einer Thiosulfatlösung, die mit Salzsäure angesäuert ist, zur Reduktion der Chromsäure behandelt. Die sich dabei bildenden Chromsalze verbinden sich mit der Hautfaser zu einem sehr festen Leder.

Diese Gerbung ist unter der Bezeichnung „Zweibadverfahren" bekannt. Im Jahre 1893 ließ Martin Dennis ein weiteres Verfahren zur Gerbung mit Chromsalzen in einem Bade, das sich auf den Ideen von Knapp[2]) aus dem Jahre 1858 aufbaut, patentieren. Infolge der größeren Einfachheit verdrängte das Einbadverfahren bald das Zweibadverfahren. Nur bei der Herstellung gewisser Leder mit besonderen Eigenschaften, wie bei solchem aus Zickelhäuten, hat sich das Zweibadverfahren behaupten können, weil es nicht leicht möglich ist, die gleichen Eigenschaften mit dem Einbadverfahren zu erzielen. Eine Erklärung für diese Tatsache hat man bisher noch nicht finden können, und der Verfasser ist der Ansicht, daß es auch mit dem Einbadverfahren gelingen müßte, das gleiche Leder herzustellen, wenn man der Brühe die Zusammensetzung erteilen würde, die die Zweibadbrühe

---

[1]) Ausführlich in Jettmar, Handbuch der Chromgerbung. 3. Auflage 1924.
[2]) Knapp, Natur und Wesen der Gerberei und des Leders. Sonderabdruck aus „Collegium" 1919.

bei der zweiten Phase im Leder besitzt. Bei dem gewöhnlichen Zweibadverfahren wird durch das Ansäuern des Thiosulfates im Leder Schwefel abgelagert, so daß das Leder auf diese Weise besondere Eigenschaften erhält. Man kann indessen durch den Ersatz des Thiosulfates durch Natriumbisulfit als Reduktionsmittel die Schwefelausscheidung vermeiden. Andererseits kann man auch bei der Einbadgerbung durch Zusatz von Thiosulfat Schwefel im Leder zur Ablagerung bringen. Man verwendet heute allgemein zum Gerben nicht Chromchloride, sondern Sulfate, die nicht nur billiger, sondern auch geeigneter sind.

Die in der Praxis verwendeten Brühen werden gewöhnlich aus Chromalaun oder aus Natriumbichromat hergestellt. P r o c t e r [1]) gibt ein allgemeines Verfahren zur Herstellung von Chrombrühe an, bei der die angesäuerte Natriumbichromatbrühe mit Glukose reduziert wird. Es sind seitdem eine große Reihe von Reduktionsmitteln vorgeschlagen oder patentiert worden. Eine besonders praktische Methode, die gleichzeitig von B a l d e r s t o n [2]) und P r o c t e r [3]) beschrieben wurde, ist, schweflige Säure in Natriumbichromat bis zur vollständigen Reduktion einzuleiten. Die Reaktion wird im allgemeinen folgendermaßen formuliert:

$$Na_2Cr_2O_7 + 3SO_2 + H_2O = Na_2SO_4 + 2CrOHSO_4.$$

Die Gleichung gibt indessen nur die endgültige Basizität der Brühe an; das entstehende Endprodukt hat sicherlich eine weit kompliziertere Zusammensetzung.

Gewöhnlich werden die Blößen, die von der Wasserwerkstatt kommen, vor der Gerbung gepickelt, wie dies im 9. Abschnitt beschrieben worden ist. Es gelingt auf diese Weise, die Blößen in einen einheitlichen Zustand zu bringen. Nach dem Pickeln werden sie in Walkfässern mit Chrombrühen bewegt, bis sie vollständig durchgegerbt sind. Man kann dies mit Hilfe der sogenannten Kochprobe leicht feststellen: Ein Stückchen der Blöße wird abgeschnitten und in kochendes Wasser gebracht. Ungegerbte Blöße wird in Gelatine verwandelt, gegerbte dagegen wird nicht angegriffen. Ein leichtes Schrumpfen oder Kräuseln des zu untersuchenden Blößenstückchens zeigt daher an, daß die Gerbung noch nicht beendet ist. Die Diffusionsgeschwindigkeit der Chromsalze in die Blöße, die Gerbgeschwindigkeit, und die Eigenschaften des resultierenden Leders hängen von der Konzentration der Chromsalze, der Neutralsalze und der Wasserstoffionen ab. Verwickelter werden diese Beziehungen noch durch den Einfluß der Zeit, der Temperatur und des Hydrolysegrades der Chromsalze. Alle diese Faktoren, der Zustand, in dem die Blößen in die Chrombrühe gelangen und auch die Vorgänge, die

---

[1]) P r o c t e r, Leather Trades Rev. (1897), 12. Januar.
[2]) B a l d e r s t o n, Shoe & Leather Rep. (1917), 18. Oktober.
[3]) P r o c t e r, Journ. Roy. Soc. Arts. 66 (1918), 747.

sich nach der Gerbung abspielen, müssen aufeinander abgestimmt sein. Es gibt sicherlich kaum zwei Gerbereien, die übereinstimmende Verfahren haben. Nur wenige würden es wagen, ein Verfahren, das ihnen ein gutes Leder gewährleistet, aufzugeben.

Chromkollagenat

Es kann wohl als gesicherte Erkenntnis betrachtet werden, daß Säure- und Basenreste mit Kollagen definierte Salze bilden können. Es ist durchaus nicht ungewöhnlich anzunehmen, daß auch Chrom- und andere Metallradikale mit dem Kollagen eine Reihe von Salzen bilden können, die man als Kollagenate bezeichnen müßte. Wenn es sich auch im Verlaufe der weiteren Beschreibung zeigen wird, daß die Verhältnisse verwickelter liegen, so ist diese Annahme doch zunächst ausreichend.

Legt man als Verbindungsgewicht des Kollagens den Wert 750 des Verfassers [1]) zugrunde, so würde die geringste Menge Chromoxyd, die notwendig wäre, um 100 g Kollagen in Leder zu verwandeln, $3,38 \text{ g} = (152 \times 100)/(6 \times 750)$ betragen. Lamb und Harvey [2]) fanden, daß die geringste Menge Chromoxyd, die zur Gerbung notwendig ist, 2,8 bis 3,0 Prozent auf das Trockengewicht des Leders bezogen beträgt. Rechnet man die Prozente auf Kollagen um, so erhält man 3,4 Prozent. Es wird später noch gezeigt werden, daß der Zahl 3,38 eine besondere Bedeutung zukommt. Dieser Berechnung liegt die Annahme zugrunde, daß alle drei Valenzen des Chroms an Kollagen gebunden werden. Die entstehende Verbindung müßte daher, wie es in der Tat der Fall ist, sehr stabil sein.

Hydrolyse von Chromsalzen

Da Chromsulfat das Salz einer starken Säure und einer schwachen Base ist, so wird es durch Wasser unter Bildung freier Schwefelsäure und basischer Salze gespalten. Thomas und Baldwin [3]) [4]) untersuchten den Hydrolysegrad von Chromsalzen unter verschiedenen Bedingungen, indem sie die Wasserstoffionenkonzentration verfolgten. Es wurden untersucht: Chromsulfat, Chromchlorid und eine technische Chrombrühe. Bei der Analyse der letzteren ergaben sich folgende Daten: Cr_2O_3 : 14,3 $^0/_0$, Fe_2O_3 : 1,9 $^0/_0$, Al_2O_3 : 0,2 $^0/_0$, SO_3 : 23,5 $^0/_0$, Cl : 0,2 $^0/_0$. Die Basizität der Brühe entsprach folgender Formel: $Cr(OH)_{1,2}(SO_4)_{0,9}$; der Überschuß an SO_3 ist auf das in der Brühe anwesende Na_2SO_4 zurückzuführen.

[1]) Wilson, Theories of Leather Chemistry. Journ. Am. Leather. Chem. Assoc. 12 (1917), 108.

[2]) Lamb u. Harvey, Estimation of Chromic Oxide in Chrome Tanned Leather. Collegium (London Edition) (1916), 201.

[3]) Thomas u. Baldwin, The Acidity of Chrome Liquors. Journ. Am. Lea. Chem. Assoc. 13 (1918), 192.

[4]) Thomas u. Baldwin, Contrasting Effects of Chlorides and Sulfates on the Hydrogen-Ion Concentration of Acid Solutions. Journ. Am. Chem. Soc. 41 (1919), 1981.

Einfluß der Verdünnung. Aus Abb. 127 erkennt man den Einfluß der Verdünnung auf die pH-Werte der Chromsulfatlösung und der technischen Brühe. Die konzentrierten Lösungen wurden verdünnt und die Wasserstoffionenkonzentration unmittelbar und nach 7 bzw. 9tägigem Stehen ermittelt. Bei beiden Lösungen machte sich die Verdünnung in einer Erhöhung der pH-Werte bemerkbar; ließ man die Lösungen jedoch stehen, so fielen sie bei der Chromsulfatlösung, während sie in technischen Brühen stiegen.

Einfluß der Zugabe von Säure und Base. Abb. 128 zeigt den Einfluß des Zusatzes von Schwefelsäure und Natronlauge zu der Chromsulfatlösung und der

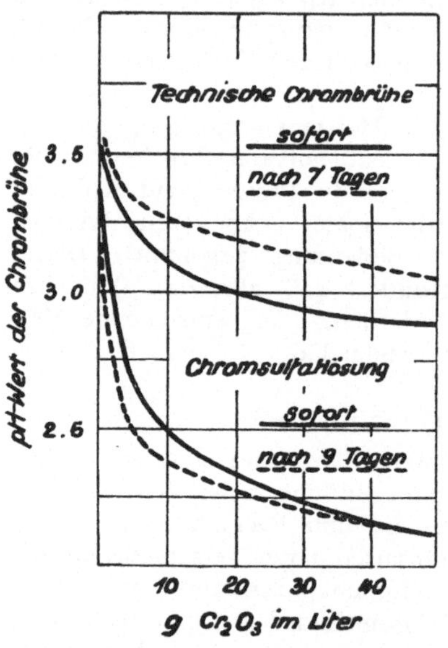

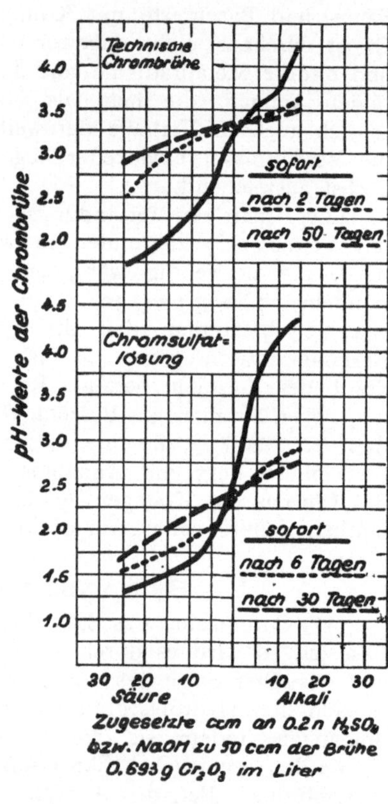

Abb. 127. Einfluß der Verdünnung auf die Hydrolyse von Chrombrühen

Abb. 128. Der Einfluß des Zusatzes von Säure oder Alkali auf die Hydrolyse von Chrombrühen

technischen Brühe. In jedem Falle wurde eine bestimmte Menge Schwefelsäure beziehungsweise Natronlauge zugesetzt. Die Mischung wurde dann auf 50 ccm verdünnt und die Wasserstoffionenkonzentration sofort und in gewissen Abständen gemessen. Durch den Säurezusatz wurde die Wasserstoffionenkonzentration erhöht, die Hydrolyse des Chromsalzes jedoch zurückgedrängt. Aus den Kurven geht hervor, daß das Hydrolysegleichgewicht sich erst nach einer gewissen Zeit einstellt. Bei dem Säurezusatz nähert sich die Wasserstoffionenkonzentration mit der Zeit immer mehr dem ursprünglichen Wert, ohne ihn indessen jemals ganz zu erreichen.

Durch die Herabsetzung der Wasserstoffionenkonzentration bei der Zugabe von Lauge wird die Hydrolyse begünstigt. Mit der Zeit sucht sich indessen auch hier die Wasserstoffionenkonzentration dem Ausgangswert wieder anzugleichen. Aus den Versuchen wird deutlich,

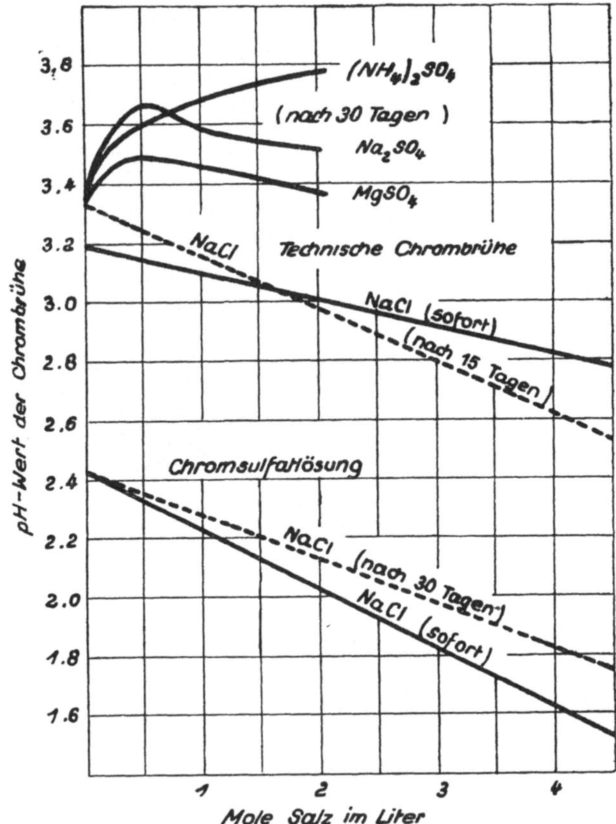

Abb. 129. **Einfluß von Neutralsalzen auf die Wasserstoffionenkonzentration einer Chrombrühe, die 13,86 g Cr_2O_3 im Liter enthält**

daß die Hydrolysegleichgewichte bei den Chrombrühen zu ihrer Einstellung eine nicht unerhebliche Zeit beanspruchen; es ist ohne weiteres einzusehen, daß die Untersuchung der Chromgerbung durch diese Tatsache bedeutend erschwert wird.

Einfluß von Neutralsalzen. Im 3. Abschnitt wurde gezeigt, daß der Zusatz von neutralen Chloriden zu Säuren die Wasserstoffionenkonzentration erhöht, während der von neutralen Sulfaten sie herabsetzt, wie dies aus den Abb. 39 und 40 deutlich wird. Abb. 129

gibt den Einfluß des Zusatzes von verschiedenen Neutralsalzen zu einer Chromsulfatlösung und der technischen Chrombrühe wieder. Die Ähnlichkeit der Kurven mit denen von Abb. 39 und 40 ist auffallend. Die Messungen wurden bei allen Versuchen mit Ausnahme des mit NaCl, bei dem auch der Zeiteinfluß untersucht wurde, erst nach 30 Tagen, nachdem sich das Gleichgewicht eingestellt hatte, durchgeführt.

Um Komplikationen zu vermeiden, die durch die Zugabe von Chloriden zu Chromsulfaten entstehen, untersuchten T h o m a s und B a l d w i n den Einfluß von neutralen Chloriden auf Lösungen von Chromchlorid. Aus Abb. 130 ersieht man den Einfluß des Zusatzes

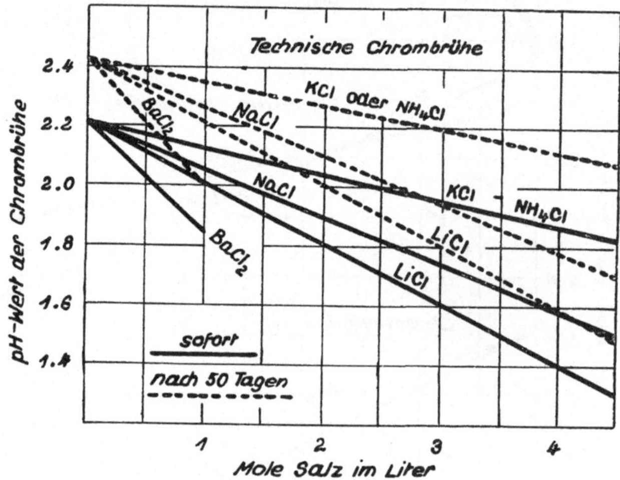

Abb. 130. Einfluß von neutralen Chloriden auf die Wasserstoffionenkonzentration einer Lösung von Chromchlorid, die im Liter 13,77 g Cr_2O_3 enthält

steigender Mengen verschiedener Neutralsalze auf Lösungen von grünem Chromchlorid. Die Messungen wurden sofort nach der Zugabe und weiter nach 50tägigem Stehenlassen ausgeführt. Wurde kein Salz hinzugefügt, so war eine Steigerung der pH-Werte beim Stehen festzustellen.

Der Zeitfaktor macht sich, wie aus Abb. 131 zu ersehen ist, beim Zusatz von Neutralsalzen in besonders verwickelter Weise bemerkbar. Eine technische Chrombrühe wurde mit einer Lösung von Natriumchlorids so vermischt, daß die Endkonzentration des Natriumchlorids 2 m war und die des Cr_2O_3 13,86 g im Liter betrug. Die Wasserstoffionenkonzentration wurde 4 Stunden lang alle 10 Minuten und dann in größeren Zwischenräumen 3 Tage lang gemessen. Es ist ohne weiteres einzusehen, daß die Zunahme der Wasserstoffionenkonzentration ebenso wie die Hydrolyse von einem Zeitfaktor abhängig ist.

Angeregt durch die Beobachtung von W. Klaber, daß bei Zusatz von Neutralsalzen die Basizität von Chrombrühen ohne Ausflockung erhöht werden kann, unterzogen Wilson und Kern[1]) diesen Befund eingehender Untersuchung.

Sie konnten zeigen, daß die Ausflockbarkeit von Chrombrühen mittels Alkali durch Zusatz von Neutralsalzen insbesondere durch Sulfate, die wirksamer als Chloride sind, vergrößert werden kann. Es wurde zunächst diejenige Menge 0,1 n NaOH ermittelt, die notwendig war, um bei 10 ccm einer Chromlösung eine bleibende Trübung zu bewirken. Bei einer bestimmten Chrombrühe waren 3,7 ccm notwendig. Zu einer weiteren Portion von 10 ccm der gleichen Brühe wurden 0,04 Mole Natriumchlorid gegeben. In diesem

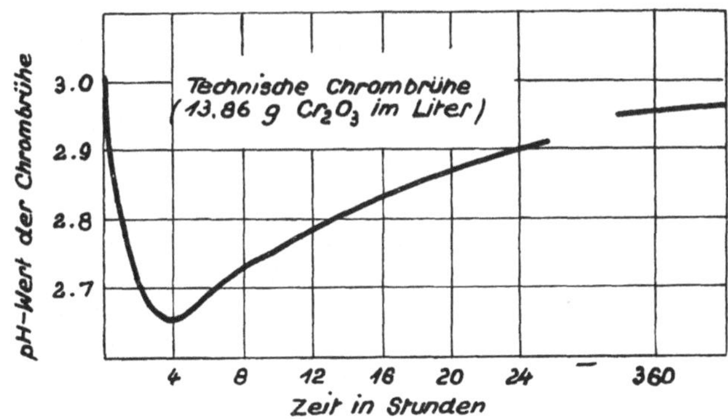

Abb. 131. Die Veränderung der Wasserstoffionenkonzentration einer Chrombrühe mit der Zeit nach dem Zusatz von 2 Molen NaCl auf ein Liter

Falle waren 6,8 ccm 0,1 n NaOH zur Erzeugung einer Trübung erforderlich. Wurde der Versuch so wiederholt, daß 0,02 Mole Neutralsalz zugegeben wurden, so war folgende Anzahl ccm 0,1 n NaOH bis zur Ausflockung hinzuzufügen: bei keinerlei Zusatz 3,7; bei KBr 3,9; bei KCl 4,0; bei KNO_3 4,2; bei NH_4Cl 4,5; bei NaCl 5,4; bei $MgCl_2$ 6,2; bei $MgSO_4$ 10,5; bei Na_2SO_4 11,4; bei $(NH_4)_2SO_4$ 11,6. Ein Teil des Einflusses der Chloride ist sicherlich auf die Vergrößerung der Wasserstoffionenkonzentration der Brühe zurückzuführen. Die Sulfate hingegen, die die Wasserstoffionenkonzentration der Brühe erniedrigen, bewirken durch die Bildung von Verbindungen, die andere Ausflockungsbedingungen aufweisen, eine größere Stabilität der Lösung.

---

[1]) Wilson u. Kern, The Action of Neutral Salts upon Chrome Liquors. Journ. Am. Leather Chem. Assoc. 12 (1917), 445.

Diffusion von Chromsalzen in Proteingele

Während bei der vegetabilischen Gerbung eine Vergrößerung der pH-Werte der Gerblösungen eine Beschleunigung der Diffusion hervorruft, ist bei der Chromgerbung gerade das Gegenteil der Fall. Mit steigenden pH-Werten bilden die Chromsalzmoleküle Aggregate von wachsender Größe, die nur langsamer in die Blöße eindringen können.

Bringt man Blöße in Chrombrühen, so diffundieren sowohl die freie Säure als auch die basischen Chromkomplexe hinein. Je schneller die Säure diffundiert, um so basischer wird die Chrombrühe. Procter und Law[1]) untersuchten die Diffusionsgeschwindigkeit von freier Säure und basischen Chromsalzen in eine Gelatinegallerte, die sie schwach alkalisch gemacht und mit Phenolphtalein versetzt hatten. Die Gelatinegallerte ließ man in einer Neßler-Röhre erstarren und überschichtete darauf mit Chromlösung. Man konnte nun die Diffusion der Säure und des Chromsalzes beobachten. Letzteres erkannte man an seiner Farbe, während die Säure das Phenolphtalein entfärbte. Die Vereinigung von Säure und Chromsalz mit Gelatine hemmte die Diffusionsgeschwindigkeit.

Die verschiedene Diffusionsgeschwindigkeit beider Komponenten kann durch das Pickeln der Blößen ausgeglichen werden. Enthält die Blöße einen großen Überschuß an Säure, so dringen die Chromsalze sehr schnell ein; andererseits wird die Geschwindigkeit der Gerbung entsprechend herabgesetzt. Es ist daher notwendig, die in der Blöße vorhandene Säure zum Teil zu neutralisieren, selbst wenn sie von den Chromsalzen vollkommen durchdrungen ist.

Der Zeitfaktor bei der Chromgerbung

Der Fortschritt der Chromgerbung mit der Zeit ist von Thomas, Baldwin und Kelly[2])[3]) untersucht worden. Die vorhin beschriebene Chrombrühe wurde zunächst untersucht. Sie wurde so verdünnt, daß auf 1 Liter 17 g Cr_2O_3 kamen. Je 200 ccm dieser Brühe wurden zu je 5 g Hautpulver gefügt und in Flaschen mit Glasstopfen unter öfterem Umschütteln bei Zimmertemperatur von etwa 26° C stehen gelassen. Nach 1, 2, 4, 6, 8, 12, 24, 48, 72 und 96 Stunden wurden die gegerbten Hautpulver durch Absaugen auf Büchnertrichtern von der Chrombrühe befreit und die Filtrate zur Analyse beiseite gestellt. Die Hautpulver wusch man dann mit 500 ccm Wasser zur Entfernung des noch anhaftenden, nicht chemisch gebundenen Lösungsmittels. Die gewaschenen Hautpulver wurden zunächst bei 40° C und dann bei 100° C vollkommen getrocknet.

---

[1]) Procter u. Law, Journ. Soc. Chem. Ind. 28 (1909), 297.
[2]) Thomas, Baldwin u. Kelly, The Time Factor in the Adsorption of the Constituents of Chrome Liquor by Hide Substance. Journ. Am. Leather Chem. Assoc. 15 (1920), 147.
[3]) Thomas u. Kelly, The Time Factor in the Adsorption of Chromic Sulfate by Hide Substance. Ibid. 15 (1920), 487.

Die abfiltrierten Brühen wurden auf Wasserstoffionenkonzentration, Azidität und Cr_2O_3-Gehalt untersucht, die gegerbten Hautpulver auf SO_3, Cr_2O_3, Asche und Hautsubstanz (Stickstoff x 5,62).

Die Messung der Wasserstoffionenkonzentration wurde gleich nach der Filtration vorgenommen. Ferner maß man, um die Möglichkeit einer Änderung der Konzentration· durch Absorption durch Hautpulver auszuschalten, auch die Wasserstoffionenkonzentration bei Parallelversuchen ohne Hautpulver. Abb. 132 zeigt die Messungsergebnisse beider Versuchsreihen.

Abb. 133 gibt jene Mengen an Cr_2O_3 und SO_3 wieder, die nach verschiedenen Gerbzeiten von 1 g Hautpulver aufgenommen wurden. Die unterbrochenen Linien zeigen Werte, die aus der Analyse der Chrombrühen erhalten worden sind, wobei angenommen wurde, daß während des ganzen Gerbvorganges die Zusammensetzung der Brühe

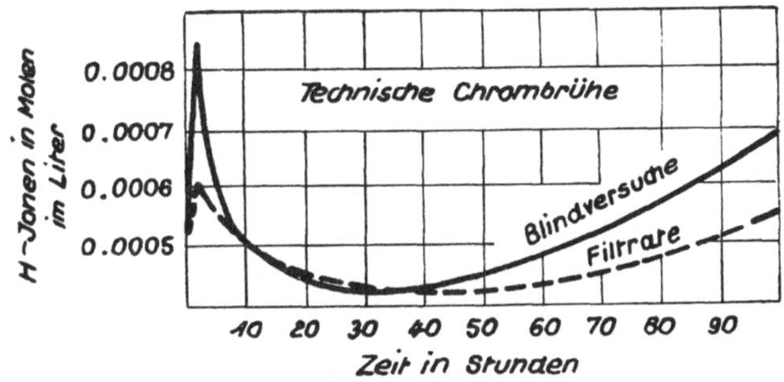

Abb. 132. **Die Änderung der Wasserstoffionenkonzentration einer Chrombrühe mit der Zeit**

in allen Phasen des Systems gleich war. Wir wissen jedoch aus Abschnitt 4, daß die vom Kollagen absorbierte Lösung weniger konzentriert, als die äußere ist, daß also diese Annahme nicht zutrifft. Es wird somit verständlich, warum die punktierten Kurven niedrigere Werte für aufgenommenes Cr_2O_3 und SO_3 angeben. Thomas und Kelly erkannten dies sehr wohl und teilten die errechneten Werte nur mit, um zu zeigen, daß es falsch ist, absorbierte Mengen aus der Analyse der nichtabsorbierten Lösung zu errechnen. Bei der Ermittelung der Sulfate ist die Differenz bei beiden Methoden noch größer, da offenbar im Gegensatz zum $Cr_2O_3SO_3$ weniger fest gebunden und daher leichter ausgewaschen wird.

Des weiteren wurden reine Chromsulfatlösungen untersucht. Es erwies sich jedoch als notwendig, die Methode abzuändern, da bei Innehaltung der alten, unsinnige Werte erhalten wurden. Feuchtete man das Hautpulver vor der Gerbung an, so konnten die Schwierigkeiten behoben werden. Möglicherweise läßt sich diese Erscheinung aus der höheren Azidität dieser Verbindungen gegenüber technischen

Brühen erklären. Je 5 g Hautpulver wurden mit je 50 ccm Wasser in eine Reihe von Flaschen mit Glasstopfen getan. Nachdem sich das Hautpulver über Nacht angefeuchtet hatte, wurden je 150 ccm Chromsulfatlösung hinzugefügt, so daß das Endvolumen 200 ccm betrug und im Liter 16,4 g Cr_2O_3 vorhanden waren. Die Versuche wurden im übrigen ebenso wie bei denen mit technischer Brühe durchgeführt; die Einwirkungszeit erhöhte sich jedoch auf 64 Tage.

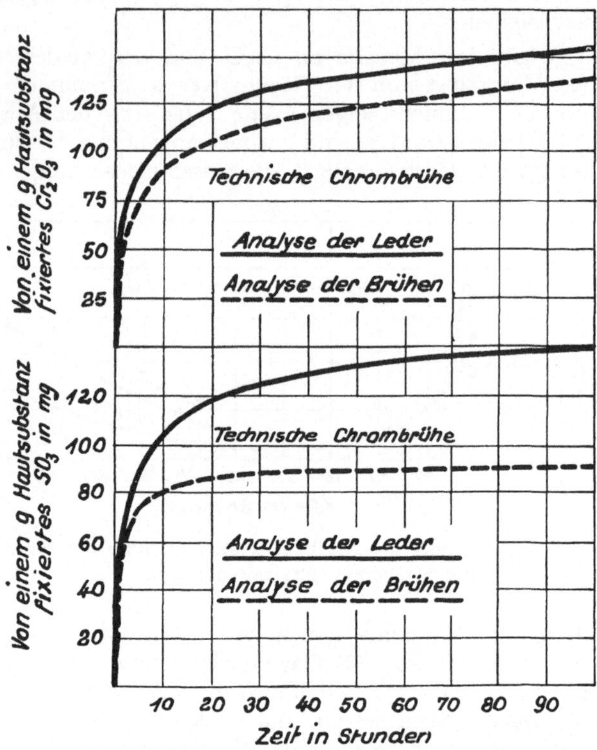

Abb. 133. Die Aufnahme von Cr_2O_3 und SO_3 durch Hautpulver nach 4tägigem Stehen mit einer Chrombrühe, die 17 g Cr_2O_3 im Liter enthält

Die Wasserstoffionenkonzentration wurde wieder in den Filtraten und in parallelen Blindversuchen ohne Hautpulver gemessen. Die Versuchsergebnisse sind aus Abb. 134 zu ersehen; sie stimmen jedoch nicht mit denen überein, die in Abb. 132 wiedergegeben sind.

Die Abhängigkeit der von 1 g Hautpulver aufgenommenen Cr_2O_3- und Sulfat-Menge ist in Abb. 135 wiedergegeben. Auch hier decken sich die Befunde aus den Analysen der Brühen und der gegerbten Hautpulver nicht, und es sind die durch ausgezogene Linien dar-

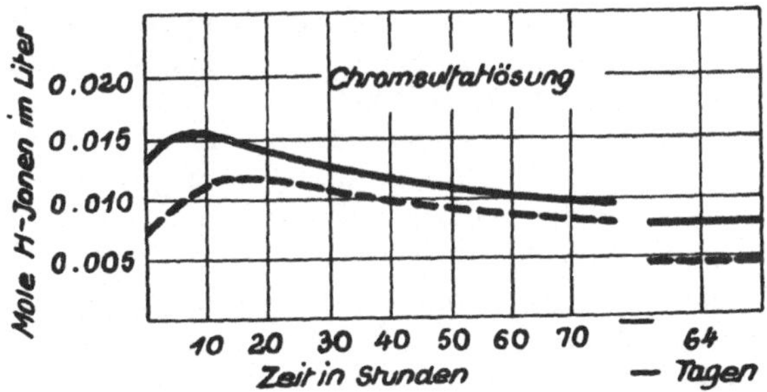

Abb. 134. Die Veränderung der Wasserstoffionenkonzentration einer Chrombrühe mit der Zeit

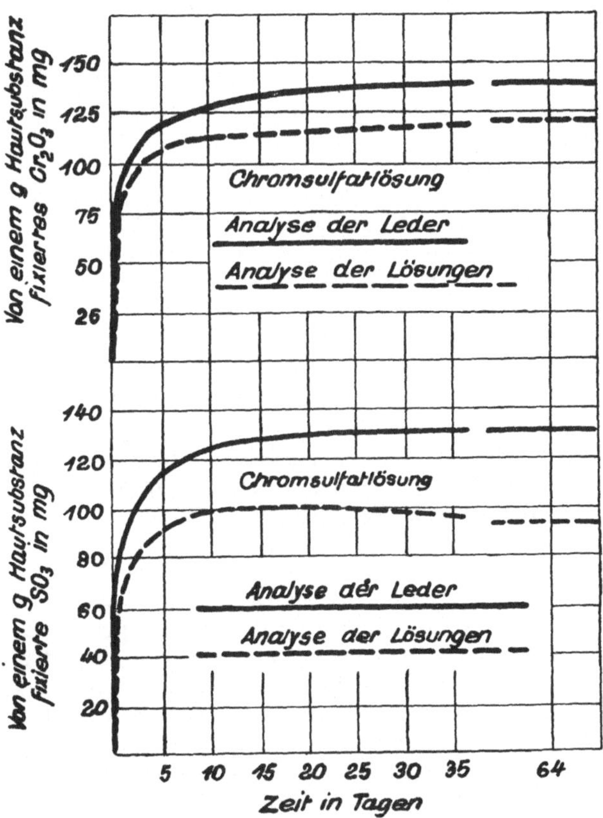

Abb. 135. Die Aufnahme von Cr_2O_3 und SO_3 durch Hautsubstanz nach 64tägiger Einwirkung einer Chromsulfatlösung, die 16,4 g Cr_2O_3 im Liter enthält

gestellten Werte, die aus den Analysen der Hautpulver erhalten wurden, zuverlässiger. Die von 100 g Hautpulver gebundene Menge Cr_2O_3 nähert sich mit der Zeit immer mehr dem Werte 13,8. Da dieser Wert gerade das Vierfache von dem des Autors (3,38 g) ist, der nach der Auffassung des Verfassers nötig ist, um 100 g Kollagen in Chromkollagenat zu verwandeln, schlossen Thomas und Kelly, daß sie ein Tetrakollagenat in Händen hatten.

Man erkennt aus dem Vergleich von Abb. 133 und 135, daß die Gerbgeschwindigkeit der Chromsulfatbrühe, die gegenüber der technischen Chrombrühe eine 20mal größere Wasserstoffionenkonzentration aufweist, eine weit geringere ist. Weiter ist wichtig, daß die von 1 g Hautprotein gebundene Menge Cr_2O_3 bei der technischen Brühe nach 4 Tagen größer ist als die endgültig aus einer reinen Chromsulfatlösung nach längerer Zeit aufgenommene Menge. Die Bedeutung des Befundes wird erst aus den folgenden Untersuchungen verständlich.

Der Einfluß der Konzentration bei der Chromgerbung

Der Einfluß der Konzentration auf die von der Haut gebundene Chrommenge ist von Baldwin[1]) und von Thomas und Kelly[2])[3]) untersucht worden. Es wurde aus der oben beschriebenen, technischen Chrombrühe eine Lösung hergestellt, die im Liter 202 g Cr_2O_3 enthielt und die man je nach Bedarf verdünnte. Je 200 ccm der verdünnten Lösung wurden mit einer Hautpulvermenge, die 5 g Trockensubstanz entsprach, in eine Flasche gebracht. Einen weiteren Lösungsanteil ließ man ohne Hautpulver 48 Stunden stehen und ermittelte dann die Wasserstoffionenkonzentration. Die Flaschen mit Hautpulver wurden gelegentlich geschüttelt und der Inhalt nach 48 Stunden abgesaugt. Die Brühen sowie die getrockneten Hautpulver wurden wie bei den Zeitversuchen analysiert.

Abb. 136 gibt die Wasserstoffionenkonzentration der filtrierten Brühen und die der Versuchsreihe ohne Hautpulver wieder. Aus Abb. 137 ist der Einfluß der Konzentration auf die von 1 g Hautpulver nach 48 Stunden aufgenommene Menge Cr_2O_3 zu ersehen. Berechnet man die Werte aus den Analysen der Brühen, so erhält man unsinnige Werte. Die Berechnungen sind so ausgeführt, daß die Abnahme der Konzentration der Brühe der aufgenommenen Menge entspricht. Es zeigt sich jedoch, daß bei konzentrierten Lösungen die Konzentration durch Zugabe von Hautpulver merkbar vermehrt wird, da mehr Wasser als Chromsalz aufgenommen wird.

---

[1]) Baldwin, The Effect of the Concentration of a Chrome Liquor upon Adsorption by Hide Substance. Journ. Am. Leather Chem. Assoc. 14 (1919), 433.

[2]) Thomas u. Kelly, The Effect of Concentration of Chrome Liquor upon the Adsorption of Its Constituents by Hide Substance. Journ. Ind. Eng. Chem. 13 (1921), 31.

[3]) Thomas u. Kelly, Equilibria between Tetrachrome Collagen and Chrome Liquors; the Formation of Octachrome Collagen. Ibid. 14 (1922), 621.

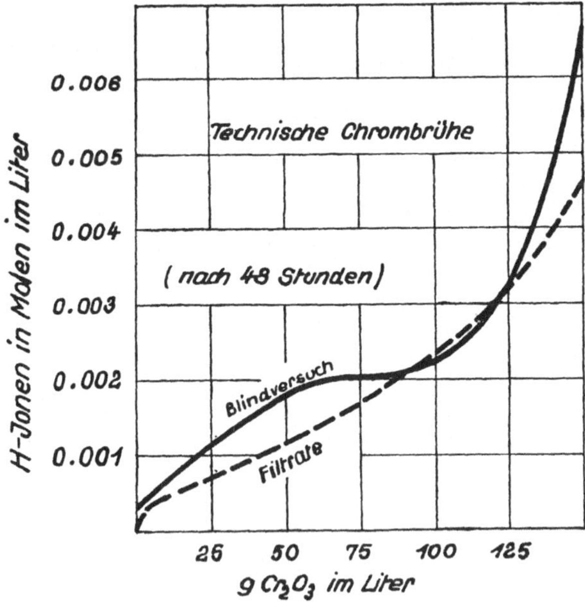

Abb. 136. **Die Wasserstoffionenkonzentration von Chrombrühen verschiedener Konzentration**

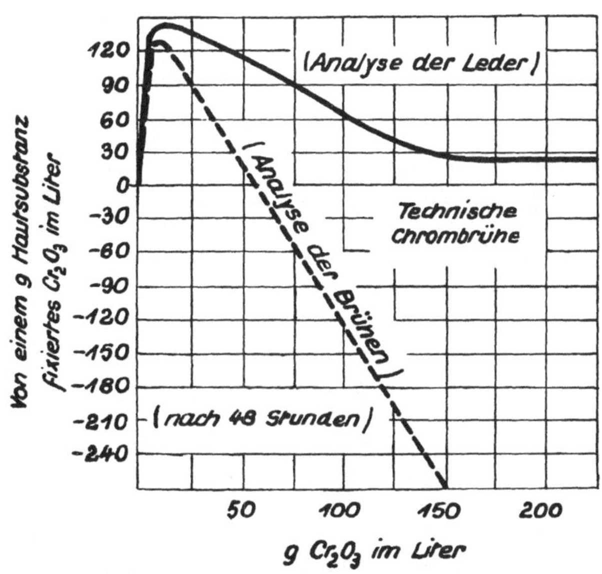

Abb. 137. **Der Einfluß der Konzentration einer Chrombrühe auf die Bindung von Cr₂O₃ durch Hautsubstanz**

Es wird daran erinnert, daß die offizielle Gerbstoffbestimmungsmethode der A. L. C. A. auf der gleichen Berechnungsart beruht, die
hier zu unsinnigen Werten führt und die im Abschnitt 11 beschrieben

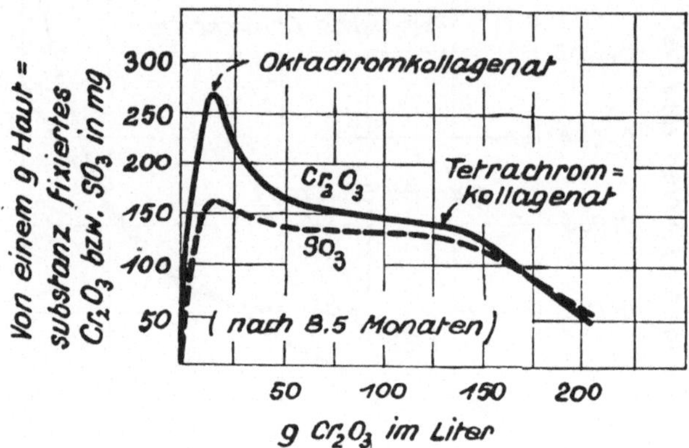

Abb. 138. **Der Einfluß der Konzentration der Chrombrühe auf
die Bindung von Cr_2O_3 und SO_3 durch Hautsubstanz**

worden ist. Ermittelt man dagegen die Werte aus der Analyse der
gegerbten Hautpulver, so verfährt man ebenso wie bei der Wilson-
Kernschen Gerbstoffbestimmungsmethode.

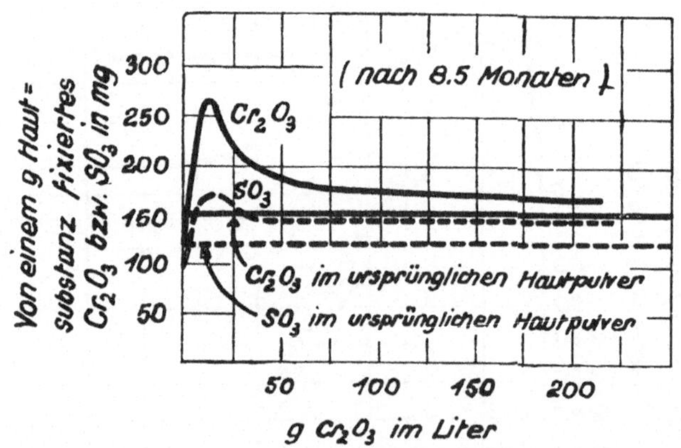

Abb. 139. **Der Einfluß der Konzentration einer Chrombrühe auf
die Bindung von Cr_2O_3 und SO_3 durch Tetrachromkollagenat**

Das Maximum bei einer Konzentration von 15 g Cr_2O_3 im Liter
läßt sich nur unvollkommen erklären. Es lassen sich immerhin eine
Reihe von Gründen für die Abnahme der aufgenommenen Menge bei
höheren Konzentrationen anführen, hierzu gehören die Zunahme der

Wasserstoffionenkonzentration, wie aus Abb. 136 ersichtlich, die Zunahme der Salzkonzentration und wahrscheinlich auch die Bildung von Additionsverbindungen. Ein Vergleich dieser Kurven mit denen, die die vegetabilische Gerbung als Funktion der Konzentration darstellen, ist interessant.

Die eben beschriebenen Versuche wurden wiederholt, nur betrug die Einwirkungszeit diesmal 8,5 Monate. Aus den Untersuchungen geht, wie aus Abb. 138 ersichtlich, hervor, daß die Höchstmenge, die aufgenommen wird, auf 100 g Hautprotein bezogen, 26,6 g Cr_2O_3 beträgt. Dieser Wert ist gerade das 8fache des vom Verfasser gefundenen Minimalwertes, der, wie erwähnt, 3,38 beträgt. Bei der Hälfte der maximalen Menge ist ein Knick in der Kurve auffallend. Thomas und Kelly errechneten unter der Annahme, daß sie ein Oktachromkollagenat erhalten hatten, das Verbindungsgewicht des Kollagens zu 94; der Wert liegt in der gleichen Größenordnung wie der der Aminosäuren, aus denen das Kollagen aufgebaut ist. Das bei diesem Versuch beobachtete Verbindungsverhältnis zwischen Kollagen und Chrom ist das größte, über das jemals in der Literatur berichtet worden ist.

Der Grund dafür, daß nach 64tägiger Behandlung mit Chromsulfatlösung ein Tetrachromkollagenat, bei einer solchen mit technischer Brühe jedoch ein Oktakollagenat erhalten wurde, ist in der Verschiedenheit der Wasserstoffionenkonzentration zu suchen. Aus dieser Annahme ist zu folgern, daß bei höherer Azidität nur die Hälfte aller Karboxylgruppen in der Lage ist, sich mit den Chromvalenzen abzusättigen. Es bestände so die Möglichkeit, bei einer genügend langen Einwirkungszeit je nach den pH-Werten der Lösung Mono- bis Oktachrom-Kollagenate zu erhalten.

Thomas und Kelly untersuchten weiter die Umkehrbarkeit der Bildung von Tetrakollagenaten. Da chromgegerbtes Hautpulver, selbst bei mehrstündigem Waschen mit Wasser, keine meßbaren Mengen Chromsalz verlor, entschloß man sich, Tetrakollagenat mehrere Monate lang mit Lösungen verschiedenen Chromgehaltes in Berührung zu bringen.

Bestimmte Mengen Tetrachromkollagenat, die 5 g Hautsubstanz entsprachen, wurden in einer Reihe von 12 Flaschen mit je 200 ccm Chromlösung verschiedenen Gehaltes zusammengebracht. Die Flaschen, die, um Verdunstung zu vermeiden, versiegelt worden waren, wurden jede Woche einmal geschüttelt. Nach 8,5 Monaten wurde das Hautpulver abfiltriert, durch Waschen von allen löslichen Bestandteilen befreit, getrocknet und analysiert. Aus den Ergebnissen, die in Abb. 139 wiedergegeben sind, geht hervor, daß eine Hydrolyse der Chromkollagen- und der Kollagensulfat-Verbindungen nur in Wasser und in sehr verdünnten Chromlösungen vor sich geht. Diese Tatsache macht sich auch in einer höheren Wasserstoffionenkonzentration bemerkbar.

Wächst die Konzentration der Brühe weiter, so wird in steigendem Maße Cr_2O_3 und SO_3 aufgenommen und die Werte erreichen die eines Oktakollagenates. Bei weiterer Vergrößerung der Konzentration wird wieder weniger aufgenommen; die Werte fallen bis zu denen des Tetrakollagenates. Es ist daraus zu schließen, daß die in Abb. 138 wiedergegebene Kurve nicht den Gleichgewichtszustand eines reversiblen Vorganges darstellt. Es ist im Gegenteil anzunehmen, daß der Abfall der Kurven sich aus einer Vergrößerung der Wasserstoffionenkonzentration ableiten läßt, die die Vereinigung von Kollagen mit Chromverbindungen behindert.

Der Einfluß von Neutralsalzen auf die Chromgerbung

Wilson und Gallun[1]) untersuchten den Einfluß von Neutralsalzen auf die Chromgerbung bei Kalbsblöße. Um den Einfluß der Hydratation zu ermitteln, wurden Salze verschiedenen Hydratationsgrades verwendet. Zu einer technischen Chrombrühe, die folgende Zusammensetzung aufwies: Cr_2O_3 : 24,2 %, Fe_2O_3 : 0,6 %, Al_2O_3 : 2,7 %, SO_3 : 39,5 %, Cl : 0,4 %, wurden bei entsprechender Verdünnung Na_2SO_4 die Chloride des Ammoniums, Natriums, Lithiums und Magnesiums gefügt und die Gerbwirkung beobachtet. Die Basizität der Brühe wird durch folgende Formel wiedergegeben: $Cr(OH)_{1,4}(SO_4)_{0,8}$. Lösungen dieser Chrombrühe wurden mit Lösungen der eben aufgezählten Neutralsalze so gemischt, daß die Brühen 17 g Cr_2O_3 im Liter und eine bestimmte Menge Salz enthielten.

100 qcm große Stücke einer gepickelten Kalbsblöße wurden mit 200 ccm einer solchen Chrombrühe in eine Flasche gebracht und alle 24 Stunden geschüttelt. Durch Schütteln in warmem Wasser wurden diese dann so lange gewaschen, bis die öfter erneuerten Waschwässer nur noch schwache Cl- und SO_4-Reaktionen zeigten. Um den Grad der Gerbung zu untersuchen, wurden gleichgroße Stücke herausgeschnitten und 5 Minuten in kochendes Wasser getan. Die noch bleibenden Stücke wurden getrocknet und analysiert. Abb. 140 zeigt den Einfluß der wachsenden Konzentration der Chloride des Ammoniums, Natriums, Lithiums und Magnesiums auf die von der Hautsubstanz aufgenommene Menge Cr_2O_3 nach 24stündiger Gerbung. Abb. 141 zeigt die Blößenstreifen nach einer fünf Minuten langen Behandlung mit kochendem Wasser. Das Aussehen der Stücke entspricht in roher Weise dem Verlauf der entsprechenden Kurven, es tritt nämlich dort, wo die geringste Menge aufgenommen wird, die größte Schrumpfung ein. Der erste Streifen jeder Serie, der nicht geschrumpft war, war vollständig durchgegerbt.

Es wurde eine zweite Versuchsreihe angesetzt, bei der 10 g Cr_2O_3 im Liter gelöst waren. Untersucht wurde der Einfluß eines Zusatzes von Natriumsulfat und von den oben erwähnten Chloriden. Die Versuchsergebnisse mit Chloriden deckten sich mit den vorhergehenden, nur konnte bei NaCl bei 2 Molen Salz im Liter ein Minimum

---

[1]) Wilson u. Gallun, The Retardation of Chrome Tanning by Neutral Salts. Journ. Am Leather Chem. Ass. 15 (1920), 273.

und bei 3 Molen ein schwacher Anstieg beobachtet werden. Bei Zusatz von Na_2SO_4 fiel die fixierte Menge Cr_2O_3 mit dem Ansteigen der Salzkonzentration dauernd. Bei keinerlei Zusatz wurden von 100 Teilen Hautsubstanz 10,09 Teile Cr_2O_3 gebunden; war die Brühe mit Na_2SO_4 gesättigt, so wurden nur 3,57 Teile fixiert.

Wilson und Gallun erklärten die Wirkung der Chloride aus der Hydratation. Ein Teil des Wassers kann infolge der Hydratation nicht mehr als Lösungsmittel fungieren und die Konzentration der gelösten Teile wird daher vergrößert. Aus Abb. 137 geht hervor,

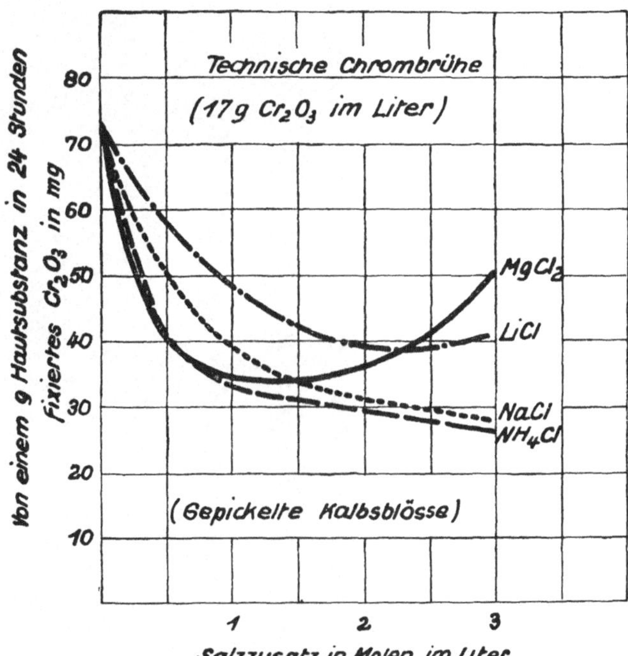

Abb. 140. **Die Hemmung der Aufnahme von Chrom durch Neutralsalzzusatz**

daß eine Vermehrung der Konzentration des Cr_2O_3 von über 17 g im Liter die Bindung an Kollagen hindert. Ein Beweis dafür, daß die Konzentration einer Chrombrühe durch den Zusatz von Chloriden tatsächlich erhöht wird, ist in einer Vermehrung der Wasserstoffionenkonzentration, die sich beobachten läßt, zu sehen. Bei halbmolarer Konzentration zeigt nur Magnesiumchlorid den Effekt, den man erwarten sollte; dieses Salz ist am weitgehendsten hydratisiert und weist dementsprechend auch die größte Wirkung auf. Bei dreifachmolaren Lösungen ist die Reihenfolge der Wirkung aller 4 Chloride gerade umgekehrt als man es erwarten sollte. Man kann zur Erklärung

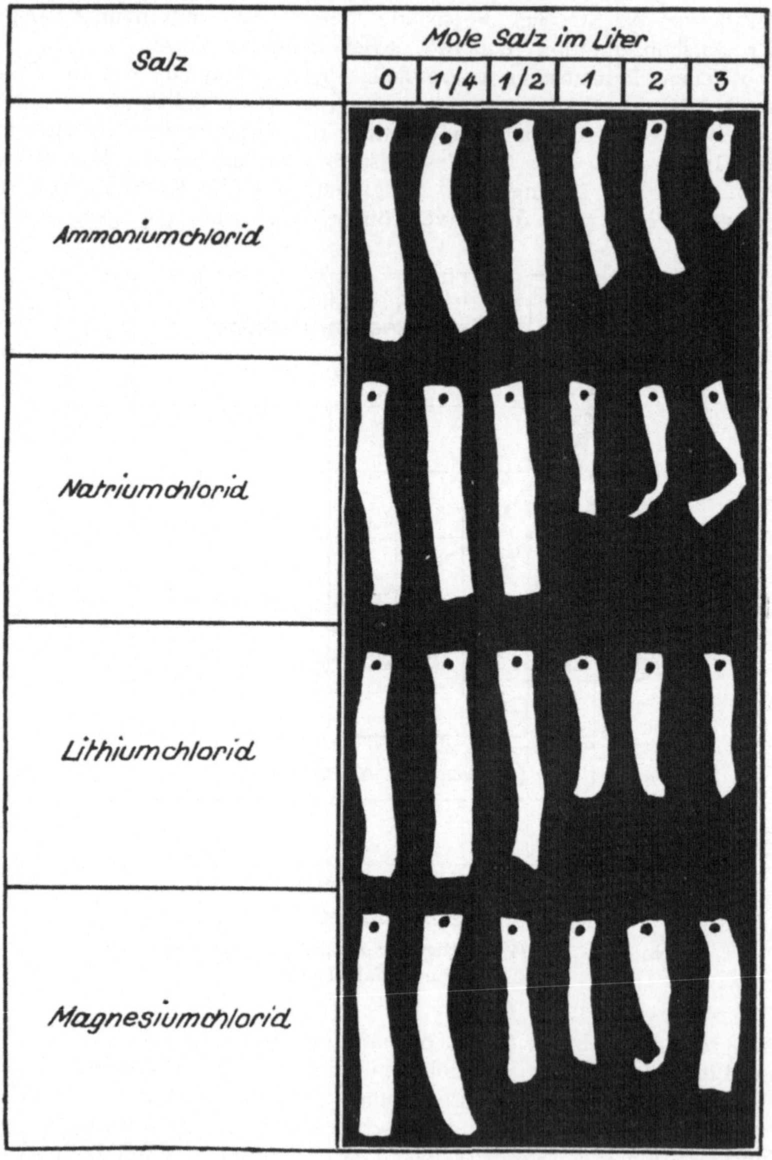

Salz	Mole Salz im Liter					
	0	1/4	1/2	1	2	3
Ammoniumchlorid						
Natriumchlorid						
Lithiumchlorid						
Magnesiumchlorid						

Abb. 141. **Ursprünglich gleichgroße Stücke chromgaren Leders, die nach einer Gerbung von 24 Stunden 5 Minuten mit kochendem Wasser behandelt und dann getrocknet wurden (vgl. auch Abb. 140)**

dieses Befundes annehmen, daß Chrombrühen bei sehr hoher Konzentration wieder in vermehrtem Maße gerben.

Sulfate und Chloride unterscheiden sich in ihrer Wirkung sicher in einer Beziehung voneinander. Bei den ersteren wird die Wasserstoffionenkonzentration einer Säure und auch einer Chromlösung herab-, bei den letzteren heraufgesetzt. Wilson und Gallun nehmen an, daß der hindernde Einfluß der Sulfate auf die Bildung von Additionsverbindungen von weniger rasch gerbenden Eigenschaften zurückzuführen ist. Des weiteren wird der Gerbvorgang noch von der Hydratation des Natriumsulfats beeinflußt.

Zur Untersuchung dieses verwickelten Vorganges beschäftigten sich Thomas und Foster[1]) mit dem Einfluß von Natriumchlorid, Natriumsulfat und Rohrzucker auf die Chromgerbung. Sie stellten eine Chrombrühe durch Reduktion von Natriumbichromat mit schwefliger Säure dar; der Überschuß an schwefliger Säure wurde vertrieben. Hautpulvermengen, die 5 g Hautsubstanz entsprachen, wurden mit 50 ccm Wasser über Nacht stehen gelassen. Sodann wurde die zur Erzeugung der gewünschten Konzentration notwendige Salz- oder Zuckermenge hinzugefügt. Zum Schluß wurden 150 ccm einer Chrombrühe hinzugegeben, deren Konzentration so bemessen war, daß sie bei einer Verdünnung auf 200 ccm 3, 15,5 oder 100 g Cr_2O_3 im Liter enthielt. Die Mischungen wurden 48 Stunden in der Schüttelmaschine geschüttelt und dann durch Filtrieren durch Musselinsäckchen vom Lösungsmittel befreit. Nachdem das gegerbte Hautpulver in fließendem Wasser gewaschen worden war, wurde es noch je dreimal mit 200 ccm destilliertem Wasser behandelt. Die gewaschenen Hautpulver wurden getrocknet und dann wie üblich analysiert.

Der Einfluß von NaCl, Na_2SO_4 und von Rohrzucker bei verschiedener Konzentration ist aus Abb. 142 zu ersehen. Die Filtrate zeigten bei mittleren Konzentrationen an, daß sich·die pH-Werte bei Zusatz von NaCl von 2,90 auf 2,20 erniedrigt hatten; bei Zusatz von Na_2SO_4 waren sie indessen auf 3,01 gestiegen. Der entgegengesetzte Einfluß beider Salze ist ähnlich, wie er in Abb. 129 zum Ausdruck kommt.

Bei allen NaCl Kurven ist ein Minimum zu beobachten, das von einem Anstieg gefolgt wird. Bei Na_2SO_4 ist diese Erscheinung nur bei sehr hohen Konzentrationen zu beobachten. Die Anwesenheit von Rohrzucker macht sich erst bei 4 molarer Konzentration bemerkbar.

Aus der Tatsache, daß Rohrzucker, obgleich er in wässeriger Lösung weitgehend hydratisiert ist, bei bis zu 3fach molarer Konzentration ohne jede Wirkung auf die Chromlösungen bleibt, schlossen Thomas und Foster, daß außer der Hydratation noch andere Faktoren von Einfluß sein müssen. Sie nahmen an, daß sowohl Chloride als auch Sulfate sich mit Chromsalzen zu solchen Komplex-

---

[1]) Thomas u. Foster, Influence of Sodium Chloride, Sodium Sulfate and Sucrose on the Combination of Chromic Ion with Hide Substance. Journ. Ind. Eng. Chem. 14 (1922), 132.

verbindungen umsetzen, die ein geringeres Dissoziationsvermögen besitzen und sich daher weniger bereitwillig mit dem Kollagen verbinden. Michaelis und Rona[1]) erklären die Herabsetzung der Giftigkeit von Merkurichlorid bei Zusatz von NaCl ähnlich aus der Bildung komplexer $HgCl_3'$- und $HgCl_4''$-Ionen. Bei noch höheren Salzkonzentrationen überwiegt der Einfluß der Hydratation und die Bildung

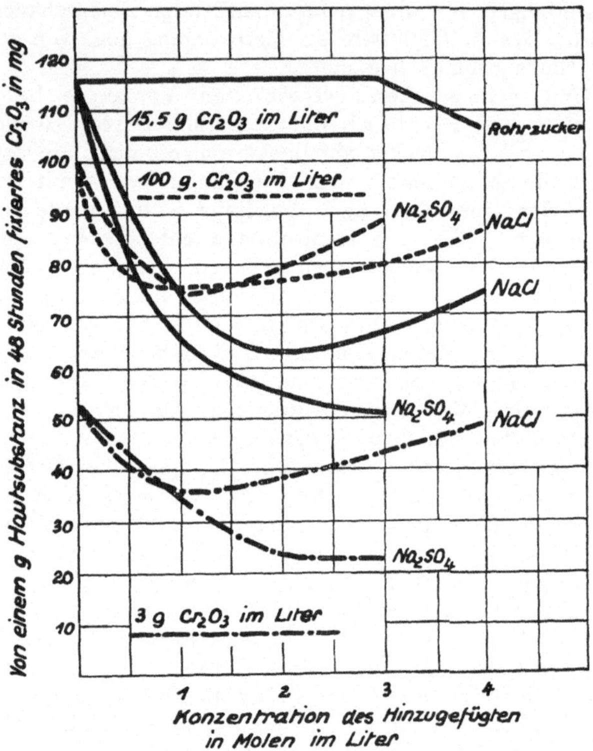

Abb. 142. Die Hemmung der Chromgerbung durch den Zusatz von Neutralsalzen und Rohrzucker

von Komplexsalzen ist von geringerer Bedeutung. Durch die Konzentration wird die Aktivität der Brühen erhöht und die Kurven steigen wieder.

Es erscheint indessen fraglich, ob man überhaupt aus den Versuchen mit Rohrzucker Schlüsse auf Hydratationswirkung ziehen kann. Corran und Lewis[2]) fanden, daß Kalium- und Chlorionen im Hydratationswasser des Rohrzuckers löslich sind. Der Einfluß der

---

[1]) Michaelis u. Rona, Biochem. Zeitschr. 97 (1919), 85.
[2]) Corran u. Lewis, The Effect of Sucrose on the Activities of the Chloride and Hydrogen Ions. Journ. Am. Leather Chem. Assoc. 44 (1922), 1673.

Neutralsalze auf Säuren, wie er im 3. Abschnitt beschrieben wurde, scheint indessen derart zu sein, daß sich die Ionen nicht im Hydratationswasser der Salze lösen können, und daß diese Wassermoleküle vielmehr der Lösung als Lösungsmittel entzogen werden. Thomas und Foster suchen die hemmende Wirkung von 4 m Rohrzuckerlösung aus der Bildung ähnlicher Komplexverbindungen zu erklären, wie sie aus organischen Verbindungen und Chromsalzen gebildet werden, die OH-Gruppen aufweisen wie die Tartrate. Wie gleich gezeigt werden wird, besitzen solche Verbindungen keinerlei gerbende Eigenschaften.

Der Einfluß der Salze hydroxylhaltiger Säuren auf die Chromgerbung

Gelegentlich der Untersuchung des Unvermögens von gewissen Chrombrühen, gepickelte Kalbsblößen zu gerben, stellten Procter und Wilson[1]) fest, daß die gerbende Wirkung von Chrombrühen durch den Zusatz von Salzen hydroxylhaltiger Säuren gehemmt oder sogar verhindert werden kann.

Fügt man einer Chromlösung Seignettesalz hinzu, so beobachtet man eine Änderung der Farbe, die auf eine chemische Veränderung hinzudeuten scheint. Fügt man nun der Lösung des weiteren Natronlauge zu, so wird zunächst Chromhydroxyd ausgefällt, indessen kann man bald beobachten, wie sich der Niederschlag wieder löst. Nach einiger Zeit hat die Brühe überhaupt die Fähigkeit, durch Zusatz von Lauge ausgeflockt zu werden, vollkommen eingebüßt. Dieser Wechsel in den Eigenschaften ist von einer Farbänderung begleitet.

Zu einer Chrombrühe, die durch Abstumpfen einer Chromalaunlösung mit Soda erhalten worden war, wurden steigende Mengen Seignettesalz hinzugefügt. Die Lösung enthielt 13 g Cr_2O_3 im Liter, die höchst hinzugefügte Seignettesalzmenge betrug 50 g im Liter. Kalbsblößenstücke wurden unter gelegentlichem Umschütteln 24 Stunden in den Lösungen belassen. Es konnte mit Hilfe der Kochprobe festgestellt werden, daß alle Lösungen, die 10 g Seignettesalz und weniger im Liter enthalten hatten, durchgegerbt waren. Diese Lösungen gaben sämtlich bei Sodazusatz Niederschläge. Enthielt die Lösung 25 g Seignettesalz im Liter, so wurde die Fällung aus den Lösungen durch Alkali bereits geschwächt, bei 50 g im Liter wurde sie ganz verhindert. Fügte man zu der 25 g Seignettesalz im Liter enthaltenden Lösung nachträglich Soda, so konnte noch ein Gerbeffekt erzielt werden; bei 50 g im Liter war ein noch so großer Sodazusatz von keinerlei Einfluß. Wurden die Blößenstücke, die nicht gegerbt worden waren, nach gutem Auswaschen in normale Chrombrühen gebracht, so konnten sie leicht gegerbt werden. Demnach wirkt das Seignettesalz also nicht auf die Blößen, sondern auf die Chromsalze.

---

[1]) Procter u. Wilson, The Action of Salts of Hydroxy-Acids upon Chrome Tanning. Journ. Soc. Chem. Ind. 35 (1916), 156.

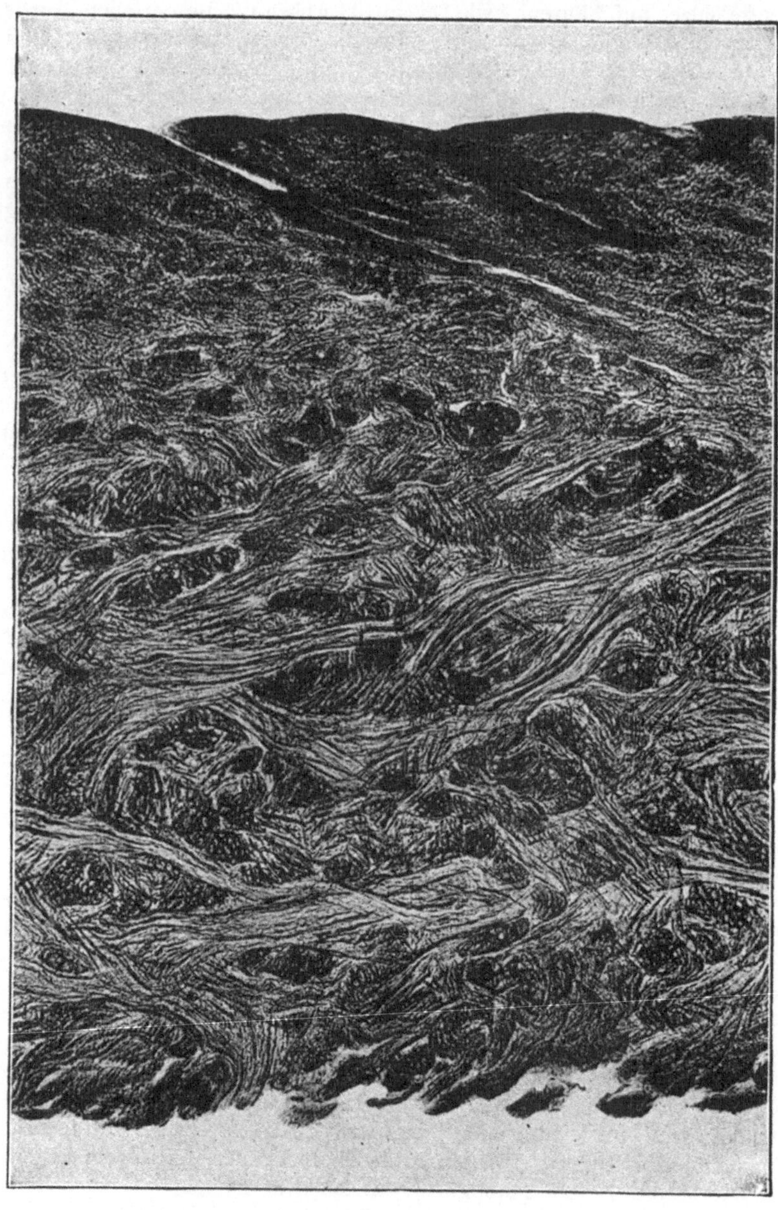

Abb. 143. **Vertikalschnitt durch Kalbsleder**
(Vegetabilisch gegerbt)

Stelle der Entnahme: Schild
Dicke des Schnittes: 40 μ
Färbung: Keine
Gerbung: Vegetabilisch

Okular: Keins
Objektiv: 16 mm
Wratten-Filter: K3-Gelb
Lineare Vergrößerung: 80fach

Verwendet man an Stelle des Tartrates Zitrat, so kann man die gleichen Feststellungen machen. Ebenso verhalten sich die Natriumsalze der Milch-, Gallus- und Salizylsäure. Auch hier wird die Fällung von Chromsalzen durch Alkali verhindert. Procter und Wilson nehmen an, daß es sich dabei um die Bildung eines komplexen Chromitartration handelt. In der Fehlingschen Lösung ist ein analoges komplexes Cupritartration vorhanden.

Da Seignettesalz die Fällung von Chromsalzen verhindert, lag es nahe, dieses Salz zum Entgerben von Chromleder zu verwenden. Procter und Wilson führten einige Versuche in dieser Richtung aus. Sie fanden, daß Chromleder nach $\frac{1}{2}$tägigem Liegen in einer normalen Seignettesalzlösung die Kochprobe nicht mehr bestand. Das Leder konnte nach dieser Behandlung mit Chrombrühen ohne Tartratzusatz wieder gegerbt werden. Dieser Prozeß ließ sich beliebig oft wiederholen; er beweist die Umkehrbarkeit der Chromgerbung. Um zu untersuchen, bis zu welchem Grade es möglich war, Chromleder mit Kaliumnatriumtartrat zu entgerben, wurde ein Stück Chromleder zwei Wochen lang in eine einfachnormale Lösung dieses Salzes gelegt. Es zeigte sich, daß nach Ablauf dieser Zeit die Lösung sich intensiv grün gefärbt hatte, daß das Leder in einen blößenähnlichen, gebeizten Zustand übergeführt wurde und daß es nach gründlichem Waschen praktisch kein Chrom mehr enthielt. Wurde das entgerbte Leder mit Wasser gekocht, so verwandelte es sich allmählich in Gelatine, die sich bei Abkühlen als Gallerte absetzte. Diese Beobachtung konnte bei der Aufarbeitung von Chromleder-Falzspänen und anderen Abfällen auf Leim sowie bei der Entfernung des Chroms aus der Oberflächenschicht zum Nachgerben mit vegetabilischen Gerbstoffen nutzbringend verwertet werden.

<h2 style="text-align:center">Vergleich
von vegetabilisch gegerbtem und chromgarem Leder</h2>

Seit der Einführung der Chromgerbung ist der Streit um die Vor- und Nachteile dieser und der vegetabilischen Gerbung nicht verstummt. Man hat gewiß des öfteren ein gutes Leder der einen Art mit einem schlechten der anderen verglichen, und hat ferner nicht die Verschiedenheiten im Ausgangsmaterial und in der Durchführung der Gerbung berücksichtigt. So ist beispielsweise die Reißfestigkeit eine Funktion des Fett- und Feuchtigkeitsgehaltes des Leders sowie der Dicke, die vom Spalten abhängt. Will man Leder vergleichen, so muß man alle diese Eigenschaften mit berücksichtigen. Es bestehen jedoch gewisse grundlegende Unterschiede zwischen vegetabilischem und chromgarem Leder, die von den Einzelheiten der Gerbung mehr oder weniger unabhängig sind. Diese Unterschiede sollen im folgenden betrachtet werden.

Abb. 143 und 144 sind Vertikalschnitte durch vegetabilisches und chromgares Leder der gleichen Haut. Nach der Beize wurde die Blöße längs des Rückgrates in zwei Teile zerteilt. Eine Hälfte wurde

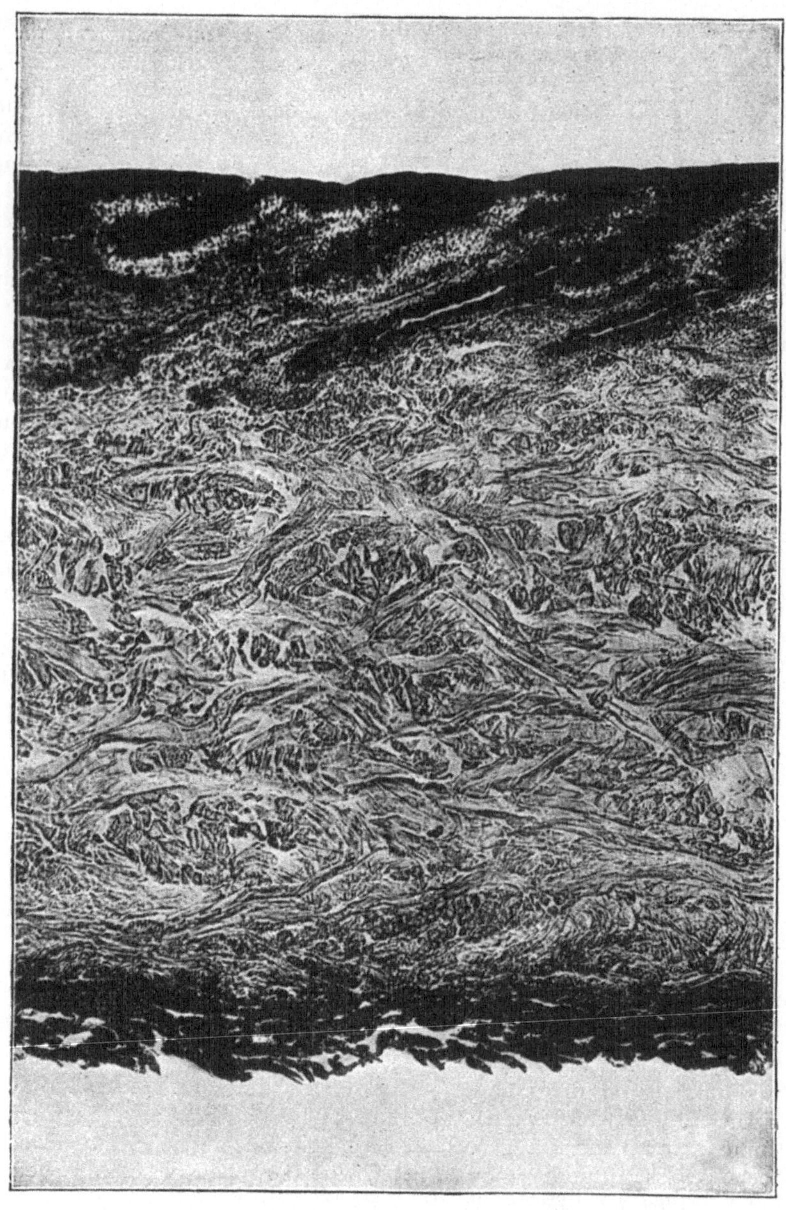

Abb. 144. **Vertikalschnitt durch Kalbleder**
(Chromgar)

Stelle der Entnahme: Schild	Okular: Keins
Dicke des Schnittes: 40 μ	Objektiv: 16 mm
Färbung: Keine	Wratten-Filter: K3-Gelb
Gerbung: Chrom	Lineare Vergrößerung: 8ofach

vegetabilisch, die andere mit Chromverbindungen gegerbt. Aus beiden Hälften wurde ein ausgezeichnetes Schuhoberleder bestimmter Art hergestellt. Die in den Abbildungen wiedergegebenen Schnitte wurden zwei genau entsprechenden Stellen des fertigen Leders entnommen.

Der in die Augen springendste Unterschied ist die verschiedene Größe der Fasern; bei dem vegetabilischen Leder sind sie bedeutend dicker. Die Fasern des Chromleders sind wie bei getrockneter roher Haut dünn, bei der vegetabilischen Gerbung jedoch schwellen sie derart an, daß die interfibrillaren Zwischenräume fast ausgefüllt werden. Der Unterschied in der Größe der Fasern ließ sich auf Grund der Tatsache, daß sich 100 Gramm Hautprotein mit 57,0 Gramm Gerbstoff bei der vegetabilischen und mit 7,2 g Cr_2O_3 bei der Chromgerbung verbinden, voraussehen. Aus diesem Grunde erklärt sich auch das größere spezifische Gewicht und die größere Fülle des vegetabilisch gegerbten Leders. Beide Arten von Leder können durch Durchtränken mit genügenden Mengen Fett dicht und geschmeidig gemacht werden. Indessen ist das vegetabilisch gegerbte Leder in weit höherem Maße fähig Fettmengen aufzunehmen, ohne dabei an Steifheit zu verlieren und lappig zu werden. Nach dem Griff beurteilt, erscheint das Chromleder flacher und leerer als das vegetabilisch gegerbte.

Ein weiterer Unterschied ist der größere Schwefelsäuregehalt des Chromleders. Im vegetabilisch gegerbten sind nur Spuren enthalten; bei der Untersuchung eines typischen Chromleders, wie es im Handel üblich ist, wurden auf 100 Teile Hautprotein 6,65 g Schwefelsäure gefunden. Die Säure ist natürlich zum größten Teil nicht frei im Leder vorhanden, sondern an Hautproteine oder Chromkomplexe gebunden. Nur ein ganz geringer Bruchteil ist als freie Säure vorhanden; wird er durch Wasser ausgewaschen, so erneuert er sich durch Hydrolyse.

Nach den Informationen des Verfassers ist es bisher noch nicht gelungen, alle freie Schwefel- oder andere Mineralsäuren aus dem Chromleder, ohne es zu schädigen, zu entfernen. Verringert man den Gehalt an Schwefelsäure unter das normale Maß, so wird das entstehende Leder, ohne daß man hierfür eine Erklärung wüßte, brüchig.

Die Bedeutung der Anwesenheit größerer Mengen Schwefelsäure im Leder für den Unterschied zwischen vegetabilischem und chromgarem Leder erkennt man aus einer Untersuchung von Wilson und Gallun[1]).

Diese suchten die bekannte Erfahrungstatsache, daß Schuhwerk aus vegetabilischem Oberleder nicht nur in den meisten Fällen bequemer, sondern auch vorteilhafter ist als chromgares, näher zu begründen. Vorversuche hatten ergeben, daß chromgares Leder eine ausgesprochene Neigung hat, sich bei einer Änderung der relativen Feuchtigkeit der Luft zu verwerfen. Das Leder ist wie die meisten Stoffe in der Lage, aus der Luft Feuchtigkeit aufzunehmen und an sie abzugeben. Es

---

[1]) Wilson u. Gallun jr., Relation between the Chemical Composition of Leather and the Comfort of Shoes Made Therefrom. Ind. Eng. Chem. 16 (1924), 268.

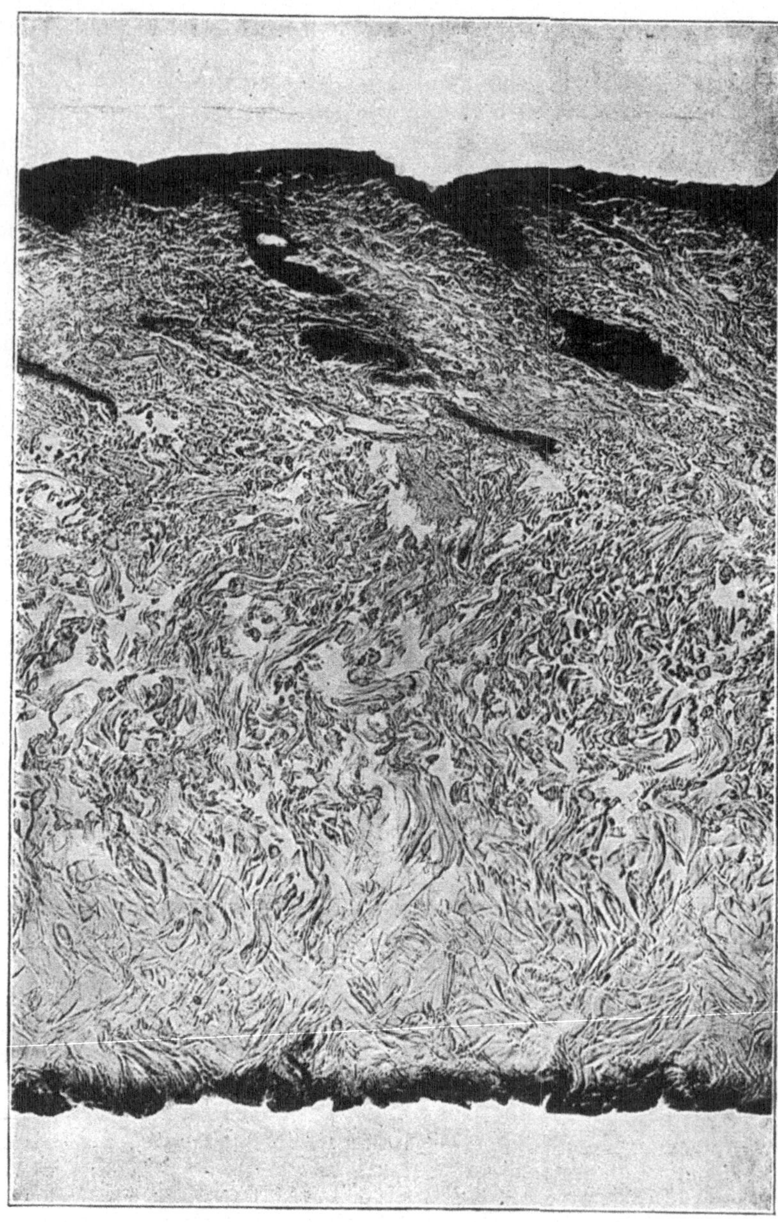

Abb. 145. **Vertikalschnitt durch Roßleder**
(Corduan, aus dem Schild)

Stelle der Entnahme: Schild   Okular: Keins
Dicke des Schnittes: 20 μ Objektiv: 16 mm
Färbung: Keine   Wratten-Filter: K3-Gelb
Gerbung: Chrom   Lineare Vergrößerung: 70fach

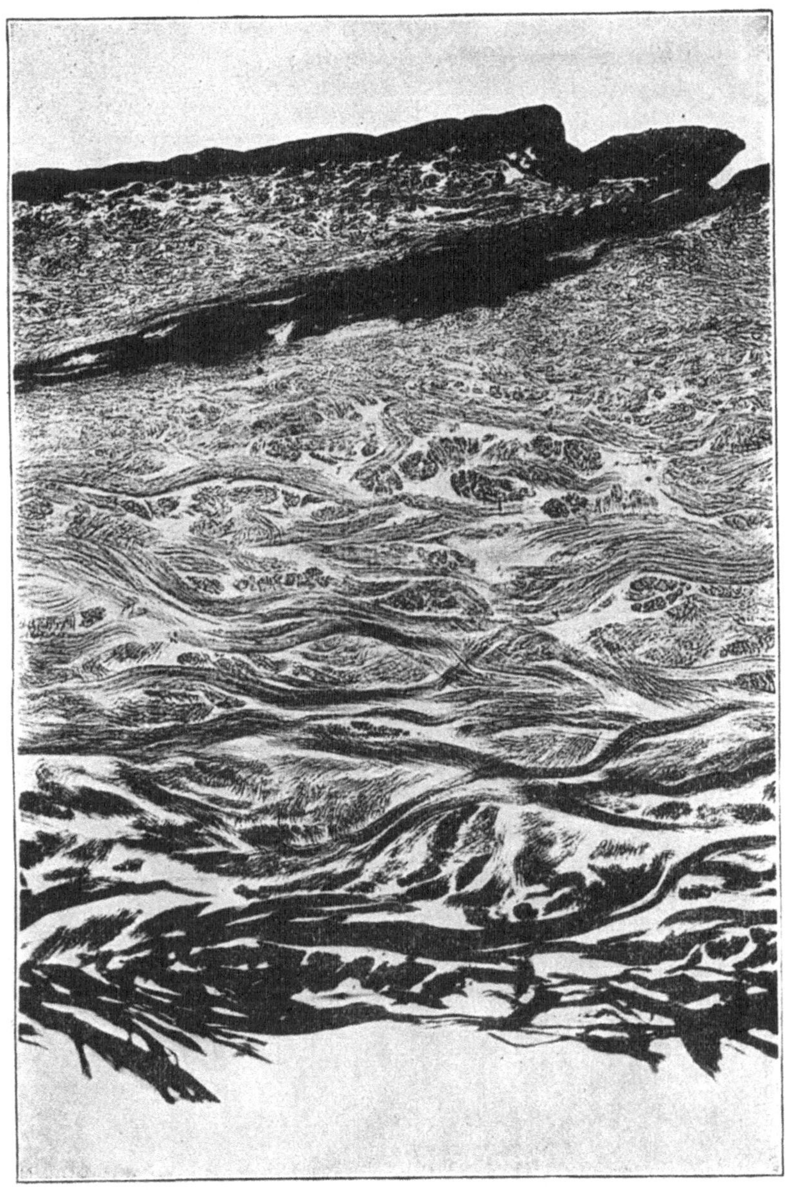

Abb. 146. **Vertikalschnitt durch Ziegenleder**

Stelle der Entnahme: Schild
Dicke des Schnittes: 40 μ
Färbung: Keine
Gerbung: Chrom

Okular: 5X
Objektiv: 16 mm
Wratten-Filter: H-Blaugrün
Lineare Vergrößerung: 92fach

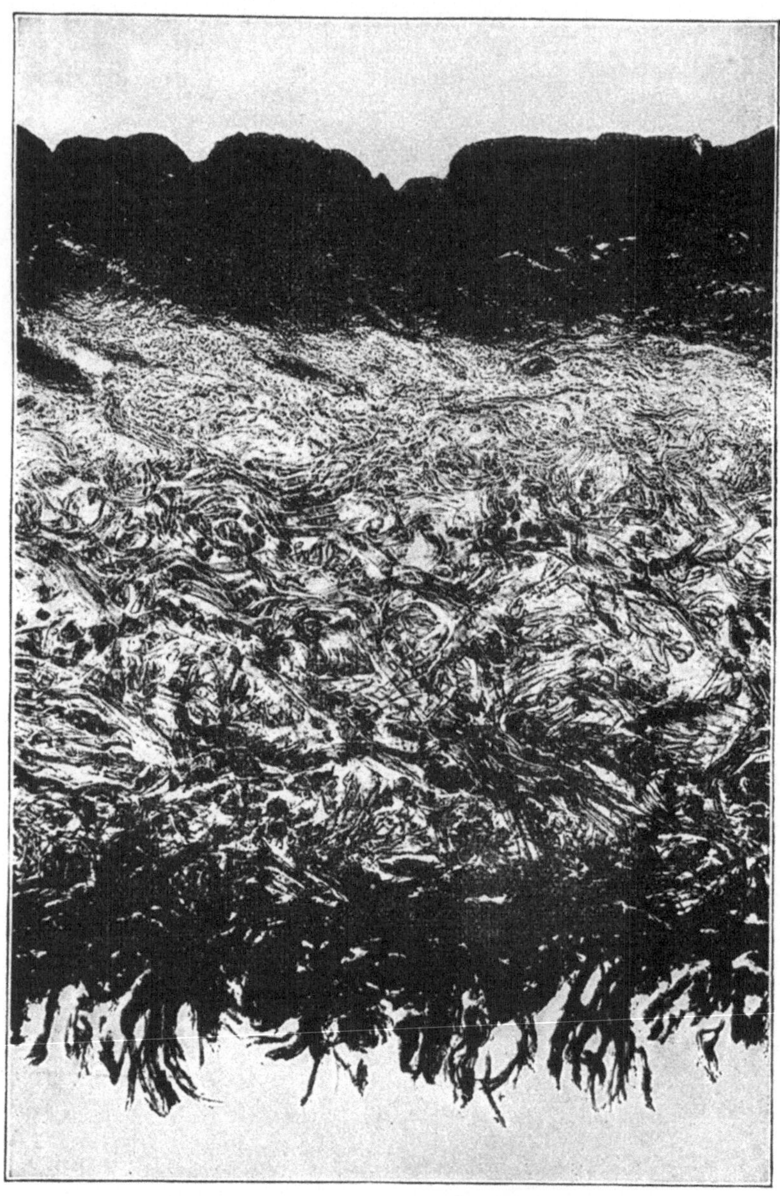

Abb. 147. Vertikalschnitt durch Kalbleder
(Schwarzgegerbtes Kalbleder)

Stelle der Entnahme: Schild
Dicke des Schnittes: 30 μ
Färbung: Keine
Gerbung: Chrom

Okular: 5X
Objektiv: 16 mm
Wratten-Filter: B-Grün
Lineare Vergrößerung: 105fach

wurden nun eine Reihe von Versuchen durchgeführt, um die Flächenveränderung von chromgarem Leder einerseits und vegetabilischem
andererseits bei wechselndem Feuchtigkeitsgehalt der Luft zu untersuchen. Eine frische Kalbshaut wurde längs des Rückgrates zerschnitten
und die eine Hälfte vegetabilisch die andere mit Chrombrühe gegerbt.
Der Analysenbefund für beide so erhaltenen Leder, die durchaus den
normalen Unterschied, der durch die verschiedene Art der Gerbung
bedingt ist, aufweisen, ist in Tabelle 36b wiedergegeben.

Tabelle 36b

Analyse von einem loh- und chromgaren Durchschnitts-Kalbleder

	Prozente auf trockenes Leder bezogen	
	chromgar	vegetabilisch
Protein (N $\times$ 5,62)	75,0	48,6
Schwefelsäure.	5,0	0,5
Fett (Chloroformextraktion) . . .	6,1	10,7
Wasserlösliche organische Substanz	0,0	12,6
Unlösliche organische Substanz. .	4,0	27,3
Cr_2O_3	6,8	0,0
Al_2O_3	1,4	0,2
Fe_2O_3	0,5	0,1
Na_2SO_4	0,5	0,0
NaCl	0,7	0,0

Die unlöslichen organischen Anteile werden im allgemeinen als
gebundene Gerbstoffe aufgefaßt, doch sind Farbstoffe und andere
organische Substanzen mit inbegriffen. Die Schwefelsäure ist nicht
frei, sondern an Protein gebunden. Wird das Leder in Wasser gebracht, so wird die Säure-Proteinverbindung hydrolysiert und gibt
einen geringen Betrag von Säure an das Wasser ab.

Um bestimmte Feuchtigkeitsgehalte zu erreichen, wurden Lösungen
von Schwefelsäure nach dem von R. E. Wilson ausgearbeiteten Verfahren verwendet. In luftdicht verschlossene Exsikkatoren wurden
Lösungen von Schwefelsäure verschiedener Konzentration gebracht;
um eine relative Feuchtigkeit von 100 $^0/_0$ zu erhalten, wurde der Boden
mit Wasser, um eine solche von 0 $^0/_0$ zu erhalten mit reiner Schwefelsäure bedeckt. Die dazwischenliegenden Feuchtigkeitsgehalte konnten
gemäß den Tabellen von Wilson durch Veränderung des Verhältnisses von Wasser zu Schwefelsäure erhalten werden.

Es wurden aus den zu untersuchenden Ledern in einer Entfernung
von einigen Zentimetern vom Rückgrat Streifen von 50,8 cm Länge
und 15 mm Breite, parallel zu diesem, herausgeschnitten. Auf diese
Weise hatten die Streifen eines Leders alle praktisch die gleiche
Zusammensetzung. Nachdem das Gewicht und die Fläche der Streifen
sorgfältigst festgestellt worden war, wurden sie lose zusammengerollt
und auf einem kupfernen Drahtkreuz in die Exsikkatoren gebracht.
Die Streifen wurden jeden Tag eine Minute herausgenommen, um die

Gewichts- und Flächenveränderung festzustellen; nach 32 Tagen wurden sie wieder herausgenommen und bis zur Gewichtskonstanz im Trockenschrank getrocknet. Die so ermittelten Gewichte ergaben das Trockengewicht der Streifen. Der Wassergehalt wurde nun als Differenz der Gewichte, die während der Wasseraufnahme in den Exsikkatoren ermittelt worden waren, und des Trockengewichtes, erhalten.

Abb. 147a gibt den Wassergehalt von chrom- und vegetabilischem Leder nach 32 Tagen bei verschiedenem Wassergehalt der umgebenden

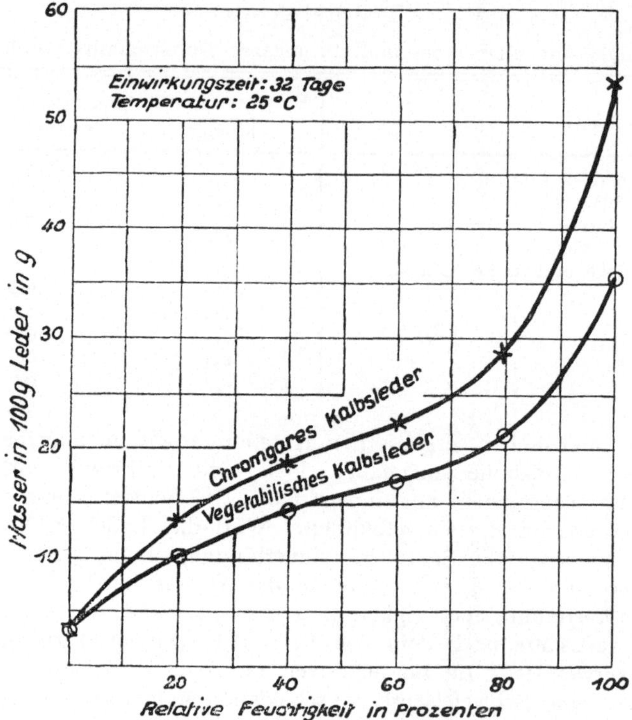

Abb. 147a. **Der Einfluß der Luftfeuchtigkeit auf den Wassergehalt von chromgarem und vegetabilischem Leder**

Atmosphäre wieder. Beträgt die relative Feuchtigkeit Null, so enthalten 100 g trockenen Leders 3,5 g Wasser; der Wassergehalt des Chromleders steigt bei einer relativen Feuchtigkeit von 100 $\%$ auf 53,2, der des vegetabilischen Leders auf 35,4. Offenbar hatte sich nach 32 Tagen noch kein Gleichgewicht eingestellt, doch waren die täglichen Veränderungen so klein, daß sie kaum gemessen werden konnten.

In Abb. 147b ist der Einfluß der relativen Feuchtigkeit auf die Veränderung der Fläche ersichtlich. Die Fläche bei einer relativen Feuchtigkeit von Null wurde als Einheit gewählt und die prozentuale

Vergrößerung daraus errechnet. Die Kurve für Chromleder ist ähnlich wie die für die Wasseraufnahme; bei 50 %/₀ relativer Feuchtigkeit liegt ein Wendepunkt. Bei vegetabilischem Leder sind zwei solcher Wendepunkte zu beobachten. Auf den ersten Blick scheint es, als ob diese sich aus experimentellen Fehlern erklären ließen, es zeigte sich jedoch, daß sie auch bei der Untersuchung anderer vegetabilischer Leder auftraten. Das Ergebnis der Untersuchung ist überraschend; die Flächenvergrößerung beim lohgaren Leder ist mit 6,2 %/₀ zwar schon nicht

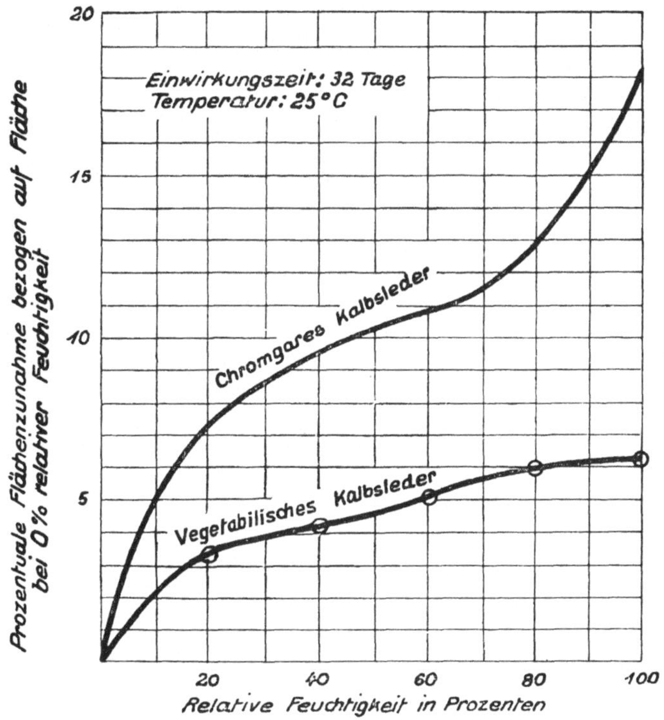

Abb. 147 b. Die Fläche von chromgarem und vegetabilischem Leder als Funktion des Feuchtigkeitsgehaltes der umgebenden Atmosphäre

unbeträchtlich, bei Chromleder ist sie jedoch mit 18,2 %/₀ außerordentlich.

Es zeigte sich, daß der Vorgang für beide Lederarten reversibel war. Brachte man trockenes chrom- oder vegetabilisches Leder in einen Raum mit 100 %/₀ Feuchtigkeit, so wurden am ersten Tage 50 %/₀ und nach 2 Tagen 60 %/₀ der Gesamtmenge an Feuchtigkeit, die sonst in einem Monat absorbiert wird, bereits aufgenommen. Leder, die einen Monat in einer gesättigten Atmosphäre gelegen hatten, gaben, wenn sie über konzentrierte Schwefelsäure gebracht wurden, am ersten Tage

$70\,^0/_0$ und am zweiten $85\,^0/_0$ ihres Wassers ab. Die Flächenveränderung lief der Änderung des Feuchtigkeitsgehaltes parallel.

Es ist bekannt, daß das Kollagen, der lederbildende Teil der Haut, und die ihm verwandte Gelatine die Fähigkeit besitzt, ihr Volumen durch Aufnahme von Wasser zu vergrößern. Vergrößert wird dieses, wenn die Proteine sich mit starken Mineralsäuren verbinden. Offenbar läßt sich die stärkere hygroskopische Eigenschaft des Chromleders aus seinem höheren Gehalt an Schwefelsäure herleiten.

Es steht fest, daß die Fläche eines Schuhleders sich um $2\,^0/_0$ vergrößern oder verkleinern kann, ohne daß diese Veränderung als störend empfunden würde. Beide Leder überschritten diese Grenze. Es ist nun überraschend, daß bei Chromleder die Unbequemlichkeit vom Durchschnittsfuß nicht so sehr empfunden wird, wie man aus den Untersuchungen erwarten sollte. Offenbar wird das Drücken von Chromleder beim Zusammenschrumpfen durch die Fähigkeit des Leders, sich zu strecken, vermindert. Hieraus mag sich die Neigung der Chromleder, „Fasson" zu verlieren, erklären.

Das Problem, ein brauchbares, bequem zu tragendes Chromschuhleder herzustellen, ist indessen nicht etwa durch die Entfernung der Schwefelsäure aus dem Leder zu lösen. Wie schon erwähnt, wird das Leder bei zu weitgehender Entfernung der Schwefelsäure brüchig. Noch schwieriger ist es, den Proteingehalt des Leders herabzudrücken, ohne seine guten Eigenschaften zu vermindern. Vegetabilische Leder weisen einen niedrigen Proteingehalt auf und benötigen außerdem keine Schwefelsäure, um für Schuhleder geeignet zu sein.

Die Chromgerbung verdankt ihre Verbreitung ihrer Schnelligkeit und ihrer Einfachheit. Vegetabilisch hergestelltes Leder benötigt weit mehr Zeit und Arbeit. Es ist daher verständlich, daß die Gerber bei der Herstellung von leichtem Oberleder, das nach Fläche verkauft wird, der Chromgerbung den Vorzug gegeben haben. Indessen werden gerade die besten Oberleder vegetabilisch gegerbt. Da die schweren Leder nach Gewicht verkauft werden, sind die Gerber gezwungen worden, hier bei der älteren Methode der vegetabilischen Gerbung zu bleiben, die eine bessere Ausbeute gewährleistet. Nach der Ansicht des Verfassers ist das vegetabilisch hergestellte auch an und für sich besser.

Abb. 145 gibt den Schnitt durch eine chromgare Roßhaut wieder; ein Vergleich mit Abb. 105 ist interessant. Beide Schnitte entstammen entsprechenden Stücken der gleichen Haut. Die Blöße wurde nach dem Beizen längs des Rückgrates zerschnitten, die eine Hälfte dann vegetabilisch und die andere mit Chromverbindungen gegerbt, ähnlich wie bei den Versuchen mit Kalbshaut. Der Unterschied zwischen beiden Arten der Gerbung tritt hier besonders deutlich hervor.

Abb. 146 gibt einen Schnitt durch ein schönes, chromgares Chevreauleder wieder, wie es zur Herstellung von Schuhen verwendet wird. Abb. 147 zeigt ein besonders feines Stück eines „Schwedischleders". Dieses Leder wird mit der Fleischseite nach außen getragen, so daß eine samtartige Oberfläche entsteht. Für die besten Qualitäten verwendet man die Häute von frühgeborenen Kälbern, da diese auf der Fleischseite nur wenige Blutbahnen aufweisen, die bei älteren Tieren die Ebenmäßigkeit des Leders beeinträchtigen. Es ist bei dem Vergleich der verschiedenen Schnitte nötig, auf die Vergrößerung zu achten.

Kalb- und Ziegenhäute werden meist auf Schuhoberleder verarbeitet und man bezeichnet es im Handel als „Boxcalf" bzw. „Chevreau". Die beiden Lederarten unterscheiden sich erheblich in ihren Eigenschaften, und so unternahmen es Wilson und Gallun[1]) die Ursachen der Unterschiede genauer zu untersuchen. Insbesondere wurden zwei für Schuhleder wichtige Eigenschaften in ihrer Abhängigkeit von zwei Faktoren, die Reißfestigkeit und die Dehnung, untersucht.

Um diese beiden Faktoren bei diesen Lederarten gut vergleichen zu können, war es notwendig, noch eine Reihe von anderen Faktoren mit zu berücksichtigen. Die Eigenschaften des Leders sind weiterhin abhängig von der Lage der Spaltebene, der Stelle, der die untersuchten Leder entnommen werden, dem Feuchtigkeitsgehalt der Luft und des Leders, von seinem Fettgehalt und der Art der Gerbung.

Wie aus den Abb. 20 bis 27 ersichtlich, ist die Struktur der Haut an verschiedenen Stellen durchaus verschieden. Ungefähr gleichbleibend ist sie in der Mitte zwischen Kopf und Schwanz; nach den Seiten kann man bis zur Mittellinie zwischen Rückgrat und Begrenzung der Flämen gehen. Die Probestücke wurden dieser Stelle entnommen.

Da auch der Feuchtigkeitsgehalt der Luft von großem Einfluß ist, wurden alle Versuche bei einem relativen Feuchtigkeitsgehalt von 50 $\%$, dem die Proben drei Tage vor der Messung unterworfen wurden, zugrunde gelegt.

Beim Vergleich von chromgarem und vegetabilischem Leder zeigte es sich, daß das erstere bei niederem Fettgehalt ein wenig fester war; bei höherem Fettgehalt gerade umgekehrt. Offenbar benötigt vegetabilisches Leder infolge seiner festeren Struktur, die sich auch in der geringeren Dehnbarkeit ausprägt, mehr Schmiermittel auch in der Praxis werden vegetabilische Leder mehr gefettet als chromgare. Um die Verschiedenheiten der Gerbung auszuschalten, wurden typische chromgare Leder verwendet.

Den Einfluß des Fettgehaltes unterzog man, da er von großer Wichtigkeit ist, einer genaueren Untersuchung.

Es wurden chromgaren Kalbs- und Ziegenledern 6 Streifen von $20{,}3 \times 2{,}5$ cm entnommen, die parallel zum Rückgrat und 2,5 bis 2,15 cm davon entfernt lagen. Jeder Streifen wurde mit Chloroform entfettet und dann in Chloroformlösungen mit einem bestimmten Gehalt an Klauenöl gebracht. Das Chloroform entfernte man nach dem Herausnehmen durch 48stündiges Herüberleiten von Luft, dann brachte man die Streifen 3 Tage lang in einen Raum, der eine relative Feuchtigkeit von 50$\%$ bei 25^0 C aufwies.

---

[1]) Wilson u. Gallun jr., Strength and Stretch of Calf and Kid Leathers as Functions of Oil Content. Ind. Eng. Chem. 16 (1924), 1147.

Reißfestigkeit und Dehnung wurden von einem automatisch registrierenden Scott-Zerreißapparat festgestellt. Der anfängliche Abstand der Klemmbacken betrug 15,24 cm. Die Dicke jedes Streifens wurde vor dem Reißen, der Fett- und Wassergehalt aber sofort danach ermittelt.

Es wurden bei allen Vergleichsversuchen die gleichen Ergebnisse erhalten und es genügt daher, nur einen zu beschreiben. Die Durchschnittsdicke des untersuchten Kalbleders betrug 0,7 mm, die des

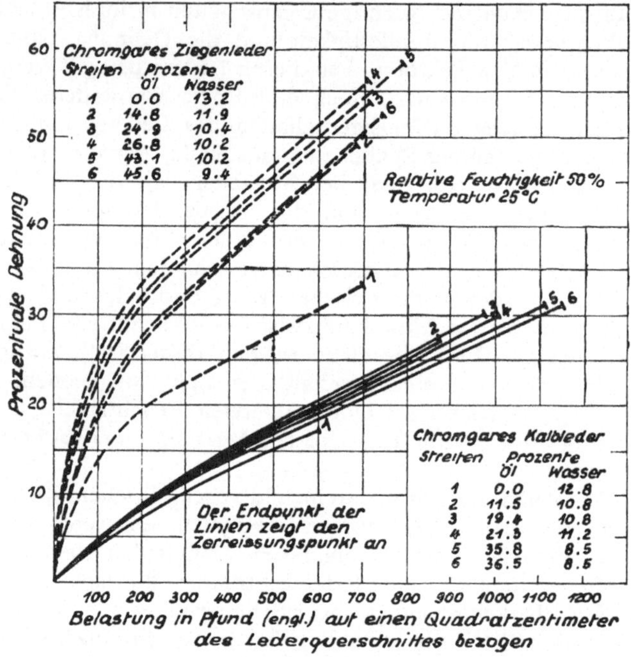

Abb. 147c. Reißfestigkeit und Dehnung von chromgarem Kalb- und Ziegenleder als Funktion des Fettgehaltes

Ziegenleders 0,9 mm. Die Versuchsergebnisse sind aus Abb. 147c ersichtlich.

Mit zunehmendem Fettgehalt zeigen die Leder abnehmende hygroskopische Eigenschaften. Bei einer ähnlichen Versuchsreihe, bei denen die Leder 16 Tage einer relativen Feuchtigkeit von 50 %/0 ausgesetzt worden waren, ergaben sich die gleichen Resultate.

Der auffälligste Unterschied ist die größere Fähigkeit des Ziegenleders, sich zu strecken. Dieser prägt sich in der in der Praxis bekannten Tatsache aus, daß Chevreau weit leichter als Boxcalf die Form verliert. Der Grund liegt in der loseren Struktur der Ziegenrohhaut gegenüber der Kalbshaut, eine Tatsache, die bereits bei der

Histologie der Haut besprochen wurde. Infolge der loseren Struktur weist das Ziegenleder auch im Querschnitt weniger Proteinsubstanz auf als das Kalbleder und hat infolgedessen geringere Reißfestigkeit,

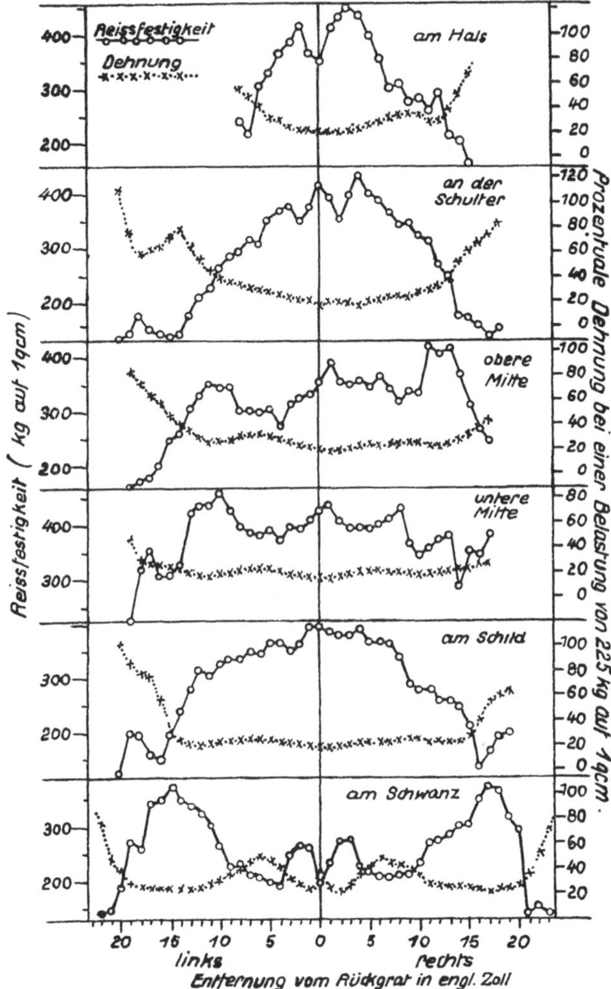

Abb. 147 d. Dehnung und Reißfestigkeit in den verschiedenen Teilen eines vegetabilischen Kalbleders. (Die Streifen wurden parallel zum Rückgrat geschnitten; Leder 1)

wenn das letztere genügend gefettet ist, um die innere Reibung der Fasern zu überwinden.

Während bei den Kalbledern der Fettgehalt eine Zunahme der Festigkeit bedingt, ist er beim Ziegenleder von nur geringem Einfluß.

Dies läßt sich aus der Verschiedenheit der Struktur erklären. Die Dehnbarkeit weist bei beiden Ledern bei einem bestimmten Fettgehalt ein Maximum auf, wofür sich keine rechte Erklärung finden läßt.

Da Festigkeit und Dehnung der gegerbten Haut durchaus keine einheitlichen Größen bei einunddemselben Stück sind, untersuchte der

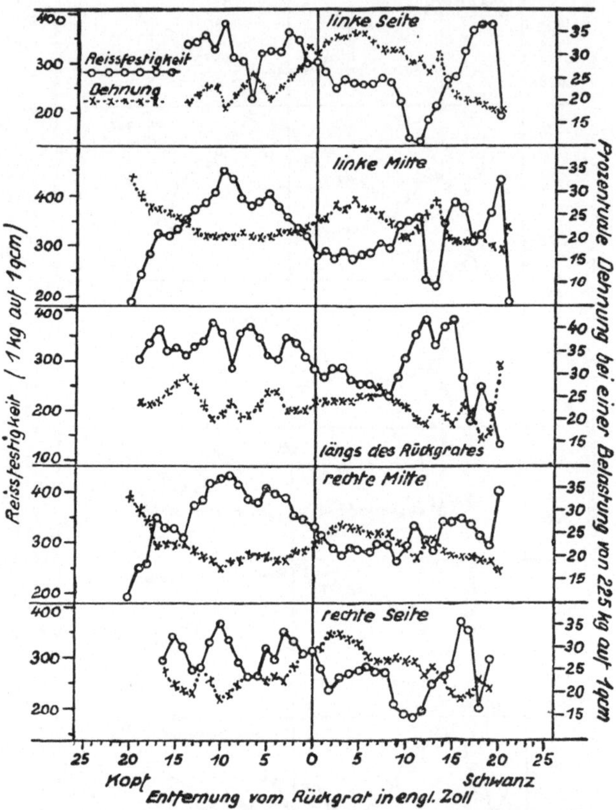

Abb. 147 e. **Dehnung und Reißfestigkeit in den verschiedenen Teilen eines vegetabilischen Kalbleders. (Die Streifen wurden senkrecht zum Rückgrat geschnitten; Leder 2)**

Verfasser [1]) sie bei vegetabilischen und chromgaren Kalbledern. Die Ergebnisse dieser Untersuchung haben sowohl eine Bedeutung für die Auswertung von Festigkeits- und Dehnungsuntersuchungen als auch für die Wahl der bei einem Leder zu untersuchenden Stelle; ferner leisten sie gute Dienste, wo es sich darum handelt, unter Berück-

---

[1]) Wilson, Variation of Strength and Stretch over the Area of Calf Leather. Ind. Eng. Chem. (1925), 829.

sichtigung der Festigkeit und Dehnung Stücke aus Ledern für bestimmte Zwecke herauszuschneiden.

Bei der Durchführung der Untersuchung wurde berücksichtigt, daß auch andere Faktoren, wie der Fett- und Wassergehalt, ferner die Lage der Spaltebene und die Ausdehnung des Falzens für die

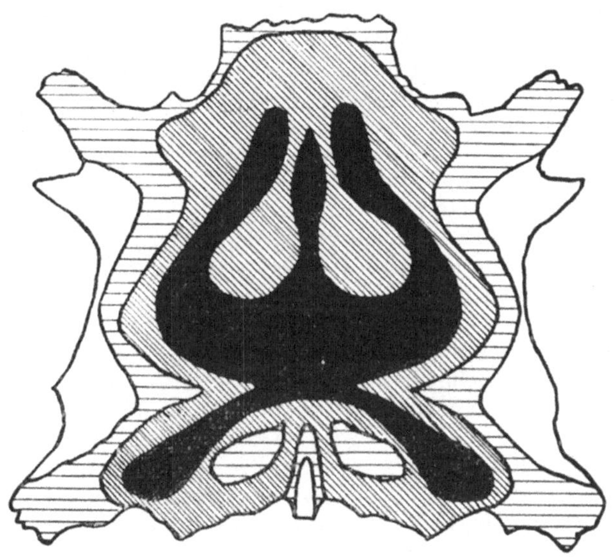

Abb. 147 f. Skizze der Reißfestigkeit und Dehnung von Kalbleder
(Reißfestigkeit in kg auf 1 qcm)
(Prozentuale Dehnung bei einer Belastung von 225 kg auf 1 qcm)

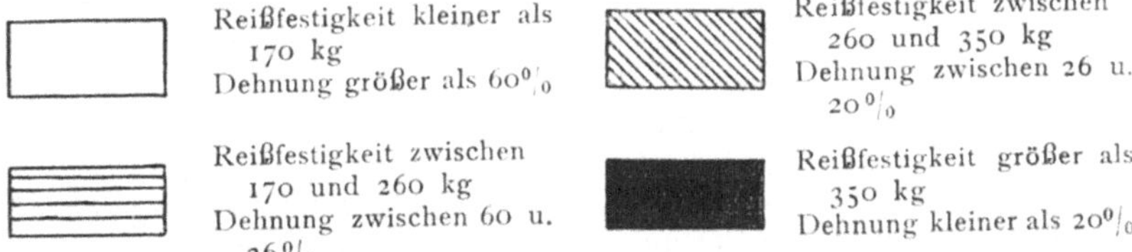

Festigkeit und Dehnbarkeit ausschlaggebend sind. Die Untersuchungen wurden an je zwei chrom- und vegetabilisch-gegerbten Kalbledern durchgeführt. Vor der Untersuchung wurden die Leder eine Woche bei einer relativen Feuchtigkeit von 50 % aufbewahrt und dann in Streifen von etwa 15 cm Länge und 2,5 cm Breite geschnitten. Bei je einem Leder der beiden Arten liefen die Streifen parallel und bei den beiden anderen senkrecht zum Rückgrat.

Die Messungen wurden mit einer Scott-Zerreißmaschine durchgeführt, die mit einer Registriervorrichtung für die auftretende Dehnung versehen war. Die Klemmbacken hatten einen Abstand von 10,16 cm; die Dicke wurde mit einem Dickenmesser bis auf 0,001 cm genau ermittelt.

Es genügt, die Versuche für vegetabilische Leder, da sie typisch sind, wiederzugeben. Die beiden untersuchten Leder (1) und (2) hatten folgende Zusammensetzung: Wasser (1) 14,0 $^0/_0$; (2) 13,9 $^0/_0$; Protein (N $\times$ 5,62) (1) 40,1 $^0/_0$; (2) 41,5 $^0/_0$; Fett (Chloroformextraktion) (1) 13,4 $^0/_0$; (2) 12,1 $^0/_0$; wasserlösliche Stoffe (1) 8,9 $^0/_0$; (2) 8,5 $^0/_0$; gebundener Gerbstoff (1) 22,4 $^0/_0$; (2) 23,5 $^0/_0$; Asche (1) 0,8 $^0/_0$; (2) 0,6 $^0/_0$; Schwefelsäure (1) 0,3 $^0/_0$; (2) 0,6 $^0/_0$; Durchschnittsdicke (1) 1,03 mm; (2) 1,20 mm.

Die Versuchsergebnisse von Leder 1, bei dem die Streifen parallel, sind in Abb. 147 d, und von Leder 2, bei dem diese senkrecht zum Rückgrat geschnitten wurden, in Abb. 147 e zusammengestellt. Bei Leder 2 war es wegen der unregelmäßigen Gestalt nicht möglich, die Flämen mit zu untersuchen. In Abb. 147 e ist die prozentuale Dehnung infolge der geringeren Abweichung in einem größeren Maßstab als bei Abb. 147 d gezeichnet.

Bei chromgarem Kalbleder waren die Werte für Reißfestigkeit und Dehnung nur wenig geringer, so daß es sich nicht lohnte auch diese Werte wiederzugeben.

Es wurden des weiteren die verschiedensten Hauttypen untersucht. Die erhaltenen Durchschnittswerte sind in Abb. 147 f zusammengestellt. Die Abbildung gibt einen Überblick über Festigkeit und Dehnung von Kalbledern, wie sie zur Herstellung von Schuhen verwendet werden.

Die Theorie der Chromgerbung

Die einfachste Theorie der Chromgerbung beruht auf der Annahme einer ganzen Reihe von Salzen der Hautproteine mit dem Chrom, den Chromkollagenaten. Es gibt außer dieser rein chemischen Theorie eine ganze Anzahl anderer, die man als Zwischenstufen zu der rein kolloidchemischen bezeichnen könnte, die da annimmt, daß die Chromgerbung in einer Ausfällung kolloidalen Chromoxydes auf der Oberfläche der Hautfasern besteht.

Der Verfasser hat die Chromgerbung unter dem Mikroskop verfolgt und festgestellt, daß die Chromlösungen die Fasern durchdringen, ohne daß ein Niederschlag auf den Fasern zu beobachten wäre. Die einzelnen Fasern hatten nach beendeter Gerbung das Aussehen eines grünen Glasfadens. Die Verhältnisse liegen in dieser Beziehung ähnlich wie bei der vegetabilischen Gerbung.

Thompson und Atkin[1] versuchten kürzlich, die Procter-Wilsonsche Theorie der vegetabilischen Gerbung auf die Chromgerbung

---

[1] Thompson u. Atkin, A possible Theory of Chrome Tanning. Journ. Soc. Leather Trades Chem. 6 (1922), 207.

anzuwenden. Da die Ladung der Proteine während der Gerbung positiv ist, erschien es ihnen unmöglich, eine Vereinigung der Hautteilchen mit ebenfalls positiv geladenen Chromionen oder Komplexen anzunehmen. Sie fanden in 80 Abhandlungen über Chromverbindungen zwar zahlreiche Widersprüche, jedoch konnten sie folgende Erkenntnis als gesichert daraus entnehmen: Chromsulfat existiert gelöst in zwei Modifikationen, in einer violetten und in einer grünen[1]). Bei Temperaturen zwischen 0^0 und 100^0 C existieren Gleichgewichte zwischen beiden Formen, und zwar ist die grüne bei höherer Temperatur und die violette bei niederer Temperatur stabiler. Bei einer Steigerung der Temperatur verschiebt sich das Gleichgewicht schnell zugunsten der grünen Modifikation, setzt man jedoch die Temperatur herab, so stellt sich das Gleichgewicht nur langsam ein. Thompson und Atkin[2]) nahmen nun an, daß bei der Gerbung chromhaltige Anionen oder kolloidale, negativ geladene Chromkomplexe, die sich von der grünen Form ableiten, wirksam sind. Der Vorgang würde sich dann ähnlich abspielen wie bei der vegetabilischen Gerbung gemäß der Theorie von Procter und Wilson.

Zum Beweise ihrer Theorie zitieren Thompson und Atkin eine Reihe von Arbeiten, bei denen bei Kataphoreseversuchen von grünen Chromsulfatlösungen eine anodische Wanderung von Chromteilchen festgestellt wurde. Seymour-Jones[3]) wies indessen darauf hin, daß die Theorie nur dann allgemeine Gültigkeit haben könnte, wenn nachgewiesen würde, daß in allen gerbenden Chrombrühen negativ geladene Chromkomplexe vorhanden wären.

Bassett[4]) untersuchte Lösungen, die durch Reduktion von Kaliumbichromat durch schweflige Säure entstanden. Frisch hergestellte verdünnte Lösungen gaben weder mit Bariumchlorid noch mit Ammoniumhydroxyd Niederschläge. Es waren also weder Cr- noch SO_4-Ionen vorhanden. Bassett nahm an, daß sich folgende Komplexverbindung bildete: $\begin{matrix} KSO_3 \\ KSO_4 \end{matrix} \Big\rangle Cr_2(SO_4)_2$. Wurden frisch bereitete Lösungen, die einen Überschuß an schwefliger Säure und etwas verdünnte Schwefelsäure enthielten, elektrolysiert, so wanderte ein grüner Saum zur Anode und ein violetter zur Kathode. Mit der Zeit nahm die anodische Wanderung ab, um schließlich vollkommen zu verschwinden.

Seymour-Jones weist auf die Bedeutung dieses Befundes für die Theorie hin. Das Aufhören der anodischen Wanderung läßt erkennen, daß die Komplexverbindung in Kaliumsulfat, Kaliumsulfit und Chromsulfat zerfällt, so daß in der Lösung kein Chrom mehr in einem

---

[1]) Näheres in: Jettmars Handbuch der Chromgerbung, 3. Auflage, 1924.

[2]) Thompson u. Atkin, A possible Theory of Chrome Tanning. Journ. Soc. Leather Trades. Chem. 6 (1922), 207.

[3]) F. L. Seymour-Jones, The Electrophoresis of Chromic Solutions. Ind. Eng. Chem. 15 (1923), 265.

[4]) Bassett, Journ. Chem. Soc. 83 (1903), 692.

negativen Komplex vorhanden ist. Wenn die grüne Farbe der Lösung auf die Anwesenheit von negativen Chromkomplexen zurückzuführen ist, und die der violetten auf kathodisches Chrom, so sollten gemäß der Theorie von Thompson und Atkin violette Lösungen keine gerbenden Eigenschaften haben. Burton[1] fand indessen, daß violette Chromverbindungen schneller gerben als grüne. Dieser Befund steht in Einklang mit dem von Blockey[2], der feststellte, daß die Wasserstoffionenkonzentration bei Lösungen der grünen Verbindung bedeutend höher ist als bei denen der violetten.

Ricevuto[3] fand bei einer Lösung von 10 $^0/_0$ Chromalaun nur kathodische Wanderung. Bei Zusatz von Natronlauge wurde die Wanderung gestört und einige Teilchen wanderten zur Anode. Wurde die Lösung alkalisch, so wanderten alle Teile zur Anode. Er schloß daraus, daß eine Chromgerbung nur in alkalischer Lösung vor sich gehen kann. Gerade das Gegenteil ist indessen der Fall.

Seymour-Jones führte eine Reihe von Kataphoreseversuchen aus, um die Theorie von Thompson und Atkin nachzuprüfen. Es wurde eine U-Röhre verwendet, die oberhalb der Biegung an jedem Arm mit Hähnen versehen war. Die zu untersuchende Chromlösung wurde in den gebogenen Teil und bis an den Hahn eingefüllt. Darüber wurde eine 0,05 molare Lösung von Natriumsulfat gebracht. Die U-Röhre wurde mittels Stopfen mit den Elektroden, die sich in kleinen Destillationskölbchen befanden, verbunden. Die Kathode bestand aus Kupfer in einer gesättigten Kupfersulfatlösung, die Anode aus Platin in einer gesättigten Kochsalzlösung. Diffusionserscheinungen wurden durch Wattepfropfen verhindert. Als Stromquelle wurde der 110 Volt Hausstrom verwendet, die Ampèrezahl wurde durch Einschalten eines Lampenwiderstandes auf den gewünschten Betrag gebracht. Die Ergebnisse sind aus Tabelle 37 zu ersehen.

Die zur Anode wandernden Brühen wiesen eine grüne, die zur Kathode eine grünblaue Farbe auf. Basisches Chromchlorid, das keinerlei anodische Wanderung aufwies, wurde mit Hautpulver auf Gerbwirkung untersucht. Es konnte die Haut in normaler Weise in Leder verwandeln. Aus diesem Versuch folgt, daß die Theorie von Thompson und Atkin nicht allgemein gültig und in einigen Fällen nicht stichhaltig ist.

Weiter untersuchte Seymour-Jones[4] technische Chrombrühen durch Ultrafiltration auf kolloidale Anteile, konnte jedoch keine solchen finden. Er stellte eine Chrombrühe durch Reduktion von Natriumbichromat mit schwefliger Säure her. Der Überschuß an SO_2 wurde durch Kochen beseitigt. Die tiefgrüne Lösung enthielt 269,9 g

---

[1] Burton, Chrome Tanning, I. Journ. Soc Leather Trades Chem. 4 (1920), 205.

[2] Blockey, Investigations of One Bath Chrome Liquors. Journ. Soc. Leather Trades Chem. 2 (1918), 205.

[3] Ricevuto, Kolloid. Zeitschr. 3 (1908), 114.

[4] F. L Seymour-Jones, The Colloid Chemistry of Basic Chromic Solutions. Ind. Eng. Chem. 15 (1923), 75.

Cr_2O_3 im Liter. Diese Lösung wurde durch harte Filter, die mit einer 1- und 5 $^0/_0$ Gelatinelösung unter nachfolgender Härtung mit 4$^0/_0$iger Formaldehydlösung imprägniert worden waren, gesaugt. Auch führte man Ultrafiltrationsversuche mit Collodiumscheiben durch. In allen Fällen passierte die Lösung, ohne daß kolloidale Anteile auf den Filtern zurückblieben. Das gleiche negative Ergebnis erhielt man, wenn die mit 3 Volumen Wasser verdünnte Lösung in frei aufgehängte Kollodiumsäckchen gebracht wurden. Die unverdünnte und eine 10fach verdünnte Lösung wurden in einem Kollodiumsäckchen in reines Wasser, das des öfteren erneuert wurde, gebracht. Die konzentrierte Lösung war in weniger als 18 Stunden vollständig durch die Membran gedrungen; die im Säckchen zurückgebliebene Lösung war farblos. Aus diesen Versuchen geht hervor, daß es sich bei der Chromgerbung nicht um kolloidale Erscheinungen handelt.

Tabelle 37

Richtung der Wanderung der Chromkomplexe bei der Elektrolyse von Chrombrühen

Lösung	Konzentration	Wanderung
$Na_2Cr_2O_7$ mit SO_2 reduziert, Lösung 13 Monate alt; alles überschüssige SO_2 entfernt.	239,9 g Cr_2O_3 im Liter	anodisch und kathodisch
$Cr_2(SO_4)_3$, frische, kalte, grüne Lösung	0,2 m	kathodisch
$Cr_2(SO_4)_3$, erwärmte und abgekühlte grüne Lösung	0,2 m	kathodisch
$Cr_2(SO_4)_3$ + NaOH, so daß $CrOHSO_4$ entsteht .	0,2 m	anodisch und kathodisch
Technisches, basisches Chromsulfat	166,5 g Cr_2O_3 im Liter	anodisch und kathodisch
$CrCl_3$ + NaOH, so daß $CrOHCl_2$ entsteht . . .	45 g $CrCl_3$ im Liter	kathodisch
Chromalaun, frische, kalte, violette Lösung. . .	0,2 m	kathodisch
Chromalaun, erwärmte und abgekühlte grüne Lösung	0,2 m	kathodisch
Chromalaun; erwärmt, abgekühlt + NaOH, so daß $CrOHSO_4$ entsteht	0,2 m	kathodisch

Richards und Bonnet[1]) elektrolysierten eine basische Chromsulfatlösung. Sie stellten kathodische Wanderung fest und fanden, daß 19,3 g Cr von 96 580 Coulomb transportiert wurden. Sie schlossen hieraus, daß ein Chromatom nicht mit mehr als zwei Elementarladungen, wahrscheinlich jedoch nur mit einer behaftet sein könnte. Legte man der Wanderungsgeschwindigkeit der SO_4-Ionen die Zahl 70 zugrunde, so ließ sich die des Chromkomplexes bei einer Elementarladung zu 41 und bei zweien zu 243 berechnen. Da indessen der letztere Wert als zu hoch anzusehen ist, nahmen die Verfasser an, daß das Kation

---

1) Richards u. Bonnet, Proc. Am Acad. Arts Scient. 39 (1903), 1.

folgende Zusammensetzung: $Cr(OH)_2^+$, in Übereinstimmung mit den Arbeiten von Siewert[1] und Whitney[2] über die Kationen in gekochten Chrombrühen, haben müßte.

Der Verfasser denkt sich den Vorgang bei der Chromgerbung folgendermaßen: Mit zunehmendem Säuregehalt einer Lösung wird zwar das Wasserstoffion der Karboxylgruppe eines in der Lösung befindlichen Proteins immer mehr zurückgedrängt, indessen wird die Dissoziation nie ganz den Wert Null erreichen. Wenn also auch in saurer Lösung die Ladung des Proteins vorwiegend positiv ist, so wird es doch immer eine, wenn auch kleine Zahl negativ geladener Gruppen geben, die sich gleichmäßig im ganzen System verteilen. Dringen nun $Cr(OH)_2^+$ oder andere, ähnlich zusammengesetzte Ionen in die Gallerte, aus denen sich die Hautfasern zusammensetzen, ein, so verbinden sich diese mit den wenigen negativ geladenen Proteingruppen. Sind die elektrischen Ladungen ausgeglichen, so sind die Kollagen- und Chromgruppen weiterer Dissoziation fähig. Das Kollagen spaltet ein weiteres H- und der Chromkomplex ein weiteres OH-Ion ab. So werden durch Wiederholung des Vorganges alle drei Valenzen des Chroms abgesättigt und an das Protein gebunden. Die dieser Anschauung zugrunde liegende Annahme ist, daß die Konzentration der negativ geladenen Gruppen im Kollagen unter den üblichen Gerbebedingungen immer noch größer ist als die, welche durch die Dissoziation der Proteinchromverbindungen entsteht.

Diese Auffassung steht in keinem Gegensatz zu der Procter-Wilsonschen Theorie der vegetabilischen Gerbung, sondern ergänzt sie sogar. Bei der vegetabilischen Gerbung lagern sich die Gerbstoffe wahrscheinlich an die Amino- oder andere basischen Gruppen der Haut, bei der Chromgerbung hingegen an die Karboxyl- oder andere sauren Gruppen der Haut an. Unterstützt wird diese Ansicht durch die Tatsache, daß beide Gerbungen sich gegenseitig bei ein und derselben Haut nicht stören. Wood[3], der feststellen konnte, daß Gelatine sich mit und ohne Chromierung mit der gleichen Menge vegetabilischen Gerbstoffes verbinden, zog daraus den Schluß, daß die Gerbungen sich durch die Fixierung der Gerbmittel an verschiedene Gruppen der Haut unterscheiden. Dieser Befund läßt sich mit der Theorie von Thompson und Atkin über die Chromgerbung nicht in Einklang bringen, da gemäß ihrer Anschauung beide Gerbungen in einer Blockierung der positiven Gruppen des Proteinmoleküls bestehen. Aus der Tatsache, daß Chromleder gegen kochendes Wasser beständig ist, geht hervor, daß die Chromgerbung mit einer chemischen Veränderung des Proteinmoleküles verknüpft ist.

---

[1] Siewert, Ann. Chem. Pharm. 126 (1863), 86.
[2] Whitney, Zeitschr. f physik. Chem. 20 (1896), 40.
[3] Wood, The Compounds of Gelatin and Tannin. Journ. Soc. Chem. Ind. 27 (1908), 384.

Verschiedene Gerbmethoden

Es gibt wohl eine ganze Zahl von Stoffen, die sich mit dem Kollagen der Haut verbinden, indessen sind sie nicht alle als Gerbstoffe anzusprechen. Außer der Vereinigung mit der Haut werden von einem Gerbstoff noch eine ganze Anzahl anderer Eigenschaften gefordert, die ihn erst zu einem wahren Gerbstoff machen; die Verbindungen dieser Stoffe mit der Haut dürfen nur eine geringe Dissoziationsfähigkeit aufweisen und unter gewöhnlichen Umständen in Wasser nur wenig quellen. Ferner müssen sie ein Aneinanderkleben der Hautfasern verhindern. Außer diesen Eigenschaften muß ein Gerbmittel auch noch leicht zugänglich, nicht zu teuer und der Verlauf der Gerbung nicht zu kompliziert sein. Allgemeinste Verwendung haben zwei Gerbmittel gefunden: Vegetabilische Gerbstoffe und Chromverbindungen; die ersteren wegen der guten Qualität, die sie dem Leder erteilen und der guten Ausbeute, die sie gewährleisten und die letzteren wegen der Einfachheit und Schnelligkeit der Gerbung. Außer diesen beiden Gerbmitteln werden noch eine Reihe anderer Gerbmittel für sich allein oder in Kombination mit vegetabilischen oder Chromgerbstoffen zur Herstellung besonderer Leder verwendet.

Kombinierte Chrom- und vegetabilische Gerbung

Bei der Herstellung gewisser Leder ist es gelungen, die Vorteile der Chrom- und der vegetabilischen Gerbung durch Kombination beider Verfahren zu vereinigen. Während des Krieges war die Nachfrage nach vegetabilisch gegerbtem Oberleder besonders groß; da indessen die Herstellungsdauer zu lang war, mußten Auswege gesucht werden. Es stellte sich heraus, daß man ein durchaus brauchbares Leder erhielt, wenn man die Blößen erst chromgar machte und dann mit vegetabilischen Gerbstoffen nachgerbte. Ein gutes Beispiel ist das amerikanische sogenannte „Chrome retan army upperleather"[1], dessen Vertikalschnitt in Abb. 148 zu sehen ist. Das Leder wurde aus einer Kuhhaut hergestellt. Diese wurde zunächst mit einer Chrombrühe gegerbt

---

[1] „Chrome retan army upperleather" heißt etwa „Chromgares, nachgegerbtes Armee-Oberleder".

Abb. 148. Vertikalschnitt durch ein amerikanisches „Chrome retan army upperleather"

(Chromgares, nachgegerbtes Armee-Oberleder)

(Kuhleder)

Stelle der Entnahme: Schild
Dicke des Schnittes: 40 μ
Färbung: Keine
Gerbung: Chrom- u. vegetabilisch

Okular: Keins
Objektiv: 16 mm
Wratten-Filter: K3-Gelb
Lineare Vergrößerung: 54fach

und dann mehrere Tage, bis die Gerbstoffe mehr als die Hälfte der Haut durchdrungen hatten, in eine vegetabilische Gerbbrühe gehängt. In den meisten Fällen brachte man die Haut nach der Gerbung durch Spalten auf die geeignete Stärke. Bisweilen wurde das Spalten auch vor der zweiten Gerbung vorgenommen. Der heller gefärbte Streifen in dem unteren Drittel der Abbildung ist jene Schicht, bis zu der die vegetabilischen Gerbstoffe nicht vordrangen. Der Streifen liegt des Spaltens wegen näher an der Fleischseite. Man kann erkennen, daß die Fasern in den nachgegerbten Teilen der Blöße dicker sind als in den nur chromgaren. In der linken unteren Ecke kann man sehen, wie ein Faserstrang, der von dem nachgegerbten nach dem nur chromgaren Gebiet läuft, an Dicke deutlich abnimmt.

Der Vorteil, den man bei einer vorhergehenden Chromgerbung hat, liegt darin, daß man die chromgaren Leder gleich in stärker vegetabilische Brühen hängen kann. Ferner hat man nicht nötig zu warten, bis die Gerbstoffe in das Innere der Blöße eingedrungen sind, da durch die Chromvorgerbung eine Fäulnis der mittleren Schichten verhindert wird. Auf diese Weise gelingt es, die Gerbung erheblich abzukürzen. Die vegetabilische Nachgerbung erhöht die Festigkeit des Leders und setzt außerdem den Gehalt des Leders an Schwefelsäure auf etwa die Hälfte herab.

Alaungerbung

Die Verwendung von Aluminiumsalzen zum Gerben ist sehr alt. Noch heutzutage werden sie zur Herstellung gewisser Leder und Pelze bevorzugt. Eine allgemeine Verwendung mußte diesem Gerbmittel jedoch versagt bleiben, da die Hautverbindungen mit Aluminium bei weitem nicht so stabil sind wie die entsprechenden mit Chrom. Eine Begründung für diese Tatsache läßt sich aus der Wilsonschen Theorie der Chromgerbung, die auch auf die Aluminiumgerbung anwendbar ist, herleiten. Da das Aluminiumhydroxyd eine stärkere Säure ist als das Chromhydroxyd, werden sich die drei Valenzen des Aluminiums nicht so bereitwillig mit den Hautproteinen absättigen wie die des Chroms. Beim Aluminium werden sich wahrscheinlich nur zwei absättigen und eine weniger stabile Verbindung entstehen lassen. Wird das Alaunleder getrocknet und lange Zeit gelagert, so wird auch noch die dritte Valenz abgesättigt und die Stabilität des Leders, wie es die Praxis auch lehrt, bedeutend vergrößert.

Ein gewisser Beweis für diese Auffassung ist aus den Versuchen von Lumière und Seyewetz[1] und von A. und L. Lumière[2] zu entnehmen. Sie untersuchten die Verbindungsgewichte sowohl von Chrom- als auch von Aluminiumsalzen mit Gelatine und fanden

---

[1] Lumière u. Seyewetz, Composition of Gelatin Rendered Insoluble by Salts of Chromium Sesquioxide. Bull. soc. chim. 29 (1903), 1077.

[2] A. u. L. Lumière, Action of Alums and Aluminumsalts on Gelatin. Brit. Journ. Phot. 53 (1906), 573.

bei ihrer Versuchsanordnung folgende Maximalwerte: 100 g Gelatine verbanden sich mit 3,6 g Al_2O_3 oder 3,2 bis 3,5 g Cr_2O_3. Bei der Annahme, daß 768 das Äquivalentgewicht der Gelatine ist und diese alle 3 Valenzen des Chroms oder Aluminiums absättigt, kommt man rein rechnerisch zu dem Resultat, daß 100 g Gelatine 3,30 g Cr_2O_3 oder 2,21 g Al_2O_3 zu binden vermögen. Der Versuch zeigte beim Chrom in der Tat eine gute Übereinstimmung, beim Aluminium jedoch ergab sich ein Wert, der etwa um $50\,^0/_0$ höher als der berechnete lag. Diese Differenz läßt sich allerdings sehr wohl aus der Tatsache erklären, daß bei Aluminium nur zwei Valenzen gebunden werden.

Auf alle Fälle muß bei der Alaungerbung auf die leichte Hydrolysierbarkeit der Kollagen-Aluminiumverbindungen Rücksicht genommen werden. Im Gegensatz zum Chromleder darf man frisch gegerbtes Alaunleder nicht mit Wasser waschen, da sonst ein großer Teil der Aluminiumsalze herausgewaschen werden würde. Außerdem würde, wie bei Blößen, die in schwache Säurelösungen gelegt werden, Schwellung eintreten.

In der Praxis werden die Blößen in Lösungen von basischem Aluminiumsulfat bewegt, die mit genügenden Mengen Kochsalz versehen sind, um ein Schwellen der Blößen zu verhüten. Nicht unzweckmäßig ist es, nach der Gerbung gerade soviel Natriumbikarbonat hinzuzufügen, daß das Aluminium eben noch nicht gefällt wird. Nach einigen Stunden oder am nächsten Tage werden die gegerbten Blößen mit einer Mischung aus Eigelb, Baumwollsamenöl und Mehl der sogenannten „Nahrung" eingerieben, ohne jedoch gewaschen zu werden. Bisweilen gibt man auch die Eigelbmischung in die Gerbbrühe. Im getrockneten Zustande werden die Leder wochen- und monatelang aufbewahrt, um dem Aluminium Gelegenheit zu geben, sich fest mit dem Kollagen zu verbinden. Danach werden sie durch Waschen von den überschüssigen Salzen befreit und je nach Verwendung gefettet, gefärbt und zugerichtet.

Bei der Pelzgerbung ist es üblich, eine Mischung von Aluminiumsalzen und Öl von der Fleischseite in das Fell hineinzuarbeiten, wobei das Öl die Aufgabe hat, die Geschmeidigkeit des Pelzes zu erhalten. Im allgemeinen wird diese Arbeit mit der Hand ausgeführt und erfordert, um gute Ergebnisse zu erhalten, eine gewisse Geschicklichkeit. Abb. 149 gibt den Schnitt durch einen alaungaren Persianerpelz wieder, der aus den Fellen besonders gezüchteter Schafe hergestellt wird. Die Wolle wurde in diesem Falle mit Blauholz und Eisensalzen gefärbt.

Eisengerbung

Obgleich die gerbenden Eigenschaften von Eisensalzen schon seit mehr als hundert Jahren bekannt sind, haben sich doch Schwierigkeiten gezeigt, die eine Einführung in die Praxis verhindert haben. Die Eisengerbung hat das Stadium experimenteller Laboratoriumsarbeit

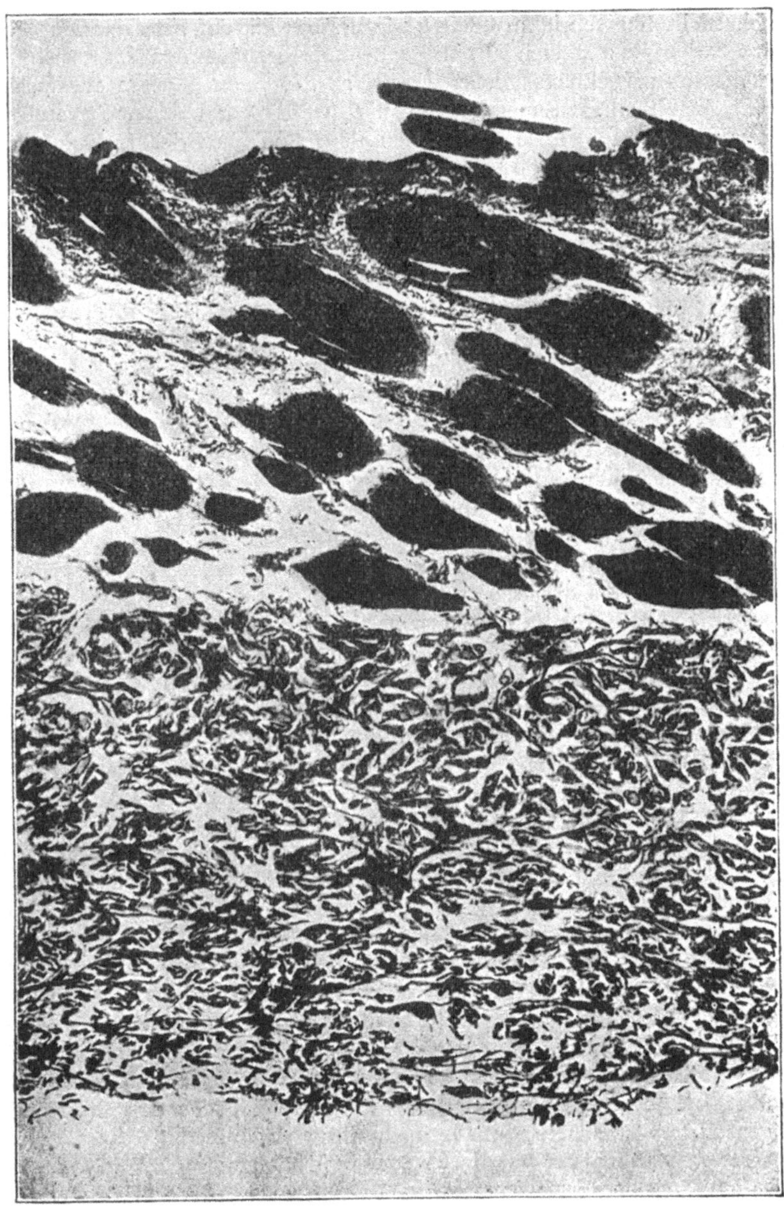

Abb. 149. **Vertikalschnitt durch einen Persianerpelz**

Stelle der Entnahme: (?)	Okular: Keins
Dicke des Schnittes: 30 μ	Objektiv: 16 mm
Färbung: Dunkelbraun	Wratten-Filter: H-Blaugrün
Gerbung: Alaun	Lineare Vergrößerung: 90fach

noch nicht überschritten. P r o c t e r [1]) weist darauf hin, daß ein Teil der Schwierigkeiten sich auf die sauerstoffübertragenden Eigenschaften des Eisens zurückführen läßt. Ferrisalze geben an gewisse organische Stoffe bereitwilligst Sauerstoff ab und werden dabei zu Ferrosalzen reduziert. Diese wiederum nehmen Sauerstoff aus der Luft auf und der Vorgang kann sich von neuem abspielen. Die langsame Zerstörung von Eisenleder läßt sich auf diese Weise gut erklären.

J e t t m a r [2]) stellte fest, daß die Hauptschwierigkeit bei der Eisengerbung in der Neutralisation des Leders läge. Enthält Chromleder zu viel Säure, so wird es beim Trocknen stark brüchig und nimmt eine dunkelgrüne Farbe an. Immerhin ist die richtige Neutralisation bei der Chromgerbung noch verhältnismäßig einfach. Hingegen fand J e t t m a r, daß beim Neutralisieren von Eisenleder Eisen in kolloidalem Zustand aus dem Leder herausgewaschen wird. Offenbar ist jedoch, um das Eisen an die Haut zu fixieren, eine Neutralisation notwendig, wobei dann das Eisen in den kolloidalen Zustand übergeführt und herausgewaschen wird, ehe es fixiert werden kann. Da in saurer Lösung kolloidales Eisenoxyd und Kollagen elektrische Ladungen von gleichem Vorzeichen tragen, liegt bei beiden Komponenten keinerlei Bestreben vor, sich zu vereinigen. Es gelang, diese Schwierigkeit dadurch zu überwinden, daß die Bildung kolloidaler Eisenkomplexe durch den Zusatz von konzentrierten Neutralsalzlösungen verhindert wurde. Die Eigenschaften des Eisenleders konnten durch eine Nachgerbung mit Formaldehyd noch verbessert werden.

R ö h m [3]) ließ das Eisensalz $FeSO_4Cl$ als Gerbmittel patentieren. Es ist nicht recht einzusehen, warum gerade dieses Salz gerbende Eigenschaften aufweisen soll. Das Salz wurde durch Einleiten von Chlor in Ferrosulfatlösungen erhalten.

J a c k s o n und H o u [4]) haben auf breiterer Grundlage eine Erforschung der gerbenden Eigenschaften von Eisensalzen durchgeführt. Sie wiesen darauf hin, daß allgemein die Verbindung $FeOHSO_4$ als gerbendes Agenz angesehen wird, daß diese Verbindung jedoch nicht stabil ist, sondern unter Bildung von unlöslichem $Fe(OH)_3$ zerfällt. Sie erklären die Brüchigkeit von Eisenledern aus einer unvollkommenen Gerbung, die durch das Ausfallen von Eisenhydroxyd verursacht wird. Sie verglichen Lösungen von Chrom- und Eisensulfat und fanden, daß Eisenlösungen beim Verdünnen weit eher ausflockten als Chromlösungen.

J a c k s o n und H o u [4]) stellten Eisenleder her, daß sich sehr wohl mit anderen Mineralledern vergleichen ließ. Es lag in seinen Eigenschaften zwischen dem Chrom- und dem Alaunleder. Kochendem Wasser gegenüber war es nicht widerstandsfähig, sondern begann bereits zu schrumpfen, wenn es in Wasser von über 75^0 C gebracht

---

[1]) P r o c t e r, The Principles of Leather Manufacture, 2. Auflage, Seite 275.
[2]) J e t t m a r, Eisengerbung Leipzig (1921).
[3]) D.R.P. 341789 und 363268.
[4]) J a c k s o n u. Hou, Iron Tannage. Journ. Am. Leather Chem. Assoc. 16 (1921), 63, 139, 202, 229.

wurde. Ihre Untersuchungen ergaben folgende Hauptpunkte: Die Eisensalze müssen in der Ferriform durch den Zusatz eines Überschusses an Oxydationsmittel und durch eine nachträgliche Oxydation erhalten werden [1]. Während der Gerbung muß die Azidität der Lösung so geregelt werden, daß ein basisches Eisensalz entsteht, bei dem das Verhältnis von Hydroxyl- zu Säuregruppen $1:5$ nicht unter- und $1:3$ nicht überschreitet. Die Neutralisation muß so durchgeführt werden, daß das Eisen gleichmäßig auf der Faser fixiert wird. Das Leder muß vor einer weiteren Behandlung getrocknet werden, damit Reaktionen zwischen dem Eisen und anderen später zu gebrauchenden Materialien, die zu unerwünschten Farbreaktionen Anlaß geben würden, vermieden werden.

Während des Krieges zwang die Knappheit an Gerbmitteln die Deutschen alle verfügbaren Quellen auszubeuten. Zweifellos wäre es ihnen bei einer längeren Kriegsdauer gelungen, ein brauchbares Eisenleder in größtem Maßstabe herzustellen. Gelingt es jedoch nicht Eisenleder herzustellen, das in seinen Eigenschaften dem Chromleder mindestens gleichwertig ist, so ist kaum anzunehmen, daß das Eisenleder sich durchsetzen wird. Die Verbilligung der Herstellungskosten ist zu gering um die geringere Qualität des Eisenleders aufzuwiegen.

Kieselsäuregerbung

Wie die vegetabilischen Gerbstoffe ist auch die kolloidale Kieselsäure negativ geladen und fällt Gelatine aus ihren Lösungen aus. Im Jahre 1862 untersuchte Graham [2] die Fällung von Gelatine durch Kieselsäurelösungen und fand dabei folgendes: Die Gelatinesilikate fallen als eine flockige, weiße Substanz aus, wenn die Kieselsäure allmählich zu einem Überschuß von Gelatinelösung zugesetzt wird. Der Niederschlag enthält auf 92 Teile Gelatine 100 Teile Kieselsäure. Wird umgekehrt eine Gelatinelösung zu einer Kieselsäurelösung hinzugefügt, so enthält der entstehende Niederschlag auf 100 Teile Kieselsäure 56 Teile Gelatine.

Durch diese Befunde wurde Hough [3] angeregt, Kieselsäure als Gerbmittel zu verwenden. Er fand, daß reine Silikatsole viel zu instabil sind, um als Gerbmittel Verwendung zu finden. Er stellte ein gerbendes Kieselsäuresol her, indem er eine 30prozentige Natriumsilikatlösung zu einer 30prozentigen Salzsäurelösung hinzufügte, bis die Konzentration der freien Säure auf $n/10$ herabgesetzt worden war. Fügte man umgekehrt die Säure- zur Natriumsilikatlösung, so wurde diese im Neutralpunkt ausgefällt. Es war notwendig, die Konzentration der Säure nicht unter $n/10$ fallen zu lassen. Es zeigte sich, daß diese Gerbung schneller vonstatten ging als die vegetabilische; leichte

---

[1] Anmerkung des Übersetzers: Die Wichtigkeit des Zusatzes eines Oxydationsmittels erkannte bereits Mensing. Collegium (1919), 398. DRP. 314487.
[2] Graham, Journ. Chem. Soc. 15 (1862), 246.
[3] Hough, Die Silikatgerbung Le Cuir. 8 (1919), 209, 257, 314.

Häute wurden innerhalb von 3 bis 5 Tagen und schwere innerhalb eines Monats durchgegerbt. Die Leder enthielten im allgemeinen 17 bis 24 % Silikat. Die Hauptschwierigkeit lag darin, zu verhindern, daß zu viel Silikat von der Blöße aufgenommen wurde. Das erhaltene Leder war rein weiß und konnte wie Chromleder verarbeitet werden.

Die Unmöglichkeit, die Kieselsäure mit der vegetabilischen Gerbung zu vereinigen, erklärt H o u g h aus dem Umstand, daß sowohl die vegetabilischen Gerbstoffe als auch die Kieselsäure bei der Gerbung negativ geladen sind und daher das Bestreben haben, sich mit denselben Gruppen der Proteinbausteine der Haut zu verbinden. Es gelang andererseits die Alaun- mit der Kieselsäuregerbung zu kombinieren, da das Aluminium sich mit den Karboxyl- und nicht mit den basischen Gruppen der Hautproteine zu vereinigen scheint. Immerhin behinderte die Alaungerbung wohl durch die Bildung von Aluminiumsilikaten an der Hautoberfläche die Gerbung mit Kieselsäure. Wurde die Vorgerbung nicht mit Alaun sondern mit Chromverbindungen vorgenommen, so konnte dieser Übelstand behoben werden, das dabei resultierende Leder wies außerdem erhöhte Festigkeit und Haltbarkeit auf.

Bei der Besprechung der verschiedensten Gerbmethoden weist T h u a u [1]) darauf hin, daß das Silikatleder zu seinem Nachteil keine Lagerbeständigkeit aufweist und nach einigen Monaten leicht reißt. Er ist der Ansicht, daß wenn es gelingen sollte, diesen Nachteil zu beheben, die Kieselsäuregerbung die Chromgerbung verdrängen würde.

Verschiedene Mineralgerbungen

S o m m e r h o f f [2]) behauptet, als erster die gerbenden Eigenschaften gewisser unlöslicher Sulfide, Silikate, Hydroxyde, Phosphate gewisser Schwermetalle, wenn sie frisch ausgefällt oder kolloidal verteilt sind, erkannt zu haben. Er beschreibt in einem seiner Versuche ein Leder, das auf folgende Weise erhalten wurde: Zu einer Lösung von Kupfersulfat wurde sekundäres Natriumphosphat zugefügt, der gallertartige Niederschlag abfiltriert, in Wasser verteilt und ein Blößenstück mit dieser Emulsion behandelt. Nach zwei Stunden war dieses in ein Leder verwandelt, das 13 % Asche enthielt. Aus den Abhandlungen S o m m e r h o f f s ist sehr schwer zu ersehen, ob man tatsächlich von einer Gerbung sprechen kann. Auf alle Fälle ist die Untersuchung nicht vollkommen durchgeführt worden.

G a r e l l i [3]) stellte fest, daß Cerchlorid, wenn die Lösung genügend basisch gemacht und verdünnt wurde, ähnliche gerbende Eigenschaften wie die entsprechenden Aluminiumsalze aufweist. Er beschreibt in

---

[1]) T h u a u, Die Entwicklung der verschiedenen Gerbmethoden. Le Cuir 9 (1921), 10, 80, 102.

[2]) S o m m e r h o f f, Die Gerbung mit unlöslichen Metallsolen. „Collegium" (1913), 381.

[3]) G a r e l l i, Die Gerbung mit Ceriumsalzen. „Collegium" (1912), 418.

exakter Weise die Herstellung eines weichen, weißen Leders, das $9\,^0/_0$ Ce_2O_3 enthielt. Garelli und Apostolo[1]) versuchten vergeblich mit Wismut ein brauchbares Leder herzustellen. Es zeigte sich, daß die Kollagen-Wismut-Verbindung zu wenig stabil war und bereits beim Waschen mit Wasser zerlegt wurde.

In weiteren Versuchen untersuchte Apostolo[2]) die gerbenden Eigenschaften von frisch gefälltem Schwefel. Er fügte konzentrierten Lösungen von Thiosulfat in kleinen Mengen Milchsäure zu; es bildeten sich Trübungen von ausgeschiedenem Schwefel. Wenn er in diese Trübungen ein Stück Blöße brachte, so nahm diese allen freien Schwefel auf. Wurde die Blöße aus der Lösung entfernt und erneut eine geringe Säuremenge hinzugefügt, so wurde der neuerzeugte freie Schwefel wieder von diesem Blößenstück aufgenommen. Der Vorgang konnte so lange wiederholt werden, bis alles Thiosulfat zersetzt war. Es wurde auf diese Weise ein Säureüberschuß vermieden. Das so hergestellte Leder hatte ein weißes, gutes Aussehen und war außerordentlich weich. Wurde es 24 Stunden in kaltes Wasser gelegt, so schwoll es nicht und wies nach dem Trocknen und Stollen die alten Eigenschaften wieder auf. Mit Schwefelkohlenstoff konnte $1\,^0/_0$ Schwefel, der offenbar nur mechanisch festgehalten worden war, entfernt werden. Es büßte dabei nichts von seinen Eigenschaften ein und enthielt immer noch 2,5 bis 3,5 $^0/_0$ Schwefel. Von kochendem Wasser wurde das Leder jedoch zersetzt.

Meunier und Seyewetz[3]) machten die überraschende Beobachtung, daß Chlor und Brom gerbende Eigenschaften aufwiesen. Gelatineplatten wurden durch Behandlung mit wässerigen Lösungen von Brom und Chlor bei Gegenwart von schwellungshinderndem Kochsalz wasserunlöslich gemacht. Offenbar verbindet sich die Gelatine begierig mit beiden Elementen. Auch rohe Haut verhielt sich so. Jod hatte weder auf die Haut noch auf Gelatine eine Wirkung. Die Autoren empfehlen Brom und Chlor als Konservierungs- und Vorgerbungsmittel bei allen möglichen Häuten. Das so erhaltene Leder ist gegen Fäulnis und kaltes Wasser vollkommen widerstandsfähig. Nur von kochendem Wasser wird es zerlegt.

Fettgerbung

Das geläufigste Beispiel für ein fettgares Leder ist das Sämischleder. Es wird aus der durch Spalten erhaltenen Retikularschicht der Schafshaut erhalten. Die Blöße wird in der Mitte in zwei Teile gespalten und der Tran mittels besonderer Maschinen hineingearbeitet. Das Fett verbindet sich mit der Blöße unter Bildung von Akrylaldehyd

---

[1]) Garelli u. Apostolo, Die Wirkung von Wismutsalzen auf Haut. „Collegium" (1913), 422.

[2]) Apostolo, Gerbung von Häuten mit frisch gefälltem Schwefel. „Collegium" (1913), 420.

[3]) Meunier u. Seyewetz, Neuere Untersuchungen über die Gerbung von Gelatine und Häuten. „Collegium" (1911), 373.

und einer Reihe anderer stechend riechender Verbindungen bei beträchtlicher Wärmeentwicklung. Während der Walke werden die Blößen des öfteren zum Abkühlen herausgenommen. Das Ende des Vorganges kann man nur aus der Praxis heraus erkennen. Nach der Gerbung werden die Häute einige Stunden mit warmem Wasser behandelt, worauf das überschüssige Fett, das unter dem Namen Moëllon oder Degras im Handel ist, abgepreßt wird. Das nun noch haftende Fett wird durch Waschen mit einer Sodalösung entfernt. Danach werden die Leder im Sonnenlicht gebleicht.

Fahrion[1]) und Meunier[2]) haben die Fettgerbung näher untersucht. Gemäß der Ansicht von Fahrion sind aber die ungesättigten Fettsäuren die eigentlich wirksamen Bestandteile. Diese Säuren weisen wenigstens zwei Doppelbindungen auf, die bei der Gerbung zu Peroxyden oxydiert werden.

$$R - CH - CH - \ldots - CH - CH - \ldots COOH$$
$$O \qquad O \qquad\qquad O \qquad O$$

Wird das Kollagen durch die vereinfachte Formel $R'NH_2$ dargestellt, so würde sich das Kollagen nach der Auffassung von Fahrion in folgender Weise mit den Fettsäuren vereinigen:

$$R - CH - CH - \ldots - CH - CH - \ldots COOH$$
$$HO \quad OH \qquad O \qquad O$$
$$R'NH \qquad HNR'$$

Er nimmt weiter an, daß diese Verbindung sich in ein Lakton verwandelt,

$$O$$
$$R - CH - CH - \ldots - CH - CH - \ldots CO$$
$$OH \qquad O \qquad O$$
$$R'NH \qquad HNR'$$

daß nur ein Teil der Peroxydverbindung sich mit den Proteinen verbindet, wohingegen sich der übrigbleibende Teil intramolekular in Oyxsäuren umlagert:

$$- CH - CH - \qquad = - CO - CH -$$
$$O \qquad O \qquad\qquad OH$$

---

[1]) Fahrion, Die Theorie der Lederbildung. Zeitschr. f. angew. Chem (1903), 665; (1911), 2083.

[2]) Meunier, Modern Theories of the Various Methods of Tanning. Chimie et Ind. 1 (1918), 71, 272.

Diese Oxysäuren werden dann in Laktone übergeführt und von den Fasern festgehalten; durch die alkalische Waschung werden sie nicht entfernt. Die sich bei diesem Vorgang bildenden Aldehyde unterstützen wahrscheinlich auch die Gerbung.

Nach der Ansicht von Meunier liegt die gerbende Eigenschaft in den freien Fettsäuren mit vier Doppelbindungen, von denen zum mindesten zwei die Fähigkeit besitzen müssen, sich unter Sauerstoffaufnahme in die oben geschilderten Peroxyde zu verwandeln. Wird eine Blöße durch Behandlung mit Alkohol entwässert und dann mit einer alkoholischen Ölsäurelösung gegerbt, so erhält man zunächst ein weiches Leder; entfernt man jedoch den Alkohol und die überschüssige Ölsäure, so erhält man ein Produkt, das nicht mehr als Leder anzusprechen ist, wie auch aus der Behandlung mit Wasser hervorgeht. Ersetzt man jedoch die Ölsäure durch Rüböl, so erhält man ein wasserbeständigeres gelbes Leder. Die Fettsäuren des Rüböles enthalten zwei Doppelbindungen und etwas Linolsäure mit drei Doppelbindungen. Verwendet man die Fettsäuren des Leinöls, die viel Linolsäure enthalten, so ist das erhaltene Leder noch wasserbeständiger. An fettgares Leder, das mit Tran, der vier Doppelbindungen enthält, hergestellt ist, reicht das Leinölleder jedoch nicht heran.

Aldehyd- und Chinongerbung

Payne und Pullman[1]) ließen sich im Jahre 1898 ein Gerbverfahren mit Formaldehyd patentieren. Seitdem haben eine ganze Reihe von Forschern die Wirkung der verschiedensten Aldehyde auf Gelatine und die Proteine der Haut untersucht. Manche Aldehyde, wie Benzaldehyd, zeigen nur geringe oder gar keine Gerbwirkung. Formaldehyd ist ferner als Vorgerbungsmittel bei der vegetabilischen Schnellgerbung vorgeschlagen worden, um die Verwendung stärkerer Gerbstofflösungen zu ermöglichen. Der Formaldehyd verändert das Gewicht der Haut nur wenig, jedoch wird durch die Vorbehandlung mit Formaldehyd die Adstringenz der vegetabilischen Gerbstofflösung herab- und die Diffusionsgeschwindigkeit heraufgesetzt.

Hey[2]) beobachtete, daß Formaldehyd nur bei pH-Werten, die über 4,8 liegen, gerbend wirkt; für die Praxis empfiehlt er pH-Werte zwischen 5,5 und 10. Bei höheren pH-Werten wird die Blöße stark geschwellt und die mit Formaldehyd gegerbte Oberfläche wird für weiteren Formaldehyd undurchlässig. Meunier nimmt an, daß bei der Gerbung mit Aldehyden und Chinonen zunächst eine Oxydation der Aminogruppen stattfindet. Wie bereits im 12. Abschnitt besprochen, wird nach Meunier bei der Chinongerbung ein Teil des Chinons zu Hydrochinon reduziert, während gleichzeitig die Hautproteine oxydiert werden.

---

1) Brit. Pat. 2872 4. Febr. (1898).
2) Hey, Formaldehyde Tannage. Journ. Soc. Leather Trades Chem. 6 (1922), 131.

Meunier untersuchte ferner die Wirkung von Gallussäure, Naphtholen, Hydrochinon, Pyrogallol, salzsaurem Diaminophenol und Resorcin auf Gelatine. Werden die Stoffe in schwachen Sodalösungen aufgelöst und der Luft ausgesetzt, so wirken sie, wenn auch langsam, auf Gelatine ein und machen sie wasserunlöslich. Unter Luftabschluß tritt keine Gerbwirkung ein.

In neuester Zeit sind von Thomas und Kelly[1]) Untersuchungen über die Chinongerbung durchgeführt worden. Bei der qualitativen Untersuchung der Vorgänge versagte die übliche Methode, einmal weil Chinon mit Wasser flüchtig ist und andererseits die dunklen Lösungen nicht titrierbar sind, deshalb wurde die Wilson-Kern-Methode angewendet.

Der Bedeutung der Wasserstoffionenkonzentration entsprechend wurden die Versuche bei verschiedenen pH-Werten durchgeführt. Das zur Verwendung kommende Chinon wurde entweder durch Sublimation oder durch Umkristallisieren aus Petroläther gereinigt. Die von Nelson und Granger[2]) ermittelte Löslichkeit für Chinon betrug 1,37 g auf 100 ccm Wasser bei 25°C. Diese Konzentration wurde allen Versuchen zugrunde gelegt. Da es infolge der Reduktionsvorgänge in der Chinonlösung nicht möglich war, die pH-Werte der Lösungen elektrometrisch zu bestimmen, wurde die Wasserstoffionenkonzentration mit Pufferlösungen reguliert. Um Störungen durch verschiedenartige Zusammensetzung der Puffer zu vermeiden, wählte man ihre Zusammensetzung möglichst gleichartig. Es wurden Puffer folgender Tabelle verwendet.

Tabelle 38

Zusammensetzung der Pufferlösungen

pH-Wert	Puffer
1,0	etwa $m/2$ H_3PO_4
2,0	etwa $m/50$ H_3PO_4
3,0	etwa $m/1000$ H_3PO_4
4,0	$m/15$ KH_2PO_4 und $m/10$ H_3PO_4
5,0	$m/15$ KH_2PO_4 und $m/15$ Na_2HPO_4
6,0 7,0 8,0 8,5	$m/15$ KH_2PO_4 und $m/15$ Na_2HPO_4
9,0	$m/15$ Na_2HPO_4
9,5 10,0 11,0 12,0	$m/15$ Na_2HPO_4 und $m/10$ $NaOH$

---

[1]) Thomas u. Margaret Kelly, Quinone Tannage. Ind. Eng. Chem. 16 (1924), 925.
[2]) Granger, Dissertation Columbia University (1920).

Es wurden 2,74 g Chinon in weithalsige Pulverflaschen getan, hierzu wurden 200 ccm der entsprechenden Pufferlösungen hinzugefügt. Hatte sich das Chinon aufgelöst, so wurde eine entfettete Hautpulvermenge, die 2 g Trockensubstanz entsprach, hinzugetan und die Flaschen dann bei Zimmertemperatur bestimmte Zeiten geschüttelt. Nach der Gerbung wurden die Hautpulver von der Lösung durch Filtrieren getrennt und in Wilson-Kern-Extraktoren so lange gewaschen, bis die Waschwässer mit Jodkalium-Stärke keine Blaufärbung mehr ergaben. Dieses Reagenz hatte sich als besonders empfindlich erwiesen; es konnten in 50 000 Teilen Wasser noch 1 Teil Chinon nachgewiesen werden. Die gegerbten und gewaschenen Hautpulver wurden lufttrocken gemacht und dann im Vakuum bei 110° C 16 Stunden getrocknet. Die Gewichtszunahme ergab die aufgenommene Menge Gerbstoff.

Tabelle 39

Aufnahme von Chinon durch Hautpulver nach 6 Stunden

Nr.	pH-Wert der Lösung	Zustand der Chinonlösung	Zustand des nassen gegerbten Hautpulvers	Gewichtsveränderung von 2 g trockener Hautsubstanz in g
1	1,0	Orangegelb, klar	Gelatinös, weiß	— 0,103
2	2,0	Rötlichgelb, klar	Gelatinös, weiß	— 0,083
3	3,0	Rötlichgelb, klar	Gelatinös, rötlich	— 0,030
4	4,0	Weinrot, klar	Gelatinös, rötlich	— 0,029
5	5,0	Weinrot, klar	Gelatinös, rötlich	— 0,012
6	6,0	Dunkelbraun, schmutzig	Gegerbt, schwärzlich	+ 0,107
7	7,0	Dunkelbraun, schmutzig	Gegerbt, schwärzlich	+ 0,236
8	8,0	Dunkelbraun, geringer Niederschlag	Gegerbt, schwärzlich	+ 0,402
9	9,0	Dunkelbraun, geringer Niederschlag	Gegerbt, schwärzlich	+ 0,399
10	10,0	Dunkelbraun, geringer Niederschlag	Gegerbt, schwärzlich	+ 0,420
11	11,0	Dunkelbraun, verschwindender Niederschlag	Gegerbt, schwärzlich	+ 0,408
12	12,1	Grünschwarz, kein Niederschlag	Gegerbt, schwärzlich	+ 0,314

Die Filtrate enthielten in allen Fällen Chinon.

Nach dem Trocknen waren die Hautpulver in allen Fällen von dunkler Farbe. Bei Nr. 1 und 2 waren hydrolytische Vorgänge deutlich zu erkennen; 3, 4 und 5 waren dunkelbraun gefärbt, 6 bis 12 dagegen schwärzlich. Wenn auch bei 3, 4 und 5 eine Gewichtsabnahme zu verzeichnen war, so deutet doch die Anfärbung auf eine Chinonaufnahme hin.

Aus der Stickstoffbestimmung in den Lösungen ergaben sich folgende Angaben über Hydrolyse des Hautpulvers:

Tabelle 40

Hydrolyse chinongegerbten Hautpulvers

Nr.	pH-Wert	Hydrolyse in Prozenten	Nr.	pH-Wert	Hydrolyse in Prozenten
1	1,0	5,8	7	7,0	2,2
3	3,0	2,6	9	9,0	1,6
5	5,0	2,4	11	11,0	1,9
			12	12,1	2,5

Die in Tabelle 39 zusammengestellten Ergebnisse sind mit denen bei anderen Einwirkungszeiten in Abb. 149a graphisch dargestellt. Bei Versuchen mit längerer Zeitdauer wurden solche bei pH-Werten oberhalb von 5 ausgelassen; da bei pH-Werten von 12 und 13 jedoch noch Gerbstoffaufnahme eintrat, wurden auch diese mit aufgenommen. Alle Filtrate zeigten positive Chinonreaktion. Es wurden auch Stickstoffbestimmungen bei den Versuchen mit 24stündiger Einwirkungsdauer nach Kjeldahl durchgeführt. Die Ergebnisse decken sich im wesentlichen mit denen bei 16stündiger Gerbdauer. Bei einem pH-Wert von 13, der mit untersucht wurde, stieg der Prozentsatz an Hydrolyseprodukten auf 20,0. Es erübrigte sich daher, Versuche mit pH-Werten über 12 auszuführen.

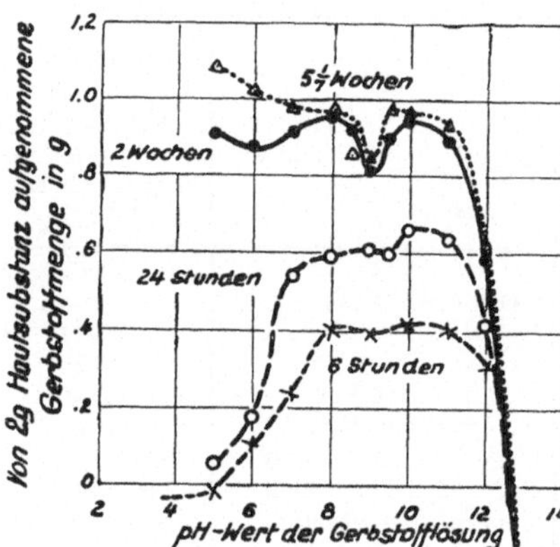

Abb. 149a. **Die Aufnahme von Chinon durch Hautpulver als Funktion der pH-Werte**

Die Ergebnisse sind in Abb. 149a zusammengestellt. Bei 6stündiger Einwirkungszeit beginnt die Gerbstoffaufnahme bei einem pH-Wert von 5 und steigt zunächst rasch bis zu einem solchen von 8. Von hier ab geht die Kurve, abgesehen von einer kleinen Einbuchtung, bei einem pH-Wert von 9 bis zu einem solchen von 11 fast horizontal. Bei dem Versuch mit zweiwöchiger Einwirkungszeit ist die Senkung bei einem pH-Wert von 9 besonders ausgebildet. Es ist nicht unmöglich, daß die als Gerbstoff fungierenden Substanzen in Lösungen, die alkalischer sind als einem pH-Wert von 9 entspricht, andere sind als die in minder alkalischen Lösungen, da Chinon in alkalischen Lösungen Polymerisations- und anderen Vorgängen unterworfen ist.

Die Beobachtung von Meunier, daß sich bei der Chinongerbung Hydrochinon bildet, konnte bestätigt werden. Die Filtrate reduzierten Fehlingsche Lösung. Es wurden weitere Versuche unternommen, um die Gültigkeit der Theorie von Meunier, die bereits bei den Oxydationstheorien über vegetabilische Gerbung erwähnt wurde, nachzuprüfen. Es wäre gemäß der Theorie anzunehmen, daß ein Zusatz von Hydrochinon die Gerbung hindernd beeinflußt. Wenn sich auch beim Hinzufügen von Hydrochinon zu Chinon Chinhydron bildet, so ist dieser Faktor von nur geringem Einfluß auf den Gerbvorgang, da diese Verbindung in wässeriger Lösung praktisch vollkommen in seine Bestandteile zerfällt.

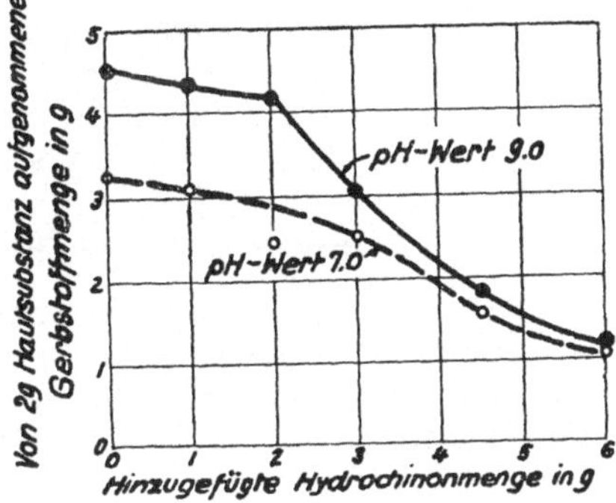

Abb. 149 b. **Chinongerbung bei Zusatz von Hydrochinon**

Die Versuche führte man so durch, daß bei gleichen Konzentrationsverhältnissen wie vorher verschiedene Mengen Hydrochinon hinzugefügt wurden, und zwar bei einem pH-Wert von 7 und 9 und 6stündiger Einwirkungsdauer.

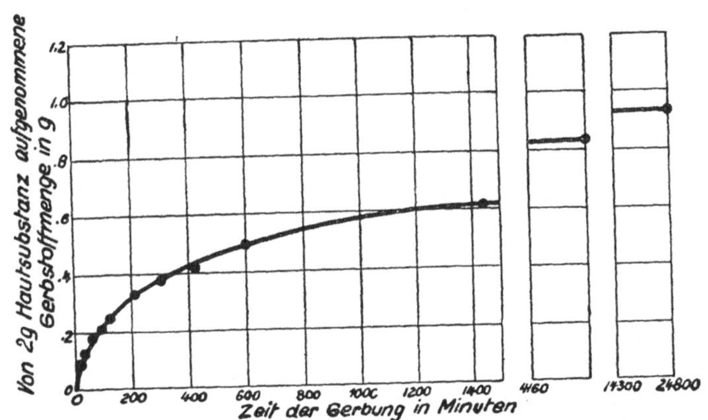

Abb. 149 c. **Geschwindigkeit der Aufnahme von Chinon durch Hautpulver**

Die Versuchsergebnisse sind aus obenstehender Abb. 149 b zu ersehen. Hydrochinon verringert in der Tat die Gerbgeschwindigkeit. Die Wirkung ist besonders bei einem pH-Wert von 9 und wenn die hinzugefügte Menge Hydrochinon größer oder gleich der anwesenden Chinonmenge ist, zu beobachten.

24*

Es wurde auch die Geschwindigkeit der Aufnahme von Chinon untersucht. 200 ccm Lösung, die 2,74 g Chinon enthielten, wurden mit einer Hautpulvermenge, die 2,0 g Trockensubstanz entsprach, bei einem pH-Wert von 8 und bei einer Temperatur von 25^0 C geschüttelt und die Gerbstoffaufnahme von Zeit zu Zeit untersucht. Die Temperatur wurde durch einen Wasserthermostaten aufrechterhalten. Die Ergebnisse sind aus Abb. 149c ersichtlich. Die parabolische Kurve entspricht jedoch weder einer mono- noch einer dimolekularen Gleichung; diese muß vielmehr höherer Ordnung sein.

Gerbung mit synthetischen Gerbstoffen

Bei der vegetabilischen Gerbung findet die Vereinigung von Gerbstoffen und Hautproteinen in schwach saurer Lösung statt; dabei laden sich die Gerbstoffteilchen negativ und die Proteine positiv auf. Es bedeutete einen großen Fortschritt, als es S t i a s n y [1]) gelang, wasserlösliche Stoffe zu finden, die sich in saurer Lösung negativ aufluden, Gelatine aus ihren Lösungen fällten und typische Gerbwirkungen aufwiesen. Diese konnten unter bestimmten Bedingungen durch die Reaktion von Phenolsulfosäuren mit Formaldehyd erhalten werden. Gleiche Teile Kresol und Schwefelsäure wurden unter Umrühren bei einer Temperatur von ungefähr 105^0 C 2 Stunden lang erhitzt. Die Mischung wurde dann auf 35^0 C abgekühlt und auf ein Molekül Kresol ein Molekül Aldehyd hinzugefügt. Der Formaldehyd mußte in kleinen Portionen zugegeben werden und die Temperatur durfte nicht über 35^0 C steigen, wenn man wasserlösliche Produkte erhalten wollte.

G r a s s e r [2]) formuliert die Reaktion folgendermaßen:

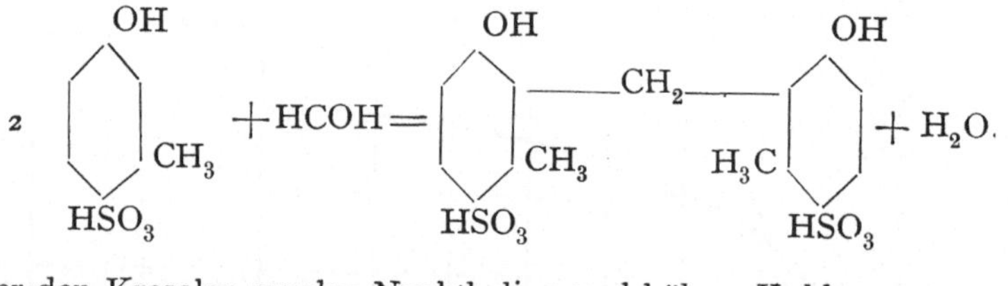

$$2 \; \text{Kresol-HSO}_3 + \text{HCOH} = \text{Kresol-CH}_2\text{-Kresol} + H_2O.$$

Außer den Kresolen werden Naphthaline und höhere Kohlenwasserstoffe zur Herstellung synthetischer Gerbstoffe verwendet. Wer sich für die synthetischen Gerbstoffe interessiert, wird auf das Buch von G r a s s e r verwiesen.

Man kann rohe Häute durch Einlegen in reine Lösungen solcher synthetischer Gerbstoffe gerben, wenn man die Konzentration und den Säuregrad der Lösungen richtig einstellt. Mit abnehmendem Säuregehalt scheinen die Körper ihre gerbenden Eigenschaften einzubüßen. Ein typischer, technischer, synthetischer Gerbstoff wies eine Titrations-

---

[1]) S t i a s n y , Ein neuer synthetischer Gerbstoff. „Collegium" (1913), 142.
[2]) G r a s s e r , Synthetische Gerbstoffe. Berlin 1920.

azidität von 0,65 Grammäquivalenten im Liter auf; der pH-Wert der Lösung betrug 0,63. G r a s s e r konnte zeigen, daß der ursprüngliche Gerbstoff Neradol D, der erste synthetische Gerbstoff, wahrscheinlich infolge seiner hohen Azidität eine Gelatinierung der Haut bewirkt. Wird die Lösung jedoch hinreichend verdünnt, so verschwindet diese nachteilige Eigenschaft und man erhält ein weißes Leder. Da die synthetischen Gerbstoffe das Gewicht des Leders nur unerheblich erhöhen, werden sie meist zusammen mit vegetabilischen Gerbstoffen bei der Herstellung gewisser Ledersorten verwendet und scheinen dann wertvolle Eigenschaften zu entwickeln.

Die synthetischen Gerbstoffe wirken ähnlich wie Aldehyde und Chinone, sie setzen die Adstringenz von starken Gerbstofflösungen herab, sie dringen infolge ihres geringeren Molekulargewichtes schnell in die Haut ein und vereinigen sich auch mit den Hautproteinen. Dieser Gerbeffekt setzt die Geschwindigkeit mit der sich die eigentlichen Gerbstoffe mit der Haut vereinigen herab und erhöht dadurch die Diffusionsgeschwindigkeit. Die synthetischen Gerbstoffe können auch zum Entkälken verwendet werden; auch kann man sie direkt zu den Gerbbrühen hinzufügen. Wie bei jeder starken Säure ist jedoch Vorsicht und genaue Kontrolle am Platze.

Auch zum Bleichen eignen sich die meisten synthetischen Gerbstoffe. Infolge der hohen Azidität ihrer Lösungen wird die Farbe der Gerbstoffe und der Leder aufgehellt, ist doch die Farbe der vegetabilischen Gerbstoffe innerhalb gewisser Grenzen eine Funktion der Wasserstoffionenkonzentration.

Die synthetischen Gerbstoffe weisen noch weitere vorteilhafte Eigenschaften auf, da sie auf Phlobaphene und andere schwerlösliche Gerbstoffe lösend einwirken. G r a s s e r konnte zeigen, daß die Phlobaphene des Quebracho durch Neradol D oder das Natriumsalz der Phenolsulfosäure löslich gemacht werden können. Die freien Sulfosäuren wirken nicht lösend. Die Wirkung der Natriumsalze kann zum Teil auf den pH-Wert der Lösung geschoben werden, da der Verfasser beobachten konnte, daß Phlobaphene bei pH-Werten, die oberhalb von 7 lagen, löslich waren. Es ist auch möglich, daß die synthetischen Gerbstoffe auf die Phlobaphene, die Oxydationsprodukte sind, reduzierend wirken. Genaueres über diesen Vorgang weiß man nicht.

Neradol D läßt sich leicht durch die dunkelblaue Färbung, die es mit verdünnten Ammoniumferrosulfatlösungen gibt, in der Haut nachweisen. Man kann auf diese Weise das Eindringen von Neradol D in Blößen leicht nachweisen, indem man Streifen herausschneidet und diese nach gutem Waschen dieser Farbreaktion unterwirft.

Im Zusammenhang mit den synthetischen Gerbstoffen möge noch ein anderes Produkt erwähnt werden, die Sulfitzelluloseablauge, die bei der Papierfabrikation entsteht. Das gereinigte Produkt wird unter der Bezeichnung „Fichtenholzextrakt" im Handel vertrieben. Die gerbenden Stoffe dieser Ablauge scheinen die Ligninsulfosäuren zu sein. Die Ablauge besitzt zweifellos gerbende Eigenschaften, doch erhält man im allgemeinen kein befriedigendes Leder. Wird sie dagegen mit anderen Gerbstoffen wie Quebracho gemischt, so wirkt sie wie ein natürlicher Gerbstoff. Infolge ihrer niedrigen Kosten ist sie bei der Herstellung von Sohlleder ein beliebtes Füllmaterial. Hill und Merryman[1]) beschreiben ein Verfahren, bei dem Sulfitzelluloseablauge mit synthetischen Gerbstoffen zusammen verwendet wird. Das Sohlleder wird zunächst mit einer konzentrierten Lösung von Ablauge durchtränkt und dann mit einer Lösung synthetischer Gerbstoffe gewalkt. Sie machen geltend, daß die Ablauge durch die synthetischen Gerbstoffe auf der Faser ausgefällt und dessen Farbe aufgehellt und dadurch eine Bleiche unnötig wird.

Für den Chemiker eröffnen sich fast unbegrenzte Möglichkeiten, Stoffe zu finden, die geeignet sind, die natürlichen Gerbstoffe zu ergänzen und zu ersetzen.

Die Wirkung von Trypsin auf verschiedene Lederarten

Wie bei der Besprechung der Beize im 8. Abschnitt mitgeteilt wurde, wird Kollagen durch Trypsin unter geeigneten Bedingungen hydrolysiert. Thomas und F. L. Seymour-Jones[2]) unternahmen es, die Wirkung von Trypsin auch auf Leder zu untersuchen, einmal um daraus Schlüsse über die Natur des Gerbvorganges zu ziehen und andererseits um in das Wesen der tryptischen Hydrolyse tiefer einzudringen.

Es erhoben sich bei Durchführung dieser Versuche gewisse Schwierigkeiten, da manche Gerbmittel, wie Schwermetallsalze oder Formaldehyd vergiftend auf das Trypsin einwirken können. Dieser Gefahr suchte man durch gründliches Auswaschen aller nicht gebundenen Gerbmittel aus den zu untersuchenden Ledern zu begegnen. Es war kein Grund vorhanden, nicht anzunehmen, daß die Proteingerbstoffverbindungen trotz ihrer komplizierteren Struktur, von Trypsin nicht auch wie ungegerbte Haut angegriffen werden würden. Bei einem solchen Angriff auf das Leder bestand allerdings die Möglichkeit einer Abspaltung vergiftend wirkender Gerbmittel, die einem weiteren Abbau entgegenwirken würden.

Die Untersuchungen wurden an Standardhautpulver durchgeführt. Das verwendete Trypsin, ein hochwertiges Handelsprodukt, wurde nach Sherman und Neun auf seine Wirksamkeit untersucht. Bei einem pH-Wert von 8 wurden bei 40^0 C von 2 mg Trypsin 17,7 mg Stickstoff aus Kasein bei einer halbstündigen Einwirkungszeit in Lösung gebracht. Bei Versuchen mit diesem Präparat unter Bedingungen, die für Pepsin günstig sind, wurde kein Stickstoff in Lösung gebracht.

---

[1]) Hill u. Merryman, Some Applications of Synthetic Tanning Materials. Journ. Am. Leather Chem. Assoc. 16 (1921), 484.

[2]) Thomas u. F. L. Seymour-Jones, Action of Trypsin upon Diverse Leathers. Ind. Eng. Chem. 16 (1924), 157.

Fünf Portionen feingesiebten Hautpulvers wurden mit Chromsulfat, Chinon, Formaldehyd, Kupfersulfat und Tannin unter bestimmten Bedingungen gegerbt. Nachdem die gegerbten Hautpulver gut gewaschen worden waren, wurden sie getrocknet. Etwa 0,5 g des gegerbten Hautpulvers wurden in ein 10 ccm Zentrifugenglas gebracht, das in Zehntel ccm graduiert war. Sodann fügte man 10 ccm einer Pufferlösung mit einem Gehalt von 0,5 % Trypsin und einem pH-Wert von 5,9 hinzu. Die verkorkten Gläser wurden in einer Schüttelmaschine bei einer Temperatur von 40° C im Thermostaten 20 Minuten lang geschüttelt und hierauf bei einer Geschwindigkeit von 1200 Umdrehungen pro Minute 20 Minuten lang zentrifugiert. Kontrollversuche ohne Trypsin wurden gleichzeitig angesetzt. Durch den Vergleich der Volumina beider Versuchsreihen konnte der Hydrolysegrad ermittelt werden.

Die Genauigkeit der Bestimmung wurde durch exakteste Ablesung gewährleistet. Die Feinheit des Hautpulvers und das Zentrifugieren gestatteten die Beobachtungen bis zu einer Genauigkeit von $\pm$ 2 % durchzuführen.

Ein Versuch mit chromgarem Leder wurde folgendermaßen angesetzt: Aus Chromsulfat und Natronlauge wurde eine Lösung, die 1,04 % Chrom enthielt und bei der das Chromsalz etwa die Zusammensetzung $Cr(OH)SO_4$ hatte, bereitet. 10 g Hautpulver wurden in 200 ccm der Chromlösung und weitere 10 g in einer 4fach verdünnten, also 0,21 % chromhaltigen, 22 Stunden lang geschüttelt. Die gegerbten Hautpulver wurden bis zur Chromfreiheit der Waschwässer mit destilliertem Wasser gewaschen, bei 75° C getrocknet und danach, wie in Tabelle 41 beschrieben, mit Trypsin hydrolysiert.

Tabelle 41

Hydrolyse von chromgarem Hautpulver durch Trypsin
(pH-Wert 5,9)

Konzentration der Chrom- lösung in Prozenten Cr	Hydrolyse in Prozenten	
	Trypsinlösung	Blindversuch
1,04	3,6	—
0,21	6,9	—

Weitere Hautpulverproben gerbte man mit anderen Chromkonzentrationen; kamen jedoch Lösungen vom pH-Wert 5 zur Anwendung, so ließ sich das Chrom teilweise auswaschen. Trotzdem zeigten nur die am wenigsten gegerbten Hautpulver Hydrolyse. Es war nicht möglich, chromgare Leder bei einem pH-Wert von 5,9 herzustellen, da die Chromlösungen bei diesem pH-Wert ausflockten.

Aus den Versuchen scheint hervorzugehen, daß vollkommen chromgares Hautpulver von Trypsin nicht angegriffen werden kann. Es läßt sich kaum entscheiden, ob man das Versuchsergebnis als eine Vergiftung des Trypsins durch das Chrom oder als eine Maskierung der Gruppe des Proteins, bei der das Trypsin anzugreifen pflegt, deuten soll. Da insbesondere die Theorie der Chromgerbung[1]) auf sehr unsicherer Grundlage steht, ist es schwer, den Versuchen eine Deutung zu geben.

3 mal etwa 10 g feingesiebtes Hautpulver wurden 24 Stunden bei einem pH-Wert von 5,9 mit Chinonlösungen verschiedenen Gehaltes geschüttelt und dann 48 Stunden stehen gelassen. Danach wurden sie gründlich gewaschen und bei 40° C getrocknet. Je $^1/_2$ g der gegerbten Hautpulver wurde mit Trypsin hydrolysiert und der Grad der Hydrolyse nach der vorhin beschriebenen Methode ermittelt. Das Trypsin wurde erneuert und die neue Lösung weitere 20 Minuten einwirken gelassen. Die Versuchsergebnisse sind in Tabelle 42 zusammengestellt.

Tabelle 42

Hydrolyse von Chinonhautpulver durch Trypsin
(pH-Wert 5,9)

| Konzentration der Chinon- lösung in Prozenten | Analyse des Leders in Prozenten | | | Hydrolyse in Prozenten | | | |
| | | | | nach 20 Min. | | nach 40 Min. | |
	Wasser	Haut- substanz (N × 5,62)	Chinon (als Differenz erhalten)	Trypsin	Blind- versuch	Trypsin	Blind- versuch
1,0	8,6	84.1	7,3	34	0	61	0
0,5	8,8	86,7	4,5	50	0	69	0
0,25	9,2	89,6	1,2	68	0	79	0
0,1	verworfen, da keine Chinonaufnahme			—		—	—
0,0	—	—	—	86	13	91	23

Bei der Hydrolyse bildeten sich beträchtliche Mengen von Chinon und Hydrochinon, die auf einen Abbau des Leders hinweisen. Beide Stoffe scheinen indessen das Trypsin in seiner Wirksamkeit nicht zu beeinflussen. Die Gruppe im Kollagenmolekül, bei der die Hydrolyse bei ungegerbtem Material mit Wasser im allgemeinen einzusetzen pflegt, scheint durch die Gerbung so blockiert zu werden, daß die Hydrolyse verhindert wird. Durch das Verhalten des Trypsins wird diese Annahme bestätigt; die verringerte Hydrolyse durch Trypsin deutet ebenfalls auf eine Maskierung der Angriffsstellen im Proteinmolekül hin, insbesondere nimmt die Hydrolyse mit zunehmender Gerbung ab.

Nach der Ansicht von M e u n i e r, die im Zusammenhang mit der Theorie der vegetabilischen Gerbung besprochen wurde, ist die Chinongerbung in Parallele zu setzen mit der Reaktion zwischen Chinon und aromatischen Aminen. Nach F a h r i o n muß die Kollagenfaser erst vor der Gerbung oxydiert werden, erst dann kann eine

---

[1]) S e y m o u r - J o n e s, Journ. Ind. Eng. Chem. 14 (1922), 832; 15 (1923), 265.

Vereinigung mit dem Chinon stattfinden. Jedenfalls wird in beiden Fällen angenommen, daß die Aminogruppe durch ein Sauerstoffatom an den Benzolring geknüpft wird. Zusammenfassend kann man sagen, daß das chinongegerbte Hautpulver von Trypsin verhältnismäßig leicht angegriffen wird, immerhin nicht so leicht wie ungegerbtes. Die Gerbung hindert also den Trypsinabbau, wenn auch nur wenig.

Je 10 g feingesiebten Hautpulvers wurden 24 Stunden mit Formaldehydlösungen verschiedener Konzentration bei einem pH-Wert von 5,9 geschüttelt. Danach standen sie 21 Tage, wurden filtriert, gut gewaschen und bei 40° C getrocknet. Die gut zerkleinerten gegerbten Hautpulver wurden wie beschrieben mit Trypsin hydrolysiert.

Die Versuchsergebnisse sind aus Tabelle 43 zu entnehmen. Sie sind keineswegs einheitlich. Es wurde in den Lösungen nach der

Tabelle 43

Hydrolyse von Formaldehydhautpulver durch Trypsin
(pH-Wert 5,9)

Konzentration des Formaldehydes in Prozenten	Analyse des Leders			Hydrolyse in Prozenten	
	Wasser in Prozenten	Hautsubstanz in Prozenten	Formaldehyd in Prozenten (durch Differenz erhalten)	Trypsin	Blindversuch
1,90	7,1	87,8	5,1	6	5
0,95	7,0	88,8	4,2	8	14
0,38	6,4	90,3	3,3	18	3
0,19	8,2	89,0	2,8	35	0
0,0	—	—	—	86	13

Einwirkung des Trypsins Formaldehyd festgestellt. Wahrscheinlich wirkt dieser Formaldehydanteil auf das Trypsin hemmend ein und so erklärt sich besonders bei größerer Formaldehydaufnahme die hydrolysehemmende Wirkung.

Man stellt sich die Formaldehydgerbung im allgemeinen rein chemisch nach folgendem Schema vor:

$$R \underset{COOH}{\overset{NH_2}{<}} \quad oder \quad R \underset{COO}{\overset{NH_3}{<}} \quad + HCHO \longrightarrow R \underset{COOH}{\overset{N = CH_2}{<}} + H_2O$$

Die Gerbung ist nur im alkalischen Medium möglich[1]), denn Formaldehyd maskiert die Aminogruppen und läßt die Karboxylgruppen unberührt. Das Formaldehydhautpulver läßt sich, wenn auch in geringerem Maße, wie ungegerbtes Hautpulver von Trypsin zerlegen.

---

[1]) Hey, Journ. Soc. Leather Trades Chem. 6 (1922), 131.

Die Blockierung der Aminogruppe scheint demnach auf die Hydrolyse hemmend zu wirken.

Je 10 g feingesiebten Hautpulvers wurden mit je 200 ccm Kupfer-sulfatlösungen verschiedener Konzentration bei einem pH-Wert von 5,9 24 Stunden behandelt. Danach wurden sie filtriert, gewaschen und getrocknet. Es war schwierig, das gegerbte Hautpulver zu zerkleinern, da sich harte Klumpen gebildet hatten. Die Trypsinhydrolyse wurde wie üblich durchgeführt. Die Versuchsergebnisse sind in nachstehender Tabelle zusammengestellt.

Tabelle 44

Hydrolyse von Kupfersulfathautpulver durch Trypsin
(pH-Wert 5,9)

Konzentration des $CuSO_4$ in Prozenten	Analyse des Leders in Prozenten			Hydrolyse in Prozenten	
	Wasser	Haut-substanz	Kupfer	Trypsin	Blind-versuch
2,5	9,8	89,5	0,13	87	21
5,0	9,6	89,5	0,61	89	19
5,0	7,6	91,2	0,67	79	26
0,0	—	—	—	86	13

In den Lösungen konnte nach der Hydrolyse Kupfer nur in nichtionisierter Form nachgewiesen werden. Die Hydrolyse ist bei gegerbtem und nichtgegerbtem Hautpulver gleich; in den Blindversuchen scheint das Kupfer die Hydrolyse zu beschleunigen.

Über die Kupfergerbung ist bisher sehr wenig veröffentlicht worden und es scheint sehr zweifelhaft, ob man den Vorgang überhaupt als Gerbung bezeichnen kann. Im nassen Zustande machte die gegerbte Haut den Eindruck von ungegerbtem Hautpulver, in trockenem Zustande ähnelte sie gegerbtem. Man kann annehmen, daß es sich hier nur um eine Salzbildung eines Ampholyten auf der alkalischen Seite des isoelektrischen Punktes mit einem metallischen Kation gemäß den Anschauungen von Loeb[1] handelt. Wird das Kollagen durch folgende Formel symbolisiert, $H_2N — R — COOH$, so würde der Vorgang durch folgende Gleichung dargestellt werden:

$$2\,H_2N — R — COOH + CuSO_4 \rightarrow (H_2N — R — COO)_2Cu + H_2SO_4$$

Das Kupfer verbindet sich also nur mit der Karboxylgruppe und läßt die Aminogruppe frei. Mit Kupfer gegerbtes Hautpulver wurde von Wasser und Trypsin in fast gleichem Maße hydrolysiert wie unbehandeltes. Die Blockierung der Karboxylgruppe scheint daher die Trypsinhydrolyse nicht zu hemmen.

---

[1] Loeb, Die Eiweißkörper und die Theorie der kolloidalen Erscheinungen. Berlin 1924.

Des weiteren wurden 10 g feinkörnigen Hautpulvers mit 200 ccm Tanninlösung bei einem pH-Wert von 5,9 48 Stunden lang gegerbt. Sie wurden dann gut ausgewaschen und bei 40^0 C getrocknet. Bei der Analyse der gegerbten Hautpulver erhielt man folgende Werte: 5,44 $^0/_0$ Wasser, 72,23 $^0/_0$ Hautsubstanz und 22,33 $^0/_0$ Gerbstoff. Die Behandlung mit Trypsin wurde wie schon beschrieben durchgeführt. Das gegerbte Hautpulver wurde mit Trypsin zu 48 $^0/_0$ und im Blindversuch zu 19 $^0/_0$ hydrolysiert. Die Trypsinrestlösung zeigte schwache Gerbstoffreaktion mit Gelatine-Kochsalz.

Die Fülle der Theorien der vegetabilischen Gerbung zeigt, daß man weit davon entfernt ist, eine genaue Erklärung des Vorganges auf chemischer, physikalischer oder kolloidchemischer Grundlage zu geben. Nimmt man mit E. Fischer an, daß das Tannin eine Pentadigalloylglukose ist, so liegt es nahe zu schließen, daß die basischen Gruppen der Hautproteine für die Fixierung des Tannins zum größten Teil verantwortlich zu machen sind. Vergleicht man den letzten Versuch mit den vorhergehenden, so wird diese Auffassung bestätigt.

Bei den beschriebenen Versuchen besteht in zwei Fällen die einigermaßen gesicherte Annahme, daß die Gerbung mit einer Blockierung der Aminogruppe verknüpft ist; bei der Chinon- und Aldehydgerbung und in einem weiteren Fall bei der Kupfergerbung, wird dagegen die Karboxylgruppe blockiert und die Hydrolyse mit Wasser oder Trypsin nicht gehemmt. Andererseits wurde chromgares Leder, bei dem man vielfach auch eine Fixierung des Chroms an die Karboxylgruppen des Proteinmoleküls annimmt, von Trypsin nicht gespalten. Es ist hieraus zu schließen, daß die Chromgerbung offenbar ein komplizierterer Vorgang ist.

Es scheint demnach, als ob die Bindung von Gerbstoffen mit der Karboxylgruppe des Kollagens die tryptische und gewöhnliche Hydrolyse nicht beeinflußt. Ein Beispiel hierfür ist die Kupfergerbung. Verknüpfen sich die Gerbstoffe mit der Aminogruppe, so hängt die Hydrolysierbarkeit von der Art der Bindung ab. Entsprechend wird dabei die Hydrolyse mit steigender Gerbung immer mehr gehemmt.

Zurichtung und verschiedene andere Arbeitsprozesse

Mit der Verwandlung von Haut in Leder durch den eigentlichen Gerbvorgang ist die Lederherstellung noch nicht abgeschlossen. Das Leder muß noch eine ganze Reihe von Bearbeitungen, die man als Zurichtung bezeichnet, erfahren. Die Zurichtung ist in manchen Fällen viel verwickelter als die Gerbung selbst. Sie ist bei jeder Lederart verschieden und die Beschreibung nur der gebräuchlichsten Lederarten würde ein ganzes Buch füllen. Im folgenden wird nur die Zurichtung für die wichtigsten Lederarten in ihren Grundzügen beschrieben werden.

Bleichen

Bei der vegetabilischen Gerbung scheidet sich auf der Oberfläche der Leder oft eine Schicht von Phlobaphenen oder von Ellagsäure ab; diese verursacht bei der Färbung der Leder leicht Unregelmäßigkeiten. Bisweilen wird die Farbe der Leder durch Oxydation in ungleichmäßiger Weise nachgedunkelt. Die Bleiche hat nun den Zweck, die Farbe des Leders aufzuhellen und sie gleichmäßiger zu gestalten. Im allgemeinen werden die Leder zunächst mit einer verdünnten alkalischen und dann mit einer sauren Lösung behandelt; zu diesem Zweck verwendet man meistens Soda und Schwefelsäure.

Wird das vegetabilisch gegerbte Leder mit einer Sodalösung behandelt, so gehen die bei einem pH-Wert größer als 7 löslichen Phlobaphene und die dann ebenfalls lösliche Ellagsäure in Lösung. Gleichzeitig werden die Gerbstoffe aus der Oberflächenschicht herausgewaschen. Im 12. Abschnitt wurde darauf hingewiesen, daß die Lösung um so schneller vor sich geht, je mehr der pH-Wert 8 übersteigt. Man läßt im allgemeinen die Sodalösung 10—15 Minuten einwirken, danach werden die Leder, um alle löslichen Bestandteile aus der Oberfläche zu entfernen, gewaschen. Die darauffolgende Behandlung mit einer verdünnten Schwefelsäurelösung hat einmal den Zweck, die Soda unwirksam zu machen, und andererseits den, die Farbe der im Leder gebliebenen Gerbstoffe, die, wie im 10. Abschnitt beschrieben, eine Funktion der pH-Werte ist, durch eine Herabsetzung des pH-Wertes aufzuhellen. Auf diese Weise wird die Farbe des Leders heller und die Oberfläche gleichmäßiger. Nach dem Bleichen pflegt man den verlorenen Gerbstoff durch eine kurze Nachgerbung mit hellen, klaren Gerbstoffen zu ersetzen.

Vielfach ist die Verwendung von Schwefelsäure zum Bleichen als für das Leder schädlich verurteilt worden. Enthält ein Leder mehr als $1\,\%$ Schwefelsäure, auf das Ledergewicht bezogen, so behält es zwar ein bis zwei Jahre ein gutes Aussehen, es wird jedoch mit fortschreitender Zeit immer mehr zerstört und wird schließlich so mürbe wie Löschpapier. Der Gerber richtet es gewöhnlich so ein, daß die überschüssige Säuremenge möglichst gering wird, oder er begegnet der Säurewirkung durch alkalische Fettung. Als Bleichmittel finden ferner noch Verwendung Natriumbisulfit, organische Säuren und synthetische Gerbstoffe.

Fetten

Wenn auch die Gerbung die einzelnen Fasern am Aneinanderkleben hindert, so ist doch die Reibung zwischen ihnen, wenn kein Schmiermittel vorhanden ist, recht groß. Trocknet man das Leder nach der Gerbung, so wird es steif und zerbricht beim Biegen; um ihm Weichheit und Schmiegsamkeit zu erteilen, und um ferner seine elastischen Eigenschaften und Reißfestigkeit zu erhöhen, wird es nach der Gerbung mit Fetten und Ölen durchtränkt.

Der Fettgehalt, auf den man das Leder bringt, hängt ganz von seiner Bestimmung ab. Sohlleder enthält, da man auf Steifheit Wert legt, meist 2 bis $3\,\%$ Fett. Gerne verwendet man sulfurierte Fette, die man mit konzentrierten Gerbbrühen oder Füllstoffen zur Gewichtserhöhung des Leders hineinbringt.

Will man das Leder stark fetten, so arbeitet man das Fett entweder mit der Hand hinein, oder man „brennt es ein" durch Eintauchen in heiße, geschmolzene Lösungen. Bei nur schwacher Fettung walkt man mit Fett- oder Ölemulsionen und erreicht so eine gleichmäßige Verteilung im ganzen Leder.

Bei trockener Fettung verfährt man so, daß man das Leder in warmes geschmolzenes Fett taucht, das sehr schnell eindringt; jedoch läßt sich dieses Verfahren nur anwenden, wenn der Fettgehalt über $20\,\%$ liegen soll. Bei geringerer Fettung ist es notwendig, das Fett in feuchtes Leder hineinzubringen. Bei Riemenleder trägt man eine Mischung von Tran und Talg auf das feuchte Leder auf; es wird dann in Trockenkammern gehangen, in denen die Temperatur langsam gesteigert wird. In dem Maße wie das Wasser verdunstet, wird es durch das Fett ersetzt. Verreibt man auf trockenem Leder ein wenig Fett, so bleibt die Oberfläche fettig, während sich bei feuchtem Leder das Fett im Leder verteilt, so daß dann die Oberfläche nach dem Trocknen nicht mehr fettig ist. Es ist die Ansicht ausgesprochen worden, daß mit fortschreitender Trocknung das Fett immer mehr in das Leder eindringt. Indessen wird diese Ansicht von Moeller[1]) nicht geteilt, der annimmt, daß das Fetten ein der Sämischgerbung ähnlicher Vorgang ist. Nach seiner Ansicht ist die Gegenwart von Wasser bei diesem Vorgang unbedingt notwendig. Die vegetabilischen Gerbstoffe bewirken eine Oxydation der ungesättigten Fettsäuren; es bilden sich oxydierte Säuren und das Wasser verschwindet gleichzeitig. Die oxydierten Fettsäuren wirken dann gerbend. Bei trockenem Leder kann der Vorgang nur sehr langsam vor sich gehen, doch das Leder behält ein fettiges Gepräge. Bei nassem Leder verschwindet beim Trocknen die fettige Beschaffenheit.

Die Untersuchungen von Whitmore, Hart und Beck[2]) zeigen, daß der Fettgehalt der Leder die Festigkeit erhöht. Sie fanden weiter, daß in dieser Beziehung eine Petroleum-Paraffinmischung ebenso wirksam war wie ein Tran-Talggemisch. Bowker und Churchill[3]) stellten fest, daß ein gewisses Übermaß an Fett die Festigkeit des Leders wieder merklich herabsetzt. Der Verfasser konnte diese Beobachtung bestätigen; er fand, daß die Festigkeit von Riemenleder nachdem sie mit steigendem Fettgehalt zugenommen hatte, bei Überschreitung eines solchen von $21\,^0/_0$ wieder abnahm. Ähnliche Ergebnisse zeigen auch die vergleichenden Untersuchungen über chromgare Ziegen- und Kalbleder im 13. Abschnitt.

Leichtes Oberleder pflegt man mit Fettemulsionen zu fetten; die Narbenschicht kommt dadurch in einen für die nachfolgende Färbung geeigneteren Zustand als bei der Anwendung anderer Fettungsmethoden. Zum Emulgieren verwendet man meist sulfurierte Öle, Seifen und Moellon oder Degras, welch letzteres bei der Sämischgerbung abfällt. Thomas[4]) hat eine Übersicht über die verschiedensten Emulsionen zum Lederfetten zusammengestellt. Bei der Bereitung chromgarer Oberleder ist es notwendig, diese vor dem Fetten mit einer Natriumbikarbonat- oder Boraxlösung zu neutralisieren. Eine Fettemulsion kann man durch Vermischen von sulfuriertem und nichtsulfuriertem Klauenöl in heißem Wasser erhalten. An Stelle des sulfurierten Öles kann man auch Seifen oder Degras verwenden. Van Tassel[5]) empfiehlt Stearinsäureamid als Emulsionsmittel. Bei vegetabilischem Leder fettet man im allgemeinen stärker als bei chromgarem; ersteres enthält im Durchschnitt nach der Zurichtung 10 bis $15\,^0/_0$ und letzteres 4 bis $8\,^0/_0$ Fett.

---

[1]) Moeller, Über die Theorie der Vorgänge beim Fetten von Leder. „Der Gerber", 45 (1919), 277.

[2]) Whitmore, Hart u. Beck, The Effect of Grease on the Tensile Strength of Strap and Harness Leathers. Journ. Am. Leather Chem. Ass. 14 (1919), 128.

[3]) Bowker u. Churchill, Effect of Oils, Greases, and Degree of Tannage on the Physical Properties of Russet Harness Leather. Bureau of Standards, Technologic Paper No. 160 (1920).

[4]) A. W. Thomas, A Review of the Literature of Emulsions. Journ. Ind. Eng. Chem. 12 (1920), 177.

[5]) Van Tassel, A New Emulsifying Agent and its Application to Tannery Practice. Journ. Am. Leather Assoc. 9 (1914), 236.

Vor dem Walken, mit einem kleinen Volumen des Fettlickers, werden die Leder mit heißem Wasser durchtränkt, nach einer halbstündigen Walke ist der größte Teil des Fettes aus der Emulsion aufgenommen worden, so daß nur das Dispersionsmittel zurückbleibt. Allgemein ist man der Auffassung, daß während des Fettlickerns das Fett das Leder vollkommen durchdringt. Albert F. Gallun jr. konnte indessen zeigen, daß dies nicht der Fall ist. Er spaltete ein Leder unmittelbar nach dem Lickern in verschiedene parallele Schichten, und stellte durch Analyse fest, daß das Fett bis zu einer meßbaren Entfernung nicht eingedrungen war. Beim Trocknen dringt das Fett jedoch langsam in das Innere ein und verteilt sich gleichmäßig im ganzen Leder. Wurde ein gefettetes Leder nach dem Trocknen in 5 Schichten gespalten, so fand man den höchsten Fettgehalt in der äußersten Schicht und den geringsten unmittelbar unterhalb der Narbenschicht. Dies ist offenbar in der größeren Oberfläche der Fleischseite begründet; die Fettteilchen können daher hier leichter eindringen als von der Narbenseite.

Die im 4. Abschnitt entwickelte Theorie kolloidaler Dispersionen läßt sich auch auf die Fettgerbung anwenden. Die Fetteilchen besitzen eine negative Ladung, so daß an der Grenzfläche der die Teilchen umhüllenden dünnen Lösungsschicht und der eigentlichen Lösung eine Potentialdifferenz entsteht. Das Leder befindet sich beim Fetten im Gleichgewicht mit einer Lösung, die einen pH-Wert von 4 bis 5 hat; es ist dementsprechend positiv aufgeladen. Der Vorgang ist wohl in mancher Beziehung mit dem der vegetabilischen Gerbung vergleichbar, nur sind zwei wichtige Unterschiede vorhanden; einmal sind die Fetteilchen bedeutend größer als die der Gerbstoffe und dann ist die Fettemulsion bei einem pH-Wert unterhalb von 6 nicht mehr stabil. Die negativ geladenen Fetteilchen haben sicherlich das Bestreben, sich mit dem positiv geladenen Leder zu vereinigen. Die Emulsion wird indessen bald von den löslichen Bestandteilen des Leders ausgeflockt. Die Stabilität der Emulsion kann durch Erhöhung der Alkalinität wohl erhöht werden; diese Maßnahme ist indessen sehr gefährlich, da das Leder durch eine übermäßige Neutralisation erheblichen Schaden erleiden kann.

Die Erfahrung hat gelehrt, daß es um so schwieriger ist, das Fett gleichmäßig im Leder zu verteilen, je schneller die Fettemulsion im Verlaufe des Fettens ausgeflockt wird. Die im Leder vorhandenen löslichen Stoffe spielen bei diesen Vorgängen eine entscheidende Rolle. Sind sie in zu großer Menge vorhanden, so flocken sie die Emulsion beim Fettlickern aus, bevor das Fett überhaupt Zeit gehabt hat, in das Leder einzudringen. Das Fett kann dann seinen Zweck nicht erfüllen und das Leder wird beim Trocknen steif und brüchig. Ist andererseits im Leder überhaupt keine lösliche Substanz vorhanden, so nimmt es das Fett so intensiv auf, daß es nach dem Fetten und dem Trocknen zu weich wird. Man kann diesem Übelstand dadurch abhelfen, daß man eben weniger Fett als bei Ledern mit einem normalen Gehalt an löslichen Stoffen verwendet.

Das Durchdringungsvermögen kolloidaler Dispersionen durch die Narbenschicht

Es ist sehr interessant festzustellen, wie klein die Teilchen einer kolloidalen Dispersion werden müssen, um die Narbenschicht eines Leders zu durchdringen, ohne daß dabei eine Deformierung der Teilchen unter der Annahme eintritt, daß die Teilchen nicht auf der Faser ausgefällt oder von ihr aufgenommen werden. Abb. 150 gibt einen Horizontalschnitt durch die Narbenschicht eines vegetabilisch gegerbten Kalbleders wieder. Die oberste Schicht des Narbens ist in einer Dicke von weniger als 15 μ abgeschnitten worden. Die genaue Dicke konnte nicht ermittelt werden, da man den ersten 15 μ dicken Schnitt, der Leder enthielt, verwenden mußte, um die Oberfläche des Leders nicht verloren gehen zu lassen. Der Schnitt wurde 2 Minuten in einer 1prozentigen Indigo-Carmin-Lösung gefärbt. Die Lederprobe war noch nicht gefettet worden.

Die durchschnittliche Entfernung zwischen den einzelnen Fasern beträgt 2 μ. Wenn die Größe der Teilchen beim Fetten allein ausschlaggebend wäre, würde man Dispersionen herstellen müssen, bei denen der Durchmesser der Teilchen unterhalb von 2 μ läge. Die in der Abbildung sichtbaren großen Löcher sind die Öffnungen von leeren Haarbälgen. Sie werden offenbar beim Fettlickern mit Fett ausgefüllt, sobald die Emulsion ausgeflockt wird.

Fettausschläge

Bisweilen kommt es vor, daß die gefetteten Leder in der Kälte einen schneeartigen, kristallinen Ausschlag aufweisen; dieser besteht meistens aus gesättigten Fettsäuren von hohem Schmelzpunkt. Viele Gerber vermeiden es deshalb, Fettmischungen zu verwenden, die Stearin oder freie Stearin- oder Palmitinsäure enthalten. Bei der Verwendung von sulfurierten Fetten scheiden sich die sulfurierten Fettsäuren aus. Diese sind bedeutend schwerer zu entfernen als die gewöhnlichen; wenn auch dieser Ausschlag dem Leder keinen Schaden zufügt, so vermindert er doch dessen Aussehen. Die Entfernung des Ausschlages ist eine verhältnismäßig einfache Sache. Man braucht die Leder nur mit einem mit Petroleum oder mit einer Seifenlösung getränkten Lappen abzuwischen.

Fahrion[1]) fand, daß die Abspaltung von freien Fettsäuren aus den Fetten nicht die einzige Ursache für die Bildung eines Ausschlages ist. Bisweilen tauchen auch Glyceride auf der Lederoberfläche auf, die einen niedrigeren Schmelzpunkt haben, als die im Leder verbliebenen. Werden jedoch die freien Säuren aus den Fetten des Ausschlages freigemacht, so zeigt es sich, daß sie einen höheren Schmelzpunkt und eine größere Kristallisationsneigung haben als die

---

[1]) Fahrion, Die Eigenschaften der Fette im Leder. „Der Gerber", 43 (1917), 123.

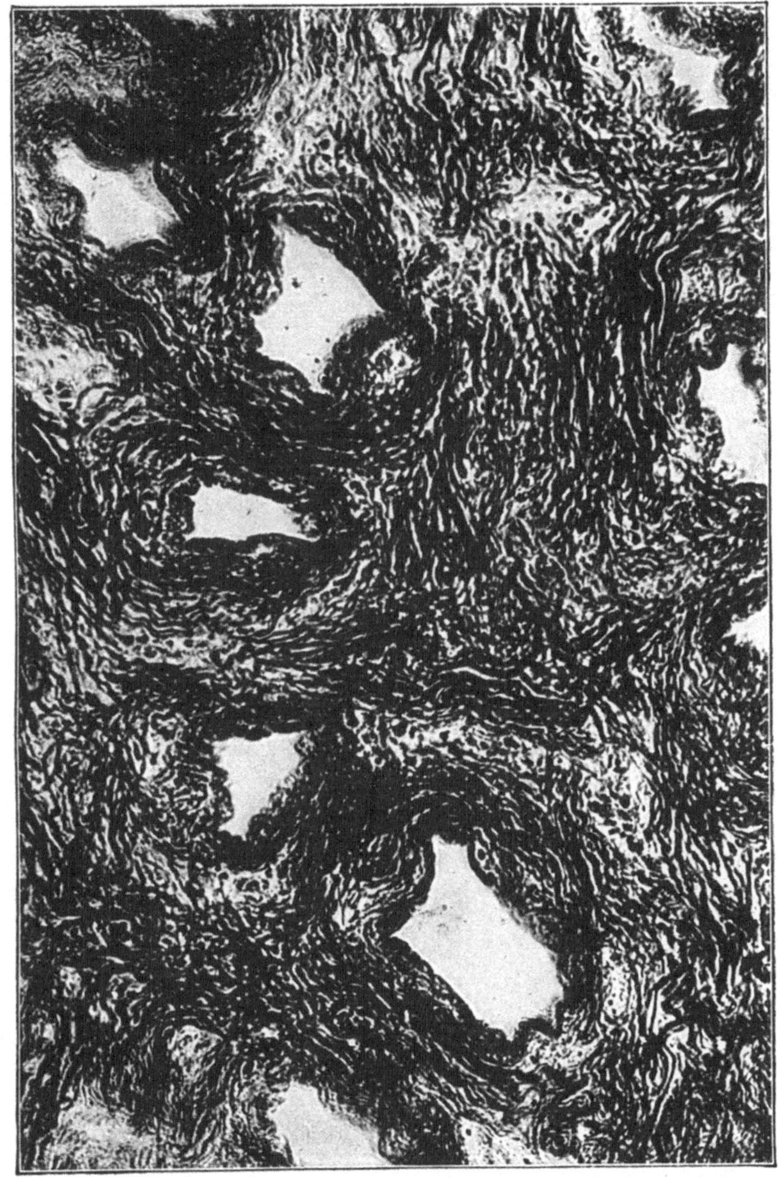

Abb. 150. **Horizontalschnitt durch Kalbleder**
(Der Narben des Leders)

Stelle der Entnahme: Schild
Dicke des Schnittes: 15 μ
Färbung: Indigo-Carmin
Gerbung: Vegetabilisch

Okular: 5X
Objektiv: 8 mm
Wratten-Filter: F-Rot
Lineare Vergrößerung: 300fach

Wilson, Chemie der Lederfabrikation.   25

freien Fettsäuren der Fette im Leder. Eine Mischung von Glyceriden neigt dann zum Ausschlagen, wenn sich aus dieser eine andere durch Fraktionierung mit niederem Schmelzpunkt aber einem höheren Gehalt an gesättigten Fettsäuren abtrennen läßt. Fahrion weist darauf hin, daß ein Fett um so geeigneter zum Fetten ist, je weniger es zum Kristallisieren neigt.

Verwendet man Fettlicker, die gesättigte Fettsäuren enthalten, so kann man die Neigung zum Ausschlagen durch Verwendung von Mineralölen oder Türkischrotölen stark vermindern. Diese bleiben bei gewöhnlicher Temperatur flüssig und sind Lösungsmittel für die Fettsäuren und Glyceride, die die Ausschläge verursachen.

Zeigt ein Leder Ausschläge, so kann man beobachten, daß die größten Ablagerungen von Fettsäuren an den dünnsten Stellen des Leders auftreten. Dies erklärt sich daraus, daß die Leder beim Fettlickern an den dünnen Stellen mehr Fett aufnehmen als an den dickeren. Der Fettgehalt eines Leders ist in der Tat der Dicke umgekehrt proportional. Dies erklärt sich daraus, daß das Fett beim Lickern nur an den obersten Schichten des Leders abgelagert wird. So erhalten gleiche Flächen des Leders die gleiche Fettmenge. Der Schild, der doppelt so dick ist wie die Klauen, wird daher, auf die Ledermenge bezogen, nur die halbe Menge Fett aufnehmen. So wird es auch verständlich, warum beim gleichzeitigen Fetten eines dünnen und dicken Leders das dicke nicht genügend gefettet wird, während das dünne mehr aufnimmt als ihm zukommt.

Eine andere Art von Ausschlägen, die seltener aber schwerer zu entfernen ist, ist eine solche aus harzartigen Körpern, die durch Oxydation ungesättigter Fettsäuren entstehen. Enthalten die vegetabilisch gegerbten Leder viele lösliche Gerbstoffe, so ist die Gefahr einer Oxydation durch Aufnahme von Luftsauerstoff infolge der Erhöhung des pH-Wertes im Leder besonders groß. Die oxydierten Gerbstoffe geben den aufgenommenen Sauerstoff bereitwillig an die ungesättigten Fettsäuren des Trans und verwandter Öle ab. Je höher der pH-Wert der Lösung und je höher der Gehalt an löslichen Gerbstoffen und oxydierbaren Fettsäuren im Leder ist, um so größer ist die Neigung zur Bildung von harzigen Ausschlägen aus oxydierten Fettsäuren.

Manche Gerber entfernen alle löslichen Salze aus dem fertigen Leder. Da sich lösliche Neutralsalze leicht auswaschen lassen, liegt kein Grund vor, dies nicht zu tun. Trotzdem findet man bisweilen auf Ledern Ausschläge von Salzkristallen, die sich indessen leicht von den Fettausschlägen unterscheiden lassen.

Werden Leder in feuchten kühlen Räumen längere Zeit aufbewahrt, so bilden sich darauf Schimmelkolonien. Der gewöhnliche Schimmel „penicillium glaucum" weist eine hellgrüne Farbe auf; bisweilen zeigt sich indessen auch eine weiße, Ausschlägen ähnliche, pulverförmige Ablagerung, die bei Ledern, die mit sulfuriertem Klauenöl gefettet worden sind, vorkommen.

Färben

Das Leder wird entweder vor oder nach dem Fetten gefärbt.
Dies hängt von der Art des Leders und den nachfolgenden Operationen ab. Wohl werden noch bisweilen natürliche Farbstoffe verwendet, jedoch sind diese im allgemeinen durch synthetische Produkte
ersetzt worden. Bei der Färbung von vegetabilisch gegerbtem Leder
bevorzugt man basische Farbstoffe, da sie sich mit dem Leder bereit-
williger vereinigen und sattere Färbungen als saure liefern.

Sollen vegetabilisch gegerbte Leder mit basischen Farbstoffen
gefärbt werden, so ist es notwendig, die Gerbstoffe aus der Oberfläche
herauszulösen, da sie sonst in die Farbbäder gelangen und die Farbstoffe ausfällen würden, so daß die entstehende Färbung ungleichmäßig ausfallen würde. Vor der Färbung pflegt man die Leder mit
einer Sodalösung zu waschen, um die Oberfläche von ausgefällten und
überschüssigen Gerbstoffen zu befreien. Auf diese Weise sorgt man
für eine klare gleichmäßige Färbung. Die Leder werden dann in
einer Lösung von Titan- oder Antimonsalzen, meist Titankaliumoxalat
oder Kalium-Antimonyltartrat bewegt. Diese Behandlung erfüllt einen
doppelten Zweck; einmal werden die Gerbstoffe auf der Faser ausgefällt, und dann entsteht ein Beizeffekt. Auf diese Weise wird verhindert, daß Gerbstoffe in das Farbbad gelangen. Nachdem das Leder
gründlich gewaschen worden ist, wird es in die eigentliche Farb-
flotte gebracht. Da basische Farbstoffe durch hartes Wasser ausgefällt
werden, muß man solches mit Essigsäure etwas ansäuern. Eine Ausfällung wird auf diese Weise verhindert.

Gegen das Färben mit sauren Farbstoffen ist oft der Einwand
erhoben worden, daß die dabei notwendige Verwendung von Säuren
die Leder schädige. In der Tat kann Schwefelsäure bei vegetabilischem
Leder, wenn sie nach dem Färben nicht neutralisiert wird, eine
Schädigung hervorrufen. Läßt sich eine spätere Neutralisation nicht
gut durchführen, so ist die Ameisensäure der Schwefelsäure vorzuziehen.
Letztere ist, wenn nicht in großem Überschuß verwendet, ungefährlich.
Saure Farben sollen lichtechter sein als basische, doch läßt sich diese
Beobachtung nicht verallgemeinern.

Chromgares Leder kann man ebenso färben wie lohgares, wenn
man die Oberfläche des Leders leicht mit vegetabilischen Gerbstoffen
nachgerbt; man verwendet gern Sumach oder Gambir. Die chromgaren Leder werden nach dem Gerben und Neutralisieren mit einer
verdünnten Gerbstofflösung behandelt, gewaschen, dann mit Titan-
oder Antimonsalzen gebeizt, nach gutem nochmaligen Waschen gefärbt
und schließlich gefettet. Verursacht der Fettlicker ein Bluten der
Farbstoffe, so muß vor der Färbung gefettet werden.

Mit sauren Farbstoffen kann man Chromleder direkt ohne vegetabilische Nachgerbung färben. In diesem Falle muß man die Fettung
vor der Färbung besorgen oder aber die Farbstoffe auf dem Leder
fixieren. Man kann dies dadurch erreichen, daß man das Leder erst

mit einem sauren und dann mit einem basischen Farbstoff färbt. Da sich beide Farbstoffe gegenseitig ausfällen, bildet sich ein Lack auf der Faser und ein Ausbluten der Farbstoffe im Fettlicker wird vermieden.

Man kann auch mit substantiven Farben färben. Alizarin- und Küpenfarbstoffe werden bei Chromleder bevorzugt. Schwefelfarben wendet man an, wenn großer Wert auf Waschechtheit gelegt wird. Einzelheiten über die Färbungen mit den verschiedensten Farbstoffen findet man in den Büchern über praktische Lederfärberei.

Die Lederfärbungen können durch nachträgliche Behandlung mit Eisen-, Kupfer- oder anderen Schwermetallsalzen abgetönt werden. Bei der Herstellung von schwarzem Leder kann man so verfahren, daß man das Leder zunächst mit einer schwach alkalischen Blauholzlösung und dann mit einer Ferrosulfatlösung behandelt. Die sich bildende schwarze Farbe wird im allgemeinen noch mit einem synthetischen Schwarz abgedeckt. Nach dem Färben spült man die Leder in kaltem Wasser, welkt, und ölt sie leicht ab, und läßt sie schließlich trocknen.

Die Lederfärbung hat bisher das Stadium der Empirie noch nicht wesentlich überschritten, was um so verwunderlicher ist, als es sich in erster Linie um chemische Vorgänge handelt. Die Wirkung eines Färbebades hängt unter anderem von der Temperatur, der Konzentration des Farbstoffes und der Wasserstoffionen ab. Vergeblich wird man indessen in der Fachliteratur nach Versuchen, die den Einfluß dieser Faktoren zum Gegenstand haben, suchen. Für die Gerbung sind derartige Versuche, wie aus dem 10. und 13. Abschnitt zu ersehen ist, bereits durchgeführt.

Zurichtung

Die zahlreichen zur Zurichtung notwendigen Arbeitsvorgänge und Maschinen zum Spalten, Falzen, Ausrecken, Abwelken, Trocknen, Stollen, Walzen, Bürsten, Krispeln, Plattieren, Glanzstoßen, Satinieren, Pressen, Bügeln sind in den entsprechenden Spezialwerken ausführlich behandelt, es sei auf die von Procter[1]), Wagner-Paeßler[2]), Lamb-Jablonski[3]) verwiesen.

Nach dem Färben und Trocknen unterwirft man das Leder noch einer Reihe von Operationen, die durch vorwiegend mechanische Bearbeitung die physikalischen Eigenschaften des Leders verändern. Schuhoberleder pflegt man mit einer Appretur zu versehen, die einmal die Wasserdichtigkeit des Leders erhöht und die ihm andererseits ein gefälliges Aussehen verleiht. Solche Appreturen bestehen im wesentlichen aus wässerigen kolloidalen Dispersionen von Gelatine, Tragant, Isländischem Moos, die meist mit Pigmentfarben vermischt werden.

---

[1]) Procter, Principles of Leather Manufacture. London (1922).
[2]) Paeßler-Wagner, Handbuch für die gesamte Gerberei und Lederindustrie. 1925.
[3]) Lamb-Jablonski, Lederfärberei und Lederzurichtung. 1912.

Bisweilen trägt man durch Zerstäuben mit Hilfe besonderer Zerstäuber Dispersionen von mineralischen Farbpigmenten in Lösungen von Schellack und Borax in Wasser auf.

Lackleder erhält man durch Auftragen von Firnis aus gekochtem Leinöl, Trockenmitteln und Farbpigmenten. Nach dem Auftragen wird das Leder in Öfen getrocknet und dann nach Aufrauhen der Oberfläche mit einer zweiten Schicht überzogen. Dieser Vorgang kann mehrmals wiederholt werden, bis das Leder das gewünschte Aussehen hat. Zum Schluß setzt man das lackierte Leder einige Stunden lang der Wirkung von Sonnen- oder ultravioletten Strahlen aus.

„Schwedischleder" ist ein aus Häuten frühgeborener Kälber hergestelltes, chromgares gefärbtes und von der Fleischseite zugerichtetes Leder. Das sogenannte Sämischleder wird aus dünnen Narbenspalten von Kuhhäuten bereitet. Der Narben wird mit Hilfe eines mit Schmirgel versehenen rotierenden Rades abgeschliffen und die Fläche mit Pigmentfarben trocken eingerieben. Die Bezeichnung der meisten Leder leitet sich weniger vom Ausgangsmaterial als von der Zurichtung ab.

Autorenregister

Sachregister

I

I*

D
E
J K
A
L
N F
C
G H

liefert moderne erst-
klassige

Maschinen
für Gerberei und Riemenfabrikation

H. A. Plarre
Greiz i. V.

Maschinenfabrik und Eisengießerei

(21) Gegründet 1874

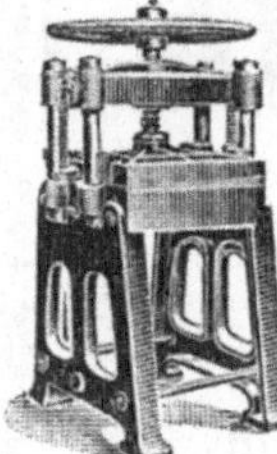

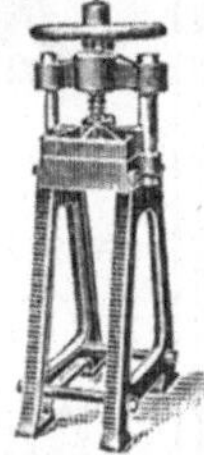

Glycerin

Carrageenmoos

Albumin – Blut – Ei

Stearin

(14)

Rizinusöl

FAUTH & CO., MANNHEIM
Telegramm-Adresse: Fauthco, Telephon: 1872.

BADISCHE
ANILIN- & SODA-FABRIK
LUDWIGSHAFEN a. Rh.

ANILINFARBEN,

in allen Farbtönen für sämtliche Lederarten.

ECHTDECKFARBEN

(z. Pat. angem.) zur Erzielung völlig gleichmäßiger
Färbungen in der Zurichtung.

CHROMGERBSTOFFE,

Chromalaun und gerbfertige Einbadpräparate, letztere
flüssig und trocken, bis zu $36\,^0/_0$ Chromoxyd enthaltend.

SYNTHETISCHE GERBSTOFFE,

patent. hervorragend geeignet für alle Häutearten.

ORDOVAL G, -2G, -G trocken und -2G trocken,
NERADOL D, -ND und FB Pulver,
GERBSTOFF F und FC Pulver.

Musterfärbungen, Gebrauchsanleitungen für richtige
Anwendung u. techn. Beratungen stehen zu Diensten.

(11)

II*

HANSA

anerkannt erstklassiger

Fichtenholz-Extrakt

(Cellulose-Extrakt)

Hansa L (Löse-Extrakt)

löst **vollkommen** und **satzfrei** warm-
lösliche Extrakte (Quebracho), gewährleistet weitgehendste Ausnützung der
Gerbbrühen, verbilligt wesentlich den
Gerbprozeß.

Rophil-Extrakt-Ges.m.b.H.
Mannheim-Waldhof.

(12a)